国家科学技术学术著作出版基金资助出版
“十三五”国家重点出版物出版规划项目
大气污染控制技术与策略丛书

黄磷尾气净化及资源化利用技术

宁　平　殷梁淘　著

科学出版社
北京

内 容 简 介

本书主要阐述了黄磷尾气净化及资源化利用关键技术，包括黄磷尾气的基本定义、产生过程、性质特征，黄磷尾气除尘、脱硫、脱磷的技术原理和应用工程实例，黄磷尾气净化过程的基本操作数据及操作方法，工艺设备的运行特点及其净化系统的调试和运行经验，黄磷尾气资源化利用中变换制氢、清洁燃料、合成氨、制甲醇的工艺、应用设计和工程实例，黄磷尾气净化和资源化利用的生产安全和职业病防治。本书从黄磷尾气的产生到净化和资源化，从基础原理到工艺设计和工程实例做了全方位的详细介绍，并提供了黄磷尾气净化及资源化利用主要关键技术的 Visual Basic 设计计算程序，能有效提高科研工作人员的设计效率。

本书可供煤气、化工合成气、工业废气及相关行业从事气体净化的研究人员、设计技术人员、工程技术人员及生产管理人员阅读和参考。

图书在版编目(CIP)数据

黄磷尾气净化及资源化利用技术 / 宁平，殷梁淘著.—北京：科学出版社，2021.2

(大气污染控制技术与策略丛书)

“十三五”国家重点出版物出版规划项目

ISBN 978-7-03-060547-4

Ⅰ. ①黄… Ⅱ. ①宁… ②殷… Ⅲ. ①黄磷-工业废气-废气净化-研究 Ⅳ. ①X701

中国版本图书馆CIP数据核字(2019)第029817号

责任编辑：刘 冉 李丽娇 / 责任校对：杜子昂
责任印制：肖 兴 / 封面设计：黄华斌

科学出版社 出版
北京东黄城根北街 16 号
邮政编码: 100717
http://www.sciencep.com

北京通州皇家印刷厂 印刷

科学出版社发行 各地新华书店经销

*

2021 年 2 月第 一 版 开本：720 × 1000 1/16
2021 年 2 月第一次印刷 印张：40 3/4
字数：820 000

定价：198.00 元

(如有印装质量问题，我社负责调换)

丛书编委会

丛 书 序

当前，我国大气污染形势严峻，灰霾天气频繁发生。以可吸入颗粒物(PM_{10})、细颗粒物($PM_{2.5}$)为特征污染物的区域性大气环境问题日益突出，大气污染已呈现出多污染源多污染物叠加、城市与区域污染复合、污染与气候变化交叉等显著特征。

发达国家在近百年不同发展阶段出现的大气环境问题，我国却在近20年间集中爆发，使问题的严重性和复杂性不仅在于排污总量的增加和生态破坏范围的扩大，还表现为生态与环境问题的耦合交互影响，其威胁和风险也更加巨大。可以说，我国大气环境保护的复杂性和严峻性是历史上任何国家工业化过程中所不曾遇到过的。

为改善空气质量和保护公众健康，2013年9月，国务院正式发布了《大气污染防治行动计划》，简称为“大气十条”。该计划由国务院牵头，环境保护部、国家发展和改革委员会等多部委参与，被誉为我国有史以来力度最大的空气清洁行动。“大气十条”明确提出了2017年全国与重点区域空气质量改善目标，以及配套的十条35项具体措施。从国家层面上对城市与区域大气污染防制进行了全方位、分层次的战略布局。

中国大气污染控制技术与对策研究始于20世纪80年代。2000年以后科技部首先启动“北京市大气污染控制对策研究”，之后在863计划和科技支撑计划中加大了投入，研究范围也从“两控区”（酸雨区和二氧化硫控制区）扩展至京津冀、珠江三角洲、长江三角洲等重点地区；各级政府不断加大大气污染控制的力度，从达标战略研究到区域污染联防联治研究；国家自然科学基金委员会近年来从面上项目、重点项目到重大项目、重大研究计划各个层次上给予立项支持。这些研究取得丰硕成果，使我国的大气污染成因与控制研究取得了长足进步，有力支撑了我国大气污染的综合防治。

在学科内容上，由硫氧化物、氮氧化物、挥发性有机物及氨等气态污染物的污染特征扩展到气溶胶科学，从酸沉降控制延伸至区域性复合大气污染的联防联控，由固定污染源治理技术推广到机动车污染物的控制技术研究，逐步深化和开拓了研究的领域，使大气污染控制技术与策略研究的层次不断攀升。

鉴于我国大气环境污染的复杂性和严峻性，我国大气污染控制技术与策略领域研究的成果无疑也应该是世界独特的，总结和凝聚我国大气污染控制方面已有的研究成果，形成共识，已成为当前最迫切的任务。

我们希望本丛书的出版，能够大大促进大气污染控制科学技术成果、科研理论体系、研究方法与手段、基础数据的系统化归纳和总结，通过系统化的知识促进我国大气污染控制科学技术的新发展、新突破，从而推动大气污染控制科学研究进程和技术产业化的进程，为我国大气污染控制相关基础学科和技术领域的科技工作者和广大师生等，提供一套重要的参考文献。

2015 年 1 月

前　言

全球气候变暖是一种和自然有关的现象，人们使用化石燃料，如石油、煤炭燃烧时产生大量的二氧化碳等温室气体，促使气候变暖加剧，更威胁到人类的生存，这已引起了人们的高度重视。1997 年 12 月，联合国气候大会通过了《联合国气候变化框架公约的京都议定书》，旨在限制发达国家温室气体排放以遏制全球气候变暖，要求 38 个工业发达国家在承诺期(2008～2012 年)将六种温室气体的排放量在 1990 年的基础上平均削减 5.2%，2012 年全球减少 50 亿吨温室气体排放。

我们共同生活在一个地球。节能减排关系到我国的发展权。我国已经承诺大幅减少工业排放的 CO_2。当今，碳捕集与封存(carbon capture and storage，CCS)技术主要是将含有 CO_2 的废气通过一个装有三维网筛的烟囱，废气在上升的过程中与从上方喷淋下来的化学溶剂相遇，CO_2 气体被溶剂吸收，随后再将其从溶剂中析出进行压缩，然后用泵注入到 1000～3000 m 地下储存。由于地球储存 CO_2 的潜力十分巨大，因而地质封存被普遍认为是未来主流的封存方式。碳捕集需要大型设备，投资大，成本高，能耗大，最直接的 CO_2 减排技术是 CO 的资源化利用。

CO 既是污染物，又是重要的化工原料。在煤、石油、天然气资源的利用过程中均产生大量的 CO 尾气，工业废气如炼铁高炉煤气(含 CO 24%～25%)、黄磷炉尾气(含 CO 80%～90%)、氧气顶吹炼钢转炉烟气(含 CO 40%～60%)、密闭电石炉炉气(含 CO 70%～85%)、合成氨铜洗弛放气(含 CO 65%～80%)、炼锌电炉尾气(含 CO 90%～98%)、铁合金尾气(含 CO 72%～92%)、液氮洗尾气(含 CO 12%～16%)、炼油尾气、炭黑炉尾气等。据报道，人类每年消耗的能源中，煤、石油、天然气占 95%。

CO 一方面用途广泛，另一方面又是工业生产过程中产生的“大气污染物”，应该加以回收利用。将可利用的 CO 利用起来是一项重要的节能减排手段，但利用化工捕碳技术节能减排却未引起人们注意。化工捕碳是指把 CO 利用起来，CO 是活性物质，容易合成许多产品，CO 燃烧即产生 CO_2，把 CO 利用起来等于间接减排。

加大节能减排力度，大力发展低碳经济，应对全球气候变暖的问题严峻地摆在我们面前。全球应对气候变化必然导致低碳技术快速发展，它会成为今后国际科技发展前沿和技术竞争的焦点。在这一背景下，中国必须加强技术创新，这也是增强国际竞争力的需要，为此，我们提出了“工业废气节能减排技术”，“黄磷尾气净化及资源化利用技术”是其中的一部分。这里节能减排在广义上是指利用工业废气取代化石燃料所产生的减排效果，该技术只需增加适当的投资，不需要化石燃料，节能效率达20%以上，减排效率在50%以上，作为废气治理只需较低的成本，而有高附加值产品产出，经济效益显著。

昆明理工大学“工业废气净化及资源化利用”创新团队多年从事以煤为原料的煤气净化研究，对以黄磷尾气为代表的矿热冶炼废气的净化方法、关键技术、装置设备进行了全面系统的开发，经历了从基础研究、中试试验到工程放大的全过程，深化了黄磷尾气净化系统理论，攻克了黄磷尾气中多杂质催化净化技术难题，形成了完整的黄磷尾气净化技术体系，并进行了工业化示范和产业化推广。该成果填补了该领域的技术空白，荣获2014年国家技术发明奖二等奖。

“黄磷尾气净化及资源化利用技术”是“工业废气节能减排技术”的重要组成部分，目前我国多家大型黄磷厂采用该技术净化黄磷尾气的产业化工程已稳定运行多年，技术日趋成熟。本书在团队成员殷在飞教授提供的设计资料基础上，结合团队在黄磷尾气净化工程方面多年的研究成果及运行经验编写，在此对殷在飞教授的辛勤付出表示崇高的敬意和衷心的感谢。

本书总结了黄磷尾气净化工艺设备的运行特点及其净化系统的调试和运行技术，还包括作者团队开发的黄磷尾气净化与综合利用系列新技术。本书收集了黄磷尾气净化过程的基本操作数据以及操作方法，列举了黄磷尾气大型装置的设计数据，在此一并提供给黄磷行业、城市煤气、化工合成气、工业废气及其相关行业从事气体净化的设计技术人员、工程技术人员及生产管理人员阅读和参考。

本书提供了大量的黄磷尾气净化及资源化利用工程实际运行数据，主要关键技术还附上了Visual Basic（简称VB）设计计算程序，所有设计计算程序都通过了实际运行调试和工业验证，大大提高了设计速度和可靠度，能有效提高设计及科研工作人员计算能力及分析解决问题的能力。

本书是实践经验的总结，具有良好的实用性，希望能对我国工业废气净化技术研发、工业企业节能减排、化工废气净化及资源化利用有所裨益。

黄磷尾气净化工程是新兴工程，积累经验有限，书中错漏在所难免，恳请读者批评指正。

宁　平　殷梁淘

2020年7月

目　录

第1章　概　　论

1.1　黄磷尾气概述

1.1.1　黄磷尾气的定义

以煤为原料制取的气体燃料或气体原料称为煤气。煤气是一种洁净的能源，又是合成化工的重要原料。这些煤气的发热值较低，故又统称为低热值煤气；煤气中的一氧化碳和氢气是重要的化工原料，可用于合成氨、合成甲醇等。为此，将用作化工原料的煤气称为合成气，它也可用天然气、轻质油和重质油制得。

煤气的分类有多种，按用途被划分为燃料气和合成气两大类；根据煤气的热值分为高热值煤气、中热值煤气、低热值煤气；根据气化介质分为空气煤气、水煤气、半水煤气等；根据气化炉型分为焦炉煤气、发生炉煤气、两段炉煤气等；还可以分为荒煤气、净煤气、热煤气、冷煤气等。

黄磷尾气(yellow phosphorus tail gas)指在黄磷生产过程中，收取黄磷产品后燃烧排放或利用前的电炉炉气，包括收磷后未经净化处理的尾气(初始黄磷电炉尾气)和经过净化处理后燃烧排放或利用前的尾气。黄磷尾气富含一氧化碳，含 CO 80%～90%(体积分数)，H_2 5%～7%，热值 10750～12000 $kJ/Nm^3$①，属中热值煤气。

黄磷尾气应归属煤气的一特例，可作为燃料气和合成气使用，利用黄磷尾气中丰富的一氧化碳，净化后作为化工原料合成多种化工产品，如合成甲醇、二甲醚、甲酸甲酯、碳酸二甲酯等碳一化工产品，也可作为合成氨原料气。

1.1.2　黄磷尾气研究现状和发展趋势

黄磷尾气是很好的热源和生产碳一化学品的原料，但尾气中所含的硫化物(有机硫和无机硫)、氟化物(主要为 HF 和 SiF_4)、磷化物(以 PH_3 为主)和砷化物(以 AsH_3 为主)等杂质影响了尾气的直接利用[1-4]，一些装置规模较小、管理水平较低、装备较落后、对环保不重视的企业的尾气未加利用。国内尾气利用率为 25%～30%。目前我国黄磷尾气的综合利用基本上分为如下两种途径。

1. 直接利用黄磷尾气的热值，作为气体燃料

相对而言，黄磷尾气作为热源的技术门槛和投资门槛都不高，目前在我国所

---

① Nm^3，标准立方米

有黄磷生产企业均有应用[5]。其中利用黄磷尾气作为原料干燥的热源气的运用最为普遍，几乎占全部黄磷尾气总量的30%。另外，作为配套磷酸盐装置的热源气，也是目前黄磷尾气颇为普遍的应用。

1）尾气作普通燃料用

部分粗黄磷尾气作为燃料用于回转窑干燥磷块或磷矿粉，少数大型黄磷企业（以大型进口黄磷装置为代表）利用尾气烧结粉矿，制备入炉原料，部分企业将黄磷尾气经水洗后用作生产三聚磷酸钠的燃料，折合每吨黄磷降低成本1330～1400元。

2）黄磷尾气净化后用于焙烧钛白粉

四川省攀枝花川投化工有限公司5000 m^3/h黄磷尾气净化装置于2009年8月开始试车，顺利投产，净化黄磷尾气供攀枝花钛白粉工业园区焙烧钛白粉用，除了园区停气外，装置一直在运行。

3）黄磷尾气净化后用于高压锅炉产蒸汽发电[6, 7]

(1) 云南宣威磷电有限责任公司设计能力为25000 m^3/h黄磷尾气净化工程，于2010年6月投入正常运行，供宣威磷电150 MW煤矸石与黄磷尾气综合利用发电装置三台流化床锅炉混烧，操作压力10.5 MPa，1 m^3黄磷尾气约发1度电。

(2) 云南南磷集团弥勒磷电有限公司设计能力为20000 m^3/h黄磷尾气净化工程，净化黄磷尾气用于烧锅炉，供135 MW发电机组发电，于2013年3月投入运行。

(3) 云南南磷集团弥勒磷电有限公司设计能力为15000 m^3/h黄磷尾气净化工程，净化黄磷尾气用于烧锅炉，供135 MW发电机组发电，正在建设。

2. 利用黄磷尾气中丰富的一氧化碳，净化后作为化工原料合成多种化工产品

尾气经处理后可用于生产甲酸钠、甲酸。近年来，利用黄磷尾气合成甲酸钠再生产甲酸的工艺路线，因其对黄磷尾气净化要求不高，且可联产多种磷酸钠盐产品，而得到长足发展，是现阶段最为热门的黄磷尾气综合利用途径。该技术1997年由原贵州磷酸盐厂提出专利申请，并获得通过。2006年，川东化工厂通过收购贵州磷酸盐厂，取得此项技术专利权，大规模投入生产并获得较好的经济效益。该企业依靠此项专利技术，仅2008年就完成工业总产值8.8亿元，实现销售收入8.5亿元，利税超过1亿元。由于利用黄磷尾气合成甲酸钠生产甲酸的技术门槛较低，已有多家企业和个人对该技术的发展提出专利申请，并纷纷投资建设该类装置。目前除重庆川东化工（集团）有限公司外，绵阳启明星磷化工有限公司也采用同类技术，建成了4万t甲酸及其配套装置。贵州青利集团有限公司已建成7万t/a甲酸钠装置。

仅以节约水煤气价值计，可降低黄磷成本折2200～2400元/吨磷。

甲酸是基本有机化工原料之一，广泛用于农药、皮革、纺织、印染、医药

和橡胶工业等，还可制取各种溶剂、增塑剂、橡胶凝固剂、动物饲料添加剂及新工艺合成胰岛素等。据国外有关资料报道，1990 年世界甲酸消耗量约 18 万 t，1995 年达到 22 万 t，2000 年世界甲酸消耗量升至 40 万 t，现今已经增长至近 50 万 t/a。2009 年我国甲酸产量达 32 万 t，已基本垄断全球甲酸市场。预计今后全球甲酸需求量应该不会突破 100 万 t，面对我国每年 12～15 亿 m^3 的可利用黄磷尾气资源，甲酸及其盐类市场太小了(以每吨甲酸需用黄磷尾气约 702 m^3 计，即便全球甲酸均由黄磷尾气生产，也只需 7 亿 m^3)。所以必须寻找其他多种利用途径，我国黄磷生产企业才能真正达到《黄磷行业准入条件》中 90%的尾气利用率的要求。

关于黄磷尾气的利用国外未见报道。

1.1.3 黄磷尾气净化的必要性

磷是重要的基本化工原料，也是磷化工的基础原料，用途十分广泛，是制造赤磷、磷化物 PCl_3、P_2S_5 及热法磷酸的基本原料。目前国内外企业绝大多数是用电炉法生产黄磷，其生产过程中每生产 1 t 黄磷，就同时产生 2500～3000 mg/Nm^3 含一氧化碳 80%～90%(体积分数)的废气。近年来，由于我国资源、能源、人力成本的优势，全球黄磷生产的中心已转移到我国。全球经济一体化的大环境成就了我国黄磷生产企业重组整合成大型化的经济规模。另外，中国也是《京都议定书》的签约国，对减少温室气体排放要承担义务，对黄磷尾气的综合利用迫在眉睫。

2008 年我国黄磷总产能已达到 200 万 t，全国有黄磷生产厂商 140 余家，当年产量 83 万 t，实现销售收入 124.5 亿元，利润 24.6 亿元。目前我国已是世界上最大的黄磷生产、消费和出口国[8, 9]。随着我国黄磷生产企业的整合和技术进步，单台制磷电化工炉生产能力的逐步大型化及黄磷企业产能的扩大，综合利用黄磷尾气这一重要碳一化学资源、保护环境成为我国黄磷企业走可持续发展道路所面临的重大课题[10-12]。

黄磷尾气所含的高浓度一氧化碳，多年来一直没有较好地得到利用的原因有两个：一是过去所用制磷电炉单台产能小，黄磷企业规模小(年产黄磷 2000～3000 t)，黄磷尾气产量很小，回收利用不方便；二是黄磷尾气中含有有害杂质较多，成分复杂(如硫、磷、砷、氟等)[13]，净化分离难度较大，只有少部分直接燃烧用于烘干磷矿石、焦炭等对杂质影响不大的场合，利用率很低，大部分作为天灯照天烧，黄磷尾气含高浓度 CO 而不能用作燃料，眼看黄磷尾气烧成天空红一片，实为可惜，有的厂已进行过烧锅炉试验，都未获成功，限制了黄磷尾气的利用[14-17]。合理利用黄磷尾气既可解决能源浪费的问题，提高黄磷厂经济效益，又可减少污染物的排放量，避免环境污染，一举多得，实是一件好事。

据调查，近年来单台黄磷电炉产能已由原来的 2000～3000 t/a 提升至 7000～

30000 t/a，甚至更高，黄磷企业的生产规模在 10000 t/a 以上者已达 40 余户，我国大多数黄磷企业已具备年产万吨以上黄磷的能力，同时产生黄磷尾气近 3000 万 Nm^3/a。在这样的产能规模下，黄磷尾气的综合利用产业化成为可能，黄磷尾气资源化及综合利用大有文章可做，利用黄磷尾气要比用煤制气或其他方法生产合成气经济得多，因为黄磷尾气本身是废物利用，不需要原料成本。

自 2009 年 1 月 1 日起实施，由工业和信息化部制订的《黄磷行业准入条件》明确规定[18]：

磷炉尾气不得直排燃烧，必须实现能源化或资源化回收利用，新建黄磷装置尾气综合利用率必须达到 90%以上。鼓励黄磷生产企业利用黄磷尾气作为热源生产精细磷酸盐或发电，鼓励企业开发应用磷炉尾气生产碳一化学品技术。

新建、在建和现有黄磷装置必须分别达到表 1.1 中的经济技术指标，其中电炉电耗不包括贫矿选矿装置或(和)粉矿成球、烧结或其他粉矿综合利用装置能源消耗[数据为吨黄磷消耗值，电力折标系数为 0.1229 kg 标准煤/(kW·h)]。

表 1.1　黄磷装置经济技术指标

项目	新建、在建装置	现有装置
综合能耗/吨标准煤	≤3.2	≤3.6
磷矿消耗(30%折标)/t	≤8.7	≤8.7
电炉电耗(按配比炉料 P_2O_5 24%折算)/(kW·h)	≤13200	≤13800
磷炉炉渣综合利用率/%	≥95	≥90
尾气综合利用率/%	≥90	≥85
粉矿利用率/%	100	100

由于黄磷尾气含有磷、硫、砷、氟等杂质，实践证明，燃用未经处理的黄磷尾气，因其含有许多有害而且高腐蚀的物质，燃烧气具有较强的腐蚀性；如果用作合成气，合成气各种催化剂对杂质要求更苛刻，还必须经过深度净化。黄磷尾气无论用于何场合都必须净化。

根据国家规定，黄磷尾气必须回收利用。对企业来说，迟搞不如早搞，对企业有利。澄星宣威磷电和弥勒磷电对黄磷尾气进行了回收利用，节能减排显著，经济效益显著，走在全国黄磷行业前面，起示范作用。

1.2　黄磷尾气的产生

1.2.1　黄磷生产的原料

黄磷生产所用的原料为磷矿石、还原剂和助熔剂，根据磷矿的含磷量按照一定的比例加入电炉。本来电炉生产对原料的品位、粒度和杂质含量都有一定的要求，一般来说，原料质量好对黄磷生产是有利的。原料质量尤其是杂质含量对产生的黄磷尾气质量影响很大，可以说，黄磷尾气质量决定了黄磷尾气净化方法的选择。

1. *磷矿石*

磷矿是在经济上能被利用的磷酸盐类矿物的总称，是一种重要的化工矿物原料。用它可以制取磷肥，也可以制造黄磷、磷酸、磷化物及其他磷酸盐类，以用于医药、食品、火柴、染料、制糖、陶瓷、国防等工业部门。磷矿石按其成因不同，可分为磷灰石和磷块岩。磷灰石是指磷以晶质磷灰石形式出现在岩浆岩和变质岩中的磷矿石。磷块岩是指由外生作用形成、由隐晶质或显微隐晶质磷灰石及其他脉石矿物组成的堆积体。

磷元素在自然界中分布很广，因磷易于氧化，在自然界中不存在游离状态磷，主要以磷酸盐形式存在于矿物中，最主要的磷矿石为氟磷灰石 $Ca_5F(PO)_3$，少数磷矿是以氯或氢氧根代替氟，称氯磷灰石或羟基磷灰石。

制磷原料各组分在电炉内均参与反应，故磷矿的品位及其组分对黄磷生产影响较大，对黄磷尾气中杂质含量影响也很大。黄磷生产需要使用块(粒)状磷矿石以改善炉料的透气性，一般要求粒度为 3～30 mm。在使用原生块矿入炉前，必须经过干燥并除去粒径小于 3 mm 的碎(粉)矿。

品位较高的块矿资源越来越少，有的企业开始使用劣质块矿，如会泽磷矿 P_2O_5 含量低于 25%，现举几种典型的磷矿石组分加以比较(表 1.2)。

表 1.2　磷矿石组分(%)

矿名	P_2O_5	CaO	SiO_2	Fe_2O_3	Al_2O_3	MgO	CO_2	F	其他
昆阳磷矿	31.85	43.95	12.55	1.75	0.13	—	2.02	3.02	4.73
会泽 3 号矿	19.35	30.33	28.40	1.83	—	3.17	7.71	—	—
云南某磷矿	27.10	47.24	6.43	0.95	0.92	4.2	9.73	2.90	1.45

会泽磷矿 P_2O_5 含量低，而碳酸盐含量却很高，碳酸盐主要以白云石($CaCO_3 \cdot MgCO_3$)、石英石等形式存在。电炉制磷炉料中的碳酸盐是有害组分，碳酸盐的分解温度为 700～900℃，反应分解出来的 CO_2 随即被 C 还原成 CO，碳酸盐在炉内发生的化学反应如下：

$$CaCO_3 \longrightarrow CaO + CO_2\uparrow \tag{1-1}$$

$$MgCO_3 \longrightarrow MgO+CO_2\uparrow \tag{1-2}$$

$$CO_2+C \longrightarrow 2CO\uparrow \tag{1-3}$$

当炉料依次落入熔池时，随温度逐渐升高，碳酸盐分解和CO_2的还原使磷矿爆裂粉化，料层中粉尘增多，粉尘增加率可高达 12%～21%，大量粉尘随尾气带出，致使泥磷量增大，同时给黄磷尾气净化除尘带来麻烦。

2. 还原剂

电炉制磷最常用的还原剂是焦炭，有时也用无烟煤。焦炭是由烟煤高温干馏所得，挥发分含量较低，主要组分为固定碳，其次是灰分。实际上大多数厂采用焦丁，灰分含量为17%～19%，固定碳含量为78%～82%；土焦丁灰分含量为20%～26%，固定碳含量为 72%～78%。现以典型的焦炭为例，其组分如表 1.3 所示。

表 1.3　焦炭组分(%)

工业分析				灰分组成(占灰分的质量分数)						
水分	固定碳	灰分	挥发分	SiO_2	Al_2O_3	Fe_2O_3	CaO	MgO	S	其他
3	78.17	18.07	0.76	39.05	19.71	30.95	4.50	1.71	0.50	3.58

无烟煤是可燃性矿产中变质程度最高的腐植煤，挥发分很少(2%～8%)，水分也很少，不黏结，可代替焦炭作为制磷还原剂用。由于无烟煤价格较便宜或有就地取材的条件，有少数厂采用无烟煤作为还原剂，毕竟无烟煤未经干馏处理，挥发分要比焦炭高，在黄磷尾气中会带有少量焦油，无烟煤中的有机硫及无机硫全进入电炉，又给黄磷尾气净化带来麻烦。

大多数制磷厂对焦丁或无烟煤没有质量要求，往往就地取材，只要是焦丁或无烟煤就用，经常吃“粗粮”，原料质量波动很大。尤其是原料中硫含量波动更大，原料中硫含量高达 2%，属高硫煤，在制磷电炉中的硫大部分转移至黄磷尾气中，这又使净化工艺复杂化。

3. 助熔剂

助熔剂采用硅石，主要化学成分为SiO_2，其他杂质为 CaO、MgO、Fe_2O_3、Al_2O_3等，一般要求SiO_2含量在 96%以上，硅石按酸度指标$SiO_2/CaO=0.8$配入，如会泽磷矿根本不需要配入硅石，所以硅石对黄磷尾气净化的影响可以不考虑(表 1.4)。

表 1.4　硅石主要组分

组分	SiO_2	CaO	Al_2O_3	Fe_2O_3
含量/%	98.0	0.8	1.0	0.2

1.2.2 电炉法黄磷生产原理

电炉法黄磷生产是将合格的磷矿石、焦炭和硅石按工艺要求的比例配比混合均匀，在三相密闭电炉中利用电能产生1400～1500℃的高温，使电炉的磷矿石和焦炭起化学反应，焦炭中的碳将磷矿石还原为单质磷并生成一氧化碳气体，同时利用助熔剂二氧化硅与氧化钙反应生成易熔的硅酸钙(造渣)[19]。

1. 电炉中的主要化学反应

$$Ca_3(PO_4)_2 + 3SiO_2 + 5C == 3CaSiO_3 + P_2 + 5CO \quad (1\text{-}4)$$

磷矿石中的杂质 Al_2O_3 同 SiO_2 一样，也能降低还原温度，生成易熔的炉渣($CaO \cdot Al_2O_3$)：

$$Ca_3(PO_4)_2 + 3Al_2O_3 + 5C == 3(CaO \cdot Al_2O_3) + P_2 + 5CO \quad (1\text{-}5)$$

生成的炉渣($CaO \cdot Al_2O_3$)与硅酸钙($CaSiO_3$)一起从电炉底部排出。

磷矿石中的杂质 Fe_2O_3 被碳还原为金属铁并生成一氧化碳气体：

$$Fe_2O_3 + 3C == 2Fe + 3CO \quad (1\text{-}6)$$

金属铁与生成的磷的一部分化合成为磷化铁 Fe_3P：

$$6Fe + P_2 == 2Fe_3P \quad (1\text{-}7)$$

磷化铁呈熔融态从电炉底部排出，冷凝成为磷铁。

磷矿石中所含的氟与硅石反应生成氟化硅：

$$2CaF_2 + SiO_2 == 2CaO + SiF_4 \quad (1\text{-}8)$$

2. 电炉中的副反应

炉料中所含的水分在电炉高温下蒸发为水蒸气，部分水蒸气与碳发生非均相水煤气反应，生成一氧化碳和氢气：

$$H_2O + C == CO + H_2 \quad (1\text{-}9)$$

水煤气反应生成的CO又与余下的水蒸气发生变换反应，生成 CO_2 和 H_2：

$$CO + H_2O == CO_2 + H_2 \quad (1\text{-}10)$$

电炉中还原生成的 P_2 又与 H_2 反应，生成少量的磷化氢 PH_3：

$$P_2 + 3H_2 \longrightarrow 2PH_3 \quad (1\text{-}11)$$

炉料中的硫与气体中的氢发生反应，生成 H_2S：

$$S + H_2 \longrightarrow H_2S \quad (1\text{-}12)$$

炉料中的硫与气体中的 CO 发生反应，生成 COS：

$$S + CO \longrightarrow COS \quad (1\text{-}13)$$

炉料中的硫与碳发生反应，生成 CS_2：

$$2S + C \longrightarrow CS_2 \quad (1\text{-}14)$$

制磷电炉氰化氢生成过程很复杂，至今尚无定论，有可能通过如下途径生成。炉料中的 CaO 和焦炭在高温下反应生成 CaC_2，反应如下：

$$CaO + 3C \longrightarrow CaC_2 + CO \quad (1\text{-}15)$$

生成的 CaC_2 与带进去的氮气在加热条件下反应，生成氰氨化钙：

$$CaC_2 + N_2 \longrightarrow CaCN_2 + C \quad (1\text{-}16)$$

生成的氰氨化钙在高温下再与碳和水蒸气反应生成氰化氢：

$$CaCN_2 + C + H_2O \longrightarrow 2HCN + CaO \quad (1\text{-}17)$$

炉料中的水分以游离水和结晶水两种形式进入炉内，进入炉内的水分有如下害处：①炉料含水过高往往会恶化操作，堵塞料管，使下料不畅，在电炉内结块塔桥引起塌料，造成喷火甚至发生爆炸事故；②大量游离水进入炉内，副反应增大，尾气量有所增加，黄磷尾气中杂质如 PH_3、H_2S 的含量也提高，尤其是 H_2S 在雨季原料含水量提高时，黄磷尾气中 H_2S 含量明显提高，给脱硫造成不良影响；③由于副反应增大，原料碳及电极消耗增大，单质磷回收率下降，产品磷产量减少。

因此，磷矿石和焦炭在入炉前用黄磷尾气燃烧产生的热量进行干燥，一般要求含水量在 2%以下。

1.2.3 黄磷尾气产生的物料衡算

1. 炉料基础数据

(1)磷矿石组分：L_P，磷矿石中 P_2O_5 含量，%；L_{Ca}，磷矿石中 CaO 含量，%；

L_{Si}，磷矿石中 SiO_2 含量，%；L_{Fe}，磷矿石中 Fe_2O_3 含量，%；L_{Al}，磷矿石中 Al_2O_3 含量，%；L_{CO_2}，磷矿石中 CO_2 含量，%；L_F，磷矿石中 F 含量，%；L_{H_2O}，磷矿石中水分含量，%。

(2)焦炭或无烟煤的组分：J_C，焦炭中固定碳含量，%；J_A，焦炭中灰分含量，%；J_{H_2O}，焦炭中水分含量，%；A_{Ca}，焦炭灰分中 CaO 含量，%；A_{Si}，焦炭灰分中 SiO_2 含量，%；A_{Fe}，焦炭灰分中 Fe_2O_3 含量，%；A_{Al}，焦炭灰分中 Al_2O_3 含量，%。

(3)硅石组分：S_{Si}，硅石中 SiO_2 含量，%；S_{Ca}，硅石中 CaO 含量，%；S_{Fe}，硅石中 Fe_2O_3 含量，%；S_{Al}，硅石中 Al_2O_3 含量，%。

(4)炉料酸度指标：$SiO_2/CaO=0.8$。

(5)焦炭或无烟煤过剩系数：$k=1.03$。

2. 炉料物料衡算

进入电炉的混合料，以 1000 kg 磷矿石为计算基准。

1)混合料中需加硅石量的计算

配料中需要 SiO_2 总量为：

$$1000\times 0.8L_{Ca}$$

需要外加 SiO_2 量为：

$$1000\times(0.8L_{Ca}-L_{Si})$$

混合料中需要外加的硅石量 G_{Si}：

$$G_{Si}=1000\times(0.8L_{Ca}-L_{Si})/S_{Si}\,(\text{kg})$$

2)混合料需要加入焦炭或无烟煤量的计算

还原磷矿石中 P_2O_5 所需的碳量 G_P：

$$P_2O_5 + 5C = P_2 + 5CO \tag{1-18}$$

$$G_P=5\times 12\times 1000L_P/142=422.54L_P\,(\text{kg})$$

还原磷矿石中 Fe_2O_3 所需的碳量 G_{Fe}：

$$Fe_2O_3 + 3C = 2Fe + 3CO \tag{1-19}$$

$$G_{Fe}=3\times 12\times 1000L_{Fe}/159.68=225.45L_{Fe}\,(\text{kg})$$

还原磷矿石中 CO_2 所需的碳量 G_{CO_2}：

$$CO_2 + C \longrightarrow 2CO \quad (1\text{-}20)$$

$$G_{CO_2}=12\times1000L_{CO_2}/44=272.7\,L_{CO_2}\,(\text{kg})$$

混合料中需要加入的焦炭量 G_J：

$$G_J=1.03\,(G_P+G_{Fe}+G_{CO_2})\,/J_C\,(\text{kg})$$

混合料总量：

$$G=1000+G_{Si}+G_J\,(\text{kg})$$

磷矿石带进的 P_2O_5 折算 P_4 的量：

$$P_4=1000L_P\times61.96/141.96=436.46L_P\,(\text{kg})$$

3. 黄磷尾气产量及组分计算

由炉气带出的炉尘量视料块的自身强度和耐热强度而定，一般量为入炉量的0.5%左右，如料块的自身强度和耐热强度较差，则高达 3%，在此设为 0.5%。设残留在炉渣中的 P_2O_5 为入炉总 P_2O_5 的 4%，其余全部还原为 P_4。

磷矿石中的 CO_2 及 30%的氟转入炉气中，未反应的碳不包括在炉渣中。

(1) 还原 P_2O_5 生成的 CO 量 V_1：

$$V_1=5\times22.4\times0.953\times1000L_P/141.96=751.87L_P=751.87\times0.3106=233.5\ (\text{Nm}^3)$$

(2) 还原 Fe_2O_3 生成的 CO 量 V_2：

$$V_2=3\times22.4\times(1000L_{Fe}+G_{Si}\times S_{Fe}+G_J\times A\times A_{Fe})/159.68$$
$$=0.42\,(1000L_{Fe}+G_{Si}\times S_{Fe}+G_J\times A\times A_{Fe})=8.19\ (\text{Nm}^3)$$

(3) 还原 CO_2 生成的 CO 量 V_3：

$$V_3=2\times22.4\times1000L_{CO}/44=1018.2L_{CO}=1018.2\times0.0097=9.88\ (\text{Nm}^3)$$

(4) 炉料带入的水，根据经验数据约有 70%与碳发生水煤气反应，生成 CO 和 H_2：

$$C+H_2O \longrightarrow CO+H_2 \quad (1\text{-}21)$$

炉料带入的水 70%生成的 CO 量 V_4：

$$V_4=0.7\times22.4\,(1000L_{H_2O}+G_J\cdot J_{H_2O})/18=0.87\,(1000L_{H_2O}+G_J\cdot J_{H_2O})$$
$$=0.87\times(1000\times0.02+182.3\times0.02)=0.87\times23.65=20.58\ (\text{Nm}^3)$$

炉料带入的水 70%生成的 H_2 量 V_5：

$$V_5=0.7\times22.4(1000L_{H_2O}+G_J\cdot J_{H_2O})/18$$
$$=0.87(1000L_{H_2O}+G_J\cdot J_{H_2O})=0.87\times23.65=20.58\ (Nm^3)$$

(5)炉料带入的水，根据经验数据约有 30%与一氧化碳发生反应，生成 CO_2 和 H_2：

$$CO+H_2O = CO_2+H_2 \tag{1-22}$$

炉料带入的水 30%生成的 CO_2 量 V_6：

$$V_6=0.3\times22.4(1000L_{H_2O}+G_J\cdot J_{H_2O})/18=0.37(1000L_{H_2O}+G_J\cdot J_{H_2O})$$
$$=0.37\times23.65=8.8\ (Nm^3)$$

炉料带入的水 30%与 CO 反应，CO 减少的量 V_7：

$$V_7=0.3\times22.4(1000L_{H_2O}+G_J\cdot J_{H_2O})/18=0.37(1000L_{H_2O}+G_J\cdot J_{H_2O})$$
$$=0.37\times23.65=8.8\ (Nm^3)$$

炉料带入的水 30%生成的 H_2 量 V_8：

$$V_8=0.3\times22.4(1000L_{H_2O}+G_J\cdot J_{H_2O})/18=0.37(1000L_{H_2O}+G_J\cdot J_{H_2O})$$
$$=0.37\times23.65=8.8\ (Nm^3)$$

(6)随炉料带入的空气形成的尾气量：根据经验数据，1000 kg 磷矿石随炉料带入的空气量为 13～15 m^3，空气中的氮全留在尾气中，空气中的氧 50%留在尾气中，其余参与反应生成 CO_2。

随炉料带入的空气形成的氮气量 V_9：

$$V_9=14\times0.79=11.06\ (Nm^3)$$

随炉料带入的空气形成的氧气量 V_{10}：

$$V_{10}=0.5\times14\times0.21=1.47\ (Nm^3)$$

黄磷尾气总量：

$$V=V_1+V_2+V_3+V_4+V_5+V_6-V_7+V_8+V_9+V_{10} \tag{1-23}$$
$$=233.5+8.19+9.88+20.58+20.58+8.8-8.8+8.8+11.06+1.47=314.06\ (Nm^3)$$

磷矿石中的磷由于粉尘、泥磷、炉渣和黄磷尾气的带出以及磷铁的生成等的损失，实际磷的收率约为 85%～87%，磷的收率与磷矿石的品位有关，相同工艺条件下，磷矿石品位高，磷的收率就高。

1000 kg 黄磷产生的黄磷尾气量为

$$V_W=1000V/(P_4\times0.86)=1000\times314.06/(135.55\times0.86)=2694.96\ (Nm^3) \quad (1\text{-}24)$$

黄磷尾气由计算所得的组成：

CO $$V_{CO}=(V_1+V_2+V_3+V_4-V_7)/V\times100\% \quad (1\text{-}25)$$
$$=(233.5+8.19+9.88+20.58-8.8)/314.06\times100\%=83.85\%$$

CO_2 $$V_{CO_2}=V_6/V\times100\%=8.8/314.06\times100\%=2.8\% \quad (1\text{-}26)$$

H_2 $$V_{H_2}=(V_5+V_8)/V\times100\%=(20.58+8.8)/314.06\times100\%=9.35\% \quad (1\text{-}27)$$

N_2 $$V_{N_2}=V_9/V\times100\%=11.06/314.06\times100\%=3.52\% \quad (1\text{-}28)$$

O_2 $$V_{O_2}=V_{10}/V\times100\%=1.47/314.06\times100\%=0.47\% \quad (1\text{-}29)$$

原料干燥程度即含水量对黄磷尾气的产量与组成的计算结果见表 1.5。从计算结果可看出，炉料中的水分对黄磷尾气的产量和组成影响很大，水分含量高，黄磷尾气产量高，但黄磷尾气的品质下降了。

表 1.5　炉料不同含水量时黄磷尾气的产量与组成

炉料含水量/%	黄磷尾气产量 /(Nm^3/t 黄磷)	组分体积分数/%				
		CO	CO_2	H_2	O_2	N_2
3.0	2915.5	79.27	3.92	9.16	0.45	3.29
2.0	2694.2	83.86	2.80	6.54	0.47	3.52
1.5	2585.3	86.42	2.18	5.08	0.49	3.65
1.0	2477.4	89.17	1.51	3.52	0.50	3.79
0.8	2435.0	90.33	1.23	2.86	0.51	3.85

2000 年研究生吴满昌在昆阳磷肥厂现场测定的数据见表 1.6。

表 1.6　黄磷尾气体积分数(气柜进口)(%)

样品号	CO	CO_2	O_2	H_2	CH_4	N_2
1	88.9	2.20	0.70	4.33	0.40	3.47
2	77.0	5.80	0.80	6.67	0.40	9.33
3	89.6	0.90	0.40	6.30	0.40	2.40

续表

样品号	CO	CO_2	O_2	H_2	CH_4	N_2
4	84.0	1.40	1.80	6.40	0.20	6.20
5	88.6	0.80	1.50	5.80	0.40	2.90
6	84.5	0.50	0.90	8.13	0.80	5.17
7	85.8	2.00	1.10	6.87	0.40	3.83
8	85.0	5.90	0.40	7.27	0.40	1.03

从表 1.6 可以看出，黄磷尾气由计算所得的组成与现场测定的数据相近，一氧化碳的体积分数大致在 80%～90%之间，氢气的体积含量大致在 4%～8%之间，氮气的体积分数在 2%～9%之间，甲烷则为 0.4%左右。

表 1.7 列出了一些企业黄磷尾气的一般组成供比较。

表 1.7 黄磷尾气一般组成

企业名称	组分体积分数/%					
	CO	CO_2	H_2	O_2	N_2	CH_4
三门峡化工厂	85～95	2～4	3～5	3	—	—
荆州化工总厂	90	2～33	3	3	—	—
滇东磷化工公司	85～92	1～4	1～8	2～5	—	—
江川某磷厂平均值	85.8	2.6	6.4	0.5	4.3	0.4

从表 1.7 可看出，黄磷尾气是高浓度 CO 的原料气源，CO 是中热值的燃料或碳一化工的重要合成原料，综合利用黄磷尾气具有显著的经济价值和环保价值[20]。

若知道黄磷原料磷矿石、焦炭及硅石组分，可以用附录 1.1“黄磷尾气产量、组分计算 Visual Basic 程序”计算出黄磷尾气的产量和组分，作为设计依据。

1.3 黄磷尾气的特性

1.3.1 黄磷尾气的有害杂质

1. 烟尘

由于炉料筛分不完全，炉料在运输过程中粉碎，在电炉制磷过程中，总有一部分固体粉尘被带出，炉气中含尘量为 20～50 g/Nm^3，若遇高碳酸盐的磷矿石，在高温下分解粉碎被带出更为严重，炉气中含尘量高达 100 g/Nm^3 以上[21]。

2. 氟化物

磷矿石中的氟有30%升华，以SiF_4形式随炉气逸出，尾气中的SiF_4含量为40～50 g/Nm^3。

部分SiF_4在冷凝塔中遇水发生水解反应而产生浓烟雾，$SiF_4 + 2H_2O = 4HF + SiO_2$，生成的$SiO_2$固体颗粒微小成为烟，生成的水凝聚为雾。黄磷尾气中形成了微小固体混合物的气溶胶，烟和雾的尘粒大小一般为 0.01～10 μm。在管道中经常有白色粉末沉积出现，而要除去比较困难，必须经过多级洗涤才能除去。

部分SiF_4在冷凝塔中与水反应生成 HF 和硅酸凝胶，反应如下：

$$SiF_4 + 4H_2O = H_4SiO_4 + 4HF \tag{1-30}$$

生成的 HF 留在黄磷尾气中，HF 具有强腐蚀性，在输送过程中会腐蚀管道和设备。HF 易溶于水，呈弱酸性，能与碱性物质发生作用，生成氟化物。

生成的硅酸凝胶与洗涤下来的粉尘形成泥磷。电炉出来的粉尘又细又轻，用显微观察收集的泥磷，其粒度从1～2 μm 至 0.2～0.5 μm，这就给除尘带来困难。

我国典型的电炉制磷流程中不同来源的泥磷主要分为两类(表 1.8)。

表 1.8　不同来源的泥磷组成表

来源	组成/%					分类
	湿基			干基		
	磷	固体杂质	水分	固体杂质	磷	
精磷槽放出	87.70	2.0	10.10	2.45	97.55	富泥磷
预沉器收集	62～51	20	18	25～28	75～72	富泥磷
污水沟	20～40	40～25	40～35	17～39	33～61	贫泥磷
平流池	1.38～3.5	19.5～29.6	79～67	93.5～89.2	6.4～10.7	贫泥磷

泥磷中磷含量随着精制的程度不同有所差异，一般含磷约 5%～40%，其他杂质的主要成分为 SiO_2、CaO、C、Fe_2O_3、Al_2O_3 等，其余是水。泥磷中的 SiO_2 是电炉中产生的SiF_4在水洗塔和受磷槽中被水解而成，亲水性的SiO_2部分形成硅胶，它吸附黄磷、矿粉、焦炭粉尘等杂物，裹夹着部分黄磷，形成难分离的、比较稳定的结构。

粉尘的组分有SiO_2(约占 45%)、P_2O_5(约占 28%)以及K_2O、CaO、Al_2O_3、Fe_2O_3、F、Pb 等，是形成泥磷的主要物质。

在显微镜下观察，泥磷是一些固体杂质与元素磷黏附在一起的无定形颗粒，其粒度从1～2 μm 至 0.2～0.5 mm 不等，在熔融状态下，它与磷和水在容器中，处于磷层和水层之间，但它与磷层之间没有明显的界面。泥磷是一种乳胶体，其黏度较大，实测范围是 10^2～10^4 cP①。泥磷的熔点随质量的差异有所不同，一般在 60～75℃范围内。

3. 磷及磷化氢

黄磷在制磷企业中是主产品，产量越多越好，而在黄磷尾气中的磷却是有害杂质，黄磷尾气在输送过程中，黄磷凝聚夹杂粉尘堵塞管道；黄磷无孔不入，钻进法兰缝，抽插盲板时，黄磷一遇空气着火，点燃黄磷尾气，引起燃烧甚至爆炸。黄磷尾气作为碳一化工合成气，磷则毒害催化剂。磷的危害性看得见，似乎黄磷尾气中磷是罪魁祸首，人们对它很重视，实际上罪魁祸首应该是 PH_3，因为 PH_3 看不见，暗暗作害却还不为人知，人们对它不重视[22, 23]。

黄磷尾气中单质磷含量与洗涤冷凝温度有关，一般为 0.8～1.0 g/Nm^3。

黄磷不溶于水，但溶于苯和醚，特别易溶于二硫化碳。黄磷化学性质活泼，除碳、硼、硅外，大部分元素均能与它直接化合，能与卤素、氧直接反应生成相应的卤化物和氧化物。黄磷在低温下，当氧过量时其氧化物为五氧化物，而在氧量不足时，则为三氧化物和五氧化物的混合物。黄磷在常温见光时会在真空中升华，在暗处暴露于空气能发磷光，并发出白烟；燃点低，在空气中 35℃就能自燃，在湿空气中约 30℃即着火。

磷的化学反应性很强，磷在具有大量空气并具有高温的锅炉炉膛中燃烧会生成五氧化二磷：

$$4P + 5O_2 = 2P_2O_5 \tag{1-31}$$

磷遇碱性溶液产生 PH_3，反应如下：

$$P_4 + 3NaOH + 3H_2O = PH_3 + 3NaH_2PO_2 \tag{1-32}$$

$$2P_4 + 3Na_2CO_3 + 9H_2O = 2PH_3 + 6NaH_2PO_2 + 3CO_2 \tag{1-33}$$

从电炉中 P_2 与 H_2 反应生成 PH_3 可知，黄磷尾气中磷化氢含量与单质磷含量和氢含量有关，尤其是与氢含量影响更大，黄磷尾气中磷化氢含量用下述经验公式估算：

$$X_{PH_3} = 1.327 \times 10^6 \times \sqrt{0.03052 \cdot X_P \cdot X_{H_2}^3}\ (\text{mg/Nm}^3) \tag{1-34}$$

式中，X_{PH_3} 为黄磷尾气中磷化氢含量，mg/Nm^3；X_P 为黄磷尾气中黄磷含量，%；

① 1 cP=10^{-3} Pa·s

X_{H_2} 为黄磷尾气中氢组分含量，%。

黄磷尾气中磷化氢含量一般为 800～1500 mg/Nm^3，有时高达 2800 mg/Nm^3。

气态的 PH_3 称为膦，属易燃气体，有毒，有类似大蒜的气味，具有较强的还原性，能被强氧化剂所氧化，暴露在空气中能自燃，遇明火、高热极易燃烧爆炸，与氧化剂能发生强烈反应，它与空气的混合物爆炸下限为 1.79%(26 g/m^3)。空气中含痕量 P_2H_4 可自燃，浓度达到一定程度时可发生爆炸，能与氧气、卤素发生剧烈的化合反应，通过灼热金属块生成磷化物，放出氢气，还能与铜、银、金及它们的盐类反应。

4. 硫化物

黄磷尾气中的硫化物(如 H_2S、COS、CS_2 等)是由还原剂焦炭或无烟煤转移进去的，当还原剂硫含量高时，黄磷尾气中硫化物含量也就高。当炉料中游离水含量增大时，副反应增加，黄磷尾气中 H_2S 的含量也有所提高。经验证明，在雨季原料含水量提高时，黄磷尾气中 H_2S 含量明显提高，给脱硫造成不良影响。

无烟煤中挥发分及粉煤含量较高，达 3.5%以上。在电炉的高温下，无烟煤中的硫及挥发分转移到黄磷尾气中，引起黄磷尾气中的有害杂质如硫化氢、氧硫化碳、粉尘及焦油等含量大幅度升高。

现以四川某厂将无烟煤作为还原剂为例，按无烟煤含硫量平均 3.3%，每吨黄磷用煤量 1850 kg，煤中的全硫量为 61.05 kg，产黄磷尾气 2300 m^3 计算，黄磷尾气中硫化物含量见表 1.9。

表 1.9 黄磷尾气中硫化物含量[24-30]

序号	硫化物含量/(mg/m^3)			黄磷尾气中的硫化物含量/kg			尾气硫/煤中硫/%		
	H_2S	COS	CS_2	H_2S	COS	CS_2	H_2S	COS	CS_2
1	10286	5393.0	104.8	22.27	6.62	0.2	36.5	10.84	0.33
2	11820	2845.7	203.4	25.59	3.49	0.39	41.95	5.72	0.64
3	2167.8	5034.4	145.2	5.67	6.17	0.28	9.3	10.12	0.46
4	7661.7	3465.3	—	16.59	4.25	—	27.2	6.97	—
5	11320	3975.0	—	24.5	4.88	—	40.17	7.99	—
6	8904.7	4025.4	—	19.26	4.94	—	31.58	8.09	—
7	5225.7	3196	104.5	6.98	3.92	0.2	11.45	6.43	0.33
8	6254.4	4414.3	227	13.53	5.41	0.44	22.18	8.87	0.72
9	18040	6806	—	38.96	8.34	—	63.87	13.67	—
10	13126	5244.6	—	28.41	6.43	—	46.58	10.54	—
平均	9481	4440	157	20.18	5.45	0.302	33.08	8.92	0.5

硫化氢(H_2S)是具有刺激性臭味的无色气体，其密度为 1.593 g/L。氧硫化碳(COS)是无色、易燃、有毒的气体，具有令人不愉快的臭鸡蛋味，其密度为 2.527 g/L。硫化氢、氧硫化碳燃烧产生二氧化硫(SO_2)，造成大气污染，形成酸雨，酸雨引发土壤退化，造成农业减产甚至绝收，危害森林及建筑物等，并严重威胁着人体健康，造成生活环境质量恶化[31]。

5. 氰化物

在制磷电炉中产生的少量氰化氢(HCN)随黄磷尾气带出，HCN 含量根据电炉操作条件不同，一般含量在 50～350 mg/m^3。HCN 剧毒，溶于水称氢氰酸，呈弱酸性，有腐蚀性[32, 33]，与相应的碱作用生成氰化钠、氰化钙，如与石灰水反应生成氰化钙，氰化钙溶于水以离子状态存在，反应如下：

$$2HCN + Ca(OH)_2 \xlongequal{} Ca(CN)_2 + 2H_2O \tag{1-35}$$

6. 其他

有害杂质包括焦油和砷化物(如 AsH_3)等物质。

1.3.2 黄磷尾气的特点

(1) 组成复杂。黄磷尾气中各种单质或化合物有 20 余种，有无机的，也有有机的；有气态的，也有固态的。尤其是 SiF_4 水解生成的 SiO_2，颗粒微小，形成气溶胶，很难分离，必须通过多种方法及其设备才能除去。

(2) 杂质含量变化幅度大。黄磷尾气组成的复杂性以及杂质含量波动大的主要原因是原料变化大，使用的原料没有固定的货源，对原料没有质量指标，来什么消化什么，尤其是还原剂焦炭或无烟煤含硫量变化更大，甚至用高硫焦炭，H_2S 含量特别高。

(3) 黄磷尾气产量不稳定。制磷企业属用电大户，受供电限制，当用电紧张时只得停产；黄磷产品大部分外销，当外销受阻时，企业也得停产，因此，黄磷尾气产量往往不稳定。

根据黄磷尾气的特点以及黄磷尾气的用途，需要各种黄磷尾气的净化技术。

1.4 电磷炉气中黄磷的回收

1.4.1 黄磷蒸气压、黄磷尾气磷含量与温度的关系

1. 黄磷蒸气压与温度的关系

从电炉顶部逸出的炉气，其主要组分为磷蒸气、黄磷尾气(CO、CO_2、H_2、

N_2等)、水蒸气、有害杂质(SiF_4、PH_3、H_2S、COS、CS_2等)以及炉气中夹带的少量粉尘。一般炉气中含磷量 270～380 g/m^3，其相应的露点为 160～170℃。炉气中含尘量在 20～50 g/m^3，操作不正常时还要高。

炉气中磷的露点是决定黄磷回收方法的关键参数。在电炉中生产黄磷，根据电炉理论化学反应是每还原 1 分子 P_4 同时产生 10 分子 CO，因此，气体体积比是 1∶10，磷蒸气占总体积的 9.09%，当在标准状态下大气压为 760 mmHg①，磷蒸气分压为 760 mmHg×0.0909=69.08 mmHg。由液态磷饱和蒸气压表查得，磷的露点温度为 180.4℃，也就是说，磷在这个温度以上为蒸气状态，当混合气体温度降低到 180.4℃以下时，有部分磷蒸气开始冷凝出来，这个温度称混合炉气磷的露点。

根据《日用化工理化数据手册》，将常用温度 120～200℃范围内的液态黄磷蒸气压的数据推导成下述经验指数方程式，用来计算模拟试验数据。

液态黄磷蒸气压以 mmHg 为单位的经验指数方程：

$$p_{\text{v}} = 1.2996 \times 10^{-10} \cdot t^{5.2} \ (\text{mmHg}) \tag{1-36}$$

液态黄磷蒸气压以 Pa 为单位的经验指数方程：

$$p_{\text{v}} = 1.7326 \times 10^{-8} \cdot \tau^{5.2} \ (\text{Pa}) \tag{1-37}$$

根据式(1-36)和式(1-37)液态黄磷蒸气压经验指数方程，用附录 1.2 计算的数据见表 1.10。

表 1.10　液态黄磷蒸气压(120～200℃)

温度/℃	蒸气压										
	单位	0	1	2	3	4	5	6	7	8	9
120	mmHg	8.42	8.80	9.18	9.58	9.99	10.42	10.86	11.31	11.78	12.27
	Pa	1122	1172	1223	1276	1331	1388	1446	1507	1570	1634
130	mmHg	12.77	13.29	13.83	14.38	14.95	15.54	16.15	16.78	17.43	18.09
	Pa	1701	1771	1842	1916	1992	2070	2153	2235	2321	2410
140	mmHg	18.78	19.50	20.22	20.97	21.74	22.54	23.36	24.20	25.07	25.96
	Pa	2501	2596	2693	2793	2896	3002	3111	3224	3339	3458
150	mmHg	26.88	27.83	28.8	29.80	30.83	31.88	32.96	34.08	35.22	36.40
	Pa	3581	3707	3836	3969	4106	4247	4391	4539	4692	4848
160	mmHg	37.60	38.84	40.11	41.42	42.76	44.13	45.54	46.98	48.46	49.98
	Pa	5009	5174	5343	5517	5695	5878	6066	6258	6455	6658

① 1 mmHg=133.322 Pa

续表

温度/℃	单位	蒸气压 0	1	2	3	4	5	6	7	8	9
170	mmHg	51.54	53.14	54.77	56.45	58.17	59.92	61.73	63.57	65.46	67.40
	Pa	6865	7078	7296	7519	7748	7982	8222	8468	8720	8977
180	mmHg	69.38	71.40	73.48	75.61	77.78	80.00	82.68	84.60	86.98	89.42
	Pa	9241	9511	9788	10071	10360	10656	10959	11269	11586	11910
190	mmHg	91.90	94.45	97.05	99.70	102.4	105.2	108.0	110.9	113.9	116.9
	Pa	12241	12580	12926	13280	13642	14012	14390	14775	15169	15572
200	mmHg	120.0	—	—	—	—	—	—	—	—	—
	Pa	15983	—	—	—	—	—	—	—	—	—

将表 1.10 液态黄磷蒸气压和温度的数据与《日用化工理化数据手册》中的液态黄磷蒸气压和温度的数据绘于图 1.1 中。

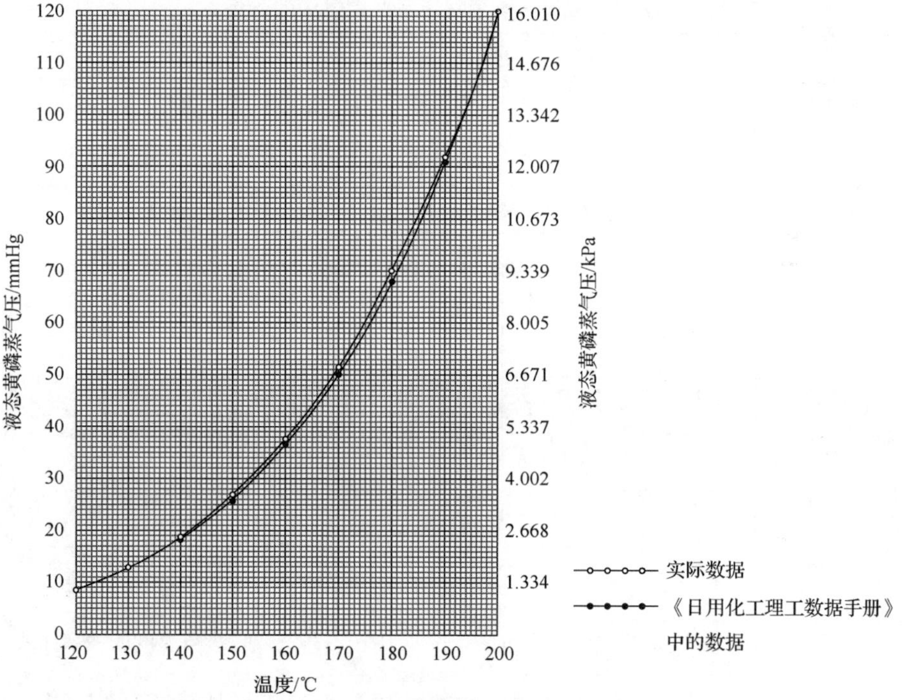

图 1.1　黄磷蒸气压与温度关系

从图 1.1 可看出，由式(1-36)和式(1-37)计算的数据与《日用化工理化数据手册》中数据相当接近，误差甚少。

实际上，黄磷在炉气中所占的体积要比理论值低，因为还原剂是过量的，还有炉料中的 Fe_2O_3、Al_2O_3 和 CO_2 还原生成 CO 以及 H_2、N_2、SiF_4、PH_3、H_2S、COS、CS_2 和水蒸气等，实际磷蒸气占的体积在 8%以下，其相应的露点在 175℃以下。

黄磷的沸点和在黄磷尾气中的露点受大气压力的影响。例如昆明地区平均大气压为 608 mmHg，实际磷蒸气占的体积在 8%，磷蒸气分压为 48.6 mmHg，其相应的露点为 168℃，磷的露点比在标准大气压下低 7℃。

2. 黄磷尾气磷含量与温度的关系

磷在黄磷尾气中的含量与冷凝温度有关，磷在黄磷尾气中含量按下式计算：

$$C = \frac{p_v}{p - p_v} \times \frac{124}{22.4} \times 10^6 = 5.5357 \times 10^6 \times \frac{p_v}{p - p_v} (\text{mg / Nm}^3) \tag{1-38}$$

现将在标准状况下，温度在 0～60℃范围内的液态黄磷的蒸气压以及磷在黄磷尾气中的含量以附录 1.3 计算数据列于表 1.11，并绘于图 1.2 和图 1.3。

表 1.11　液态黄磷蒸气压及在尾气中的含量

温度/℃		10	20	25	30	35	40	45	50	55	60
蒸气压	mmHg	0.042	0.026	0.045	0.073	0.109	0.154	0.209	0.275	0.352	0.441
	Pa	0.56	3.40	6.06	9.73	14.51	20.52	27.86	36.62	46.90	58.78
含量/(mg/Nm³)		30.7	186	331	532	793	1122	1523	2002	2564	3213

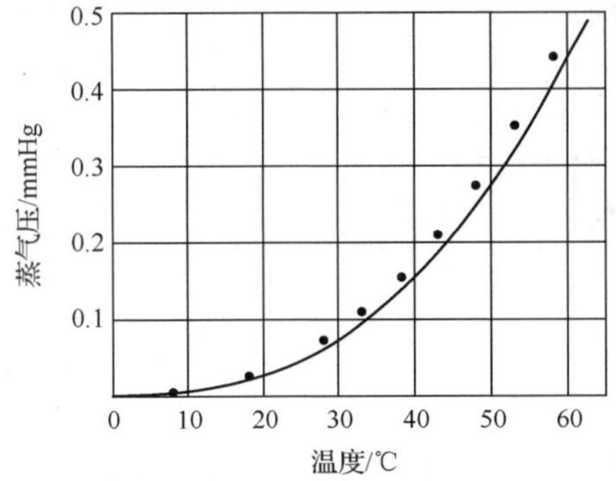

图 1.2　黄磷尾气蒸气压与温度的关系曲线

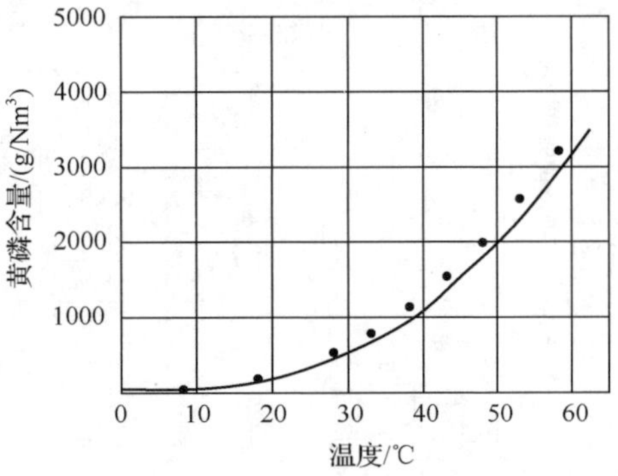

图 1.3　黄磷含量与温度的关系曲线

从表 1.11 和图 1.2、图 1.3 可看出，黄磷尾气含量受冷凝温度影响很大，在 30～40℃之间已很敏感，30℃时黄磷含量 532 mg/Nm³，40℃时黄磷含量 1122 mg/Nm³，温度相差 10℃，黄磷尾气中磷含量提高了 1 倍还多，这会给后续黄磷尾气净化带来麻烦，制磷企业应重视循环水温度的控制。

1.4.2 黄磷的冷凝回收方法

目前，国内中小型制磷企业均用冷凝法回收黄磷，磷蒸气的冷凝过程是将炉气冷却至低于磷的露点温度，炉气在冷凝塔中冷却，尾气温度从 150～160℃下降至 35～40℃，磷蒸气由气相转变为液相，刚冷凝下来的磷液滴粒径很小，需要长大到一定的粒径才能收集下来，尾气中磷液滴占气体总体积很小，磷液滴碰撞机会少，磷液滴长大需要一定的时间，尾气在冷凝塔停留时间在 60 s，冷凝率达 95%左右，尾气中磷含量还有 2～3 g/Nm^3。

我国制磷工业中磷的冷凝都是采用三个串联的空塔，空塔气流速度为 0.1～0.2 m/s，停留时间为 90～100 s 左右，生产实践表明，尾气温度 35℃左右，尾气中磷含量低于 1 g/Nm^3，磷的冷凝率达 99%以上。在冷凝洗涤过程中，大部分粉尘也洗涤下来，形成泥磷。国内外试验表明，冷凝塔只要温度降下来，喷水或不喷水对磷的冷凝率影响不大，但是，喷水对粉尘和氟化硅含量影响很大，只有喷水洗涤才能把粉尘和氟化硅含量降下来，单靠这一次洗涤，粉尘和氟化硅含量仍然不能满足黄磷尾气净化的要求，还必须通过除尘措施才能达到净化要求。

到目前为止，泥磷处理始终是制磷企业最为难的一项工作。炉气中的粉尘形成泥磷，泥磷处理相当麻烦，人们总想在炉气进入冷凝前就把粉尘脱除，以减少泥磷处理量。

目前，国内电炉制磷炉气中黄磷的回收方法普遍还是用传统的洗涤冷凝法。

1.5 黄磷尾气的热力学参数

1.5.1 黄磷尾气容积流量和重度计算

1. 黄磷尾气的分子量

$$M=M_a\cdot Y_a+M_b\cdot Y_b+M_c\cdot Y_c+M_d\cdot Y_d+M_e\cdot Y_e+M_f\cdot Y_f \tag{1-39}$$

式中，M_a、M_b、M_c、M_d、M_e、M_f分别为 CO、CO_2、H_2、N_2、CH_4、O_2的分子量；Y_a、Y_b、Y_c、Y_d、Y_e、Y_f分别为 CO、CO_2、H_2、N_2、CH_4、O_2的含量(V)，%。黄磷尾气的组成为 CO 85.8%，CO_2 2.6%，H_2 6.4%，N_2 4.3%，CH_4 0.4%，O_2 0.5%，故黄磷尾气的分子量

$$M=28\times0.858+44\times0.026+2\times0.064+28\times0.043+16\times0.004+32\times0.005=26.724$$

2. 操作状态下黄磷尾气流量 V 的计算

$$V=\frac{V_0\times101.3(273+t)}{273\times p} \tag{1-40}$$

式中，V_0为黄磷尾气处理量，Nm^3/h；p为操作压力(绝对压力)，kPa；t为操作温度，℃。

3. 在操作条件下黄磷尾气重度 γ_g 的计算

$$\gamma_g = V_0 \times M/(22.4 \times V)\ (kg/m^3) \tag{1-41}$$

式中，M为黄磷尾气分子量，$M = 26.724$。

1.5.2 黄磷尾气分子热容计算

热容是在热传递过程中系统不发生相变及化学变化的条件下，单位质量的物质温度升高 1℃时所吸收的热量。如物质以质量表示，习惯称为比热；如以体积表示，称为体积热容；如以分子表示，则称为分子热容。

热量衡算一般采用平均热容，基准温度采用 0℃比较方便，因此计算平均热容也都以 0℃作为起始温度(表 1.12)。

常用气体的热容可以用以下公式表示：

CO 分子热容

$$C_a=6.1868[6.787+0.0009201(273+t)-0.153\times10^{-6}(273+t)^2]\ [kJ/(kmol\cdot ℃)] \tag{1-42}$$

CO_2 分子热容

$$C_b=6.1868[8.996+0.00359\times(273+t)-0.825\times10^{-6}(273+t)^2]\ [kJ/(kmol\cdot ℃)] \tag{1-43}$$

H_2 分子热容

$$C_c=6.1868[6.919+0.000109\times(273+t)+0.093\times10^{-6}(273+t)^2]\ [kJ/(kmol\cdot ℃)] \tag{1-44}$$

N_2 分子热容

$$C_d=6.1868[6.771+0.000815\times(273+t)-0.115\times10^{-6}(273+t)^2]\ [kJ/(kmol\cdot ℃)] \tag{1-45}$$

CH_4 分子热容

$$C_e=6.1868[3.38+0.017905\times(273+t)-4.188\times10^{-6}(273+t)^2]\ [kJ/(kmol\cdot ℃)] \tag{1-46}$$

表 1.12　常压下气体和黄磷尾气的热容[kJ/(kmol·℃)]

温度	CO	CO_2	H_2	N_2	CH_4	黄磷尾气
0℃	29.4197	41.5104	29.1220	29.2445	41.8676	29.6102
20℃	29.4895	41.7719	29.1356	29.3073	42.4649	29.6828
25℃	29.5069	41.8368	29.1390	29.3229	42.6136	29.7009
50℃	29.5933	42.1590	29.1565	29.4007	43.3534	29.7908
75℃	29.6788	42.4768	29.1744	29.4780	44.0869	29.8799
100℃	29.7636	42.7903	29.1929	29.5546	44.8142	29.9682
150℃	29.9307	43.4044	29.2312	29.7061	46.2501	30.1422
200℃	30.0946	44.0011	29.2714	29.8551	47.6609	30.3130
250℃	30.2553	44.5807	29.3137	30.0017	49.0468	30.4805
300℃	30.4128	45.1429	29.3578	30.1460	50.4077	30.6447
400℃	30.7183	46.2156	29.4520	30.4272	53.0545	30.9634
500℃	31.0109	47.2192	29.5539	30.6988	55.6013	31.2689
600℃	31.2906	48.1537	29.6636	30.9608	58.0482	31.5613

混合气体的热容用下式计算：

$$C_p = \sum Y_i C_{pi} \tag{1-47}$$

$$C'_p = \sum W_i C'_{pi} \tag{1-48}$$

式中，C_{pi} 为混合气体中 i 组分在温度为 t 时的热容，kJ/(kmol·℃)；Y_i 为混合气体中 i 组分分子分数；C'_{pi} 为混合气体中 i 组分在温度为 t 时的热容，kJ/(kmol·℃)；W_i 为混合气体中 i 组分质量分数。

黄磷尾气的组成为 CO 85.8%，CO_2 2.6%，H_2 6.4%，N_2 4.3%，CH_4 0.4%。根据计算，各组分气体在常压下 100℃时的分子热容如表 1.13 所示。

表 1.13　各组分气体在常压下 100℃时的分子热容[kJ/(kmol·℃)]

组分	CO	CO_2	H_2	N_2	CH_4
C_p	29.7636	42.7903	29.1929	29.5546	44.8142

100℃黄磷尾气在常压下分子热容为

$$\begin{aligned}C_p &= 29.7636\times0.858+42.7903\times0.026+29.1929\times0.064\\ &\quad +29.5546\times0.043+44.8142\times0.004\\ &= 29.9682\ [\text{kJ/(kmol}\cdot℃)]\end{aligned}$$

1.5.3 黄磷尾气黏度计算

黄磷尾气的黏度可理解为黄磷尾气在运动时气体分子间的内摩擦力，当气体内部有相对运动时，由于分子间的内摩擦力而产生内部阻力。内摩擦力越大，黏度越大，阻力也越大，气体流动就越困难，输送动力消耗就越大。黏度有两种表示方法，即动力黏度和运动黏度。

1. 动力黏度(也称绝对黏度)μ

在物理单位制中，动力黏度的单位为 g/(cm·s)。这个单位又称“泊”，“泊”的单位过大，应用不方便，常用“泊”的百分之一来表示动力黏度，称“厘泊”。

在工程单位制中，动力黏度的单位为 $kgf \cdot s/m^2$。

$$1\ kgf \cdot s/m^2 = 98.1\ P(泊) = 9810\ cP(厘泊)$$

在工程计算时采用国际单位制，动力黏度单位以帕斯卡·秒(Pa·s)，即千克/(米·秒)或 kg/(m·s)表示。

$$1\ kg/(m \cdot s) = 1\ Pa \cdot s = 10\ P = 1000\ cP$$

2. 运动黏度 ν

黄磷尾气的运动黏度是以黄磷尾气的动力黏度除以其密度，即

$$\nu = \frac{\mu}{\rho} \tag{1-49}$$

运用上式时，要用黄磷尾气所处的温度和压力下的密度 ρ。

在国际单位制中，运动黏度的单位以米^2/秒或 m^2/s 表示。

气体的黏度随压力的增加而增加，在常压下黏度随温度升高而增加。黄磷尾气一般都在常压下操作，将在常压下及一定温度范围内，与黄磷尾气有关的气体黏度及黄磷尾气的黏度列于表 1.14。

表 1.14 常压下气体和黄磷尾气的黏度 μ[10^{-7} kg/(m·s)]

温度	CO	CO_2	H_2	N_2	CH_4	O_2	黄磷尾气
0℃	166.2	136.7	84.0	166.5	102.8	191.0	160.90
20℃	174.9	146.8	88.0	176.6	109.2	202.6	169.49
25℃	176.6	148.6	89.0	177.8	110.8	205.2	171.13
50℃	187.2	160.7	93.08	188.3	118.5	218.2	181.48
75℃	198.0	171.6	98.5	198.6	126.0	231.0	191.99

续表

温度	CO	CO_2	H_2	N_2	CH_4	O_2	黄磷尾气
100℃	207.6	182.7	103.3	208.6	133.2	243.7	201.44
150℃	227.1	204.5	112.3	227.8	147.2	267.4	220.48
200℃	245.2	225.4	121.3	246.4	160.4	286.7	238.23
250℃	262.2	245.6	129.9	263.9	172.5	310.3	254.94
300℃	278.8	264.6	138.2	280.0	185.0	310.3	271.07
400℃	309.0	299.4	153.8	311.8	208	331.0	300.66
500℃	337.0	330.9	168.8	340.3	226.8	368.6	328.12
600℃	363.0	360.5	182.8	366.5	246.5	403.0	353.63

低压下气体混合物的黏度可按下式计算(也称平方根规律)，最大误差1.5%：

$$\mu=\frac{\sum\mu_i Y_i\sqrt{M_i}}{\sum Y_i\sqrt{M_i}} \tag{1-50}$$

式中，μ为混合气体在温度t时的黏度，kg/(m·s)；Y_i为混合气体中i组分的分子分数；μ_i为混合气体中i组分在温度t时的黏度，kg/(m·s)；M_i为混合气体中i组分的分子量。

黄磷尾气的主要组成为CO 85.8%，CO_2 2.6%，H_2 6.4%，N_2 4.3%，CH_4 0.4%。

代入式(1-50)计算得出，黄磷尾气的黏度为180.84×10^{-7} kg/(m·s)。

1.5.4 黄磷尾气导热系数计算

导热系数表示物质的导热能力，以λ表示，单位为kJ/(m·h·℃)。

一般情况下气体的导热系数随温度和压力的升高而增大。黄磷尾气一般都在常压下操作，将在常压下及一定温度范围内，与黄磷尾气有关的气体导热系数及黄磷尾气的导热系数列于表1.15。

表1.15 常压下各气体和黄磷尾气的导热系数λ[10^{-4} kJ/(m·h·℃)]

温度	CO	CO_2	H_2	N_2	CH_4	O_2	黄磷尾气
0℃	828.98	523.35	6070.86	858.29	1088.57	870.85	965.90
20℃	879.23	544.68	6288.57	911.7	1205.80	887.60	1020.04
25℃	904.35	598.7	6489.54	912.72	1214.17	929.47	1049.99
50℃	954.6	669.89	6531.4	962.96	1339.78	1214.17	1102.06

续表

温度	CO	CO_2	H_2	N_2	CH_4	O_2	黄磷尾气
75℃	1025.77	711.76	7326.9	1027.5	1465.38	1088.57	1172.15
100℃	1088.57	820.61	7536.24	1092.75	1624.50	1138.8	1260.44
150℃	1205.8	971.34	8164.26	1215.8	1988.73	1256.04	1393.11
200℃	1318.84	1113.69	8792.28	1318.84	2219.00	1339.78	1501.01
250℃	1423.51	1256.00	9838.98	1453.51	2553.95	1473.75	1655.03
300℃	1314.66	1402.58	10132.00	1318.84	2880.52	2888.89	1573.81
400℃	1695.65	1653.79	11304.36	1708.21	3516.91	1884.06	1966.24
500℃	1905.00	1905.00	12644.14	1925.93	5024.16	2093.4	2212.80
600℃	2097.59	2118.52	13900.18	2118.52	5003.22	2311.11	2434.67

低压下气体混合物的导热系数可用下式计算(也称立方根规律法)：

$$\lambda = \frac{\sum Y_i \lambda_i \sqrt[3]{M_i}}{\sum Y_i \sqrt[3]{M_i}} \tag{1-51}$$

式中，λ 为混合气体在温度 t 时的导热系数，kJ/(m·h·℃)；Y_i 为混合气体中 i 组分的分子分数；λ_i 为混合气体中 i 组分在温度 t 时的导热系数，kJ/(m·h·℃)；M_i 为混合气体中 i 组分的分子量。

黄磷尾气的主要组成为 CO 85.8%，CO_2 2.6%，H_2 6.4%，N_2 4.3%，CH_4 0.4%，代入式(1-51)可计算得出，100℃时，黄磷尾气的导热系数为 1260.44 kJ/(m·h·℃)。

1.5.5 黄磷尾气饱和水蒸气含量及水蒸气焓

1. 黄磷尾气湿度(又称湿含量)

$$d = \frac{\text{湿黄磷尾气中水蒸气质量}}{\text{湿黄磷尾气中干黄磷尾气的质量}} = \frac{M_{\mathrm{w}} n_{\mathrm{w}}}{M_{\mathrm{g}} n_{\mathrm{g}}} \tag{1-52}$$

式中，d 为湿黄磷尾气的湿度，kg 水蒸气/kg 干黄磷尾气；M_{w} 为水蒸气分子量，18 kg/kmol；n_{w} 为水蒸气的物质的量，kmol；M_{g} 为干黄磷尾气分子量，26.73 kg/kmol；n_{g} 为干黄磷尾气的物质的量，kg/kmol。

一般来说，黄磷尾气的操作压力都不高，此时水蒸气和干黄磷尾气可视为理想气体，故式(1-52)可以变化为

$$d=\frac{M_{\mathrm{w}}}{M_{\mathrm{g}}}\cdot\frac{p}{p_{\mathrm{t}}-p}=\frac{18}{26.73}\cdot\frac{p}{p_{\mathrm{t}}-p}=0.6734\times\frac{p}{p_{\mathrm{t}}-p} \tag{1-53}$$

式中，p 为湿黄磷尾气中水蒸气分压，kPa；p_{t} 为黄磷尾气总压强，kPa。

当湿黄磷尾气的水蒸气分压等于黄磷尾气温度下水的饱和蒸气压时(即湿黄磷尾气被水蒸气所饱和)，相应的湿度称为干黄磷尾气的饱和湿度，即

$$d_{\mathrm{s}}=0.6734\times\frac{p_{\mathrm{s}}}{p_{\mathrm{t}}-p_{\mathrm{s}}} \tag{1-54}$$

式中，d_{s} 为干黄磷尾气的饱和湿度，kg 水蒸气/kg 干黄磷尾气；p_{s} 为湿黄磷尾气温度下的饱和水蒸气分压，kPa。

湿度 d 与饱和湿度 d_{s} 之比的百分数称为绝对湿度百分数。

2. 湿黄磷尾气的相对湿度(又称相对湿度百分数)

$$\varphi=\frac{p}{p_{\mathrm{s}}}\times 100\% \tag{1-55}$$

式中，φ 为湿黄磷尾气的相对湿度，量纲为一。

湿度与相对湿度的关系为

$$d=0.6734\times\frac{\varphi p_{\mathrm{s}}}{p_{\mathrm{t}}-\varphi p_{\mathrm{s}}} \tag{1-56}$$

3. 湿黄磷尾气的比容

$$V_{\mathrm{h}}=\frac{\text{湿黄磷尾气的体积}}{\text{湿黄磷尾气中所含干黄磷尾气的质量}}$$

$$=\left(\frac{1}{26.73}+\frac{1}{18}\right)\times 22.4\times\frac{273+t}{273}\times\frac{1.0133\times 10^{5}}{p} \tag{1-57}$$

$$V_{\mathrm{H}}=V_{\mathrm{g}}+\left(\frac{d}{d_{\mathrm{s}}}\right)(V_{\mathrm{HS}}-V_{\mathrm{g}}) \tag{1-58}$$

式中，V_{h} 为湿黄磷尾气的比容，m^3 湿黄磷尾气/kg 干黄磷尾气；t 为湿黄磷尾气的温度，℃；p 为黄磷尾气总压强，kPa；V_{H} 为干黄磷尾气比容，m^3/kg；V_{g} 为绝干黄磷尾气的比容，m^3/kg；V_{HS} 为饱和湿黄磷尾气的比容，m^3 湿黄磷尾气/kg 干黄磷尾气。

4. 湿黄磷尾气的密度

$$\rho_{\mathrm{h}}=\frac{1+d}{V_{\mathrm{h}}} \tag{1-59}$$

式中，ρ_h 为湿黄磷尾气的密度，kg 湿黄磷尾气/kg 干黄磷尾气。

5. 湿黄磷尾气的比热

$$C_{\mathrm{h}}=C_{\mathrm{g}}+C_{\mathrm{V}}d=1.1144+1.93d \tag{1-60}$$

式中，C_h 为以 1 kg 干黄磷尾气为基础的湿黄磷尾气比热，kJ/(kg 干黄磷尾气·℃)；C_g 为干黄磷尾气比热，kJ/(kg·℃)，0～100℃范围内其值平均约为 1.1144 kJ/(kg·℃)；C_V 为水蒸气比热，其值约为 1.93 kJ/(kg·℃)。

6. 湿黄磷尾气的焓

$$I_{\mathrm{h}}=I_{\mathrm{g}}+I_{\mathrm{v}}\cdot d \tag{1-61}$$

或

$$I_{\mathrm{h}}=r_0 d+C_{\mathrm{v}}\cdot t=2490d+(1.1144+1.93d)t \tag{1-62}$$

式中，I_h 为以 1 kg 干黄磷尾气为基础的湿黄磷尾气的焓，kJ/(kg·℃)；I_g 为干黄磷尾气的焓，kJ/(kg·℃)；I_v 为水蒸气焓，kJ/(kg·℃)；d 为湿黄磷尾气的湿度，kg 水蒸气/kg 干黄磷尾气；r_0 为水的蒸发潜热，kJ/kg；C_v 为水的比热，kJ/(kg·℃)；t 为黄磷尾气温度，℃。

1.6　填料塔的液泛速度

在填料塔内气液两相逆流接触，正常情况下，气相是连续相，液相是分散相，即液相分散在填料表面上。气体通过填料层受阻而产生阻力，也称压强降，压强降的大小与填料种类、尺寸、堆放方式有关。在一个塔内，填料已定型，其压强降则取决于气速和喷淋量。

干填料层的阻力约与气速的 1.8～2 次方成正比，表明气流在实际操作中属湍流状态。这是由于气体在填料间穿行，气流通道突然扩大或缩小，气流转向频繁，所以在低速下即可达到湍流，这对传质过程有利。

气速固定，液体喷淋量增大时，气流压强降增大，这是因为填料表面所附的液体量增多，气流通道自由截面积缩小，也就是说，单位填料层上所附的液体量(也称持液量)增加，引起气流阻力增加。

如液体喷淋量固定，逐步增大气量，当气速达到一定程度时，填料持液量增加，而且逐渐积累起来，势必占领一部分空间，截面积变小，压强降增大；当气速继续增大时，填料层中的持液量越积越多，充满了整个空间，气体呈鼓泡状出现，液体下不来，气体压强降几乎是垂直上升，这时塔内气液两相间发生了根本变化，气相由原来的连续相变成分散相，而液相由原来的分散相变成连续相，气体以鼓泡状通过液体，这种现象称为液泛。把开始出现此现象的点称为泛点，相应的气速称为液泛速度。泛点是填料塔的操作极限，此时填料塔已无法正常操作。要使填料塔正常操作，压强降在较低水平，气流速度必须低于泛点速度。液泛现象可以目测，也可从压强降曲线的斜率变化确定。由于液泛速度确定，通常以液泛速度为基准确定操作气速。选定的气速不但要保证操作正常和一定的操作弹性，传质情况良好，而且出于压强降要小、操作费用要低、投资要省等因素考虑，经验认为实际气速通常取在泛点气速的50%～80%范围内。

填料层压降的通用关联图以$\frac{L}{G}^{0.25}\left(\frac{\rho_G}{\rho_L}\right)^{0.125}$为横坐标，纵坐标则最早由Sherwood及Lobo等采用$\frac{w^2}{g}\left(\frac{a}{\varepsilon^3}\right)\frac{\gamma_G}{\gamma_L}\mu_L^{0.2}$数群，后来Leva提出在该数群中再乘以液相重度校正系数ψ^2，并正式提出等压降线概念，近年来Eckert又提出校正系数采用ψ比ψ^2更符合多数数据，且用一个由实验实测的填料因子φ来代替计算得到的干填料因子(a/ε^3)。

通用关联图比较清楚地显示出压降与泛点、填料因子、气液比等参数的关系，而且也可以用于其他乱堆和整砌填料。在设计中还便于计算合适的压降时相应的气速，用途广泛，使用方便。

黄磷尾气净化设备因其物性特点，填料塔使用不多，但计算空塔时用到填料塔的计算数据，所以，图1.4示出了用于计算空塔速度的填料层压降的通用关联图，以供设计时查用[6]。

填料层压降的通用关联图使用方法：首先根据已有数据L、G、ρ_G、ρ_L等计算横坐标点$A=\left(\frac{L}{G}\right)^{0.25}\left(\frac{\rho_G}{\rho_L}\right)^{0.125}$，从横坐标$A$垂直向上画线与乱堆填料的液泛点线相交点$P$，再从$P$点引水平线向左与纵坐标$B$点相交，读取$B$值，$B=\frac{w^2\varphi\cdot\psi}{g}\left(\frac{\rho_G}{\rho_L}\right)\cdot\mu_L^{0.2}$。

根据下式计算液泛速度：

$$W=\sqrt{\frac{B\cdot g\cdot\rho_L\cdot\mu_L^{0.2}\cdot\psi}{\varphi\cdot\rho_G}} \tag{1-63}$$

实际操作空塔速度按上式计算取 W_1=0.5～0.7 W。

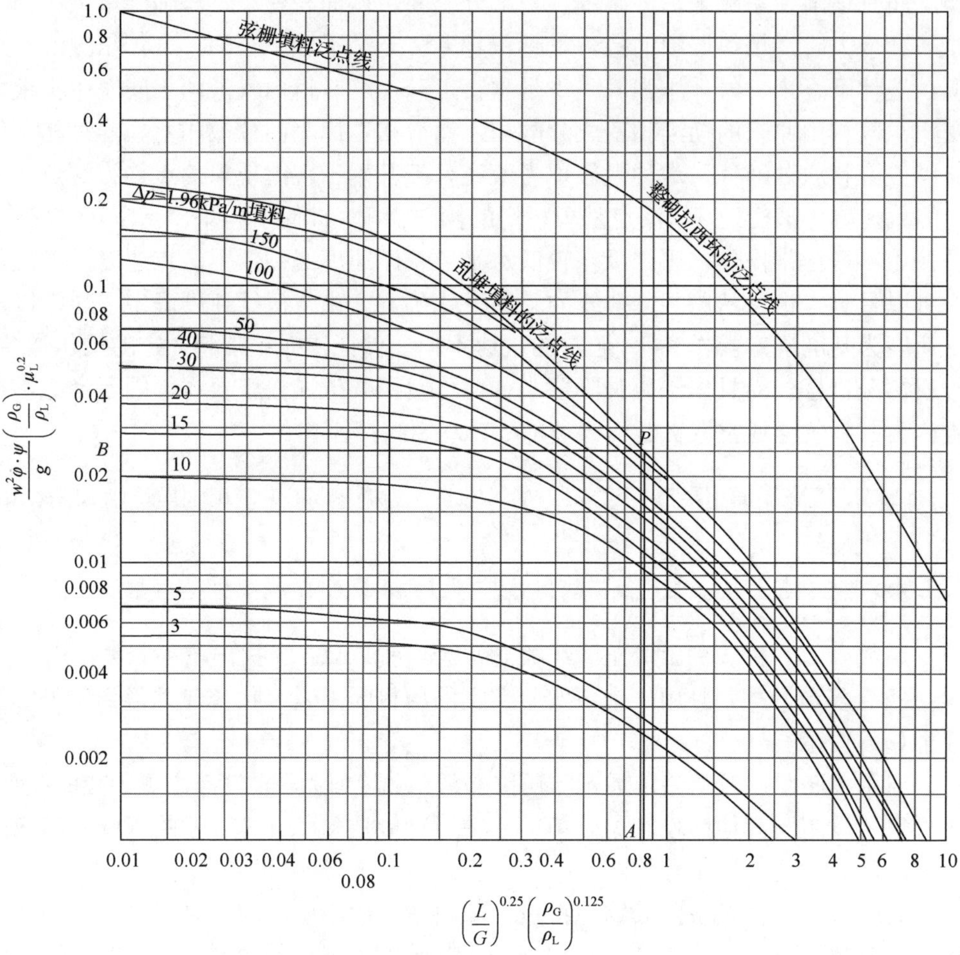

图 1.4 填料层压降的通用关联图

图中单位均为公制，各符号所代表的意义为：L，液体的质量流量，kg/h；G，气体的质量流量，kg/h；ρ_G，气体重度，kg/m^3；ρ_L，液体重度，kg/m^3；μ_L，液体重度，cP；w，气体空塔速度用液泛线时，此即液泛速度，m/s；ψ，液相重度校正系数，即水的气相重度与液相重度之比，$\psi=\gamma_G/\gamma_L$；g，重力加速度，m/s^2；φ，根据实验测定的有效填料因子

1.7 黄磷尾气净化技术发展状况

1.7.1 黄磷尾气净化现状

黄磷尾气组分复杂，且杂质含量高，难以利用，人们往往望而却步，没有很好地加以利用，因此对黄磷尾气的开发利用尚在起步，有的还在试验阶段，进入

工业化生产阶段的甚少。

早前，黄磷尾气只是作为制造草酸的原料，草酸产品对 CO 的质量要求不高，只要通过简单的碱洗即可符合草酸原料气的要求[34]，这个方法称为碱洗法。

碱洗法是黄磷尾气经水洗后，在填料塔中用 8%～12% NaOH 溶液进行洗涤，除去尾气中大量的 H_2S、CO_2 等酸性气体，其主要反应如下：

$$H_2S + 2NaOH \xlongequal{} Na_2S + 2H_2O \tag{1-64}$$

$$CO_2 + 2NaOH \xlongequal{} Na_2CO_3 + H_2O \tag{1-65}$$

$$HF + NaOH \xlongequal{} NaF + H_2O \tag{1-66}$$

$$P_4 + 3NaOH + 3H_2O \xlongequal{} 3NaH_2PO_2 + PH_3 \tag{1-67}$$

碱洗的脱硫效率在 80%～99%。脱氟效率一般可高达 99%，而脱 CO_2 的效率在 50%左右。碱洗效果与碱液浓度关系密切，当碱液浓度逐渐下降时，吸收效果波动很大。该工艺对 P_4 及 PH_3 的脱除效果不理想。碱洗法是一种最简单的脱硫化氢方法，对于小型净化装置简便可行[35]。

黄磷尾气中 CO_2 等酸性气体含量较高，碱洗时消耗大量的 NaOH，每立方米黄磷尾气消耗 NaOH 0.05 kg 以上，费用在 0.15 元以上，运行成本很高，生成的碳酸钠溶液再生困难，尤其是对 P_4 及 PH_3 不能脱除，这是一种最简单的净化技术。

1.7.2　黄磷尾气净化技术发展前景

根据黄磷尾气组分复杂、杂质含量高的特性，黄磷尾气净化不是用一种单一的方法就能达到要求的技术，而是一种复杂的综合性系统工程技术，统称黄磷尾气净化技术。

黄磷尾气的除尘和脱硫应用传统成熟的技术可以达到净化的目标，只要根据黄磷尾气的特点对工艺和设备作一些改进，就能达到净化的目的。

黄磷尾气净化的核心技术在于脱磷(包括单质磷和 PH_3)技术。目前，国内外提出净化磷化氢的方法较多，从脱磷剂形态来分，有干法和湿法两种；从脱磷原理来分，有吸附和催化氧化两种。湿法是指化学氧化吸收法，它是利用含有强氧化剂的溶液对 PH_3 进行吸收，并氧化成次磷酸而留在溶液中，它有次氯酸钠法、高锰酸钾法、浓硫酸法、过氧化氢法、漂白粉法以及液相催化氧化法等；干法是指利用固体吸附剂将 PH_3 进行吸附或催化氧化成固体 P_2O_5 或磷酸，截留在吸附剂上，它有活性炭吸附法、三氯化铁法、变压吸附法以及催化氧化法等[36]。这些方法在理论上脱除 PH_3 成立，试验表明可行，都能达到要求，但能在工业上获得应用，且能正常、可靠、质量好、低成本运行的技术却为数不多，恐怕唯有催化氧化法。工业装置要从原料来源、产品用途、工艺配置、设备选型、材质选用、污染处理、运行可靠、操作环境、投资效益以及运行成本等各方面全面考量。有望达到工业装置要求的包括以下几种。

1. 次氯酸钠法

次氯酸钠是一种用途广泛、易得的强氧化剂。利用其强氧化性将 P_4 和 PH_3 吸收氧化，生成次磷酸盐，从而达到净化 P_4 和 PH_3 的目的，反应如下：

$$PH_3+2NaClO+NaOH = 2NaCl+NaH_2PO_2+H_2O \qquad (1\text{-}68)$$

$$P_4+2NaClO+4NaOH+2H_2O = 4NaH_2PO_2+2NaCl \qquad (1\text{-}69)$$

在常温下 PH_3 与次氯酸钠反应，速度较快，生成次磷酸钠。

熊辉等[37]对次氯酸钠脱除黄磷尾气中的硫、磷杂质进行了试验，黄磷尾气先用30%的NaOH溶液洗涤，脱除黄磷尾气中的 H_2S、HF，脱除后 H_2S 含量＜10 mg/m^3，脱硫效率 99%，HF 含量＜0.5 mg/m^3。PH_3 没有明显效果。后用工业次氯酸钠配制各种浓度洗涤黄磷尾气，次氯酸钠溶液浓度以有效氯质量分数表示，根据试验确定了最佳的洗涤工艺条件：①次氯酸钠浓度太高，分解速度很快，将工业次氯酸钠稀释至质量分数为 0.6%～1.2%时，均能达到同样的效果，浓度低一些效果更佳；连续运转需补充浓次氯酸钠，保持溶液有效氯在 1.2%；②次氯酸钠在酸性条件下不稳定，很快分解，在碱性条件下较稳定，pH 对脱除 PH_3 的效果也有影响，试验表明，保持 pH=9 时，效果较好；③温度 285 K，黄磷尾气以 0.6～0.8 L/min 的速度通过 200 mL 次氯酸钠溶液，出口 PH_3 含量＜7 mg/m^3。试验表明，次氯酸钠溶液脱除 PH_3 的速度不是很快，这就要慎重考虑洗涤设备的结构和大小。

南京某设计院为云南某厂设计的黄磷尾气烧锅炉工艺流程曾提出次氯酸钠法净化黄磷尾气方案，现将方案摘录如下：

黄磷尾气通过黄磷车间气体总管进入尾气洗涤工段，经过阻气水封，进入第一级文丘里水洗器，采用工艺循环水对尾气进行第一次初洗，主要是除去尾气中大量的灰尘。之后尾气进入第二级文丘里碱洗器，采用 pH 为 8～9，温度为 80℃的 NaOH 溶液对尾气进行第二次洗涤，主要是除去尾气中的 H_2S、CO_2、HF、P_4 等。

经过碱洗的尾气进入水环真空泵，由真空泵加压送至后端的次氯酸钠洗涤系统，该系统由两个洗涤塔组成，尾气由Ⅰ级洗涤塔侧底部以大于 18 m/s 的速度送入洗涤塔进行旋流洗涤。再进入Ⅱ级洗涤塔，在塔内由次氯酸钠溶液洗涤，使尾气中的单质磷和磷化氢被次氯酸钠溶液氧化吸收，Ⅱ级洗涤塔顶部出口设置旋流板除雾器。

1) 第一级碱洗

黄磷尾气的碱洗(0.8%的 NaOH 水溶液)净化工艺主要针对尾气中的酸性气

体，碱洗采用一级多层孔板式洗涤塔，以缓解填料塔长期运行后氟化钠堵塞问题。

含 Na_2CO_3 的洗涤液经苛化处理回收 NaOH，返回系统循环使用。该方法虽然简便有效，但对 PH_3 基本没有净化作用，仍需后续净化工艺进一步脱除。其反应机理如下：

$$CO_2+2NaOH = Na_2CO_3+H_2O \tag{1-70}$$

$$HF+NaOH = NaF+H_2O \tag{1-71}$$

$$P_4+2H_2O+4NaOH = 2PH_3\uparrow+2Na_2HPO_3 \tag{1-72}$$

$$P_4+4H_2O+4NaOH = 2H_2\uparrow+4NaH_2PO_2 \tag{1-73}$$

$$H_2S+2NaOH = Na_2S+2H_2O \tag{1-74}$$

2）第二级次氯酸钠洗涤

经过碱洗后的黄磷尾气再进行氧化碱洗，以脱除尾气中的残余磷化氢和硫化氢，最后使净化后的黄磷尾气达到锅炉燃气的质量要求。其反应机理如下：

$$H_2S+4NaClO+2NaOH = Na_2SO_4+4NaCl+2H_2O \tag{1-75}$$

$$PH_3+2NaClO+NaOH = 2NaCl+NaH_2PO_2\cdot H_2O \tag{1-76}$$

$$P_2+3NaClO+4NaOH = 2Na_2HPO_3+3NaCl+H_2O \tag{1-77}$$

经过上述净化工艺处理后的黄磷尾气，可以完全达到作为锅炉燃料气的要求。

如果没有其他更好的黄磷尾气净化技术，该方案倒不失为一条合理的黄磷尾气净化工艺途径。

根据上述方案进行物料衡算，以 1000 m^3 黄磷尾气为计算基础。

黄磷尾气杂质含量为 PH_4 1200 mg/m^3，P_4 1000 mg/m^3，H_2S 3 g/m^3，HF 400 mg/m^3，CO_2 2.6%。

烧碱（NaOH）消耗量计算：CO_2 消耗的 NaOH 量为 1000×0.026×0.5×2×40/22.4=46.43（kg），H_2S 消耗的 NaOH 量为 3×2×40/34=7.06（kg），HF 消耗的 NaOH 量为 0.4×40/20=0.8（kg），NaOH 总消耗量=1.1×（46.43+7.06+0.8）=59.72（kg）。

次氯酸钠（NaClO）消耗量计算为 PH_4 0.0353 kgmol，P_4 0.0081 kgmol，PH_4 氧化消耗的有效氯量为 0.0353×2×35.5=2.506（kg），P_4 氧化消耗的有效氯量为 0.008×6×35.5=1.074（kg），总消耗有效氯量为 2.506+1.074=3.58（kg）。

工业次氯酸钠含有效氯 10%，则需要补加工业次氯酸钠 35.8 kg。

为了保持水平衡，必须从系统中引出 35.8 kg 溶液进行处理，引出的氯损失量为 35.8×0.012/0.1=4.3（kg），实际需要补加的工业次氯酸钠量为 35.8+4.3= 40.1（kg）。

次氯酸钠化学性质不稳定，在储存、运输、使用过程中容易分解。特别是在使用过程中，若黄磷尾气温度升高，分解速度加快，溶液浓度降低，失效加快，直接影响 PH_3 脱除效率，致使脱磷效率难以控制，操作不稳定，次氯酸钠实际消耗量会更大。

对于现在实现零排放的环保要求，次氯酸钠法生成的次磷酸钠溶液如何处理是个难题，一是将次磷酸钠溶液排入黄磷污水处理系统，即使生成次氯酸钙，因为次氯酸钙溶解度较大，参与系统循环，循环水中次磷酸离子($H_2PO_2^-$)和氯离子(Cl^-)将逐渐积累，越积越高，无法去除，造成循环水系统严重腐蚀；二是将次磷酸钠溶液用阴离子交换树脂分离出氯离子，再经真空蒸发、结晶、离心分离得次氯酸钠产品，但阴离子树脂再生时，仍然要放出氯离子。

1000 m^3 次氯酸钠法黄磷尾气净化运行成本见表 1.16。

表 1.16　1000 m^3 次氯酸钠法黄磷尾气净化运行成本

序号	成本项目	每千立方米消耗量	单价/(元/kg)	总价/元
一	原材料			226.9
1	烧碱	59.72 kg	3.2	191.1
2	次氯酸钠(10%)	35.8 kg	1.0	35.8
二	动力能源			29.5
1	水	1.5 t	1.0	1.5
2	电(包含仪表空气和氮气)	56 kW · h	0.5	28
三	工资及福利费			6.9
四	维修费			6.4
五	折旧费			15.6
六	其他费用			6.9
七	运行成本			292.2

2. 硫酸法

浓硫酸氧化吸收法是利用强氧化性的浓硫酸吸收 PH_3，并将其氧化生成 H_3PO_4，浓硫酸被还原生成水和 SO_2，其反应如下：

$$PH_3 + 4H_2SO_4 = H_3PO_4 + 4SO_2 + 4H_2O \tag{1-78}$$

浓硫酸被反应过程生成的水稀释，逐渐降低了对 PH_3 的净化能力，需要补充或更换浓硫酸。

反应过程生成的 SO_2 造成二次污染，必须将 SO_2 去除。SO_2 的去除方法是用3%～5%的 NaOH 溶液吸收，其反应如下：

$$SO_2 + 2NaOH \xlongequal{} Na_2SO_3 + H_2O \tag{1-79}$$

NaOH 溶液脱除能力下降后补充或更换。

浓硫酸氧化吸收法工艺简单，操作控制容易，运行效果较好。对于较小且单一的 PH_3 净化装置是可行的，目前，大部分乙炔气生产厂家采用该法。

如果浓硫酸氧化吸收法用于黄磷尾气中磷化物的净化，存在的问题是：①浓硫酸氧化吸收法对脱除 P_4 的效果未见报道，如果脱除效果不佳，单质磷的危害仍然无法消除；②浓硫酸因吸水稀释后处理效果急剧下降，要不断引出稀硫酸，并不断补充浓硫酸以保持一定的硫酸浓度，所以浓硫酸用量较多。要消除二次污染，烧碱消耗量更大，因黄磷尾气中 CO_2 等酸性气体含量较高，碱洗时消耗大量的NaOH，理论计算每立方米黄磷尾气消耗 NaOH 0.05 kg 以上，费用在 0.15 元以上，实际消耗会更高，运行费用这么高，对于大型黄磷尾气净化装置是不可取的。

3. 变压吸附法

变压吸附气体分离技术在工业上得到了广泛应用，已逐步成为一种主要的气体分离技术，它具有选择性吸附、流程简单、操作方便、自动化程度高及环境效益好等特点，对于清洁气体的分离，的确是一项好的分离技术。

变压吸附(pressure swing adsorption，PSA)的基本原理是利用气体组分在带微孔结构的吸附剂上吸附特性的差异以及吸附量随压力变化而变化的特性，在常温下提高体系压力，吸附容量提高，吸附质被吸附，再将体系压力下降或真空减压或加温，吸附质释放，通过周期性的压力变换过程实现气体的净化。该法用于黄磷尾气净化，脱除黄磷尾气中的 P_4、PH_3、H_2S、HF、AsH_3 等杂质，在理论可行性上毫无疑问。

典型的变温变压吸附法净化黄磷尾气工艺见图 1.5。

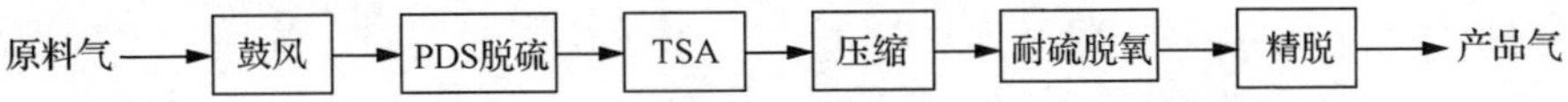

图 1.5　变温变压吸附法净化黄磷尾气工艺

净化装置分为三个主要工艺过程：鼓风、PDS 脱硫工序，TSA 工序，压缩、耐硫脱氧、精脱工序。

根据上述工艺，变温变压吸附法净化黄磷尾气存在如下问题：

黄磷尾气中含有 SiO_2 微小颗粒的气溶胶，用一种简单的水洗法是难以除去的，在 PDS 脱硫液的电解质作用下，SiO_2 气溶胶变得不稳定，会在吸附剂表面析出，吸附剂微孔结构很快被堵塞而失效。变压吸附的吸附剂无法再生，而吸附剂价格不菲，经常更换吸附剂，就失去了其原有的运行费用低的优势。

吸附器吸附饱和后，用电加热器加热再生，吸附解吸出来的废气中含有浓度比原来更高的 P_4、PH_3、H_2S、COS、AsH_3 等杂质，单质磷可用冷凝法回收，其他杂质如何处理无措施说明，根据环保要求，直接排放是不允许的。

据资料介绍，变温变压吸附法运行费用包括吸附剂在内高达 0.6～0.8 元/m^3。变温变压吸附法在黄磷尾气净化技术中尚无实施成功的先例。

4. 催化氧化法

试验表明，未经处理的活性炭对磷化氢没有任何吸附效果。昆明理工大学研究开发的脱磷专用催化剂，具有很好的脱除磷化物的效果，经过催化氧化净化后的黄磷尾气中总磷质量浓度＜1 mg/m^3，硫化氢质量浓度＜1 mg/m^3，如果用来烧锅炉，质量要求不需要那么高，一般要求总磷质量浓度＜20 mg/m^3，硫化氢质量浓度＜50 mg/m^3。

催化氧化法的基本原理是将脱硫后的黄磷尾气加热至 80～110℃，配入少量的空气，通过固定床催化剂，使得磷、硫等杂质被氧化，其中磷及 PH_3 被氧化生成 P_2O_3、P_2O_5 和磷酸，而 H_2S 则被氧化生成单质 S，这些氧化物易被催化剂表面吸附，从而使黄磷尾气得以净化。吸附了 P_2O_3、P_2O_5 和磷酸的脱磷催化剂进行水洗再生，再用直接蒸汽吹净，然后用热空气干燥后继续投入运行。催化剂反复长期使用，效果不减，催化剂使用成本很低。再生酸性洗涤水用石灰乳中和沉淀，参与循环，不外排。

四川省攀枝花川投化工有限公司 5000 m^3/h 黄磷尾气净化装置于 2008 年 9 月开始试车，试车顺利，到了 11 月初，发现系统阻力增加很快，且发现由于焦炭改为高硫无烟煤，黄磷尾气中硫化氢含量很高，比原设计高 20 多倍。当即研究，根据新情况，确定在脱磷前采取除尘和脱硫措施，2009 年 8 月安装改造完成，第二次投入运行，情况很好，净化气供攀枝花钛白粉工业园区焙烧钛白粉用，除了园区停气外，装置一直在运行，催化剂也一直在使用，未更换。

澄星集团宣威磷电有限公司设计能力为 25000 m^3/h 黄磷尾气净化工程，净化气用于烧锅炉，产蒸汽发电，这是当时全国最大的一套黄磷尾气净化装置。2010 年 6 月施工安装完毕，并开始试车，在试车中发现一些新问题，边试车边改造，在低负荷下运行。于 2011 年 11 月改造完毕，投入了正常运行，催化剂运行三年未更换，效果仍不减，催化剂运行效果比预想的还要好。宣威磷电 150 MW 煤矸石与黄磷尾气综合利用发电装置#3 流化床锅炉，操作压力 10.5 MPa，煤矸石与净化黄磷尾气混烧三年后，未发现异常，由于使用黄磷尾气，煤矸石使用量减少，炉管磨损减少，爆管现象比原来少。生产数据表明，1 m^3 黄磷尾气可以发 1 度电，在燃煤供应紧缺的情况下已离不开黄磷尾气，黄磷厂赚钱了。

黄磷尾气净化工程总流程：黄磷电炉产生的炉气含有磷蒸气、炉尘、CO 以及其他气态物质，在冷却塔中，炉气被冷凝和洗涤，大部分磷蒸气、炉尘被收集到受磷槽(也称收磷槽)，其余的气态成分进入到总水封。一般来说，总水封前的工艺与设备已有，总水封之后才称为黄磷尾气净化系统，但从整个工艺来说，黄磷尾气所经过部分均属净化系统，要从整体上来考虑。

黄磷尾气净化工程总流程见图 1.6。

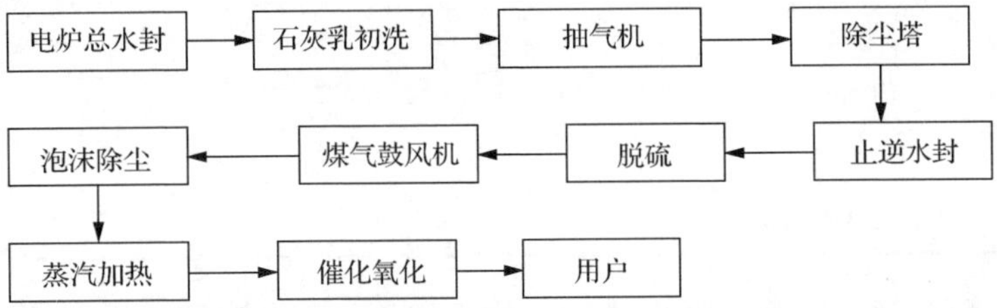

图 1.6　黄磷尾气净化工程总流程

电炉总水封用抽气机抽出加压，相继通过石灰乳洗涤塔，将黄磷尾气中的酸性物质如 HF 等除去，再通过除尘塔除去粉尘，然后经止逆水封进入总管。

黄磷尾气从总管再经二次洗涤，进一步除尘洗涤后进入原料气柜。黄磷尾气从原料气柜进入脱硫塔用脱硫剂脱硫。

脱硫后的黄磷尾气用煤气鼓风机加压至 35 kPa，经泡沫除尘后进入蒸汽加热器，用蒸汽加热至 100～120℃，进入吸附器，在有氧存在下用脱磷催化剂除去磷，脱磷后的净化气，含磷、硫均在 10 mg/m^3 以下，送往锅炉燃烧器进行燃烧，在燃烧器前应设置止逆水封，防止回火。

1000 m^3 催化氧化法黄磷尾气净化运行成本见表 1.17。

表 1.17　1000 m^3 催化氧化法黄磷尾气净化运行成本

序号	成本项目	每千立方米消耗量	单价/(元/kg)	总价/元
一	原材料			16.33
1	纯碱	1.12 kg	2.2	2.47
2	ADA 液	0.043 kg	160.0	6.88
3	偏钒酸钠	0.021 kg	200.0	4.2
4	酒石酸钾钠	0.009 kg	60.0	0.54
5	脱磷催化剂	0.5 L	2.5	1.25
6	石灰	3.3 kg	0.3	0.99
二	动力能源			43.9
1	水	1.5 t	1.0	1.5

续表

序号	成本项目	每千立方米消耗量	单价/(元/kg)	总价/元
2	电(包含仪表空气和氮气)	69 kW·h	0.5	34.5
3	蒸汽	0.079 t	200	15.8
三	工资及福利费			6.9
四	维修费			6.4
五	折旧费			15.62
六	其他费用			6.9
七	运行成本			103.95

黄磷尾气净化技术要从原料来源、产品用途、工艺配置、设备选型、材质选用、污染处理、运行可靠、操作环境、投资效益以及运行成本等各方面全面考量。通过上述几种方法的对比，黄磷尾气催化氧化法已全面实现工业化应用，技术成熟可靠，不产生二次污染，运行成本最低，同时开发了黄磷尾气净化系列专用配套设备，解决了磷化工产业废气资源化综合利用过程中的净化技术难题，为黄磷尾气回收及综合利用奠定了坚实技术基础。

第2章 黄磷尾气除尘与酸性物质的脱除

2.1 黄磷尾气洗涤除尘的重要性

从电炉顶部逸出的炉气，其主要组分为磷蒸气和一氧化碳，还有少量SiF_4、P_2O_5、PH_3、H_2S、COS、H_2、CO_2等气体，以及尾气中夹带的粉尘，一般炉气中含磷量在270～380 g/m^3，其相应的露点为160～170℃。炉气中含尘量为20～50 g/m^3，操作不正常时还要高。电炉出来的粉尘又细又轻，对收集的泥磷进行显微观察，其粒度从1～2 μm至0.2～0.5 μm，这就给除尘带来困难。

炉气经冷凝塔冷凝后，尾气温度为35～40℃，磷蒸气由气相转变为液相，刚冷凝下来的磷液滴粒径很小，需要长大到一定的粒径才能收集起来，尾气中磷液滴占气体总体积很小，磷液滴碰撞机会少，磷液滴长大需要一定的时间，尾气在冷凝塔停留时间为90 s，收率达95%，尾气中还有0.8～1.2 g/Nm^{3}的单质磷。

电炉制磷原料的磷矿石大多为氟磷灰石$Ca_5F(PO)_3$，其中含F 1%～3.5%，在生产过程中以SiF_4的形态随炉气逸出，炉气中的SiF_4含量为40～50 g/m^3。

SiF_4易溶于水，在冷凝塔中与水反应生成氟硅酸(H_2SiF_6)和SiO_2，其反应如下：

$$3SiF_4 + 2H_2O \longrightarrow 2H_2SiF_6 + SiO_2 \tag{2-1}$$

冷凝塔所用的洗涤水用量比较大，氟化硅浓度很低，在低浓度下，氟硅酸发生水解生成HF，反应如下：

$$H_2SiF_6 + 2H_2O = SiO_2 + 6HF \tag{2-2}$$

炉气中的HF含量与磷矿石中氟含量有关，磷矿石中氟含量高，炉气中HF含量也高，一般HF含量为300～500 mg/m^3。

洗涤水中的氟硅酸和SiO_2随磷泥和污水排出。生成的SiO_2固体颗粒微小，部分留在黄磷尾气中形成了气溶胶，很难除去，必须经过多级洗涤才能除去。

经冷凝塔冷凝收磷后的炉气，黄磷行业称之为黄磷尾气。黄磷尾气中含有HF、P_2O_5、PH_3、H_2S、COS、CS_2、AsH_3等杂质以及少量粉尘。黄磷尾气无论作什么用途，这些杂质都是有害的。

黄磷尾气在输送过程中，粉尘夹带黄磷无孔不入，到处沉积，堵塞管道、阀门，检修时到处冒火，相当危险。黄磷尾气中的酸性杂质腐蚀管道，因此，首先要将黄磷尾气中的酸性杂质及粉尘脱除，为后工序净化创造条件。

根据黄磷尾气及其杂质特性，无论是除尘还是脱除 HF 等酸性气体均采用湿法。湿法洗涤除尘即利用水或溶液与黄磷尾气接触，将酸性气体吸收或将粉尘颗粒碰撞而同时脱除的一种装置。

2.2　黄磷尾气洗涤除尘方法比较

2.2.1　水洗法

水洗法是指黄磷尾气用循环水洗涤，除去部分粉尘等机械杂质，除去少部分 H_2S、HF。水洗还具有冷却作用，除去部分 P_4，粗略去除焦油、磷泥等杂质。黄磷尾气用作炉料烘干燃料气，对杂质要求不高，只需经过水洗净化即可，无须进行复杂的净化处理，工艺简单，设备少，投资较省。但尾气燃烧后易造成二次污染，尾气中的杂质如硫、氟、砷等氧化生成有毒气体对环境造成破坏。水洗一般都有两至三道工序进行重复冲洗，还可以用高压水洗。昆阳磷肥厂气柜水洗净化流程示意图见图 2.1。

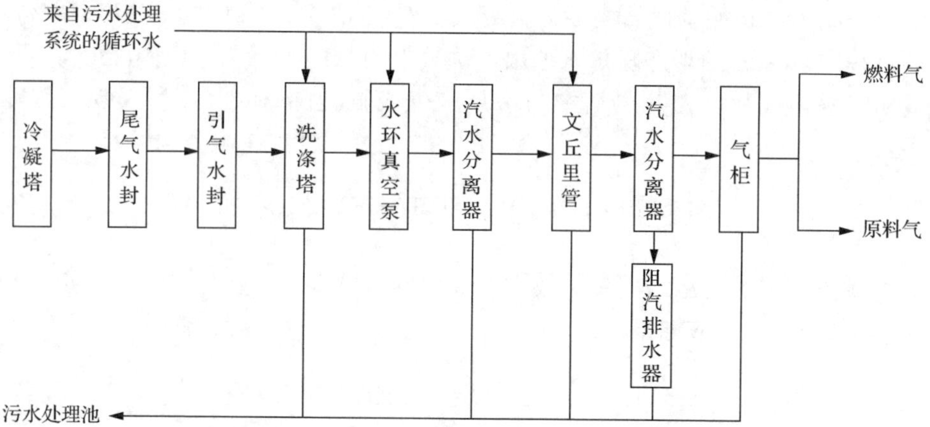

图 2.1　昆明磷肥厂黄磷尾气水洗净化流程示意图

磷炉尾气经冷凝塔冷凝后进入尾气水封、引气水封、洗涤塔，在洗涤塔经水洗涤，除去大部分粉尘后进入水环真空泵，在真空环泵的抽送下，经汽水分离器，送入文丘里管进一步洗涤，除尘、降温，经旋液分离器分离夹带的水分后经管道送入气柜储存，由气柜通过自身压力经 $\phi 325$ 气管大部分送到燃料用气，小部分用作制甲酸的原料气。水洗净化所用设备见表 2.1。

表 2.1　黄磷尾气水洗净化设备一览表

序号	设备名称	规格	数量	材质
1	冷凝塔	ϕ 1000～1620	8	组合
2	尾气水封	ϕ 1700×800	2	Q235
3	引气水封	ϕ 1000×1000	2	Q235
4	洗涤塔	ϕ 1000×3500	2	Q235
5	水环真空泵	Q=30 m^3/min，55 kW	2	组合
6	汽水分离器	ϕ 706×1106	2	Q235
7	文丘里管	ϕ =90，Z=1370	2	0Cr18Ni9
8	汽水分离器	ϕ 1000×1000	1	Q235
9	气柜	ϕ 10000×14000，V=500 m^3	1	Q235
10	阻汽排水器	ϕ 219×8，L=700	1	Q235

2.2.2　尾气水洗-碱洗法

黄磷尾气以 8%～12%的 NaOH 溶液洗涤，粉尘及 HF、P_2O_5、H_2S 同时被脱除。HF、P_2O_5、H_2S、CO_2 与 NaOH 反应如下：

$$HF + NaOH = NaF + H_2O \tag{2-3}$$

$$P_2O_5 + 6NaOH = 2Na_3PO_4 + 3H_2O \tag{2-4}$$

$$H_2S + 2NaOH = Na_2S + 2H_2O \tag{2-5}$$

$$CO_2 + 2NaOH = Na_2CO_3 + H_2O \tag{2-6}$$

碱洗法是黄磷尾气经水洗后，在填料塔中用浓度 8%～15%的 NaOH 溶液进行洗涤，大量除去尾气中的硫化氢、氟化氢、二氧化碳等酸性气体。碱洗的脱硫效率在 80%～99%，脱氟效率也高达 99%，脱 CO_2 的效率在 50%左右。可见，碱洗塔的净化效率相当高，但碱洗效果波动较大。当加入新鲜碱液后，NaOH 含量在 10%～15%时，杂质脱除效果非常好，运行一段时间后，NaOH 含量降到 1%～3%时，去除效率急剧下降。这是因为碱洗液是自身封闭循环，pH 下降很快，因而去除效率易于波动。在实际生产中，采取连续补加新鲜碱液，并连续取出废碱液，保持水平衡，可以保证一定的尾气净化度。水洗-碱洗法是一种最简单的净化方法，可以同时脱除 HF 和 H_2S，流程简单，净化气可用于一些生产纯度要求不高的化工产品，如传统法制草酸、甲酸等。这种方法对于小型净化装置简便可行。

碱洗试验结果：NaOH 与 H_2S 的反应速率较快，接触时间 7～10 s，黄磷尾气含硫量 900 mg/m^3，气量 270 L，通过 125 mL 浓度为 10.32%的 NaOH 溶液后，溶液失效。按此试验结果计算，每立方米黄磷尾气消耗 100%的固碱 0.48 kg。试验表明，水洗-碱洗工艺对 P_4 及 PH_3 的脱除效果不理想，黄磷尾气中 CO_2 等酸性气体含量较高，碱洗时 CO_2 消耗了大量的 NaOH。

碱洗后的残留液含有 Na_2CO_3，在理论上经苛化后可回收 NaOH。实际上，黄磷尾气洗涤下来的废碱液含有较多的粉尘和磷泥，呈黑色，苛化很困难，若要排放，则会造成二次污染。

水洗-碱洗法按物料平衡，NaOH 消耗量为每立方米黄磷尾气消耗 NaOH 0.5 kg，与试验结果相符。碱洗费用在 1.5 元/m^3 以上，运行费用很高，对于大型的黄磷尾气净化装置是不可取的。

2.2.3　水洗-纯碱法

碳酸钠价廉易得，早前曾被广泛用于洗涤酸性气体。

黄磷尾气以 3%～5%的 Na_2CO_3 溶液洗涤，粉尘及 HF、P_2O_5、H_2S 同时被脱除。HF、P_2O_5、H_2S 与 Na_2CO_3 反应如下：

$$2HF + Na_2CO_3 = 2NaF + CO_2 + H_2O \tag{2-7}$$

$$P_2O_5 + 3Na_2CO_3 = 2Na_3PO_4 + 3CO_2 \tag{2-8}$$

$$H_2S + Na_2CO_3 = NaHS + NaHCO_3 \tag{2-9}$$

水洗-纯碱法是黄磷尾气经水洗后，在逆流填料洗涤塔中，用浓度 3%～5%的 Na_2CO_3 溶液进行循环洗涤，用逆流低压空气再生，水洗-纯碱法洗涤流程见图 2.2。

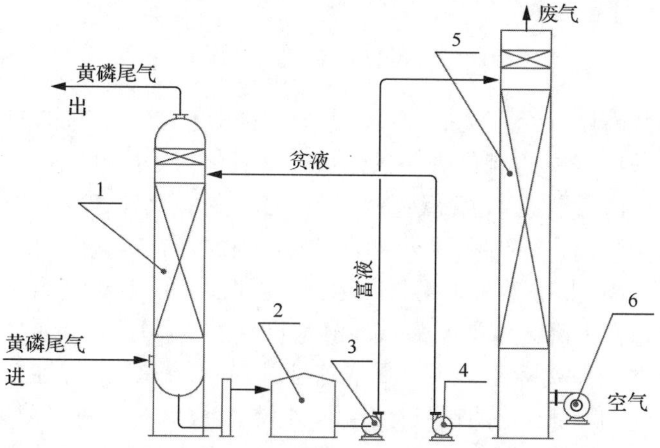

图 2.2　水洗-纯碱法洗涤流程图

主要设备为洗涤塔(1)和再生塔(5)，辅助设备为储液槽(2)、富液泵(3)、贫液泵(4)和再生空气压缩机(6)，再生压缩机量要比气体量大 1.5～3 倍水洗-纯碱法在脱除 HF、P_2O_5 的同时，可以脱去 80%～90%的 H_2S。

二氧化碳在溶液中的酸性比硫化氢略强，第一步离解的离解常数在 25℃温度下约为 4×10^{-7}，而硫化氢的相应值为 1×10^{-7}。

$$H_2CO_3 \overline{\overline{\quad}} H^+ + HCO_3^- \tag{2-10}$$

但是碱洗水溶液吸收硫化氢的速度比吸收二氧化碳快，当作为洗涤除尘和除去 HF 之用，对脱除硫化氢要求不严格时，缩短气-液接触时间，可以减少纯碱对二氧化碳的吸收，以降低纯碱和再生空气的消耗量。溶液用空气解吸，可以循环使用，纯碱消耗量较低，运行费用比碱洗法低。

水洗-纯碱法最大的优点是简单、经济。

其缺点是：再生时放出的再生气含有 HF 和 H_2S，臭味很大，需要高烟囱排放，不处理始终要造成二次污染；黄磷尾气洗涤时，洗涤下来的纯碱液含有粉尘和磷泥，使用时间一长就变黑，用填料塔作洗涤塔和再生塔，显然要堵塞，运行时间不长。

2.3　石灰水洗涤法

2.3.1　石灰水洗涤除酸除尘机理

1. 石灰水洗涤除酸机理

黄磷尾气中的酸性物质如 HF 含量较高，仍然留在黄磷尾气中，HF 具有强腐蚀性，在输送过程中会腐蚀管道和设备。HF 易溶于水，呈弱酸性，能与碱性物质起作用，生成氟化物。能与脱硫液中的 Na_2CO_3 起反应生成氟化钠，反应如下：

$$2HF + Na_2CO_3 \overline{\overline{\quad}} 2NaF + CO_2 + H_2O \tag{2-11}$$

如果 HF 不处理掉，在脱硫液中越积越多，不但影响脱硫效果，而且消耗大量脱硫液。因为氟化物在脱硫液中无法用简单的方法分离出来，用废弃法就得损失大量脱硫液，净化成本提高，为此，必须要将黄磷尾气中的酸性物质脱除。

脱除酸性物质最适用的方法是石灰水洗涤。

HF 易溶于水，但要完全用水去除，水洗仍达不到要求，利用 $Ca(OH)_2$ 和 HF 反应，可以生成氟化钙沉淀，达到去除 HF 的目的，反应方程式如下：

$$2HF + Ca(OH)_2 \overline{\overline{\quad}} CaF_2\downarrow + 2H_2O \tag{2-12}$$

氟化钙 26℃时，在水中的溶解度为 0.017 g/L，在水中几乎不溶解，根据反应平衡原理，反应相当完全，石灰水洗涤对氟化氢去除效果相当好。

P_2O_5溶于水与消石灰反应生成磷酸氢钙沉淀：

$$P_2O_5 + 3H_2O = 2H_3PO_4 \tag{2-13}$$

$$H_3PO_4 + Ca(OH)_2 = CaHPO_4 \cdot 2H_2O\downarrow \tag{2-14}$$

$CaHPO_4 \cdot 2H_2O$在水中的溶解度（25℃，不含CO_2）为0.136 g/L $CaHPO_4$。

HCN剧毒，易溶于水，水溶液呈弱酸性，有腐蚀性，与碱作用生成盐。

HCN溶于水与消石灰反应生成氰化钙：

$$2HCN + Ca(OH)_2 = Ca(CN)_2 + 2H_2O \tag{2-15}$$

硫化氢与消石灰反应生成硫化钙沉淀：

$$H_2S + Ca(OH)_2 \longrightarrow CaS\downarrow + 2H_2O \tag{2-16}$$

石灰水洗涤后，尾气总磷中的P_2O_5被石灰水吸收生成磷酸钙，留下的总磷大部分以磷化氢（约1100 mg/m^3）和单质磷（约800 mg/m^3）的形式存在，HF和SiF_4在石灰水洗涤时几乎全部被除去。

洗涤过程中，在脱除HF时，也部分脱除H_2S，随着水中$Ca(OH)_2$不断被消耗，pH也会随之下降，pH与脱除效果见图2.3，从图2.3可看出，pH在12.5～14范围内，pH的变化对氟化氢的吸收效果基本无影响，而对硫化氢影响较大。洗涤的目的是脱除HF和除尘，硫化氢脱除效果在洗涤过程不是目的。实际生产中，石灰水洗涤pH控制在9～11范围内，若pH低于该范围，氟化氢脱除效率随着pH降低而下降。

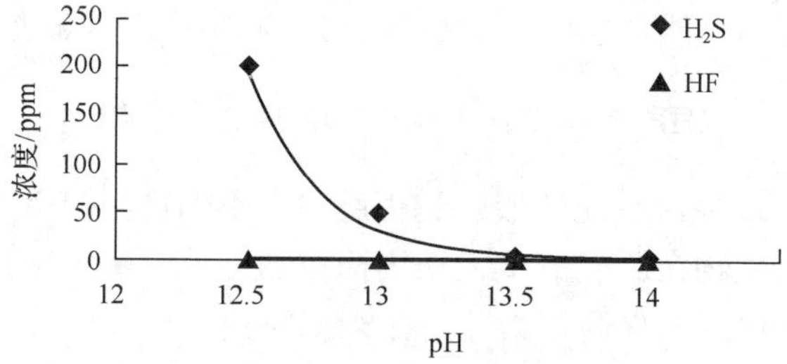

图2.3　pH与出口浓度的关系

ppm：百万分之一，10^{-6}

从电炉出来的黄磷尾气含尘量一般达20～50 g/m^3，平均按30 g/m^3计算，经冷凝塔洗涤冷凝，除尘效率达90%时，含尘量尚有3 g/m^3左右，经冷凝塔洗涤后留下的粉尘颗粒直径已在1 μm以下，但含尘量还很高，要除去这部分粉尘相当困难，必须经多级除尘逐步除去。

石灰水洗涤过程实质上是除去酸性物质的同时也除去粉尘的除尘过程。除酸是化学反应，试验表明，在碱性条件下，脱除 HF 的反应速率很快；而除尘是碰撞、扩散、黏附等物理过程，需要较长的接触时间，除尘过程完成了，化学反应也就完成了，不必另外考虑。

2. 石灰水洗涤除尘机理

黄磷尾气属易燃易爆危险的气体，最适宜用湿法除尘。含有悬浮粉尘的气体与水接触，当气体冲击到湿润的气壁或障碍物时尘粒被气壁或障碍物所黏附；或者当气体与喷洒的水滴相遇时，水在尘粒质点上凝聚，增大了尘粒的质量，而使之降落，利用这种方法分离粉尘的设备称为湿式除尘器。湿式除尘在生产中产生的污水及污泥需要进行处理。

使尘粒与水接触的作用机理主要有惯性碰撞、截留和扩散。

1) 惯性碰撞

如果微粒分散于流动气体中，当流动气体遇到障碍物，惯性将使微粒突破绕障碍流动的气体流，其中一部分微粒将撞击到障碍物上。这种事件发生的可能性依赖于几个变数，尤其是微粒具有的惯性大小和障碍物的尺寸大小(在湿式除尘器中，障碍物就是液滴)。在除尘器中，惯性撞击发生在粉尘颗粒和相对较大的液滴之间。

尘粒与液滴间的惯性碰撞过程(图 2.4)：当含尘气流在运动过程中与液滴相遇，在液滴前 x_d 处，气流开始改变方向，绕过液滴流动。而惯性较大的尘粒则要继续保持其原来直线运动的趋势。尘粒在做惯性运动时，主要受两个力的影响，即本身的惯性力及周围气体的阻力。把尘粒从脱离流线到惯性运动结束所移动的直线距离称为尘粒的停止距离，以 x_s 表示。若 $x_s > x_d$，尘粒和滴液就会发生碰撞而被捕集。单个水滴和尘粒发生碰撞的概率可用碰撞数(或称为惯性碰撞数)ψ 表示。在除尘技术中，把 x_s 与液滴直径 d_s 的比值称为惯性碰撞数(又称斯托克斯数)。

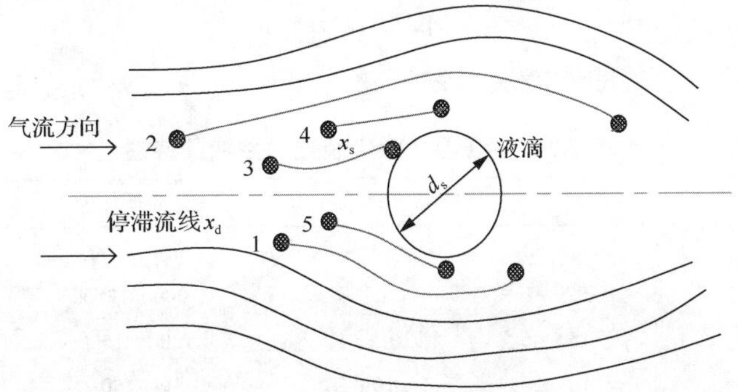

图 2.4　尘粒惯性碰撞流程图

$$\psi = \frac{x_s}{d_s} \tag{2-17}$$

式中，x_s为从脱离流线到惯性运动结束所移动的直线距离，cm；d_s为水滴直径，cm。

这个因数在 0～1 之间变化。它可表示为惯性参数 ψ 的函数，又称斯托克斯数，其定义为

$$\psi = \frac{C v_x d^2 \gamma_0}{18 \mu d_s} \tag{2-18}$$

式中，C为滑动修正系数，$C = 1 + \frac{0.172}{d}$；v_x为尘粒与液滴之间的相对速度，cm/s；d为尘粒直径，cm；γ_0为尘粒重度，g/cm^3；d_s为水滴直径，cm；μ为气体黏度，cP。

从定义可知，ψ 值越大，单个水滴与尘粒碰撞机会越多，除尘效率越高。由式(2-18)可知，ψ 与 v_x 和 d 的平方成正比，与 d_s 成反比。尘粒直径越大，越易除去；直径越小，越难以除去。在一定的气体条件下，提高气流与液滴的相对速度，降低液滴直径是提高除尘效率的重要途径，此外，提高气体与水滴的接触面积，增大尘粒与水滴的碰撞机会，可提高除尘效率。

2) 截留

如果小颗粒在流体中围绕障碍物移动，它将可能由于颗粒的相对大的物理尺寸与障碍物接触而被拦截。这也会发生在粉尘颗粒和液滴的相对运动中。

3) 扩散

空气动力学粒径小于 0.3 μm(相对密度为 1)的小颗粒主要通过扩散捕集，因为它们质量小，不太可能发生惯性撞击，且物理尺寸小，不容易被拦截。微小颗粒从高浓度区域向低浓度区域移动的过程称为扩散。扩散主要是布朗运动的结果，布朗运动即微小颗粒在周围气体分子和其他微粒碰撞下的无规则自由运动。当这些微粒被捕集到一个液滴里面，液滴邻近区域的微粒浓度降低，其他微粒又一次从高浓度区域向液滴邻近区域(低浓度区域)移动。

主要湿式除尘装置的性能及特性见表 2.2。

表 2.2　主要湿式除尘装置的性能及特性

装置名称	气体流速/(m/s)	气液比/(L/m^3)	压力损失/Pa	分割直径/μm
喷淋塔	0.1～2	2～3	100～500	3.0
填料塔	0.5～1	2～3	1000～12500	1.0
旋风洗涤器	15～45	0.5～1.5	1200～1500	1.0
冲击式洗涤器	10～20	10～50	0～150	0.2
文丘里洗涤器	90	0.3～1.5	3000～8000	0.1

2.3.2　抽风机的选择

从黄磷电炉抽出的粗黄磷尾气中含有较多的粉尘和较多的腐蚀性气体(如HF、HCN、H_2S、P_2O_3等)以及单质磷，黄磷尾气本身就是易燃易爆的气体，单质磷随黄磷尾气漏出，单质磷遇空气即燃烧，又会点燃黄磷尾气，不但可能烧坏设备，且对操作人员的安全造成极大的危害。因此，选用何种类型的输送设备的确要认真对待。

抽风机所输送的粗黄磷尾气必须具备如下条件：①必须具有高度密封性能，煤气泄漏量必须符合规定标准；②具有防腐性能；③有防积尘措施；④能耐100℃的蒸汽置换温度；⑤振动要小。输送气体设备有水环真空泵、罗茨鼓风机、离心鼓风机等类型可供选择。三种抽风机性能比较：

(1)能耗水平。在相同工况下，从能耗角度看，罗茨鼓风机与离心鼓风机功率相同，水环真空泵能耗最高，甚至比罗茨鼓风机和离心鼓风机高1倍。

(2)运转稳定性。离心鼓风机转速最高，叶轮易积灰，鼓风机易发生振动，甚至跳动，当离心机发生振动时就要停下冲洗，维护较麻烦；罗茨鼓风机要将黄磷尾气处理得相对干净才能用，否则，叶轮积灰将转子之间和转子与气缸之间的间隙堵塞，运行就困难了，在黄磷尾气洗涤(初洗工序)很难达到很干净的程度；水环真空泵转速最低，对黄磷尾气洗涤要求不高，灰尘及单质磷随水排出，叶轮不积灰，运转较稳定。

(3)密封性能。罗茨鼓风机和离心鼓风机从转轴密封处漏出的是黄磷尾气，易燃烧着火，不安全。罗茨鼓风机一般用于空气的输送，对密封要求不高，若用于黄磷尾气的输送，密封装置需要重新改造，如果密封不佳，运行就不安全；水环真空泵腔内始终保持有水，轴端漏出的是水，即使黄磷尾气泄漏，也不容易着火，运行最安全。

(4)调控性能。离心鼓风机和罗茨鼓风机可采用变频电动机调速，变速调节曲线接近理想曲线是最佳的节能方法，在这里变频调速不是为了节能，而是为了调压。因为电磷炉炉顶设计要求微压操作，炉顶电极一般采用砂封，当压力稍升高，砂封漏气，炉顶冒火，即会烧毁电炉电器设备，很危险。另外，还要防止电炉系统抽负压，若负压过大，将空气抽入黄磷尾气中，造成黄磷尾气氧含量过高时，形成爆炸性气体，对系统更不安全。采用变频调速，根据鼓风机前负压的高低，调节电机转速，保证电炉炉顶压力稳定，这就给熄灭烟囱天灯创造条件。水环真空泵转速本来就很低，不具有调速性能。

总之，要考虑设备初投资、运行可靠性及经济性，也要考虑是否熄灭烟囱天灯等因素，全面评价采用哪种鼓风机。

2.3.3　黄磷尾气洗涤除尘工艺流程

黄磷尾气洗涤除尘工艺流程应按照工艺要求和所选抽风机的形式进行配置。该工艺流程是按选用水环真空泵进行配置的，石灰水洗涤除尘工艺流程见图 2.5。

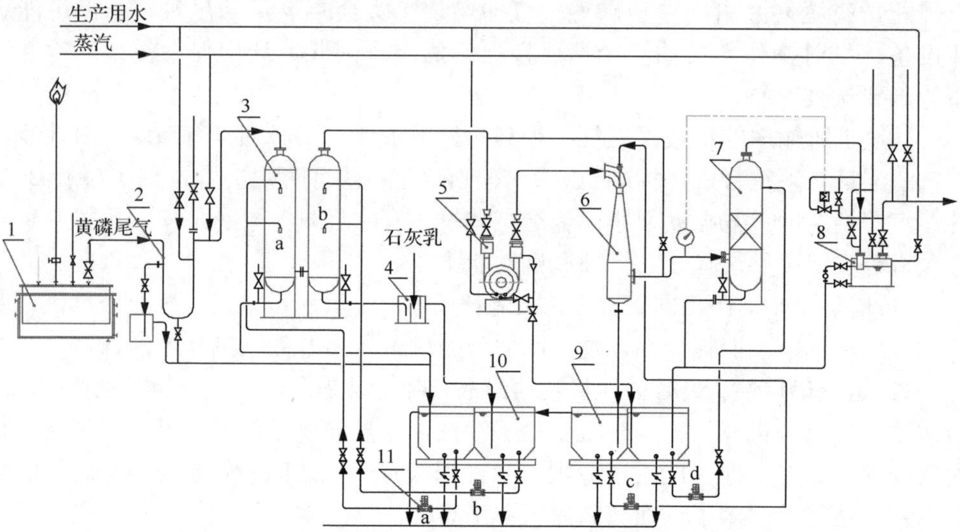

图 2.5　石灰水洗涤除尘工艺流程图

1.总水封；2.阻断水封；3.洗涤塔；4.石灰乳混合槽；5.水环真空泵；6.射流洗涤器；7.除尘塔；8.止逆水封；9.后循环槽；10.前循环槽；11.循环水泵

制磷车间黄磷尾气从总水封(1)引出，受烟囱中黄磷尾气燃烧的影响，总水封一般处于负压状态，为 200～300 Pa，为了防止洗涤系统停车后在负压下吸入空气而造成爆炸危险，在切断阀后进入阻断水封(2)，然后进入两个串联的洗涤塔(3ab)；从第二个洗涤塔下来的洗涤水进入石灰乳混合槽(4)，在此加入石灰乳，然后进入前循环槽(10)的后部，控制循环水 pH 为 9～10，再用循环水泵(11b)送往第二个洗涤塔的旋流喷头中，喷成雾状与自下而上的尾气接触，从第二个洗涤塔下来的污水进入前循环槽的后部，用循环水泵(11a)送入第一个洗涤塔(3a)作洗涤用，第一个洗涤塔下来的污水进入前循环槽的前部，溢流至排水总管，进入污水处理系统，形成封闭循环，不外排。

石灰乳由石灰配制装置用石灰乳泵送来，根据需要按一定的量加入。

石灰乳洗涤后的尾气用水环真空泵(5)抽出送往射流洗涤器(6)，同时进入除尘塔(7)，自上而下通过大瓷环填料洗涤自下而上的黄磷尾气，然后通过止逆水封(8)进入尾气总管。

后循环槽的循环水由水环真空泵和止逆水封等处加入后循环槽的后部，用循环水泵(11d)送入除尘塔顶部均匀地分布到瓷环上，从上而下与黄磷尾气接触，进一步除去粉尘，从除尘塔下来的水返回至后循环槽的后部，溢流至前部，再用循环水泵(11c)送往射流洗涤器，洗涤粉尘后返回到后循环槽，自流至前循环槽，洗涤除尘系统自成水循环，节省用水。

止逆水封可防止真空泵突然停车发生尾气倒流而产生事故。

电磷炉炉顶设计要求是微压操作，控制压力指标为(3±2) mm H_2O。用真空泵进、出口 DN150 回流阀控制洗涤系统压力，保持电磷炉炉顶呈微压状态操作。用于手动操作控制压力稳定实属不易，根据经验，以 10%左右的黄磷尾气放空来平衡调节，是最安全的，但烟囱始终有冒火，烟囱熄灭不了总是一个弊端。

每套电磷炉组成一套洗涤系统，随电炉开、停车。

特别要注意：当某电炉停车时，切断水封加水，须开 DN50 总管联通阀，使洗涤系统始终保持正压，以免洗涤系统造成负压，抽进空气产生爆炸性气体而引起爆炸。

2.3.4　洗涤除尘设备的选择及计算

1. 雾化洗涤塔

1) 雾化洗涤塔的结构

从总水封引出的黄磷尾气尘粒还比较大，并含有酸性物质，为了保护水环真空泵，将石灰水洗涤安置在水环真空泵的前面，这样洗涤塔就要在负压下操作，真空泵前不允许在高负压下操作，这就要求洗涤塔的阻力越小越好，在除尘设备中，阻力最小的是喷淋塔。

喷淋塔的喷头一般采用螺旋喷嘴，它是一种实心锥形或空心锥形喷雾喷嘴，喷流角度范围可为 60°～170°。这种喷头水滴直径较大，影响除尘和除酸的效果。黄磷尾气除尘和除酸洗涤塔采用雾化洗涤塔，采用旋流喷头，旋流喷头的特点是能将水滴雾化成 0.5～1 mm 的雾滴，水滴直径小，尘粒与水滴接触面积大，除尘除酸效果较好；喷头流道较大，不易堵塞；流量范围大，从 5 m^3/h 到 30 m^3/h，可根据需要流量设计。喷头若雾化水滴太小，易随气流飘走，除尘效果也会下降。

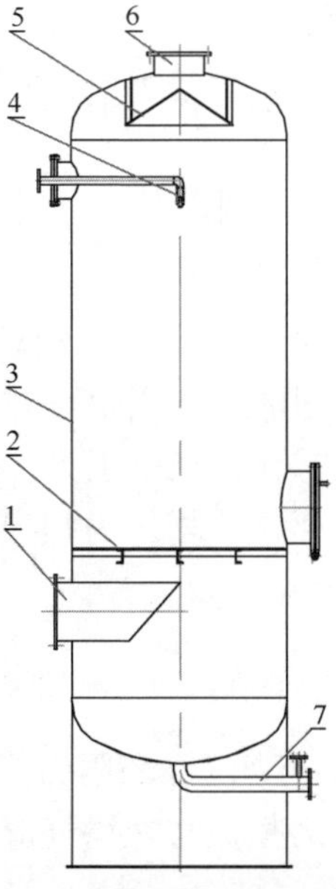

图 2.6　雾化洗涤塔结构图

1.进口管；2.分布板；3.塔体；4.旋流喷头；5.除雾板；6.出口管；7.污水排出管

塔体由钢板制成，内用红丹防锈漆防腐，塔体设有人孔，便于检查和清理。

雾化洗涤塔结构简单，阻力小，操作稳定，可捕集较大粒径；严格控制喷雾过程，保证雾滴均匀，对于捕集效果相当重要。结构示意图见图 2.6。雾化洗涤塔为圆柱形，黄磷尾气从底部进入，为了防止偏流，底部设有分布板，顶部装有旋流喷头，均匀分布的黄磷尾气与上部下来的雾化水滴接触，酸性物质与尘粒被除去，净化后的黄磷尾气中的水滴经除雾板分离后从顶部出来，进入水环真空泵。含尘污水从底部污水排出管，利用位差自动排入循环槽中。排水管上设有蒸汽清扫管，当底部有堵塞现象，可用蒸汽吹通。

2) 雾化洗涤塔的设计

A.雾化洗涤塔直径

雾化洗涤塔要求较低的压力损失，取较低的空塔流速 ω 计算塔径，然后用计算的压力差进行校验，压力差要求在 150 Pa 左右。

洗涤塔负荷按下式计算：

$$V=\frac{101.3V_0T}{273p} \tag{2-19}$$

式中，V 为洗涤塔黄磷尾气的实际体积流量，m^3/h；V_0 为电炉产尾气流量，Nm^3/h；T 为洗涤塔热力学温度，K；p 为洗涤塔操作压力(绝对压力)，kPa。

洗涤塔直径 D 按下式计算：

$$D=\sqrt{\frac{V}{0.785\times 3600\omega}}\ (\mathrm{m}) \tag{2-20}$$

式中，ω 为空塔气流速度，m/s。

洗涤塔的高度按停留时间确定：

$$H=\omega\cdot t \tag{2-21}$$

式中，ω 为空塔气流速度，m/s；t 为停留时间，s。停留时间越长，除尘效率越高，但时间过长，设备高度过高，除尘效率提高不多。一般取 10～15 s。

B.雾化洗涤塔阻力

雾化洗涤塔压力损失根据试验数据整理后得出下式：

$$\Delta p=2395\times\frac{\omega^{0.4}}{2g} \tag{2-22}$$

式中，Δp 为洗涤塔阻力，Pa；ω 为空塔气流速度，m/s；g 为重力加速度，9.81 m/s^2。

压力损失与空塔气流速度之间的关系见表 2.3。

表 2.3 压力损失与空塔气流速度之间的关系

空塔气流速度/(m/s)	0.6	0.8	1	2	3	4
压力损失/Pa	99.5	112	122	161	189	213

C.雾化洗涤塔喷淋量

除尘效率随着喷淋重度的增大而提高，若从除尘效果来考虑，当然是喷水量越大越好，但考虑到经济效益，喷水量不宜过大。因此，当喷淋密度达到 12 $m^3/(m^2\cdot h)$ 时，已基本能达到除尘要求，若再增加喷水量，已没太大意义。喷淋密度一般取 7～12 $m^3/(m^2\cdot h)$。

雾化洗涤塔喷淋量为

$$G=F\cdot M_d=0.785D^2\cdot M_d \tag{2-23}$$

式中，G 为雾化洗涤塔喷淋量，m^3/h；F 为洗涤塔横截面积，m^2；D 为洗涤塔直径，m；M_d 为喷淋密度，$m^3/(m^2\cdot h)$。

D.雾化洗涤塔除尘效率

对于粉尘颗粒在液滴上捕集，一个近似的表达式为

$$\eta=1-\exp\left[-\left(0.018M^{0.5+R}/R-0.6R^2\right)\right] \tag{2-24}$$

式中，$M=\left(Nt\right)^{\frac{1}{2}}$（$Nt=St/2$）；$R=d/d_s$。

斯托克斯数：

$$St=\frac{\upsilon_x d^2\gamma_0}{9\mu d_s} \tag{2-25}$$

式中，υ_x 为尘粒与液滴之间的相对速度，m/s；d 为尘粒直径，m；γ_0 为尘粒重度，kg/m^3；d_s 为水滴直径，m；μ 为气体黏度，cP。

E.黄磷尾气除尘效率估算

粉尘重度 γ_0=2.2 g/cm^3，液滴运动初速度为 22 m/s，黄磷尾气操作温度为 308 K，黄磷尾气黏度查表 1.14 用内插法求得，$\mu=1.75\times10^{-5}$ cP，计算粒径 10 μm、5 μm、1 μm，水滴直径 50 μm、100 μm、500 μm、1000 μm 时液滴捕集效率。

以 d=10 μm，d_s=50 μm 为例计算，

$$R=d/d_s=10/50=0.2$$

$$St=\frac{22\times\left(10\times10^{-6}\right)^2\times2.2\times10^3}{9\times1.75\times10^{-5}\times50\times10^{-6}}=614.6$$

$$M=(St/2)^{1/2}=(614.6/2)^{1/2}=17.52$$

$$\begin{aligned}\eta&=1-\exp\left[-\left(0.018M^{0.5+R}/R-0.6R^2\right)\right]\\&=1-\exp\left\{-\left[0.018\times17.52^{(0.5+0.2)}/0.2-0.6\times0.2^2\right]\right\}\\&=47.49\%\end{aligned}$$

计算结果见表 2.4。

表 2.4　不同尘粒直径和水滴直径的计算结果

尘粒直径 d/μm		水滴直径 d_s/μm			
		50	100	500	1000
10	斯托克斯数 St	614.6	279.4	61.46	30.73
	除尘效率 η/%	47.49	54.44	88.84	97.3
5	斯托克斯数 St	76.83	76.82	15.37	7.68
	除尘效率 η/ %	62.48	62.48	95.16	99.36
1	斯托克斯数 St	6.14	3.07	0.61	0.307
	除尘效率 η/ %	70.03	86.58	99.88	99.99

3) 雾化洗涤塔影响除尘效果的因素

A.液气比的影响

液气比即水的体积与黄磷尾气体积之比，以 L/m^3 表示，液气比大，尘粒与水的接触越多，除尘效率越高。若从除尘效果来考虑，当然是喷水量越大越好，但考虑到经济效益，喷水量不宜过大。因此，当喷淋量达到一定时，已基本能达到除尘要求，若再增加喷水量，已没太大意义。液气比是可以控制的。

B.进口含尘浓度的影响

随着入口粉尘浓度的增加，除尘效率提高，但同时出口粉尘含量也急剧提高。进口含尘浓度是由原料气决定的，若进口含尘量提高，会影响后面工序，应充分注意。

C.粉尘颗粒度的影响

尘粒直径越大，与水滴的碰撞概率越高，越易除去；直径越小，碰撞概率越小，甚至容易飘走，当然难以除去。

D.雾化液滴的影响

雾化液滴越小，气体与水滴的接触面积越大，尘粒与水滴的碰撞机会越多，除尘效率越高。雾化喷头雾化能力直接影响除尘效果，雾化喷头差或喷头堵塞直接影响除尘效果。

4) 年产 1 万吨黄磷电炉配洗涤塔计算实例

电炉尾气量 V_0 =3500 m^3/h，从总水封引出的温度为 35℃，操作压力(绝对压力)为 82.9 kPa。

操作条件下气量：

$$V=3500\times101.3\times(273+35)/(273\times82.9)=4825.2\ (\mathrm{m^3/h})$$

为了安全，烟囱排出 10%，需要抽气量 4342 m^3/h，设空塔流速为 ω=0.6 m/s，则洗涤塔直径：

$$D = \sqrt{\frac{4342}{0.785 \times 3600 \times 0.6}} = 1.60\ (\mathrm{m})$$

取为 ϕ1800 mm。

设停留时间 t=15 s，洗涤塔高度 H=0.6×15=9(m)，洗涤塔有效高度为 9 m，分成两个塔，每个塔有效高度 4.5 m。

取喷淋重度为 10 $m^3/(m^2 \cdot h)$，则循环水量 G=0.785×1.8^2×10=25 (m^3/h)。

两个塔串联逆流操作，循环水和石灰乳从第二个塔进入，废水从第一个塔排至污水系统。每个洗涤塔设两个特制的不锈钢旋流喷头。

循环水泵：65GW25-30，流量 25 m^3/h，扬程 30 m，功率 4 kW。共 3 台，二开一备。

2. 射流洗涤器

射流洗涤器是文丘里洗涤器的变型，由文丘里洗涤器发展而来。最大的优点是压力降比文丘里洗涤器小得多，压力降小，意味着能耗低。射流洗涤器已在除尘、吸收、冷却等方面有较为成熟的研究和开发，进入广泛应用阶段。其主要优点归纳如下：①结构简单，设备费用低；②操作简单，除尘效率高，不用专人看管；③能够设计生产能力从小到大的不同设备，设备紧凑，安装占地面积小；④除处理捕集尘粒外，还能进行气体冷却、化学吸收和调湿。

缺点是：①从结构看不能进行逆流操作，不能利用推动力的作用，对于要求较高的过程不适用。②需要循环和污水处理设备，对于环境要求严格的场合不适用。

1) 尘粒捕集机理

含尘气体由进风管进入渐缩管，气流速度逐渐增加，在喉管中气流速度最高，气流速度 50～120 m/s，此时由于高速气流的冲击和碰撞，使喷嘴喷出的水滴雾化成 50 μm 以上的小液滴而分散。在喉管中由于气液两相的充分接触，尘粒与水滴不断碰撞，凝聚成为更大的颗粒而捕集在液滴上。气浪在渐扩管内速度逐渐降低，静压得以进一步恢复。已经被捕集的尘粒进入底部脱水器中，由于颗粒较大，在一般的水分离器中就可以将其分离出来，使气流得到净化。

颗粒的捕集率：Byro 等将实验数据进行整理后提出了下式：

$$\eta_E = 1 - e^{-KL\sqrt{\phi}} \tag{2-26}$$

式中，η_E 为捕集效率；K 为常数；L 为液气比，L 液/m^3 气体；ϕ 为分离数。

$$\phi = \frac{\gamma_0 u_g d}{18\mu d_s} \tag{2-27}$$

式中，u_g为气体流速，m/s；d为尘粒直径，m；γ_0为尘粒重度，kg/m^3；d_s为水滴直径，m；μ为气体黏度，cP。

射流洗涤器适用于去除粒径 0.1～100 μm 的尘粒，除尘效率为 80%～95%。

2) 压力降

根据试验数据整理的压力降公式见下式：

$$\Delta p = 9.8 \times \left[\frac{0.45\omega_2^2 \times (0.3 + 0.65L)}{2g} \right] \text{(Pa)} \tag{2-28}$$

射流洗涤器压力降一般在 1～1.3 kPa。

3) 影响捕集效率的因素

A.液气比

如果增加液气比，则每单位容积的液滴量增加，捕集效率提高，但液滴直径也变大，就会降低捕集效率。

B.粉尘浓度的影响

粉尘浓度大则粒子容易相互凝聚，由于表观上粒子直径变大，捕集率就会提高。

C.喉管流速

气流速度越大，粒子速度也越大，碰撞概率提高，捕集效率就高。气速增大，水滴直径变小，水滴表面积就变大，捕集效率提高。但气速越大，阻力越大，能耗就越高，要从经济角度考虑。

D.喷雾水滴的平均直径

从喷嘴喷出的水滴直径与分离数有关，它影响捕集效率。对于在气流中喷雾的水滴平均直径，提出了下式：

$$d_s = \frac{585\sqrt{\sigma}}{u_g\sqrt{\rho_s}} + 597 \times \left(\frac{\mu_s}{\sqrt{\sigma}\rho_s} \right)^{0.45} L^{1.5} \tag{2-29}$$

式中，d_s为液滴直径，μm；σ为液滴表面张力，dyn[①]/cm；u_g为喉管部的气体流速，m/s；μ_s为液滴黏度，g/(cm·s)；L为液气比，L 液/m^{3}气体；μ为气体黏度，cP。

射流洗涤器的液滴直径在 50～100 μm。

① 1 dyn=10^{-5} N

4) 射流洗涤器结构

射流洗涤器主要由四部分组成(图 2.7)：

(1) 吸气室。吸气室有一定的容积，气速一般要求 18 m/s 左右，为了减少阻力，设有一缩小管过渡到喉管，缩小管角度 α=60°左右较好，更重要的是缩小管与喉管连接处要平滑。

(2) 喉管。喉管也称混合室，气液两相在喉管中混合乳化，使尘粒与水滴充分接触，除尘主要在此进行。喉管直径由通过的气速决定，气速大直径小，除尘效果较好，但阻力较大；气速小直径大，阻力小，除尘效果较差，一般气速为 50～120 m/s。喉管长度 l_3 又与喉管直径 d_3 有一定比例，一般认为除尘过程，l_3=(1～2) d_3，国内有单位试验表明，吸收过程，l_3=(4～6) d_3 较好，l_3 再增大，效果不明显。

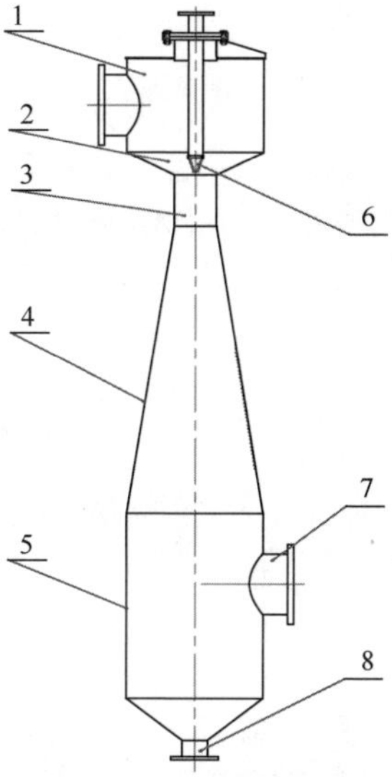

图 2.7　射流洗涤器

1.吸气室；2.缩小管；3.喉管；4.扩散管；5.分离室；6.喷嘴；7.出气管；8.洗涤水排出管

(3) 扩散管。扩散管的作用是使除尘继续进行，同时将喉管的动能变成势能，使压力恢复，但压力不可能恢复到进口压力，这是阻力的作用结果。扩散管的角度一般 6°～8°较好。

(4) 喷嘴。洗涤水在压力下进入锥形喷嘴，作为工作水在喷嘴出口处得到很高的速度，从喷嘴出来的水流带动进入吸气室的黄磷尾气一起进入喉管，喷嘴的动能变成了静压能，故水流洗涤器的阻力损失比文丘里管低。

5) 射流洗涤器的计算

A.基本数据

黄磷尾气处理气量 V_0，Nm^3/h；

液气比 L，L 水/m^3 黄磷尾气，一般取 2～3 L/m^3；

操作温度 t，℃；

黄磷尾气操作压力(绝对压力) p_g，kPa；

工作水压力(绝对压力) p_s，kPa；

工作水进口管流速 w_1，m/s；

喉管气速 w_2，m/s。

B.计算

a)操作工况气体流量

$$V=\frac{101.3V_0(273+t)}{273\cdot p_g} \tag{2-30}$$

式中，V 为黄磷尾气的实际体积流量，m^3/h；V_0 为射流洗涤器处理标准状况下的黄磷尾气量，Nm^3/h；t 为射流洗涤器操作温度，℃；p_g 为黄磷尾气操作压力(绝对压力)，kPa。

b)喷嘴计算

水的流量：

$$G=V_0\cdot L/1000\,(m^3/h)$$

喷嘴流速：

$$w_1=0.95\sqrt{2g\left(p_s-p_g\right)/9.8}\ (m/s) \tag{2-31}$$

喷嘴直径：

$$d_1=\sqrt{\frac{G}{0.785\times 3600w_1}}\times 1000\ (mm) \tag{2-32}$$

工作液(水)进口管直径：

$$d_{11}=\sqrt{\frac{G}{0.785\times 3600w_{11}}}\times 1000\ (mm) \tag{2-33}$$

工作液锥度 γ 一般为 15°。

喷嘴锥度部分长度：

$$L_{11}=\frac{d_{11}-d_1}{2\cdot\tan\gamma}\ (mm)$$

c)喉管直径 d_2

喉管直径 d_2 按下式计算：

$$d_2=\sqrt{\frac{V}{0.785\times 3600\omega_2}}\times 1000\ (mm) \tag{2-34}$$

式中，ω_2 为设定的喉管流速，m/s。

喉管长度：

$$L_2=(1\sim 2)\,d_2$$

d) 扩散管

扩散管小头直径与喉管直径相同。扩散管长度 L_3=12d_2，设扩散管斜度为 β，一般 β=5°～10°。

扩散管大头直径：

$$d_3 = d_2 + 2L_3 \cdot \tan\beta \text{ (mm)} \tag{2-35}$$

e) 吸气室

吸气室直径一般与扩散管大头直径相同。

f) 射流洗涤器压力降

射流洗涤器压力降按经验公式计算：

$$\Delta p = 0.145\rho_{\text{g}}\omega_2^2(0.3 + 0.65 \times L) \tag{2-36}$$

式中，Δp 为黄磷尾气压力降，Pa；ρ_{g} 为黄磷尾气密度，kg/m^3；L 为液气比，L/m^3；$\omega_2{}^2$ 为喉管流速，m/s。

射流洗涤器操作压力(绝对压力)为 101.3 kPa，操作温度为 40℃，工作水压力为 0.3 MPa，液气比为 2.5 L/m^3，喉管流速为 60 m/s，在各处理能力下射流洗涤器相关尺寸以附录 1.6 计算的数据见表 2.5。

表 2.5　射流洗涤器相关尺寸

处理气量/(Nm^3/h)	20000	15000	10000	5000	3000
工作水流量/(m^3/h)	50	37.5	25.0	15	7.5
喷嘴出口直径/mm	29	23.6	19.3	15.3	10.6
喷嘴锥度长度/mm	140	132	108	82	59
喉管直径/mm	356	308	252	178	138
喉管长度/mm	712	616	504	356	276
扩散管直径/mm	1400	1220	1000	700	544
扩散管长度/mm	4270	3700	3000	2135	1654
压力降/kPa	1.37	1.36	1.37	1.38	1.37

2.4　黄磷尾气洗涤除尘操作

2.4.1　开车前的检查工作

图 2.8 为黄磷尾气洗涤除尘设备。开车前应按流程分别检查设备、管线、阀门、仪表、压力点、分析点是否齐全；将每个阀门转动一次，检查是否灵活；将测压测温仪表进行校正；接好取样点，满足分析要求。

图 2.8　黄磷尾气洗涤除尘设备

左边两个为洗涤空塔，中间为水环真空泵，右边为洗涤除尘塔

2.4.2　洗涤系统蒸汽或氮气置换

(1)开止逆水封底排空阀，降低水位，开放空阀。

(2)蒸汽置换：在洗涤塔前加蒸汽置换，待放空管冒蒸汽数分钟。

(3)尾气置换：稍开洗涤塔进口阀，逐步关总放空阀，放空阀冒气即可，用黄磷尾气置换。

(4)在止逆水封处取样分析氧含量＜1.5%时置换完毕，关放空阀，系统备用。

(5)止逆水封加水，保持溢流。

2.4.3　洗涤正常工艺条件

(1)石灰乳浓度：5%～6%。

(2)洗涤塔出口 HF 含量：＜1 ppm。

(3)循环槽(中部)水 pH：＞9。

2.4.4　洗涤开停车

1. 开车

(1)接到开车指令，开除尘塔循环水阀，向除尘塔加少量循环水，开除尘塔水循环泵(组合槽后部)进、出口阀，启动除尘塔水循环泵，建立水循环，当循环槽前部有溢流时关小循环水阀，保持少量溢流即可。

(2)当二级循环槽水溢流时，开二级洗涤泵(组合槽中部)进、出口阀，启动二级洗涤泵，建立水循环。

(3)当一级循环槽水溢流时，开一级洗涤泵(组合槽前部)进、出口阀，启动一级洗涤泵，建立水循环。

(4)向循环槽中部加入石灰乳，控制 pH 在 9～11 范围内。

(5)开止逆水封出口阀，慢开洗涤塔进口阀，启动水环压缩机，注意洗涤塔压力，逐步开压缩机出口阀，并关总水封放空管切断阀。

(6)启用压力自动调节阀。

(7)组合槽底部每班排渣一次，分别开启组合槽前、中、后部排渣阀，启动出渣泵，开出渣泵出口阀，观察窥视镜排渣情况，直至渣排完为止。关出渣泵进、出口阀，停出渣泵。

(8)总水封放空阀关死后，开放空阀后进水阀，从洗涤塔水封观察水溢流情况，溢流后调节水阀门，保持少量溢流即可。

2. 停车

接到停车指令，开总水封放空切断阀，关洗涤塔进口阀。

2.4.5　洗涤正常运行操作注意事项

(1)经常注意循环槽的液位，注意补充水。

(2)经常测定循环槽水 pH，用 pH 控制石灰乳流量，若 pH 达到规定要求，可不必加石灰乳。

(3)经常注意洗涤塔压力，特别注意防止抽空。

(4)经常注意水封水位保持溢流。

2.5　熄灭烟囱火炬的方法

2.5.1　余气生产蒸汽

1. 余气生产蒸汽的方法

在黄磷尾气洗涤除尘工序，采用水环真空泵抽气，已做过试验：要完全消灭烟囱冒火很难做到。因为电磷炉炉顶设计要求是微压操作，炉顶电极一般采用砂封，当压力稍升高，砂封漏气，炉顶冒火，即会烧毁电炉电器设备，很危险。另外，还要防止从烟囱倒抽进空气，造成黄磷尾气氧含量过高，形成爆炸性气体，对系统更不安全。为保证安全，根据经验，保持烟囱始终有少量冒火，这是最安全的做法。

烟囱少量冒火约为黄磷尾气量的 10%，黄磷尾气烟囱离完全熄灭还有一定距离，每年仍有 2.5～3 亿 m^3 黄磷尾气被浪费掉，实为可惜。

火炬属于燃烧净化法，它是利用废气中有害气体具有燃烧氧化的特性，将它们燃烧变成无害的物质。直接火焰燃烧意味着能量白白浪费掉了，并增加了二氧化碳的排放。

黄磷尾气在烟囱顶与过剩空气进行完全燃烧，生成 CO_2、H_2O、SO_2、N_2 及过剩的 O_2，放出大量热量，燃烧反应如下：

$$2CO + O_2 \longrightarrow 2CO_2 \tag{2-37}$$

$$2H_2 + O_2 \longrightarrow 2H_2O \tag{2-38}$$

$$H_2S + 1.5O_2 \longrightarrow SO_2 + H_2O \tag{2-39}$$

$$COS + 1.5O_2 \longrightarrow CO_2 + SO_2 \tag{2-40}$$

$$2HCN + 2.5O_2 \longrightarrow 2CO_2 + H_2O + N_2 \tag{2-41}$$

余气生产蒸汽的方法是将余气与空气燃烧，并将热量转化为低压蒸汽，供保温用，以此熄灭火炬，达到节能减排的目的。

余气生产蒸汽流程见图 2.9，在烟囱(1)中部加一个电动蝶阀(2)，关切断阀，余气在阀前进入燃烧器(3)，在此余气与自吸空气混合点火，进入燃烧炉(4)充分燃烧，燃烧后产生的粉尘落入排尘水封(6)内定期捞出。燃烧高温烟气进入废热锅炉(5)的火管内，将热量传给水而产生蒸汽，处理后的净烟气降温至 200℃左右，返回烟囱排入大气。

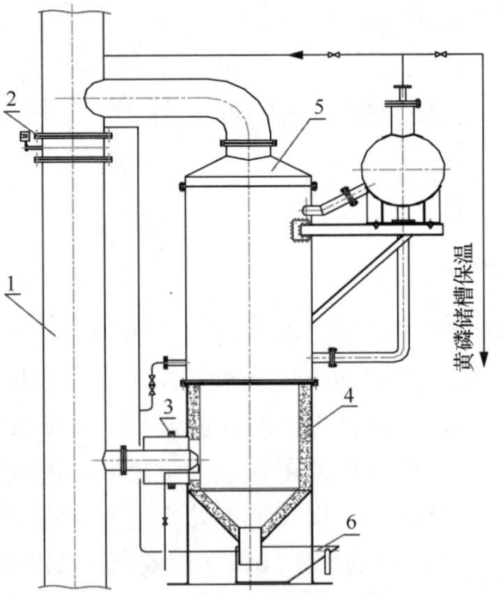

图 2.9　余气生产蒸汽流程图

1.烟囱；2.电动蝶阀；3.燃烧器；4.燃烧炉；5.废热锅炉；6.排尘水封

2. 黄磷尾气的燃烧计算

1) 黄磷尾气的热值计算

$$Q_d=126.2CO+107.8H_2+359.1CH_4+231.2H_2S\ (kJ/m^3) \tag{2-42}$$

式中，CO、H_2、CH_4、H_2S 分别表示黄磷尾气中组分的分子分数。

2) 黄磷尾气完全燃烧所需空气量计算

黄磷尾气燃烧理论空气量

$$L_0=\frac{0.5CO+0.5H_2+2CH_4+1.5H_2S-O_2}{21}(m^3/m^3) \tag{2-43}$$

黄磷尾气燃烧实际空气需要量

$$L_n=\alpha L_0\,(m^3/m^3) \tag{2-44}$$

式中，α 为空气过剩系数，保证完全燃烧的最低值，人工操作时为 1.15～1.2，燃烧过程自动控制时为 1.05～1.1。

若需要空气中水蒸气时，湿空气需要量

$$L_0^{湿}=L_0(1+0.00124\phi g_{水}^{干})\,(m^3/m^3) \tag{2-45}$$

式中，ϕ 为当地空气平均相对湿度，%；$g_{水}^{干}$ 为空气中饱和水汽含量，g/m^3，根据空气温度查表得出。

3) 黄磷尾气实际燃烧产物体积

$$V_n= V_{CO_2}+V_{H_2O}+ V_{SO_2}+ V_{N_2}+V_{O_2}\ (m^3/m^3) \tag{2-46}$$

黄磷尾气实际燃烧产物中各组分的体积 (m^3/m^3) 的计算：

$$V_{CO_2}=0.01\,(CO+CO_2+CH_4)$$

$$V_{SO_2}=0.01H_2S$$

$$V_{H_2O}=0.01\,(H_2+H_2S+2CH_4)$$

$$V_{N_2}=0.01\,(N_2+79L_n)$$

$$V_{O_2}=0.21\,(\alpha-1)\,L_n$$

4）燃烧烟气的组成（体积分数）

$$CO_2\% = \frac{V_{CO_2}}{V_n}$$

$$SO_2\% = \frac{V_{SO_2}}{V_n}$$

$$H_2O\% = \frac{V_{H_2O}}{V_n} \tag{2-47}$$

$$N_2\% = \frac{V_{N_2}}{V_n}$$

$$O_2\% = \frac{V_{O_2}}{V_n}$$

5）黄磷尾气燃烧温度的计算

A.烟气理论热焓（I_0）

$$I_0 = \frac{Q_d + Q_k + Q_r}{V_n}\ (kJ/m^3) \tag{2-48}$$

式中，Q_k为单位燃料的空气量所含物理热，kJ/m^3，按下式计算：

$$Q_k = C_k L_n t_k$$

式中，C_k为空气平均热容，kJ/(m^3·℃)；t_k为空气温度，℃。Q_r为单位燃料所带来的物理热，kJ/m^3，一般情况下，燃料在燃烧前为常温，所带物理热很小，可忽略不计。

B.理论燃烧温度（t_0）

$$t_0 = \frac{I_0}{C_t}\ (℃) \tag{2-49}$$

式中，C_t为燃烧产物在理论温度t_0下的平均热容，kJ/(m^3·℃)。

C.实际燃烧温度近似计算

根据经验高温系数取为0.7～0.8。

实际燃烧温度：

$$t = (0.7 \sim 0.8)\, t_0 \tag{2-50}$$

3. 黄磷尾气燃烧烟气的特性

黄磷尾气燃烧烟气与空气过剩系数有关，不同过剩空气燃烧烟气组分也不同。不同过剩空气下，黄磷尾气燃烧烟气组分及含量如表2.6所示。

表 2.6　黄磷尾气燃烧烟气组分及含量

空气过剩系数 α			1.0	1.1	1.2	1.3	1.4	1.5
空气需要量/(m^3/m^3)			2.25	2.475	2.7	2.925	3.15	3.375
燃烧烟气	CO_2	m^3/m^3	0.888	0.888	0.888	0.888	0.888	0.888
		%	31.87	29.44	27.44	25.34	23.60	22.04
	SO_2	m^3/m^3	0.0006	0.0006	0.0006	0.0006	0.0006	0.0006
		%	0.02	0.02	0.02	0.02	0.02	0.02
	H_2O	m^3/m^3	0.0776	0.0776	0.0776	0.0776	0.0776	0.0776
		%	2.78	2.57	2.40	2.21	2.06	1.93
	N_2	m^3/m^3	1.82	1.998	2.176	2.354	2.532	2.709
		%	65.32	66.24	67.23	67.17	67.29	67.23
	O_2	m^3/m^3		0.052	0.0945	0.1843	0.2646	0.3544
		%		1.7	2.92	5.26	7.03	8.79
燃烧烟气总量/(m^3/m^3)			2.7862	3.0162	3.2367	3.5045	3.7628	4.0296

常压下黄磷尾气燃烧烟气的热容见表 2.7。

表 2.7　常压下黄磷尾气烟气各组分的平均定压热容[kJ/(Nm^3·℃)]

温度	CO_2	N_2	O_2	H_2O	SO_2
0℃	1.6015	1.2929	1.3046	1.4943	1.7333
100℃	1.7132	1.2962	1.3167	1.5056	1.8129
200℃	1.7999	1.3004	1.3356	1.5219	1.8882
300℃	1.8710	1.3071	1.3565	1.5424	1.9594
400℃	1.9377	1.3172	1.3779	1.5654	2.0180
500℃	1.9969	1.3285	1.3980	1.5893	2.0725
600℃	2.0453	1.3410	1.4172	1.6114	2.1143
700℃	2.0967	1.3544	1.4344	1.6412	2.1520
800℃	2.395	1.3674	1.4503	1.6684	2.1855
900℃	2.1788	1.3729	1.4645	1.6957	2.2148
1000℃	202140	1.3921	1.4775	1.7229	2.2399
1100℃	2.2454	1.4043	1.4897	1.7291	
1200℃	2.2747	1.4151	1.5005	1.7769	
1300℃	2.3006	1.4260	1.5106	1.8028	
1400℃	2.3249	1.4361	1.5202	1.8284	
1500℃	2.3471	1.4457	1.4457	1.8527	

续表

温度	CO_2	N_2	O_2	H_2O	SO_2
1600℃	2.3676	1.4541	1.4541	1.8556	
1700℃	2.3869	1.4624	1.4624	1.8996	
1800℃	2.4049	1.4670	1.4670	1.9217	
1900℃	2.4212	1.4775	1.4775	1.9427	
2000℃	2.2274	1.4842	1.4842	1.9632	

常压下黄磷尾气燃烧烟气各组分的黏度见表 2.8。

表 2.8　常压下黄磷尾气烟气各组分的黏度[10^{-7} kg/(m·s)]

温度	CO_2	N_2	O_2	H_2O	SO_2
0℃	136.7	166.5	191.0	46.0	120.6
100℃	182.7	208.6	243.7	130.0	160.8
200℃	225.4	246.4	286.7	162.0	200.0
300℃	264.6	280.0	310.3	198.0	238.3
400℃	299.4	311.8	331.0	235.0	275.6
500℃	330.9	340.3	368.6	271.0	214.8
600℃	360.5	366.5	403.0	304.0	350.1
700℃	388.0	392.0	465.0	345.0	386.4
800℃	410.0	416.0	494.0	382.0	421.7

注：1 kg/(m·s)=100 kg/(cm·s)=100 泊(P)=10000 厘泊(cP)

常压下黄磷尾气烟气各组分的导热系数见表 2.9。

表 2.9　常压下黄磷尾气烟气各组分的导热系数[10^4 kJ/(m·h·℃)]

温度	CO_2	N_2	O_2	H_2O	SO_2
0℃	523.35	858.29	870.85	565.22	308.5
100℃	820.61	1092.75	1138.8	858.29	442.77
200℃	1113.69	1318.84	1339.78	1151.37	597.57
300℃	1402.58	1318.84	2888.89	1486.31	763.16
400℃	1653.79	1708.21	1884.06	1904.99	928.75
500℃	1905.00	1925.93	2093.4	2207.73	1105.14
600℃	2118.52	2118.52	2311.11	2708.86	1288.73
700℃	2386.48	2198.07	2512.08	3119.17	1479.52
800℃	2574.88	2327.86	2608.38	3454.11	1666.71

黄磷尾气燃烧烟气的特性见表 2.10。

表 2.10　黄磷尾气燃烧烟气的特性

α	烟气特性	温度/℃								
		0	100	200	300	400	500	600	700	800
1.0	分子量	32.83								
	热容/[kJ/(kmol·℃)]	33.242	33.8715	34.4725	35.044	35.588	36.101	36.586	37.044	37.472
	黏度/[10^{-7} kg/(m·s)]	152.76	197.21	236.73	272.48	305.52	335.28	362.93	389.51	413.04
	导热系数 λ	733.02	991.00	1242.3	1352.14	1693.28	1924.78	2131.83	2285.59	2440.8
	理论热焓值/(kJ/m^3)	4201								
1.1	分子量	32.5202								
	热容/[kJ/(kmol·℃)]	32.9311	33.5372	34.1173	34.6703	35.1969	35.6929	36.1632	36.6061	37.022
	黏度/[10^{-7} kg/(m·s)]	154.17	198.63	238.11	273.54	306.3	336.12	363.81	390.94	414.59
	导热系数 λ	742.43	999.25	1248.26	1376.39	1697.36	1927.7	2134.12	2284.5	2437.3
	热焓值/(kJ/m^3)	3880.7								
1.2	分子量	32.2772								
	热容/[kJ/(kmol·℃)]	32.6918	33.2788	33.8417	34.3792	34.8912	35.3734	36.2158	36.2624	36.6681
	黏度/[10^{-7} kg/(m·s)]	155.29	199.7	239.19	274.3	306.9	336.6	364.8	392.0	415.7
	导热系数 λ	750.23	1006.0	1253.2	1393.6	1700.4	1929.9	2135.5	2283.0	2434.0
	热焓值/(kJ/m^3)	3616								
1.3	分子量	32.051								
	热容/[kJ/(kmol·℃)]	32.4247	32.9923	33.5380	34.061	34.5587	35.0275	35.4733	35.8929	36.2884
	黏度/[10^{-7} kg/(m·s)]	156.8	201.3	240.5	275.7	307.8	337.6	366.0	393.9	417.8
	导热系数 λ	758.6	1013.7	1258.8	1428.7	1705.4	1933.8	2139.8	2284.5	2433.2
	热焓值/(kJ/m^3)	3340								
1.4	分子量	31.8584								
	热容/[kJ/(kmol·℃)]	32.2061	32.7574	33.2889	33.7996	34.2854	34.7429	35.1785	35.5884	35.9753
	黏度/[10^{-7} kg/(m·s)]	158.3	202.9	241.8	276.6	308.5	338.4	366.9	395.4	419.4
	导热系数 λ	765.3	1020.2	1263.3	1455.0	1709.4	1936.9	2141.8	2285.5	2432.2
	热焓值/(kJ/m^3)	3110.7								
1.5	分子量	31.695								
	热容/[kJ/(kmol·℃)]	32.0132	32.55	33.0689	33.5689	34.0444	34.492	34.9187	35.32	35.6996
	黏度/[10^{-7} kg/(m·s)]	159.4	204.1	242.9	277.5	309.1	339.2	367.7	396.8	420.9
	导热系数 λ	771.6	1026.0	1149.8	1481.4	1713.2	1940.0	2145.3	2286.9	2431.7
	热焓值/(kJ/m^3)	2905								

注：α 为空气过剩系数；λ 为 10^4 kJ/(m·h·℃)

4. 燃烧室

为了保持制磷电炉操作条件的现状，将黄磷尾气在烟囱顶部的直接燃烧引入到中部的燃烧室内燃烧，燃烧后的热量进行回收，须具备的条件是：①利用原有烟囱抽力，阻力要小；②采用直接燃烧，空气自行补充，混合要均匀；③烟气中的粉尘要自力排出；④操作简单安全，便于观察调节。

烟气体积流量：

$$V_y=V_0 \cdot V_{y0}$$

式中，V_0为多余的黄磷尾气量，Nm^3/h；V_{y0}为在一定的过剩空气下，单位黄磷尾气燃烧所产生的烟气量，查表2.6。

在操作条件下烟体体积：

$$V=\frac{V_0 \cdot 101.3 \times (273+t)}{273 \cdot p} \tag{2-51}$$

式中，V_0为烟气处理量，Nm^3/h；p为操作压力（绝对压力），kPa；t为操作温度，℃。

燃烧室炉膛容积V_L：

$$V_L=\frac{V_y \cdot t}{3600}\ (m^3) \tag{2-52}$$

式中，V_L为炉膛容积，m^3；V_y为燃烧烟气体积流量，m^3/h；t为炉膛停留时间，包括燃烧反应时间和混合时间，一般需要0.5～2 s。

炉膛直径D_L：

$$D_L=\sqrt{\frac{V}{0.785 \times 3600\omega}} \tag{2-53}$$

式中，ω为烟气在炉膛内的流速，一般取1～2 m/s。

炉膛高度H：

$$H=\frac{V_L}{0.785 D_L}\ (m) \tag{2-54}$$

5. 废热锅炉

1）废热锅炉的结构

废热锅炉为圆筒体带有立式火管式，由两部分组成：一部分是进行传热的列管钢制圆筒，圆筒两端设有薄壁管板，安装有许多无缝钢管，高温烟气自下而上通过火管，烟气中的烟尘在此落入燃烧室底部水封排出，管间有被加热的沸腾水；另一部分为汽包，沸腾的水、汽在这里分离，蒸汽从顶部引出，送往黄磷储槽保温用。圆筒管间与汽包由数根上下循环管连通。管间传热产生的汽水混合物由上循环管进入汽包，分离出来的水和补充的新鲜水由下循环管流入圆筒管间底部，形成水循环。污水从底部排污管排出。废热锅炉结构见图 2.10。

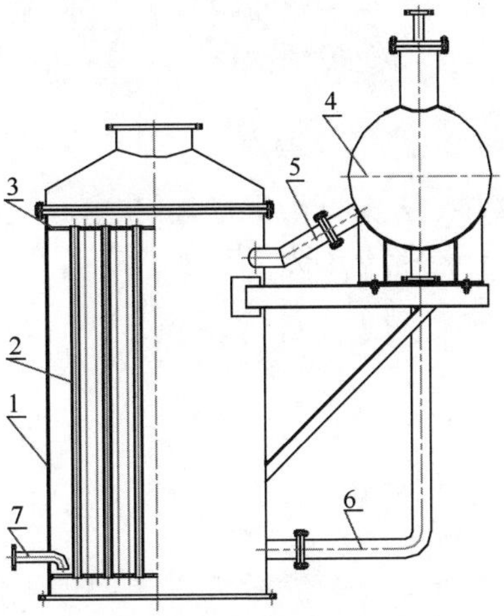

图 2.10　废热锅炉

1.筒体；2.火管；3.管板；4.汽包；5.上循环管；6.下循环管；7.排污管

2) 废热锅炉的计算

设新鲜软水加入量为 x(kg)，产蒸汽量为 y(kg)。生产能力由热平衡计算。

A.进热

燃烧烟气带入热 q_1：

$$q_1=V_y \cdot C_{y1} \cdot t_1 \ (\text{kJ/h}) \tag{2-55}$$

式中，V_y 为每小时燃烧烟气量，kmol/h；C_{y1} 为烟气在温度 t_1 时的分子热容，kJ/(kmol·℃)；t_1 为烟气进口温度，℃。

软水带入热 q_2：

$$q_2= 4.1868x \cdot t \ (\text{kJ/h}) \tag{2-56}$$

式中，t 为热水进口温度，℃。

$$Q_{进}=q_1+q_2 \tag{2-57}$$

B.出热

燃烧烟气带出热 q_1'：

$$q_1'=V_y \cdot C_{y2} \cdot t_2 \ (\text{kJ/h}) \tag{2-58}$$

式中，V_y 为燃烧烟气量，kmol/h；C_{y1} 为烟气在温度 t_2 时的分子热容，kJ/(kmol·℃)；t_2 为烟气出口温度，℃。

蒸汽带出热 q_2'：

$$q_2'=I \cdot y \ (\text{kJ/h}) \tag{2-59}$$

式中，I 为废热锅炉产生的蒸汽焓，kJ/kg。

排污带出热 q_3'：

$$q_3' = I_s(x-y) = I_s \cdot x - I_s \cdot y \tag{2-60}$$

式中，I_s 为排污水焓，kJ/kg。

热损失(取进热的 3%) q_4'：

$$q_4' = 0.03\, Q_{进}\ (\text{kJ/h}) \tag{2-61}$$

$$Q_{出} = q_1' + q_2' + q_3' + q_4' \tag{2-62}$$

热平衡

$$Q_{进} = Q_{出} \tag{2-63}$$

3)废热锅炉炉体尺寸的确定

采用火管式，列管用六角形排列，管束间留十字形排污通道。管板直径的计算如下。

烟气平均温度：

$$t_m = \frac{t_1 + t_2}{2}\ (℃)$$

在操作条件下气体平均体积：

$$V = \frac{V_0 \cdot 101.3 \times (273 + t_m)}{273 \cdot p} \tag{2-64}$$

式中，V_0 为烟气处理量，Nm^3/h；p 为操作压力(绝压)，kPa；t_m 为操作温度，℃。

初选气体流速 ω=5～14 m/s，选择换热管规格：外径×厚度为 $d_0 \times \delta$，换热管内径 $d=d_0-2\delta$，计算换热管根数 n：

$$n = \frac{V}{3600 \times 0.785 d^2 \cdot \omega} \tag{2-65}$$

管间距 t=(1.3～1.5) d_0，估算管板直径：

$$D = 1.05 \cdot t \cdot \sqrt{\frac{n}{\eta}}\ (\text{mm}) \tag{2-66}$$

式中，η 为管板充填系数，取 0.8～1.0。

管板计算后按蒸汽操作压力，根据《压力容器设计手册》选取管板尺寸。

4)总传热系数的计算

A.管内传热系数的计算

管内实际流速 ω：

$$\omega = \frac{V}{3600 \times 0.785 d_0 \cdot n} \tag{2-67}$$

雷诺数：

$$Re = \frac{d \cdot w \cdot \gamma}{\mu}$$

普朗特数：

$$Pr = \frac{\mu C_{\mathrm{p}}}{\lambda}$$

式中，d 为管子直径，m；μ 为流体的黏度，kg/(m·h)；C_{p} 为流体的比热，kJ/(kg·℃)；γ 为流体重度，kg/m^3；λ 为流体导热系数，kJ/(m·h·℃)。

流体在管内的对流传热系数按下式计算：

$$\alpha_{\mathrm{C}} = 0.023 Re^{0.8} Pr^{0.3} \lambda / d \quad [\mathrm{kJ/(m^2 \cdot h \cdot ℃)}] \tag{2-68}$$

高温下的固体、气体和液体都能发生热辐射，一般具有热辐射能力的气体在 200℃以上，这时需要考虑辐射的影响，传热系数 α_{T} 应为对流传热系数 α_{C} 和热辐射传热系数 α_{R} 之和。

$$\alpha_{\mathrm{T}} = \alpha_{\mathrm{C}} + \alpha_{\mathrm{R}} \tag{2-69}$$

单原子气体及对称的双原子气体如 H_2、O_2、N_2 等的辐射能力及吸收辐射热的能力几乎等于零。

多原子气体及不对称的双原子气体如 CO_2、H_2O、SO_2 等有辐射热能力，并有吸收辐射热的能力。CO_2、H_2O、SO_2 的传热系数采用图 2.11 所给出的数据计算。图中曲线表示 α_{R} 与气体和器壁间的算术平均温度值的关系。气体层的有效厚度为

$$L=\psi \cdot p \cdot d \tag{2-70}$$

式中，p 为辐射气体的分压(绝对压力)，kPa；ψ 为形状系数，气体在管内流动时为 1；d 为管径，m。

B.管外传热系数计算

管外为沸腾的水，推荐用下式计算管外传热系数 $\alpha_{外}$。

$$\alpha_{外} = 3 \times (0.2388q)^{0.7}(10p)^{0.15} \quad [\mathrm{kJ/(m^2 \cdot h \cdot ℃)}]$$

式中，q 为热流强度，kJ/(m^2·h)；p 为锅炉内蒸汽压力(绝对压力)，MPa。

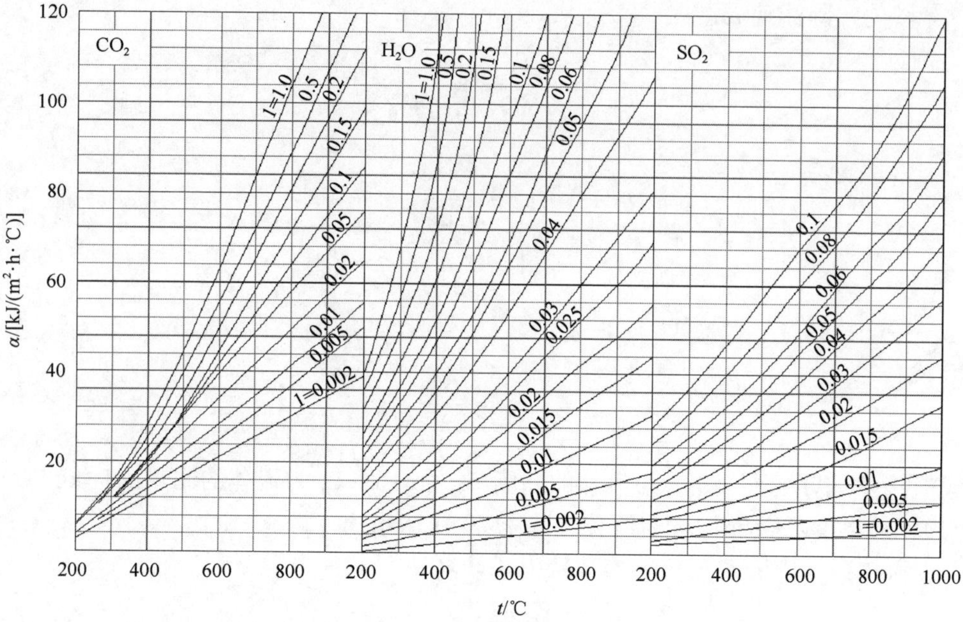

图 2.11　辐射传热系数

C.总传热吸收的计算

$$K = \frac{1}{\dfrac{1}{\alpha_T} + \dfrac{1}{\alpha_{外}} + R + \dfrac{\delta}{\lambda}} \tag{2-71}$$

式中，λ 为钢的导热系数，167.5 kJ/(m·h·℃)；R 为水垢层热阻，$R=R_{内}+R_{外}$；$R_{内}$为管内热阻，管内为不干净的气体，取为 0.008 m²·h·℃/kJ；$R_{外}$为管间热阻，管间为水，水垢层热阻见表 2.11。

表 2.11　水垢层的热阻

介质	水垢层热阻/(m²·h·℃/kJ)		介质	水垢层热阻/(m²·h·℃/kJ)	
	流速≤1m/s	流速＞1m/s		流速≤1m/s	流速＞1m/s
海水	0.0004	0.0004	河水（最清）	0.0016	0.0008
微碱性水	0.0016	0.0008	（平均）	0.0024	0.0016
循环冷却水未经处理	0.0008	0.0008	硬水（硬度约 25 度）	0.0036	0.0024
经处理	0.0024	0.0024	锅炉给水（软水）	0.0008	0.0004
自来水，大湖的水	0.0008	0.0008	锅炉排水	0.0016	0.0016

注：如水温超过 50℃，则水垢层热阻乘以 1.25

D.换热面积的计算

平均温度差：

$$\Delta t_{\mathrm{m}}=\frac{\left(T_1-t\right)-\left(T_2-t\right)}{L_n \dfrac{T_1-t}{T_2-t}}\ (℃) \tag{2-72}$$

式中，T_1 为烟气进口温度，℃；T_2 为烟气出口温度，℃；T 为沸腾水温度，℃。

传热面积：

$$A=\frac{Q}{K\cdot\Delta t_{\mathrm{m}}}\ (\mathrm{m}^2) \tag{2-73}$$

6. 余气生产蒸汽计算实例

1) 尾气燃烧计算实例

A.黄磷尾气组成

黄磷尾气组成见表 2.12。

表 2.12　黄磷尾气组分含量(%)

CO	CO_2	N_2	H_2	H_2S	CH_4
85.8	2.6	4.3	6.4	0.56	0.4

B.黄磷尾气的热值计算

根据式(2-42)，黄磷尾气的热值

Q_{d}=126.2×85.8+107.8×6.4+359.1×0.4+231.2×0.56=11790.99 (kJ/m^3)

C.黄磷尾气完全燃烧所需空气量计算

a) 黄磷尾气燃烧理论空气量

$$L_0=\frac{0.5\times85.8+0.5\times6.4+2\times0.4+1.5\times0.56-0.5}{21}=2.25(\mathrm{m}^3/\mathrm{m}^3)$$

b) 黄磷尾气燃烧实际空气需要量

根据式(2-44)，黄磷尾气热值很高，按理论空气量燃烧，理论温度高达 2000℃以上，受耐火材料耐火度的限制，为了保护设备，用加大空气量进行降温，空气过剩系数 α 取为 1.5。

$$L_n=1.5\times2.25=3.375\,(\mathrm{m}^3/\mathrm{m}^3)$$

c) 湿空气需要量

根据式(2-45)，空气温度设为 20℃，空气平均湿度 ϕ=70%，空气中水蒸气含量为 18.8 g/m^3，则

$L_0^{湿}=L_0(1+0.00124\phi g_{水}^{干})$=3.375×（1+0.00124×0.7×18.8）=3.43（m^3/m^3）

空气带入的水蒸气量：

$$V_{空H_2O}=3.43-3.375=0.055\ (m^3/m^3)$$

黄磷尾气温度设为 35℃，黄磷尾气湿度设为ϕ=100%，黄磷尾气中水蒸气含量 39.7 g/m^3，则黄磷尾气带入的水蒸气量：

$$V_{H_2O}^{湿}=0.00124\phi g_{水}^{干}=0.00124\times1\times39.7=0.0492\ (m^3/m^3)$$

d）黄磷尾气实际燃烧产物体积

根据式（2-46），黄磷尾气实际燃烧产物中各组分的体积为

V_{CO_2}=0.01×（85.8+2.6+0.4）=0.888（m^3/m^3）

V_{SO_2}=0.01×0.56=0.0056（m^3/m^3）

V_{H_2O}=0.01×（6.4+0.56+2×0.4）+（0.055+0.0492）=0.1818（m^3/m^3）

V_{N_2}=0.01×（4.3+79×3.375）=2.7093（m^3/m^3）

V_{O_2}=0.21×（1.5−1）×3.375=0.3544（m^3/m^3）

V_n=0.888+0.1818+0.0056+2.7093+0.3544=4.1391（m^3/m^3）

e）燃烧烟气的组成（体积分数）

根据式（2-47），

$$CO_2=100\%\times0.888/4.1391=21.45\%$$

$$SO_2=100\%\times0.0056/4.1391=0.14\%$$

$$H_2O=100\%\times0.1818/4.1391=4.39\%$$

$$N_2=100\%\times2.7093/4.1391=65.46\%$$

$$O_2=100\%\times0.3544/4.1391=8.6\%$$

管道直径，采用螺旋管ϕ529×6；

输送气量 V_0=5000 m^3/h；

管道内径 d=510 mm；

黄磷尾气输送温度 T=40℃；

黄磷尾气密度 1.193 kg/m^3；

管壁内表面绝对粗糙度，钢管，K=0.15 mm；

管道流速 w=5000/（3600×0.785×0.5^2）= 7.077（m/s）；

黄磷尾气在 0℃时的黏度 μ= 160.9×10^{-7} kg/（m·s）；

$$Re=\frac{dw\gamma}{\mu}=\frac{0.51\times7.077\times1.193}{160.9\times10^{-7}}=267611$$

$$\lambda = 0.11\left(\frac{K}{d}+\frac{64}{Re}\right)^{0.25} = 0.11\times\left(\frac{0.15}{510}+\frac{64}{267611}\right)^{0.25} = 0.0167$$

低压管道摩擦阻力按本书第 4 章式(4-10)计算：

$$\Delta p = 6.26\times10^{7}\lambda\frac{V_0^2}{d^5}\rho\frac{T}{T_0}L = 6.26\times10^{7}\times0.0167\times\frac{5000^2}{510^5}\times1.193\times\frac{313}{273}\times4000$$

=4144(Pa)

每米压力降 1.26 Pa，总阻力损失：Δp=1.08×4144=4476(Pa)；

净化黄磷尾气远程输送，将净化黄磷尾气加压至 $p = 4$ MPa，经四段水冷器冷却至 t=35℃，送往合成氨厂制合成氨，管道总长 L=1700 m。

在操作工况下流量：

$$V = V_0\frac{p_0(273+t)}{p_1\times273} = 15000\times\frac{0.81\times(273+35)}{273\times(0.81+40)} = 335.9(\mathrm{m^3/h})$$

总管流速取为 10 m/s；

管子直径 $d = \sqrt{\frac{335.9}{3600\times0.785\times10}} = 0.109\ (\mathrm{m})$；

管道壁厚计算：

$$\delta = \frac{pD}{2\sigma_s\phi F} = \frac{4\times108}{2\times245\times1\times0.72} = 1.22\ (\mathrm{mm})$$

式中，δ 为钢管计算壁厚，mm；p 为设计压力，4 MPa；D 为钢管外径，108 mm；σ_s 为钢管的最低屈服强度，20 钢，245 MPa；F 为设计系数，一级地区取 0.72；ϕ 为焊缝系数，取为 1。

输送管用 ϕ108×4。

高压及中压燃气管道，钢管直管摩擦阻力损失按式(4-15)计算：

操作工况下重度 γ=54.22 kg/m^3；

黄磷尾气在 0℃时的黏度 μ= 160.9×10^{-7} kg/(m·s)；

0℃和 101.325 kPa 时黄磷尾气的运动黏度，$\upsilon = \frac{\mu}{\rho} = \frac{160.9\times10^{-7}}{1.1933}$=134.84×10^{-7} (m^2/s)。

黄磷尾气在管道中流速：

w=335.9/(3600×0.785×0.1^2)= 11.89(m/s)；

Re=$\frac{dw\gamma}{\mu g}$=$\frac{0.1\times11.89\times54.22}{160.9\times10^{-7}}$=4006686；

取管壁粗糙度 K=0.15 mm，

$$\lambda=0.11\left(\frac{K}{d}+\frac{68}{Re}\right)^{0.25}=0.11\times\left(\frac{0.15}{100}+\frac{68}{4006686}\right)^{0.25}=0.0217\text{；}$$

$$p_1^2-p_2^2=1.4\times10^9\lambda\left(\frac{K}{d}+192.2\frac{d\nu}{V_0}\right)^{0.25}\frac{V_0^2}{d^5}\rho\frac{T}{T_0}L$$

$$=1.4\times10^9\times0.0217\times\left(\frac{0.15}{100}+192.2\times\frac{100\times134.84\times10^{-7}}{15000}\right)^{0.25}\times\frac{15000^2}{100^5}\times1.193\times\frac{308}{273.15}\times1700$$

$=1.423\times10^5$(Pa)=0.1418(MPa)；

$p_2=\sqrt{4^2-1.418}=3.982$ (MPa)；

总阻力损失：Δp=4–3.982=0.018(MPa)。

D.黄磷尾气燃烧温度的计算

a)理论燃烧温度的计算

黄磷尾气烟气理论焓按式(2-48)计算，设空气温度为20℃，空气的平均热容C_k=1.296 kJ/(m^3·℃)，$Q_k=C_kL_nt_k$=1.296×3.43×20=88.9 (kJ/m^3)，

$$I_0=\frac{11790.99+88.9}{4.1391}=2870.16\ (\text{kJ/m}^3)$$

黄磷尾气理论燃烧温度按式(2-49)计算，设燃烧温度为1300℃，此时烟气组分的热容[kJ/(m^3·℃)]如下：

CO_2	N_2	O_2	SO_2	H_2O
2.3006	1.426	1.5106	2.24	1.8028

烟气热容：C_t=2.3006×0.2145+2.24×0.0014+1.5106×0.0856+1.426×0.6546+1.8028×0.0439=1.6385 [kJ/(m^3·℃)]

理论燃烧温度：

$$t_0=\frac{2870.16}{1.6385}=1752\ (℃)$$

b)实际燃烧温度近似计算

黄磷尾气实际燃烧温度按式(2-50)计算，得 t=0.7×1752=1226(℃)。

2)燃烧室计算实例

A.已知条件

(1)黄磷尾气燃烧量：V_0= 400(m^3/h)。

(2)燃烧烟气组成：CO_2，22.02%；N_2，67.19%；O_2，8.79%；H_2O，1.99%；SO_2，0.02%。

(3)助燃空气量：V_k=3.4288×500=1714.4(m^3/h)。

(4)烟气量：V_y=4.1363×400=1654.52(m^3/h)。

(5)烟气温度：t_1= 1246℃。

B.燃烧室计算

烟气在操作条件下的体积流量：

$$V=\frac{1654.52\times 101.3\times (273+1246)}{273\times 80}=11657\ (\mathrm{m^3/h})$$

燃烧温度高，燃烧速度很快，燃烧时间设为 0.3 s。

需炉膛容积：

$$V_{\mathrm{L}}=\frac{V\cdot t}{3600}=\frac{11657\times 0.3}{3600}=0.971\ (\mathrm{m^3})$$

烟气在炉膛内的流速取为 5 m/s。

炉膛直径：

$$D_{\mathrm{L}}=\sqrt{\frac{V}{0.785\times 3600\omega}}=\sqrt{\frac{11657}{0.785\times 3600\times 5}}=0.908(\mathrm{m})$$

为了与废热锅炉配合，炉膛直径取为 ϕ1100 mm。

炉膛高度：

$$H=0.947/(0.785\times 1.1^2)=1\ (\mathrm{m})$$

3) 废热锅炉计算实例

A.已知条件

为了简化设备，采用火管式，烟气走管内，管间装热水。

(1) 烟气量：V_y=4.1363×400=1654.52 ($\mathrm{m^3/h}$)。

(2) 燃烧烟气组成：CO_2，22.02%；N_2，67.19%；O_2，8.79%；H_2O，1.99%；SO_2，0.02%。

(3) 烟气分子量：31.69。

(4) 烟气温度：t_1= 1246℃。

(5) 烟气出口温度：t_2=230℃。

(6) 产饱和蒸汽：0.3 MPa(绝对压力)，蒸汽温度 132.9℃，焓 2724.4 kJ/kg。

(7) 软水进口温度：30℃，软水进口总固体含量 150 ppm，排污水总固体含量 2000 ppm。

(8) 地区大气压：80 kPa。

B.废热锅炉产汽能力

设新鲜软水加入量为 x(kg)，产蒸汽量为 y(kg)。生产能力由热平衡和固体平衡计算。

a) 热平衡

(i) 进热

燃烧烟气带入热 q_1：

$$q_1=V_y \cdot C_{y1} \cdot t_1=1654.52\times 1.6334\times 1246=3367306\ (\text{kJ/h})$$

软水带入热 q_2：

$$q_2=30\times 4.1868x=125.6x$$
$$Q_{进}=q_1+q_2=3367306+125.6x$$

(ii) 出热

设燃烧温度为 230℃，此时烟气组分的热容[kJ/(m^3·℃)]如下：

CO_2	N_2	O_2	SO_2	H_2O
1.8212	1.3024	1.3419	1.9096	1.5281

烟气热容：

$$C_t=1.8212\times 0.2202+1.9096\times 0.0002+1.3419\times 0.0879+1.3024\times 0.6719+1.5281\times 0.0199=1.4249\ [\text{kJ/(m}^3\cdot ℃)]$$

燃烧烟气带出热 q_1'：

$$q_1'=V_y \cdot C_{y2} \cdot t_2=1654.52\times 1.4249\times 230=542230.9\ (\text{kJ/h})$$

蒸汽带出热 q_2'：

$$q_2'=2724.4y$$

排污带出热 q_3'：

$$q_3'=567.3(x-y)=567.3x-567.3y$$

热损失(取进热的 3%) q_4'：

$$q_4'=(3367306+125.6x)\times 0.03=101019.18+3.8x$$
$$Q_{出}=542230.9+2724.4y+567.3x-567.3y+101019.18+3.8x$$
$$=643250.08+2157.1y+571.1x$$

热平衡 $Q_{进}=Q_{出}$：

$$3367306+125.6x=643250.08+2157.1y+571.1x$$
$$445.5x+2157.1y=2724055.9 \quad ①$$

b) 总固平衡

$$150x=2000(x-y)$$
$$x=2000y/1850=1.0811y \quad ②$$

将②式代入①式得

$$445.5\times 1.0811y+2157.1y=2724055.9$$
$$y=\frac{2724055.9}{2638.7}=1032\ (\text{kg/h})$$
$$x=1.0811\times 1032=1115.7\ (\text{kg})$$

C.废热锅炉炉体尺寸的确定

采用火管式，列管用六角形排列，管束间留十字形排污通道。

a) 管板直径的计算

烟气平均温度：

$$\Delta t = \frac{1246 + 230}{2} = 738\ (℃)$$

烟气在操作条件下体积平均流量：

$$V = \frac{1654.52 \times 101.3 \times (273 + 738)}{273 \times 80} = 7758.5\ (\mathrm{m^3/h}) = 2.15\ (\mathrm{m^3/s})$$

火管采用 $\phi 45 \times 3.5$ 无缝钢管，管间距取 58 mm，管板填充系数设为 80%。初选气体流速 ω=10 m/s，管子根数 $n = \frac{2.1}{0.785 \times 0.038^2 \times 10} = 185.3$，管板直径 $D = 1.05 \times 58 \times \sqrt{\frac{185.3}{0.8}} = 927\ (\mathrm{mm})$。根据六角形排列，留有十字形排污通道，取为 900 mm 范围内画图排列，板折边取为 100 mm，直径 ϕ1100 mm，火管共 37×4=148（根）。

b) 总传热系数的计算

火管总截面积 $148 \times 0.038^2 \times 0.785 = 0.1678\ \mathrm{m^2}$，气体质量流速 $G = 1654.52 \times 31.69/(0.1678 \times 3600 \times 22.4) = 3.87\ \mathrm{kg/(m^2 \cdot s)}$，烟气在平均温度 738℃时的黏度 $\mu = 0.1429\ \mathrm{kg/(m \cdot h)}$，$Re = 3.87 \times 3600 \times 0.038/0.1429 = 3704.8$。

烟气在平均温度 738℃时的导热系数 $\lambda = 0.2342\ \mathrm{kJ/(m \cdot h \cdot ℃)}$，烟气在平均温度 738℃时的分子热容 $C_p = 35.4642\ \mathrm{kJ/(kg \cdot kmol \cdot ℃)}$，烟气在平均温度 738℃时的比热 $C_p = 1.1191\ \mathrm{kJ/(kg \cdot ℃)}$，$Pr = 1.1191 \times 0.1429/0.2342 = 0.6828$。

$\alpha_1 = 0.023 \times Re^{0.8} Pr^{0.4} \lambda/d = 0.023 \times 3704.8^{0.8} \times 0.6828^{0.4} \times 0.2342/0.038$

$= 87.10\ [\mathrm{kJ/(m^2 \cdot h \cdot ℃)}]$；

$P_{H_2O} = 80 \times 0.0119/101.3 = 0.0094$；

$L_{H_2O} = 1 \times 0.0094 \times 0.038 = 0.000357$；

$P_{CO_2} = 80 \times 0.2202/101.3 = 0.1739$；

$L_{CO_2} = 1 \times 0.1739 \times 0.038 = 0.0066$。

管壁温度设为 180℃，则管壁与气体平均温度(1246+180)/2=713(℃)。

$\alpha_{H_2O} = 2\ \mathrm{kJ/(m^2 \cdot h \cdot ℃)}$；

$\alpha_{CO_2} = 36\ \mathrm{kJ/(m^2 \cdot h \cdot ℃)}$；

$\alpha_R = 38\ \mathrm{kJ/(m^2 \cdot h \cdot ℃)}$；

$\alpha_\tau = 62.9 + 38 = 100.9\ [\mathrm{kJ/(m^2 \cdot h \cdot ℃)}]$。

管外为沸腾的水，用下式计算管外传热系数：

$$\alpha_{外} = 3 \times (0.2388q)^{0.7} \times (10p)^{0.15}\ [\mathrm{kJ/(m^2 \cdot h \cdot ℃)}]$$

锅炉热负荷：

$$Q = 960 \times 2724.4 = 2615424\ (\mathrm{kJ/h})$$

设废热锅炉传热面积 50 m^2，则

$$q=2615424/50=52308.5\ [\text{kJ/}(\text{m}^2\cdot\text{h})]$$

$$\alpha_{外}=3\times(0.2388q)^{0.7}\times(10p)^{0.15}=3\times(0.2388\times52308.5)^{0.7}\times3^{0.15}=2608\ [\text{kJ/}(\text{m}^2\cdot\text{h}\cdot℃)]$$

拟用软水，水垢热阻取为 0.009。

$$K=\frac{1}{\dfrac{0.91}{91.91}+\dfrac{1}{2608}+0.009+\dfrac{0.0035}{167.5}}=51.8\quad[\text{kJ/}(\text{m}^2\cdot\text{h}\cdot℃)]$$

平均温度差：

$$\Delta t=\frac{(1246-129.5)-(230-129.5)}{\ln\dfrac{(1246-129.5)}{(230-129.5)}}=421.96\ (℃)$$

传热面积：

$$A=\frac{Q}{K\cdot\Delta t}=\frac{2615424}{51.8\times421.96}=119.65\ (\text{m}^2)$$

2.5.2 离心鼓风机调速熄灭烟囱火炬

离心鼓风机调速熄灭烟囱火炬的方法是在烟囱加一个电动蝶阀，切断烟囱放空，采用离心鼓风机变频调速，利用鼓风机前负压的大小调节鼓风机转速，控制黄磷尾气输出量来达到电磷炉炉顶微压操作的目的。

如图 2.12 所示，制磷车间黄磷尾气从总水封(1)引出，在切断阀后进入阻断水封(2)，然后进入两个串联的石灰乳洗涤塔(3a)和(3b)，第二个洗涤塔(3b)的石灰乳是从石灰乳配制槽加入，进入前循环槽(5)后部，控制循环水 pH 9～10，用前循环泵(4)送往第二个洗涤塔(3b)的旋流喷头中，喷成雾状与自下而上的尾气接触，从第二个洗涤塔下来的污水进入前循环槽(5)后部，后部的洗涤水自流入前循环槽(5)前部，再用前循环泵送入第一个洗涤塔(3a)进行第二次洗涤，第一个洗涤塔(3a)下来的污水进入循环槽的前部，溢流至排水总管，进入污水处理系统，形成封闭循环，不外排。

黄磷尾气采用离心鼓风机(6)抽出，为了防止石灰水中的石灰颗粒带入鼓风机内，在石灰水洗涤后增加一个洗涤塔(3c)用循环水洗涤，进一步脱除微尘和带出的石灰乳，然后送往射流洗涤器(9)；洗涤塔(3c)的循环水是由后循环槽(7)前部，用后循环泵(8a)抽出送往塔顶喷淋洗涤；射流洗涤器(9)的循环水是由后循环槽(7)后部的水用后循环泵(8b)送往射流洗涤器(9)顶部喷嘴中，与抽风机送来的尾气在喉管处充分混合接触，进一步除去尘粒，分离的水进入后循环槽(7)后部，循环使用；从射流洗涤器(9)底部出来的黄磷尾气通过止逆水封(10)进入尾气总管。

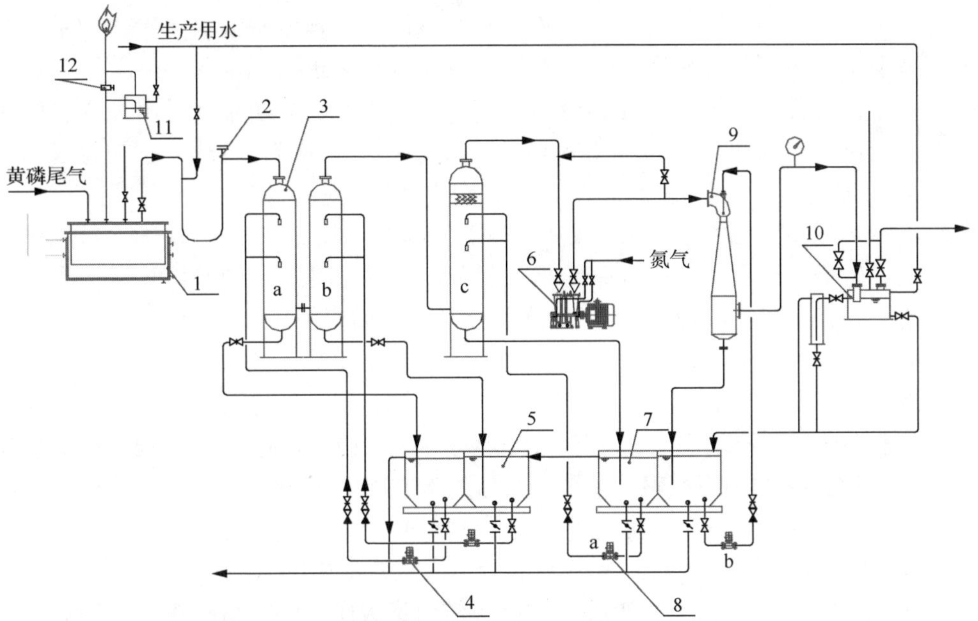

图 2.12　离心鼓风机调速熄灭烟囱火炬洗涤流程

1.总水封；2.阻断水封；3.洗涤塔；4.前循环泵；5.前循环槽；6.离心鼓风机；
7.后循环槽；8.后循环泵；9.射流洗涤器；10.止逆水封；11.安全水封；12.电动蝶阀

为了熄灭烟囱火炬，在黄磷尾气引出管后适当位置加一个电动蝶阀(12)，用于切断烟囱放空。在切断阀前加一个安全水封(11)，当洗涤系统发生事故超压时，黄磷尾气冲开水封放空，保证系统安全。

抽风机进、出口还设有 DN150 回流阀，有必要时用回流阀控制洗涤系统压力。

每套电磷炉组成一套洗涤系统，随电炉开、停车。

特别要注意：当某电炉停车时，切断水封加水，封住气源，开 DN50 总管联通阀，使洗涤系统始终保持正压，以免洗涤系统造成负压，抽进空气产生爆炸性气体而引起爆炸。

2.6　二次洗涤与污水处理

以前，电炉制磷企业设计时一般都未考虑黄磷尾气的回收问题，即使考虑了回收，其预留空间也相当有限，不能满足黄磷尾气洗涤工艺的要求。

黄磷尾气除尘较难，需要多级除尘才能达到净化要求。二洗工艺设置需要根据初洗工艺而定，有三种情况要考虑：①若初洗配置比较完善。有石灰乳洗涤、除尘及抽风机，且有污水处理能力，就不必配置二洗和污水处理，一般小型装置属这一类。②初洗配置不完善。有石灰乳洗涤及抽风机，无除尘设备，则需设置二洗，二洗设备采用射流洗涤器，它具有结构简单、设备费低廉、操作简单、占地面积小、高捕集率等特点。③黄磷尾气只配置抽风机，无洗涤设备。这类黄磷尾气有必要设置多塔进行二洗和污水处理。考虑到一般黄磷企业污水处理系统能力未包括黄磷尾气净化系统所产生的洗涤水，黄磷尾气净化对洗涤水的要求比较高，尤其是对洗涤水的 pH 要求在 9～11 范围内，这是黄磷污水处理所达不到的。为此，将一、二次洗涤污水进行集中处理，同时集中用石灰浆调节 pH，自成循环水系统。为了节约用水，二洗系统采取絮凝沉淀循环使用，同时用总厂送来的石灰浆调节 pH，沉淀物返回总厂污水处理。

洗涤污水含有单质磷和固体悬浮物，固体悬浮物中有 SO_2、CaF_2、$Ca_3(PO_4)_2$、CaH_2PO_4、CaS 等化合物。

污水中单质磷不溶于水，通常以 P_4 形态存于水中，极细的 P_4 颗粒在水中呈胶状，部分浮于水面，在空气中自燃，放出 P_2O_5 白烟，部分吸附于固体悬浮物中形成污泥，随污泥而走，当污泥过滤时往往自燃而烧坏滤布，很是麻烦。

在污水处理中，利用污水提升泵的余压从集水池中抽入空气进行曝气，使 P_4 与空气氧化反应生成 P_2O_5，然后再与石灰作用生成磷酸钙而被除去，反应如下：

$$P_4 + 5O_2 = 2P_2O_5 \tag{2-74}$$

$$P_2O_5 + 3H_2O = 2H_3PO_4 \tag{2-75}$$

$$H_3PO_4 + Ca(OH)_2 = CaHPO_4\downarrow + 2H_2O \tag{2-76}$$

$$2H_3PO_4 + 3Ca(OH)_2 = Ca_3(PO_4)_2\downarrow + 6H_2O \tag{2-77}$$

磷转化的产物较复杂，上述反应式只是具有代表性的反应。式(2-76)与式(2-77)反应与污水中 pH 有关，当 pH 在中性条件附近时，主要反应为式(2-76)反应，当 pH 增大，石灰稍过量，则按式(2-77)反应。

从制磷电炉内生成的 SiF_4，在冷凝冷却工序遇水转化为 H_2SiF_6 和 $SiO_2 \cdot nH_2O$，H_2SiF_4 和 $SiO_2 \cdot nH_2O$ 颗粒很细，形成气溶胶，很难被一次洗下来，有部分随黄磷尾气带入洗涤系统，在一洗和二洗工序中陆续被洗涤下来。故在洗涤污水中含有 H_2SiF_6 和 $SiO_2 \cdot nH_2O$。

在污水处理中，H_2SiF_6 与石灰反应，生成 CaF_2 和 SiO_2 沉淀，反应如下：

$$H_2SiF_6 + 3Ca(OH)_2 = 3CaF_2 + 4H_2O + SiO_2 \tag{2-78}$$

有部分亲水性 SiO_2 与水发生反应生成 H_2SiO_3，反应如下：

$$SiO_2 + H_2O = H_2SiO_3 \tag{2-79}$$

硅胶(H_2SiO_3)属弱电解质，可以分级电离：

$$H_2SiO_3 \longrightarrow H^+ + HSiO_3^- \longrightarrow 2H^+ + SiO_3^{2-} \tag{2-80}$$

以亲水性 SiO_2 为核心，周围被 H^+、$HSiO_3^-$、SiO_3^{2-}等离子所包围，形成胶团，使污水呈胶体状态。胶体状悬浮物沉淀速度很慢，难以沉清。必须加入电解质如碱式氯化铝破坏胶体结构，才能加速沉淀。再加入絮凝剂 PMA，使水中胶体等初步形成微小颗粒，产生较大的絮凝体。

污水处理采用曝气、絮凝、沉淀等工艺。处理工艺包括射流曝气、絮凝剂配制、浆液混合、栅条絮凝、斜板沉淀、石灰乳调 pH、石灰乳制备、污泥处理等。

2.6.1　污水处理主要设备的选择与计算

1. 曝气池

曝气池为钢筋混凝土结构，长方形，根据埋设深度有地下、地上和半地下三种形式，由地形、处理量、排水和排泥难易程度、操作方便等因素决定。设置曝气池的目的是将悬浮于水中的单质磷氧化成 P_2O_5，从而除去单质磷。除磷需要的氧气由射流器供给，曝气池内设有多只单级喷射器，喷射器的流量及数量由污水提升泵的能力决定。其吸气流程，喷射器工作水由污水提升泵将污水送入喷射器的喷嘴，并以高速从喷嘴喷出进入吸气室，吸气室又从集水池自吸入空气和 P_2O_5 烟气的混合物，进入射流器的喉管，气液两相充分接触，反应速率加快，将单质磷氧化成五氧化二磷并同时溶入水中，气体在扩散管内速度逐渐降低，静压进一步恢复，气、水混合物从曝气池下部排出，在此过程将生成的 P_2O_5 溶于水中。

曝气池容积由曝气时间决定，曝气时间一般需要 30 min～1 h。

是否需要曝气装置根据环境要求和处理量而定，对于小型装置或污泥集中处理的场合也可以不设曝气装置。

2. 混凝设施

混凝是向污水中投加药剂，也称混凝剂，通过快速混合，使絮凝剂与污水均匀混合并分散于污水中，然后慢速流动使其逐渐形成可沉淀的大絮凝体。胶体状颗粒与絮凝剂接触发生脱稳和形成微小颗粒的过程称为凝结，微小颗粒在外力干扰下相互碰撞、聚集而形成较大絮凝体的过程称为絮凝。混合、凝结、絮凝合在一起统称为混凝，这是污水处理的重要环节。

混凝剂的种类和投加量是影响混凝效果的关键因素。混凝剂品种繁多，有无机混凝剂和有机混凝剂两大类。无机混凝剂有硫酸亚铁、氯化亚铁、硫酸铝、碱式氯化铝等；有机混凝剂主要是高分子聚合物，有聚丙烯酰胺、聚丙烯酸钠、聚氧化乙烯等。黄磷尾气洗涤采用石灰水洗涤，石灰本身也是一种混凝剂，石灰溶于水生成的HO^-与硅胶离解生成的H^+中和，破坏硅胶稳定的电离层而凝结，不过石灰作为混凝剂效果较差，需要辅助混凝剂配合使用。根据洗涤污水特点，酸性混凝剂不适用，应采用碱性混凝剂。碱性氯化铝(简称PAC)是一种新型无机高分子混凝剂，分子式为$[Al_2(OH)_nCl_{6-n}]_m$，主要质量指标：Al_2O_3含量28%。碱性氯化铝投加量少，效率高，价格低，推荐使用。有机混凝剂一般用聚丙烯酰胺(简称PAM)，聚丙烯酰胺价格高，只有含固量特别高时才用。

混凝剂投加量由洗涤水悬浮物含量决定，因制磷企业原料和洗涤方式不同，洗涤污水含固量不同，混凝剂投加量也不同。混凝剂投加量用以下两种简单方法确定：实际取污水样在实验室测定含固量或计算含固量。根据污水含固量(表2.13)可以初步确定混凝剂投加量。

表2.13　污水含固量与混凝剂投加量

污水含固量/(mg/L)	单用PAC投加量/(mg/L)	混用投加量/(mg/L)	
		PAC	PAM
100～500	15～30		
500～1000	30～50		
1000～2000	50～80		
2000～3000	80～130	15～30	1～2
3000～5000	130～180	30～50	2～4
5000～750	180～320	50～75	4～8
7500～10000	320～500	75～100	8～10
＞10000	＞500	＞100	＞10

表2.13中所列均以投入的固体量计算，PAC含Al_2O_3 28%，PAM含固量90%。

PAC配成为10%的浓度，聚丙烯酰胺(PAM)配成0.1%的浓度。

实际取污水样在实验室做烧杯试验。取几个200 mL的烧杯，加入相同的污水量，加入各种量的10%浓度的PAC溶液，搅拌均匀，静置，观察烧杯中絮凝情况和沉淀速度，取适宜的量作为混凝剂投加量的依据。

1) 絮凝设备

污水与药剂完成混合后，水中胶体等微小颗粒已初步形成，产生了微小絮体，但还不能达到自然沉淀的程度。絮凝阶段主要任务是创造适当的水力条件，在一定时间内凝结成具有良好物理性能的絮凝体，使微小的絮凝体长大，具有足够大的颗粒密度和强度，为杂质颗粒在沉淀池沉降分离创造良好条件。絮凝池要满足两个条件：①要有一定的停留时间，使絮凝体相互接触凝结长大；②要有适宜的搅动强度，防止长大的絮凝体沉淀，但搅动太大，大絮凝体会被搅碎，絮凝体越大，越易被搅碎。因此，在絮凝池中越到后部，搅动速度应越慢。

絮凝设施主要设计参数为搅动强度和絮凝时间。搅动强度用絮凝池内水流速度梯度 G 表示：

$$G=\sqrt{\frac{\rho h}{60\mu T}} \tag{2-81}$$

式中，μ 为水的绝对黏度，查附表 1，$kg\cdot s/m^2$；ρ 为水的重度，N/m^3；h 为絮凝池总压头损失，m；T 为絮凝时间，一般为 10～30 min，在污水处理中最适宜的絮凝时间为 10～15 min。

GT 值间接表示整个絮凝时间内颗粒碰撞总次数，可用来控制絮凝效果。根据运行经验，其值控制在 1×10^4～1×10^5 之间为宜（T 的单位为 s）。在设计完成后，应校核 GT 值，若不符合要求，应调整水头损失 h 和絮凝时间 T，重新进行设计计算。

絮凝设施有水力絮凝和自流絮凝两类。絮凝形式应根据水量、水质、处理工艺高程布置及地形自然条件等因素统一考虑。黄磷尾气洗涤污水量都不大，最大不超过 300 m^3/h，属于中小型污水处理，根据污水处理量推荐两种絮凝池。

A.栅条絮凝池

栅条絮凝池的优点是：①絮凝效果好，节省药剂；②絮凝时间短，节省场地；③水头损失小，节省池容。其缺点是池底易积泥堵塞。

栅条絮凝池钢筋混凝土结构，与曝气池、沉淀池连成一体，这样布置比较紧凑，节省造价。栅条絮凝池结构见图 2.13，它由数个面积相等的方格竖井组成，

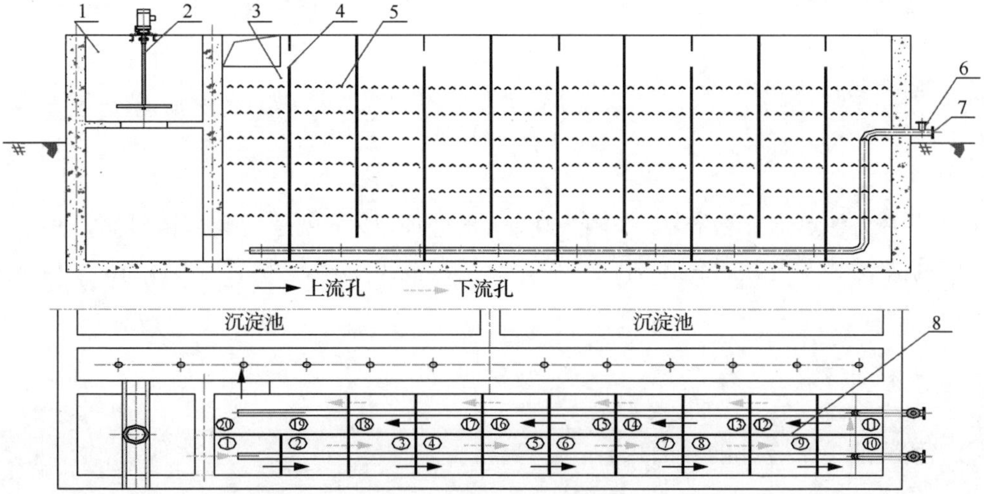

图 2.13　栅条絮凝池结构

1.混合槽；2.搅拌机；3.竖井；4.隔板；5.栅条；6.排渣管；7.反冲洗管；8.隔板

方格竖井数量按污水处理量确定。方格竖井水流形式和平面布置根据方格竖井数量及曝气池和沉淀池布置总体决定，图 2.13 的竖井数量为 20 个，平面布置为两排，水流从混合槽(1)经搅拌机(2)快速混合后，通过稳流孔进入底部，再从混合池底部通道进入絮凝池①格，然后水流顺序从一格流到下一格，上下对角交错流动，直到出口。在全池约有 2/3 的分格内，垂直水流方向放置栅条，水流通过栅条时，水流收缩，通过栅条后水流扩大，形成良好的絮凝条件，因而可降低絮凝剂和絮凝时间。

栅条絮凝池的设计一般分为三段，流速及速度梯度 G 值逐段降低。相应各段采用构件不同，前段采用密栅，中段采用疏栅，后段不需栅条。

主要设计参数如下：①絮凝时间一般为 10～15 min，其中前段 3～5 min，中段 3～5 min，后段 4～5 min。②水流在竖井流速，前段和中段 0.12～0.14 m/s，后段 0.1～0.14 m/s。③絮凝池分格数由水流量和絮凝时间确定，各竖井的大小按竖向确定。④水流栅孔流速，前段 0.25～0.3 m/s，中段 0.22～0.25 m/s。⑤栅条过水缝隙应根据栅孔流速及栅条所占面积确定，一般前段缝隙为 50 mm，栅条中段缝隙为 80 mm。⑥各竖井之间的过水孔洞应上下交错布置，孔洞计算流速为前段 0.3～0.2 m/s，中段 0.2～0.15 m/s，后段 0.1～0.14 m/s，各段过水洞面积从前到后逐渐增大，所有过水孔洞处于淹没状态，因此，上部孔洞的标高应在水流量减少时也不会露出水面。⑦栅条材料可用于木料、角钢、扁钢、钢筋混凝土预制块等，栅条板条宽 50 mm。⑧一般排泥管长度不大于 5 m，管径为 DN 150～200 mm 的穿孔排泥管，排泥阀采用快开式。在排泥管还设有冲洗水管，当排泥管被堵塞时，采用反冲水将堵塞处冲开。

栅条絮凝池速度梯度 G 值，前段为 70～100 s^{-1}，中段为 40～60 s^{-1}，后段为 10～20 s^{-1}。

絮凝池有效容积 V：

$$V=\frac{QT}{60} \tag{2-82}$$

式中，V 为絮凝池有效容积，m^3；Q 为污水处理量，m^3/h；T 为停留时间，min。

絮凝池为了与沉淀池配合，先确定沉淀池高度 H，一般不小于 4 m，则絮凝池截面积由下式计算：

$$A=\frac{V}{H} \tag{2-83}$$

絮凝池单个竖井的截面积 f：

$$f=\frac{Q}{3600v_{井}} \tag{2-84}$$

式中，f 为单个竖井的截面积，m^2；Q 为污水处理量，m^3/h；$v_{井}$ 为水流在竖井中流速，m/s，一般为 0.12～0.14 m/s。

方池边长：

$$b=\sqrt{f}\ (\text{m})$$

计算值圆整后边长为 b'，得相应方池面积：

$$f'=b'^2\ (\text{m}^2)$$

竖井个数：

$$n=\frac{A}{f} \tag{2-85}$$

栅条的材料要根据竖井的截面积、安装难易程度、占地面积许可等因素考虑。栅条一般为矩形，栅条形式尤其是竖井截面积较小的场合采用预制拼装，整体安装更为方便。

前段设置密栅条，栅条缝隙宽度 50 mm，栅条宽度 50 mm，高度 50 mm。

竖井过栅水流面积：

$$A_{1水}=\frac{Q}{3600v_{1栅}} \tag{2-86}$$

竖井中栅条所占面积：

$$A_{1栅}=f'-A_{1水} \tag{2-87}$$

单栅面积：

$$f_{1栅}=0.05b' \tag{2-88}$$

单层栅条数：

$$n_1=\frac{A_{1栅}}{f_{1栅}} \tag{2-89}$$

栅条数计算值取整数后重新计算平均过水缝隙宽度和实际过栅流速 $v_{1栅}$。

中段设置疏栅条，栅条缝隙宽度 80 mm，栅条宽度 50 mm，高度 50 mm。

竖井过水面积：

$$A_{2水} = \frac{Q}{3600v_{2栅}} \tag{2-90}$$

竖井中栅条所占面积：

$$A_{2栅} = f' - A_{2水} \tag{2-91}$$

单栅面积：

$$f_{2栅} = 0.05b' \tag{2-92}$$

单层栅条数：

$$n_1 = \frac{A_{2栅}}{f_{2栅}} \tag{2-93}$$

栅条数计算值取整数后重新计算平均过水缝隙宽度和实际过栅流速 $v_{2栅}$。

竖井隔板或隔墙孔洞尺寸：

前段孔洞截面积

$$f_{1孔} = \frac{Q}{3600v_{1孔}} \tag{2-94}$$

中段孔洞截面积

$$f_{2孔} = \frac{Q}{3600v_{2孔}} \tag{2-95}$$

后段孔洞截面积

$$f_{3孔} = \frac{Q}{3600v_{3孔}} \tag{2-96}$$

式中，Q 为污水处理量，m^3/h；$f_{1孔}$、$f_{2孔}$、$f_{3孔}$分别为前、中、后段孔洞截面积，m^2；$v_{1孔}$、$v_{2孔}$、$v_{3孔}$分别为前、中、后段孔洞流速，m/s。

总水头损失：

$$h = \sum h_1 + \sum h_2 = \sum \xi_1 \frac{v_1^2}{2g} + \sum \xi_2 \frac{v_2^2}{2g} \tag{2-97}$$

式中，h_1 为每槽栅条的水头损失，m；h_2 为每个孔洞的水头损失，m；ξ_1 为栅条的阻力系数，前段取 1.0，中段取 0.9；ξ_2 为孔洞阻力系数，取 3.0；v_1 为竖井过栅流速，m/s；v_2为各段孔洞流速，m/s。

污水在絮凝池中的停留时间：

$$T=\frac{60V}{Q} \tag{2-98}$$

式中，T为污水在絮凝池中的停留时间，min；Q为污水处理量，m^3/h；V为絮凝池有效总容积，m^3。

水温 20℃时，水的动力黏度，$\mu=1.029\times10^{-4}\ kg\cdot s/m^2$，平均速度梯度为

$$G=\sqrt{\frac{\rho h}{60\mu T}} \tag{2-99}$$

GT值应在$1\times10^4\sim1\times10^5$范围内。

B.旋流式絮凝槽

旋流式絮凝槽容积较小，一般用于中小型污水处理，它为圆柱形的槽，一般用碳钢焊接而成，结构简单，便于布置，不占场地，对于场地特别紧张的场合更为适宜。若容积较大，可以用钢筋水泥浇筑成池子。

旋流式絮凝槽结构见图 2.14，它由碳钢的圆柱形筒体(1)制成，水流从絮凝槽底部进水管(2)进入，进水管以切线方向经喷嘴(3)以较高速度射入絮凝槽内，带动水流在槽内旋转，一边旋转一边上升，水流速度逐渐减慢，给絮凝创造良好条件，最后从絮凝槽顶部出水管(4)排出，进入沉淀设备。絮凝槽底部设有排渣管(5)，将沉淀物从排渣管排入沉淀池。

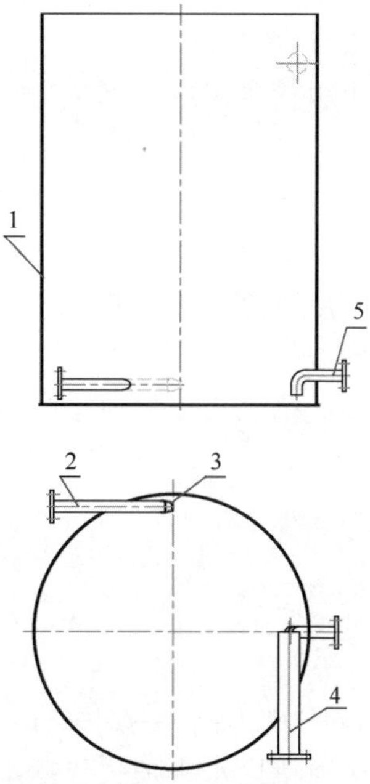

图 2.14　旋流式絮凝槽

1.筒体；2.进水管；3.喷嘴；4.出水管；5.排渣管

旋流式絮凝槽的设计要点如下：①絮凝时间采用 8～15 min；②槽内水深与直径之比H∶D=10∶9；③喷嘴出口流速一般为 2～3 m/s，槽出口流速为 0.3～0.4 m/s；④喷嘴设在槽底，以切线方向进入；⑤槽内水头损失(不包括喷嘴和出口)，一般为 0.1～0.2 m。

总容积：

$$V=\frac{QT}{60} \tag{2-100}$$

式中，Q 为污水处理量；m^3/h；T 为絮凝时间，min。

絮凝槽直径：

$$D=\sqrt[3]{\frac{V}{0.872}}\ (\mathrm{m}) \tag{2-101}$$

絮凝槽高度：

$$H=\frac{10}{9}D\ (\mathrm{m}) \tag{2-102}$$

进水管喷嘴直径：

$$d=\sqrt{\frac{Q}{3600\times0.785\times\omega}} \tag{2-103}$$

式中，d 为进水管喷嘴直径，m；Q 为污水处理量，m^3/h；ω 为喷嘴流速，m/s，一般取 2.5～3 m/s。

出水管直径：

$$D_1=\sqrt{\frac{Q}{3600\times0.785\times\omega_1}} \tag{2-104}$$

式中，D_1 为进水管喷嘴直径，m；Q 为污水处理量，m^3/h；ω_1 为喷嘴流速，m/s，一般取 0.4 m/s。

絮凝槽水头损失包括喷嘴水头损失、絮凝槽内水头损失和絮凝槽出口水头损失三部分。

喷嘴水头损失：

$$h_1=\zeta\frac{\omega^2}{2g} \tag{2-105}$$

式中，h_1 为喷嘴水头损失，m；ω 为喷嘴流速，m/s；ζ 为喷嘴局部阻力系数，ζ=0.85。

絮凝槽内水头损失包括水位和阻力损失两部分：

$$h_2=H'+0.2 \tag{2-106}$$

式中，h_2 为絮凝槽内水头损失，m；H' 为进水管与出口管距离，m，该项在计算污水泵位差时用，在计算 GT 值时不用。

絮凝槽出口水头损失：

$$h_3 = \zeta \frac{\omega_1^{\ 2}}{2g} \tag{2-107}$$

式中，h_3 为喷嘴水头损失，m；ω_1 为絮凝槽出口管流速，m/s；ζ 为局部阻力系数，$\zeta=0.5$。

水温 20℃时，水的动力黏度 $\mu=1.029\times10^{-4}$ kg·s/m^2，速度梯度为

$$G = \sqrt{\frac{\rho h}{60\mu T}} \tag{2-108}$$

GT 值应在 $1\times10^4 \sim 1\times10^5$ 范围内。

2) 沉淀池

沉淀是在颗粒重力作用下，使密度大于水的悬浮物从水中分离出来的一种方法。悬浮物在沉淀过程中，形状、颗粒大小、密度及沉淀速度随沉降过程均会发生变化。用于沉淀的设备，小型钢制的称为沉淀槽，大型钢筋混凝土构筑物的称为沉淀池。按照污水在槽(或池)内的流动方向及沉淀设备的结构，根据黄磷尾气污水处理量，常用的有平流式沉淀池、竖流式沉淀槽、辐射式沉淀池、斜流式沉淀槽或池。平流式沉淀池是一种传统古老的方法，操作管理方便，施工简单，造价低，适应性强，潜力大，处理效果稳定，但由于表面负荷低，沉淀时间长，容积大，占地面积太大。黄磷企业一般都没有太多的预留地，地皮太金贵，要寻求沉淀效率高的沉淀设备。对于理想流体状态下的沉淀池，Hazen 认为，其沉淀效率 E 可为

$$E = \frac{U_{\mathrm{e}}}{Q/A} \tag{2-109}$$

式中，U_{e} 为沉淀颗粒的沉降速度；Q 为沉淀池处理水量；A 为沉淀池表面积。

沉淀效率与沉淀速度 U_{e} 成正比，沉淀速度越大，沉淀效率越高。颗粒沉淀速度 U_{e} 由斯托克斯公式决定，若处理对象的颗粒直径、相对密度、介质温度等为定值，则沉淀速度 U_{e} 也为定值。沉淀效率与 Q/A 值成反比，Q/A 值越大，沉淀效率越低；Q/A 值越小，沉淀效率越高。要提高沉淀效率，就要降低 Q/A 值，降低 Q/A 值的方法是：①加大沉淀池表面积 A，表面积越大，沉淀效率越高；②降低污水处理量 Q，减少污水处理量，沉淀效率提高。Q/A 值称为负荷率，以 m/s 表示，将 Q/A 值转化为下式表示：

$$Q/A=H/T \tag{2-110}$$

式中，H 为沉淀高度；T 为颗粒沉淀分离所需要的时间。从式(2-110)可看出，Q/A

不变，若降低沉淀高度，就相对地缩短了沉淀时间，则沉淀池容积缩小，这称浅层沉淀原理。根据浅层沉淀原理，在普通沉淀池中加设许多间隔较小的平行倾斜板或直径较小的蜂窝斜管的沉淀池，即斜板技术在 20 世纪 70 年代得到迅速发展，普通平流式沉淀池几乎都改为斜流式沉淀池，相当于将普通沉淀池分成许多浅层沉淀池，大大提高了水的处理能力。由于减少了沉淀高度，增大了有效表面积，污水处理能力增加了 1 倍。沉淀效率提高，停留时间缩短，使得容积减少，占地面积减少，斜板沉淀池是当前沉淀方法中效率较高的一种设备。

斜板、斜管沉淀池，按照水流方向的不同，可分为异相(上)流、同相(下)流和侧向(横)流三种形式，其中以异相(上)流应用最广。

异相(上)流沉淀池两者流动方向相反，称为异相流沉淀池或称上流式沉淀池。较大型的沉淀池由钢筋混凝土浇灌而成，半地下式；较小型的由碳钢板焊接而成，地上式。

斜板、斜管沉淀池水流断面形式，常用的有平行板、正六角形、正方形、矩形、波纹形等。

斜板斜管单元的好处是：①由于沉淀深度减少而缩短了沉淀时间，从而减少了容积；②大大改善了沉淀过程的水力条件，从而提高了沉淀效率，这由雷诺数 Re 和弗劳德数 Fr 的变化反映出来。

沉淀池水流的雷诺数由下式表示：

$$Re = \frac{4R \cdot w}{\mu} \tag{2-111}$$

$$R = \frac{Bh}{2(B+h)} \tag{2-112}$$

式中，w 为斜板斜管水流流速，cm/s；μ 为水在 20℃的绝对黏度，0.0101 cm^2/s；R 为断面的水力半径，cm；B 为斜板宽度，cm；h 为斜板板距，cm。

雷诺数代表了水流状态，用水力半径计算雷诺数时，流态按雷诺数区分，当 $Re<500$ 时，属于层流状态；当 $Re>500$ 时，属于紊流状态。一般沉淀池的雷诺数都远远超过 500，水流属于紊流状态，水流对悬浮物的沉淀起干扰作用，对沉淀不利。由于斜板沉淀池斜板板距很小，按式(2-112)计算的水力半径 R 值就很小，这就使得斜板沉淀池的雷诺数都会小于 50，保证水流在层流状态下流动，层流状态下颗粒沉淀比较平稳，因此改善了沉淀过程的水力条件，不至于产生紊流搅动而干扰颗粒的沉淀。

在斜板沉淀池中，当斜板倾角为 60°，水温 20℃，斜板宽 1 m 时，斜板板距 h、上升流速 w 与雷诺数 Re 计算结果见表 2.14。

表 2.14　斜板雷诺数

流速/(mm/s) \ *Re* \ 斜距/mm	25	50	75	100	125	150	175
5	60	115	165	211	253	292	329
10	121	230	331	422	507	585	657
15	181	346	496	633	760	877	985
20	242	461	661	947	1003	1154	1314
25	301	576	826	1560	1267	1462	1462
30	362	691	986	1267	1520	1754	1971

水流的弗劳德数按下式计算：

$$Fr = \frac{\omega^2}{gR} \tag{2-113}$$

式中，g 为重力加速度，981 cm/s^2；ω 为斜板斜管水流流速，cm/s；R 为断面的水力半径，cm，按式(2-112)计算。

弗劳德数表示水流稳定性程度，用来判断水流是否稳定。水流稳定使沉淀过程也稳定，从而得到稳定的沉淀效果。但是稳定性指标目前尚无明确的数据，一般来说，弗劳德数增大，水流较稳定。斜板沉淀池由于水力半径减小，弗劳德数增大，它随雷诺数降低而升高，弗劳德数大一点，水流就会稳定一点。

在斜板沉淀池中，当斜板倾角为 60°，水温 20℃，斜板宽 1 m 时，斜板板距 h、上升流速 w 与弗劳德数 Fr 计算结果见表 2.15。

表 2.15　斜板弗劳德数

流速/(mm/s) \ *Fr* \ 斜距/mm	25	50	75	100	125	150	175
5	2.1×10^{-2}	11×10^{-3}	7.7×10^{-3}	6.1×10^{-3}	5.1×10^{-3}	4.1×10^{-3}	3.8×10^{-3}
10	8.4×10^{-2}	4.3×10^{-2}	3.1×10^{-2}	2.4×10^{-2}	1.9×10^{-3}	16.4×10^{-3}	15.5×10^{-3}
15	18.9×10^{-2}	10×10^{-2}	6.9×10^{-2}	5.5×10^{-2}	4.5×10^{-2}	3.9×10^{-3}	3.4×10^{-2}
20	0.334	17.7×10^{-2}	12.4×10^{-2}	9.6×10^{-2}	8.0×10^{-2}	6.8×10^{-2}	6.0×10^{-2}
25	0.524	0.275	19.6×10^{-2}	3.3×10^{-1}	12.2×10^{-2}	11×10^{-2}	9.0×10^{-2}
30	0.756	0.396	0.275	0.22	0.18	15.8×10^{-2}	13.9×10^{-2}

一些资料认为弗劳德数大于 3×10^{-5} 时，水流已趋稳定，根据表 2.15 数据判断，斜板沉淀池弗劳德数均大于 3×10^{-5}，水力条件均属良好。

斜板、斜管沉淀池的工艺计算主要是确定沉淀池尺寸和斜板装置数量，校核运行参数，确定排水设施及进水、排泥等设施。

异相流沉淀池的设计要点：

(1) 颗粒沉淀速度。它与污水性质、出水水质要求及絮凝效果有关，通过沉淀试验取得。无试验资料时，参考同类型企业操作数据确定。黄磷尾气洗涤水污水处理，沉淀速度一般为 0.1～0.2 mm/s。

(2) 上升流速。上升流速是指斜板或斜管区平面面积上的液面上升速度。上升流速是斜板沉淀槽的一个重要参数，它决定了斜板沉淀槽的尺寸，也决定了斜板沉淀池的表面负荷，还决定了沉淀效果。资料介绍，上升流速取为 2.5～3.5 mm/s，从实际操作经验来看，采用此上升流速难以达到预定效果，黄磷尾气洗涤水应采用 1～1.5 mm/s 为宜。

(3) 斜板(管)的倾角。沉淀池中的斜板(管)实际上已形成了许多浅层沉淀区，为了让沉到每个斜板(管)沉淀区底部的污泥流动排出，斜板(管)需要有一定的倾角，异相流倾角采用 60°。

(4) 斜板(管)直径与板距。这里的直径是指圆形斜管内径、正方形的边长、六角形的内切直径。板距是指平行板间的垂直距离。管径一般为 25～35 mm，在原水水质较好的场合使用。在污水处理中，为了便于清洗，应采用斜板式，板距一般为 50～100 mm。

(5) 斜板(管)的高度。考虑到沉淀池不宜过深，以及支承安装的方便，斜板(管)的高度一般为 1.0 m。

(6) 整流设施。整流目的在于使水流能均匀且平稳地从絮凝池进入沉淀池底部配水区。整流配水有以下几种：①穿孔板或墙整流，穿孔流速为 0.05～0.1 m/s，穿孔直径一般为 50～100 mm，穿孔数量及大小根据污水处理量确定；②缝隙隔条整流，缝隙前窄后宽，穿缝流速取为 0.1～0.15 m/s；③下向流配水斜板(管)，管内流速可取 0.05 m/s。

(7) 配水区及集泥区。斜板流出的污泥穿过配水区进入污泥收集槽中，污泥收集有两种：①沉淀池设置为斜坡，污泥进入后部由排泥管排出；②沉淀池底部，污泥收集槽设置为几个泥斗，再由排泥管排出。为了便于安装和检修，一般池底至斜板底部高度为 1.2～1.5 m。

(8) 清水区和集水系统。清水区高度一般为 0.8～1.0 m。集水系统有两种形式：①穿孔集水管。穿孔直径一般为 ϕ25～35 mm，孔间距为 100～250 mm，穿孔数量由污水处理量而定，穿孔开在集水管上部。集水管数量由清水区面积而定，集水管中心间距一般为 1.1～1.5 m。②堰口集水槽。堰口集水槽设有溢流堰，其目的是使清液流量在整个截面进行均匀分布。堰口集水槽采用矩形，堰口集水槽高 180～250 mm，槽宽根据集水量而定，集水池流速为 0.4～0.5 m/s。

集水槽截面积：

$$f_J = \frac{Q}{3600Z \cdot Z_J \cdot \omega_J} \tag{2-114}$$

式中，f_J 为集水槽截面积，m^2；ω_J 为集水槽流速，m/s；Z 为沉淀池数量，个；Z_J 为沉淀槽数量，条。

集水槽数量视清水区面积而定，集水槽中心间距一般为 1.5～2 m。

溢流堰形式为 90°角的倒三角。

过堰流量按下式计算：

$$q = 1.4h^{\frac{5}{2}} \tag{2-115}$$

式中，q 为过堰流量，m^3/s；h 为过堰水深，m，即水面与三角形底的距离。三角形总高为过堰水深的 1.33 倍，m。

三角堰数量：

$$n=Q/q$$

式中，n 为三角堰数量，个；Q 为清水流量，m^3/s。

三角堰均匀分布在集水槽两边上端，间距一般 150～250 mm，根据处理水量和集水槽两边长度初估溢流堰个数，计算过水流量，确定三角堰尺寸。

斜板斜管沉淀池设计时，只对雷诺数进行复核，而对弗劳德数不作复核。

斜板斜管沉淀区液面负荷一般为 9～11 $m^3/(m^2 \cdot h)$。

黄磷尾气洗涤水沉淀池采用上流式斜板沉淀池，其特点是沉淀效率高，设备紧凑，占地面积少。上流式斜板沉淀池见图 2.15，污水从絮凝池进入进水槽(1)，进水槽设有多个穿孔墙整流孔(2)，均匀分布污水后进入配水区(3)，然后沿斜板组(4)向上流动，在斜板沉淀区进行分离，清水进入清水区(6)经集水槽溢流堰(7)排出，斜板组放置在支架(5)上。污泥经配水区沉于集泥区(8)，然后由排泥管(9)排出，为了防止排泥管堵塞，在排泥管上设有反冲洗管(10)，当发现排泥管排泥量减少时，用压力水反冲。

沉淀池钢筋混凝土结构分成两格，与絮凝池连成一体。内装防火塑料板填料，板厚 4 mm，板距 100 mm，倾角 60°。

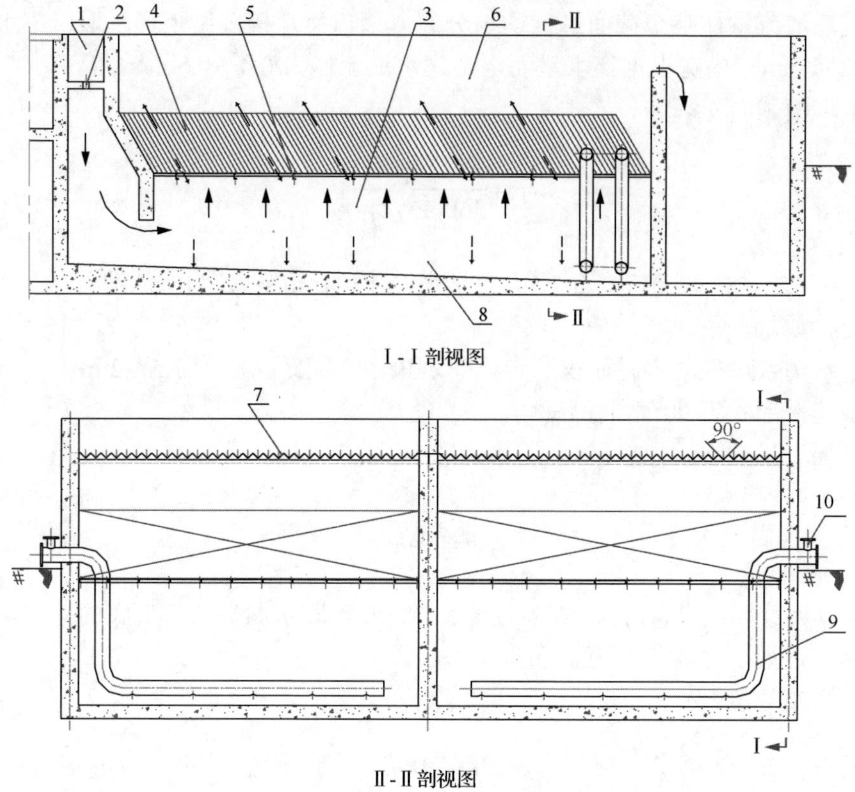

图 2.15　斜板沉淀池

1.进水槽；2.整流孔；3.配水区；4.斜板组；5.支架；6.清水区；
7.溢流堰；8.集泥区；9.排泥管；10.反冲洗管

沉淀区(斜板区)单池净面积：

$$A' = \frac{Q}{3600Zv} \tag{2-116}$$

式中，A' 为沉淀区单池净面积，m^2；Q 为污水处理量，m^3/h；Z 为沉淀池组数，一般不小于两组；v 为液面上升速度，m/s。

斜板部分面积：

$$A = \frac{A'}{\varphi} \tag{2-117}$$

式中，φ 为有效系数(利用系数)，它指斜板区过水有效面积(总面积扣除斜板结构面积)与总面积之比。它与斜板厚度及板距有关，斜板可取 0.95。

一般沉淀池与絮凝池合建，为了节省斜板填料，沉淀池宽度应以 500 模数考虑，根据污水处理量首先确定沉淀池组数，池数也应以双数为宜，然后根据沉淀池的基本参数再确定絮凝池的结构。

斜板长：

$$L_1 = \frac{A}{B} \tag{2-118}$$

斜板垂直高为 1 m，斜板倾角占据长度为 $L_2=1\times\cos\theta$。

斜板区总长：

$$L=L_1+L_2=L_1+1\times\cos\theta \tag{2-119}$$

式中，θ 为斜板倾角，60°。

斜板支承采用⊏10 槽钢预埋小梁，角钢辅助铺设成支架。

斜板内流速：

$$v_0 = \frac{v}{\sin\theta} \tag{2-120}$$

式中，v_0 为斜板内流速，m/s；v 为液面上升速度，m/s；θ 为斜板倾角，此处取 60°。

根据上升流速及斜板规格查表 2.14 得雷诺数，雷诺数在 500 以下即可，否则重新设计。

斜板内停留时间：

$$T = \frac{1000}{60v_0} \tag{2-121}$$

清水区高 H_1：一般取 0.8～1.0 m；

沉淀区高 H_2：1 m；

配水区高 H_3：0.8～1.5 m；

超高 H_4：独建一般 0.25～0.3 m，若与絮凝池合建，则比絮凝池进口标高至少 0.1～0.2 m。

沉淀池高度：

$$H=H_1+H_2+H_3+H_4 \tag{2-122}$$

3) 污泥设备

从沉淀池排出的污泥含水率较高，如果污泥需要本装置处理，就需要降低含水量，便于运输处置。

降低污泥含水量的方法分为两步。

a) 污泥浓缩

污泥浓缩一般采用重力浓缩法，即利用悬浮物与水的相对密度不同，悬浮物相对密度较大，在浓缩槽内停留相当长的时间，依靠自身重力逐渐下沉而浓缩。浓缩运行方式有间歇流和连续流两种方式。

黄磷尾气洗涤污泥量不大，浓缩池采用竖式间歇操作浓缩池，停留时间 8～12 h。

浓缩池池型可为方形或圆形，较大浓缩池采用钢筋混凝土结构，较小型的也可采用钢板焊接。池底设有污泥排出管，管径应大于 DN 150 mm。上部在不同高度设有清液排出管，排出的清液返回到初沉池重新进行处理。下部浓缩泥全部排出。

浓缩池应设两个，轮换操作，一个进料，另一个静置沉淀浓缩。

浓缩池大小根据污泥处理量决定。

b) 污泥脱水

污泥经浓缩后含水率仍然很高，不宜外运，还必须进一步脱水。目前污泥脱水的方法有带式压滤机、真空过滤机、离心脱水机等，根据需要均可以选用。

2.6.2 二洗与洗涤污水处理实例

从电炉引出的黄磷尾气采用水环真空泵作为压缩机用，出口压力有富余，在黄磷尾气总管设置两个串联射流洗涤器，进行第二次洗涤。射流洗涤器具有结构简单、设备费低廉、操作简便、占地面积小、捕集率高等特点。二洗除尘效率达 70%，可以将黄磷尾气中的粉尘脱至 30 mg/m^3 以下。

考虑到黄磷企业污水处理系统能力未包括黄磷尾气净化系统所产生的洗涤水，黄磷尾气净化对洗涤水的要求比较高，尤其是对洗涤水的 pH 要求在 9～11 范围内，这是黄磷污水处理所达不到的。因此，为了节约用水，每套初洗涤系统，三个洗涤塔采取逆流循环使用，最后一个洗涤塔出来的污水，进行集中处理，用石灰浆调节 pH，然后返回到初洗除尘塔。

污水处理采用絮凝、沉淀工艺，处理工艺包括絮凝剂配制、桨板混合、栅条絮凝、斜板沉淀、石灰乳调 pH、石灰乳制备、污泥处理等工艺设备组合而成。

1. 基础数据

1) 黄磷尾气处理量

V=20000 Nm^3/h。

2) 污水处理量

6 套洗涤系统处理水量 15×6=90 (m^3/h)，2 套洗涤系统处理水量 25×2=50 (m^3/h)，两次洗涤处理水量 50 m^3/h，鼓风机及脱磷下水平均 30 m^3/h，污水处理量 Q=220 m^3/h。洗涤水处理采用絮凝沉淀工艺，处理工艺包括絮凝剂配制、桨板混合、栅条絮凝、沉淀、石灰乳调 pH、石灰乳制备、污泥处理等工艺设备组合而成。

2. 物料衡算

1) 石灰用量及生成量的计算

A.脱除氟化物石灰需要量

设氟化物含量为 0.4 g/Nm^3，则氟化物总量 0.4×20000/1000= 8 (kg/h)，除氟纯石灰需量 g_1=0.5×8×56/19= 11.8 (kg/h)，氟化钙生成量 w_1=0.5×8×59/19= 12.4 (kg/h)。

B.P_2O_5 中和需要石灰量

设 P_2O_5 含量 0.5 g/Nm^3，污水控制 pH 8～9，可以完全生成磷酸钙沉淀。P_2O_5 总量 0.5×20000/1000= 10 (kg/h)，除磷纯石灰需要量 g_2=3×10×56/142= 11.8 (kg/h)，磷酸钙生成量 w_2=3×10×310/142=65.5 (kg/h)。

C.吸收二氧化碳石灰需要量

CO_2 吸收率约为 0.1%，则吸收的 CO_2 量为 20000×0.001×44/22.4＝39.3 (kg/h)，吸收 CO_2 纯石灰需要量 g_3=39.3×56/44= 50 (kg/h)，碳酸钙生成量 w_3=39.5×100/44= 89.8 (kg/h)。

D.吸收 H_2S 石灰消耗量

在洗涤过程中约有 15%的 H_2S 被吸收，黄磷尾气中 H_2S 含量按 8 g/Nm^3 计。吸收 H_2S 量 20000×8×0.15/1000=24 (kg/h)，吸收 H_2S 纯石灰需要量 g_4=24×56/34= 39.5 (kg/h)，硫化钙生成量 w_4=24×72/34=50.8 (kg/h)，纯石灰总需要量 g=g_1+g_2+g_3+g_4=113.1 (kg/h)。工业石灰一般 CaO 含量为 75%，则工业石灰消耗量 G=113.1/0.75= 150.8 (kg/h)，石灰乳配成 10%浓度，石灰乳需要量为 1508 kg/h。

2) 系统总尘量

从制磷冷凝系统出来的黄磷尾气含尘量为 2～3 g/Nm^3，洗涤系统除尘率 90%，则洗涤系统脱除粉尘量为 C_1=20000×3×0.9/1000= 54 (kg/h)。

加入石灰的石灰渣 C_2=150.8–113.1=37.7 (kg/h)。

生成物量为 C_3=w_1+w_2+w_3+w_4=12.4+65.5+89.8+50.8=218.5 (kg/h)。总沉淀物为 C=C_1+C_2+C_3=54+37.7+218.5=310.2 (kg/h)。每立方米洗涤水含沉淀物为 309.1×1000/220=1405 (g/m^3)。

3. 主要设备计算及选型

1) 二洗设备计算与选型

A.射流洗涤器(图 2.16)

液气比 L=2.5 水/m^3 黄磷尾气；

操作温度 t=40℃；

黄磷尾气操作压力（绝对压力）p_g=101.3 kPa；

工作水压力（绝对压力）p_s=351.3 kPa；

工作水进口管流速 w_{11}=1.5 m/s；

喉管气速 w_2=60 m/s。

图 2.16　阻断水封（左）与射流洗涤器（右）

B.计算

（a）操作工况气体流量 V：

$$V = \frac{101.3V_0(273+t)}{273 \cdot p} = \frac{101.3\times 20000\times(273+40)}{273\times 101.3} = 22930\ (\text{m}^3/\text{h})$$

（b）水的流量：

$$G=V_0\cdot L/1000=20000\times 2.5/1000=50\ (\text{m}^3/\text{h})$$

进水管直径：

$$d_{11} = \sqrt{\frac{G}{0.785\times 3600w_{11}}}\times 1000 = \sqrt{\frac{50}{0.785\times 3600\times 1.5}}\times 1000 = 108.6\ (\text{mm})$$

选用无缝钢管 ϕ 108×4。

喷嘴流速：

$$w_1 = 0.95\times\sqrt{2\text{g}\left(p_s - p_g\right)/9.8} = 0.95\times\sqrt{19.62\times(351.3-101.3)/9.8} = 21.3\ (\text{m/s})$$

喷嘴直径：

$$d_1=\sqrt{\frac{G}{0.785\times3600w_1}}\times1000=\sqrt{\frac{50}{0.785\times3600\times21.3}}\times1000=28.8\ (\text{mm})$$

工作液锥度 γ 取为 15°。喷嘴锥度部分长度 $L_{11}=\frac{d_{11}-d_1}{2\cdot\tan\gamma}=\frac{108.6-28.8}{2\times\tan15°}=149\ (\text{mm})$。

(c)喉管直径：

$$d_2=\sqrt{\frac{V}{0.785\times3600w_2}}\times1000=\sqrt{\frac{22930}{0.785\times3600\times60}}\times1000=368\ (\text{mm})$$

选用螺旋管 ϕ377×6，喉管长度为 $L_2=2d_2=2\times368=736$(mm)。

(d)扩散管小头直径与喉管直径相同。扩散管长度 $L_3=12\cdot d_2=12\times368=4416$(mm)。设扩散管斜度为 β，一般 $\beta=7°$。扩散管大头直径 $d_3=d_2+2L_3\cdot\tan\beta=368+2\times4416\times\tan7°=1452$(mm)，扩大管直径取为 1400 mm。

射流洗涤器压力降：

$$\Delta p=0.145\rho_g\omega_2^2\times(0.3+0.65\times L)=0.145\times1.193\times60^2\times(0.3+0.65\times2.5)=1199(\text{Pa})$$

洗涤水泵：选用 IS80-65-160A，流量 56 m^3/h，扬程 25 m，功率 5.5 kW。

循环水池：停留 10 min，容积 10 m^3，2×3×2.2 (m)。

2)洗涤污水设备计算及选型

A.絮凝剂配制

采用 PAC 作为絮凝剂，污水含尘量 1405 g/m^3，PAC 投加量取 60 mg/L。以固体计算，PAC 含 Al_2O_3 28%，PAC 加入量为 60×220/1000= 13.2 (kg/h)，每班加入量为 13.2×8= 105.6(kg)，配成 10%浓度，液体溶液量为 1056 kg。絮凝剂用量不大，采用玻璃钢搅拌槽配制，每班配制一次，每次两槽。根据 JYB-Ⅰ型玻璃钢溶药槽性能表，选用配药槽：JYB-Ⅰ-10-0.6，ϕ1000×1200 两台。

B.混合池

(a)混合池与絮凝池合建，采用桨板式机械混合机混合。采用混合时间 1 min，则 $V=QT/60=220\times1/60=3.67$($m^3$)。

(b)混合池截面流速，$\omega=0.035$ m/s，则混合池面积 $F=\frac{Q}{3600\omega}=\frac{220}{3600\times0.035}=1.75$ (m^2)。

(c)混合池的宽度 B；$B=\sqrt{F}=\sqrt{1.75}=1.32\ (\text{m})$，根据混合池的宽度计算值，参考桨叶式混合池参数表，取计算值圆整尺寸为 1.4 m×1.4 m。

(d)混合池有效高度 $H=\frac{V}{B\cdot B}=\frac{3.67}{1.4\times1.4}=1.87\ (\mathrm{m})$，混合池超高取为 0.3 m，总高 2.2 m。

(e)絮凝池较高，在 4 m 以上，混合池不需要那么高，在混合池的总高处设中间隔板，隔板上设有一个大孔，稳流孔流速取为 0.1 m/s。

$$f_{\mathrm{k}}=\frac{Q}{3600\omega}=\frac{220}{3600\times0.1}=0.61\ (\mathrm{m}^2)$$

大孔直径 $d=\sqrt{\frac{0.61}{0.785}}=0.88\ (\mathrm{m})$，取为 ϕ880 mm。选用平浆式搅拌机，BJ-750，转速 40 r/min，功率 1.1 kW。

C.絮凝池

水与药剂的混合作用完成后，水中胶体等微小颗粒已初步形成，产生了微小絮体，但还不能达到自然沉淀的程度。絮凝阶段主要任务是创造适当的水力条件，使微小的絮凝体长大，为沉淀创造条件。由于占地面积的限制，尽量采用先进技术，减少占地面积，将混合、絮凝、沉淀、调 pH 等设备合建在一起，这样布置紧凑，占地面积小，并节省投资。

絮凝采用栅条絮凝池。

(a)处理水量 Q=220 $\mathrm{m^3/h}$，停留时间 12 min，则絮凝池容积 $V=QT/60=220\times12/60=44\ (\mathrm{m}^3)$。絮凝池有效深度与沉淀池相同，$H_2$=4 (m)，则絮凝池有效平面面积 $A=\frac{V}{H_2}=\frac{44}{4}=11\ (\mathrm{m}^2)$。竖井平均流速取为 v=0.12 m/s，则絮凝池单个竖井的截面积 $f=\frac{Q}{3600v_{井}}=\frac{220}{3600\times0.12}=0.51\ (\mathrm{m}^2)$。竖井正方形，竖井边长 $B=\sqrt{0.51}=0.714\ (\mathrm{m})$，圆整取边长 l=750 mm，边宽 B=750 mm，则单池实际面积为 $f'=0.75\times0.75=0.5625\ (\mathrm{m}^2)$。

(b)竖井个数 $n=\frac{A}{f'}=\frac{11}{0.5625}=19.6$，分成 2×10 个格子，共 20 个竖井。竖井分配：前段 6 个，中段 6 个，后段 8 个。

(c)为了节省容积，隔板采用碳钢板，栅条采用角钢∠40×40×4，倒 V 焊接在隔板上，预制拼装，如图 2.17 所示。

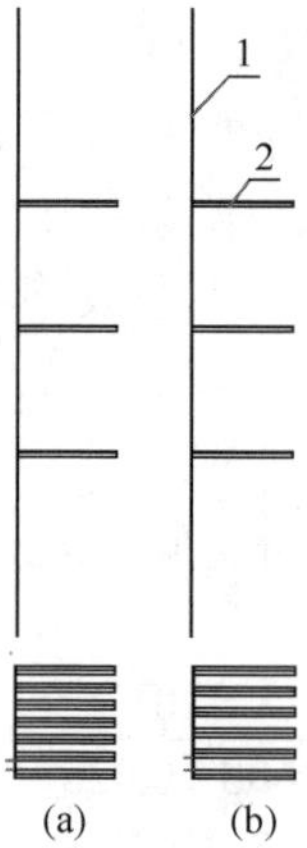

图 2.17　栅条结构

1.隔板；2.栅条

前段设置密栅条，见图 2.17(a)。过栅流速 $v_{1栅}$=0.25 m/s，竖井过栅水流面积 $A_{1水}=\frac{Q}{3600v_{1栅}}=\frac{220}{3600\times0.25}=0.2444\ (\mathrm{m}^2)$。

竖井中栅条所占面积 $A_{1栅}=f'-A_{1水}=0.5625-0.2444=0.3181\ (\mathrm{m}^2)$。

栅条采用角钢∠40×40×4，倒 V 投影宽 56.57 mm，长 740 mm，单栅面积 $f_{1栅}$=0.05657×0.74=0.04186(m^2)。

单层栅条数 $n_1 = \dfrac{A_{1栅}}{f_{1栅}} = \dfrac{0.3181}{0.04186} = 7.6$，取 7 根。

栅条采用角钢∠40×40×4，倒 V 投影宽 56.57 mm。

栅条总宽 7×56.57=396(mm)，过水缝宽 750–396=354(mm)，两边各 1 根，中间 5 根，6 通道各 59 mm。实际水流过栅流速 $v_{1栅} = \dfrac{220}{3600 \times 0.354 \times 0.74} = 0.233$ (m/s)。

每 600 mm 一层，共 3 层，中段设置疏栅条，见图 2.17(b)。

过栅流速 $v_{2栅}$=0.2 m/s，竖井过栅水流面积 $A_{2水} = \dfrac{Q}{3600 v_{2栅}} = \dfrac{220}{3600 \times 0.2} = 0.3056$ (m^2)。

竖井中栅条所占面积 $A_{2栅} = f' - A_{2水} = 0.5625 - 0.3055 = 0.2570$($m^2$)。

栅条采用角钢∠40×40×4，倒 V 投影宽 56.57 mm，长 740 mm。

单栅面积 $f_{2栅}$=0.05657×0.74=0.04186(m^2)。

单层栅条数 $n_2 = \dfrac{A_{2栅}}{f_{2栅}} = \dfrac{0.2570}{0.04186} = 6$。

栅条采用角钢∠40×40×4，倒 V 投影宽 56.57 mm，栅条总宽 6×56.57=340 mm，过水缝宽 750–340=410 mm，两边各 1 根，中间 4 根，5 通道各 82 mm。实际水流过栅流速 $v_{1栅} = \dfrac{220}{3600 \times 0.41 \times 0.74} = 0.201$ (m/s)，每 400 mm 一层，共 7 层。

(d) 絮凝池总高 H。絮凝池有效水深 H_2=4 m，取超高 H_1=0.3 m，总高 H=4.3 m。絮凝池平面布置分成两排，宽边加一隔墙 200 mm，长边用 6 mm 隔板，不计厚度，混合池加隔墙 200 mm。池内宽 B=2×750+200=1700(mm)，池内长 L=10×750+200=7700(mm)，絮凝池加混合池总长 L=7700+1500=9200(mm)。

(e) 竖井隔板扩大尺寸。竖井孔洞流速分为以下三段。

前段隔板孔洞尺寸取扩大流速 v_{1K}=0.25 m/s，前段隔板孔洞面积 $f_{1K} = \dfrac{220}{3600 \times 0.25} = 0.2444$ (m^2)；隔板孔洞宽取 b_{1K}=650 mm。隔板孔洞高 h_{1K}=0.2444/0.65=0.376(m)，取 400 mm。

中段隔板孔洞尺寸取扩大流速 v_{2K}=0.2 m/s，中段隔板孔洞面积 $f_{2K} = \dfrac{220}{3600 \times 0.2} = 0.3056$ (m^2)，隔板孔洞宽取 b_{2K}=650 mm，隔板孔洞高 h_{2K}=0.3056/0.65=0.470(m)，取 500 mm。

后段隔板孔洞尺寸取扩大流速 v_{3K}=0.15 (m/s)，中段隔板孔洞面积 $f_{3K} = \dfrac{220}{3600 \times 0.15} = 0.407$ (m^2)，隔板孔洞宽取 b_{3K}=650 mm，隔板孔洞高 h_{3K}=0.407/0.65=

0.627(m)，取 650 mm，为了降低出水口高度，将絮凝池最后两个竖井同时出水，孔宽 b=1500 mm，出水有效高：h=0.407/1.5=0.271(m)，取 300 mm。

(f) 总水头损失 h。

前段水头损失：

竖井数 6 个，单个竖井栅条层数 3 层，共 18 层；

栅条阻力系数，ζ_1=1.0；

实际过栅流速，$v_{1栅}$=0.233 m/s；

竖井隔板孔洞数，6 个；

孔洞阻力系数，ζ_2=3.0；

孔洞流速，v_{1K}=0.25 m/s。

$$h_1' = 18\times1\times\frac{0.233^2}{2\times9.81} + 6\times3\times\frac{0.25^2}{2\times9.81} = 0.107(\text{m})$$

中段水头损失：

竖井数 6 个，单个竖井栅条层数 3 层，共 18 层；

栅条阻力系数，ζ_1=1.0；

实际过栅流速，$v_{1栅}$=0.201 m/s；

竖井隔板孔洞数，6 个；

孔洞阻力系数，ζ_2=3.0；

孔洞流速，v_{1K}=0.20 m/s。

$$h_2' = 18\times1\times\frac{0.201^2}{2\times9.81} + 6\times3\times\frac{0.2^2}{2\times9.81} = 0.074(\text{m})$$

后段水头损失：

竖井隔板孔洞数，6 个；

孔洞阻力系数，ζ_2=3.0；

孔洞流速，v_{1K}=0.15 m/s。

$$h_3' = 6\times3\times\frac{0.15^2}{2\times9.81} = 0.021(\text{m})$$

絮凝池总水头损失：

$$h=0.107+0.074+0.021=0.202(\text{m})$$

(g) 絮凝池实际停留时间 T：

前段：$T_1 = \dfrac{60V_1}{Q} = \dfrac{60\times6\times0.75\times0.75\times4}{220} = 3.68(\text{min})$

中段：$T_2=\dfrac{60V_2}{Q}=\dfrac{60\times6\times0.75\times0.75\times4}{220}=3.68(\text{min})$

后段：$T_3=\dfrac{60V_3}{Q}=\dfrac{60\times8\times0.75\times0.75\times4}{220}=4.91(\text{min})$

总停留时间

$$T=3.68+3.68+4.91=12.27(\text{min})$$

(h) GT 值：

水在 20℃时，$\mu=1.029\times10^{-4}\ \text{kg}\cdot\text{s/m}^2$，絮凝池各段速度梯度为：

前段 $G_1=\sqrt{\dfrac{\rho h}{60\mu T_1}}=\sqrt{\dfrac{1000\times0.107}{60\times1.029\times10^{-4}\times3.68}}=68.63(\text{s}^{-1})$

中段 $G_2=\sqrt{\dfrac{\rho h_2}{60\mu T_2}}=\sqrt{\dfrac{1000\times0.074}{60\times1.029\times10^{-4}\times3.68}}=57.07(\text{s}^{-1})$

后段 $G_3=\sqrt{\dfrac{\rho h_3}{60\mu T_3}}=\sqrt{\dfrac{1000\times0.021}{60\times1.029\times10^{-4}\times4.91}}=26.32(\text{s}^{-1})$

絮凝池平均速度梯度为：

$$G=\sqrt{\frac{\rho h}{60\mu T}}=\sqrt{\frac{1000\times0.202}{60\times1.029\times10^{-4}\times12.27}}=51.63(\text{s}^{-1})$$

$GT=51.63\times60\times12.27=38010$，$GT$ 值在 1×10^4～1×10^5 范围内，满足要求。

D.沉淀池

沉淀池钢筋混凝土结构，接在絮凝池后部，与絮凝池连成一体。絮凝池长 L 即为沉淀池的宽 B=9200 mm。沉淀池分成两格，隔墙 200 mm，沉淀池单池宽为 4.5 m，池总高与絮凝池相同，H=4.3 m，内装防火塑料板，板厚 4 mm，板距 100 mm，倾角 60°。

污水处理量：$Q=220\ \text{m}^3/\text{h}$，液面上升流速取为 v=0.001 m/s，颗粒沉降速度取为 u_0=0.25 mm/s。

(a) 单池沉淀区净面积 $A=\dfrac{Q}{3600Zv}=\dfrac{220}{3600\times2\times0.001}=30.56\ (\text{m}^2)$。

(b) 斜板部分面积 $A=\dfrac{A'}{\varphi}=\dfrac{30.56}{0.95}=32.2\ (\text{m}^2)$，有效系数（$\varphi$ 利用系数）为 0.95。

斜板长 $L_1=\dfrac{A}{B}=\dfrac{32.2}{4.5}=7.16(\text{m})$，斜板垂直高为 1 m，斜板倾角占据长度为：$L_2$= 1×cos60°=0.5(m)，斜板区总长 $L=L_1+L_2$=7.2+0.5=7.7(m)，斜板支承采用⊏10 槽钢预埋小梁，角钢辅助铺设成支架。

(c)斜板内流速 $v_0=\dfrac{v}{\sin\theta}=\dfrac{1}{0.866}=1.155(\text{mm/s})$ 。

(d)复核雷诺数

水在 20℃的绝对黏度，μ=0.0101 cm^2/s，查附表 1。

水力半径 $R=\dfrac{Bh}{2(B+h)}=\dfrac{100\times10}{2(100+10)}=4.545(\text{cm})$ ，雷诺数 $Re=\dfrac{4R\cdot v_0}{\mu}=\dfrac{4\times4.545\times0.1155}{0.0101}=208$ ，雷诺数 Re 小于 500，水力条件很好。

(e)斜板内停留时间 $T=\dfrac{1000}{60v_0}=\dfrac{1000}{60\times1.155}=14.43\ (\text{min})$ 。

(f)沉淀池高度 H，清水区高 H_1，一般取 1.2 m；沉淀区高 H_2 为 1 m；配水区高 H_3 为 1.6 m；与絮凝池合建，则比絮凝池进口标高至少 0.2 m，H_4=0.5 m。因此沉淀池高 H=1.2+1+1.6+0.5=4.3 m，沉淀池规格：(2～4.5) m×8 m×4.3 m 内装防火塑料板 72 m^3。

(g)进水槽整流孔计算。

取孔洞流速 v_K=0.1 m/s，水流孔洞面积 $f_K=\dfrac{Q}{3600Zv_K}=\dfrac{220}{3600\times2\times0.1}=0.305(\text{m}^2)$ ；取孔洞直径ϕ200，孔洞面积 $f_{洞}$=0.785×0.2^2=0.031 (m^2)；孔洞数 n_K=0.305/0.031=9.8，取 10 个孔洞，每 450 mm 间距开一孔。

(h)集水槽。采用堰口集水槽，单池平面上设置三条集水槽，间距 1.5 m。集水槽长 L_J=7.7+0.5=8.2 m。水槽流速取为 ω_J=0.4 m/s。单槽集水槽截面积 $f_J=\dfrac{Q}{3600Z\cdot Z_J\cdot\omega_J}=\dfrac{220}{3600\times2\times3\times0.4}=0.0255\ (\text{m}^2)$，集水槽按正方形计算，边长 $b=\sqrt{f_J}=\sqrt{0.0255}=0.159(\text{m})$，取为 160 mm。根据处理水量和集水槽两边长度初估溢流堰每边设置 50 个溢流堰均布，两边共 100 个，单堰过水流量 0.1 L/s，根据 90°三角堰与过水深度设计规范确定三角堰堰深 h=22 mm，三角堰高取 30 mm。集水槽高取为 190 mm。

E.曝气池

曝气池为钢筋混凝土结构，长方形，半地下式，与絮凝池合建，沉淀池长度、池深均与絮凝池相同，池长 L=9.2 m，池深 H=4.3 m。曝气池容积由曝气时间决定，曝气时间设为 45 min。

曝气池容有效容积：

$$V=\frac{QT}{60}=\frac{220\times45}{60}=165\ (\text{m}^2)$$

曝气池宽度：

$$B = \frac{165}{9.2 \times 4} = 4.484\ (\mathrm{m})$$

取 B=4.5 m，曝气空气采用单级喷射器由污水提升泵或洗涤水循环泵余压提供，自动从集水池自吸入空气和 P_2O_5 烟气的混合物。能利用的水量为 220 m^3/h，水泵余压 0.15 MPa。采用工作水流量 30 m^3/h，工作水压力 0.15 MPa，8 只。喷射器尺寸按 3.4.2.2 中的单级喷射器计算，该型单级喷射器吸气量为 V_0=2.14×30=64(m^3/只)，喷射器吸入总气量 V=8×64=512(m^3/h)。

F.循环水泵的选择

送往初洗洗涤水流量 150 m^3/h，循环水管直径为 ϕ219×6，水流速为 w=1.33 m/s，直管长度为 L=614 m，弯头 10 个，DN200 闸阀 1 个，DN65 闸阀 8 个，弯头 2 个。

(a) 循环水位差：绝对标高 1274–1250=24(m)。

(b) 直管阻力 Re=0.207×1.33×1000×9810/9.81=275310=275×10^3；查《化工工艺设计手册》，液体湍流范围阻力因素 f 算图得 f=0.018，液体湍流范围压降算图得 Δp=0.07(kg/cm^2)/100 m。直管压头损失为 h_f= 6.14×0.07=0.43(kg/cm^2)，相当于 4.3 mH_2O。

(c) 局部阻力：阻力系数法计算，闸阀两个(全开时) ζ_1=2×0.17=0.34，90°弯头 15 个 ζ_2=15×0.75=11.25，三通当弯头用两个 ζ_3=2×1.3=2.6，则 ζ=14.19。压强降 $\Delta p=\zeta w^2/2g$=14.19×1.33^2/19.8=1.27(m)，压头总量=24+4.3+1.3=29.6(m)。选用循环泵：IS150-125-315 流量 200 m^3/h，压力 32 m，功率 30 kW。

3) 污泥处理

根据工程生产经验，每立方米洗涤水含固体物 1.405 kg。干污泥量：1.405×220=309.1(kg/h)，即为 7418.4 kg/d。沉淀池内污泥其含水量设为 98%，含水污泥量为 15455 kg/h。絮凝池和沉淀池中沉积的污泥定期排入污泥沟中，从污泥沟流入污泥收集槽中，污泥收集槽用液位控制器自动开启污泥泵，将收集的污泥打入污泥浓缩罐中。

(a) 污泥收集槽：长方形 3 m×5 m×3 m 砼一座。污泥收集槽设有液位控制器，自动控制污泥泵的开启，以控制污泥收集槽的液位。

(b) 污泥泵：80QW40-15，流量 40 m^3/h，扬程 15 m，功率 4 kW。

(c) 污泥浓缩罐：采用竖式间歇操作浓缩池，停留时间 12 h。放出上部清液，下部浓缩泥全部排出。两个轮换操作，一个进料，另一个静止沉淀浓缩。浓缩池的停留容积：12×15.5 = 186(m^3)，浓缩池总容积：2×186=372(m^3)，浓缩池正方形，锥形底，与水平呈 50°角，便于排泥。浓缩池正方形，钢筋混凝土结构：长×宽×高=5 m×5 m×8 m 砼两座。沉淀物浓缩后污泥含水率一般 90%～92%，污泥浓缩后含水率按 92%计算，浓缩后的污泥容积为 12×309.1/0.08=46365(kg)，相当于46.4(m^3)。排出清液量为 186–46.4=139.6(m^3)；清液高度 5.9 m。污泥浓缩后含水率按 92%计算，污泥容积 46.4 m^3，在 8 h 内处理完毕，则每小时处理量约 5.8 m^3/h。

采用带式压滤机脱水，滤饼含水率约 70%。含水滤饼量 5800×0.08/0.3=1547(kg/h)，带式压滤机处理能力大，一般按每平方米每小时 200 kg 计算，需要过滤面积 7.25 m^2。选用带式压滤机：DY 橡胶带式压滤机一台，带宽 B=1500 mm，带长 L=4.5 m，处理能力 7.5～12 m^3/h。选用泥浆泵：流量 25 m^3/h，压力 10 m，功率 2.2 kW。

第 3 章　黄磷尾气的脱硫

黄磷尾气经洗涤后，还含有较多不同数量的无机硫化物(H_2S)和有机硫化物(COS、CS_2)，这些硫化物的组分和含量取决于原料的性质和质量。

大多数制磷厂对焦丁或无烟煤没有质量要求，就地取材，只要是焦丁或无烟煤就用，善于吃“粗粮”，原料质量波动很大。尤其是原料中硫含量波动更大，原料中硫含量高达 2%～3.5%，属高硫煤，在制磷电炉中的硫大部分转移至黄磷尾气中，其中有 35%左右的硫转化为 H_2S，含量一般为 3～8 g/Nm^3，有的高达 20 g/Nm^3，约有 10%的硫转化为 COS，约有 0.5%的硫转化为 CS_2，COS 含量一般为 900～1500 mg/Nm^3，有的高达 2200 mg/Nm^3，CS_2 含量一般为 80～200 mg/Nm^3。

黄磷尾气中的 H_2S 对脱磷催化剂有很大的影响，催化剂具有微小多孔结构和很大的比表面积，黄磷尾气在催化剂和微氧存在下，硫化氢与氧反应生成单质硫，该单质硫活性相当好，在空气中可以燃烧，产生 SO_2 刺激性气体。单质硫为黄色固体，沉积在催化剂表面上，堵塞催化剂空隙，催化剂层阻力增大；如果大量沉积在催化剂空间，再生时单质硫燃烧，放出热量很大，致使催化剂层温度上升，如果控制不好，会烧毁催化剂，危及吸附器，因此，为了保护脱磷催化剂，黄磷尾气中的 H_2S 必须脱除。黄磷尾气中的硫化氢对脱磷催化剂本身不会产生中毒失效，对硫化氢脱除效率要求不是很高，因为脱磷催化剂本身也会脱硫，脱磷出口硫化氢含量总是比较低的。若脱硫脱得不好，主要影响是脱磷催化剂再生时间缩短。

若黄磷尾气作为合成氨或碳一化工合成气使用，在合成生产过程中的各种催化剂对脱硫的要求不同。活性温度较低的高温变换催化剂要求原料气中 H_2S 含量＜100 mg/Nm^3，对于铜锌铬系的低温变换催化剂，则要求原料气中总硫含量＜0.2 mg/Nm^3[38, 39]。

原料气的脱二氧化碳过程对原料气的脱硫也有一定的要求。碳酸丙烯酯脱碳系统，空气气提过程中 H_2S 会被氧化生成硫黄，特别是有铁离子存在时会加速氧化过程，硫黄的析出会堵塞填料和管道设备，影响正常运行。热钾碱法脱碳系统，加入偏钒酸钾作防腐剂，要求五价钒与四价钒维持一定比例，H_2S 能将五价钒还原为四价钒，造成比例失调，防腐性能下降，导致碳钢腐蚀加剧，引起钾碱溶液发泡。因此，这些脱碳过程要求原料气 H_2S 含量越低越好，一般要求＜5 mg/Nm^3。

近年来原料气中的有机硫引起了高度重视，催化剂对硫的要求不仅仅是 H_2S，而是总硫，所谓总硫是无机硫和有机硫的总称。有些催化剂如甲醇合成催化剂和甲烷化催化剂对原料气脱硫的要求是总硫＜0.1 mg/Nm^3。

为此，黄磷尾气必须根据用途、原料气中硫化物的组分和含量、各种工艺过程对净化程度的要求，选用适当的和有效的脱硫方法。

煤气脱硫方法较多，大体上可分为干法脱硫和湿法脱硫两种方法。湿法脱硫可以归纳分为物理吸收法、物理-化学吸收法、化学吸收法和氧化法等。

物理吸收法是采用有机溶剂作为吸收剂，加压吸收 H_2S，再经减压将吸收的 H_2S 释放出来，吸收剂循环使用，该法如聚乙二醇二甲醚(selexdl)和低温甲醇洗等。

物理-化学吸收法所用的溶剂吸收 H_2S 兼有物理吸收和化学反应两种性质，如甲基二乙醇胺(MDEA)、环丁砜法等。

化学吸收法是以弱碱性溶液为吸收剂，与 H_2S 进行反应形成化合物，用空气或用加热的方法，将化合物分解放出 H_2S，如碱性盐溶液、烷基酸胺等。

氧化法是以碱性溶液为吸收剂，并加入载氧体为催化剂，吸收 H_2S，并将其氧化成单质硫，溶液得到再生循环使用，如砷碱法、GV 法、改良 GV 法、氨水催化法、改良 ADA 法、栲胶法和 PDS 法。

煤气干法脱硫技术应用较早，最早应用于焦炉煤气的干法脱硫技术是以沼铁矿为脱硫剂的氧化铁脱硫技术，为增加其孔隙率，脱硫剂以木屑为填充料，再喷洒适量的水和少量熟石灰，其 pH 一般为 8～9，该种脱硫剂脱硫效率较低，采用塔外再生，将脱硫剂从脱硫箱内取出，放在广阔的场地上，再生困难，用人工反复翻晒再生，氧化铁脱硫剂再生是一个放热过程，如果再生过快，放热剧烈，脱硫剂容易起火燃烧，这种火灾现象曾在多个企业发生，放出的 SO_2 污染环境，不久便被其他脱硫剂所取代。现在 TF 型脱硫剂应用较广，该种脱硫剂脱硫效率较高，并可以进行塔内再生。在选用反应活性好、硫容高的脱干法硫剂的前提下，干法脱硫效率高，如锰矿脱硫、氧化锌脱硫、T103 及 T104 型精脱硫剂，对于微量硫化物的脱除是适合的。

1920 年由科佰斯公司(Koppers Company)提出，斯贝(Sperry)加以详细说明的西博(Seaboard)法用稀碳酸钠溶液吸收 H_2S，并用空气再生，建成第一套湿法脱硫的大规模工业装置，该法由于造成二次污染，现在已被改进和代替。20 世纪 60 年代，有几家氮肥厂和焦化厂采用的湿法脱硫是砷碱法，砷碱液硫容 0.4～0.5 g/L，脱硫效率 99%以上。少数小氮肥厂采用氨水中和法，绝大部分工厂则采用以对苯二酚为催化剂的氨水液相催化法，当水煤气中 H_2S 含量不高时，这些方法都能满足生产要求。氨水液相催化法的缺点是硫容低(约 0.1 g/L)，氨耗大，副反应高，易发生堵塔，若水煤气中 H_2S 含量超过 3 g/m^3 时，脱硫效果就不能满足要求了。60 年代南京化工研究院试验成功改良 GV 法，GV 法硫容高达 1～2 g/L，溶液循环量低，能耗低，脱硫效率 99%以上，有多家氮肥厂都将老砷碱法改为改良 GV 法，砷碱法和 GV 法溶液均含有较高的 As_2O_3，主要缺点是易堵塔，As_2O_3 又是剧毒品，影响人员身体健康，污染环境，80 年代开始逐步被淘汰。

自从 20 世纪 50 年代初国外出现 ADA 法以来，60 年代我国也研制开发了改良型 ADA 法，改良型 ADA 法脱硫活性被氨水液相催化好，硫容也较高(0.1～0.2 g/L)，副反应较低(约为 3%)，很快在中氮厂及焦化厂推广使用。ADA 法主要是无毒，原使用砷碱法的厂家也逐步被取代。

20 世纪 70 年代，广西化工研究院研究成功栲胶法脱硫，并全国普遍推广。中氮肥厂使用得较多。

80 年代，东北师范大学开发了以酞菁钴为催化剂的 PDS 法。其主要优点是硫颗粒较粗，不易堵塔，便于使用，其缺点是副反应也较高。

几十年来，煤气脱硫进展不大，目前煤气的脱硫仍然以湿法催化氧化法为主，以干法脱硫及湿法物理吸收或物理-化学吸收为辅。湿法催化氧化法最常用也只有改良 ADA 法、栲胶法及 PDS 法(“888”法)。预计今后相当长的时期内这种格局不会有多大改变。黄磷尾气的脱硫也只能沿用这些成熟的脱硫方法，但根据黄磷尾气复杂的杂质特点，在工艺上做些改进，以适应黄磷尾气脱硫的要求。

3.1 黄磷尾气中硫化物的性质

3.1.1 硫化氢的主要性质

1. 物理性质

硫化氢为无色、有毒、酸性气体，有一种特殊的臭鸡蛋味，即使是低浓度的硫化氢，也会损伤人的嗅觉。比空气密度大，其相对密度为 1.189(15℃，0.10133 MPa)。能溶于水，在 0℃时 1 体积水可溶解 4.65 体积的硫化氢，溶解热为 18.9 kJ/mol。溶有硫化氢的水溶液呈弱酸性，生成的硫氢酸有腐蚀性，易造成设备腐蚀[40,41]。

2. 化学性质

(1)硫化氢能与碱作用生成盐，反应如下：

$$H_2S + 2NH_4OH \longrightarrow (NH_4)_2S + 2H_2O \tag{3-1}$$

$$Na_2CO_3 + H_2S \longrightarrow NaHS + NaHCO_3 \tag{3-2}$$

利用碱溶液与硫化氢反应，可吸收黄磷尾气中的硫化氢。

硫化氢有很强的还原能力。在酸性或碱性溶液内，硫化氢可作为还原剂，而本身被氧化成硫黄。

在酸性溶液内， $H_2S \longrightarrow 2H^+ + 2e^- + S$

在碱性溶液内， $S^{2-} \longrightarrow S + 2e^-$

H_2S 的这一性质被应用于氧化法脱硫工艺，在催化剂作用下，用空气氧化将硫黄析出。

(2)完全干燥的硫化氢在室温下不与空气中的氧气发生反应，但点火时能在空气中燃烧，在空气充足时，硫化氢与空气或氧发生氧化反应，生成二氧化硫和水，反应如下：

$$2H_2S + 3O_2 == 2SO_2 + 2H_2O \quad (3\text{-}3)$$

硫化氢与空气或氧气以一定比例混合(4.3%～46%)形成爆炸性气体，遇火就会发生爆炸。

硫化氢在空气不足或微氧作用下氧化析出硫黄，反应如下：

$$2H_2S + O_2 == 2S + 2H_2O \quad (3\text{-}4)$$

(3)H_2S 较易与金属、金属氧化物或金属的盐类作用生成金属硫化物。绝大部分催化剂由金属氧化物组成，这就是 H_2S 能使各种催化剂中毒的根本原因。不少金属氧化物难溶于水，但在高温下与水蒸气作用可析出 H_2S，高温变换催化剂被 H_2S 作用中毒后，在高温下加大水蒸气，可以使催化剂恢复活性，就是这个原因。

硫化氢与亚砷酸钠盐反应，反应速率很快，这就是砷碱法脱硫的基本原理，反应如下：

$$3H_2S + Na_3AsO_3 == Na_3AsS_3 + 3H_2O \quad (3\text{-}5)$$

(4)硫化氢能发生氧化还原归中反应。其中硫化氢是还原剂，二氧化硫是氧化剂，硫是氧化产物，克劳斯法脱硫就基于这个原理。

$$2H_2S + SO_2 == 3S + 2H_2O \quad (3\text{-}6)$$

$$H_2S + 3H_2SO_4(\text{浓}) == 4SO_2 + 4H_2O \quad (3\text{-}7)$$

$$2H_2S + H_2SO_3 == 3S + 3H_2O \quad (3\text{-}8)$$

3.1.2　有机硫的主要性质

黄磷尾气中有机硫主要有氧硫化碳和二硫化碳[42]。

1. 氧硫化碳

氧硫化碳(COS)在常温常压下为具有不愉快的类似臭鸡蛋味的无色可燃性有毒气体。与氧混合可形成爆炸性气体，遇溴水或高锰酸钾氧化生成 CO_2 和硫酸。

氧硫化碳与氢反应，能被氢气还原放出 CO 和 H_2S，反应如下：

$$COS + H_2 \longrightarrow CO + H_2S \tag{3-9}$$

氧硫化碳遇水反应，缓慢放出 CO_2 和 H_2S。黄磷尾气中的氧硫化碳加热至 50～100℃，在催化剂作用下，发生水解反应，生成 CO_2 和 H_2S，反应如下：

$$COS + H_2O \longrightarrow CO_2 + H_2S \tag{3-10}$$

在催化剂作用下，氧硫化碳与氧反应，生成单质硫：

$$COS + 0.5O_2 \longrightarrow S + CO_2 \tag{3-11}$$

可利用上述性质将在黄磷尾气中的氧硫化碳脱除。

2. 二硫化碳

二硫化碳（CS_2）在常温下为无色或淡黄色透明液体，有刺激性气味，易挥发，难溶于水。

二硫化碳与强碱的水溶液发生如下反应：

$$3CS_2 + 6KOH \longrightarrow K_2CO_3 + 2K_2CS_3 + 3H_2O \tag{3-12}$$

在高温下，二硫化碳与水蒸气作用，几乎完全转化为 H_2S，反应如下：

$$CS_2 + 2H_2O \longrightarrow 2H_2S + CO_2 \tag{3-13}$$

3.1.3　硫化物含量的估算

制磷原料中的小部分硫化物在高温下与碳还原生成单质硫，单质硫再与尾气中 CO、H_2 反应生成 COS、H_2S，反应式如下：

1）硫化氢生成反应

$$\begin{gathered}0.5S_2 + H_2 = H_2S \\ \lg K_p = \frac{4200}{T} - 0.474\lg T - 0.361\times10^{-3}T - 0.081\times10^{-6}T^2 - 0.36\end{gathered} \tag{3-14}$$

2）氧硫化碳生成反应

$$\begin{gathered}0.5S_2 + CO = COS \\ \lg K_p = \frac{4823.78}{T} - 4.01505\end{gathered} \tag{3-15}$$

3) 二硫化碳生成反应

$$C + 2S == CS_2 \tag{3-16}$$

$$\lg K_p = \frac{1890}{T} - 1.75\lg T + 1.56 \tag{3-17}$$

2008 年，川投制磷还原剂为焦炭：白煤为 1∶1 的混合料，其中，焦炭含硫量 0.44%；卓佳白煤含硫量 4.82%；含硫量平均 2.635%，在此还原剂下对黄磷尾气杂质含量测定数据见表 3.1。

表 3.1　黄磷尾气杂质含量测定数据

日期	时间	取样地点	杂质含量/(mg/m³)			
			PH_3	COS	H_2S	CS_2
10 月 19 日	12:40	鼓风机出口	2509.6	5393.0	10286.5	104.8
10 月 19 日	15:50	鼓风机出口	2490.5	2845.7	11820	203.4
10 月 20 日	14:30	鼓风机出口	19993	4397.7	499.5	75.5
10 月 22 日	3:00	鼓风机出口	2810.8	5034.4	2167.8	145.2
11 月 6 日	20:00	鼓风机出口	1964.4	3465.3	7661.7	—
11 月 6 日	23:00	鼓风机出口	2858.9	3975.0	11320.5	—
11 月 7 日	2:00	鼓风机出口	2430.8	4025.4	8904.7	—
11 月 7 日	6:00	鼓风机出口	3962.4	3196.0	5225.7	104.5
11 月 7 日	11:00	鼓风机出口	2120.1	4414.3	6254.4	227
11 月 7 日	17:55	鼓风机出口	3962.4	9861.2	23991.6	—
11 月 8 日	23:55	鼓风机出口	3034.6	6806.0	18040.5	—
11 月 8 日	4:00	鼓风机出口	2503.7	5244.6	13126.3	—
		平均	2853.4	4888.2	9941.6	157.0

从测定数据可看出，还原剂使用白煤，在黄磷尾气杂质中 COS 大幅度升高，系统脱硫目的是脱除所有的硫化物，COS 含量也是关键数据。

上述测定数据是实际工业生产随机测定的数据，因黄磷尾气的组分及杂质含量与原料的组分、块度、混合的均匀度和湿度，电炉电流强度和炉温的变化、黄磷尾气的洗涤工艺的变化，取样点的代表性，取样时间差，分析仪器精度和灵敏度，操作人员的熟练程度等因素有关，存在着很大的系统误差。因此，有必要对上述原始数据的可靠性进行客观评定，以较准确地确定 COS、H_2S 的含量。

在化工化学资料中均方误差是现在文献上常用的一种表示精确度的较好方法。它不但与一组测定值中每一个数据有关，而且对较大误差或较小误差敏感性很强，能较明显地反映较大的个别误差。

均方误差也称标准误差，当在有限次测定中，以下式表示：

$$\sigma=\sqrt{\frac{\sum(x_i-\bar{X})^2}{n-1}} \tag{3-18}$$

式中，σ 为均方误差；x_i 为每次测定的数值；$\bar{X}$ 为测定数据算术平均值；n 为测定次数。

在黄磷尾气中第一次出现这么高的 COS，该数据是否可信，对 COS 数据进行评定。

将表 3.1 中 COS 的原始数据列于表 3.2，对表 3.2 中第 2 栏数据进行评定，其步骤如下：

对第 2 栏数据进行第一次整理。

计算 1～12 次测定数据的算术平均值，计算结果列于表 3.2 中。

$$\bar{X}=\frac{a_1+a_2+a_3+\cdots+a_n}{n}$$

$$=\frac{5393+2845.7+4397.7+5034.4+3465.3+3975+4025.4+3196+4414.3+9861.2+6806+5244.6}{12}$$

$$=4888.2$$

计算测定值均方误差。

$x_1-\bar{X}=5393-4888.2=504.8$

$(x_1-\bar{X})^2=(504.8)^2=254823$

$x_2-\bar{X}=2845.7-4888.2=-2042.5$

$(x_2-\bar{X})^2=(-2042.5)^2=4171806$

$x_3-\bar{X}=4397.7-4888.2=-490.5$

$(x_3-\bar{X})^2=(-490.5)^2=240590.3$

⋮

$x_{12}-\bar{X}=5244.6-4886.5=356.4$

$(x_{12}-\bar{X})^2=(356.4)^2=127021$

均方误差：

$$\sigma=\sqrt{\frac{\sum(x_i-\bar{X})^2}{n-1}}=\sqrt{\frac{39915425}{11}}=1904.9$$

表 3.2　黄磷尾气中 COS 方差分析

序号	羰基硫 x_i/(mg/m³)	第一次整理		羰基硫 x_i/(mg/m³)	第二次整理	
		$x_i-\bar{X}$	$(x_i-\bar{X})^2$		$x_i-\bar{X}$	$(x_i-\bar{X})^2$
1	5393	504.8	254823	5393	1193.9	1425397
2	2845.7	–2042.5	4171806	2845.7	–1353.4	1831692
3	4397.7	–490.5	240590.3	4397.7	198.6	39442
4	5034.4	146.2	21374.44	5034.4	835.3	697726
5	3465.3	–1422.9	2024644	3465.3	–733.8	538462
6	3975	–913.2	833934.2	3975	–224.1	50221
7	4025.4	–862.8	744423.8	4025.4	–173.7	30172
8	3196	–1692.2	2863541	3196	–1003.1	1006210
9	4414.3	–473.9	224581.2	4414.3	215.2	46311
10	9861.2	4973	24730729			
11	6806	1917.8	3677957			
12	5244.6	356.4	127021	5244.6	1045.5	1093070
合计	58658.6		39915425	41991.4		6758703
平均值	4888.2			4199.1		

根据 3σ 规则，超出$\pm\sigma$ 的误差已不属于偶然误差，而是系统误差或过失误差。最大可能误差应为

$$3\times\sqrt{\frac{\sum(x_i-\bar{X})}{n-1}}=5714.7$$

将此计算结果对照表 3.2 第 2 列可以看出，第 10、11 项的数据(>5714.7)是不可信的，出现的原因是系统误差或偶然误差，舍掉此两项数据后列于第 5 栏。

对第 5 栏数据再进行第二次整理。

计算第 5 栏 10 次测定数据的算术平均值，计算结果列于表 3.2 中。

$$\bar{X}=\frac{a_1+a_2+a_3+\cdots+a_n}{n}$$
$$=\frac{5393+2845.7+4397.9+5034.4+3465.3+3975+4025.4+3196+4414.3+5244.6}{10}$$
$$=4199.1$$

计算第二次整理测定值均方误差。

$x_1-\bar{X}=5393-4199.1=1193.9$

$(x_1-\bar{X})^2=(1193.9)^2=1425397$

$x_2-\bar{X}=2845.7-4199.1=-1353.4$

$(x_2-\overline{X})^2=(-1353.4)^2=1831692$

$x_3-\overline{X}=4397.7-4199.1=198.6$

$(x_3-\overline{X})^2=(-198.6)^2=39442$

$\vdots$

$x_{12}-\overline{X}=5244.6-4199.1=1045.5$

$(x_{12}-\overline{X})^2=1045.5^2=1093070$

第二次整理均方误差：

$$\sigma=\sqrt{\frac{\sum(X_i-\overline{X})^2}{n-1}}=\sqrt{\frac{6758703}{10-1}}=866.6$$

第二次整理最大可能误差应为：

$$3\times\sqrt{\frac{\sum(x_i-\overline{X})^2}{n-1}}=2599.8$$

从表 3.2 第 5 列看出，列中数据均接近 2599.8，认为这些数据是可取的，COS 平均浓度应为 4199 mg/m^3。

根据表 3.1 中硫化物的测定数据与混合燃料进行物料衡算：

根据操作数据，每吨黄磷需要还原剂 1850 kg，其中：硫总量 1850×0.02635=48.75(kg)，每吨黄磷产出黄磷尾气按 2700 m^3 计算。

物料衡算见表 3.3。

表 3.3　物料衡算数值

名称	硫化物含量/(mg/Nm^3)	硫化物总量/kg	折硫系数	折算为单质硫/kg	硫化物占的比例/%
H_2S	9940	26.84	0.9412	25.2618	80.23
COS	4199	11.34	0.5333	6.0476	19.21
CS_2	157	0.42	0.4210	0.1768	0.56
合计	—	—	—	31.4862	100.00

黄磷尾气中的硫占还原剂总硫量为 31.4862/48.75=64.59%，还原剂中有 64.59%的硫转化到黄磷尾气中，其余留在黄磷渣中。

黄磷尾气硫化物含量估算方法如下所述。

黄磷尾气是黄磷企业的废气，对废气不太重视各种组分含量的测定，尤其是新建企业更无黄磷尾气的数据，给黄磷尾气净化设计依据带来困难。黄磷尾气中硫化物含量可根据所使用的还原剂(焦炭或无烟煤)工业分析硫含量进行估算。

1 t 黄磷需要焦炭或白煤的量 G 为 1850 kg。

工业分析燃料的含硫量 C_S(%)；H_2S，$C_1=203.9\ G\cdot C_S$(mg/m^3)；COS，C_2=97.77

$G \cdot C_S$(mg/m³)；CS_2，C_3=3.15 $G \cdot C_S$(mg/m³)。

3.2　脱硫基本原理

3.2.1　改良 ADA 法脱硫基本原理

改良 ADA 法是在稀碳酸钠溶液中加入蒽醌二磺酸钠(2,6-ADA 为主)催化剂以及酒石酸钠钾助催化剂，该法脱硫效率高，可降低脱磷工序的负荷，操作不复杂，运行费用低。

ADA 是蒽醌二磺酸钠的缩写，为染料中间体的钠盐，有四种异构体，其分子结构见图 3.1。

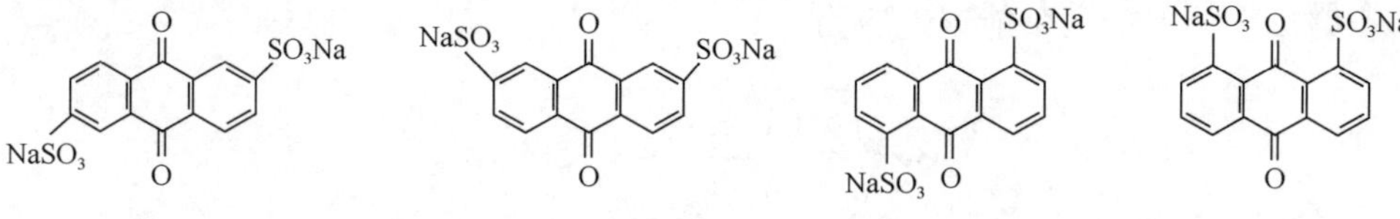

图 3.1　ADA 分子结构图

ADA 分子异构体不同，脱硫活性有差异，其活性顺序为 2,7-ADA＞2,6-ADA＞1,5-ADA＞1,8-ADA。ADA 产品一般是 2,7-ADA 与 2,6-ADA 的混合物，采购时应选择这两种异构体较高的产品。

改良 ADA 法基本原理：

(1) 在 pH=8.5～9.2 的范围，以稀溶液吸收硫化氢形成硫氢化钠。

$$H_2S + Na_2CO_3 \longrightarrow NaHS + NaHCO_3 \tag{3-19}$$

(2) 在液相中硫氢化钠与偏钒酸钠反应，生成还原性焦钒酸钠，并析出元素硫。

$$2NaHS + 4NaVO_3 + H_2O \longrightarrow Na_2V_4O_9 + 4NaOH + 2S \tag{3-20}$$

(3) 还原性焦钒酸钠与氧化态的 ADA 反应，生成还原态的 ADA，而焦钒酸钠则被 ADA 所氧化，再生为偏钒酸钠。

$$\underset{}{Na_2V_4O_9} + \underset{\text{(氧化态)}}{ADA} + NaOH + H_2O \longrightarrow NaVO_3 + \underset{\text{(还原态)}}{ADA} \tag{3-21}$$

(4) 还原态 ADA 被空气氧化而再生。

$$\underset{\text{(还原态)}}{ADA} + O_2 \longrightarrow \underset{\text{(氧化态)}}{ADA} + H_2O \tag{3-22}$$

黄磷尾气中还含有氧、二氧化碳和氰化氢等杂质，在脱硫液中会产生如下副反应：

$$2NaHS + 2O_2 \longrightarrow Na_2S_2O_3 + H_2O \tag{3-23}$$

$$Na_2CO_3 + CO_2 + H_2O \longrightarrow 2NaHCO_3 \tag{3-24}$$

$$Na_2CO_3 + 2HCN \longrightarrow 2NaCN + CO_2 + H_2O \tag{3-25}$$

$$NaCN + S \longrightarrow NaCNS \tag{3-26}$$

$$2NaCNS + 5O_2 \longrightarrow Na_2SO_4 + 2CO_2 + SO_2 + N_2 \tag{3-27}$$

黄磷尾气中的少部分单质磷在碱性溶液中与 $NaHCO_3$ 反应生成 PH_3，反应如下：

$$2P_4 + 3Na_2CO_3 + 9H_2O = 2PH_3 + 6NaH_2PO_2 + 3CO_2 \tag{3-28}$$

反应(3-19)吸收 H_2S 属瞬时反应，溶液的总碱度和碳酸钠含量是影响吸收效果的主要因素，随着溶液总碱度和碳酸钠含量的增大，传质系数也加大。

从以上反应机理可知，硫化氢首先被碱溶液吸收生成硫化物，然后再与 ADA 钒酸盐反应，因此，ADA 溶液的性质就与硫化物的反应速率有关。从图 3.2 pH 对硫化物与 ADA 溶液的比反应速率关系曲线可看出，溶液 pH 越低，反应速率越快，对反应有利。实际生产中综合考虑，溶液 pH 控制在 8.5～9 范围内。

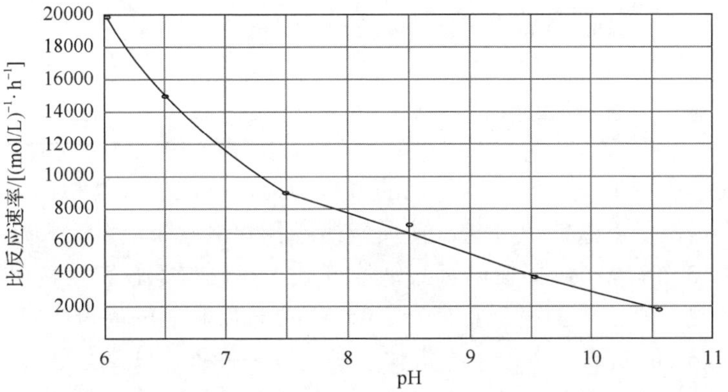

图 3.2　pH 对硫化物与 ADA 溶液比反应速率的关系

反应式(3-20)和反应式(3-21)说明，要使 H_2S 彻底还原为硫黄，偏钒酸钠和 ADA 是否足量是一个重要因素，溶液要保持一定量的偏钒酸钠和 ADA 的浓度。溶液中硫化物转化为硫的量与钒含量成正比，见表 3.4。实际生产上，偏钒酸钠数量应比理论量要大少许。反应式(3-20)反应速率在氧存在下也是很快的，但是还原态焦钒酸钠不能直接被空气氧化再生，而必须依赖于反应式(3-21)，由 ADA 将它氧化而恢复活性，因此要求维持溶液中 ADA 与偏钒酸钠的化学当量比，按化学反应的当量计算 ADA 含量必须等于或大于偏钒酸钠含量的 1.69 倍，工业上实际采用 2 倍左右(图 3.3)。

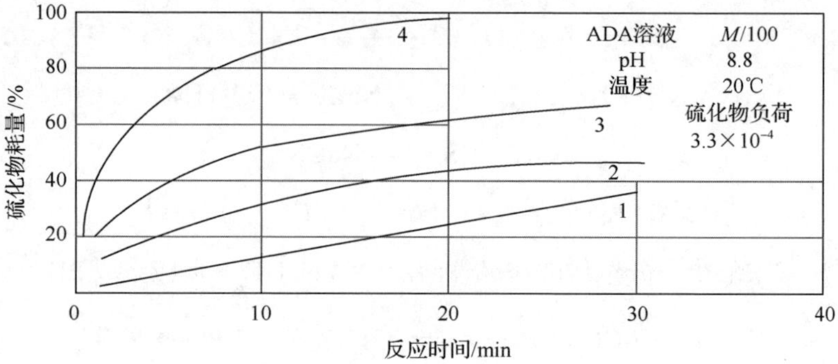

图 3.3 ADA 钒酸盐溶液的反应曲线

1. 含钒酸盐为 0；2. 含钒酸盐为 *N*‰；3. 含钒酸盐为 *N*/500；4.含钒酸盐为 *N*/100

表 3.4 ADA 脱硫液组分

序号	原料名称	溶液组分	
		$H_2S<4\ g/Nm^3$	$H_2S>4\ g/Nm^3$
1	总碱(Na_2CO_3)/(g/L)	35～40	50～60
2	蒽醌磺酸钠/(g/L)	6～7	9～10
3	偏钒酸钠/(g/L)	3～3.5	4.5～5
4	酒石酸钾钠/(g/L)	1～1.4	1.5～2

偏钒酸钠在五价钒还原成四价钒的过程中提供氧，使吸收和再生的反应速率大大加快，提供了溶液的硫容量，使反应槽容积和溶液循环量大大减少。

反应式(3-20)说明，要使偏钒酸钠浓度高，焦钒酸钠较完全转化为偏钒酸钠是反应的关键，要使再生完全要有一定的 ADA 浓度和足够的再生空气。

反应式(3-20)析硫反应速率不太快，在无氧条件下，只要有足够的停留时间，硫氢化物与偏钒酸钠的氧化析硫反应是很完全的，保持溶液在富液槽内停留一定时间，也就是保持一定的液位，对再生是有利的。

温度升高，反应速率明显加快，溶液析硫反应在脱硫塔内也快速进行，这就会造成堵塔的可能。温度升高，还加快了副反应硫代硫酸钠的生成速度，碱消耗增加。温度过低，溶液黏度增大，对反应也不利。最佳的温度应为 35～42℃。

在改良 ADA 溶液中添加了适量的酒石酸钾钠。酒石酸钾钠的作用是防止钒形成“钒-氧-硫”态复合物黑色沉淀析出，导致脱硫液活性下降，这样使 ADA 法脱硫工艺更完善，从而提高了气体净化度和硫的回收率。

黄磷尾气中含有二氧化碳但含量不高，碱液吸收二氧化碳的速度比吸收硫化氢的速度慢，有少部分二氧化碳与碳酸钠按式(3-24)反应，对 ADA 溶液影响不大。

黄磷尾气中含有氰化氢，氰化氢与 ADA 溶液在吸收和再生过程按式(3-25)、式(3-26)及式(3-27)进行反应。黄磷尾气在洗涤工序以石灰乳洗涤，已大部分脱除，进入脱硫工序含量已不高了，因此，该副反应对溶液也未发生影响。

由于式(3-28)反应的发生，在循环槽顶部空间有 PH_3 气体积聚，气态的 PH_3 属易燃气体，有毒，与空气易形成爆炸性气体，遇明火会发生爆炸，应特别注意。

根据黄磷厂运行经验，黄磷炉所用的还原剂焦炭或无烟煤，大部分厂对原料没有质量要求，均吃“粗粮”，焦炭中硫含量都相当高，焦炭含硫量在 1.5%以下，此时黄磷尾气中 H_2S 含量达 7000～8000 mg/m^3。由于黄磷尾气中 H_2S 含量都高，也有低的，溶液采用高浓度和低浓度两种组成，可根据具体情况确定。

3.2.2　PDS 或“888”法脱硫基本原理

PDS 是一种脱硫催化剂的商品名称，是酞菁钴磺酸盐系化合物的混合物。在碳酸钠溶液中加入 PDS 催化剂后，水溶液吸氧速度加快，活性提高，单体硫容易分离，在脱除 H_2S 过程中同时可以脱除部分有机硫。“888”脱硫催化剂是在 PDS 催化剂基础上进一步的改进型，是以三核酞菁钴磺酸盐金属有机化合物为主体的脱硫催化剂的商品名称。为了说明方便，在此 PDS 与“888”同名，只是“888”脱硫催化剂的使用性能比 PDS 上了一个台阶[43-46]。其特点如下：①不需要加入其他助催化剂；②脱硫效率高，使用稳定；③硫黄回收率高，贫液中悬浮硫含量低，不堵塔；④在相同的工况和负荷下，脱硫费用比同类产品低 20%。

PDS 的主要成分为双核酞菁钴磺酸盐，其分子结构见图 3.4。

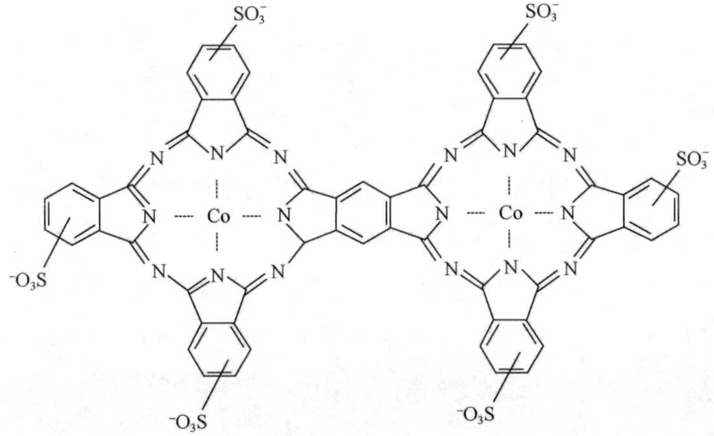

图 3.4　PDS 分子结构图

酞菁钴磺酸盐呈蓝色，化学稳定性和热稳定性都较好，在酸碱溶液中不分解，也不变色。酞菁钴磺酸盐在300℃也不分解，无毒。

1. 反应机理

PDS或“888”法脱硫只用一种催化剂，与纯碱水溶液组成的脱硫液，其反应机理如下。

碱洗溶液吸收H_2S的反应：

$$H_2S + Na_2CO_3 = NaHS + NaHCO_3 \tag{3-29}$$

再生反应：液相HS^-被氧化生成元素硫，同时生成多硫化物。

$$2NaHS + O_2 \xrightarrow{888} 2S\downarrow + 2NaOH \tag{3-30}$$

$$NaHS + (x-1)S + NaHCO_3 \xrightarrow{888} Na_2S_x + CO_2 + H_2O \tag{3-31}$$

$$Na_2S_x + H_2O + 0.5O_2 \xrightarrow{888} 2NaOH + S_x \tag{3-32}$$

脱有机硫的化学吸收反应：

$$COS + 2Na_2CO_3 + H_2O = Na_2CO_2S + 2NaHCO_3 \tag{3-33}$$

$$RSH + Na_2CO_3 = RSNa + NaHCO_3 \tag{3-34}$$

与改良ADA脱硫相同，黄磷尾气中还含有氧、二氧化碳和氰化氢等杂质，在脱硫液中也会产生如下副反应：

$$2NaHS + 2O_2 \longrightarrow Na_2S_2O_3 + H_2O \tag{3-35}$$

$$Na_2CO_3 + CO_2 + H_2O \longrightarrow 2NaHCO_3 \tag{3-36}$$

$$Na_2CO_3 + 2HCN \longrightarrow 2NaCN + CO_2 + H_2O \tag{3-37}$$

$$NaCN + S \longrightarrow NaCNS \tag{3-38}$$

$$2NaCNS + 5O_2 \longrightarrow Na_2SO_4 + 2CO_2 + SO_2 + N_2 \tag{3-39}$$

黄磷尾气中的少部分单质磷在碱性溶液中与$NaHCO_3$反应生成PH_3，反应如下：

$$2P_4 + 3Na_2CO_3 + 9H_2O = 2PH_3 + 6NaH_2PO_2 + 3CO_2 \tag{3-40}$$

由于式(3-40)反应的发生，在循环槽顶部空间有PH_3气体积聚，气态的PH_3属易燃气体，有毒，与空气易形成爆炸性气体，遇明火会发生爆炸，应特别注意。

2. PDS或“888”脱硫催化剂催化机理

“888”是高分子络合物，由于其分子结构的特殊性具有很强的吸氧能力，且能将吸附的氧进行活化。“888”也能吸附 H_2S、HS^-、S_x^{2-}，并与被吸附活化了的氧进行氧化还原反应而析硫，反应速率大大提高。“888”能成为良好的脱硫催化剂的根本原因是其吸氧后，成为氧化态的载氧体，而氧化 HS^-后变成了还原态的载氧体，氧化还原电极电位为 0.41 V，符合脱硫的要求。“888”吸 O_2 活化输出氧化 HS^-，还能继续吸氧活化，在脱硫液的脱硫过程，“888”自身结构保持稳定，而进行吸氧、活化氧、输出氧、再吸氧，反复催化循环。所以它的浓度很低，就具有很强的催化能力。

溶液中生成的单质硫脱离“888”后，在溶液中微小的硫颗粒互相靠近结合，颗粒增大，变成悬浮硫。“888”脱硫工艺的析硫速度快，在脱硫塔内的析硫百分数可达到 80%以上。

3. 工艺条件

影响“888”脱硫的主要因素和工艺操作条件。

溶液总碱度及“888”催化剂含量。反应式(3-29)吸收 H_2S 属瞬时反应，溶液的总碱度和碳酸钠含量是影响吸收效果的主要因素，随着溶液总碱度和碳酸钠含量的增大，传质系数加大。

溶液 pH：当 PDS 浓度一定，测得 NaHS 催化氧化速率与 pH 有关，溶液 pH 控制在 8～9 范围内，最好为 8.2～8.6。

溶液中 PDS 的浓度：PDS 浓度对吸氧速率的影响见图 3.5，PDS 对析硫选择性的影响见图 3.6。由图可见，脱硫液随 PDS 浓度提高，吸氧速率加快，生成单质硫的量增大。当 PDS 浓度达到 70 mg/kg 后，其浓度对析硫量的影响趋于缓慢，脱硫液 PDS 浓度可在 100 mg/kg 以内选用，根据黄磷尾气中 H_2S 的含量，“888”催化剂浓度一般控制在 15～30 mg/L 范围内。

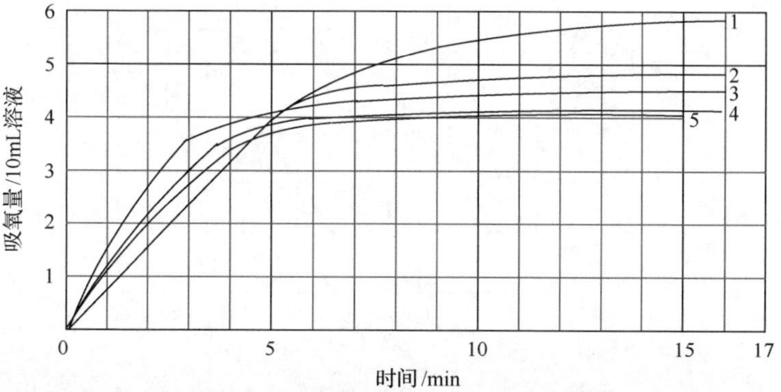

图 3.5　PDS 浓度对吸氧速率的影响

1. 115.4 mg/kg；2. 81.8 mg/kg；3. 57.6 mg/kg；4. 28.8 mg/kg；5. 14.4 mg/kg

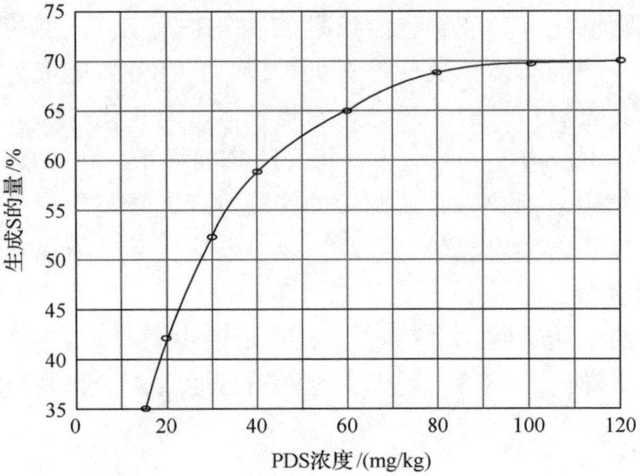

图 3.6　PDS 浓度对析硫选择性的影响

PDS 脱硫液的硫容量：

用碳酸钠和碳酸氢钠分别为 5 g/L 和 25 g/L 的脱硫液，加入不同浓度的 PDS，通入含 H_2S 的气体进行试验，试验结果见图 3.7。由图 3.7 可见，脱硫液硫容量与脱硫后气体残余量有关，H_2S 残余量高，脱硫液硫容量稍大；脱硫液硫容量与脱硫液 PDS 浓度有关，PDS 浓度在 100 mg/kg 内，随 PDS 浓度的提高而增大，在 100 mg/kg 时，硫容量最大，超过 100 mg/kg 反而下降。

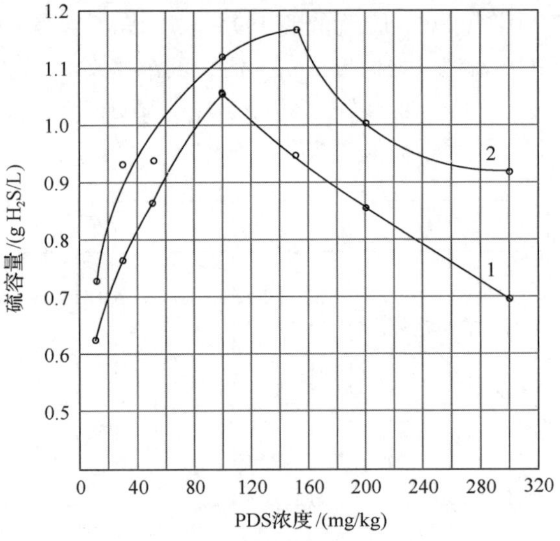

图 3.7　PDS 浓度对脱硫液硫容量的影响

1. 低 H_2S 残余；2. 高 H_2S 残余

“888”催化剂在黄磷尾气中应用，发现夏天气温升高，黄磷尾气温度冷却不下来，黄磷尾气温度达 40℃以上，此时，再生槽硫泡沫很少，脱硫塔出口残余 H_2S 含量升高。“888”催化剂在黄磷尾气中使用，吸收与再生温度最好控制在 35～40℃范围内。

根据黄磷尾气硫化氢的含量，溶液采用高浓度和低浓度两种组成，可根据具体情况确定(表 3.5)。

表 3.5　“888”脱硫液组分

序号	原料名称	溶液组分	
		H_2S<4 g/Nm^3	H_2S>4 g/Nm^3
1	总碱(Na_2CO_3)/(g/L)	35～40	50～60
2	“888”催化剂/(mg/L)	15～20	20～30

3.3　脱硫工艺流程

黄磷尾气脱硫工序安置在洗涤后和煤气鼓风机前，一是为了充分利用洗涤抽风机的余压，二是有利于煤气鼓风机的维护，防止煤气鼓风机的腐蚀。黄磷尾气脱硫均在常压下进行。

ADA 脱硫与“888”催化剂脱硫流程基本相同，“888”催化剂脱硫需增设“888”催化剂熟化和滴加设施。

黄磷尾气洗涤后仍然还有较高的单质磷，黄磷见空气就会燃烧，应防止脱硫系统有任何积留黄磷的设施，采用全系统空塔脱硫流程[47]。

黄磷尾气脱硫根据黄磷尾气硫化氢含量分为一级和二级脱硫流程。

3.3.1　一级脱硫流程

黄磷尾气 H_2S 含量较低或规模较小的装置采用一级脱硫流程。

一级脱硫流程见图 3.8，经洗涤的黄磷尾气还含有少量的单质磷、二氧化硅等粉尘和水雾，为了防止将这些杂质带入脱硫而污染脱硫液，先用旋风除尘器(F711)进一步除雾和粉尘，然后相继进入 1#、2#脱硫塔(T713a，T713b)，与从上而下的雾化液接触，脱去硫化氢，吸收 H_2S 后的富液通过水封进入两台串联的富液槽(V716)进行充分的析硫反应，然后富液用再生泵(P717)，送往蒸汽加热器(E720)控制脱硫液温度，然后进入喷射再生槽(Z721)的喷射器中，由喷射器自吸空气进行再生，再生后的贫液进入贫液槽(V719)，再用脱硫泵(P718)打入脱硫塔中的特制旋流喷头中，自上而下与自下而上的黄磷尾气充分接触而脱除硫化氢，脱硫塔顶部设有折流板除雾器，经初步除雾后再进入折流板除雾器(F714)进一步除雾，折流板除雾器顶部设有清水喷头，定期对折流板上的积硫进行清洗，经脱硫后黄磷尾气送往煤气鼓风机入口管线上。

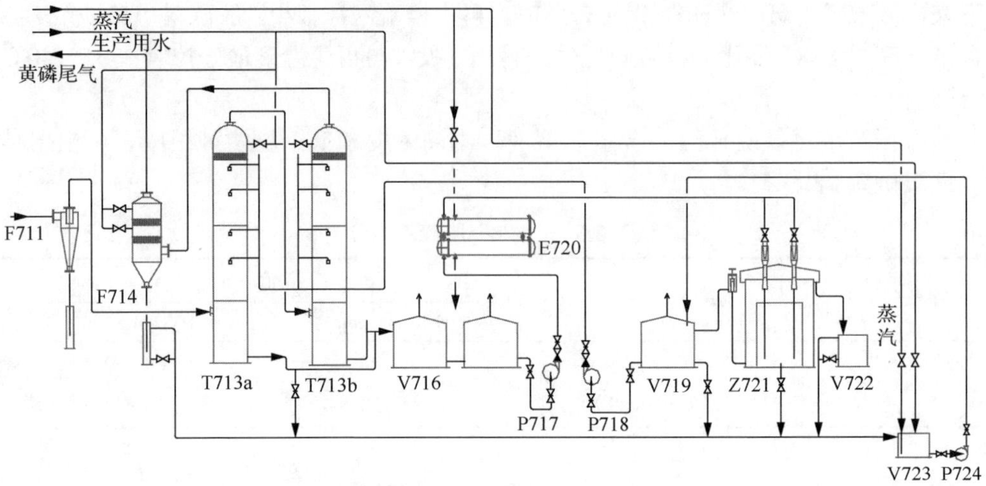

图 3.8　一级脱硫流程图

再生槽顶部的硫泡沫溢流至硫泡沫槽(V722)中，用硫泡沫泵送往硫回收。硫补充溶液在地下槽(V723)内配制，配制好的溶液用地下泵(P724)送往贫液槽中。各处的排液也经过地下槽用地下泵返回贫液槽。

3.3.2　二级脱硫流程

黄磷尾气 H_2S 含量较高的脱硫装置采用二级脱硫流程。

脱硫液的硫容与脱硫塔出口 H_2S 的含量有关，出口 H_2S 含量高，硫容就大。硫容高，相对脱硫液循环量就可减小，脱硫循环量小，脱硫泵和再生泵功率低，能耗低，再生槽容积减少，但脱硫塔出口 H_2S 含量就会升高，甚至不能满足脱硫要求。从节能角度，低硫容脱硫液用高硫容方法操作显得不太合理。为此，将脱硫分为二级，一级在高硫容下操作，二级在低硫容下操作，各级发挥各自的优势。脱硫系统黄磷尾气一、二级脱硫塔串联，脱硫液一、二级并联，溶液各自成再生成循环系统。

二级脱硫流程见图 3.9，从洗涤来的黄磷尾气还含有少量的单质磷、二氧化硅等粉尘和水雾，为了防止将这些杂质带入脱硫而污染脱硫液，先用旋风除尘器(F701)进一步除雾和粉尘，然后相继进入一级脱硫塔(T711)，与从上而下的雾化液接触，脱去 85%～90%的硫化氢，吸收 H_2S 后的富液通过水封进入两台串联的一级富液槽(V712)进行充分的析硫反应，然后富液用一级再生泵(P713)，然后进入一级喷射再生槽(Z719)的多级射流器中，由射流器自吸空气进行再生，再生后的贫液进入一级贫液槽(V715)，再用一级脱硫泵(P714)送入一级脱硫塔(T711)中。经除雾后的尾气进入二级脱硫塔(T721)，与从上而下的溶液接触，在此将黄磷尾气中的 H_2S 脱至设计要求。吸收 H_2S 后的富液通过水封进入二级富液槽(V722)进行充分的析硫反应，然后富液用二级再生泵(P724)，打入二级喷射再生槽(Z726)

的射流器中，由射流器自吸空气进行再生，再生后的贫液进入二级贫液槽(V725)，再用二级脱硫泵(P723)打入脱硫塔中的特制旋流喷头中，自上而下与自下而上的尾气充分接触而脱除硫化氢，脱硫塔顶部设有除雾器，进行初步除雾，然后进入折流板除雾器(F706)进一步除雾，折流板除雾器顶部设有清水喷头，定期对折流板上的积硫进行清洗，经脱硫后黄磷尾气送往煤气鼓风机入口管线上。

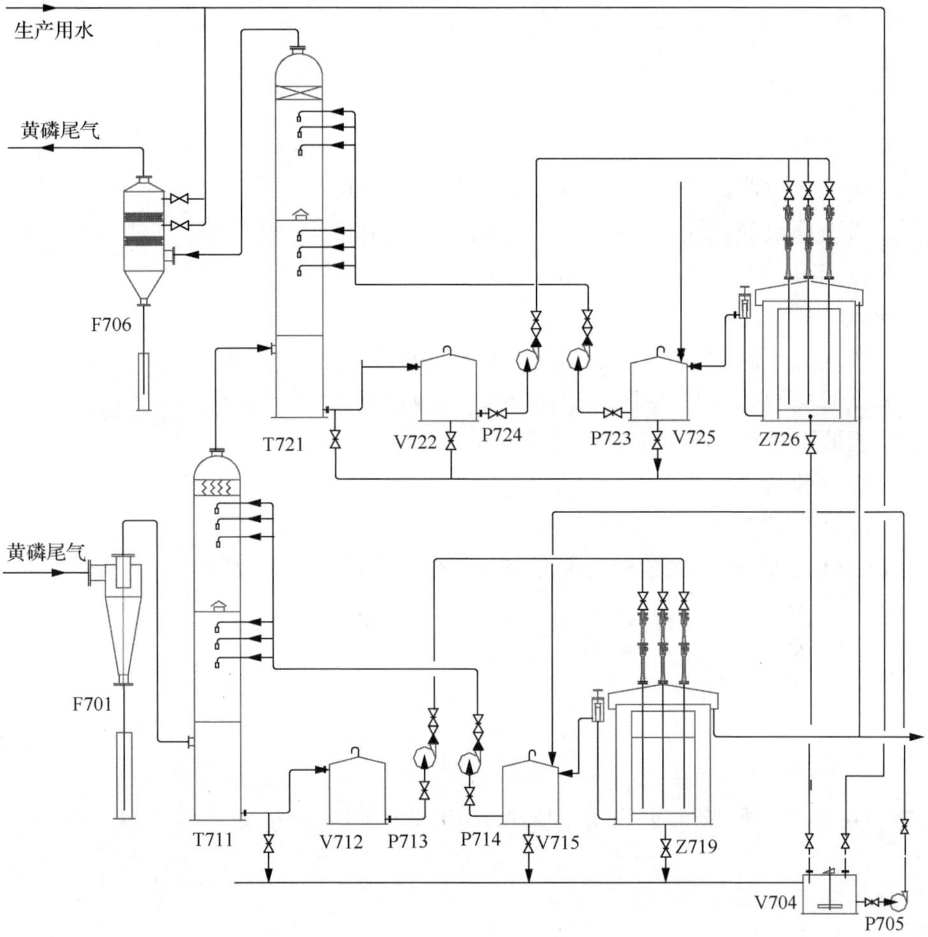

图 3.9　二级脱硫流程

3.3.3　脱硫工艺计算

1. 基础数据

黄磷尾气处理量：V_0，Nm^3/h；

进塔黄磷尾气中 H_2S 含量：C_1，g/Nm^3；

一级脱硫效率，η_1，%；
二级脱硫塔出口要求黄磷尾气 H_2S 含量，C_2，g/Nm^3；
黄磷尾气进脱硫塔温度，t_1，℃；
黄磷尾气出脱硫塔温度，t_2，℃；
地区气象资料。

2. 物料衡算

按二级脱硫计算。

1) 黄磷尾气硫化氢脱除量

一级硫化氢脱除量：$G_1=V_0\times C_1\times \eta_1/1000$ (kg/h)　(3-41)
二级硫化氢脱除量：$G_2=V_0\times (C_1\times \eta_1-C_2)/1000$ (kg/h)　(3-42)
脱除 H_2S 总量：$G_{H_2S}=G_1+G_2$ (kg/h)　(3-43)
脱硫液循环量：
一级脱硫液硫容为 L_1 (kg/m^3)；ADA 脱硫液一般取 0.2 kg/m^3。
二级脱硫液硫容为 L_2 (kg/m^3)；ADA 脱硫液一般取 0.1 kg/m^3。
一级脱硫液循环量：$W_1=G_1/L_1$ (m^3/h)　(3-44)
二级脱硫液循环量：$W_2=G_2/L_2$ (m^3/h)　(3-45)
生成副产物 NaS_2O_3 消耗的 H_2S：
NaS_2O_3 生成率为 H_2S 脱除量的 5%～8%，则硫化氢消耗量

$$G_3=(G_1+G_2)\times(0.05\sim0.08)\ (\text{kg/h}) \tag{3-46}$$

NaS_2O_3 生成量：

$$G_N=\frac{158\cdot G_3}{2\times 34}\ (\text{kg/h}) \tag{3-47}$$

式中，G_N 为硫代硫酸钠生成量，kg/h；158 为硫代硫酸钠分子量；34 为硫化氢分子量。

理论硫回收量：

$$G_S=\frac{32\cdot(G_1+G_2\cdot G_3)}{34}\ (\text{kg/h}) \tag{3-48}$$

式中，G_S 为理论硫回收量，kg/h；32 为硫黄分子量。

2) 纯碱消耗量

生成 NaS_2O_3 消耗的纯碱量：

$$G_{NJ}=\frac{G_N\cdot 106}{158}\ (\text{kg/h}) \tag{3-49}$$

式中，G_{NJ}为生成 NaS_2O_3 消耗的纯碱量，kg/h；106 为纯碱分子量。

随 NaS_2O_3 排出所消耗的纯碱量：溶液中副产物 NaS_2O_3 含量太高，对吸收不利，一般控制溶液中 NaS_2O_3 含量在 200～250 g/L，太高了要把溶液排出一部分，按控制 250 g/L 计算，溶液排出量

$$W_3 = \frac{G_N}{250}\ (m^3/h) \tag{3-50}$$

随溶液排出的纯碱量：

$$G_{PJ} = W_3 \cdot C_J\ (kg / h) \tag{3-51}$$

式中，G_{PJ}为随溶液排出的纯碱量，kg/h；C_J为脱硫液中规定的总碱含量，kg/m³。

纯碱总消耗量：

$$G_J=G_{NJ}+G_{PJ}\ (kg/h) \tag{3-52}$$

3) 硫泡沫生成量

硫泡沫中硫含量取为 50 kg/m³，硫泡沫生成量：

$$V_P=G_S/50\,(m^3/h) \tag{3-53}$$

4) 纯碱补充量的计算

纯碱主要消耗在生成硫代硫酸钠和溶液带出上，脱硫液总碱度降低会影响脱硫效率，应根据脱硫液总碱度分析及时补充纯碱液，纯碱液补充量根据下式计算：

$$V_J = \frac{W(C_J - S_J)}{J_C} \tag{3-54}$$

式中，V_J为需要补充的碱液量，m³；W为循环系统中脱硫液总量，m³；C_J为脱硫液中规定的总碱含量，g/L；S_J为系统中现存脱硫液的总碱含量，g/L；J_C为新配制碱液含碱量，g/L。

5) 脱硫液再生空气需要量

$$V_k=G_s \cdot V_s \tag{3-55}$$

式中，V_k为脱硫液再生空气需要量，m³/h；G_s为单质硫生成量，kg/h；V_s为每千克单质硫空气需要量，m³/kg S。

3. 热量衡算

1) 干黄磷尾气带入热

$$Q_{11}=V_0 \cdot C_g \cdot t_1$$

式中，V_0 为黄磷尾气处理量，m^3/h；C_g 为黄磷尾气比热，kJ/m^3；t_1 为脱硫塔黄磷尾气进口温度，℃。

2）黄磷尾气中所含水蒸气带入热

$$Q_{12}=V_0 \cdot I_{s1}$$

式中，I_{s1} 为黄磷尾气在 t_1(℃)时，1 m^3 干煤气经水蒸气饱和后其中水蒸气焓。

$$Q_1=Q_{11}+Q_{12} \tag{3-56}$$

3）化学反应热

①H_2S 氧化放出热：

$$H_2S + 1/2O_2 \longrightarrow S + H_2O \quad 放出热量 1476.5\ kJ/mol\ H_2S$$

②H_2S 生成 $Na_2S_2O_3$ 放出热：867 kJ/mol H_2S。

设 H_2S 与 O_2 反应的百分数为 X_s，ADA 脱硫一般为 92%。

生成 S 单质放出的热量为

$$q_{21} = V \cdot \frac{C_1 - C_2}{34} \times 1476.5 X_s$$

生成 $Na_2S_2O_3$ 放出的热量为

$$q_{22} = V \cdot \frac{C_1 - C_2}{34} \times 867\ (1 - X_s)$$

$$Q_2=q_{21}+q_{22} \tag{3-57}$$

干空气带入热：

$$Q_{31}=V_k \cdot C_k \cdot t_3$$

式中，V_k 为再生空气量，m^3/h；C_k 为空气在 t_3 时的比热，kJ/m^3；t_3 为年平均气温，℃。

空气中所含水带入热：

$$Q_{32} = V_k \cdot \frac{p_{H_2O}}{p_d - p_{H_2O}} \cdot C_k \cdot \phi \cdot t_3 \tag{3-58}$$

式中，V_k 为再生空气量，m^3/h；C_k 为水蒸气在 t_3 时的热容，kJ/m^3；p_d 为地区大气压，kPa；p_{H_2O} 为在 t_3(℃)时水蒸气分压，kPa；ϕ 为年平均湿度，%。

再生空气带入热量：

$$Q_3=Q_{31}+Q_{32} \tag{3-59}$$

系统总带入热量：

$$Q_{入}=Q_1+Q_2+Q_3 \tag{3-60}$$

干黄磷尾气带出热：

$$Q_{41}=V_0\cdot C_g\cdot t_2$$

式中，V_0 为黄磷尾气处理量，m^3/h；C_g 为黄磷尾气比热，kJ/m^3；t_2 为脱硫塔黄磷尾气出口温度，℃。

黄磷尾气中所含水蒸气带出热：

$$Q_{42}=V_0\cdot I_{s2}$$

式中，I_{s2} 为黄磷尾气在 t_2(℃)时，1 m^3 干尾气经水蒸气饱和后其中水蒸气焓，查附表 2。

黄磷尾气带出热量：

$$Q_4=Q_{41}+Q_{42} \tag{3-61}$$

干空气带出热：

$$Q_{51}=V_k\cdot C_k\cdot t_4 \tag{3-62}$$

式中，V_k 为再生空气量，m^3/h；C_k 为空气在 t_4 时的热容，kJ/m^3；t_4 为再生空气离开再生器温度，℃。

空气中所含水带出热：

$$Q_{52}=V_k\cdot\frac{p_{H_2O}}{p_d-p_{H_2O}}\cdot C_k\cdot\phi\cdot t_4 \tag{3-63}$$

式中，V_k 为再生空气量，m^3/h；C_k 为水蒸气在 t_4 时的热容，kJ/m^3；p_d 为地区大气压，kPa；p_{H_2O} 为在 t_4 时水蒸气分压，kPa；ϕ 为水蒸气饱和度，%；t_4 为再生空气离开再生槽出口温度，℃。

再生空气带出总热量：

$$Q_5=Q_{51}+Q_{52} \tag{3-64}$$

设备单位表面的热损失按下式计算：

$$q=\alpha_{\mathrm{k}}(t_2-t_3)+c\left[\left(\frac{T_2}{100}\right)^4-\left(\frac{T_1}{100}\right)^4\right] \tag{3-65}$$

式中，t_2为黄磷尾气出脱硫塔温度，℃；t_3为地区年最低气温，℃；c为钢板热辐射系数，c=20.5ζ；ζ为钢的黑度，0.85；α_{k}为传热系数，kJ/(m²·h·℃)。风速小于5 m/s时，按下式计算：

$$\alpha_{\mathrm{k}}=22.2+15.1\cdot\omega$$

式中，ω为年最大月平均风速，m/s。

考虑到风速较大时，即风速超过5 m/s时，取α_{k}=83.7 kJ/(m²·h·℃)

脱硫塔热损失：

$$Q_{6\mathrm{T}}=q\cdot F_{\mathrm{T}}$$

$$F_{\mathrm{T}}=\pi\cdot D_{\mathrm{T}}\cdot H_{\mathrm{T}}\cdot n$$

式中，$Q_{6\mathrm{T}}$为脱硫塔热损失，kJ/h；F_{T}为脱硫塔外壁表面积，m²；D_{T}为脱硫塔直径，m；H_{T}为脱硫塔高，m；n为设备台数。

再生槽热损失：

$$Q_{6\mathrm{Z}}=q\cdot F_{\mathrm{Z}}$$

$$F_{\mathrm{Z}}=\pi\cdot D_{\mathrm{Z}}\cdot H_{\mathrm{Z}}\cdot n$$

式中，$Q_{6\mathrm{Z}}$为再生槽热损失，kJ/h；F_{Z}为再生槽外壁表面积，m²；D_{Z}为再生槽直径，m；H_{Z}为再生槽高，m。

循环槽热损失：

$$Q_{6\mathrm{X}}=q\cdot F_{\mathrm{X}}$$

$$F_{\mathrm{X}}=\pi\cdot D_{\mathrm{X}}\cdot H_{\mathrm{X}}\cdot n$$

式中，$Q_{6\mathrm{X}}$为循环槽热损失，kJ/h；F_{X}为循环槽外壁表面积，m²；D_{X}为循环槽直径，m；H_{X}为循环槽高，m。

气体和液体管线及附属设备(液位调节器、水封等)热损失：

$$Q_{6\mathrm{G}}=q\cdot F_{\mathrm{G}}$$

$$F_{\mathrm{G}}=\pi\cdot D_{\mathrm{G}}\cdot H_{\mathrm{G}}\cdot L$$

式中，$Q_{6\mathrm{G}}$为管线热损失，kJ/h；F_{G}为管线外壁表面面积，m²；D_{G}为管线直径，m；L为管线长度，m。

设备热损失总和：

$$Q_6 = Q_{6T} + Q_{6Z} + Q_{6X} + Q_{6G} + Q_{6F} \quad (3\text{-}66)$$

系统总输出热量：

$$Q_{出} = Q_4 + Q_5 + Q_6 \quad (3\text{-}67)$$

$Q_{入} < Q_{出}$且少很多，脱硫液温度下降，超过最佳稳定范围，应加蒸汽加热器控制温度。

3.4　脱硫主要设备选择及计算

3.4.1　脱硫塔

脱硫塔是黄磷尾气脱硫的关键设备，脱硫效率的好坏与脱硫塔有很大关系，要选择好的形式。脱硫塔有填料塔和雾化空塔两种形式可选用，一级脱硫塔由于硫化氢含量高，硫容高，溶液悬浮硫也会高，为了防止堵塔，采用雾化空塔，它具有投资省、脱硫效率高、阻力小、不易堵塔等特点；二级脱硫塔由于硫化氢含量低，硫容低，溶液悬浮硫也不会高，可采用填料塔，它脱硫效率高，操作弹性大，稳定可靠。

黄磷尾气脱硫空塔结构见图 3.10，黄磷尾气从脱硫空塔下部气体进口管(5)进入塔内，通过下部分布板(4)均匀地分布于塔内，防止气体偏流；脱硫液由脱硫塔脱硫液进口管(1)进入旋流喷头(2)进入脱硫空塔中，雾群相互碰撞发生积聚现象，细雾逐渐积聚变为大液滴，大液滴与气体接触面积减少，影响脱硫效果。脱硫液循环量很大，为了防止积聚太甚，将脱硫空塔分成两段，脱硫塔中部设置伞形气体分布器(3)，其目的一是气体重分布，二是将上段脱硫液隔断，防止与下段脱硫液继续积聚；脱硫后的气体通过除雾器(7)初步除雾后由气体出口管(9)引出，脱硫后的脱硫液由脱硫液出口管排出。除雾器上部设有清洗

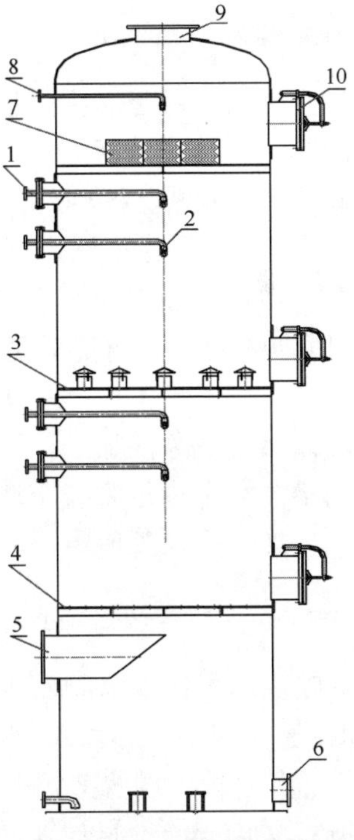

图 3.10　脱硫空塔结构

1. 脱硫液进口管；2. 旋流喷头；3. 伞形气体分布器；4. 下部分布板；5. 气体进口管；6. 脱硫液出口管；7. 除雾器；8. 清洗喷头；9. 气体出口管；10. 气孔

喷头(8)，定期冲洗，防止堵塞。

脱硫塔塔体设置有喷头装卸孔，装卸孔大小根据喷头大小而定，进液管与喷头安装在装卸孔上，便于抽插安装。

塔体设有人孔，用于装卸分布器和除雾折流板块，也便于检查和清理。

空塔尺寸按照填料塔计算，只要把填料换成喷头就可以了，按单塔计算。

塔壁用红丹防锈漆防腐。

脱硫实际上是脱硫液对 H_2S 的吸收过程，气体和液体的分布对吸收过程影响很大。脱硫空塔本身对气体流动无分布功能，气体随进气管成股无阻挡地自由窜动，造成气体和液体接触不良，影响脱硫效果。因此，脱硫空塔更应有一个好的气体和液体分布器，以保证气体和液体沿着脱硫塔整个截面均匀分布。

脱硫空塔主要元件为喷头，喷头代替了填料，喷头性能的好坏至关重要，直接影响脱硫效果。目前市售的喷头或称喷嘴有螺旋形、涡流形、旋流形三大系列几十个品种，可用于脱硫塔，但使用效果不同，要慎重选择，黄磷尾气脱硫采用旋流形喷头。

1. 脱硫空塔对喷头的要求

脱硫空塔的关键是喷头，该喷头要达到如下要求：①具有强雾化能力。使液体分散成雾状，其表面积大大超过填料表面积，若将液体雾化成 1 mm 球形，每立方米液体表面积达 5990 m^2，雾化成 2 mm 球形，每立方米液体表面积为 375.7 m^2，若液体雾化得好，其表面积比用填料还大。②雾化液体充满整个塔容积，提高有效接触面积。要求在整个截面上喷洒均匀；喷出之雾滴群能充满整个筒体，即成圆柱状，尽可能避免成圆锥空心形，否则接触面积减少，浪费了空间。③有一定的射程，这需根据喷头的间距而定，若射程过小，势必增加喷头数目，并随着液滴聚集现象的加剧，降低吸收效果。④喷头内件及出口不易堵塞。上述两种喷嘴不能完全满足脱硫空塔对喷头的要求，推荐用旋流喷头，它能达到上述要求，已在多厂投入了使用，取得了满意的效果。

2. 旋流喷头的结构与原理

旋流喷头由不锈钢车制而成，其结构见图 3.11，它由壳体(1)、芯子(2)、压叉(3)和接管(4)四部分组成。壳体直径由芯子直径确定，底部呈锥形，喷嘴直径由脱硫液流量计算，喷嘴导流孔厚度 1～2 mm，太厚影响雾化程度，雾滴变大，出口导流角 α 由脱硫塔直径计算决定，直径越大，导流角越大。芯子直径由脱硫液流量确定，芯子周围设有与轴向成 45°角的螺旋槽，螺旋槽数为 2～4 根，螺旋槽法向半径不小于 8 mm，芯子中心设有中心孔，中心孔直径和螺旋槽根数均由脱硫液量而定。芯子顶部用压叉压住，防止芯子转动。压叉又由接管压住，接管与进液管可用丝扣连接。

脱硫塔塔体设置有喷头装卸孔，装卸孔大小根据喷头大小而定。进液管与喷头安装在装卸孔上，便于抽插安装。

脱硫液由脱硫塔脱硫液进口管进入喷头芯子，大部分脱硫液在芯子螺旋槽的作用下，获得足够的离心力，将脱硫液切碎至雾状，小部分脱硫液从芯子中心孔喷出，填补空心锥雾群空间，因此，旋流喷头喷出的雾群为实心圆柱状，占据整个脱硫塔空间，气液接触面积大，脱硫效率高。喷头压力越大，雾化程度越好，压力超过 0.4 MPa，脱硫液几乎完全雾化为雾状，脱硫塔中如果雾化太好，不易除雾，易被气体带走，造成脱硫液损失，因此，喷头压力一般设为 0.2～0.3 MPa。喷头流量 15～30 m^3/h，根据需要而定。

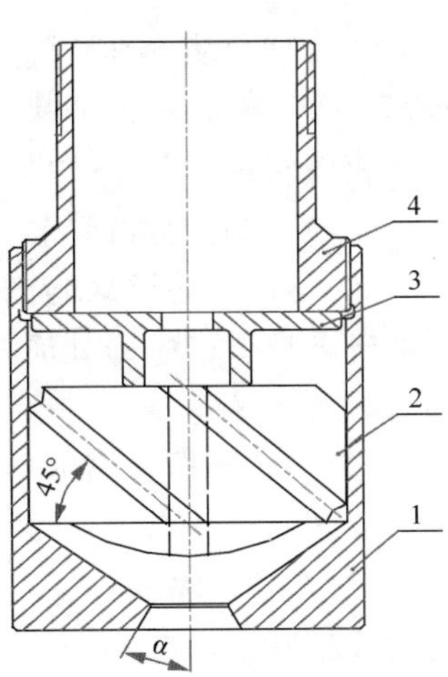

图 3.11　旋流喷头结构图

1. 壳体；2. 芯子；3. 压叉；4. 接管

3. 旋流喷头试验数据与喷雾状态

旋流喷头制成后对喷头的几何参数进行了试验，以达到最佳喷雾程度为止。喷头以水、砷碱液、ADA 脱硫液进行了试验，清水试验在喷头试验场进行，砷碱液和 ADA 脱硫液在脱硫空塔内进行。清水试验场在鼓风机房墙外，引出独臂 ϕ108×4 无缝钢管，管上装有压力表和孔板流量计和丝扣弯头，拟试验的喷头装在丝扣弯头上，喷头离墙边 3 m，离地面 4.8 m。试验时观察喷头喷雾情况，试验时要在静止风时进行，喷雾直径在地面测量为 4.2 m，地面风速稍大，雾群偏移，风速再大，雾群偏移并有部分雾群被风吹走。

旋流喷头试验压力与流量数据绘成图 3.12(a)，试验现场观察到喷头雾化形状，见图 3.12(b)。

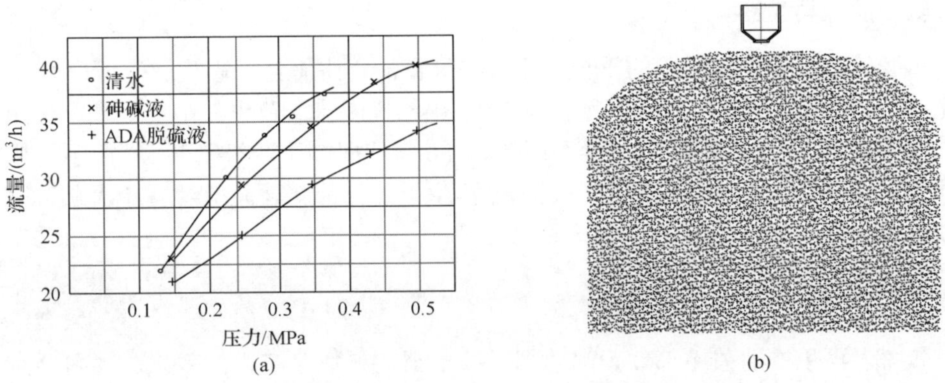

图 3.12　旋流喷头与流量曲线

对三种介质分别观察结果：清水的分散度最好，砷碱液次之，ADA 脱硫液比砷碱液差。雾群几乎是圆柱形，靠塔壁处雾滴细且分布密度较大，中间雾滴较粗，分布密度较稀，对整个塔面积雾群分布基本均匀。

试验说明，雾群喷洒分布均匀度与下列因素有关：

(1) 与通过芯子螺旋槽和中心孔的流量比有关。中心孔流量越大，雾滴越大，中心部分更甚；中心孔流量越小，雾滴越细，但中心部分形成空心，这两者均不适宜。

(2) 与芯子螺旋槽水平夹角有关。水平螺旋角越大，雾滴越细，喷洒直径也扩大；反之，雾滴增大，喷洒直径缩小。

(3) 在相同喷嘴直径下，雾滴分散度随压差的增大而变细，喷头压差越大，雾化程度越好。

(4) 与壳体喷嘴导流口厚度及导流角 α 有关。喷嘴导流口厚度越大，雾滴直径变大；导流角 α 增大，喷洒直径扩大。

4. *旋流喷头流量计算*

旋流喷头流量由下式计算：

$$Q = 3600\beta \cdot f\sqrt{196.2\, g\Delta p} \tag{3-68}$$

式中，Q 为脱硫液流量，m^3/h；β 为流量系数，随着喷头局部阻力改变而改变，即与流量有关，β 值随流量增大而有所下降；与介质性质有关，即与介质的重度和黏度有关，根据试验测定，清水 β 为 0.65～0.58，清砷碱液 β 为 0.58～0.52，ADA 脱硫液 β 为 0.45～0.48；f 为喷嘴孔截面积，m^2；g 为重力加速度，9.81 g/s^2；Δp 为喷头压差，MPa。

喷头数量由脱硫液循环量和喷头能力确定。

3.4.2 脱硫再生器

脱硫再生器也是脱硫的重要设备，如果富液再生不佳，影响脱硫效率。20 世纪 80 年代前建的脱硫装置都用再生塔，80 年代射流器首先在污水处理上使用，70 年代中期被引用到氨水脱硫再生槽上，80 年代研制了两级喷射器，喷射再生槽显示了优越性，被广泛推广应用到脱硫再生上，目前新建脱硫装置绝大部分采用喷射再生槽。

1. *喷射器*

喷射再生槽的关键部件为喷射器，喷射器的好坏影响再生效果。喷射器有单级喷射器和双级喷射器两种。

1) 单级喷射器

单级喷射器也称射流器，结构见图 3.13。脱硫液作为工作液在压力下由进水管(1)进入喷嘴(2)，在此喷嘴出口得到很高的流速，从喷嘴出来进入接收管(3)，在此吸入由进气管(4)进来的空气，空气和富液化合物从缩小管(5)进入喉管(也称混合室)(6)，然后进入扩大管(也称扩散管)(7)，在此压力升高，克服再生槽液面所需的压力。

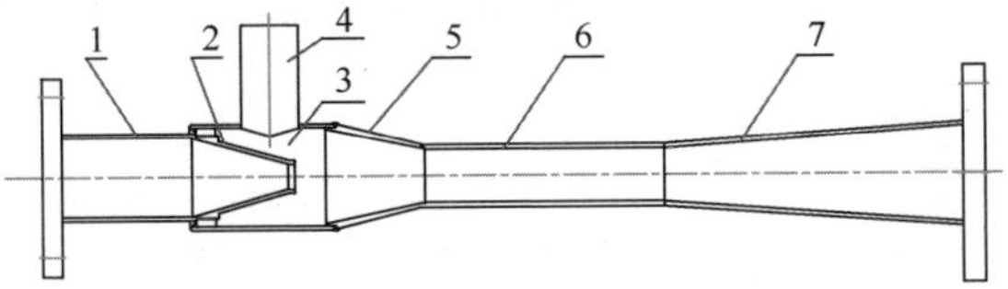

图 3.13　单级喷射器结构图

1. 进水管；2. 喷嘴；3. 接收管；4. 进气管；5. 缩小管；6. 喉管；7. 扩大管

喷射器应用原理。用水试验时目视观察，看到如下情况：水从喷嘴喷出时，保持最初的圆柱状，在进入缩小管时，水已被水空气成乳白色的乳状液所充满，还可以看到在喉管壁面上有乳浊液倒流，但倒流液又被水流吸取而带回去了。这种往返流动是由流体沿喉管长度上压力有所升高引起的。如果这种倒流不能被水流带回去，就会发生喷射器的进气管喷液现象。

一般情况下，喉管始端的压力与接收管压力相同。在背压较低的情况下，圆柱形喉管压力稍有升高且很小，压力升高是在扩大管上进行的。如果扩大管压力减少，喉管的压力就会升高甚至急剧升高，这种压力升高在喉管中一段很小的距离跳跃式发生。随着背压的增加，压力的跳跃逆着水流移动，当背压达到一定程度，压力跳跃到达喉管始端，水引射空气停止，乳浊液消失，喉管只有没有空气泡的透明水，喷射器等于停止工作。喉管截面积与喷嘴的截面积比越小，压力跳跃发生就越厉害。喉管截面积与喷嘴的截面积比越大，越能形成乳浊液的倒流。喉管截面积与喷嘴的截面积比显得特别重要，要有一个最佳比值。

在不改变背压下，如果降低工作喷嘴前的工作液压力，也发生同样的情况。

在喷射器中，富液与空气混合物形成乳浊液，空气以极小的粒子分散于富液中，气液接触面积大，反应速率加快，氧利用率高，这就是喷射器在再生槽中应用优势的根本原因。

喷射器性能中容积系数、喷嘴截面积、喷射器吸入空气量所需功率、单级喷射器几何尺寸的计算如下所述。

单位工作液吸入空气量称为容积系数，以 m^3 空气/m^3 工作液表示。容积系数按经验公式计算：

$$u = K\sqrt{\Delta p_{p} / \Delta p_{c}} \tag{3-69}$$

式中，$\Delta p_p = p_p - p_H$ 为工作液可用压力降，MPa；$\Delta p_c = p_c - p_H$ 为喷射器造成的压力降，MPa；p_p 为工作介质压力(绝对压力)，MPa；p_H 为引射空气压力(绝对压力)，MPa；p_c 为喷射器出口压力(绝对压力)，MPa；K 为喷射器性能系数，按式(3-70)计算。

$$K=2270 \cdot f \tag{3-70}$$

喷嘴截面积：

$$f=0.785d^2 \tag{3-71}$$

式中，f 为喷嘴截面积，mm^2；d 为喷嘴出口直径，mm。

喷射器容积系数与脱硫液压力和喷射器出口压力有关，并与喷射器形状及制作精度有关。喷射器形成的压力降对喷射器的容积系数影响很大，造成喷射器压力降最大部分是喷射器插入液下深度。容积系数可评价喷射器的性能，容积系数大，喷射器吸气能力大，能耗低。

喷射器吸入空气量按下式计算：

$$Q = G \cdot u \tag{3-72}$$

式中，Q 为喷射器吸入流量，m^3/h；G 为脱硫液流量，m^3/h。

喷射器所需功率按下式计算：

$$W=2.672\times 10^{-4}\times Q \cdot H \cdot \gamma \tag{3-73}$$

式中，W 为喷射器所需的功率，kW；Q 为工作介质流量，m^3/h；H 为工作介质压力，MPa；γ 为工作介质重度，kg/m^3。

单级喷射器，喷嘴出口直径 ϕ22 mm，插入深度 4 m，吸气量与工作液压力、流量计算结果见表 3.6。

表 3.6 单级喷射器流量、压力、容积系数计算结果

工作液流量/(m^3/h)	工作液压力/MPa	吸入空气量/(m^3/h)	容积系数/(m^3 空气/m^3 工作液)	所需功率/kW
20	0.15	28.5	1.43	0.84
20	0.2	34.5	1.72	1.12
20	0.25	39.5	1.98	1.4
20	0.3	44	2.2	1.68
20	0.35	48	2.4	1.96
20	0.4	51.5	2.57	2.24

喷射器是在特定条件下设计的，要在特定条件下使用，才能发挥最佳效果。表 3.6 数据只作工艺条件对容积系数比较用，数据说明容积系数随工作液压力增大，容积系数提高。

上述单级喷射器的使用条件为工作液流量 20 m^3/h，工作液压力 0.3 MPa，才能正常运行，发挥最佳效果。

单级喷射器几何尺寸的计算，工作喷嘴出口截面积由下式计算：

$$f=\frac{G}{3600Cw} \tag{3-74}$$

式中，f 为工作喷嘴出口截面积，m^2；G 为脱硫液流量，m^3/h；C 为流量系数，实测，清水 C 为 0.55，ADA 脱硫液 C 为 0.45～0.47；w 为喷嘴出口流速，m/s。

喷嘴出口直径：

$$d=\sqrt{\frac{f}{0.785}} \tag{3-75}$$

喉管截面积与喷嘴出口截面积的比值对喷射器的性能影响较大，通过试验得出最佳比值为 4.5 倍。

工作喷嘴最佳位置是在喷嘴出口离缩小管入口的距离为 26～40 mm，一般取 30 mm。

喷嘴出口至喉管的形状对喷射器的特性影响，通过平板、圆弧形过渡、60°锥形过渡进行比较，60°锥形过渡为最佳，故采用锥形缩小管。

喉管长度对喷射器工作效率有影响，喉管长度为喉管直径的 4～5 倍，喉管太短，未达到工作目的，影响喷射器工作效率，喉管过长，同样影响喷射器工作性能，一般取为喉管直径的 4.5 倍。

单级喷射器尺寸参数按附录 1.13“单级喷射器计算 Visual Basic 程序”进行计算设计。

2) 双级喷射器

双级喷射器的结构见图 3.14。

脱硫液作为工作液在压力下由进液管(1)进入一级喷嘴(2)，在一级喷嘴出口得到很高的流速，从一级接收管(3)吸入第一次空气，气液混合液在一级喉管(4)中强烈混合搅拌成空气脱硫液乳浊液，溶解了部分氧气，又利用一级扩大管(5)升压的静压能，进入二级喷嘴(6)，在此喷嘴出口得到很高的流速，从二级接收管(7)吸入第二次空气，又一次进入二级喉管(8)，又一次更换接触面，继续进入二级扩大管(9)，在此压力升高，克服再生槽液面所需的压力。

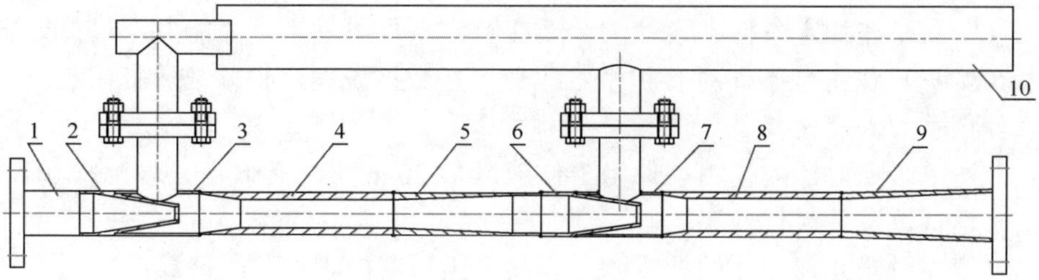

图 3.14　双级喷射器的结构

1. 进液管；2. 一级喷嘴；3. 一级接收管；4. 一级喉管；5. 一级扩大管；6. 二级喷嘴；7. 二级接收管；8. 二级喉管；9. 二级扩大管；10. 进气管

根据双膜理论，气、液接触面经过两次更新，增加了接触面积，延长了接触时间，大大提高了氧的转移速率，从而提高了氧的利用率。双级喷射器性能比单级喷射器更好，在同等操作条件下，双级喷射器吸气量比单喷射器提高 25%～35%，能耗也下降 25%～35%。

双级喷射器的计算与单级喷射器基本相同，每级分开计算。

双级喷射器的容积系数是单、双级容积系数之和，为了计算方便，将二者综合起来，按单级喷射器的相似公式进行计算。容积系数按经验公式计算：

$$u = K\sqrt{\Delta p_{\mathrm{p}} / \Delta p_{\mathrm{c}}} \tag{3-76}$$

式中，$\Delta p_{\mathrm{p}}=p_{\mathrm{p}}-p_{\mathrm{H}}$ 为工作液可用压力降，MPa；$\Delta p_{\mathrm{c}}=p_{\mathrm{c}}-p_{\mathrm{H}}$ 为喷射器造成的压力降，MPa；p_{p} 为工作介质压力(绝对压力)，MPa；p_{H} 为引射空气压力(绝对压力)，MPa；p_{c} 为喷射器出口压力(绝对压力)，MPa；K 为二级喷射器性能系数，按式(3-77)计算。

$$K=1450 \cdot f \tag{3-77}$$

单级喷嘴截面积：

$$f=0.785d^2 \tag{3-78}$$

式中，f 为单级喷嘴截面积，mm^2；d 为单级喷嘴出口直径，mm。

双级喷射器吸入空气量按下式计算：

$$Q = G \cdot u \tag{3-79}$$

式中，Q 为喷射器吸入流量，m^3/h；G 为脱硫液流量，m^3/h。

双级喷射器喷嘴出口直径 ϕ30.6 mm，插入深度 4 m，吸气量与工作液压力、流量计算结果见表 3.7。

表 3.7　双级喷射器流量、压力、容积系数计算结果

工作液流量/(m^3/h)	工作液压力/MPa	吸入空气量/(m^3/h)	容积系数/(m^3空气/m^3工作液)	所需功率/kW
25	0.25	61.5	2.44	1.75
25	0.3	67.9	2.71	2.1
25	0.35	74.2	2.96	2.46
25	0.4	19.9	3.2	2.8
25	0.45	85.3	3.41	3.2
25	0.5	90.4	3.61	3.5

上述双级喷射器的使用条件为工作液流量 25 m^3/h，工作液压力 0.4 MPa，才能正常运行，发挥最佳效果。

3) 喷射器容积系数、所需功率与压力关系

从图 3.15 可看出，喷射器容积系数与压力成正比，压力越高，容积系数越大。两种喷射器所需功率均以 25 m^3/h ADA 脱硫液计算，喷射器所需功率随压力增长速度比容积系数增长快，工作液压力太高对能耗不利。两种喷射器在相同操作条件下，双级喷射的容积系数比单级喷射器高，吸气能力大。

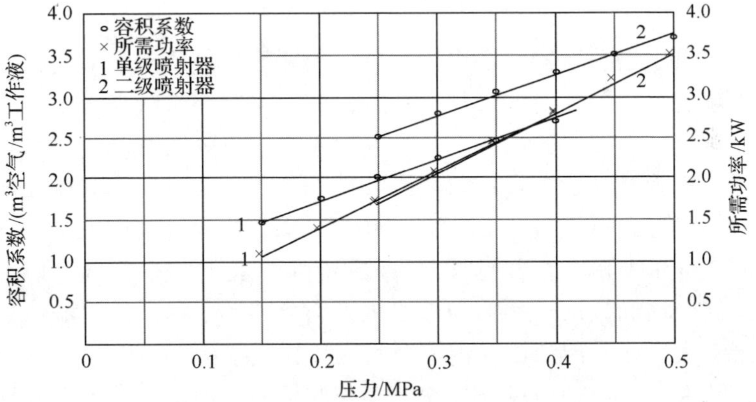

图 3.15　喷射器容积系数、功率与压力关系曲线

2. 喷射再生槽

1) 喷射再生槽的结构

喷射再生槽的结构见图 3.16。

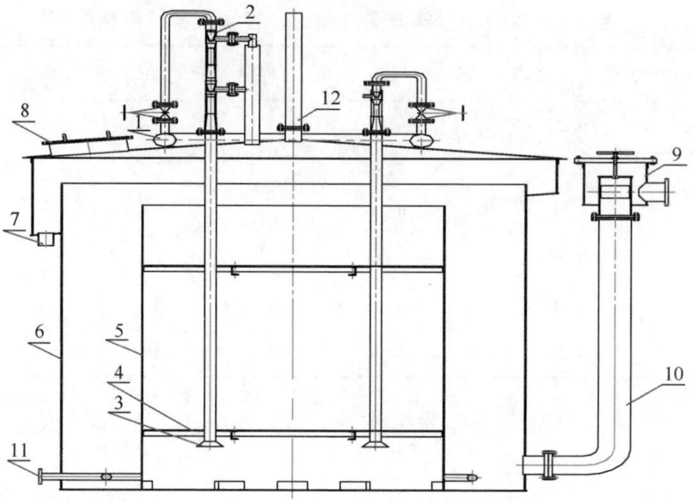

图 3.16　喷射再生槽结构图

1. 进液环管；2. 喷射器；3. 喇叭口；4. 分布板；5. 内筒；6. 外筒；7. 硫泡沫出口管；8. 顶部观察孔；9. 液位调节器；10. 贫液出口管；11. 排硫管；12. 排气管

喷射再生槽是一个大直径的圆槽，内装多只单级或双级喷射器，喷射器只数根据脱硫液再生需要空气量而定。圆槽有单筒和双筒两种，从使用效果来看，双筒喷射再生槽较佳。

双筒喷射再生槽喷射器装在内筒。再生脱硫液也称富液从喷射再生槽顶部的脱硫液进液环管(1)分别送往多只喷射器(2)中，喷射器可根据黄磷尾气中硫含量采用单级或双级喷射器，脱硫液在喷嘴高速液流下自吸入空气，在喉管处形成乳浊液，进入扩大管升高压力，此时，乳浊液基本分离为空气泡和脱硫液，经插入管从喇叭口(3)喷出。空气泡与脱硫液沿内筒上升，在上升过程中继续进行脱硫液的氧化反应生成单质硫，在此过程单质硫吸附空气泡形成硫泡沫，硫泡沫相对密度较小，上浮至内筒顶后，然后向外筒扩大部分移动，移至外筒溢流口，溢流口设有三角形锯齿口，硫泡沫由此溢流至硫泡沫斜收集槽中，

然后由硫泡沫出口管(7)排出。空气泡与脱硫液沿内筒上升至顶向外筒扩大部分移动过程中，由于脱硫液相对密度较大，脱硫液分离出来向外筒底部流动，在此流动过程中，脱硫液继续发生反应。内筒底部设有多个长方形孔，一部分脱硫液通过底部长方形孔流向内筒，参与继续反应；另一部分由再生后贫液出口管(10)排出。与硫泡沫溢流齿口稍低处设有液位调节器，贫液管向上与液位调节器底部连接。从顶部观察孔(8)观察硫泡沫溢流情况，用液位调节器调节硫泡沫溢流量。

为了使空气与脱硫液接触良好，在喷射器喇叭口上部设有两块分布板，分布板设有布满ϕ15～20 mm 的小孔，孔间距 25～30 mm，分布板比内径小 15～20 mm，分布板用角钢圈和槽钢支撑。

液位调节器结构见图 3.17。它由外筒(1)、内筒(2)、筒体(3)、出液管(4)和调节丝杆(5)等组成。脱硫液从喷射再生槽贫液排出管引出，进入液位调节器外筒(1)，由内筒(2)溢流至筒体(3)内，然后由出液管(4)流入贫液槽。内筒由调节丝杆(5)和手轮传动而上下移动起调节液位作用。

外筒直径与喷射再生槽出液管相同，内筒比外筒内径小 3～5 mm，高 150 mm。调节器调节范围为 0～80 mm。

液位调节器内筒最低位置顶与喷射再生槽溢流齿口底的位差为 50～70 mm，用支架安装于槽壁上。

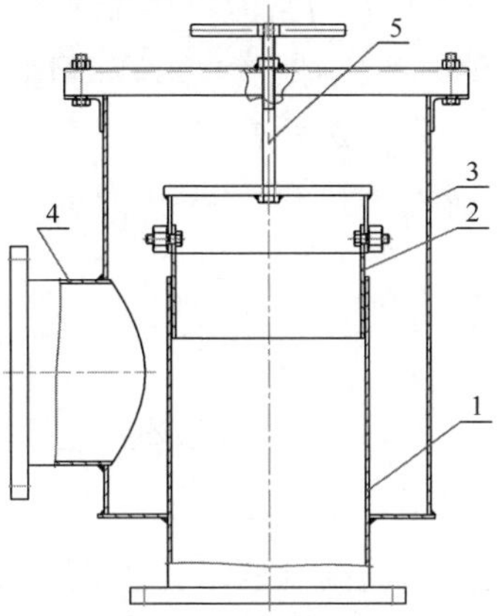

图 3.17　液位调节器

1. 外筒；2. 内筒；3. 筒体；4. 出液管；5. 调节丝杆

2) 喷射再生槽计算

A. 喷射再生槽外筒计算

喷射再生槽有效容积按富液在再生槽内需要的停留时间计算，喷射再生槽由于使用喷射器，停留时间比再生器缩短，一般要求停留时间为 15～25 min。

喷射再生槽有效容积按下式计算：

$$V = \frac{G \cdot t}{60} \tag{3-80}$$

式中，V 为喷射再生槽有效容积，m^3；G 为富液再生量；m^3/h；t 为停留时间，min。

喷射再生槽的高度 H_1 受喷射器插入深度的限制，喷射器插入深度 3.5～4.5 m，喷射器底部喇叭口离外筒底一般为 0.5 m，因此，喷射再生槽外筒高度一般为 4～5 m。

喷射再生槽直径按下式计算：

$$D_1 = \sqrt{\frac{V}{0.785 \times H_1}} \tag{3-81}$$

B. 富液再生空气需要量

理论上氧化每千克 S 需要 1.57 Nm^3 空气，根据经验，立式再生塔实际空气需要量比理论空气量大 8～15 倍。喷射再生槽采用喷射器，空气接触面积大，氧利用率高，实际空气需要量比理论空气量要小，但还要考虑吹风强度，要保证悬浮硫上浮，每千克 S 空气需要量一般为 10～12 m^3。

$$L_k = (G_1 + G_2) \times L_x \tag{3-82}$$

式中，L_k 为富液再生需要空气量，m^3/h；(G_1+G_2) 为 H_2S 总量，kg/h；L_x 为每千克 S 空气需要量，$m^3/kg\ H_2S$。

为了保证悬浮硫能顺利上浮，在内筒截面上要有一定的吹风强度，一般吹风强度要求在 60～80 $m^3/(m^2 \cdot h)$。内筒直径按吹风强度计算：

$$D_2 = \sqrt{\frac{L_k}{0.785 Q_k}} \tag{3-83}$$

式中，D_2 为内筒直径，m；L_k 为富液再生需要空气量，m^3/h；Q_k 为吹风强度，$m^3/(m^3 \cdot h)$。

内筒高度要求比外筒低 350～400 mm，外筒高度定了，内筒高度也就定了。内筒高度 $H_2=H_1-(0.35\sim0.4\ m)$。

操作选择喷射器类型：单级喷射器结构简单，制作方便，价格较低，但容积系数较低，能耗较高。双级喷射器正相反，要选用何种喷射器要根据具体情况而定。一般高硫煤气采用双级喷射器较安全。

喷射器只数

$$n=G/G_i \tag{3-84}$$

式中，G 为富液再生量；m^3/h；G_i 为每只喷射器工作液量，m^3/只。

3.4.3 除雾器

黄磷尾气净化系统生成的气相悬浮物为固体微粒和水滴微粒所组成的混合物，固体微粒称为粉尘，水滴微粒称为雾，雾包括凝聚的单质磷。气相悬浮物中大部分为水雾，粉尘比例很小，简称为雾，为了清除气体中的雾沫和夹带的液相，其处理设备称为除雾器。粉尘组分比较复杂，有气体夹带的磷矿粉粉尘，有化学反应生成的二氧化硅烟尘，有水雾夹带的无机物如碳酸钙、石灰和碳酸钠等。

早在 20 世纪 30 年代，人们为了工业生产的需要就发明了除雾器。根据除雾器的用途或结构可以分为许多种类，如百叶窗式分离器、重力沉降型分离器和旋流板分离器，但这些分离器分离效率不太高。在黄磷尾气净化工程中，通常所碰到的气体中分散的液滴的直径在 0.1～5000 μm。各工序遇到的水雾所夹带的粉尘性质不同，根据各工序水雾所夹带的粉尘性质，采用适合各工序水雾所夹带的粉尘性质的除雾器，再从除雾器三个技术性能(处理量 V、压力降 Δp 和除雾效率 η)和三个经济指标(建设投资和运行费用、占地面积、使用寿命)全面考量，选择最佳类型除雾器，以达到既要分离效率高、阻力小、不易阻塞，还要安装面积小、运行经济、安全可靠、操作方便之目的。

1. 旋风除雾器

为了使脱硫液保持一定浓度和清洁，不被杂质污染并且不被水雾稀析，在脱硫前设置除雾器。脱硫前为石灰乳洗涤，水雾中夹带有二氧化硅粉尘、碳酸钙、石灰粉尘，在水雾中含量比较高且易沉积结垢，采用旋风分离器除雾，旋风分离器内部无其他构件，不易被堵塞。

设计实例

处理气量 20000 m^3/h，处理气量大，采用四筒旋风除雾器。四筒旋风除雾器结构见图 3.18，它由四个单体旋风除雾器(2)组成，四个单体旋风除雾器进气孔由四联管进气管(1)连接，单体旋风除雾器出气口用上联箱(3)连接，由出气管(4)排出。

四个单体除雾器用下联箱(5)连接，分离出来的液体进入下联箱由出液管(6)排出。

旋风除雾器底部设有水封，水封为一圆筒，底部封板不漏水，将出液管插入水封中，插入深度与黄磷尾气压力有关，插入深度不小于黄磷尾气压力的 1.5 倍。

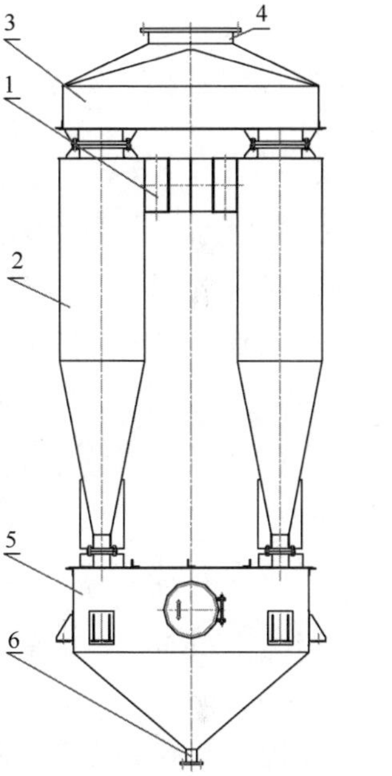

图 3.18　四筒旋风除雾器结构图

1. 进气管；2. 单体旋风除雾器；3. 上联箱；4. 出气管；5. 下联箱；6. 出液管

A. 基础数据

每筒处理气量：V_0=5000 m^3/h；

操作压力：1 atm；

操作温度：35℃；

黄磷尾气在 35℃时的相对密度 γ=1.056 kg/m^3。

B. 计算

$$V = \frac{5000\times(273+35)}{273} = 5641(m^3/h)$$

取旋风除雾器进口风速为 18 m/s，进口管截面积：

$$f=5641/(3600\times 18)=0.0871\,(m^2)$$

进口管宽 b，取 a/b=2，

$$b = \sqrt{\frac{0.0871}{2}} = 0.209(m)$$

圆整取 b=0.21 m。

进口管长 $a=2\times0.21=0.42$(m);

圆筒体直径 $D_0=4\cdot b=4\times0.21=0.84$(m);

取标准值 ϕ850 mm。

圆筒体高 $H_1=1.5\cdot D_0=1.5\times0.85=1.275$(m);

圆锥体高 $H_2=2\cdot D_0=2\times0.85=1.7$(m);

中心管直径 $d_e=0.5\cdot D_0=0.5\times0.85=0.425$(m);

取焊接管 $\phi425\times6$;

中心管插入深度 $H_c=0.4\cdot D_0=0.4\times0.85=0.34$(m);

$$\varsigma=\frac{16ab}{{d_e}^2}=\frac{16\times0.42\times0.21}{0.425^2}=7.81$$

式中,16 为计算得到的设备中的阻力系数。

旋风除雾器压力降 Δp 计算:

$$\Delta p=9.81\times7.81\times\frac{18^2}{2\times9.81}\times1.056=1336(\text{Pa})$$

2. 折流板除雾器

脱硫出口净化黄磷尾气所带的雾滴为脱硫空塔未完全被捕集雾滴,其中所含的无机物为可溶于水的碳酸钠,含有少量的硫泡沫具有流动性,可以用水冲洗掉,此处采用除雾效率比旋风除雾器较高的折流板除雾器。

折流板除沫器又称波板除沫器。

1)折流板结构及原理

当含有雾沫的气体以一定速度流经除雾器的波板时,由于气体的惯性撞击作用,雾沫与波形板相碰撞而被附着在波形板表面上。波形板表面上雾沫的扩散、雾沫的重力沉降使雾沫形成较大的液滴并随气流向前运动至波形板转弯处,转向离心力及其与波形板的摩擦作用、吸附作用和液体的表面张力使得液滴越来越大,直到集聚的液滴大到其自身产生的重力超过气体的上升力与液体表面张力的合力时,液滴就从波形板表面上被分离下来。除雾器波形板的多折向结构增加了雾沫被捕集的机会,未被除去的雾沫在下一个转弯处经过相同的作用而被捕集,这样反复作用,从而大大提高了除雾效率。气体通过波形板除雾器后,基本上不含雾沫。

折流板间距对除雾器除雾效率和压力降有明显影响。除雾器除雾效率随间距增大而降低,压力降随间距增大而减少。如果间距过小,除雾效率提高,而压力降也增大，能耗增高；同时间距过小，冲洗残余物困难。因此，在工业上，折流板间距一般为 10～30 mm。

折流板折角对除雾器性能也有影响。折角越小，惯性力越大，雾滴越易脱离气流而被分离出来，除雾效率越高，但压力降也增大。工业上，折角一般取 60°、90°、120°三种。

通过折流板的气速对除雾器性能有较大影响。气速越大，除雾器处理能力越强，占地面积小，投资低。但气速不能过大，因气速太大，会产生二次夹带，除雾效率反而会下降。气速也不能太小，因气速过小，因惯性力小，使雾滴难以脱离气流，雾滴难以分离，除雾效率也不高。有学者提出适宜气速 u 按下式计算：

$$u = K\sqrt{\frac{\rho_L - \rho_G}{\rho_G}} \tag{3-85}$$

式中，u 为适宜气速，m/s；ρ_L 为液相重度，kg/m^3；ρ_G 为气相重度，kg/m^3；K 为系数，一般取 K=0.085～0.1。

折流板除雾器通气面积按下式计算：

$$F=V/(3600 \cdot u) \tag{3-86}$$

式中，V 为黄磷尾气操作工况下体积流量，m^3/h。

黄磷尾气在压力为 1 atm，温度为 40℃下，ρ_G=1.056 kg/m^3。

按式(3-86)计算，黄磷尾气适宜速度为 2.6～3 m/s，取适宜速度为 2.8 m/s。

在不同处理量下，折流板除雾器尺寸参数计算结果见表 3.8。

表 3.8　折流板除雾器处理量与尺寸参数表

处理量/(m^3/h)	通气面积/m^2	折流板除雾器类型/mm		
		正方形 a	圆形直径 ϕ	矩形(宽×长)*
5000	0.53	750	820	750×1000
10000	1.03	1050	1230	1000×1250
15000	1.54	1300	1430	1250×1500
20000	2.0	1500	1730	1250×1750
25000	2.54	1650	1800	1500×1800

*表中尺寸已包括支承角钢∠50×50×6 的死板部分

折流板由 304 不锈钢板压制而成波形，板厚 0.8～1.2 mm，板长根据处理气量大小计算而定，板间距为 25～30 mm，由多块折流板组成一组，两端用 4 mm 不锈钢板固定，折流板组装后成为长方形的折流板块。折流板块要从人孔装入，折流板块高度已定，折流板快宽由人孔大小决定。

2) 除雾器冲洗喷嘴

除雾器冲洗喷嘴是为了冲洗波形板积留物，冲洗喷嘴喷出的雾滴不能太小，否则会被气流带走，因此采用实心锥形喷嘴。喷嘴直径ϕ10，锥角 70°。喷嘴操作压力 0.25～0.35 MPa，冲洗水量 3.5～4.5 m^3/h，在离折流板组 0.5 m 高度上冲洗面积约 0.8～1 m^2，如果超过该范围要设置多只喷嘴。

脱硫空塔采用雾化能力强的旋流喷头，带出的雾滴较多，首先在脱硫塔顶设置一层折流板组进行初步除雾，然后在脱硫塔后要求完全捕集脱硫液雾滴用两层折流板组，根据气流截面形状分为圆形和矩形。

3) 矩形折流板除雾器

矩形折流板除雾器结构见图 3.19。

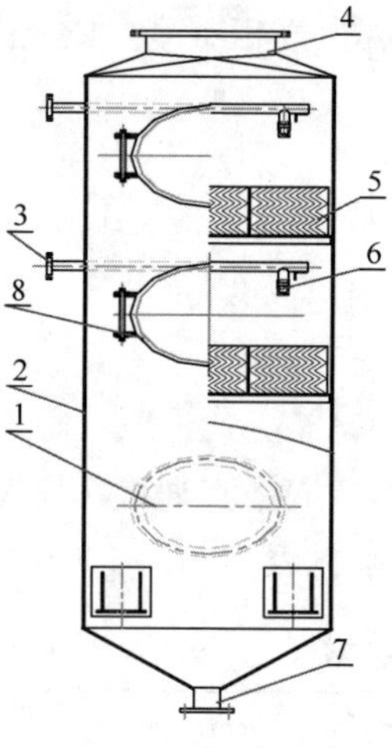

图 3.19　折流板除雾器

1. 进气管；2. 壳体；3. 冲洗水管；4. 出气管；5. 折流板组；6. 冲洗喷嘴；7. 排液管；8. 人孔

独立设置的折流板除雾器为了适应折流板的形状设计成矩形。矩形壳体由钢板焊接而成，折流板组 5 两层，每层用∠50×50×6 角钢圈加强，该角钢也作支撑架，放置折流板组用。壳体壁上设有人孔，作为装卸折流板和检修用。

在折流板组顶面上设置冲洗装置，它由冲洗水管(3)和冲洗喷嘴(6)及角钢架组成。

黄磷尾气由进气管(1)进入折流板除雾器壳体(2)内，通过两层折流板组(5)，除去雾滴后从出气管(4)排出。

分离下来的液体从折流板除雾器底部排液管(7)排出。

折流板除雾器底部设有水封，水封为一圆筒，底部封板不漏水，将出液管插入水封中，插入深度与黄磷尾气压力有关，插入深度不小于黄磷尾气压力的 1.5 倍。

3.5　黄磷尾气脱硫实例

3.5.1　12 万 m^3/h 黄磷尾气净化工程设计实例

1. 基础数据

黄磷尾气处理量：V_0=20000 Nm^3/h；

进塔黄磷尾气中 H_2S 含量：C_1=7 g/Nm^3；

一级脱硫效率，η_1=85%；

二级脱硫塔出口要求黄磷尾气 H_2S 含量，C_2=0.1 g/Nm^3；

黄磷尾气进脱硫塔温度，t_1=30℃；

黄磷尾气出脱硫塔温度，t_2=36℃。

2. 物料衡算

按二级脱硫计算。

(1) 黄磷尾气硫化氢脱除量：一级硫化氢脱除量 G_1=20000×7×0.85/1000=119 (kg/h)；二级硫化氢脱除量 G_2=20000×(1.05–0.1)/1000=19 (kg/h)；脱除 H_2S 总量 G_{H_2S}=119+19=138 (kg/h)。

(2) 脱硫液循环量：一级脱硫液硫容 ADA 脱硫液取 0.2 kg/m^3；一级循环量 W_1=119/0.2=595 (m^3/h)；二级脱硫液硫容 ADA 脱硫液取 0.1 kg/m^3；二级循环量 W_2=19/0.1=190 (m^3/h)。

(3) 生成副产物 NaS_2O_3 消耗的 H_2S：取 NaS_2O_3 生成率为 H_2S 脱除量的 8%，则 138×0.08=11.04 (kg/h)。

(4) NaS_2O_3 生成量：11.04×158/(2×34)=25.65 (kg/h)。

(5) 理论硫回收量：138×(1–0.08)×32/34=119.49 (kg/h)。

(6) 纯碱消耗量。生成 NaS_2O_3 消耗的纯碱量 25.65×106/158=17.2 (kg/h)。

随 NaS_2O_3 排出所消耗的纯碱量。溶液中副产物 NaS_2O_3 含量太高，对吸收不利，一般控制溶液中 NaS_2O_3 含量在 200～250 g/L，太高了要把溶液排出一部分，按控制 200 g/L 计算，溶液排出量：17.2/200=0.086 (m^3/h)。随溶液排出的纯碱量：碱浓度按 60 g/L 计，0.086×60=5.16 (kg/h)。纯碱总消耗量 17.2+5.16=22.36 (kg/h)，每千立方米尾气纯碱消耗量 1.12 kg。

(7) 硫泡沫生成量：硫泡沫中硫含量取为 50 kg/m^3；硫泡沫生成量 119.49/50=2.39 (m^3/h)。

(8) 纯碱补充量的计算。纯碱主要消耗在生成硫代硫酸钠和溶液带出上，脱硫液总碱度降低会影响脱硫效率，应根据脱硫液总碱度分析及时补充纯碱液，纯碱液补充量为：循环系统中脱硫液总量 W=595+190=785 (m^3)；脱硫液中规定的总碱含量 C_J=60 g/L；系统中现存脱硫液的总碱含量 S_J=55 g/L；新配制碱液含碱量 J_C=200 g/L。

$$V_J = \frac{W(C_J - S_J)}{J_C} = \frac{785 \times (60-55)}{200} = 19.63(\text{m}^3)$$

(9) 脱硫液再生空气需要量：每千克单质硫空气需要量 V_s=12 m^3/kg S。

$$V_k = G_s \cdot V_s = 138 \times 12 = 1656\ (\text{m}^3/\text{h})$$

3. 热量衡算

1) 黄磷尾气带入热量

干黄磷尾气带入热：黄磷尾气在 30℃时比热，I_{s1}=30.1504/26.73=1.128 (kJ/m^3)；$Q_{11}=V\cdot C_g\cdot t_1$=20000×1.128×30=676800 (kJ/h)。

黄磷尾气中所含水带入热：30℃时 1 m^3 干尾气水经蒸汽饱和后其中水蒸气焓为 I_{s1}=89.76 kJ/m^3，Q_{12}=20000×89.76=1795200 (kJ/h)。

$$Q_1=Q_{11}+Q_{12}=676800+1795200=2472000\ (\text{kJ/h})$$

2) 化学反应热

H_2S 氧化放出热：

$$H_2S+1/2O_2 \longrightarrow S+H_2O；\ 放出热量\ 1476.5\ \text{kJ/mol}$$

H_2S 生成 $Na_2S_2O_3$ 放出热 867 kJ/mol H_2S，设上述反应的百分数为 X_s=92%，H_2S 放出的热量为

$$Q_{21}=V\times\frac{C_1-C_2}{34}\times 1476.5X_s=20000\times\frac{(7-0.1)}{34}\times 1476.5\times 0.92=5513424.7(\text{kJ/h})$$

H_2S 生成 $Na_2S_2O_3$ 放出的热量为

$$Q_{22}=V\times\frac{C_1-C_2}{34}\times 867(1-X_s)=20000\times\frac{(7-0.1)}{34}\times 867\times 0.08=281520(\text{kJ/h})$$

$$Q_2=5513424.7+281520=5794944.7\ (\text{kJ/h})$$

3) 再生空气带入热

干空气带入热：空气在 17℃时的比热，C_k=1.2954 kJ/m^3，$Q_{31}=V_k\cdot C_k\cdot t_3$= 1656×1.2954×17=36468 (kJ/h)

空气中所含水带入热：弥勒地区年平均气温 17℃，查附表 2 得，水蒸气分压 1.937 kPa，年平均相对湿度 ϕ=70%，大气压力 p_d=84 kPa。

水蒸气在 17℃时的热容 C_k=1.4947 (kJ/m^3)；

$$Q_{32}=V_k\times\frac{p_{H_2O}}{p_d-p_{H_2O}}\cdot C_k\cdot\phi\cdot t_3=1656\times\frac{1.937}{84-1.937}\times 1.2954\times 0.7\times 17$$
$$=603(\text{kJ/h})$$

$$Q_3=Q_{31}+Q_{32}=36468+603=37071\ (\text{kJ/h})$$

系统总带入热：

$$Q_{入}=Q_1+Q_2+Q_3=2472000+5794944.7+37071=8304015.7\,(\text{kJ/h})$$

4) 再生空气离开再生槽所带出热量

空气带出热

$$Q_{41}=V_k\cdot C_k\cdot t_4=1656\times1.297\times35=75174.12\,(\text{kJ/h})$$

式中，C_k 为空气在 t_4 时的热容，1.297 kJ/m^3；t_4 为空气离开再生槽温度，设为 35℃。

空气离开再生槽所含水蒸气带出热：再生空气离开再生槽温度设为 35℃，查附表 2 得，水蒸气分压 5.609 kPa，饱和度 ϕ=90%，大气压力 p_d=84 kPa。

水蒸气在 35℃时的热容，C_k=1.4948 (kJ/m^3)；

$$Q_{42}=V_k\cdot\frac{p_{H_2O}}{p_d-p_{H_2O}}\cdot C_k\cdot\phi\cdot t_3=1656\times\frac{5.609}{84-5.609}\times1.4948\times0.9\times35=5578(\text{kJ/h})$$

再生空气离开再生槽带出的热量为

$$Q_4=Q_{41}+Q_{42}=75174.12+5578=80752.12\,(\text{kJ/h})$$

5) 设备表面热损失

弥勒每年 10 月至次年 4 月为风季。2～5 月多风，平均风速 3.3 m/s，最低气温–4℃。

设备单位表面的热损失按下式计算：

$$\alpha_k=22.2+15.1\omega=22.2+15.1\times3.3=72.03\,[\text{kJ/(m}^2\cdot\text{h}\cdot℃)]$$

黄磷尾气出脱硫塔温度，t_2=35℃；
地区年最低气温，t_3= –4℃；
钢板热辐射系数，c=20.5ζ;
钢的黑度，ζ=0.85。

$$q=a_k(t_2-t_3)+c\left[\left(\frac{T_2}{100}\right)^4-\left(\frac{T_1}{100}\right)^4\right]=72.03\times(35+4)+20.5$$
$$\times0.85\left[\left(\frac{308}{100}\right)^4-\left(\frac{269}{100}\right)^4\right]=3464.9[\text{kJ}/(\text{m}^2\cdot\text{h})]$$

脱硫塔热损失：脱硫塔直径 ϕ3 m，高 H=25.5 m，3 台。

$$F_T=\pi\cdot D_T\cdot H_T\cdot n=3.1416\times3\times25.5\times3=721\,(\text{m}^2)$$

$$Q_{5T} = q \cdot F_T = 3464.9 \times 721 = 2498192.9\ (\mathrm{kJ/h})$$

再生槽热损失：再生槽直径ϕ4.6 m，高 H=5.3 m，3 台。

$$F_Z = \pi \cdot D_Z \cdot H_Z \cdot n = 3.1416 \times 4.6 \times 5.3 \times 3 = 230\ (\mathrm{m^2})$$

$$Q_{5Z} = q \cdot F_Z = 3464.9 \times 230 = 796927\ (\mathrm{kJ/h})$$

循环槽热损失：循环槽直径ϕ6 m，高 H=4.5 m，3 台；循环槽直径ϕ4 m，高 H=4.2 m，3 台。

$$F_X = 3.1416 \times 6 \times 4.5 \times 3 + 3.1416 \times 4 \times 4.2 \times 3 = 412.8\ (\mathrm{m^2})$$

$$Q_{5X} = 3464.9 \times 412.8 = 1430310.72\ (\mathrm{kJ/h})$$

气体和液体管线及附属设备(液位调节器、水封等)热损失：
管线：ϕ325,120(m)；ϕ219，150 m；

$$F_G = 3.1416 \times 0.325 \times 120 + 3.1416 \times 0.219 \times 150 = 226\ (\mathrm{m^2})$$

$$Q_{5G} = 3464.9 \times 226 = 783067.4\ (\mathrm{kJ/h})$$

设备总热损失量：

$$Q_5 = 2498192.9 + 796927 + 1430310.72 + 783067.4 = 5508498\ (\mathrm{kJ/h})$$

系统总热输出量：

$$Q_{出} = 80752.12 + 5508498 = 5589250.12\ (\mathrm{kJ/h})$$

系统总热平衡：$Q = Q_{入} - Q_{出} = 8304015.7 - 5589250.12 = 2625704.38\ (\mathrm{kJ/h})$

从上述热平衡可知，由于 H_2S 反应热很大，系统带入热比带出热大，弥勒地区在最低温度下都不需蒸汽加热器。例如，宣威由于循环水质较差，黄磷尾气温度较高，在夏天炎热天气下，系统热量散失不了，脱硫液温度超过 40℃，脱硫效率下降，应控制温度。

4. 主要设备选择及计算

1) 一级脱硫主要设备选择及计算

A. 脱硫泵
参数：流量 595 $\mathrm{m^3/h}$；扬程 38 m；两开一备。
选用 IH200-150-500；流量 300 $\mathrm{m^3/h}$，压力 45 m，功率 55 kW。
单台脱硫泵轴功率：$W = QH\gamma/102\eta$。

$$W=300\times38\times1050/(3600\times102\times0.7)=46.6(\text{kW})$$

B. 贫液槽

停留时间 8 min，有效容积 80 m^3。

ϕ6000×4000，1 台。

C. 脱硫塔

一级脱硫塔为空塔，气体串联液体并联。

空塔尺寸按照填料塔计算，只要把填料换成喷头就可以了，按单塔计算。

a) 塔径：利用泛点速度计算

液体质量流速：L=300×1050=315000(kg/h)；

气体质量流速：G=20000×26.73/22.4=23866(kg/h)；

40℃时的体积流量：

$$V=20000\times760\times(273+40)/[273\times(625+147)]=22574(\text{m}^3/\text{h})$$

气体重度：ρ_G=23866/22574=1.057(kg/m^3)；

液体重度：ρ_L=1050 kg/m^3；

重力加速度：g=9.81 m/s^2；

选用ϕ76×37×3 聚丙烯阶梯环，比表面积 a=90 m^2/m^3；

填料孔隙率：ζ=0.927；

溶液黏度：μ=0.8 Pa·s；

根据填料塔液泛速度通用关联图计算塔径。

查图 1.4 填料层压降的通用关联图，得横坐标数据 A：

$$A=\left(\frac{L}{G}\right)^{0.25}\left(\frac{\rho_G}{\rho_L}\right)^{0.125}=\left(\frac{315000}{22574}\right)^{0.25}\times\left(\frac{1.057}{1050}\right)^{0.125}=0.816$$

查图得纵坐标 $B=\dfrac{w^2\varphi\cdot\psi}{g}\left(\dfrac{\rho_G}{\rho_L}\right)\cdot\mu_L^{0.2}=0.023$；

液泛速度：

$$W=\sqrt{\frac{B\cdot g\cdot\rho_L\cdot\mu_L^{0.2}\cdot\psi}{\varphi\cdot\rho_g}}$$

$$W=\sqrt{\frac{0.023\times9.81\times0.8^{0.2}\times1050\times1.05}{90\times1.056}}=1.58(\text{m/s})$$

取 W_1=(0.5～0.7)W_0；

操作气速：W_1=0.58×1.58=0.9164（m/s）；

脱硫塔直径：

$$D=\sqrt{\frac{22574}{0.785\times3600\times0.9164}}=3.0(\text{m})$$

取为ϕ3000 mm。

实际气速：W=22574/（3600×0.785×3^2）=0.89（m/s）。

b）填料高度

（1）吸收过程传质系数 K_G 的计算。

$$K_G=AW^{1.3}N_a^{0.1}B^{-0.01}$$

经验数取 A=50；

脱硫塔操作气速：W=0.78 m/s；

溶液中 Na_2CO_3 含量：N_a= 20 g/L；

脱硫塔气液比：B=300×1000/22574=13.3（L/m^3）

$$K_G=50\times0.78^{1.3}\times20^{0.1}\times13.3^{-0.01}=47.5\ \text{kg}/\left(\text{m}^2\cdot\text{h}\cdot\text{mPa}\right)$$

（2）吸收过程平均推动力的计算。

$$\Delta p_m=\frac{(p_1-p_1^*)-(p_2-p_2^*)}{\ln\dfrac{p_1-p_1^*}{p_2-p_2^*}}$$

脱硫塔入口压力：p_i=0.105 MPa（绝对压力）；

脱硫塔出口压力：p_0=0.104 MPa（绝对压力）；

脱硫塔入口气相 H_2S 分压，p_1=p_iC_i×22.4/（M_{H_2S}×1000）（MPa）

$$p_1=0.105\times7\times22.4/(34\times1000)=48.4\times10^{-5}\,(\text{MPa})$$

脱硫塔出口气相 H_2S 分压，p_2=p_0C_2×22.4/（M_{H_2S}×1000）（MPa）

$$p_2=0.104\times1.0\times22.4/(34\times1000)=2.63\times10^{-5}\,(\text{MPa})$$

p_1^* 为脱硫塔出、入口溶液中 H_2S 平衡分压，因溶液中 H_2S 含量很低，可以忽略。

$$\Delta p_m=\frac{48.4\times10^{-5}-2.63\times10^{-5}}{\ln\dfrac{48.4\times10^{-5}}{2.63\times10^{-5}}}=15.714\times10^{-5}(\text{MPa})$$

(3) 所需的传质面积的计算。

H_2S 脱除量，G_1=119 kg/h，

$$F_p = \frac{G_1}{K_G \cdot \Delta p_m} = \frac{119}{47.5 \times 15.714 \times 10^{-5}} = 15946(m^2)$$

(4) 填料高度的计算。

$$H_p = F_p/0.785D^2a = 15946/(0.785 \times 3^2 \times 90) = 25.07(m)$$

喷头流量太大，小液滴集聚成大液滴，接触面积减少，影响脱硫效果，喷头的最大流量控制在 25 m^3/h 以内。25 m^3/h 的喷头需要 12 个，每个喷头间距至少要 1.2 m，塔高就要 14.4 m，每塔总高 22.5 m，完全满足脱硫塔的要求。

两空塔气体串联，液体并联，为了防止雾滴集聚，每个空塔又分为两段，每段 6 个喷头，有效总容积 288 m^3。

气体在塔内有效脱硫时间 52 s，脱硫时间比要求的 12 s 长，已满足要求。

塔顶除雾器：采用折板除雾装置。除雾器制成方形，除雾器规格为：1450 mm×1450 mm，共三块，每块除雾板阻力 20～30 Pa，阻力 60～90 Pa。

D. 富液槽

脱硫塔富液进入富液槽，在此取停留 15 min，使硫氢化钠与偏钒酸钠的氧化析硫反应完全，有效容积 150 m^3，液位高度控制在 3 m。

ϕ6000×4000，2 台，串联。

E. 喷射再生槽

富液全部再生，溶液量 600 m^3/h。

有较高的硫容，才能保持脱硫效率，要保证再生脱硫液的硫容，再生槽的效果是关键，要保证再生效果必须有足够的空气量和合理的再生槽的结构。

实际空气需要量取为 12 m^3/kg H_2O，故需要空气量为 119×12=1428 (m^3/h)。

0.4 MPa 多级射流器吸气量 3.2 m^3 空气/m^3 溶液，吸入空气量：600×3.2=1920 m^3/h，已大于需要量。

溶液在再生槽的停留时间要求 15～20 min，取为 20 min。

再生槽有效容积 200 m^3。

再生槽分成两个槽并联。

喷射再生槽吹风强度 60～80，取为 A=65[m^3/($h \cdot m^2$)]。

每个再生槽内筒直径：$D = \sqrt{G_A / 0.785A} = \sqrt{900/(0.785 \times 65)} = 4.2(m)$。

内径取为 4200 mm。

再生槽需要高度达 4 m，将再生槽分成两个并联，操作也灵活，当处理量较小时开一台，大时同时开二台。

每台再生槽有效容积为 125 m^3；

外筒直径：D_W=6000 mm；

再生溶液量：300 m^3，停留时间 20 min；

再生槽扩大部分直径：ϕ6400 mm；

扩大部分高度：H_2=2 m；

再生槽总高：H_T=4.1+2+0.2=6.3(m)；

在通常压力下，采用多级射流，接触面经多次接触，氧化效率高，能耗低。

每台多级射流器 25 m^3/h，扬程 40 m，吸入空气量 3.2 m^3/m^3 溶液，每台供需 12 只，2 只备用共 14 只。

F. 再生泵

参数：流量 600 m^3/h，扬程 40 m，二开一备。

选用 IH200-150-500，流量 300 m^3/h，压力 45 m，功率 55 kW。

单台再生泵轴功率：$W=QH\gamma/102\eta$。

$$W=300\times40\times1050/(3600\times102\times0.7)=49(\text{kW})$$

2) 二级脱硫设备选择及计算

A. 脱硫泵

参数：流量 180 m^3/h，扬程 32 m。

选用 IH150-125-400A，218 m^3/h，扬程 36.5 m，功率 30 kW，一开一备，2 台。

单台脱硫泵轴功率验算：$W=QH\gamma/102\eta$

$$W=200\times32\times1050/(3600\times102\times0.7)=26.2(\text{kW})$$

B. 贫液槽

流量为 200 m^3，停留时间 10 min，有效容积 33.3 m^3。ϕ4000×3800，1 台。

C. 脱硫塔

采用空塔按填料脱硫塔计算。

a) 塔径：利用泛点速度计算

液体质量流速：L=200×1050=210000(kg/h)；

气体质量流速：G=20000×26.73/22.4=23866(kg/h)

38℃时的体积流量：

$$V=20000\times760\times(273+38)/[273\times(625+125)]=23088(\text{m}^3/\text{h})$$

气体重度：ρ_G=23866/23088=1.0337(kg/m^3)；

液体重度：ρ_L=1050 kg/m^3；

重力加速度：g=9.81 m/s^2；

脱硫塔内采用 ϕ78×38×3.5 阶梯环，比表面积 a=90 m^2/m^3；

溶液黏度：μ=0.8 Pa·s；

根据填料塔液泛速度通用关联图计算塔径。

查图 1.4 填料层压降的通用关联图，得横坐标数据 A：

$$A=\left(\frac{L}{G}\right)^{0.25}\left(\frac{p_G}{p_L}\right)^{0.125}=\left(\frac{210000}{23866}\right)^{0.25}\left(\frac{1.0337}{1050}\right)^{0.125}=0.725$$

查图得纵坐标 $B=\dfrac{w^2\varphi\cdot\psi}{g}\left(\dfrac{\rho_g}{\rho_L}\right)\cdot\mu_L^{0.2}=0.032$。

液泛速度：

$$W=\sqrt{\frac{B\cdot g\cdot\rho_L\cdot\mu_L^{0.2}\cdot\psi}{\varphi\cdot\rho_g}}$$

$$W=\sqrt{\frac{0.032\times9.81\times0.8^{0.2}\times1050\times1.05}{90\times1.0337}}=1.88\ \mathrm{m/s}$$

取 W_1=0.5W_0；

操作气速：W_1=0.5×1.88=0.94 (m/s)；

脱硫塔直径：

$$D=\sqrt{\frac{23088}{0.785\times3600\times0.94}}=2.94(\mathrm{m})$$

取为 ϕ3000 mm；

脱硫塔实际气速：W=23088/(3600×7)=0.916 (m/s)；

液气比：200×1000/20000=10 (L/m^3)；

脱硫塔喷淋强度：200/7=28.6[m^3/(m^2·h)]。

b) 填料高度

(1) 吸收过程传质系数 K_G 的计算。

$$K_G=AW^{1.3}N_a^{0.1}B^{-0.01}$$

经验数，取 A=100；

脱硫塔实际操作气速：W=0.916 m/s；

溶液中 Na_2CO_3 含量：N_a=20 g/L；

脱硫塔气液比：B=10 L/m^3；

$$K_G = 100 \times 0.916^{1.3} \times 20^{0.1} \times 10^{-0.01} = 120.2\left[\text{kg}/\left(\text{m}^2 \cdot \text{h} \cdot \text{MPa}\right)\right]$$

(2)吸收过程平均推动力的计算。

$$\Delta p_m = \frac{(p_1 - p_1^*) - (p_2 - p_2^*)}{\ln \frac{p_1 - p_1^*}{p_2 - p_2^*}}$$

脱硫塔入口压力：p_i=0.104 MPa(绝对压力)；
脱硫塔出口压力：p_0=0.103 MPa(绝对压力)；
脱硫塔入口气相 H_2S 分压，$p_1=p_iC_i\times22.4/(M_{H_2S}\times1000)$ (MPa)：

$$p_1=0.104\times1.05\times22.4/(34\times1000)=7.194\times10^{-5}\ (\text{MPa})$$

脱硫塔出口气相 H_2S 分压，$p_2=p_0C_2\times22.4/(M_{H_2S}\times1000)$ (MPa)：

$$p_2=0.103\times0.1\times22.4/(34\times1000)=0.679\times10^{-5}\ (\text{MPa})$$

p_1^* 为脱硫塔出、入口溶液中 H_2S 平衡分压，因溶液中 H_2S 含量很低，可以忽略。

$$\Delta p_m = \frac{7.194\times10^{-5} - 0.679\times10^{-5}}{\ln\frac{7.194\times10^{-5}}{0.679\times10^{-5}}} = 2.759\times10^{-5}\ (\text{MPa})$$

(3)所需的传质面积的计算。
H_2S 脱除量，G_1=19 kg/h，

$$F_p = \frac{G_1}{K_G \cdot \Delta p_m} = \frac{19}{120.2\times2.759\times10^{-5}} = 5730(\text{m}^2)$$

(4)填料高度的计算。

$$H_p=F_p/0.785D^2a=5730/(0.785\times3^2\times90)=9\ (\text{m})$$

塔径 ϕ3000，塔总高 25.5 m。

塔顶除雾器：采用折板除雾装置。除雾器制成方形，除雾器规格为：1450 mm×1450 mm，共三块，每块除雾板阻力 20～30 Pa，阻力 60～90 Pa。

D. 富液槽

富液量为：200=200 m^3/h。

由脱硫塔进入富液槽，在此停留 20 min，使硫氢化钠与偏钒酸钠的氧化析硫反应完全，有效容积 66.7 m^3，液位高 2.8 m。

ϕ6000×3800，1 台。

E. 喷射再生槽

富液全部再生，再生溶液量 200 m^3/h。

实际空气需要量取为 15 m^3/kg H_2S。

二级 H_2S 脱除量为 19 kg/h。

故需要空气量为 19×15=285 (m^3/h)。

溶液在再生槽的停留时间要求 15～20 min，取为 20 min。

再生槽有效容积为 66.7 m^3。

再生槽有效高度根据喷射器的要求取为 4 m。

再生槽直径：$D=\sqrt{V/0.785H}=\sqrt{66.7/(0.785\times4)}=4.6(\text{m})$

取为 ϕ4600 mm。

喷射再生槽吹风强度 60～80，取为 A=65 (m^3/h)·m^2。

每个再生槽内筒直径：$d=\sqrt{G_A/0.785A}=\sqrt{285/(0.785\times65)}=2.36(\text{m})$。

内筒取为直径 ϕ2400 mm。

0.3 MPa 单级喷射器吸气量 2.2 m^3 空气/m^3 溶液，25 m^3/h 需要单级喷射器数量为

n=285/(2.2×25)=5.18(只)，取为 6 只，备用 2 只，共 8 只。

F. 再生泵

参数：流量 180 m^3/h，扬程 32 m。

选用 IH150-125-400A，218 m^3/h，扬程 36.5 m，功率 30 kW。一开一备，2 台。

单台脱硫泵轴功率验算：$W=QH\gamma/102\eta$

$$W=200\times32\times1050/(3600\times102\times0.7)=26.2(\text{kW})$$

G. 地下槽兼作溶解槽

ϕ1600×1400，一套。

配地下泵：IS50-32-160A，流量 14.2 m^3/h，扬程 27 m，功率 2.2 kW。

H. 脱硫塔出口除雾器

选用折流板除雾器，矩形，规格：长×宽×高=1800 mm×1250 mm×3800 mm。

3.5.2 脱硫塔强度核算

根据《钢制塔式容器》JB/T 4710—2005 规定进行设计。

1. 脱硫塔设计条件

直径：D_i=3000 mm，H=25700 mm。

地区基本风压值 q_0=300 N/m^2。
抗震设防烈度为 8°。
设计基本地震加速度为 0.2 g，地震分组为第二组。
场地土类型为Ⅲ类。
地面粗糙度为 B 类。
塔壳与裙圈对接。
设计压力：p_c=0.1 MPa。
设计温度：50℃。
脱硫塔材料：封头、筒体及裙圈材料均选用 Q235B（GB/T 3274）。
钢板许用应力：R_{eL}=235 MPa；$[\sigma]^t$=113 MPa。
焊接头系数：ϕ=0.85。
壳体附加量：c=3 mm，裙圈附加量 2 mm。

2. 筒体、封头强度核算

筒体厚度计算：

$$\delta = \frac{p_c D_i}{2[\sigma]^t \phi - p_c} = \frac{0.1 \times 3000}{2 \times 113 \times 0.85 - 0.1} = 1.56(\text{mm})$$

筒体的设计厚度：δ_e=1.56+3=4.56（mm）。
裙圈及筒体的名义厚度：δ_n=10 mm 完全满足要求。
封头厚度计算：

$$\delta = \frac{p_c D_i K}{2[\sigma]^t \phi - 0.5 p_c} = \frac{0.1 \times 3000 \times 1}{2 \times 113 \times 0.85 - 0.5 \times 0.1} = 1.56(\text{mm})$$

封头的设计厚度：δ_e=1.56+3=4.56（mm）。
封头的名义厚度：δ_n=10 mm，完全满足要求。

1）塔器的质量计算（按图纸数据）

塔体总质量：m_{01}=26590 kg；
平台爬梯质量：m_{04}=4700 kg；
物料质量：m_{05}=0.785×3^2×3×1050=22255（kg）；
塔器操作质量：m_0=26590+4700+22255=53545（kg）；
塔器最大质量：m_{max}=26590+4700+22255=53545（kg）；
塔器最小质量：m_{min}=26590+4700=31290（kg）。
将全塔平均分为 10 段，每段高 2570 mm，各段质量见表 3.9。

表 3.9　各段质量　（单位：kg）

质量	h_1	h_2	h_3	h_4	h_5	h_6	h_7	h_8	h_9	h_{10}
$m_{01}+m_a$	1970	2270	2201	2046	2046	2201	2046	2046	2046	2402
m_{02}		495				530				
m_{03}										
m_{04}		400	400	1350	400	400	400	1350	400	400
m_{05}	19065	3010								
m_w										
m_0	21035	5775	2601	3396	2446	3131	2446	3396	2446	2802
m_{max}	21035	5775	2601	3396	2446	3131	2446	3396	2446	2802
m_{min}	1970	2765	2601	3396	2446	3131	2446	3396	2446	2802

2) 塔器的基本自振周期计算

塔器的基本自振周期按下式计算：

$$T_1 = 90.33H\sqrt{\frac{m_0 H}{E^{\mathrm{t}}\delta_{\mathrm{e}}D_{\mathrm{i}}^3}}\times 10^{-3}(\mathrm{s})$$

式中，E^{t} 为壳体材料在 50℃时的弹性模数，1.9×10^5 MPa；δ_{e} 为壳体有效厚度，10–3=7(mm)。

$$T_1 = 90.33H\sqrt{\frac{m_0 H}{E^{\mathrm{t}}\delta_{\mathrm{e}}D_{\mathrm{i}}^3}}\times 10^{-3} = 90.33\times 25700\times\sqrt{\frac{53545\times 25700}{1.9\times 10^5\times 7\times 3000^3}}\times 10^{-3} = 0.454(\mathrm{s})$$

3. 地震载荷及地震弯矩计算

将全塔分为 10 段，视每段高度之间的质量为作用在该段高度的 1/2 处的集中质量，该段集中质量对该截面所引起的地震力地震弯矩的计算见表 3.10。

表 3.10　截面所引起的地震力地震弯矩

塔段号	h_1	h_2	h_3	h_4	h_5	h_6	h_7	h_8	h_9	h_{10}	备注
m_i/kg	21035	5775	2601	3396	2446	3131	2446	3396	2446	2802	
h_i/mm	1285	3855	6425	8995	11565	14135	16705	19275	21845	24415	
$h_i^{1.5}$	0.046×10^6	0.239×10^6	0.515×10^6	0.853×10^6	1.244×10^6	1.681×10^6	2.159×10^6	2.676×10^6	3.229×10^6	3.815×10^6	
$m_ih_i^{1.5}$	0.968×10^9	1.38×10^9	1.34×10^9	2.9×10^9	3.04×10^9	5.263×10^9	5.28×10^9	9.09×10^9	7.9×10^9	10.69×10^9	47.85×10^9
h_i^3	2.122×10^9	5.723×10^{10}	2.65×10^{11}	2.65×10^{11}	1.55×10^{12}	2.82×10^{12}	4.66×10^{12}	7.16×10^{12}	10.42×10^{12}	14.55×10^{12}	

续表

塔段号	h_1	h_2	h_3	h_4	h_5	h_6	h_7	h_8	h_9	h_{10}	备注
$m_i h_i^3$	0.045×10^{15}	0.33×10^{15}	0.69×10^{15}	0.9×10^{15}	3.78×10^{15}	8.84×10^{15}	11.4×10^{15}	24.3×10^{15}	25.5×10^{15}	40.8×10^{15}	116.6×10^{15}
A/B	$A=\sum_{i=1}^{10} m_i h_i^{1.5}=47.85\times10^9$，$B=\sum_{i=1}^{10} m_i h_i^3=116.57\times10^{15}$，$A/B=0.41\times10^{-6}$										
$\eta_{1k}=\frac{h_k^{1.5}A}{B}$	0.019	0.098	0.211	0.35	0.51	0.689	0.885	1.097	1.324	1.564	
γ	$\gamma=0.9+\frac{0.05-\xi}{0.5+5\xi}=0.9+\frac{0.05-0.01}{0.5+5\times0.01}=0.973$										
η_2	$\eta_2=1+\frac{0.05-\xi}{0.06+1.7\xi}=1+\frac{0.05-0.01}{0.06+1.7\times0.01}=1.519$										
α_1	$a_1=\left(\frac{T_g}{T_1}\right)^{\gamma} l_2 a_{max}=\left(\frac{0.55}{0.454}\right)^{0.973}\times1.519\times0.16=0.2929$										
F_{1k}/N	1148	1626	1577	3415	3548	6199	6220	10704	9305	12592	
$m_k \cdot h_k$	27.3×10^6	22.26×10^6	16.71×10^6	30.55×10^6	28.29×10^6	44.26×10^6	40.86×10^6	65.46×10^6	53.43×10^6	68.41×10^6	397.5×10^6
α_{vmax}	$a_{vmax}=0.65a_{max}=0.65\times0.16=0.104$										
m_{cq}/kg	m_{cq}=0.75m_0=0.75×53545=40158.8										
F_v^{0-0} / N	$F_v^{0-0}=a_{vmax}m_{cq}g=0.104\times40158.8\times9.81=40972$										
F_{vi}/N	2814	2294	1722	3149	2916	4562	4212	6747	5507	7051	
F_v^{1-1} / N	40972										

任意高度 h_k 处的集中质量 m_k 引起的基本振型水平地震力按下式计算：

$$F_{1k}=\alpha_1\eta_{1k}m_k g\,(N)$$

设防烈度为 8 度的区域的塔式容器应考虑上下两个方向垂直地震力作用。塔式容器底截面处总的垂直地震力按下式计算：

$$F_v^{0-0}=a_{vmax}m_{cq}g(N)$$

任意质量 i 所分配的垂直地震力(沿塔高按倒三角分布重新分配)下式计算：

$$F_{vi}=\frac{m_i h_i}{\sum_{k=1}^{n} m_k h_k}F_v^{0-0}(i=1,2,\cdots,n)$$

任意计算截面 I - I 处的垂直地震力为按下式计算：

$$F_{\mathrm{v}}^{\mathrm{I\text{-}I}}=\sum_{k=i}^{n}F_{\mathrm{v}k}\,(i=1,2,\cdots,n)$$

因为 $H/D=8.6<15$ 且 $H<20$ m，故不考虑高振型影响。

等直径等厚度塔式容器底截面 0-0 处基本型地震弯矩按下式计算：

$$M_{\mathrm{E}}^{0\text{-}0}=\frac{16}{35}a_1m_0gH=\frac{16}{35}\times0.2929\times53545\times9.81\times25700=18.076\times10^{8}\,(\mathrm{N\cdot mm})$$

4. 风载荷风弯矩计算

将全塔分为 10 段，计算结果见表 3.11。

表 3.11　风载荷风弯矩计算结果

塔段号	1	2	3	4	5	6	7	8	9	10
塔段长度/m	0～2.6	2.6～5.2	5.2～7.8	10.4～13	13～15.6	15.6～18.2	18.2～20.8	20.8～23.4	23.4～26	26～27.5
q_0/(N/m^2)						300				
K_1						0.7				
$K_{2\mathrm{i}}$						1.7				
f_i(B 类)	1.0	1.0	1.0	1.084	1.157	1.21	1.26	1.308	1.352	1.382
l_i/mm	2600	2600	2600	2600	2600	2600	2600	2600	2600	1500
K_3/mm						400				
K_4/mm						600				
D_{ei}/mm	3420	3060	3120	3120	3120	3120	3120	3120	3120	3020
P_i/N	3174.4	2840.3	2896	3139	3350.7	3504	3649	3738	3915.4	2235

因为 $H/D=8.6<15$ 且 $H<30$ m，故不考虑横风风振。

笼式扶梯与塔顶管线布置成 90°，各计算段有效直径按下式计算：

$$D_{\mathrm{ei}}=D_{0\mathrm{i}}+2\delta_\mathrm{i}+K_3+K_4$$

每段的水平风力按下式计算：

$$P_\mathrm{i}=K_1K_{2\mathrm{i}}q_0f_\mathrm{i}l_\mathrm{i}D_{\mathrm{ei}}\times10^{-6}\,(\mathrm{N})$$

塔式容器底截面 0-0 处的风弯矩按下式计算：

$$\sum\nolimits_{w}^{0\text{-}0} = P_1\frac{l_1}{2} + P_2\left(l_1 + \frac{l_2}{2}\right) + P_3\left(l_1 + l_2 + \frac{l_3}{2}\right) + \cdots (\mathrm{N \cdot mm})$$

$$= 4474.4 + 0.111\times10^8 + 0.188\times10^8 + 0.286\times10^8 + 0.392\times10^8 + 0.506\times10^8$$

$$+ 0.617\times10^8 + 0.632\times10^8 + 1.038\times10^8 + 0.534\times10^8 = 4.303\times10^8 (\mathrm{N \cdot mm})$$

1) 计算截面最大弯矩

塔式容器底 0-0 截面处的最大弯矩：

$$M_{\max}^{0\text{-}0} = \begin{cases} M_w^{0\text{-}0} \\ M_E^{0\text{-}0} + 0.25M_w^{0\text{-}0} \end{cases}$$ 取其中较大值，

因 $$M_{\max}^{0\text{-}0} = \begin{cases} M_w^{0\text{-}0} = 4.303\times10^8 \\ M_E^{0\text{-}0} + 0.25M_w^{0\text{-}0} = 18.078\times10^8 + 1.076\times10^8 = 19.15\times10^8 \end{cases}$$

故取 $M_{\max}^{0\text{-}0} = 19.15\times10^8 (\mathrm{N \cdot mm})$（地震弯矩控制）。

2) 圆筒应力核算

验算塔壳 0-0 截面处操作时的强度和稳定性。计算结果列于表 3.12。

许用应力 $\begin{cases} KB \\ K[\sigma]_s^t \end{cases}$ 取其中小值，

圆筒 B 值先按式(5-3)计算 A：

$$A = \frac{0.094\delta_e}{R_i} = \frac{0.094\times10}{1500} = 6.27\times10^{-4}$$

根据 Q235，查 GB150.2，得 B=82，

许用应力 $\begin{cases} KB = 1.2\times82 = 98.4 \\ K[\sigma]_s^t = 1.2\times113 = 135.6 \end{cases}$，取 98.8 MPa。

表 3.12　圆筒应力核算计算结果

计算截面	0-0 截面
计算以上塔的操作质量 $m_0^{0\text{-}0}$(kg)	53545
塔壳有效厚度 δ_e(mm)	7
计算截面的横截面积 $A=\pi D_i\delta_e$(mm)^2	65940
计算截面的断面系数 $Z=0.785\times D_i^2\delta_e$(mm)^3	49.46×10^6
最大弯矩 $M_{\max}^{0\text{-}0}$(N·mm)	19.15×10^8
操作压力引起的轴向应力 $\sigma_1=\frac{P_cD_i}{4\delta_e}$(MPa)	15

续表

计算截面	0-0 截面
重力引起的轴向应力 $\sigma_2=\dfrac{m_0^{0\text{-}0}g}{A}$(MPa)	7.97
弯矩引起的轴向应力 $\sigma_3=\dfrac{M_{\max}^{0\text{-}0}}{Z}=\dfrac{19.15\times10^8}{46.46\times10^6}$(MPa)	41.22
最大组合压应力 $\sigma_2+\sigma_3\leqslant[\sigma_{cr}]=\begin{cases}KB=106.2\\K[\sigma]^t=135.6\end{cases}$(MPa)	$49.2<106.2$
最大组合拉应力 $\sigma_1-\sigma_2+\sigma_3\leqslant K[\sigma]^t\phi=115.3$(MPa)	$48.3<115.3$
计算截面的风弯矩 $M_w^{0\text{-}0}$(MPa)	4.303×10^8
液压试验时，计算截面以上塔的质量(kg)	不液压试

3) 基础环厚度计算

本设备底板作为基础环，底板外径 D_{ob}=3400 mm，厚 16 mm。

基础环截面系数 Z_b:

$$Z_b=\frac{\pi D_{ob}^4}{32D_{ob}}=\frac{3.14\times3400^4}{32\times3400}=38.57\times10^8(\text{mm}^4)$$

基础环的截面积 A_b:

$$A_b=0.785\times3400^2=9.075\times10^6(\text{mm}^2)$$

混凝土基础上的最大压应力：

$$\sigma_{b\max}=\frac{M_{\max}^{0\text{-}0}}{Z_b}+\frac{m_0g+F_v^{0\text{-}0}}{A_b}=\frac{19.15\times10^8}{88.57\times10^8}+\frac{53545\times9.81+40972}{9.057\times10^6}$$
$$=0.2162+0.0625=0.2787\ (\text{MPa})$$

混凝土基础上的最大压应力比许用应力小得多($[\sigma]_b$=140 MPa)。

底板厚度计算：

设基础环的宽度 b=200 mm。

基础环无筋板时的厚度：

$$\delta_b=1.73b\sqrt{\sigma_{\max}/[\sigma]_b}=1.73\times200\times\sqrt{0.2786/140}=15.43(\text{mm})$$

底板取 16 mm 已满足基础环的要求。

底板厚度与壁板等厚，已超过壁厚，满足要求。

4) 地脚螺栓的计算

地脚螺栓承受的最大拉应力按下式计算：

$$①\sigma_B = \frac{M_w^{0-0}}{Z_b} - \frac{m_{min}}{A_b} = \frac{4.303\times 10^8}{88.57\times 10^8} - \frac{31290}{9.075\times 10^6} = 0.045(\text{MPa})$$

$$②\sigma_B = \frac{M_E^{0-0} + 0.25M_w^{0-0}}{Z_b} - \frac{m_0 g - F_v^{0-0}}{A_b}$$

$$= \frac{18.076\times 10^8 + 0.25\times 4.303\times 10^8}{88.57\times 10^8} - \frac{53545\times 9.81 - 40972}{9.075\times 10^6} = 0.162(\text{MPa})$$

取较大者，σ_B=0.162 MPa。

地脚螺栓的螺纹小径 d_1：材料许用应力$[\sigma]_{bt}$=147 MPa。

$$d_1 = \sqrt{\frac{\sigma_B A_b}{0.785n[\sigma]_{bt}}} + C_1 = \sqrt{\frac{0.162\times 9.075\times 10^6}{0.785\times 16\times 147}} + 3 = 31.2(\text{mm})$$

取 M36，16 个。

支脚高度：h=0.015×25000=375 (mm)。

地脚螺栓埋入基础内长度：15×36=540 (mm)。

3.5.3 脱硫操作

1. 脱硫液的配制

1) 脱硫液的配制方法

(1) 地下槽断开液位控制器。

(2) 在地下槽中加水至离顶盖 30 cm 处，即每次加水 2.0 m^3。

(3) 加入纯碱 40 kg 包装的 10 袋，即 400 kg。

(4) 加入蒽醌磺酸钠 10 kg。

(5) 加入偏钒酸钠 5 kg。

(6) 加入酒石酸钠 2 kg。

(7) 开搅拌机搅拌。

(8) 开直接蒸汽加热，使温度达 80℃左右，溶解时间约 1 h，用眼睛观察完全溶解为止。

(9) 溶解后用地下泵送往贫液槽作补充用。

2) 原始开车脱硫溶液的制备

在系统试压、气密性试验及联动试车后进行原始溶液配制工作。

二脱硫空塔底部停留量50 m^3；水封管线11 m^3，两台再生塔250 m^3；3个循环槽液位2.6 m，225 m^3；共约525 m^3。

地下槽配制一槽加水三槽即可达到需要的溶液组分，共配制原始溶液66槽。

原始开车原材料需要量：

纯碱：66×400=26400(kg)，40 kg包装袋的共660袋。

蒽醌磺酸钠：66×10=660(kg)。

偏钒酸钠：66×5=330(kg)。

酒石酸钠：66×2=132(kg)。

3) 二级脱硫系统

(1) 脱硫液溶液制备量：脱硫填料塔滞留量41 m^3；水封管线9 m^3，喷射再生塔70 m^3；2个循环槽液位2.6 m^3，110 m^3；共约230 m^3。

地下槽配制一槽加水三槽即可达到需要的溶液组分，共配制原始溶液30槽。

原始开车原材料需要量：纯碱30×400=12000(kg)，40 kg包装袋的共300袋。蒽醌磺酸钠30×10=300(kg)，偏钒酸钠30×5=150(kg)。酒石酸钠30×2=60(kg)。

(2) 按脱硫液配制方法配制好两个系统各自需要的槽数溶液，分别送入两个系统各自的贫液槽中储存。

(3) 用地下槽和地下泵向两个系统各自的贫液槽补水。

(4) 分别启动两个系统各自的#1、#2 脱硫泵向脱硫塔送溶液，灌满脱硫塔水封及管线，分别溢流至两个系统各自的富液槽溶液。

(5) 当富液槽液位达1/2时，分别启动再生泵向喷射再生槽送液。

(6) 当系统溶液建立循环后，取溶液样测定溶液中的Na_2CO_3含量达到溶液需要组分后停止加水。

(7) 停止脱硫泵和再生泵，系统备用。

2. 准备工作

1) 开车前的组织工作

在开车前，必须做好如下准备工作，以保证开车的顺利进行：①组织好相应的指挥和操作人员；②制定开工方案和试车规程；③准备好试验所需的工具、用具、分析仪器、测量仪表等；④整理好有关的图纸和安装记录，试验记录报表等有关技术资料；⑤准备好溶液用原料，如纯碱、蒽醌磺酸钠、偏钒酸钠、酒石酸钠等；⑥以水调试再生塔液位调节器的安装位置，确定是否合理。

2) 开车前的检查工作

开车前应按流程分别检查设备、管线、阀门、仪表、压力点、分析点是否齐全；将每个阀门转动一次，检查是否灵活；将测压测温仪表进行校正；接好取样点，满足分析要求。

3. 操作方法

1) 脱硫正常工艺条件

(1) 脱硫泵出口压力＞0.3 MPa。

(2) 再生泵出口压力＞0.4 MPa。

(3) 富液槽液位：2800～3000 mm。

(4) 贫液槽液位：2400～2800 mm。

(5) 脱硫塔出口 H_2S 含量＜50 mg/m^3。

(6) 脱硫溶液组成：Na_2CO_3 40～45 g/L，蒽醌磺酸钠 4～6 g/L，偏钒酸钠 2～3 g/L，酒石酸钠 0.9～1.1 g/L，$Na_2S_2O_3$＜200 g/L。

2) 脱硫开车

脱硫系统煤气一、二级脱硫塔为串联，一、二级溶液为并联，当煤气流量较低或煤气中 H_2S 含量较低时，开一级脱硫系统，出口 H_2S 已达到指标要求，只要开一级脱硫系统即可；当出口 H_2S 超过指标要求时，再开二级脱硫系统。

两套系统开、停车方法相同。

(1) 接到工长开车指令，启动脱硫泵，分别向脱硫塔送脱硫液，并调节脱硫液流量。

(2) 开再生塔顶射流器阀门，再生塔常用 8～10 个射流器，关备用射流器阀门，待脱硫塔溢流后，启动再生泵，分别向再生塔送再生液建立溶液系统循环，每个射流器流量为 25 m^3/h，根据溶液需要量，可以控制射流器的个数。

3) 脱硫停车

停脱硫泵和再生泵即可。

4) 脱硫正常运行操作

(1) 经常注意富液槽的液位在 2.8～3.0 m 范围内，保持停留时间，以保证析硫反应时间，以再生泵和脱硫泵出口流量调节。

(2) 根据溶液组分分析，确定是否补充溶液，如要补充按溶液配制方法在地下槽中配制溶液，溶液组分浓度根据需要可以按比例减少。

(3) 经常注意贫液槽液位，如果液位低于 1/2 时，用地下泵补水或溶液。

(4) 正常运转后，要正确调节液位调节器的液位，保证再生塔泡沫的正常液流，且及时进行硫回收。

(5) 每半小时检查一次所管设备、管道、阀门。

(6) 每小时记录各处温度、压力一次。

3.6 硫黄回收

3.6.1 硫黄性质和用途

硫黄的外观为淡黄色脆性结晶或粉末，有特殊臭味。分子量为 32.06，蒸气压是 0.13 kPa，闪点为 207℃，熔点为 119℃，沸点为 444.6℃，相对密度(水=1)为 2.0。硫黄不溶于水，微溶于乙醇、醚，易溶于二硫化碳[48]。

硫具有较强的化学活泼性，在空气中会生成少量的二氧化硫和硫酸，这种现象尤以升华硫更为显著，硫当温度达到 250℃以上时就会自燃着火。粉状硫属易燃易爆品，与空气混合易产生燃烧爆炸，必须注意保存，避免明火。块状硫比较安全，但也要避免明火。

主要用途：①硫在农业上用作杀虫剂，如石灰硫黄合剂；②硫黄在工业上主要用于制硫酸以及氟化工、柠檬酸、钛白等耗酸工业产品，也可用于制磷肥产品。此外，还用于橡胶、造纸、食品工业、日化助剂、医药、火柴、农药、漂白剂等工业。

3.6.2 硫黄回收工艺

脱硫工段是一个重要的净化工序，而硫泡沫的分离回收则是脱硫工段的重要组成部分。硫泡沫分离得好，对脱硫系统的稳定运行、降低车间成本和减少环境污染都有着积极的推动和保证作用。

湿式氧化法产生的硫泡沫中硫含量较低，一般为 30～70 kg/m^3。硫回收的目的一是使硫变成有用的硫，二是回收脱硫液，若脱硫液如此高地悬浮硫，脱硫无法正常运行，若废弃则消耗太高，运行费用太高，也难以运行，因此，硫泡沫必须回收。硫泡沫回收有两条途径，若黄磷尾气处理量小，硫含量低，硫黄产量不大，可直接生产成硫膏销售；若黄磷尾气处理量大，硫含量高，硫膏量大，因硫膏含水量高，储存困难，应生产块状硫。硫黄回收有如下几种方法[49-52]。

1. 硫泡沫过滤间断熔硫

硫泡沫过滤间断熔硫流程见图 3.20，硫泡沫由脱硫再生送往硫泡沫高位槽(1)，硫泡沫槽设有搅拌机，要经常搅拌，防止硫黄沉积，硫泡沫从高位槽进入真空过滤机(2)进行过滤，真空过滤机转鼓滤布用工业滤布或绒布，滤液吸入减压罐

(3)，然后进入滤液收集槽(7)中储存，减压罐的真空由真空泵(4)提供。真空过滤机转鼓上的硫膏刮入硫膏储槽(5)内，然后硫膏定期加入熔硫釜(6)中，用蒸汽控制釜内压力，费用高。

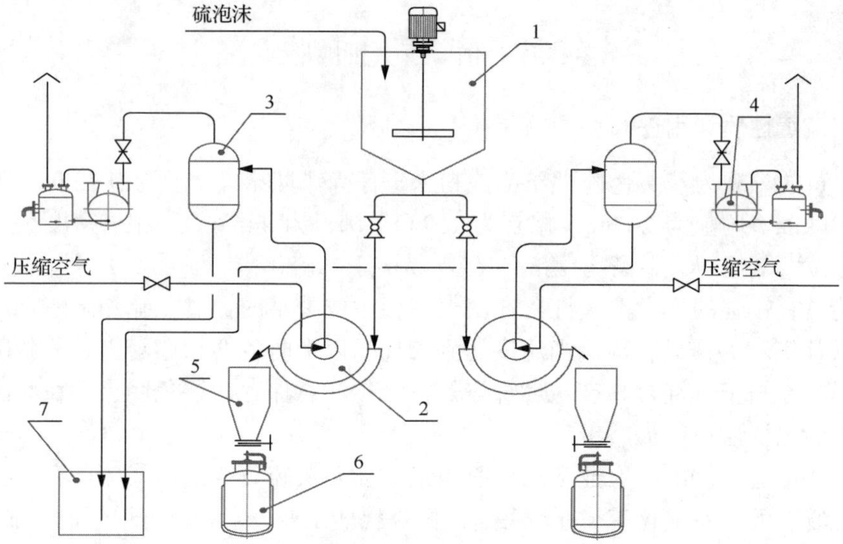

图 3.20　硫泡沫过滤间断熔硫流程

1. 硫泡沫高位槽；2. 真空过滤机；3. 减压罐；4. 真空泵；5. 硫膏储槽；6. 熔硫釜；7. 滤液收集槽

2. 硫泡沫浓缩连续熔硫

硫泡沫浓缩连续熔硫流程见图 3.21。来自脱硫系统的硫泡沫，进入硫泡沫浓缩槽(1)中，清液经静止沉淀与浓缩的硫泡浓缩后得到的硫膏进入浓缩硫泡沫储槽(2)中储存，浓缩硫泡沫储槽设有搅拌机，经常搅拌，防止硫黄沉积，然后用螺杆泵(3)送入连续熔硫槽(4)中。

硫膏在熔硫槽的换热段内与加热熔硫后返回的清液换热升温，然后硫膏下降进入硫膏加热段，硫膏在加热段内经加热、分离、熔融、沉降等过程，熔融硫与脱硫清液分离，呈液态硫黄继续下降至储硫段。在储硫段内，熔融硫经排硫装置断续排至硫磺成型槽中，经自然冷却凝固后倒出即为硫黄块。

加热段分离出来的高温清液向上进入换热段并同下降的硫膏间接逆流换热降温后，从熔硫釜顶部排出进入分离液储槽(5)内储存并自然冷却，然后回流至脱硫系统。

在熔硫过程中，加热蒸汽量由熔硫温度自动控制，操作压力在熔硫操作温度所需的压力由清液排出管处的调节阀自动控制。

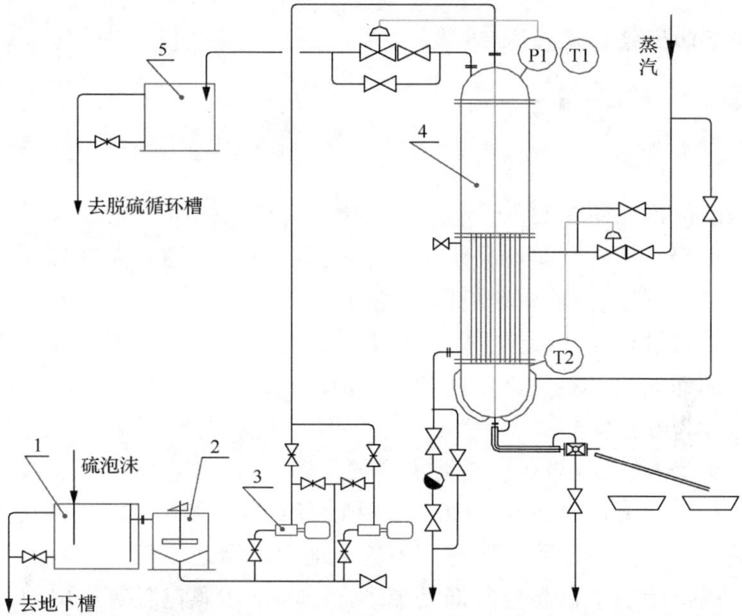

图 3.21　硫泡沫浓缩连续熔硫流程

1. 硫泡沫浓缩槽；2. 浓缩硫泡沫储槽；3. 螺杆泵；4. 连续熔硫槽；5. 分离液储槽

3. 硫泡沫生产硫膏

硫泡沫生产硫膏流程见图 3.22，硫泡沫自再生槽进入硫泡沫储槽(1)，再用硫泡沫泵(2)送往硫泡沫高位槽(3)储存，然后用离心机(4)分离，分离出来的脱硫液进入地下槽(5)，再用地下泵(6)返回脱硫液循环槽。硫泡沫经离心机分离后即为硫膏。

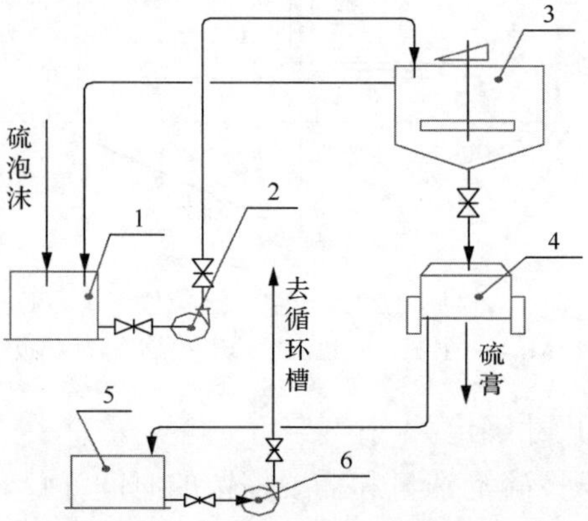

图 3.22　硫泡沫生产硫膏流程

1. 硫泡沫储槽；2. 硫泡沫泵；3. 硫泡沫高位槽；4. 离心机；5. 地下槽；6. 地下泵

3.6.3　硫黄回收设备计算及选型

1. 间断熔硫设备计算及选型

1) 硫泡沫高位槽

硫泡沫高位槽见图 3.23。硫泡沫高位槽设有搅拌机(4)，经常搅拌，防止硫黄积聚，但速度慢，搅拌桨桨叶采用平直桨叶式，搅拌桨用夹壳联轴器与行星减速机(9)连接，行星摆线针轮减速机固定在机架(8)上。

硫泡沫槽内设有 4～8 块挡板(7)，其作用是消除搅拌时整个液体随搅拌机旋转，将液体的切向流动转变为轴向和径向流动，增大液体湍动程度，提高搅拌效果。挡板宽度为 0.1D。

底部设有出液管(6)与真空过滤机进液管连接。

硫泡沫高位槽离顶面 200～300 mm 处设有溢流管(5)，当液面到达溢流管处，自动返回硫泡沫储槽中，防止硫泡沫溢流至地面，污染环境。

硫泡沫高位槽要求自高处向低处流动，一般都按照在脱硫厂房的二层或三层承重梁上，受空间高度的限制，因此，圆筒高和锥体高也受到限制。

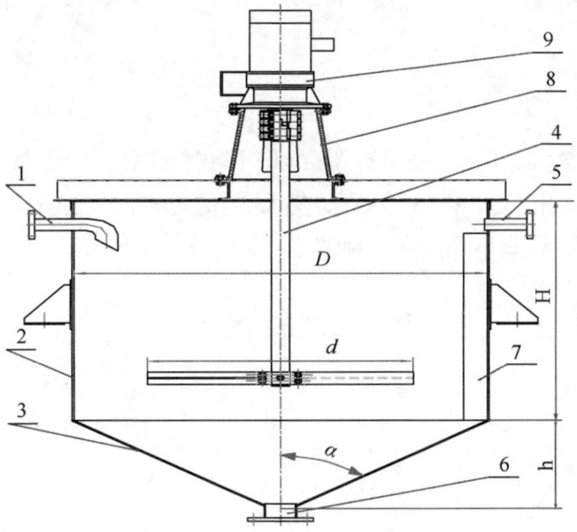

图 3.23　硫泡沫高位槽

1. 进液管；2. 圆筒；3. 锥体；4. 搅拌机；5. 溢流管；6. 出液管；7. 挡板；8. 机架；9. 行星减速机

A. 硫泡沫槽几何尺寸确定

硫泡沫高位槽容积按硫泡沫量和需要停留的时间计算。

硫泡沫高位槽容积：

$$V = \frac{G \cdot t}{C_L \cdot \psi} \quad (3\text{-}87)$$

式中，V 为硫泡沫高位槽容积，m^3；G 为硫黄量，kg/h；t 为硫泡沫停留或储存时间，h；C_L 为硫泡沫中硫黄含量，kg/m^3；ψ 为设备充满系数，%。

硫泡沫高位槽总容积为圆筒容积 V_1 和圆锥容积 V_2 之和。圆筒高度 H 从操作方便和允许空间高度决定，高度定了，圆筒直径由下式计算：

$$D = \sqrt{\frac{V_1}{0.785 \cdot H}} \quad (3\text{-}88)$$

式中，D 为圆筒直径，m；V_1 为圆筒容积，m^3；H 为圆筒高度，m。

锥体容积 V_2 由圆筒直径和圆锥高度决定，圆锥高度由锥体斜壁与中心线夹角 α 决定，α 与介质流动性有关，主要是防止悬浮物沉积流不下来，不易流动的介质 α 越小越易流动，但锥体高度高了，占据空间太多。为了防止硫黄流不下来，硫泡沫高位槽设有搅拌装置，因此，α 可由允许空间高度决定。锥体容积按下式计算：

$$V_2 = \frac{0.1308 \cdot D^3}{\tan\alpha} \quad (3\text{-}89)$$

锥体高度按下式计算：

$$h = \frac{D}{2\tan\alpha} \quad (3\text{-}90)$$

锥体容积 V_2 与圆筒直径 D、锥角 α、锥体高 h 关系计算结果见表 3.13。

表 3.13　锥体直径与容积、锥角(α)、锥体高数据表

直径 D	锥体容积 V_2/m^3					锥体高 h/mm				
	α=35°	α=40°	α=45°	α=50°	α=55°	α=35°	α=40°	α=45°	α=50°	α=55°
1600	0.668	0.638	0.536	0.450	0.375	1142	953	800	671	560
1800	0.951	0.909	0.763	0.64	0.534	1285	1073	900	755	630
2000	1.304	1.247	1.046	0.878	0.733	1428	1192	1000	839	700
2200	1.736	1.66	1.393	1.169	0.957	1571	1311	1100	923	770
2400	2.254	2.155	1.080	1.517	1.266	1714	1430	1200	1007	840
2600	2.865	2.740	2.300	1.929	1.610	1857	1549	1300	1091	910
2800	3.579	3.422	2.871	2.409	2.01	2000	1668	1400	1175	980
3000	4.402	4.209	3.532	2.963	2.473	2142	1788	1500	1259	1050
3200	5.342	5.108	4.286	3.596	3.00	2285	1907	1600	1343	1120

计算步骤：①确定空间允许高度；②初步确定 H 和 h 的分配数；③根据 H 估算硫泡沫槽的直径；④锥体容积和锥体高；⑤重新计算，直至满足设定要求。

B. 搅拌机功率计算

(1) 平直桨叶尺寸：桨叶直径取为 d=0.4～0.65D；桨叶宽取为 b=0.08～0.1d；桨叶片数 Z=2。

(2) 搅拌机转速 28～32 r/min。

(3) 硫泡沫为硫黄固体与脱硫液的悬浮物。

混合物平均重度按下式计算：

$$\rho=\phi\rho_S+\rho_L(1-\phi) \tag{3-91}$$

式中，ρ 为硫泡沫平均重度，kg/m^3；ρ_S 为硫黄重度，kg/m^3；ρ_L 为脱硫液重度，kg/m^3；ϕ 为硫黄的容积分率，%(体积分数)。

$$\phi=\frac{1}{1+\dfrac{\rho_s x_w}{\rho_w x_{ws}}} \tag{3-92}$$

式中，x_w 为液体质量，kg；x_{ws} 为固体质量，kg。

平均黏度计算：当 ϕ＜1 时，

$$\overline{\mu}=(1+2.5\phi)/100[\text{kg}/(\text{m}\cdot\text{s})] \tag{3-93}$$

C. 搅拌功率计算

平直桨叶式全挡板搅拌功率按层流计算：

$$N=\frac{33\mu n^2 d^3}{102g}(\text{kW}) \tag{3-94}$$

式中，μ 为脱硫液黏度，kg/(m·s)。

硫泡沫高位槽计算实例。基础数据：①硫黄回收量 50 kg；②硫泡沫含硫黄量 C_L=50 kg/m^3；③设设备充满率 ψ=80%；④硫泡沫在槽中停留时间 t=6 h；⑤空间允许高度约为 2.8 m，圆筒允许高度 1.8～2 m；⑥硫磺重度 ρ_S=2000(kg/m^3)；⑦脱硫液重度 ρ_L=1050kg/m^3；⑧桨叶 d=1200 mm。

硫泡沫高位槽总容积：

$$V=\frac{G\cdot t}{C_L\cdot\psi}=\frac{50\times 6}{50\times 0.8}=7.5(\text{m}^3)$$

圆筒高初设 H=1.8 m，圆筒容积 V_1 设为 6.3 m^3，圆筒直径计算：

$$D = \sqrt{\frac{6.3}{0.785 \times 1.8}} = 2.11(\text{m})$$

直径取为 2200 mm，V_1=6.84 m^3，得 α=50°，容积 V_2=1.17 m^3，h=923 mm，满足要求。

液体质量：x_w=1050 kg。

固体质量：x_{ws}=50 kg。

$$\phi = \frac{1}{1 + \dfrac{\rho_s x_w}{\rho_w x_{ws}}} = \frac{1}{1 + \dfrac{2000 \times 1050}{1050 \times 50}} = 0.0244$$

平均黏度：$\bar{\mu} = (1 + 2.5\phi) = (1 + 2.5 \times 0.0244)/100 = 0.0106\ [\text{kg}/(\text{m} \cdot \text{s})]$。

搅拌功率计算

$$N = \frac{33\mu n^2 d^3}{102g} = \frac{33 \times 0.0106 \times 30^2 \times 1.2^3}{102 \times 9.81} = 0.54(\text{kW})$$

2) 真空过滤

A. 转鼓真空过滤机

最早的过滤大多为重力过滤，后来采用加压过滤提高了过滤速度，进而又出现了真空过滤。20 世纪初发明的转鼓真空过滤机实现了过滤操作的连续化。此后，各种类型的连续过滤机相继出现，有连续式真空过滤机、圆盘真空过滤机、转台真空过滤机、翻盘式真空过滤机及带式真空过滤机等，硫泡沫过滤多采用传统转鼓真空过滤机。

转鼓真空过滤机是以负压作过滤推动力，过滤面在圆柱形转鼓表面上，为连续式过滤机的一种。它有一水平转鼓，鼓壁开孔，鼓面上铺以支承板和滤布，构成过滤面。过滤面下的空间分成若干隔开的扇形滤室。各滤室有导管与分配阀相通。转鼓每旋转一周，各滤室通过分配阀轮流接通真空系统和压缩空气系统，顺序完成过滤、洗渣、吸干、卸渣和过滤介质(滤布)再生等操作。

转鼓真空过滤机结构由转鼓错气部分和分配头、主轴承、盛液槽和刮刀、搅拌器、变速减速器和传动装置及淋洗装置等部分组成。

铸铁转鼓鼓身是一个有夹层壁的空心圆鼓，内层鼓壁为圆锥形圆筒，筒外与可分拆的外层壁间，分为 14 个小室。小室间的隔板及通道一起铸成，每间小室外安装有多孔滤板。多孔滤板用螺栓固定在鼓身上，多孔滤板间留有凹槽，槽内可嵌入压条，压条将滤布压紧，再用退火不锈钢丝以螺旋形式捆紧。

转鼓的前端有空心轴，转鼓的后端连接多孔错气轴，空心轴及错气轴安装在滑动轴承上，轴承座装在盛液槽上部边上。

错气轴端外为错气盘座，错气盘座有固定错气盘和旋转的分配头各一块。

错气盆不转动，其内侧端面上开有分区弧形槽，分别与外侧的接管连通。错气盘与分配头摩擦面光滑紧密贴合，不允许泄漏。分配头有一圈孔，每个孔与转鼓上对应的一个滤室相连。错气盘各弧形槽顺序与分配头上的孔相通，旋转的滤室即可与固定的真空或压缩空气系统顺序连接，使过滤操作循环进行。

盛液槽是储存硫泡沫用的，槽为四方形，后端有进料口，前后端设有废液排出口，可用清洗排渣用。后端右侧设有溢流口，以保证槽内所盛硫泡沫保持一定液位。

盛液槽内装有搅拌器需不断搅拌，防止硫磺沉淀。盛液槽右侧偏心轴轮拖动搅拌器桨叶，在转鼓以下一定距离处，做往复摆动。

在转鼓的整个过滤面上，由分配阀沿圆周分成四个区：①过滤区，该区约占圆周的65%，此区与真空系统相通，从过滤机料槽中吸取硫泡沫，硫膏截留在转鼓表面的滤布上，脱硫液被真空吸走收集；②洗渣，该区约占10%，在该区上方设有喷水管，加少量的清水洗涤硫膏，洗液也被真空一起吸走；③吸干区，该区占20%，该区与压缩空气相通，用压缩空气吹干硫膏，同时将硫膏吹松易脱落；④卸渣区，该区约占5%，用过滤机的刮刀，将硫膏刮入硫膏储槽中。

过滤时转鼓下部沉浸在悬浮液中缓慢旋转。沉没在悬浮液内的滤室与真空系统连通，滤液被吸出过滤机，固体颗粒则被吸附在过滤面上形成滤渣。滤室随转鼓旋转离开悬浮液后，继续吸去滤渣中饱含的液体。当需要除去滤渣中残留的滤液时，可在滤室旋转到转鼓上部时喷洒洗涤水，洗涤水透过滤渣层置换颗粒之间残存的滤液。这时滤室与压缩空气系统连通，反吹滤布松动滤渣，然后卸除已经吹干的硫膏，由刮刀刮下硫膏。压缩空气继续反吹滤布，可疏通孔隙，使之再生。

转鼓转速多数为每转 0.1～10 min。操作真空的绝对压力为 2.5～8 kPa。这种过滤机处理能力大，操作方便，硫膏可以洗涤。

吹风用空气压力一般 0.025～0.05 MPa。

B. 转鼓真空过滤机及附属设备选型

转鼓真空过滤机计算公式为

$$F=Q\cdot C_s/U \tag{3-95}$$

式中，F 为需要真空过滤面积，m^2；Q 为硫泡沫处理量，m^3/h；C_s 为硫泡沫含硫量，kg/m^3；U 为过滤速率，$kg/(m^2\cdot h)$，硫泡沫用真空过滤机过滤，过滤速率一般为 60～80 $kg/(m^2\cdot h)$。

配套的附属设备选型参数见表 3.14。

表 3.14　真空过滤机附属设备选型参数表

参数	选型		
需要真空过滤面积/m^2	0.5～1	2～3	5
单位过滤面积真空吸气量/[m^3/($m^2\cdot$min)]	0.5～1.5	0.5～1.5	0.5～1.5
需要真空泵能力/(m^3/min)	0.5～1.5	1～3	2.5～7.5
单位过滤面积压缩空气量/[m^3/($m^2\cdot$min)]	0.1～0.4	0.1～0.4	0.1～0.4
需要压缩机能力/(m^3/min)	0.1～0.4	0.2～0.8	0.5～2.0
接受槽容积/m^3	1	1.5	3

根据计算结果，参照上述参数选择真空过滤机及其附属设备的规格。

C. 真空过滤机选型实例

硫泡沫量 2 m^3/h；硫泡沫含硫磺量 C_L=50 kg/m^3；转鼓真空过滤机过滤速率一般为 60～80 kg/(m·h)，取 U=70 kg/($m^2\cdot$h)。

真空过滤机需要过滤面积：

$$F=2\times 50/70=1.43\,(m^2)$$

选转鼓真空过滤机型号为 G/2-1，一台。

真空泵吸气能力 0.5～1.5 m^3/h，压缩机空气量，0.1～0.4 m^3/h。

3) 戈尔薄膜过滤器

近年来，我国采用美国戈尔公司开发研究的戈尔薄膜液体过滤器回收硫膏，已成功地运用于生产实践中。

戈尔薄膜过滤器拥有膨体聚四氟乙烯专利技术，其原理分过滤、反冲洗和滤饼排出等过程，见图 3.24。

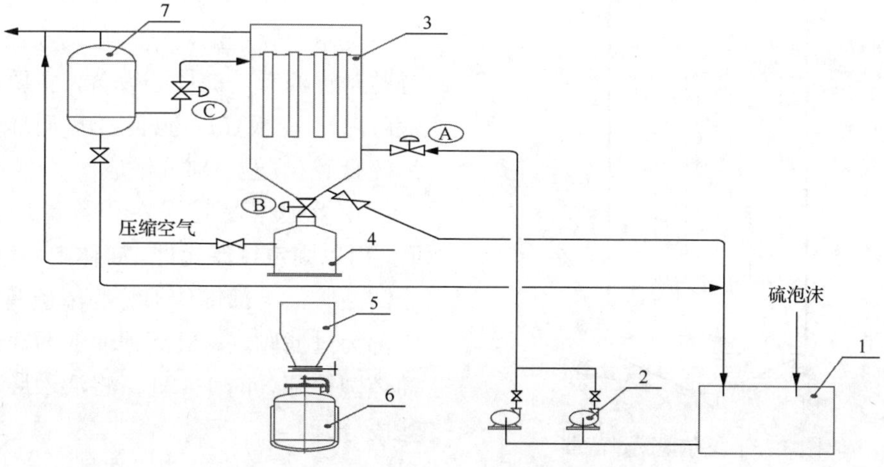

图 3.24　戈尔薄膜过滤间断熔硫流程

1. 硫泡沫储槽；2. 硫泡沫泵；3. 戈尔薄膜过滤器；4. 脱水器；5. 硫膏储槽；6. 熔硫釜；7. 液封槽

来自再生槽的硫泡沫，流入硫泡沫储槽(1)，用硫泡沫泵(2)打入戈尔薄膜过滤器(3)，在滤芯两侧形成 0.11～0.15 MPa 的压差，清液透过膨体聚四氟乙烯滤芯进入并上升至清液腔，清液自上部溢流出来返回脱硫系统循环使用。硫黄颗粒被拦截在滤芯外表面，形成滤饼。

随着过滤的进行，滤饼厚度增加，过滤阻力增大，以秒计的瞬时反流形式反冲洗，将滤饼从滤芯表面全部冲洗下来，此时，通过自动控制系统关闭硫泡沫进料阀 A，打开反冲阀 C，进入反冲洗膜状态，靠液封槽与过滤器之间的位差，清液逆向流动，将滤芯表面的滤饼反冲至污液腔，滤饼在污液腔沉降到底部，关闭反冲阀 C，反冲结束。系统重新进入过滤状态。循环往复，整个过程自动控制。当底部滤饼积累到一定量时，系统自动打开底部排渣阀 B，将滤饼排至脱水器。排出的滤饼含水量 30%左右。脱水器(4)是安装在过滤器底部，利用气压原理，通入压缩空气，进一步脱出滤饼中的水分。

脱水器操作时，关闭排渣阀 B，由进气口通入 0.3 MPa 的压缩空气，向下挤压硫膏，硫膏中的水分从 70%～80%脱至 40%～50%，清液通过滤布排出，返回脱硫系统。硫则进入熔硫釜，进一步熔制成硫块。

液封槽(7)的作用是在过滤时形成液封，反吹滤饼时反冲阀打开，过滤器与液封槽之间形成一定的位差，使得清液反流，滤饼从薄膜表面脱落。

A. 自动控制系统

自动控制系统由工业控制器 PLC、气动总成和一组挠性阀组成。PLC 控制流程在出厂前已调试完毕，现场安装时根据不同特性的过滤物料调整每个状态运行时间，通过电磁阀组和挠性阀组自动完成过滤—反冲—排渣等全过程。

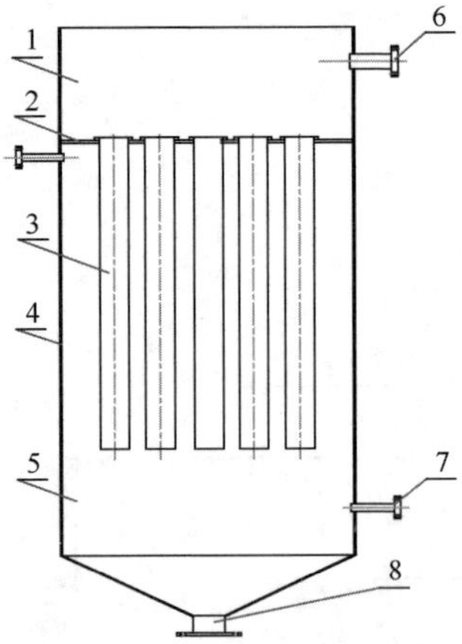

图 3.25　戈尔薄膜过滤器

1. 清液腔；2. 花板；3. 滤芯；4. 筒体；5. 清液出口；6、浓硫膏腔；7. 硫泡沫进口；8. 硫膏出口

B. 戈尔薄膜过滤器结构

戈尔薄膜过滤器结构见图 3.25，它是整个过滤系统的核心设备，主要由清液腔(1)、花板(2)、滤芯(3)、筒体(4)、浓硫膏腔(6)五个部分组成。

花板根据滤芯规格和数量均匀开孔，用以固定过滤元件。筒体上部敞口，为清液腔，下部锥体部分为浓硫膏腔，中部为过滤段，花板离顶面的距离约为筒体圆筒部分的1/4 处，将清液腔与过滤段分开。

C. 戈尔薄膜过滤器选型

戈尔薄膜过滤器计算公式为

$$N=Q/F\cdot U \tag{3-96}$$

式中，N 为滤袋数量，个；Q 为硫泡沫处理量，m^3/h；U 为过滤速率，$m^3/(m^2\cdot h)$（通过现场实验确定）；F 为一个滤袋的过滤面积，m^2。

根据上式计算得出的滤袋数量，考虑今后扩建的需要和理论与实际的偏差，进行适当放大，一般放大 20%～40%，从而确定过滤器尺寸。

D. 主要技术特点

戈尔薄膜过滤器与传统转鼓过滤机相比，具有以下特点：过滤精度高，分离效果好；摩擦系数低，不堵塞；滤饼反冲容易所需时间短（10～20 s），与过滤时间相比，几乎可以忽略不计，可以看作连续过滤；滤袋清洗更换方便，坏一个换一个，经济、省力；使用寿命长（一般在两年以上）。

戈尔薄膜过滤技术用于煤气中含焦油较少的场合是适用的，戈尔过滤技术应用于硫泡沫分离有许多突出的优点，但也有其局限性，选用时要全面考虑。

E. 应用实例

通海氮肥厂现有合成氨生产能力为 3 万 t/a，以粉煤（碳化煤球）为原料制取半水煤气，半水煤气中含硫化氢较高（7～10 g/m^3）。硫泡沫处理量 3～5 m^3/h，含固量 50～70 kg/m^3，90%硫黄颗粒粒径大于 1.0 μm。通过现场测定，过滤速率取 0.5 $m^3/(m^2\cdot h)$，过滤器过滤面积 10 m^2，过滤器直径 DN 1000 mm，高 4500 mm。

过滤器底部安装脱水器硫膏经排渣阀后进入脱水器进一步脱水含水 40%～50%，再送入熔硫釜，熔制成精硫黄。这样既节省了蒸汽消耗，缩短了熔硫时间，又提高了硫黄的收率。

4）间断熔硫釜

间断熔硫釜为传统硫膏熔融的必需设备。熔硫釜为夹套容器，夹套内通蒸汽对硫泡沫进行加热，当温度达 120℃以上时，硫黄熔融沉于釜底部，从底部保温旋塞阀排出。间断熔硫釜结构简单、易操作，但劳动强度大。它主要由筒体（1）、蒸汽夹套（3）及加料孔三部分组成，蒸汽从蒸汽进口管（2）进入夹套进行加热，冷凝液从底部保温旋塞阀（5）排出。间断熔硫釜熔结构见图 3.26。熔硫釜的顶部安装一个快开人孔（4）。装料时，打开人孔，将硫膏从人孔装入釜内，装完后装好人孔，并上紧，不允许漏气。从熔硫釜底部直至顶部设置夹套，供蒸汽加热用，必须耐蒸汽压力。底部安装有保温旋塞阀，熔融后的硫从保温旋塞阀排出。

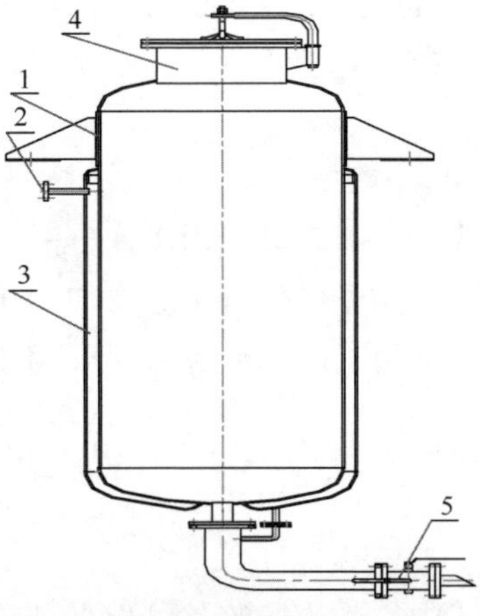

图 3.26　间断熔硫釜结构

1. 筒体；2. 蒸汽进口管；3. 蒸汽夹套；4. 快开人孔；5. 保温旋塞阀

熔硫釜蒸汽消耗量计算：

A. 熔硫釜热消耗量

硫膏从室温升至需要温度时消耗的热量：

$$q_1=G_{ss}\cdot C_{ss}\cdot(t_2-t_1) \tag{3-97}$$

式中，q_1 为硫膏升温消耗的热量，kJ；G_{ss} 为每釜硫膏量，kg；C_{ss} 为硫膏比热，(kJ/kg)·℃；t_1 为室温，℃；t_2 为升温需要温度，℃。

硫黄融化热：

$$q_2=(1-\phi)G_{ss}\cdot I \tag{3-98}$$

式中，q_2 为硫黄熔融需要的热量，kJ；ϕ 为硫膏含水量，%；I 为硫黄熔融热，38.7 kJ/kg。

熔硫釜壁散热损失：根据《工业设备及管道绝热工程设计规范》4.4 节公式计算：

B. 圆筒形单层绝热结构热损失按下式计算：

$$Q=\frac{T_0-T_a}{\frac{D_1}{2\lambda}\ln\frac{D_1}{D_0}+\frac{1}{a_s}} \tag{3-99}$$

式中，Q 为以每平方米绝热外表面积表示的热损失量，W/m^2；T_0 为设备外表面温度，℃；T_a 为环境温度，℃；室外取冬季极端最低平均温度。D_1 为设备外径，m；D_0 为绝热层外径，m；λ 为绝热层导热系数，W/(m·℃)。α_s 为保温结构表面放热系数，W/(m^2·℃)，以下式计算：

$$\alpha_s=1.163\times(10+6\sqrt{w})\,[\mathrm{W/(m^2\cdot ℃)}] \tag{3-100}$$

式中，w 为年平均风速，m/s，取冬季最多风速平均风速。

当无风值时，α_s 可取为 11.63 W/(m^2·℃)。

为了工艺计算统一，将上述计算结果按下式进行单位换算：

$$1\mathrm{W/m^2}=0.8595\ \mathrm{kcal/(m^2\cdot h)}=3.5986\mathrm{kJ/(m^2\cdot h)} \tag{3-101}$$

$$q_3=F\cdot Q \tag{3-102}$$

式中，q_3 为熔硫釜外壁散热损失，kJ/次；F 为保温外壳面积，m^2。

热总消耗量：

$$Q=q_1+q_1+q_3 \tag{3-103}$$

蒸汽消耗量：

$$D=\frac{Q}{(I_1-I_2)\cdot\tau} \tag{3-104}$$

式中，D 为蒸汽消耗量，kg；I_1 为蒸汽在 0.4 MPa 下的热焓，kJ/kg；I_2 为沸腾水热焓，kJ/kg。

C. 熔硫釜蒸汽消耗计算实例

a) 基础数据

熔硫釜规格：内径 ϕ900 mm，H=3300 mm，容积 2 m^3。夹套外径 ϕ1020 mm。

硫膏含水率 40%，硫膏重度 1600 kg/m^3，硫膏比热 1.8 kJ/kg。

充满率 70%，有效容积 0.7×2=1.4 (m^3)。

熔硫釜筒体外采用硅酸铝纤维保温层，保温厚度 140 mm，λ=0.056 W/(m·℃)；保温外径 D_1=保温外径 ϕ1300 mm，保温高度 H=3.2 m，外壳表面面积 F=14.9 m^2。

设备壳体温度，T_0=130℃。

室内温度，T_a=15℃。

室内无风值，11.63 W/(m^2·℃)。

加热蒸汽压力 0.4 MPa，饱和温度 150℃。

饱和蒸气焓，I_1=2746.5 kJ/kg。

沸腾水 130℃时焓，I_2=636.8 kJ/kg。

b) 计算

设备一次进硫膏量：G_{ss}=1.4×1600=2240 (kg/次硫膏)。

干硫黄量：G_s=(1–0.4)×2240=1344 (kg/次硫黄)。

将硫膏从室温 15℃加热至需要温度 130℃需要的热量：

$$q_1=2240\times1.8\times(130-15)=463680\ (\text{kJ/次})$$

硫黄熔融需要热量：

$$q_2=1344\times38.7=52012.8\ (\text{kJ/次})$$

熔硫釜壁散热量：操作时间 3.5 h，熔硫釜安装在室内，无风值，取 α_s=11.63 W/(m^2·℃)，

$$Q=\frac{T_0-T_a}{\dfrac{D_1}{2\lambda}\ln\dfrac{D_1}{D_0}+\dfrac{1}{a_s}}=\frac{130-15}{\dfrac{1.3}{2\times0.056}\times\ln\dfrac{1.3}{0.92}+\dfrac{1}{11.63}}=28.5[\text{W}/(\text{m}^2\cdot{}^\circ\text{C})]$$

$$Q_3=14.9\times28.5\times3.5986\times3.5=5348.5\ (\text{kJ/次})$$

热总消耗量 Q=521043.4 kJ/次；0.4 MPa 蒸汽热焓 I_1=2746.5 kJ/kg；冷凝水焓 I_2=636.8 kJ/kg。

熔硫操作时间 3.5 h，每小时蒸汽消耗量：

$$D=\frac{521043.4}{(2746.5-636.8)\times 3.5}=70.6(\text{kg / h})$$

每吨硫黄蒸汽消耗量：

$$D=70.6\times 3.5/1.344=184(\text{kg/吨硫黄})$$

2. 硫泡沫浓缩连续熔硫设备计算及选型

1) 硫泡沫浓缩槽

A. 硫泡沫浓缩槽结构

硫泡沫浓缩槽为钢制圆筒，平底，结构简单，见图 3.27。它由筒体(1)、进液管(2)、清液出口管(3)和浓缩硫膏出口管(4)所组成。硫泡沫浓缩槽结构简单，却发挥了很大的作用，有取代传统硫泡沫高位槽和真空过滤机复杂工艺之势。

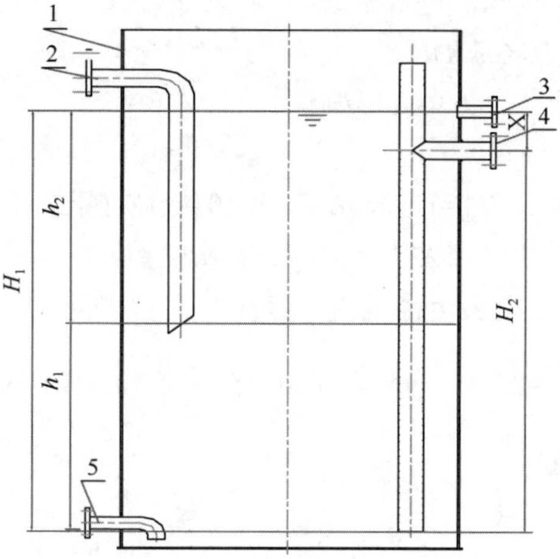

图 3.27　硫泡沫浓缩槽

1. 筒体；2. 进液管；3. 清液出口管；4. 浓缩硫膏出口管；5. 排空管

硫泡沫自进液管进入硫泡沫浓缩槽中部，利用硫黄和脱硫液重度不同，较轻的脱硫液向液面上升，清液从清液出口管排出，返回脱硫系统。脱硫液在上升过程中，较重的硫黄靠重力向下运动，直达浓缩槽底部从浓缩硫膏出口排出，送往硫膏储槽中。

硫泡沫浓缩槽的作用是将硫黄和脱硫液自动分离。自动分离的两个出口管，一个在轻液表面，离浓缩槽顶部一定的空间约 250～300 mm。一个是插在重液底部的三通管离底部 100～150 mm 的位置上，必须是三通，直通管直通浓缩槽顶面与大气相通，其作用一是与大气压力平衡，防止液面波动；二是防止堵塞，若发现不流硫膏时应人工进行疏通；横管在清液出口管下面一定的位置上。横管的位置与清液出口管有一定的位差，根据轻重液需要分离的高度，横管在上部一定的位置引出，由于相对密度不同产生一定的位差，位差一定，分离高度就一定了。

硫泡沫分离速度与温度有关，当北方冬季温度不能维持温度时，应用直接蒸汽加热维持温度，为了防止直接蒸汽加热发出噪声，应用无声喷嘴加热，蒸汽从喷嘴喷出，从吸液口吸入液体而消音。该喷嘴在蒸汽压力 0.4 MPa 下，蒸汽用量 200 kg/h。

B. 硫泡沫浓缩槽计算

硫泡沫中 90%硫黄颗粒粒径大于 1.0 μm，在浓缩槽中沉淀，沉淀速度在斯托克斯(Stokes)公式范围内，下沉速度按斯托克斯公式计算：

$$u = \frac{1}{18}\frac{\rho_S - \rho_L}{\mu} g d^2 \tag{3-105}$$

式中，u 为颗粒沉淀速度，cm/s；ρ_S 为硫黄重度，g/cm^3；ρ_L 为脱硫液重度，g/cm^3；d 为硫黄颗粒粒径，cm。

硫黄颗粒小于 1 μm 部分属胶体布朗运动的特性，不能用沉淀方法处理，仍然留在脱硫液中，造成脱硫液悬浮硫含量高，这是浓缩槽的弱点。黄磷尾气脱硫工艺采用全空塔流程，对脱硫液悬浮硫影响不大。

μ 为硫泡沫绝对黏度，g/(cm·s)，脱硫液属稀碳酸钠溶液，脱硫液的黏度相当于水的黏度，硫泡沫含有硫黄，硫泡沫黏度按式(3-93)计算。脱硫液在 38℃时的黏度为 0.685 cP(厘泊)。

硫泡沫含硫黄量高，在浓缩槽中发生颗粒干扰的拥挤沉淀，拥挤沉淀的沉淀速度减慢，需要加悬浮物特性系数 K 校正，学者根据浑水试验提出如下特性系数，硫泡沫沉淀有相似之处，采用该特性系数使用，可满足要求。

$$K = 10^{-2.48C_s} \tag{3-106}$$

式中，C_s 为悬浮物体积浓度，用小数表示。

拥挤沉淀速度按下式计算：

$$U_Y = K \cdot u \tag{3-107}$$

硫泡沫流动速度必须小于拥挤沉淀速度。

硫黄沉淀速度计算：

硫黄重度：ρ_S=2 g/cm^3；

脱硫液重度：ρ_L=1.05 g/cm^3；

脱硫液绝对黏度：$\mu=1.1\times0.685\times10^{-2}=0.754\times10^{-2}$ g/(cm·s)；

硫黄自由沉淀速度：$\frac{1}{18}\times\frac{2-1.05}{0.754\times10^{-2}}\times9.81\times d^2=68.667d^2(\mathrm{cm/s})$；

当硫黄粒径为 d=0.01 cm 时，硫黄自由沉淀速度：$\frac{1}{18}\times\frac{2-1.05}{0.754\times10^{-2}}\times9.81\times0.01^2=6.8667\times10^{-3}(\mathrm{cm/s})$；

C_s 在硫泡沫高位槽计算实例中得：C_s=0.0244；

特性系数：$K=10^{-2.48\times0.0244}=0.87$；

拥挤沉淀速度：$U_Y=0.87\times6.8667\times10^{-3}=5.974\times10^{-3}$ (cm/s)；

为方便工程计算，将拥挤沉淀转化为 m/h 计(表 3.15)。

$$U_Y'=3600/100U_Y=36U_Y$$

表 3.15　硫黄沉淀速度

粒径	μ	1	1.5	1.75	2	2.25	2.5	2.75	3
	cm	0.01	0.015	0.0175	0.02	0.0225	0.025	00275	0.03
$U=68.667\ d^2$	$\times10^{-3}$ (cm/s)	6.867	0.015	0.021	0.027	0.035	0.043	0.052	0.062
$U_Y=0.87\ U$	$\times10^{-3}$ (cm/s)	5.974	0.013	0.18	0.024	0.03	0.037	0.045	0.054
$U_Y'=36\ U_Y$	(m/h)	215	0.48	0.66	0.86	0.97	1.19	1.45	1.94

硫黄沉淀速度与硫黄粒径的平方成正比，粒径越大沉淀速度越快，沉淀速度越快浓缩槽截面积越小；反之，粒径越小沉淀速度越慢，沉淀速度越慢浓缩槽截面积越大，要使硫泡沫中的硫颗粒完全分离，需要很大容积，占地面积大，且投资也大，要总体考量。

硫泡沫浓缩槽硫泡沫流动速度要比拥挤沉淀速度小，可从图 3.28 曲线选取。如果硫泡沫浓缩槽容积已定，可从曲线查出硫黄分离程度。

硫泡沫浓缩槽容积按硫泡沫量、沉淀时间和拥挤沉淀速度计算。

硫泡沫浓缩槽容积：

$$V=\frac{G\cdot t}{C_L\cdot\psi}\tag{3-108}$$

式中，V 为硫泡沫高位槽容积，m^3；G 为硫黄量，kg/h；t 为硫泡沫停留或储存时间，h；C_L 为硫泡沫中硫黄含量，kg/m^3；ψ 为设备充满系数，%。

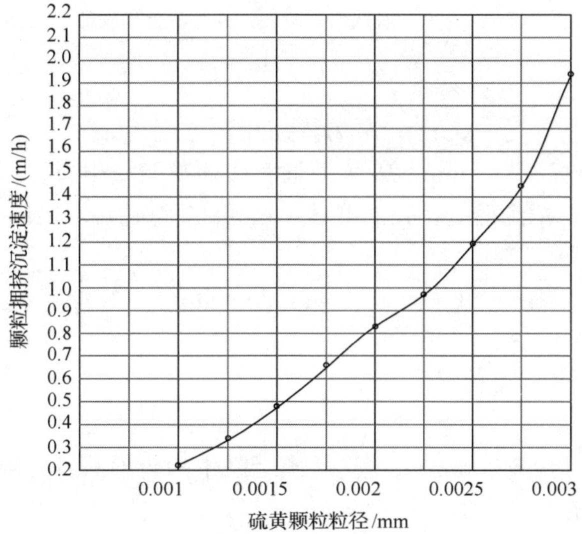

图 3.28　硫黄粒径与沉淀速度曲线

硫泡沫浓缩槽直径按下式计算：

$$D = \sqrt{\frac{V}{0.785U_{\mathrm{Y}}}} \tag{3-109}$$

式中，D 为硫泡沫浓缩槽直径，m；V 为硫泡沫浓缩槽容积，m^3；U_{Y} 为硫黄拥挤沉淀速度，m/h，查图 3.28 曲线。

硫泡沫浓缩槽高度按下式计算：

$$H = \frac{V}{0.785D^2} \tag{3-110}$$

式中，H 为硫泡沫浓缩槽高度，m。

硫泡沫浓缩槽在分离过程中会出现清液和重液交界面，交界面上部为清液区，高度为 h_1，重度为 ρ_{L}；交界面，下部为重液区，高度为 h_2，重度为 ρ_{S}。清液区高度一般为全高的 2/3。管口位差其计算方法如下：

$$H_1=h_1+h_2$$

$$h_1\times\rho_{\mathrm{L}}+h_2\times\rho_{\mathrm{S}}=H_2\times\rho_{\mathrm{S}}$$

$$H_1=X+H_2$$

$$H_2=H_1-X$$

整理后得

$$X=\frac{H_1\rho_S-(h_1\cdot\rho_L+h_2\cdot\rho_S)}{\rho_S} \tag{3-111}$$

式中，ρ_L为脱硫液重度，kg/m^3；ρ_S为浓缩硫膏重度，kg/m^3；h_1为脱硫液液位，mm；h_2为浓缩硫膏液位，mm；H_1为三通管底面与清液出口管高度，h_1+h_2，mm；H_2为三通管底面与浓缩硫膏出口管高度，mm；X为脱硫液出口管与浓缩硫膏出口管位差，mm。

浓缩槽液位清液高 $h_1=1200\times 2/3=800$(mm)，浓缩硫膏液位 $h_2=1200\times 1/3=400$(mm)。

2）连续熔硫釜

连续熔硫釜对含硫气体采用湿法脱硫所产生的硫泡沫进行浓缩、浓缩硫泡沫直接进行连续熔硫而设置的一种设备。

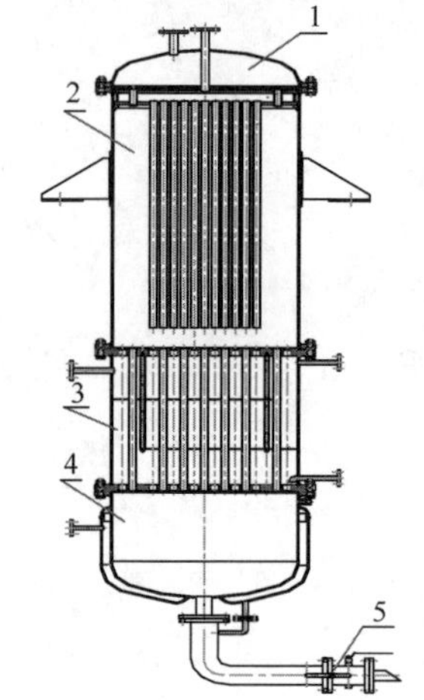

图 3.29　连续熔硫釜

1. 顶盖；2. 换热段；3. 加热段；4. 储存段；5. 保温旋塞阀

连续熔硫釜结构见图 3.29，它由顶盖(1)、换热段(2)、加热段(3)、储存段(4)和保温旋塞阀(5)五部分组成。

顶盖顶上设有进液管，出液管及压力表、温度计接头；硫泡沫从进液管进入换热段(2)的分液盆中，分离出来的热清液从出液管排出。

换热段(2)由分液盆、换热管及出液管所组成，硫泡沫从进液管进入分液盆后由分液盆分配到每根换热管中并向下流动，与从下而上的较高温度的清液换热，当硫泡沫温度上升至 70～90℃时，泡沫破裂，微小颗粒的单质硫迅速聚集增大，并下沉至加热段，分离出来的清脱硫液向上流动，将热量传给硫泡沫，温度下降至 60～70℃，从多根升液管上升至顶盖，由出液管排出，并回收至脱硫系统循环使用。

加热器设有两块管板，许多换热管固定在管板上，并设有两块折流板，防止蒸汽走短路，蒸汽从进气管进入加热段管间，冷凝液从排水管排出。从换热段下沉的硫颗粒不断积累，同时不断地进行加热，当加热至 120～130℃时，硫黄在加热段内经加热、分离、熔融、沉降等过程，熔融硫与脱硫清液分离，硫黄成为易于流动的淡黄色熔融状态的，进入储存段。

储存段由圆筒、夹套组成。保温蒸汽从进入夹套，然后由出汽管进入蒸汽夹套和保温旋塞阀使用后排出。加热器熔融硫进入储存段保持熔融状态，对熔融硫代入的杂质进行分离，保证硫黄质量。储存段内的熔融硫定期从保温旋塞阀排出熔硫釜外，经冷却后成为块状固体硫进行回收。

固体硫黄根据所含杂质不同有不同的颜色，有黄色、橙黄色、黄褐色、褐色、灰色等，“888”法制得的硫黄为蓝灰色。

A. 基础数据

硫黄处理量：G_s，kg；

浓缩硫泡沫含硫黄量：%；

加热蒸汽：压力 0.4 MPa，饱和温度 151℃，焓 I=2747.8 kJ/kg；

熔硫釜加热温度：t_1，℃；

脱硫液排出温度：t_2，℃。

B. 计算

a) 换热段：

将清液温度从 t_1(℃)降至 t_2(℃)，硫膏从 30℃升高至 91℃；

清脱硫液量：$G_q=G_s\cdot(1-C_L)$ (kg/h)；

清液放出的热量：$Q_1=4.1868G_q(t_1-t_2)$ (kJ/h)；

浓缩硫泡沫吸收的热量：

$$Q_2=4.1868G_q(t_3-t_4)+G_s\times C_L\times C_s\times(t_3-t_4)$$

式中，t_3 为浓缩硫泡沫换热后的温度，℃；t_4 为浓缩硫泡沫进口的温度，℃；C_L 为脱硫液比热，kJ/kg；C_s 为硫黄比热，kJ/kg。

根据热平衡原理，$Q_1=Q_2$ 求得：

$$t_3=\frac{4.1868G_s\cdot(1-C_L)(t_1-t_2)+\left(4.1468G_q+G_s\cdot C_L\cdot C_s\right)t_4}{4.1868G_q+G_s\cdot C_L\cdot C_s}$$

传热系数：换热器相当于浸沉式换热器，呈自然流动状态，流速很低，传热系数很小，一般不超过 630～850 kJ/(m$^2\cdot$h·℃)。

平均温度差：

$$\Delta t_m=\frac{(t_1-t_3)-(t_2-t_4)}{\ln\dfrac{(t_1-t_3)}{(t_2-t_4)}} \tag{3-112}$$

传热面积：

$$f_1=\frac{f_1}{K_1\cdot\Delta t_m} \tag{3-113}$$

b) 加热段：

传热量：

清液从 t_3（℃）升温至 t_1（℃）需要的热量

$$Q_1=G_q \times 4.1868(t_1-t_3)\ (\text{kJ/h})$$

硫从 t_3（℃）升温至 t_1（℃）需要的热量

$$Q_2=G_s \times C_L \times C_s \times (t_1-t_3)\ (\text{kJ/h})$$

式中，C_s 为硫在平均温度下的比热，kJ/kg。

硫熔化需要的热量：

$$Q_3=53.6G_s \times C_L\ (\text{kJ/h})$$

式中，53.6 为硫的熔化热，kJ/kg。

c）熔硫釜壁散热损失：

根据《工业设备及管道绝热工程设计规范》规定公式计算：

圆筒形单层绝热结构热损失按下式计算：

$$Q=\frac{T_0-T_a}{\frac{D_1}{2\lambda}\ln\frac{D_1}{D_0}+\frac{1}{a_s}} \tag{3-114}$$

式中，Q 为以每平方米绝热外表面积表示的热损失量，W/m^2；T_0 为设备外表面温度，℃；T_a 为环境温度，℃；室外取冬季极端最低平均温度；D_1 为设备外径，m；D_0 为绝热层外径，m；λ 为绝热层导热系数，W/（m^2·℃）；a_s 为保温结构表面放热系数，W/（m^2·℃），以下式计算：

$$a_s=1.163\times(10+6\sqrt{w})\quad [\text{W}/(\text{m}^2\cdot℃)] \tag{3-115}$$

式中，w 为年平均风速，m/s，取冬季最多风速平均风速。当无风值时，α_s 可取为 11.63 W/（m^2·℃）。

为了工艺计算统一，将上述计算结果按下式进行单位换算：

$$1\ \text{W/m}^2=0.8595\ \text{kcal/m}^2\cdot\text{h}=3.5986\ \text{kJ/(m}^2\cdot\text{h)}$$

$$Q_4=F\cdot Q \tag{3-116}$$

式中，Q_4 为熔硫釜外壁散热损失，kJ/h；F 为保温外壳面积，m^2。

总热量：

$$Q=Q_1+Q_2+Q_3+Q_4\ (\text{kJ/h}) \tag{3-117}$$

蒸汽需要量：

$$G=Q/(I_1-I_2)\ (\text{kg/h}) \tag{3-118}$$

传热系数：

蒸汽在管间垂直管上冷凝，冷凝膜以层流状态向下流动，用一个简单的经验公式计算。

管间截面积 f=0.785×(D^2–d^2×n)(m^2)。

蒸汽在管间的流速：

$$\upsilon = \frac{22.4G(273+T_{\rm b})}{18\times 273\times 3600\times f} = \frac{22.4G(273+T_{\rm b})}{1769400\cdot f}(\rm m/s) \tag{3-119}$$

管间为水蒸气冷凝，传热系数按下式近似计算：

$$a_1 = 4620\sqrt{\upsilon}\quad [\rm kJ/(m^2\cdot h\cdot ℃)]$$

式中，G 为蒸汽用量，kg/h；D 为加热器壳体直径，m；$T_{\rm b}$ 为蒸汽饱和温度，℃。

总传热系数：

污垢热阻。管内外因含有少量沉淀等污物，热阻均取 0.0016；考虑到腐蚀，增加 1 mm 的铁锈，则管外热阻为 0.001+0.001/1.1=0.0019。

$$R_1=0.0016+0.0019=0.0035\,(\rm m^2\cdot h\cdot ℃/kJ)$$

硫黄传热按从管壁至管中心的热阻考虑，硫黄的热阻：$R_2=0.5d_0/\lambda_{\rm S}$。

硫黄固体和液体在 95～130℃范围内的导热系数为 467.2 kJ/(m·h·℃)，则 $R_2=0.00107d_0$。

总传热系数按下式计算：

$$K = \frac{1}{\dfrac{1}{a_{内}} + R_1 + 0.00107d_0 + \dfrac{\delta}{\lambda_{\rm g}}}[\rm kJ/(m^2\cdot h\cdot ℃)] \tag{3-120}$$

式中，d_0 为换热管内径，m；δ 为管子壁厚，m；$\lambda_{\rm g}$ 为管子材料导热系数，钢管；167.5 kJ/(m·h·℃)，不锈钢管：64～84 kJ/(m·h·℃)。

平均温度差：

$$\Delta t_{\rm m} = \frac{(t_1-t_3)-(T_1-T_2)}{\ln\dfrac{(t_1-t_3)}{(T_1-T_2)}} \tag{3-121}$$

式中，t_1 为熔硫釜加热温度，℃；t_3 为浓缩硫泡沫热交换后到达的温度，℃；T_1 为蒸汽饱和温度，℃；T_2 为蒸汽冷凝温度，℃。

传热面积：

$$f_2 = \frac{Q}{K \cdot \Delta t_m} \tag{3-122}$$

连续熔硫釜可实现操作自动化。在熔硫过程中，加热蒸汽量由熔硫温度控制，操作压力由熔硫操作温度所需的压力由清液排出管处的调节阀自动控制。

连续熔硫釜最大的特点是工艺布置简单。为满足生产操作要求，传统工艺通常需布置三四层的框架上。连续熔硫工艺的硫泡沫浓缩槽是在不加热状态下浓缩硫泡沫，依照连通器原理自排分离清液，且在硫泡沫浓缩槽的硫膏储槽和熔硫釜之间设置了硫膏输送泵，因此，熔硫装置既可按不同高差分层布置，也可布置在单层平面内，环境污染小。

3.6.4 硫黄回收实例

1. *硫泡沫浓缩槽*

1) 基础数据

硫回收量：G_s=123 kg/h=2952 kg/d；
硫泡沫中硫含量：C_L=50 kg/m^3；
硫泡沫停留时间，t=4 h；
设备填充系数，ψ=80%。

2) 计算

(1) 硫泡沫浓缩槽容积：

$$V = \frac{G \cdot t}{C_L \cdot \psi} = \frac{123}{50 \times 0.8} = 3(\mathrm{m}^3)$$

硫泡沫浓缩槽直径按下式计算：

U_Y为要求硫颗粒直径在 2 μm 以上截留，硫黄拥挤沉淀速度，从图 3.28 曲线查得为 0.82 m/h。

$$D = \sqrt{\frac{V}{0.785U_Y}} = \sqrt{\frac{3}{0.785 \times 0.82}} = 2.0(\mathrm{m})$$

取为ϕ2000 mm。

(2) 硫泡沫浓缩槽高度按下式计算：

$$H = \frac{V}{0.785D^2} = \frac{3}{0.785 \times 2.0^2} = 1.0(\mathrm{m})$$

取为 1200 mm。

浓缩槽液位：清液高 h_1=1200× $\frac{2}{3}$ =800（mm）。

浓缩硫膏液位 h_2=1200× $\frac{1}{3}$ =400（mm）。

进出口液位差：

$$X=\frac{1200\times1240-(800\times1050+400\times1240)}{1240}=122.6(\text{mm})$$

2. 浓缩硫泡沫储槽

1) 基础数据

硫黄回收量：123 kg；
硫泡沫含硫黄量：C_L=20%；
设设备充满率：ψ=80%；
硫泡沫在槽中停留时间：t=3 h；
圆筒允许高度 1.8～2 m，锥体角度 55°；
硫黄重度，ρ_S=2000 N/m^3；
脱硫液重度，ρ_L=1050 N/m^3；
搅拌机直径：d=800 mm。

2) 计算

浓缩硫泡沫重度：ρ=(1–C_L)ρ_L+$C_L\cdot\rho_S$=0.8×1050+0.2×2000=1240(N/m^3)

$$V=\frac{G\cdot t}{C_L\cdot\psi\cdot\rho}=\frac{123\times4}{0.2\times0.8\times1240}=2.5(\text{m}^3)$$

圆筒高初设 H=1.5 m，圆筒容积 V_1 设为 2.2 m^3，圆筒直径计算：

$$D=\sqrt{\frac{2.2}{0.785\times1.5}}=1.37(\text{m})$$

直径取为 1800 mm，V_1=m^3，得 α=55°，容积 V_2=0.534 m^3，h=630 mm，满足要求。

液体质量：x_w=1050 kg；
固体质量：x_{ws}=50 kg；
含固率：

$$\phi=\frac{1}{1+\dfrac{\rho_s x_w}{\rho_w x_{ws}}}=\frac{1}{1+\dfrac{2000\times1050}{1050\times250}}=0.11$$

平均黏度：

$$\bar{\mu}=(1+2.5\phi)=(1+2.5\times 0.11)/100=0.0128[\mathrm{kg/(m\cdot s)}]$$

3) 搅拌功率计算

$$N=\frac{33\mu n^2 d^3}{102g}=\frac{33\times 0.0128\times 30^2\times 0.8^3}{102\times 9.81}=0.2(\mathrm{kW})$$

3. 熔硫釜

硫膏输送泵：选用单螺杆泵。

G25-1，流量 1.5 m^3/h，扬程 60 m，功率 1.1 kW。

1) 工艺装置参数

熔硫釜下部温度：130℃。

熔硫釜下部压力：0.3～0.4 MPa。

外排清液温度：60～65℃。

加热蒸汽压力：0.4 MPa，饱和温度：T_b=150℃。

饱和蒸气焓：I_1=2746.5 kJ/kg。

沸腾水 130℃时焓：I_2=636.8 kJ/kg。

硫的比热容：固态 0.879 (kJ/kg) · ℃，液态 1.0467 (kJ/kg) · ℃。

硫的熔化热：53.6 kJ/kg。

硫的比重：无定形固体 1920 kg/m^3，130℃液体 1795 kg/m^3。

20%的浓缩硫泡沫密度：1240 kg/m^3。

硫磺生产能力：200 kg/h。

浓缩硫泡沫处理能力：1000 kg/h。

熔硫釜筒体外采用硅酸铝纤维保温层，保温厚度 120 mm，导热系数 λ=0.056 W/(m· ℃)；保温外径：D_1=保温外径 ϕ1.15 m，保温高度 H=4.2 m，外壳表面面积，F=15.2 m^2。

设备壳体平均温度，T_0=125℃。

室内温度，T_a=15℃。

室内无风值取 λ=11.63W/(m^2· ℃)。

2) 熔硫釜设备计算

A. 换热段

将清液温度从 130℃降至 65℃，浓缩硫泡沫从 30℃升高至 t_3℃。

清液量：800 kg/h。

(1) 清液放出的热量：Q_1=800×4.1868×(130–65)=217713.6(kJ/h)

浓缩硫泡沫吸收的热量：Q_2=800×4.1868(t–30)+200×0.879(t_3–30)=3349.4t_3–100483.2+175.8t_3–5274=3525.3t_3–105758.6

出换热器硫泡沫的温度：

$$217713.6=3525.3t_3-105758.6$$

$$t_3=323472.2/3525.3=91\,(℃)$$

(2) 传热系数：换热器相当于浸沉式换热器，呈自然流动状态，流速很低，传热系数很小，一般不超过 630～850 kJ/(m²·h·℃)，在此取为 K_1=630 kJ/(m²·h·℃)。

(3) 平均温度差：$\Delta t_{\mathrm{m}}=\dfrac{(t_1-t_3)-(t_2-t_4)}{\ln\dfrac{(t_1-t_3)}{(t_2-t_4)}}=\dfrac{(130-91)-(65-30)}{\ln\dfrac{(130-91)}{(65-30)}}=37(℃)$

(4) 传热面积：$f_1=\dfrac{Q_1}{K_1\cdot\Delta t_{\mathrm{m}}}=\dfrac{217713.6}{630\times15.2}=22.8(\mathrm{m}^2)$

B. 加热段

a) 传热量

(1) 清液从 91℃升温至 130℃需要的热量：

$$Q_1=800\times4.1868(130-91)=130628.2\,(\mathrm{kJ/h})$$

(2) 硫从 91℃升温至 130℃需要的热量：

$$Q_2=200\times1.04467\times(130-91)=8148.4\,(\mathrm{kJ/h})$$

硫熔化需要的热量：

$$Q_3=200\times54=10800\,(\mathrm{kJ/h})$$

(3) 熔硫釜壁散热量：熔硫釜安装在室内，无风值，取

$$\alpha_{\mathrm{s}}=11.63\mathrm{W/(m^2\cdot ℃)}$$

$$Q=\frac{T_0-T_{\mathrm{a}}}{\dfrac{D_1}{2\lambda}\ln\dfrac{D_1}{D_0}+\dfrac{1}{a_{\mathrm{s}}}}=\frac{125-15}{\dfrac{1.15}{2\times0.056}\times\ln\dfrac{1.15}{0.92}+\dfrac{1}{11.63}}=46.3[\mathrm{W/(m^2\cdot ℃)}]$$

$$Q_4=15.2\times46.3\times3.5986=2532.6\,(\mathrm{kJ/h})$$

总热量：Q=130628.2+8148.4+10800+2532.6=152109.2(kJ/h)

b) 蒸汽需要量

$$G=152109.2/(2746.5-638.8)=72\,(\mathrm{kg/h})$$

硫块蒸汽消耗指标：1000×72/200=360（kg/t 硫黄）。

蒸汽在管间垂直管上冷凝，冷凝膜以层流状态向下流动，用一个简单的经验公式计算。

换热段：D=0.9 m，加热管 ϕ38×3.5，207 根。

管间截面积 $f=0.785\times(D^2-d^2\times n)=0.785\times(0.9^2-207\times0.038^2)=0.4\,(\mathrm{m}^2)$

蒸汽在管间的流速：

$$\upsilon=\frac{22.4G(273+T_\mathrm{b})}{17690400\cdot f}=\frac{22.4\times72\times(273+150)}{17690400\times0.4}=0.0964(\mathrm{m/s})$$

管间为水蒸气冷凝，传热系数按下式近似计算：

$$a_1=4620\sqrt{\upsilon}=4620\times\sqrt{0.0964}=1434[\mathrm{kJ/(m^2\cdot h\cdot ℃)}]$$

污垢热阻：管内外因含有少量沉淀等污物，热阻均取 0.0016；考虑到腐蚀，增加 1 mm 的铁锈，则管外热阻为 0.001+0.001/1.1=0.0019。

$$R_1=0.0016+0.0019=0.0035\,(\mathrm{m^2\cdot h\cdot ℃/kJ})$$

硫黄传热按从管壁至管中心的热阻考虑，硫黄的热阻：$R_2=0.5\,d_0/\lambda_\mathrm{S}$。

硫黄固体和液体在 95～130 范围内的导热系数为 467.2 kJ/（m²·h·℃），则 $R_2=0.00107d_0$。

换热管内径 d_0=0.031 m，管子壁厚 δ=0.0035 m。总传热系数按下式计算：

$$K=\frac{1}{\dfrac{1}{a_{内}}+R_1+0.00107d_0+\dfrac{\delta}{\lambda_\mathrm{g}}}=\frac{1}{\dfrac{1}{1432}+0.0035+0.00107\times0.031+\dfrac{0.0035}{167.5}}$$
$$=235.2[\mathrm{kJ/(m^2\cdot h\cdot ℃)}]$$

c）平均温度差

$$\Delta t=\frac{(130-91)-(150-130)}{\ln\dfrac{(130-91)}{(150-130)}}=28.5(℃)$$

d）传热面积

$$f_2=152043.2/(235.2\times28.5)=22.7\,(\mathrm{m}^2)$$

连续熔硫釜需要总传热面积：

$$F=f_1+f_2=22.8+22.7=45.5\,(m^2)$$

3.6.5 硫黄回收的操作

来自脱硫系统的硫泡沫，进入硫泡沫浓缩槽中，清液经静止沉淀与浓缩的硫泡沫分离后自流返回脱硫系统。浓缩后得到的浓缩硫泡沫进入浓缩硫泡沫储槽，用泵送入熔硫釜。浓缩硫泡沫在熔硫釜的换热段内与加热熔硫后返回的清液换热升温，然后硫黄下降进入加热段。加热段由间接蒸汽供热，硫黄在加热段内经加热、分离、熔融、沉降等过程，熔融硫与脱硫清液分离，呈液态硫黄继续下降至储硫段。在储硫段内，熔融硫经排硫装置断续排至硫黄成型槽中，冷却后倒出即为硫黄块。加热段分离出来的高温清液向上进入换热段并同下降的硫膏间接逆流换热降温后，回流至热液中间储槽，自流入脱硫系统(图 3.30)。

图 3.30　脱硫系统装置

自左至右分别为鼓风机房、折流板除雾器、脱硫塔、循环槽、喷射再生槽

在熔硫过程中，加热蒸汽量由熔硫温度控制，操作压力由熔硫操作温度所需的压力由清液排出管处的调节阀自动控制。

1. 熔硫正常工艺条件

(1) 蒸汽压力＞0.4 MPa。
(2) 连续熔硫釜顶压力：0.2～0.3 MPa。
(3) 连续熔硫釜顶温度：65～70℃。
(4) 连续熔硫釜底温度：125～130℃。

2. 熔硫开车

(1) 当浓缩硫泡沫槽液位达 1/3 时，启动搅拌机进行搅拌，搅拌机可间断开，以不结块为准。

(2) 当浓缩硫泡沫储槽液位达 1/2 时，启动硫泡沫泵，将硫泡沫送往连续熔硫釜，当熔硫釜顶出液口有出液时，即停硫泡沫泵。

(3) 开换热段和储存段夹套蒸汽阀，对连续熔硫釜进行加热，加热开始时应打开釜顶出水管线调节阀副线阀，当出气后确认无堵塞后才能关死升压，在升压过程中，也应稍开副线阀检查，确认无堵塞后，才能投入压力调节。

(4) 当釜底温度达 130℃时，启动硫泡沫泵，硫泡沫的量以副线阀调节，加入的硫泡沫量 800～1200 kg/h，根据釜底温度调节，如果釜底温度降低很大，说明硫泡沫量太大，应减量，直至平衡为止。

(5) 在启动硫泡沫泵的同时，开启釜顶压力自动调节，釜顶压力也是根据釜底温度调整，若釜底温度一直达不到工艺条件的要求，说明釜顶压力低，应提高釜顶压力。

(6) 连续熔硫釜各处工艺条件调整好以后，开启蒸汽自动调节阀投入自动调节。

(7) 放硫：每 2 h 放硫一次，在放硫前开启放硫装置蒸汽夹套阀，放硫装置加热，只有当放硫装置夹套加热后，才能放出熔融硫。

摆好成品盒和放硫溜槽，稍开放硫夹套阀，每盒熔融硫装至 2/3 时，移动放硫溜槽至另一个成品盒，继续放硫，每次放硫约 8 盒，当釜底温度降低时，说明熔融硫液位已降低，应关放硫夹套阀，停止放硫。

(8) 当熔融硫冷却成块后，倒出即为成品块硫，块硫交叉整齐摆放成堆。

3. 熔硫停车

(1) 连续熔硫釜短时停车，只需停硫泡沫泵，关死各处阀门保压即可。

(2) 长期停车，需将釜内硫排净，用水冲洗干净。

4. 熔硫正常运行操作

(1) 经常注意硫泡沫浓缩槽硫膏液位。

(2) 经常检查熔硫釜的压力和温度。

(3) 每半小时检查一次所管设备、管道、阀门。

(4) 每小时记录各处温度、压力一次。

(5) 记录放硫情况。

第 4 章　黄磷尾气的输送及精除尘

黄磷尾气输送按黄磷尾气的性质可分为粗黄磷尾气输送和净化黄磷尾气输送。粗黄磷尾气是指含有单质磷、粉尘及腐蚀性杂质如 HCN、H_2S、HF 等；净化黄磷尾气是指通过除尘、脱除有害杂质后的黄磷尾气。按输送距离分为短程输送和远程输送。短程输送是指黄磷尾气从电炉制磷总水封接出，经洗涤除尘、脱硫直到脱磷；远程输送是指将黄磷尾气送往外界供其他企业使用的远距离输送，要通过很长的管道。按输送压力分为低压输送和压力输送。低压输送是指利用黄磷尾气工艺需要的压力进行输送；压力输送需要增压机增压，增压机采用鼓风机还是压缩机视需要而定。在黄磷尾气输送过程中，为了克服设备及管道的阻力，都需要设置加压设备，加压设备要动力驱动，就要消耗能量。在确定洗涤、脱硫工艺流程及选用设备时，除考虑工艺要求外，应尽量选用阻力小的设备，尽量少用管件，以减少动力消耗。管道输送的阻力与管道直径及管道长度有关，管道阻力与管道长度成正比，管道长度越长，阻力越大；管道阻力与气速的平方成正比，气速越大，阻力增大越快，气速是由管道直径决定的，管道直径大，气速小，阻力也小。特别是远程输送究竟采用增大压力还是增大管道直径，要根据地形地貌、投资及运行费用等具体情况全面考量。

黄磷尾气相当于人造煤气，其规模相当于城镇燃气，按城镇燃气设计规范进行设计，城镇燃气管道的设计压力(p)分为 7 级，条件要求见表 4.1。

表 4.1　城镇燃气管道的设计压力分级

名称		压力/MPa
高压燃气管道	A	$2.5 < p \leqslant 4.0$
	B	$1.6 < p \leqslant 2.5$
次高压燃气管道	A	$0.8 < p \leqslant 0.1.6$
	B	$0.4 < p \leqslant 0.8$
中压燃气管道	A	$0.2 < p \leqslant 0.4$
	B	$0.01 \leqslant p \leqslant 0.2$
低压燃气管道		$p < 0.01$

4.1　黄磷尾气输送管路

4.1.1　黄磷尾气短程输送管路

黄磷尾气管道管径的选择和管件的设置是否合理及操作是否正常，对黄磷尾气净化工程至关重要，黄磷尾气含尘量很高，含有黄磷和凝胶等物质，即使经过初步洗涤，也不能完全去除，在输送过程中会发生沉积，堵塞管道及管件，清理困难。因此，对黄磷尾气管路进行合理设置，可防止堵塞，便于清理。

1. 黄磷尾气管道直径选择

管道直径一般根据黄磷尾气流量及适宜的流速按下式确定：

$$D=\sqrt{\frac{V}{3600\times 0.785\upsilon}} \tag{4-1}$$

黄磷尾气实际工况下的体积流量 V(m^3/h) 按下式计算：

$$V=\frac{101.3V_0(273+t)}{273\times p} \tag{4-2}$$

式中，V_0 为黄磷尾气标准状况下的体积流量，Nm^3/h；t 为黄磷尾气温度，℃；p 为黄磷尾气输送压力(绝对压力)，kPa；υ 为选用的适宜流速，m/s。

管道直径的选择关键还是适宜流速的选择，选择黄磷尾气流速较大，则管径较小，钢材使用量少，可节省建设投资，但会使管路阻力增大，输送设备动力消耗也随之增大，运行成本就会高；当流量较小时，情况却相反。所以，选用适宜速度要从投资、维修费用及运行成本等多方面比较确定。一般设计是根据长期积累的经验数据确定，也可以采用试差法验算确定。煤气管道直径与流速的经验数据见表 4.2，供选用。

表 4.2　煤气管道直径与流速的经验数据

管道直径/mm	流速/(m/s)	管道直径/mm	流速/(m/s)
≥800	12～18	200	6～8
400～700	10～12	100	5～7
300	7～9	＜100	4～5

对于较长的输送管道，当直径选择后要进行阻力核算，若阻力过大，输送设备压力或动力不允许时，要重选。

2. 管路阻力计算

黄磷尾气管路阻力或压强降包括直管阻力和局部阻力。

直管阻力是黄磷尾气在直管内流动时，由于流体的黏性和质点间的相互移动而产生的摩擦引起的压头损失或压强降。

局部阻力是黄磷尾气通过管路中的管件(如三通、弯管、大小头等)、阀门、流量计等局部障碍发生流体方向的改变，在流体中产生漩涡，造成压强的损失。

直管管内摩擦压力降(Pa)：

$$\Delta p_1 = 9.8\lambda \frac{L}{d} \cdot \frac{\gamma\omega^2}{2g} = 0.5 \times \frac{\lambda\gamma\omega^2}{d} \cdot L \tag{4-3}$$

式中，Δp_1为直管摩擦压力降，Pa；L为直管长度，m；d为管道直径，m；ω为管道流速，m/s；γ为黄磷尾气重度，kg/m^3；λ为摩擦系数，是雷诺数和管道粗糙度的函数。

$$\text{雷诺数}\ Re = \frac{d \cdot w \cdot \gamma}{\mu} \tag{4-4}$$

式中，d为管道直径，m；w为黄磷尾气管道流速，m/s；γ为在操作工况下黄磷尾气重度，kg/m^3；μ为黄磷尾气在温度t时的黏度，kg/(m·s)。

某些金属和非金属的绝对粗糙度数据见表 4.3。

表 4.3　某些金属和非金属的绝对粗糙度数据

材料名称	ε/mm	材料名称	ε/mm
无缝铜管、铅管	0.01～0.05	新铸铁管	0.3
新的无缝钢管、镀锌管	0.1～0.2	旧的铸铁管	＞0.85
具有轻度腐蚀的无缝钢管	0.2～0.3	石棉水泥管	0.3～0.8
具有显著腐蚀的无缝钢管	＞0.5	混凝土管	0.305～3.05

根据管道材料选取绝对粗糙度ε。根据相对粗糙度ε/d，以及摩擦系数与雷诺数及相对粗糙度的关系，查得摩擦系数λ。

3. 局部压强降

局部阻力采用当量长度法计算。流体通过一管件或阀门时，因局部阻力而造成的压头损失，相当于流体通过与其具有相同管径的若干米长度的直管的压头损失，这个直管长度称为当量长度，用符号l_e表示。各管径或阀门的当量长度之和为$\sum l_e$，流体流速为ω，管径为d，摩擦系数为λ，局部阻力(Pa)按下式计算：

$$\Delta p_f = 9.8\lambda \left(\frac{\sum l_e}{d} \right) \frac{\omega^2}{2g} \tag{4-5}$$

各种管件、阀门及流量计的当量长度l_e的数值由实验测定，通常以管径的倍数标出l_e/d数值(表 4.4)。例如，截止阀在全开时的l_e/d数值由表中查得为 300，

若这个截止阀是装在管径为$\phi 108\times 4$的管路上，它的当量长度则为

$$l_e=300d=300\times(108-2\times 4)=300\times 100=30\times 10^3\,(\text{mm})=30\ \text{m}(\text{直管})$$

这样，可用直管公式来计算局部阻力的压强降，而且在管路阻力计算时，可将管路中的直管长度与管件及阀门等的当量长度合并在一起计算，计算更方便。

流体在管路中流动时的总阻力或总压强降(Pa)按下式计算：

$$\Delta p=\Delta p_1+\Delta p_f=9.8\lambda\frac{L}{d}\cdot\frac{\omega^2}{2g}+9.8\lambda\frac{\sum l_e}{d}\cdot\frac{\omega^2}{2g}=0.4995\lambda\omega^2\left(\frac{L+\sum l_e}{d}\right)\tag{4-6}$$

表 4.4　各种管件、阀门及流量计等以管件计的当量长度

名称	l_e/d	名称	l_e/d
45°标准弯头	15	截止阀(标准式)(全开)	300
90°标准弯头	30～40		
90°方形弯头	60	角阀(标准式)(全开)	145
180°回转弯头	50～75	闸阀(全开)	7
三通管，流向为标准		(3/4 开)	40
		(1/2 开)	200
		(1/4 开)	800
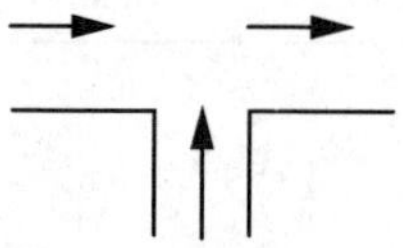	40	单向阀 (摇板式)(全开)	135
		带有滤水器的底阀(全开)	420
		蝶阀(DN150 以上)(全开)	20
		吸入法或盆形阀	20
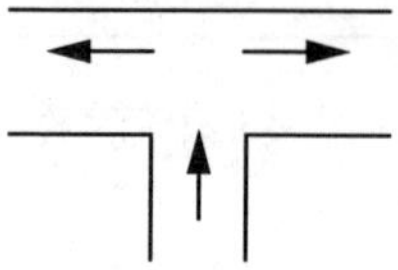	60	盘式流量计(水表)	400
		文式流量计	12
		转子流量计	200～300
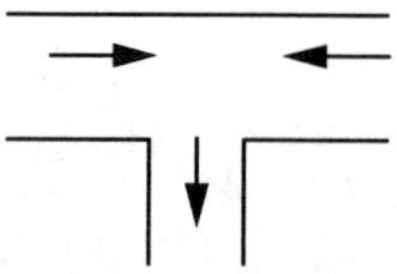	90	由容器入管口	20

实例 4.1　计算 5000 m^3/h 黄磷尾气在 DN500 管道内的总管阻力(攀枝花地区)。

A. 直管阻力计算

操作工况下流量：

$$V=5000\times 101.3\times(273+35)/[273\times(75.3+29.3)]=5463\,(m^3/h)$$

操作工况下重度 γ=0.9433 kg/m³，黄磷尾气在 35℃时，μ=175.2×10⁻⁷ kg/(m·s)，黄磷尾气管道流速：

$$w=5463/(3600\times0.785\times0.51^2)=7.4\,(\mathrm{m/s})$$

$$Re=\frac{dw\gamma}{\mu}=\frac{0.51\times7.4\times0.9433}{175.2\times10^{-7}}=203197$$

取管壁粗糙度 ε=0.2 mm，ε/d=0.2/510=3.92×10⁻⁴。

查图 4.1 得摩擦系数 f=0.028，则压强降 $\Delta p=Lf\gamma\omega^2/2gd$=9.8×420×0.028×0.9433×8.6²/(19.62×0.51)=810(Pa)。

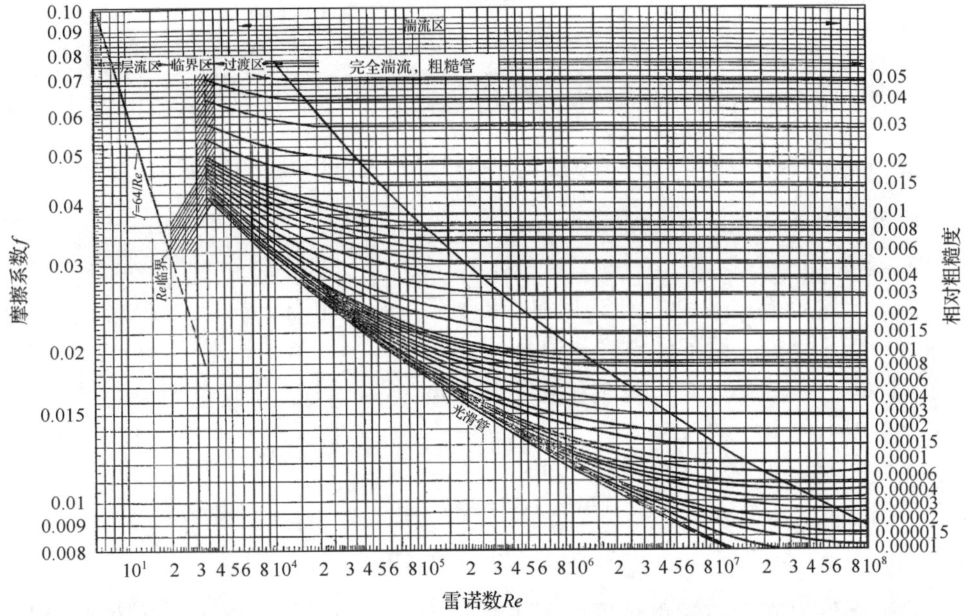

图 4.1　摩擦系数 f 与雷诺数 Re 及管壁粗糙度 $\frac{\varepsilon}{d}$ 的关系

B. 局部阻力

按当量长度计算，查表 4.4。

90° ϕ529 弯头 28 个，每弯头相当于 7.6 m；蝶阀 2 个，每个蝶阀相当于 1 m；设备进口管 ϕ500→ϕ2200，3 个，每个相当于 22 m；设备出口管 ϕ2200→ϕ500，3 个，每个相当于 9.4 m。

$$l_e=28\times7.6+2\times1+3\times22+3\times9.4=309\,(\mathrm{m})$$

局部阻力：309×2.9=896(Pa)

总阻力：810+896=1706(Pa)

实例 4.2　计算验证该企业拟扩建至 10000 m^3/h 黄磷尾气用同一根管道输送是否可行。

A. 直管阻力计算

操作工况下流量：

$$V=10000\times101.3\times(273+35)/[273\times(75.3+29.3)]=10926.1\,(m^3/h)$$

操作工况下重度 γ=0.9433 kg/m^3，黄磷尾气管道流速：

$$w=10926.1/(3600\times0.785\times0.51^2)=14.9\,(m/s)$$

$$Re=\frac{dw\gamma}{\mu}=\frac{0.51\times14.9\times0.9433}{175.2\times10^{-7}}=409140$$

取管壁粗糙度 ε=0.2 mm，$\varepsilon/d=0.2/510=3.92\times10^{-4}$，摩擦系数 λ=0.022，压强降

$$\Delta p=L\lambda\gamma\omega^2/2gd=9.8\times420\times0.022\times0.9433\times17.2^2/(19.62\times0.51)=2525\,(Pa)$$

每米管道的压强降损失为 i=7.5 Pa。

B. 局部阻力

当量长度查表 4.4。90° ϕ529 弯头 28 个，每弯头相当于 7.6 m；蝶阀 4 个，每个蝶阀相当于 1 m；设备进口管 $\phi500\rightarrow\phi2200$，5 个，每个相当于 22 m；设备出口管 $\phi2200\rightarrow\phi500$，5 个，每个相当于 9.4 m。

$$L=28\times7.6+4\times1+5\times22+5\times9.4=374\,(m)$$

局部阻力：　　$374\times9.57=3579\,(Pa)$

总阻力：　　$3130+3579=6709\,(Pa)$

黄磷尾气用同一条管路气量扩大 1 倍，而阻力增大 3 倍以上。从表 4.2 可看到，适宜的流速应为 10～12 m/s，总感到流速太大了。从总水封引出的水环真空泵虽然压力可以提高，但压力增大后，水环真空泵的输气能力会大幅下降。

4. 黄磷尾气管路上的辅助设施

1）黄磷尾气管路的热补偿

管路是在常温下安装的，由于输送介质的温度和保温情况不同，以及季节气候变化，管路都随着温度的变化而发生热胀冷缩现象。尤其是开工，管道有时要用蒸汽置换，置换时管道温度高达 80～100℃，这与安装时的常温相差很大。管道是安装在管架和设备上，管道长度不能随温度的变化而随意延伸，因此会产生热应力，此热应力作用于两端固定的管道和设备上，当管道温度上升所引起的热

应力过大，会使黄磷尾气管道弯曲变形，甚至发生焊缝炸裂，管道支架、管道与设备连接部分发生损坏、压扁事故。为了防止管道焊缝、法兰连接处、管道与设备连接处发生损坏，应在适当位置进行热补偿。热补偿采用一种能使管道自由伸缩的装置，称膨胀节。

膨胀节习惯上也称伸缩节，或波纹管补偿器，是利用波纹管补偿器的弹性元件的有效伸缩变形来吸收管线、导管或容器由热胀冷缩等原因而产生的尺寸变化的一种补偿装置，属于一种补偿元件，可进行轴向、横向和角向位移的吸收，用于在管道、设备及系统的加热位移、机械位移吸收振动，降低噪声等。

一般黄磷尾气输送管路会很长，膨胀节的数量需要通过计算确定。

钢管长度变化值由下式求得：

$$\Delta l=\alpha L\Delta t=\alpha L(t_2-t_1) \tag{4-7}$$

式中，Δl 为长度随温度的变化量，m；L 为钢管的原来长度，m；t_1 为管道安装时的温度，℃；t_2 为工作时最高或最低温度，℃；α 为钢管材料的线膨胀系数，0.000012 m/(m·℃)。

用式(4-7)计算的 Δl 为正值，表示钢管膨胀伸长，负值为缩短。

标准半高型膨胀节波高 h=108 mm，波距 q=59 mm，壁厚 t=1.5 mm，对于标准半高型膨胀节允许膨胀量：$\Delta a=\pm 11$ mm。一个四波半高型标准膨胀节允许膨胀量 Δa=44 mm。

黄磷尾气总管 $\phi 820\times 8$，总长 190.2 m，蒸汽置换时温度 80℃，长度变化量：

$$\Delta l=\alpha L(t_2-t_1)=0.000012\times 190.2\times(80-20)\times 1000=137\text{(mm)}$$

选用膨胀节规格型号为 ZXW(B)800-0.6-1×2.5×4N，共 4 只。

2) 水封

水封是一种阻止气体通过而允许水通过的设备。它是利用水的重度比气体重度大的原理阻止气体通过。其结构简单，切一节钢管用钢板封住底部即可，钢管尺寸一般 ϕ219～ϕ630，大小由用途而定，沉淀物较多，需要清理的水封要取大一点。水封使用广泛，在黄磷尾气输送过程中到处可见。

3) 管道水封

黄磷尾气管道在输送过程中，有夹带的水分、单质磷和粉尘的凝聚和沉积，要及时排出。管道要有较大的坡度，一般取 5‰～10‰。管道水封结构见图 4.2，它由水封插入管(2)、管道水封(3)、溢流管(4)及排污管(5)组成。在黄磷尾气管道(1)的最低处设置水封，或在管道转角处设置多道水封，能使沉积物顺利排出为准。

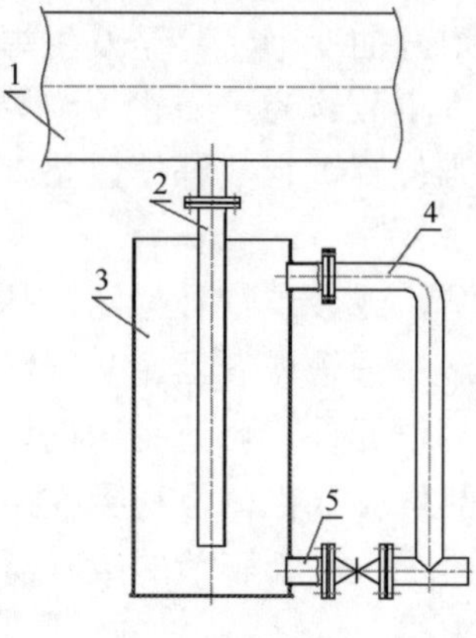

图 4.2　管道水封

水封插入管(2)插入水中深度为总管压力的 1.5 倍。水封溢流管(4)保持水封始终有合适的水位，防止跑气。水封底部设有排污管(5)，要经常开启排出沉积物，防止堵塞

1. 黄磷尾气管道；2. 水封插入管；3. 水封

4) 阻断水封

阻断水封是黄磷尾气输送管道上的一个重要管件。它代替阀门切断黄磷尾气来源，是黄磷尾气输送的一项安全措施。

管道上常设置有并联的设备，如煤气鼓风机，需要检修，按安全规程规定，要检修的设备必须切断气源，一般是关死阀门，因阀门往往有杂质沉积在密封面上，不能尾气切断，还必须插上盲板，在抽插盲板时，操作人员必须戴上防毒面具，操作也不方便。盲板为与法兰密封圈直径相同的一块死板。

黄磷尾气管道输送过程中往往在阀门处积聚单质磷，在插盲板时，当松开法兰螺栓单质磷漏出，遇空气立即燃烧并点燃泄漏的黄磷尾气，非常危险，某厂曾发生过抽插盲板人员烧伤和中毒事故，后改用阻断水封后再也未发生同样事故。

阻断水封结构见图 4.3，结构简单，成本低，由钢管焊接而成。阻断水封设有气体进口管(1)和气体出口管(2)，排污管(5)底部设有闸阀和水封，在运行时，底部水封加水，底阀全开。排污管处设有蒸汽管(6)，当发现水封无凝结水流出时，有可能阻断水封底部有沉积物，应打开底部蒸汽阀吹通。需要切断气源时，关闭底部水封阀，从进水管向阻断水封加水，直至溢流水管(4)溢流，溢流水管也插入底部水封中，为了安全，应保持少量水溢流。

阻断水封出气口端顶部设有人孔(7)，一是进入检查或检修，二是作为空气通道，当煤气鼓风机检修后空气试车时，稍开人孔，空气由此进入供试车用。人孔盖上设有放空管(8)，作置换放空用。

阻断水封用支耳(9)支在平台或支架上，或用支脚(10)固定在地板上。

阻断水封尺寸：直径 d 与输送管道相同，d=600 mm；有效水封高度 H 为管道

煤气压力的 1.5 倍；弯管半径 R=1.5 d；水封间距 L=2R+300 mm。阻断水封通过气量 10000 m^3/h。

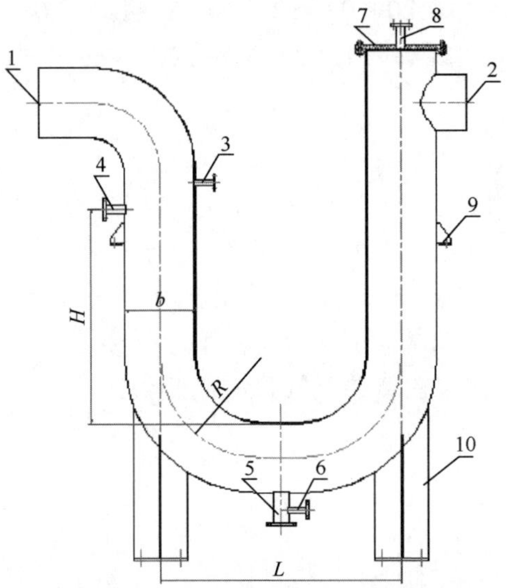

图 4.3　阻断水封结构

1. 气体进口管；2. 气体出口管；3. 进水管；4. 溢流水管；5. 排污管；6. 蒸汽管；7. 人孔；8. 放空管；9. 支耳；10. 支脚

A. 直管阻力计算

操作工况下流量：

$$V=10000\times 101.3\times (273+35)/[273\times (75.3+29.3)]=10926.1\ (m^3/h)$$

操作工况下重度 γ=0.9433 kg/m^3，黄磷尾气管道流速：

$$w=10926.1/(3600\times 0.785\times 0.61^2)=10.4\ (m/s)$$

$$Re=\frac{dw\gamma}{\mu}=\frac{0.61\times 10.4\times 0.9433}{175.2\times 10^{-7}}=341569$$

取管壁粗糙度 ε=0.2 mm，ε/d=0.2/510=3.92×10^{-4}，摩擦系数 λ=0.023，压强降：

$$\Delta p=L\lambda\gamma\omega^2/2gd=9.8\times 0.023\times 0.9433\times 12^2/(19.62\times 0.61)=2.56\ (Pa)$$

直管部分 3 m，直管的压力降损失为 Δp_1=3×2.56=7.68 (Pa)

B. 局部阻力

当量长度查表 4.4。90° ϕ630 弯头 3 个，每弯头相当于 l_e=35d×3=63 (m)；设备出口管三通 1 个，每个相当于 l_e=40d=24 (m)；L=63+24=87 (m)。

局部阻力：Δp_2=87×2.68=233.2 (Pa)

总阻力：Δp=7.7+243.2=250.9 (Pa)

蝶阀阻力损失：$l_e=20d$=20×0.6=12 (m)，Δp=12×2.68=32.2 (Pa)。

阻断水封阻力损失比蝶阀大8～9倍，占据很大的空间，占地面积大，使用受到限制。

5) U 形水封

U 形水封是更为简单的水封，它由单折或多折弯管组成，见图 4.4。U 形水封要在比较清洁的管道中使用，因为折管易堵，不易清理。U 形水封采用多折，可以用于更高压力的场合，一般水封难以做到。U 形水封一种是插在水池中[图 4.4 (a)]，它利用水池本身的水位，弯管要比在大气空间少一折。U 形水封另一种是在大气空间使用[图 4.4 (b)]，它接在黄磷尾气管道最低处。

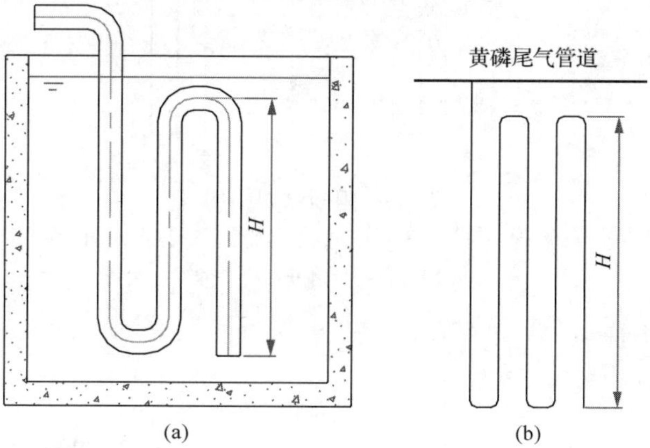

图 4.4　U 形水封

U 形管高度 H 由可利用的空间决定，直径根据用途决定，即根据通过的水量决定。U 形水封折数 n 由管道内压力决定：

$$n=1.5p/H$$

式中，p 为管道中黄磷尾气压力，mm H_2O。

4.1.2　黄磷尾气远程输送管路

1. 低压燃气输送管道选择

1) 低压管道直径确定

管道管径一般根据黄磷尾气流量及适宜的流速按下式确定：

$$D = \sqrt{\frac{V}{3600 \times 0.785v}} \tag{4-8}$$

黄磷尾气实际工况下的体积流量 $V(\mathrm{m^3/h})$ 按下式计算：

$$V = \frac{101.3V_0(273+t)}{273 \times p} \tag{4-9}$$

式中，V_0 为黄磷尾气标准状况下的体积流量，$\mathrm{Nm^3/h}$；t 为黄磷尾气温度，℃；p 为黄磷尾气输送压力(绝对压力)，kPa；v 为选用的适宜流速，m/s。

管道直径的选择关键还是适宜流速的选择，选择黄磷尾气流速较大，则管径较小，管径小，钢材使用量小，可节省建设投资，但会使管路阻力增大，输送设备动力消耗也随着增大，运行成本就要高；当流量较小时，情况却相反。所以，选用适宜速度要从投资、维修费及运行成本等多方面比较确定。一般设计是根据长期积累的经验数据确定，也可以采用试差法验算确定。根据表 4.2 列出的煤气管道直径与流速的经验数据选择管道流速。

对于长输送管道当直径选择后要经阻力核算，若阻力过大，输送设备压力或动力不允许时，要重选。

2) 低压燃气管道阻力计算

低压管道摩擦阻力按《城镇燃气设计规范》规定计算：

$$\Delta p = 6.26 \times 10^7 \lambda \frac{V_0^{\ 2}}{d^5} \rho \frac{T}{T_0} L(\mathrm{Pa}) \tag{4-10}$$

式中，Δp 为燃气管道摩擦助力损失，Pa；V_0 为黄磷尾气标准状况下的体积流量，$\mathrm{Nm^3/h}$；d 为管道内径，m；ρ 为黄磷尾气密度，$\mathrm{kg/m^3}$；T 为黄磷尾气输送温度，℃；T_0 为 273.15℃；λ 为管道摩擦系数。

雷诺数：

$$Re = \frac{d \cdot w \cdot \gamma}{\mu} \tag{4-11}$$

式中，d 为管道直径，m；w 为黄磷尾气按 V_0 计算的管道流速，m/s；γ 为黄磷尾气重度，$\mathrm{kg/m^3}$；μ 为 0℃和 101.325 kPa 时黄磷尾气的黏度，kg/(m·s)。

根据黄磷尾气在管道中的流动状态确定 λ 值：

层流状态：$Re \leqslant 2100$，$\lambda = \frac{64}{Re}$；

临界状态：Re=2100～3500，$\lambda = 0.03 + \dfrac{Re - 2300}{65Re - 10^5}$。

湍流状态：

$$钢管\ \lambda = 0.11\left(\frac{K}{d} + \frac{68}{Re}\right)^{0.25}$$

式中，K 为管壁内表面绝对粗糙度，对于钢管取 0.15 mm。

$$铸铁管\ \lambda = 0.102236\left(\frac{l}{d}\right) + 5158\left(\frac{dv}{V_0}\right)^{0.284}$$

式中，v 为 0℃和 101.325 kPa 时黄磷尾气的运动黏度，m^2/s。

室外燃气管道局部阻力损失按管道摩擦阻力的 5%～10%计算。

3）高压、次高压和中压管道尺寸确定

A.管道直径

黄磷尾气实际工况下的体积流量 $V(m^3/h)$ 按下式计算：

$$V = \frac{101.3V_0(273 + t)}{273 \times p} \tag{4-12}$$

式中，V_0 为黄磷尾气标准状况下的体积流量，Nm^3/h；t 为黄磷尾气温度，℃；p 为黄磷尾气输送压力（绝对压力），MPa。

管道管径按下式确定：

$$d = \sqrt{\frac{V}{3600 \times 0.785w}} \tag{4-13}$$

式中，w 为选用的适宜流速，m/s。

B. 管道壁厚

管道壁厚按下式计算：

$$\delta = \frac{pd}{2\sigma_s \phi F} \tag{4-14}$$

式中，δ 为钢管计算壁厚，mm；p 为设计压力，MPa；d 为钢管内径，mm；σ_s 为钢管的最低屈服强度，20 钢，245 MPa；F 为设计系数，一级地区取 0.72；ϕ 为焊缝系数，取为 1。

4) 高压、次高压和中压管道摩擦阻力损失

管道材质为无缝钢管。高压、次高压和中压燃气管道摩擦阻力损失按下式计算：

$$\lambda = 0.11\left(\frac{K}{d}+\frac{68}{Re}\right)^{0.25}$$

$$p_1^2 - p_2^2 = 1.4\times10^9\lambda\left(\frac{K}{d}+192.2\frac{d\nu}{V_0}\right)^{0.25}\frac{V_0^2}{d^5}\rho\frac{T}{T_0}L \tag{4-15}$$

式中，ν 为 0℃和 101.325 kPa 时黄磷尾气的运动黏度，m^2/s 。

2. 低压管道远程输送设计要点

(1) 外送管道从净化街区水冷塔后引出，用管架或埋地输送。

(2) 管架输送，管架高离道路高不小于 5 m，管架间距 20～30 m。

(3) 埋地管道，沿道路并距离道路边 1.5 m 处敷设。

(4) 地下燃气管道埋设的最小覆土厚度(路面至管顶)应符合如下要求：①埋设在机动车道下时，不小于 0.9 m，若管道排水有困难时采用上 U 形横跨机动车道，U 形高度离机动车道路面 5 m；②埋设在非机动车道(含人行道)下时，不小于 0.6 m；③埋设在机动车不可能到达的地方时，不小于 0.3 m；④埋设在水田下时，不小于 0.6 m。

(5) 在管道最低处应设水封或ϕ38×3.5 的倒淋管，倒淋管高度不小于 1.5 m。

(6) 燃气管道坡向水封或倒淋管的坡度不小于 2‰。

(7) 管道内壁涂红丹漆三道防腐。

(8) 埋地钢管外壁采用环氧煤沥青加强级防腐层防腐；明露钢管除锈后，外刷底漆两道，面漆两道。

(9) 地下管道基础采用天然地基基础，凡可能引起不均匀沉降的地段，其基础应进行处理。

(10) 在净化气进入用户前应设置止逆水封，防止回火。

4.2　黄磷尾气鼓风机及精除尘工艺

4.2.1　鼓风机及精除尘工艺选择

黄磷尾气鼓风机的任务是输送黄磷尾气，是黄磷尾气净化系统的心脏。如果

心脏不动了，整个净化系统就无法运行，故选择鼓风机甚为重要。

从黄磷尾气原料气柜总管来的黄磷尾气，经脱硫后压力为 1～1.5 kPa，用煤气鼓风机加压，以克服吸附系统的阻力，并保证后续用户需要的剩余压力。特别是吸附器内的阻力，运行初期阻力比较低，大约 3 kPa，在运行中，吸附器内产生五氧化二磷和磷酸等固体物，堵塞了催化剂空间，阻力会逐渐增加，到后期可达到 35 kPa，当阻力达到鼓风机允许能力时，输送量降低，吸附器就需要再生了。

鼓风机一般至少两台，一台运转，一台备用。鼓风机的配备方法一般是由进口总管分成两台鼓风机，再由两台鼓风机合成总管送出，其中一台鼓风机出故障，停止运转，立即启动备用鼓风机，始终保持系统稳定运行。鼓风机检修时间不受限制，可自主安排。煤气鼓风机检修时必须抽插盲板或盲板阀，彻底杜绝黄磷尾气。抽插盲板时，由于阀门关不严，一不小心黄磷尾气夹带黄磷漏出，着火燃烧，威胁人身安全。

吸附器也是至少两台，一台运转，一台再生。吸附器再生也要抽插盲板，吸附器在鼓风机后，压力更高，鼓风机在运转无法降压，抽插盲板更困难。

若两台吸附器并联运行，因再生时间是分开进行的，吸附器肯定是一前一后运行，先运行的吸附器阻力要高，其阻力随时间的推移继续升高，鼓风机需要的压力就要高；后运行的吸附器阻力就很低，鼓风机需要的压力就要求低。若两台鼓风机同时运行，则必须以压力高的鼓风机为准，这样能耗白白地浪费掉了。

为此，采用一台鼓风机供一台吸附器使用的工艺布置，其优点是：①根据吸附器阻力的变化，鼓风机转速可以自行控制，从而节省能耗；②鼓风机不需要抽插盲板，鼓风机停车吸附器抽插盲板就安全了。其缺点是鼓风机检修时间必须与吸附器再生时间相配合，但毕竟运行时间长，检修时间短，影响不会很大。

黄磷尾气经脱硫后，含有 SiO_2 的气溶胶变得更不稳定，SiO_2 较容易积聚，给精除尘创造了有利条件，加压后的尾气进入泡沫塔，进一步除去尾气带来的粉尘，对脱磷催化剂有利。

4.2.2　鼓风机及精洗涤工艺流程

从尾气总管来的黄磷尾气经阻断水封，经煤气鼓风机加压至 0.3～35 kPa，通过泡沫塔进一步脱除微小的粉尘，经塔顶丝网除沫器除雾后送往各自的吸附器。泡沫塔下来的洗涤水自流入集水池，再用循环泵将循环水加压后送往泡沫塔。自成循环系统，集水池补入生产用水，把集水池中污水置换出来。黄磷尾气管道设置蒸汽管，用来清扫和置换。黄磷尾气鼓风机两端接氮气保护，防止黄磷尾气泄漏。鼓风机顶设有清水管，用来清洗鼓风机内沉积的杂物。

黄磷尾气鼓风机及精洗涤工艺流程见图4.5。

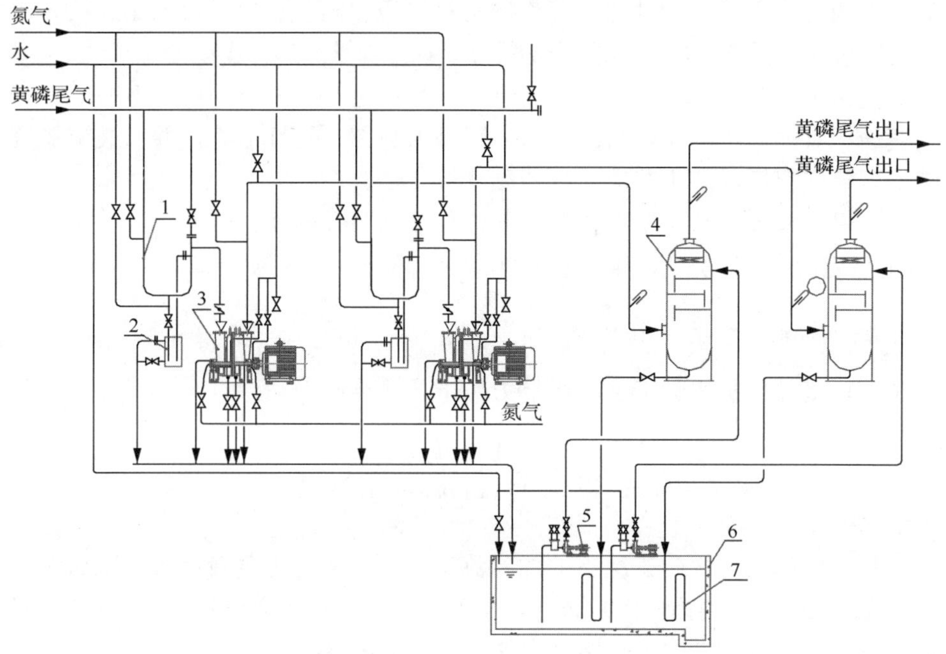

图4.5　黄磷尾气鼓风机及精洗涤工艺流程图

1.阻断水封；2.水封；3.完全鼓风机；4.泡沫塔；5.循环水泵；6.循环水池；7.U形水封

4.2.3　黄磷尾气鼓风机的原理及计算

鼓风机所输送的黄磷尾气不但是可燃气体，还含有少量腐蚀性的硫化氢。作为黄磷尾气鼓风机必须具备如下条件：①必须具有高度密封性能，煤气泄漏量必须符合规定标准；②具有防腐性能；③能耐100℃的蒸汽置换温度；④振动要小。黄磷尾气净化是新兴产业，用于黄磷尾气的鼓风机只有在电炉出口洗涤系统中使用，采用水环真空泵作压缩机用，抽气量比较小，也是最安全的选择，其缺点是能耗比离心式鼓风机高得多。后续净化系统尽量选用多级离心鼓风机，以满足黄磷尾气净化的需要。

1. 离心鼓风机的构造及工作原理

离心鼓风机又称涡轮或透平鼓风机，由电动机或汽轮机驱动，黄磷尾气离心鼓风机采用防爆变频电动机或汽轮机驱动。黄磷尾气鼓风机由安装在轴上的三个叶轮组、导叶轮、外壳及进出口管组成。黄磷尾气由进口管进入高速旋转的第一级叶轮，在离心力作用下，增加了动能并被甩向叶轮外面的环形空隙，由叶轮甩出的气体速度很高，当进入环形空隙后速度减小，其部分动能转变成静压能，并沿导叶轮通道进入第二级叶轮，其作用与第一级相同，然后再进入第三级，压力达到 35 kPa，满足吸附器后期阻力的需要。

机壳由铸铁制成，耐腐蚀，耐高温，运行稳定，不振动，噪声小。

黄磷尾气鼓风机两端轴封采用可调机械密封，密封性能好，并安装有氮气接头，通入氮气保压，防止黄磷尾气泄漏，较安全。

轴承采用滚动轴承，轴承箱用水间接冷却，温升不高。

机壳上部设有冲洗孔，下部设有排水管，便于冲洗。

2. 鼓风机输送能力及轴功率

黄磷尾气鼓风机实际工况输送能力按下式计算：

$$V=\frac{101.3V_0T}{273\times(p_1-p_s)} \tag{4-16}$$

式中，V 为黄磷尾气实际工况下的体积流量，m^3/h；V_0 为黄磷尾气标准状况下的体积流量，Nm^3/h；T 为压缩机前热力学温度，K；p_1 为压缩机吸气压力(绝对压力)，kPa；p_s 为压缩机前黄磷尾气中的水蒸气分压，kPa。

鼓风机输送能力与吸入口大气压有关，如高原地区大气压力低，同一台鼓风机输送能力就低，要达到同样的输送能力，高原地区选用的鼓风机功率要大，能耗就高。

黄磷尾气鼓风机轴功率 N_T(kW) 可按绝热压缩所消耗的功率计算：

$$N_T=p_1V^{\frac{k}{k-1}}\left[\left(\frac{p_2}{p_1}\right)^{\frac{k-1}{k}}-1\right]\times\frac{1}{3600} \tag{4-17}$$

式中，V 为黄磷尾气实际工况下的体积流量，m^3/h；p_1 为鼓风机吸入口的绝对压力，kPa；p_2 为鼓风机出口的绝对压力，kPa；k 为绝热指数，黄磷尾气组分绝热指数见表 4.5。

表 4.5　黄磷尾气组分绝热指数

组分	CO	CO_2	H_2	N_2	O_2	CH_4
绝热指数	1.4	1.3	1.4	1.4	1.4	1.308

根据典型的黄磷尾气组分计算，黄磷尾气绝热指数为 1.397。

黄磷尾气鼓风机轴功率 N_T(kW) 可简化为下式：

$$N_T = 1.03 \times 10^{-3} p_1 V \left[\left(\frac{p_2}{p_1} \right)^{0.284} - 1 \right] \tag{4-18}$$

由于黄磷尾气为非理想气体需要修正，黄磷尾气进出鼓风机时，伴随导叶轮流向的改变产生的涡流等，以及鼓风机本身的机械消耗等因素的影响，需对理论轴功率 N_T 进行校正，校正系数除与黄磷尾气物性有关外，还与鼓风机的结构、制造精度、安装水平等因素有关，引入 η 作为综合效率，制造厂家不同，η 数值也不同，鼓风机实际轴功率 N 为

$$N = \frac{N_T}{\eta} \tag{4-19}$$

鼓风机原动机的功率还要增高 20%～30%，由厂家配套。电机采用防爆变频电机。

3. 黄磷尾气在鼓风机中的温升

在鼓风机中，黄磷尾气被压缩产生的热量绝大部分被黄磷尾气吸收，小部分散热，因此，黄磷尾气在鼓风机内的压缩过程可近似地视为绝热过程。压缩后黄磷尾气最终温度按下式计算：

$$T_2 = T_1 \left(\frac{p_2}{p_1} \right)^{\frac{k-1}{k}} \tag{4-20}$$

式中，T_1、T_2 分别为黄磷尾气前后的热力学温度，K。

将黄磷尾气的 k 值代入式(4-20)可得

$$T_2 = T_1 \left(\frac{p_2}{p_1} \right)^{0.284} \tag{4-21}$$

黄磷尾气压缩后在鼓风机中的温升：

$$\Delta t = T_2 - T_1 = T_1 \left[\left(\frac{p_2}{p_1} \right)^{0.284} - 1 \right] \tag{4-22}$$

实际生产中实测温升 Δt 高于或低于计算值 15～25℃属正常，若实测温度高于计算值太大，说明功率消耗太大，要认真分析找出原因。

实例 4.3　10000 Nm^3/h 黄磷尾气鼓风机输送能力及功率计算。

1）按昆明地区计算

昆明地区大气压为 81 kPa，黄磷尾气输送风量 V_0=10000 Nm^3/h，鼓风机进口绝对压力：p_1=83.6 kPa，鼓风机出口绝对压力：p_2=117.6 kPa，进口温度 40℃；p_s=7.37 kPa。

鼓风机进口操作状态下尾气流量：

$$V=10000\times 101.3\times(273+40)/(273\times 83.6)=13892.6\,(m^3/h)$$

鼓风机的轴功率：

$$N_T=1.03\times 10^{-3}\times 83.6\times 13892.6\times[(117.6/83.6)^{0.284}-1]=121.7\,(kW)$$

鼓风机温升：

$$\Delta t=(273+40)\left[\left(\frac{117.6}{83.6}\right)^{0.284}-1\right]=31.9\ (℃)$$

2）按标准大气压计算

标准大气压为 101.3 kPa，黄磷尾气输送风量 V_0=10000 Nm^3/h，鼓风机进口绝对压力 p_1=103.3 kPa，鼓风机出口绝对压力 p_2=136.3 kPa，进口温度 40℃，p_s=7.37 kPa。

鼓风机进口操作状态下尾气流量：

$$V=10000\times 101.3\times(273+40)/(273\times 103.3)=11243\,(m^3/h)$$

鼓风机的轴功率：

$$N_T=1.03\times 10^{-3}\times 103.3\times 11243\times[(136.3/103.3)^{0.284}-1]=98\,(kW)$$

鼓风机温升：

$$\Delta t=(273+40)\left[\left(\frac{136.3}{103.3}\right)^{0.284}-1\right]=25.6\ (℃)$$

4.3　离心鼓风机性能及调节

黄磷尾气鼓风机操作非常重要，既要满足吸附器压力变化的要求，又要保持鼓风机进口管道压力稳定。

4.3.1　鼓风机的调节方法

离心鼓风机性能调节主要是调节鼓风机出口的压力和流量，鼓风机的调节方法有以下几种：

1) 出口节流调节

利用鼓风机出口阀的开度进行调节，当气量不足时，关小阀门开度，气量减少，但鼓风机压力和温升均升高，对节省能耗不起作用。从鼓风机性能曲线可看出，这种条件方法调节范围较小，注意电机电流的变化，防止发生气喘现象。这种调节方法最简单，经济性差。

2) 副线调节

从鼓风机出口管接一副线至鼓风机进口管，如图 4.6 所示。

当气量减少时，开副线阀将出口管内的气体返回到进口管，用副线阀的开度保持进口管压力稳定。若副线阀接调压器，利用进口压力传送器自动控制副线阀的开度，可自动调节黄磷尾气进口管线上的压力，一般控制进口管压力 3～4 kPa，更不允许进口管路成负压，以防吸入空气。副线调节不但不节能，反而把部分能量白白地浪费掉了，返回的气体温度较高，反复压缩，气体的温升会更高，若温度超过轴承温度，轴承要损坏，所以，副线调节也是有限度的。

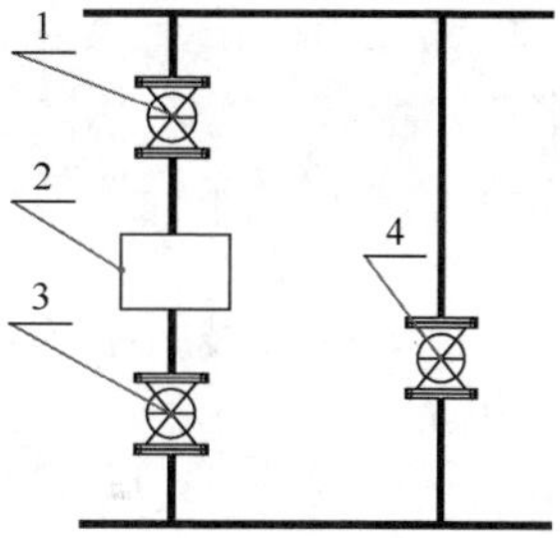

图 4.6　鼓风机压力副线调节

1.进口阀；2.鼓风机；3.出口阀；4.副线阀

3) 进口节流调节

利用鼓风机进口阀的开度进行调节，当气量不足时，关小进口阀门开度，鼓风机气量减少，压力下降，功率下降，能耗降低。这种调节方法可以节能。关小进口阀门开度，鼓风机气量减少，鼓风机进口压力也随着下降，甚至产生负压，这对黄磷尾气是不允许的，因此，黄磷尾气不能采用进口节流调节。当鼓风机投运或检修后用空气试车时，可采用进口节流调节，以节省能耗。

4) 变频调速

利用调节鼓风机的转速来控制鼓风机出口的压力和/或流量。当前随着电力电子技术、微电子技术及控制理论的发展，变频器已经广泛用于交流电动机的速度控制。变频器是一种静止的频率变换器，可将电源的 50Hz 恒定频率转变成可调频率的交流电，电动机的频率改变了，鼓风机的转速也随着改变了，从而达到调节鼓风机出口的压力或流量的目的。

根据理论分析及实践证明，可得出如下四个方面的结论：

(1) 对于鼓风机和压缩机，出口节流调节方式耗功最多，尽管相对流量 Q_r(实际流量 Q 与设计流量 Q_0 之比) 减少时，功率亦相应减少。如当 Q=0.65 Q_0 时，所对应的功率减少到原来的 80%左右，但与其他调节方式相比，耗能仍居首位。

(2) 如果相对流量变化不大(或称调节深度小)，几种调节方式耗功差别不大，即调节方式对节能效果影响不大，甚至不仅不节能，反而因调节装置的存在而多耗功(如液力耦合器)。

(3) 一般来说，调节深度越大，节能效果越显著。因此，要慎重选择调节方式，以期获得最大效益。

(4) 变速调节曲线接近理想曲线。所以，变速调节方式优越，特别是采用变频电动机调速的节能方案为最佳，但需要增设变频装置。对于中小容量的变频调速，建议积极试用；由于大容量高电压变频调速装置价格较高，应结合具体情况，综合比较，决定取舍。总之，既要考虑调节性能，也要考虑设备初投资、可靠性及经济性等，全面评价调节方式的优劣。

4.3.2 黄磷尾气鼓风机的变频调速

1. 离心鼓风机的性能分析

离心鼓风机在一定转速下，流量或称生产能力与压力有关，从理论上讲，离心鼓风机的压力-流量特性曲线是一条直线，但由于风机内部存在摩擦阻力等损失，实际的压力与流量特性曲线随流量的增大而平缓下降，对应的离心风机的功率-流量曲线随流量的增大而上升。到目前，离心鼓风机的性能曲线尚不能按理论计算方法来准确得出，因而一般只能靠实测获得。厂家提供的 C(M)250-1.35 三级煤气鼓风机性能曲线见图 4.7。从图 4.7 看出，在流量的最高点 230 m^3/min 的左侧没有示出随流量减少而下降的延伸曲线，可能是由于离心鼓风机在管路工作时，如工作气量等于 p-Q 曲线最高点所对应的气量，则机器会发生喘振而不能工作，这个气量是离心鼓风机允许的最小气量。所谓鼓风机发生喘振，从鼓风机来说，是由于叶轮叶道中发生边界层分离扩及整个叶道，因而引起冲击损失急逐增大，有效能头随气量减少而下降。而鼓风机在串联管路中，则表现为在喘振时，会发生忽而有气体从排气管倒流入机器，忽而机器又将倒流入的气体从排气管压出去。气流在排气管及机器中周而复始地改变流向，会在机器及排气管中产生低频、高振幅的压力脉动，同时鼓风机发出严重的噪声，整台机器产生强烈振动。如鼓风机在喘振工况下长期工作，则必将造成机器的损坏。

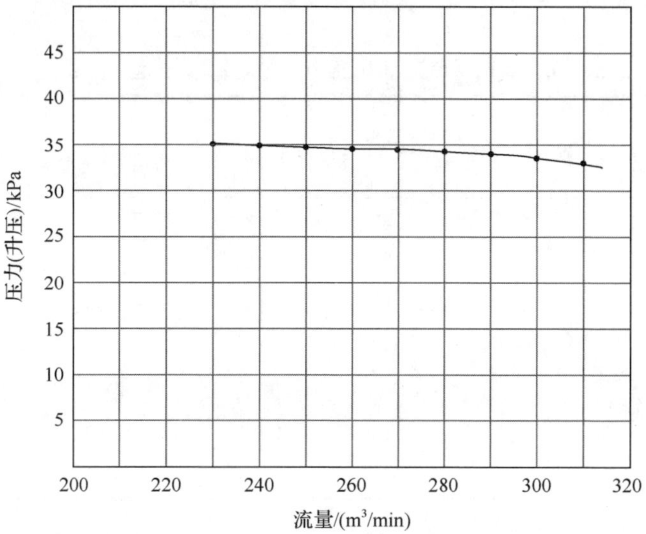

图 4.7　C(M)250-1.35 三级煤气鼓风机性能曲线

2. 黄磷尾气鼓风机变频调速分析

为了满足吸附器使用要求，调节转速是黄磷尾气鼓风机最佳的调节手段，黄磷尾气鼓风机的防爆电机采用变频调速，已取得了显著的效果。

黄磷鼓风机调速的目的是保持鼓风机的流量 V_0 不变，降低鼓风机出口压力 p_2 运行，从而降低功率消耗。鼓风机需要的转速按下式计算：

$$n_1 = n \cdot \sqrt[3]{\frac{N_{T1}}{N_T}} \tag{4-23}$$

式中，n_1 为鼓风机在运行时需要压力下的转速，r/min；n 为电机额定转速，r/min；N_{T1} 为鼓风机在运行时的轴功率，kW，按式(4-23)计算；N_T 为鼓风机在额定负荷下的轴功率，kW，按式(4-23)计算。

现将实例 4.3 中的昆明地区计算数据列于表 4.6。

将表 4.6 中的数据绘成图 4.8，从图 4.8 可看出，黄磷尾气鼓风机在额定生产能力和低压力下运转，电机转速只有额定转速的 60%，功率消耗比额定压力下运转低得多，只有额定功率的 20%。黄磷尾气一般都在额定生产负荷和低压力下运行，只有到后期压力才提起来，满足吸附器阻力的要求。图 4.8 黄磷尾气鼓风机压力与转速、轴功率曲线对黄磷尾气鼓风机调速具有一定的指导意义，因此，黄磷尾气鼓风机采用变频调速，节能效果相当显著。鼓风机运行稳定，不振动，无噪声。

表 4.6　黄磷尾气鼓风机压力与轴功率、转速计算数据

鼓风机流量/(Nm^3/h)	压力(升压)/kPa	温升/℃	轴功率/kW	电动机	
				转速/(r/min)	频率/Hz
10000	5	5.2	21.8	1640	32.6
10000	10	10.2	42.8	2053	41.06
10000	15	15	63.0	2335	46.7
10000	20	19.7	82.4	2554	51.08
10000	25	24.1	101.2	2735	54.7
10000	30	28.5	119.4	2890	57.8
10000	35	33.0	133.5	2950	50

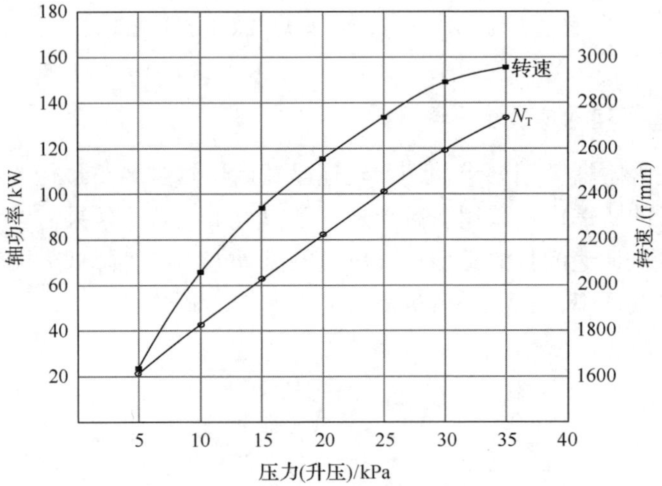

图 4.8　鼓风机压力与转速、轴功率关系曲线

变频风机实现了软启动，风机在低频下启动，电流很小，避免了原来在较大的惯性负荷情况下，数倍于额定启动电流对电网和机械设备的冲击。另外，提高了功率因数，完美无谐波型高压变频器功率因数总在 0.95 以上。风机转速的降低，减缓了风机叶轮、轴承和密封件的磨损，变频风机的振动明显好于其他工频风机，有利于延长电机和风机的使用寿命。

4.4　精除尘泡沫塔

4.4.1　泡沫塔结构

为了进一步脱除微量灰尘，采用泡沫塔，要将气体含尘量降至 10 mg/m^3 以下，以满足催化剂的要求。泡沫塔也是一种洗涤塔，它的结构见图 4.9，在塔体(1)内装有筛板(2)和溢流板(3)，洗涤水从进水管(5)进入最上一层筛板，以横向经过筛板至溢流板进入第二层筛板，以同样方式进入第三层筛板，塔内共装三层筛板。含尘黄磷尾气由塔下部进气管(6)进入塔内，当含尘气体通过筛板时，筛板上形成泡沫层，泡沫层提供了巨大的气液接触面积，且这些接触表面随气泡的合并、破裂、再形成的激烈过程不断更新。气体在这一过程中产生激烈搅动，使气体夹带的尘粒充分与水膜发生碰撞并黏附在水膜上，以达到洗涤分离气体中尘粒的效果。经除雾器(4)除去夹带的雾滴后，由出气管(7)排出塔外。洗涤后的循环水从排水管(8)排入水池的 U 形水封中。

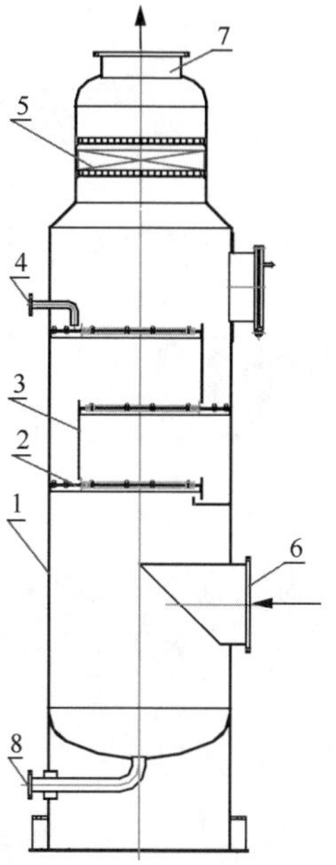

图 4.9　泡沫塔结构图

1.塔体；2.筛板；3.溢流板；4.除雾器；5.进水管；6.进气管；7.出气管；8.排水管

泡沫塔除尘过程：当含尘气体以一定的速度通过筛板进入水层时，气体在孔眼处形成气泡，逐渐变大，当气泡本身浮力超过气泡下部与板间的吸附力时，便离开孔眼上升，以一个个不连续的气泡通过水层。气泡到达水层表面时，由于水表面张力的作用，并不立即破碎而是逐渐积累增多，浮出水面形成由许多连在一起的气水组成的泡沫层。当空塔速度加大，泡沫层高度增加，当速度太大时，即发生液泛。

据介绍，以水和空气进行实验时，当空塔气速在 0.5～1 m/s 时发生泡沫，这是一种平静的泡沫，运动不激烈；1～1.3 m/s 时，逐渐变成激烈运动不断更新气膜的运动泡沫，当大于 1.3 m/s 时，运动泡沫层高度成比例上升，空塔气速在 3～4 m/s 时，发生大量泡沫飞溅现象，气体带走水沫可达到近塔水量的 60%左右，塔内的水剧烈地喷溅飞起又落下。试验证明，得到稳定运动泡沫层的气流速度下限是 1 m/s，上限是 3 m/s，最好是 1.3～2.5 m/s。但这一数据与水量大小及孔眼气速有很大关系。

1. 泡沫塔直径的确定

泡沫塔直径由空塔速度计算，空塔速度由操作经验数据定，一般取 w=1.8～2 m/s。

泡沫塔的直径由黄磷尾气的处理量与气流速度确定。

$$V = \frac{V_0 \cdot 101.3 \times (273 + t)}{273 \cdot p} \tag{4-24}$$

式中，V_0 为黄磷尾气处理量，Nm^3/h；p 为操作压力(绝对压力)，kPa；t 为操作温度，℃。

泡沫塔直径 D：

$$D = \sqrt{\frac{V}{0.785 \times 3600\omega}} \ (\text{m}) \tag{4-25}$$

式中，ω 为气流速度，m/s。

2. 筛板

筛板结构分为筛孔、溢流堰、降液板及无孔区(死板)等几部分，见图 4.10。

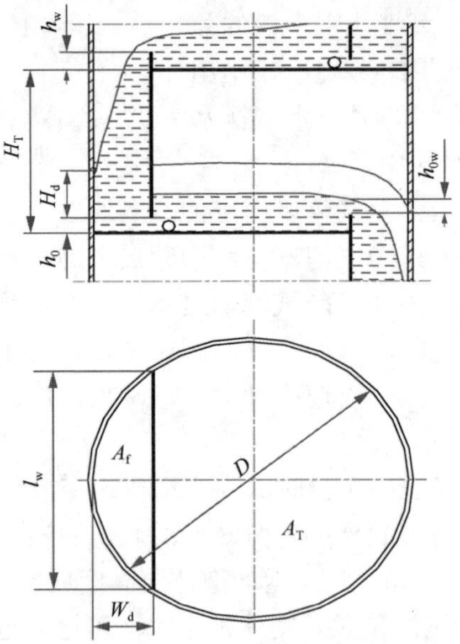

图 4.10　泡沫塔溢流装置

筛板上圆形孔眼的直径 d_0 可取 4～8 mm，推荐为 6 mm。因为孔太小，孔的加工制造困难，且易堵。筛的孔径与厚度的关系主要应考虑加工的可能性，目前，筛板用冲孔加工，碳钢板不小于 6 mm，孔径 d_0 也为 6 mm。

中心距 m 一般为$(2.5\sim5)d_0$，m/d_0 过小，易使气流互相干扰，过大则鼓泡不匀，都要影响除尘效果。实际设计时 m/d_0 在 2～3 的范围内。开孔一般均按正三角形排列。为此，开孔面积 A_0 与开孔区面积 A_a 之比 F 的百分数可按下式求得：

$$F=\frac{A_0}{A_a}=\frac{90.7}{\left(\dfrac{m}{d_0}\right)^2} \tag{4-26}$$

式中，A_0 为每层板上筛孔之面积，m^2；A_a 为每层板上开孔区之面积，m^2；m 为孔间距，mm；d_0 为小孔直径，mm。

式(4-26)的计算结果如图 4.11 所示。

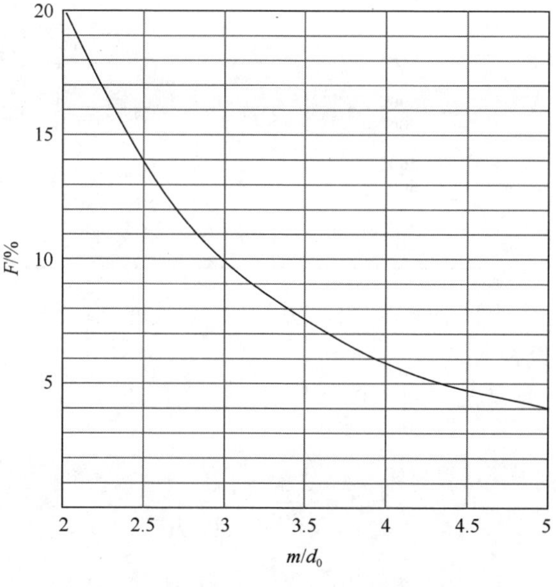

图 4.11　开孔面积与开孔区面积比

泡沫塔筛板除尘效率相当高，第一块塔板效率可达 90%以上，对于粗除尘要求不高的场合，单板除尘即可。精除尘对除尘要求很高，采用三块塔板，塔板再多，效果提高不大，而阻力大，对能耗不利。

3. 泡沫塔设有溢流堰

溢流堰具有维持筛板上液层一定高度并使液流分布均匀的作用。泡沫塔水量不大，采用单溢流内堰，过水采用平堰。

为了便于设备设计和制造，在满足工艺生产要求的条件下，逐步将一些参数系列化是有利的。原化工设备设计专业技术中心站曾提出过一组系列，后来又编了“浮阀塔盘系列(JB1206-71)”，后者虽然有个别参数的规定尚需商榷，但对一般塔形有一定的参考价值，现将与泡沫塔有关的单溢流型塔板参数列于表 4.7，供选用。

表 4.7　单溢流型塔板参数

塔径 D/mm	塔截面积 A_T/m^2	塔板间距 H_T/mm	弓形降液管		降液管面积 A_f/m^2	A_f/A_T	l_w/D
			堰长 l_w/mm	堰宽 W_d/mm			
800	0.5027	500	581	125	0.0502	10.0	0.726
		600	640	160	0.0717	14.2	0.800
1000	0.7854	500	714	150	0.0770	9.8	0.714
		600	800	200	0.1120	14.2	0.800
1200	1.1310	500 600	876	190	0.1150	10.2	0.78
1400	1.539	500 600	1029	225	0.1610	10.45	0.735
1600	2.0110	500 600	1171	255	0.2070	10.3	0.732
1800	2.5450	500 600	1312	284	0.2570	10.1	0.730
2000	3.1420	500 600	1456	314	0.3155	10.0	0.727

根据泡沫塔直径计算值从表 4.7 塔板参数选取泡沫塔直径 D、堰板长度 l_w、堰板宽度 W_d 等参数。

平堰上的液流高度 h_{0w}(图 4.10)用 Francis 公式计算：

$$h_{0w}=\frac{2.84}{1000}E\left(\frac{L}{l_w}\right)^{\frac{2}{3}} \tag{4-27}$$

式中，h_{0w} 为堰上液流高度，m；L 为液流量，m^3/h；l_w 为堰板长度，m；E 为堰流收缩系数[6]。

4. 塔板高度

原液层高度 h_0 与溢流板高度 h_d、溢流强度有关。原液层高度 h_0 高出挡板高度部分称为 h_c，h_c 按下式计算：

$$h_c=(3.15-0.005i)\sqrt[3]{i^2}\ (\text{mm}) \tag{4-28}$$

式中，i 为液流强度，单位时间单位溢流板宽度所流过的液体量，$m^3/(m \cdot h)$。

泡沫塔的特点之一是用水量比较小，能耗低，根据经验数据，用水量一般为 1～1.5 L/Nm³ 干气，则用水量为 $W=(1\sim1.5)V_0$。

h_0 设计时已设定，一般设为 50 mm，按下式计算泡沫层高度 H_p：

$$H_p = h_0 \times 2.83\times10^{-5}\nu_g^{0.25}\nu_L^{-1.3}\left(\frac{\upsilon D_e}{\nu_g}\right)^{0.5}\left(\frac{\sigma}{\gamma_L h_0^2}\right)^{1.3}\left(\frac{\nu_g}{\nu_L}\right)^{0.25}\left(\frac{D_e}{h_0}\right)^{3} \tag{4-29}$$

式中，ν_g、ν_L 分别为气体、液体的动力黏度，(m^2/s)；γ_L 为液体重度，kg/m^3；υ 为空塔速度，m/s；σ 为表面张力，kgf/m；D_e 为当量直径，m，直径大小不影响泡沫的生成，故常采用 D_e=1.13 m，即 1 m² 筛板面积的直径，以 D_e=1.13 m 代入式(4-26)，得

$$H_p = 4.35\times10^{-5}\times\frac{h_0^{0.6}\upsilon^{0.5}}{\sigma^{1.3}\nu_L^{0.25}} \tag{4-30}$$

黄磷尾气用水洗涤的系统，泡沫层高度可按下式进行计算：

$$H_p = 8.1h_0^{0.6}\upsilon^{0.5} \tag{4-31}$$

泡沫塔空塔流速比一般筛板塔高，在塔板上形成激烈运动不断更新气膜的运动泡沫层，使得粉尘与水接触面增大，这就是泡沫塔除尘效果较佳的原因。为了不使下层筛板的泡沫层代入上层筛板，塔板高度要比泡沫层高度大 3～4 倍。

筛板的漏液量与除尘效果有关，漏液量大除尘效果下降，要尽量减少筛板漏液。效果提高不大，而阻力大，对能耗不利。筛板的漏液量与筛孔直径 d_0、筛孔中心距 m 和气体流速 υ_0 有关，筛孔直径大、筛孔中心距小，漏液量增大，漏液量与筛孔气体流速 υ_0 的平方成比例增大。当 υ_0 增大至 6～10 m/s 时，漏液量很小，当 υ_0 增大至 12～17 m/s 时，则完全停止漏液。当 d_0=4～6 mm 时，υ_0 可取 6～12 m/s。

5. 泡沫塔阻力

泡沫塔的流体压力损失由两部分组成，即干板压力损失 Δp_1 和泡沫层压力损失 Δp_2，即

$$\Delta p=\Delta p_1+\Delta p_2 \tag{4-32}$$

干板的流体压力损失 Δp_1 按局部阻力公式计算：

$$\Delta p_1 = 14.21k_c\frac{\gamma_g\upsilon^2}{2g}\ (\text{Pa}) \tag{4-33}$$

式中，v 为筛孔速度，m/s；γ_g 为气体重度，kg/m^3；k_c 为与筛板厚度有关的系数(表 4.8)。

表 4.8　板厚 δ 与相应的 k_c 值

δ/mm	1	3	5	7.5	10	15	20
k_c	1.25	1.1	1.0	1.15	1.3	1.5	1.7

泡沫层的流体压力损失 Δp_2 与原液层高度 h_0、液体重度 γ_L 及表面张力 σ 有如下关系：

$$\Delta p_2=8.33h_0\gamma_L+2.548\sigma\ (\text{Pa}) \tag{4-34}$$

式中，h_0 为原液层高度，m；γ_L 为液体重度，kg/m^3；σ 为表面张力，dyn/cm。

4.4.2　泡沫塔除雾

泡沫塔顶黄磷尾气夹带较多的雾沫，需要除去。黄磷尾气到此处已经过几道除尘，大颗粒粉尘已基本除去，泡沫塔循环水也较干净，有利于采用丝网除雾。丝网除雾器的特点是结构简单、质量轻，空隙率大、压力降小，接触表面积大、除沫效率高，安装、操作、维修方便，体积小，不占地，使用寿命长。

丝网除雾器(又称捕沫器、捕雾器)，其主要用于分离直径大于 3～5 μm 的液滴，当带有液沫的气体以一定的速度上升，通过架在格栅上的金属丝网时，由于液沫上升的惯性作用，液沫与细丝碰撞而黏附在细丝的表面上。细丝表面上的液沫进一步扩散及液沫本身的重力沉降，使液沫形成较大的液滴沿着细丝流至它的交织处。由于细丝的可湿性、液体的表面张力及细丝的毛细管作用，液滴越来越大，直至其自身的重力超过气体上升的浮力和液体表面张力的合力时，就被分离而下落，截留在泡沫塔中。只要操作气速等条件选择得当，气体通过丝网除沫器后，其除沫效率可达到 97%以上，完全可以达到去除雾沫的目的。图 4.12 为黄磷尾气鼓风机及泡沫塔现场图。

图 4.12　20000 m^3/h 黄磷尾气鼓风机及泡沫塔现场图

进除沫器尾气流量：

$$V = \frac{V_0 \cdot 101.3 \times (273 + t)}{273 \cdot p} \tag{4-35}$$

式中，V_0 为黄磷尾气处理量，Nm^3/h；p 为操作压力(绝对压力)，kPa；t 为操作温度，℃。

黄磷尾气在操作条件下的重度 γ_g：

$$\gamma_g = V_0 \times M / (22.4 \times V)\ (kg/m^3) \tag{4-36}$$

式中，M 为黄磷尾气分子量，26.73。

通过丝网除雾器允许的气流速度 U 按下式计算：

$$U = K\sqrt{\frac{\gamma_L - \gamma_g}{r_g}} \tag{4-37}$$

式中，γ_L、γ_g 分别为水、黄磷尾气的重度，kg/m^3；K 为系数，一般取 0.09～0.1。

除雾器的直径 D_c 按下式计算：

$$D_c = \sqrt{\frac{V}{0.785 \times 3600 \times U}} \tag{4-38}$$

实例 4.4　10000 m^3/h 黄磷尾气泡沫塔设计计算。

1. 基础数据

进泡沫塔流量 10000 Nm^3/h，进泡沫塔压力(绝对压力) 110 kPa，泡沫塔黄磷尾气平均温度 60℃。

2. 计算

1) 泡沫塔直径计算

操作状态下的黄磷尾气流量：

$$V = 10000 \times 101.3 \times (273+60) / (273 \times 110) = 11233\ (m^3/h)$$

泡沫塔空速取为 1.8 m/s。

泡沫塔直径：

$$D = \sqrt{\frac{V}{0.785 \times 3600 \times 2}} = \sqrt{\frac{11233}{0.785 \times 3600 \times 1.8}} = 1.48(m)$$

查表 4.7，得泡沫塔直径取为 ϕ1600 mm。

2) 泡沫塔塔板高度确定

溢流堰长度 l_w=1171 mm，溢流堰宽 W_d=255 mm，溢流板高出筛板即原液层高度取为 h_0=50 mm，根据经验数据，用水量为 1.2 L/Nm^3 干气，则用水量为：

$$W= 10000\times 1.2/1000 = 12\,(\mathrm{m^3/h})$$

循环水泵 IS65-40-250，流量 15 m^3/h，扬程 19.4 m，功率 2.2 kW，溢流强度：

$$i=W/L_w=15/1.17=12.82\ [\mathrm{m^3/(m\cdot h)}]$$

原液层高度 h_0 高出挡板高度部分称为 h_c，h_c 按下式计算：

$$h_c=(3.15-0.005i)\sqrt[3]{i^2}=(3.14-0.005\times 12.82)\times\sqrt[3]{12.82^2}=16.85\,(\mathrm{mm})$$

黄磷尾气用水洗涤的系统，泡沫层高度可按下式进行计算：

$$H_p=8.1h_0^{0.6}\upsilon^{0.5}=8.1\times 50^{0.6}\times 1.8^{0.5}=114\ (\mathrm{mm})$$

塔板高度取为 600 mm。

筛板小孔按等边三角形排列，小孔直径 ϕ6 mm，孔间距 14 mm。

开孔面积 A_0 与开孔区面积 A_a 之比 F 的百分数可按下式求得：

$$F=\frac{A_0}{A_a}=\frac{90.7}{\left(\frac{m}{d_0}\right)^2}=\frac{90.7}{\left(\frac{14}{6}\right)^2}=16.66\%$$

3) 泡沫塔阻力

(1) 干板的流体压力损失 Δp_1 按局部阻力公式计算：

$$\gamma_g=V_0\times M/(22.4\times V)=10000\times 26.73/(22.4\times 11233)=1.062\,(\mathrm{kg/m^3})$$

$$\Delta p_1=14.21k_c\frac{\gamma_g\upsilon^2}{2g}=14.21\times 1.06\times\frac{1.062\times 10.8^2}{2\times 9.81}=95\ (\mathrm{Pa})$$

(2) 泡沫层的流体压力损失 Δp_2 与原液层高度 h_0、液体重度 γ_L 及表面张力 σ 有如下关系：

$$\Delta p_2=8.33h_0\gamma_L+2.548\sigma=8.33\times 0.05\times 1000+2.548\times 70.4=596\ (\mathrm{Pa})$$

单层筛板总阻力：

$$\Delta p=\Delta p_1+\Delta p_2=95+596=691\ (\mathrm{Pa})$$

4) 泡沫塔丝网除沫器

进除沫器尾气流量：

$$V=10000\times101.3\times(273+40)/(273\times110)=10558\ (\mathrm{m^3/h})$$

操作重度：

$$\rho_{\mathrm{g}}=1.15\ \mathrm{kg/m^3}$$

气速：

$$U=K\sqrt{\frac{r_{\mathrm{L}}-r_{\mathrm{G}}}{r_{\mathrm{G}}}}=0.095\times\sqrt{\frac{1000-1.15}{1.15}}=2.8\ (\mathrm{m/s})$$

除沫器直径：

$$D=\sqrt{\frac{10558}{0.785\times3600\times2.8}}=1.16(\mathrm{m})$$

取为 ϕ1200 mm。

4.5　鼓风机精洗操作管理

开车前应按流程分别检查设备、管线、阀门、仪表、压力点、分析点是否齐全；将每个阀门转动一次，检查是否灵活；将测压测温仪表进行校正；接好取样点，满足分析要求。

正常工艺条件：

鼓风机进口总管压力：不小于 500 Pa；

鼓风机出口压力：不大于 35 kPa；

鼓风机正常压力：根据系统阻力调节；

集水池水位保持溢流；

轴承箱润滑脂温度不超过 65℃；

电机温升不超过 60℃；

鼓风机房内，CO 浓度不超过 30 mg/m^3。

1. 开车

1) 鼓风机安装后或检修后的试车

(1) 使用前应检查鼓风机管道的安装是否符合要求，启动电机空转，检查电机方向是否与鼓风机主轴方向一致，并运转 8 h，检查电机及电器配件是否运行正常。

(2) 向轴承箱加润滑脂，鼓风机采用滚动轴承时用的润滑剂为二硫化钼润滑脂 2 号、3 号，润滑脂填量为轴承箱空间的 1/2～2/3。

(3) 电机空运后，连接靠背轮。

(4) 关进口阻断水封底阀，向阻断水封加水至溢流，拆开阻断水封顶法兰并移开一定位置，以便进空气。

(5) 通知脱磷关吸附器进口阀。

(6) 用变频器启动鼓风机电机，慢慢地打开鼓风机房顶放空阀，随时注意电机电流，调节变频器至需要的频率。

(7) 用空气试运转 24 h，仔细倾听鼓风机内部有无不正常的摩擦声，鼓风机是否出现振动，检查鼓风机、电机及其辅助设备等运行是否正常，检查轴承箱润滑脂及电机温度是否正常，检查各仪表使用是否正常，进出口管道阀门法兰有无漏气，合格后鼓风机停车，关鼓风机房顶放空阀。

2) 鼓风机正常开车

(1) 向集水池加水至溢流。

(2) 启动循环水泵，开泡沫塔进水阀，向泡沫塔加水。

(3) 开车前必须保证鼓风机前、后设备管道置换合格，即氧含量不超过 2%。要运转的鼓风机内用蒸汽或氮气置换合格，开鼓风机底排水阀，将鼓风机底部积水排净。

(4) 慢开阻断水封底阀，使鼓风机与黄磷尾气接通，分析点用胶管接出室外，开阀门，当有煤气排除时，关阀门。

(5) 通知电工检查电气设备并送电，用变频器启动鼓风机，根据需要调节变频器至需要的频率。

(6) 通知脱磷吸附器开车。

(7) 后工序正常运行后投入频率自动调节。

2. 停车

1) 短期停车

(1) 接到吸附器停车关闭进口阀门后，按鼓风机停车按钮，停止鼓风机运转。

(2) 关鼓风机进水阀和泡沫塔进水阀。

(3) 停循环水泵。

(4) 鼓风机用进口煤气保压。

2) 长期停车或检修停车

(1) 接到吸附器停车关闭进口阀门后，按鼓风机停车按钮，停止鼓风机运转，吸附器进口阀处插盲板。

(2) 关鼓风机进水阀和泡沫塔进水阀。

(3) 停循环水泵。

(4) 关进口阻断水封底阀，向阻断水封加水至溢流。

(5) 鼓风机及泡沫塔系统用蒸汽或氮气置换至 CO 含量在 0.5%以下。

(6) 拆开阻断水封顶法兰并全移开，开鼓风机房顶放空阀以及管道放空阀，以便进入空气通风，直至达到安全分析合格。

3) 当遇下述情况时迅速停车

(1) 机器的任何部分发现冒烟时。

(2) 鼓风机突然发生强烈振动或者明显听得见金属声。

(3) 轴承温度距离增加，其中一个达到 80℃。

(4) 鼓风机房发生煤气泄漏。

(5) 其他情况，整个机器或者它的个别零件存在危险威胁。

3. 正常操作

(1) 经常检查鼓风机进、出口压力，维持鼓风机送气压力稳定。

(2) 经常检查所管辖的设备、管道、阀门。

(3) 经常检查电机一次，检查温升，听声音、触摸观察振动情况。

(4) 经常检查各水封溢流情况，尤其是入口水封的溢流情况，防止堵塞，以免造成负压。

(5) 检查循环水泵运转是否正常。

(6) 检查集水池水位是否保持溢流。

(7) 若发现阻断水封底阀阻塞，开蒸汽倒吹，直至吹通为止。

第 5 章　黄磷尾气催化氧化脱磷技术

5.1　黄磷尾气脱磷催化剂

国内外对脱除 H_2S 和有机硫的方法的研究和使用起步较早，目前已有诸多较成熟的方法和催化剂，国内外对黄磷尾气中磷的脱除方法的研究可以说还是刚刚起步，昆明理工大学对黄磷尾气的脱磷方法和催化剂经过多年深入研究，取得了显著效果[53-58]。

从理论和实践上讲，如果能够找到在常温下脱除黄磷尾气中杂质的吸附剂是非常理想的，常温吸附不用加热而额外消耗能量，而且对于黄磷尾气这种易燃、易爆的气体来讲，常温吸附是一种非常安全的选择。为了寻找脱磷的方法，首先对普通活性炭进行了脱磷试验。

用活性炭进行物理吸附实验，吸附柱高 30 cm，流量为 0.5 L/min，结果如图 5.1 所示。

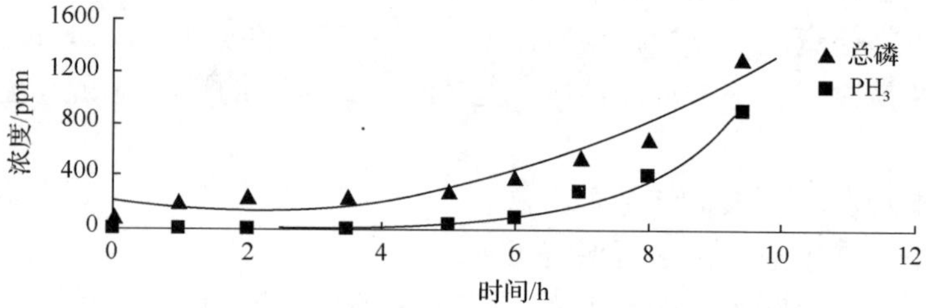

图 5.1　活性炭脱磷效果比较

从图 5.1 可知，磷化氢可以被活性炭吸附，出口最低为 1 ppm，1 h 后升到 7 ppm，5 h 后升到 30 ppm，然后逐渐穿透。总磷出口最初为 100 ppm，1 h 后即升到 200 ppm，很快就上升到 300 ppm 左右。随着磷化氢的穿透，总磷出口浓度也随之上升。总磷未被吸附的是单质磷，依靠活性炭常温吸附不能完全除去磷，而且活性炭吸附磷化氢的操作时间也较短。试验中发现采用普通活性炭作催化剂，有脱磷作用，但脱磷效率不佳，达不到预定效果，为此，在活性炭的基础上对如何提高活性炭脱磷效率进行了研究，采用添加多种金属和稀土金属作为助催化剂进行筛选，对优选出最佳的元素种类的添加量进行了对比试验，最终制成了黄磷尾气脱磷催化剂 TP201，使黄磷尾气中的总磷浓度降到 0.1 mg/Nm^3 以下，从而满足碳一化工产品生产对原料气的要求，利用此高纯度的 CO 气可生产高附加值的碳一化工产品，为黄磷尾气的利用开辟了广阔的途径。

脱磷催化剂是利用活性炭为载体，浸渍铝、铁、钙、锰、钛、铜、钾等元素，再经煅烧，提高活性炭催化氧化能力。

脱磷催化剂的生产方法是采用浸渍法制造催化剂，将载体放进含有活性物质的水溶液中浸泡，当浸渍平衡后，将剩余的液体除去，再进行干燥、煅烧、活化等过程。

活性物质在溶液里应具有较大的溶解度，结构稳定，且在煅烧时可分解为稳定的物质。一般采用硝酸盐、醋酸盐或铵盐配制成浸渍溶液。

操作方法是在一个不锈钢容器中配制成过量的活性浸渍溶液，然后将载体放入浸渍溶液中浸泡 1 h 左右，取出，滤干。

将含有活性物质的催化剂装入活化炉中，根据载体和活性物质的性质或工艺需要，确定再生或活化的温度和时间，最高温度为 650～750℃。

关于浸渍量的计算，通常是以载体的比表面积和比孔容为依据。例如，载体对某一活性物质的比吸附量为 W_a(即每克载体的吸附量)，由于孔径大小不一，某种物质只能进入大于某孔径的空隙中，以 V'代表这部分空隙的体积，以 m 代表活性物质在溶液中的质量分数，则载体对某一物质的浸渍量 W_i 为

$$W_i = V'm + W_a$$

因为 W_a 值很小，所以 W_i 主要取决于 $V'm$。若不考虑选择性吸附，则可以近似地从载体的空隙度和物质在溶液里的浓度计算出来，例如，活性物质在溶液中的浓度以氧化物来表示为 10%，载体空隙度为 0.4 cm^3/g，则活性物质组分在催化剂中的含量为

$$0.4\times0.1\times100\% / (1+0.4\times0.1) = 3.8\%$$

催化剂活性物质的配比用活性物质的浓度来调节，按需要计算活性物质的配制浓度。

脱磷专用催化剂 TP201 的技术特点是：①催化剂脱磷效率高，脱磷精度高，PH_3 可小于 0.1 ppm，可满足碳一化工原料气的要求；②催化剂可再生，反复使用，黄磷尾气净化运行成本低。脱磷催化剂 TP201 性能见表 5.1。

表 5.1　脱磷催化剂 TP201 性能指标

项目	指标
外观与规格/mm	黑色条状 ϕ3～4，5～15
堆相对密度/(kg/m^3)	480～540
磷容/%	≥10
PH_3 脱除精度/ppm	≤0.1
强度/%	≥90

续表

项目	指标
水容量/%	≥68
孔容积/(cm^3/g)	≥0.7
水分/%	≤5
操作压力/MPa	≤0.1
操作温度/℃	100～120
空速/h^{-1}	300～800

5.2 黄磷尾气催化氧化脱磷原理

5.2.1 黄磷尾气脱磷机理

脱磷采用催化氧化法。当活性炭加入了无机物质后经过改性，成为脱磷专用催化剂，这一改性使得活性炭表面具有了极性，极性分子具有很强的永久性偶极矩，使得更多的反应物分子成为活化分子，降低了反应所需的能量，大大提高了单位体积内反应物分子的百分数，从而成千上万倍地增大了反应物速率。然而，试验表明，要完全脱除 PH_3 还要增加必要的能量，提高黄磷尾气的温度，只要升高温度，反应物分子获得能量，使一部分原来能量较低的分子变成活化分子，增加了活化分子的百分数，使得有效碰撞次数增多，故反应速率加快[59-63]。

参与 PH_3 氧化反应各物质与生成物的标准摩尔生成焓、标准生成吉布斯自由能的数据见表 5.2。

表 5.2 参与反应物质与生成物的标准摩尔生成焓、标准生成吉布斯自由能的数据

物质	$\Delta H^{\ominus}_{298}$ /(kJ/mol)	$\Delta G^{\ominus}_{298}$ /(J/mol)	物质	$\Delta H^{\ominus}_{298}$ /(kJ/mol)	$\Delta G^{\ominus}_{298}$ /(J/mol)
PH_3(g)	23.01	25.5	H_2(g)	0	0
PH(g)	255.2	221.8	H_2O(g)	–241.8	–228.6
O_2(g)	0	0	H_3PO_4(l)	–1254.4	–1111.7
P_4(g)	128.9	72.4	H_3PO_4(s)	–1266.9	–1112.5
P_2(g)	146.2	103.8	P_4O_{10}(s)	–2940	–2675.2
H_2S(g)	–20.2	–33.0	SO_2(g)	–296.9	–310.4
S(斜方)	0	0	SO_3(g)	–395.2	–370.4

1. 黄磷尾气中的单质磷与氧反应历程

黄磷尾气中的磷以蒸气形式存在，分子式为 P_4，当磷蒸气加热至 800℃时，P_4 即分解为 P_2，在催化氧化过程中，温度最高也不超过 120℃，因此，在催化氧

化过程中磷始终以 P_4 形态存在，磷与氧反应生成的五氧化二磷以 P_4O_{10} 形式存在。磷与氧反应式如下：

$$P_4 + 5O_2 \xrightarrow{\text{cat, 110℃}} P_4O_{10} \tag{5-1}$$

$$\Delta G = -2675.2 - 72.4 = -2747.6\ (\text{kJ/mol})$$

$$\Delta H = -2940 - 128.9 = -3068.9\ (\text{kJ/mol})$$

式(5-1)自由能降低很大，说明反应很彻底，该反应为放热反应。

2. 黄磷尾气中的 PH_3 与氧反应历程

黄磷尾气中的 PH_3 与氧反应有以下几条途径：

(1)黄磷尾气中的 PH_3 与氧反应，首先脱氢生成 PH，然后 PH 与氧反应生成五氧化二磷与氢，反应如下：

$$PH_3 + 0.5O_2 \xrightarrow{\text{cat, 110℃}} PH + H_2O \tag{5-2}$$

$$\Delta G = (221.8 - 228.6) - 25.5 = -32.3\ (\text{kJ/mol})$$

$$\Delta H = (255.2 - 241.8) - 23.01 = -9.61\ (\text{kJ/mol})$$

$$4PH + 5O_2 = P_4O_{10} + 2H_2 \tag{5-3}$$

$$\Delta G = -2675.2 - 4 \times 25.5 = -2777.2\ (\text{kJ/mol})$$

$$\Delta H = -2940 - 23.01 = -2963\ (\text{kJ/mol})$$

(2)黄磷尾气中的 PH_3 与氧反应生成五氧化二磷和水，反应如下：

$$4PH_3 + 8O_2 = P_4O_{10} + 6H_2O \tag{5-4}$$

$$\Delta G = (-4 \times 2675.2 - 6 \times 228.6) - (4 \times 25.5) = -12174.4\ (\text{kJ/mol})$$

$$\Delta H = (-4 \times 2940 - 6 \times 241.8) - 4 \times 23.01 = -13302.8\ (\text{kJ/mol})$$

(3)黄磷尾气中的 PH_3 与氧反应直接生成磷酸，反应如下：

$$2PH_3 + 4O_2 \xrightarrow{\text{cat, 110℃}} 2H_3PO_4 \tag{5-5}$$

$$\Delta G = 2 \times (-1112.5) - (2 \times 25.5) = -2276\ (\text{kJ/mol})$$

$$\Delta H = 2 \times (-1266.9) - 2 \times 23.01 = -2579.8\ (\text{kJ/mol})$$

从上述反应历程可看出，式(5-2)自由能降低很小，反应概率低。式(5-4)和式(5-5)反应自由能降低都很大，反应都很彻底，都是放热反应。在吸附器的催化氧化过程中主要反应为反应式(5-4)和式(5-5)，概率相同，反应很彻底，故脱磷效率很高，反应物中五氧化二磷和磷酸同时存在。

3．黄磷尾气中的残留 H_2S 与氧反应历程

(1)黄磷尾气中的 H_2S 与氧反应，H_2S 被还原成单质硫，反应如下：

$$H_2S + 0.5O_2 \xrightarrow{\text{cat, 110℃}} S + H_2O \tag{5-6}$$

$$\Delta G = (-228.6) - (-33) = -195.6\ (\text{kJ/mol})$$

$$\Delta H = (-241.8) - (-20.2) = -221.6\ (\text{kJ/mol})$$

(2)黄磷尾气中的 H_2S 与氧反应生成 SO_2，反应如下：

$$H_2S + 1.5O_2 \xrightarrow{\text{cat, 110℃}} SO_2 + H_2O \tag{5-7}$$

$$\Delta G = (-228.6-210.4) - (-33) = -406\ (\text{kJ/mol})$$

$$\Delta H = (-241.8-296.9) - (-20.2) = -518.5\ (\text{kJ/mol})$$

从上述两个反应可看出，催化氧化具有脱除 H_2S 的能力，但与 PH_3 比较反应能力低得多。

含有氧的黄磷尾气在操作温度 80～110℃下，P_4 和 PH_3、H_2S 在催化剂的催化作用下氧化为 H_3PO_4 以及少量的单质硫和 SO_2，氧化生成的 P_2O_5 和 H_3PO_4 以及少量的单质硫和 SO_2 均被催化剂表面所吸附，这些物质均为不可逆吸附物种，只有在再生时才能把这些物质脱除。

试验表明，脱磷催化剂温度在 80～110℃范围内，PH_3 的反应相当快，反应速率达 2450～2550 $m^3/(m^3$ 催化剂·h)。脱磷催化剂也能脱除 H_2S，反应也较快，在黄磷尾气中 H_2S 含量比 PH_3 高，甚至高很多，生成的硫占据了催化剂空间，堵塞了催化剂微孔，致使吸附器阻力上涨，再生时间缩短，因此，若黄磷尾气中 H_2S 含量超过 200 mg/m^3 就应该先脱除 H_2S。

单质磷的氧化速度较慢，脱磷催化剂兼有吸附能力，未被氧化的单质磷就被催化剂所吸附，尤其是温度较低时，氧化速度减慢，而催化剂吸附能力提高。实际生产中吸附器出口是温度较低处，往往积累了较多的单质磷。

脱磷催化剂对 COS 有少量的脱除作用。

根据黄磷尾气脱磷原理，在黄磷尾气中补充一定量的氧(空气)，提高反应物浓度，对提高脱磷效果有利。

5.2.2 催化剂微观结构表征

对催化剂的三种状态进行了扫描电镜分析，如图 5.2 和图 5.3 所示。观察 4000

倍的 SEM 图像可以发现，新鲜催化剂的颗粒表面非常清晰、干净、光滑[图 5.2(a)]；而失效催化剂的颗粒表面基本被反应生成物所覆盖，覆盖物质为絮状，稍许结块[图 5.2(b)]，与新鲜催化剂表面相对照，可知覆盖物不是催化剂本身的物质，吸附了催化氧化的生成物，可见 5.2.1 小节关于生成物被催化剂载体表面吸附的分析是正确的；再生过的催化剂与失效催化剂的表面也不一样，但图像没有新鲜催化剂的表面颗粒清晰，说明再生后催化剂表面仍有一定量的催化氧化产物残留[64](图 5.3)。

(a) 新鲜催化剂

(b) 失效催化剂

图 5.2　催化剂的 SEM 图像

图 5.3　再生后催化剂的 SEM 图像

5.3　催化氧化工艺流程

黄磷尾气催化氧化脱磷流程见图 5.4。

黄磷尾气经脱硫后，用煤气鼓风机加压至 15～35 kPa，进入蒸汽加热器(1)，用蒸汽加热至 100～120℃进入吸附器，用补充鼓风机(3)补充空气，在有氧存

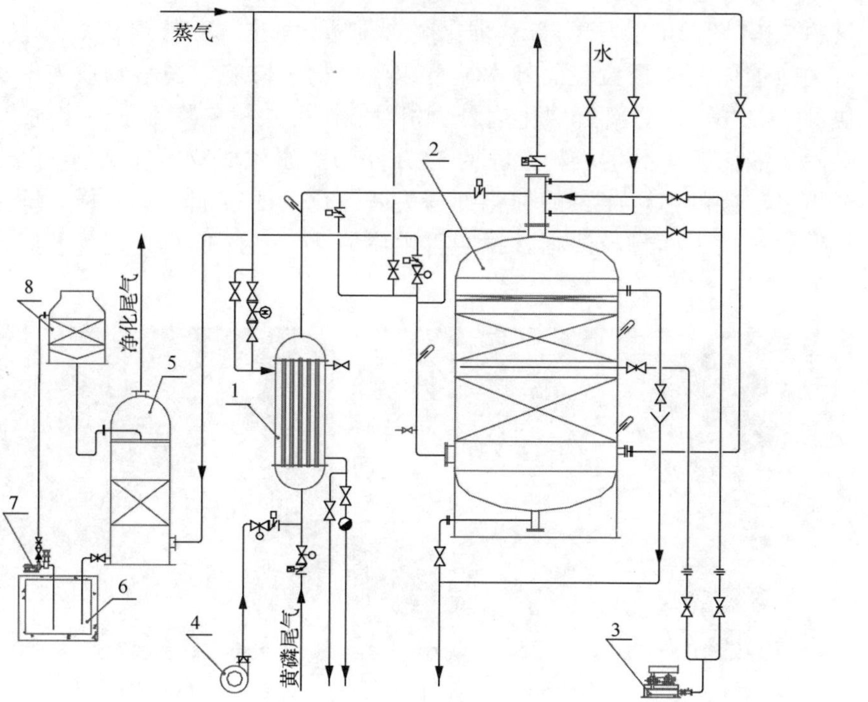

图 5.4　黄磷尾气催化氧化脱磷工艺流程图

1.蒸汽加热器；2.吸附器；3.补充鼓风机；4.空气干燥鼓风机；5.净化尾气冷却塔；6.集水池；7.循环水泵；8.水冷却塔

在下用 TP201 催化剂除磷，脱磷后的净化气温度尚有 70～90℃，净化气若作为燃料供烧锅炉用，不必冷却，经止逆水封后直接送往锅炉用；净化气若要长途输送或作合成气用需进入净化尾气冷却塔(5)，用循环水进行洗涤和冷却至 35℃以下，洗涤的目的是除去有可能被净化尾气带出的酸性物质。净化尾气冷却塔洗涤后的热水进入集水池(6)，再用循环水泵(7)送往水冷却塔(8)，将热水冷却至 30℃以下，返回净化气冷却塔，自成水循环。

催化剂再生：从吸附器顶部加水洗涤，在加水的同时，开底部用蒸汽射流器进行循环加热，排水后用干燥鼓风机将空气送入蒸汽加热器加热至 120℃左右，将催化剂中的水分吹干，吹干时间约 2～3 天，直至吹干为止。

蒸汽加热器两用，用来加热尾气，又用来加热干燥空气。

5.4　催化氧化设备的选择与计算

5.4.1　脱磷吸附器

PH_3 的催化氧化是在一个装有多功能脱磷催化剂的设备内完成的，在催化氧化的同时所生成的五氧化二磷和磷酸产物也被吸附，该反应过程称为催化-吸附耦合，其设备称为催化-吸附一体化吸附器，简称脱磷吸附器。

脱磷吸附器是催化氧化的关键设备，其结构对脱磷效果影响较大。吸附器采用立式圆柱床，全不锈钢焊接而成，结构见图 5.5，它由吸附器壳体(1)、上连箱(2)、焦炭层(3)、催化剂层(4)、鹅卵石层(5)、出气口(6)、筛板(7)、空气分布器(12)及蒸汽-水喷射器(10)等组成。

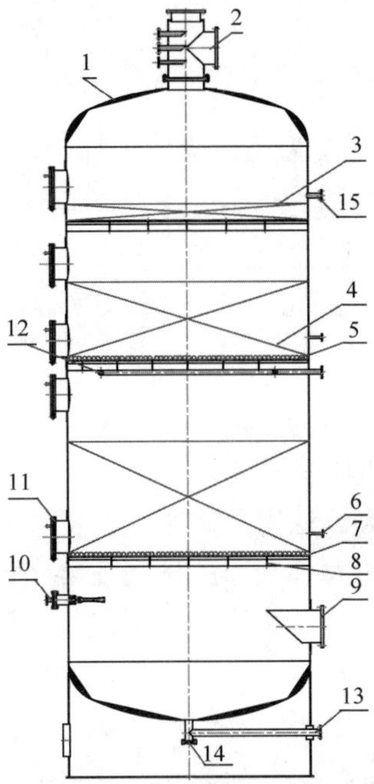

图 5.5　吸附器结构图

1.吸附器壳体；2.上连箱；3.焦炭层；4.催化剂层；5.鹅卵石层；6.出气口；7.筛板；8.支撑架；9.温度计接管；10.蒸汽-水喷射器；11.装卸料孔；12.空气分布器；13.排水管；14.清理孔；15.溢流管

在催化剂层设有温度计接管(9)，用于接热电偶在控制室显示温度，特别在催化剂再生初始阶段，显得尤其重要，当温度超过规定时，应迅速处理。

吸附器壁上装有装卸料孔(11)，装卸料及检修时用。

吸附器底设有排水管(13)，再生水洗时用于排出稀磷酸水，在排水管底设有清理孔(14)，用于清理吸附器底部杂物。

吸附器顶设有溢流管(15)，指示再生洗涤水已加至要求水位，停止加水。

吸附器顶部上联箱由不锈钢焊接而成，其结构见图 5.6。

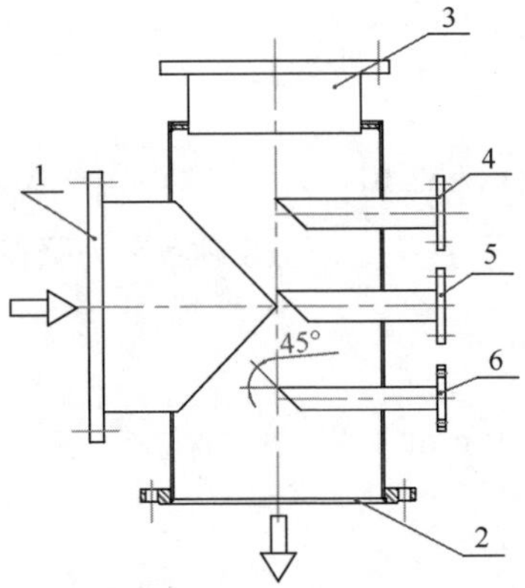

图 5.6　上连箱结构图

1.进气管；2.出气管；3.再生气排出管；4.进水管；5.补充空气管；6.蒸汽管

上连箱起混合作用，当黄磷尾气从进气管(1)进入上连箱与从补充空气管(5)补充空气进入上连箱中心混合后从出气管(2)进入吸附器内。再生时洗涤水从进水管(4)加入，同时从蒸汽管(6)加入蒸汽加热水用。上连箱另一作用是与辅助设备及管道相连，如蒸汽加热器、空气管道、水管道及蒸汽管道等。

1. 吸附器计算

1) 吸附器直径 D

吸附器的直径由黄磷尾气的处理量与气流速度确定。

$$V=\frac{V_0 \cdot 101.3\times(273+t)}{273\cdot p} \tag{5-8}$$

式中，V_0 为黄磷尾气处理量，Nm^3/h；p 为操作压力(绝对压力)，kPa；T 为操作温度，℃。

吸附器直径 D：

$$D=\sqrt{\frac{V}{0.785\times 3600\omega}}\ (m) \tag{5-9}$$

式中，ω 为气流速度，m/s。

吸附器在常压下操作，压力降是操作中的重要因素。压力降与气速有关，气速越大，压力降越大。压力降与鼓风机功率有关，压力降越大，选用的鼓风机功率也越大，气速的选择还要考虑经济运行。

吸附器设计时先假定气流速度为 0.28～0.32 m/s 计算直径，然后用压力降核算，初始压力最好不超过 3000 Pa。

2) 催化剂层高度

PH_3 反应速率很快，在催化剂层 320 mm 厚范围内即可完成，单质磷反应速率较慢，需要较高催化剂层才能完成，为了不使再生频繁，催化剂层高度可考虑 2.5～3 m。为了防止边壁效应和防止偏流，提高脱磷效果，可将催化剂层分为两层。

3) 催化剂用量

催化剂用量：$W=0.785D\cdot L\times 500$ (kg)。

4) 吸附剂层的阻力

根据吸附器气体通过催化剂层的经验压力降公式进行计算。

净化气质量流量 G：

$$G=V_0\times M/(22.4\times F)\ [kg/m^2\cdot h] \tag{5-10}$$

式中，V_0 为黄磷尾气处理量，Nm^3/h；M 为净化气分子量，$M=26.73$；F 为吸附器截面积，m^2。

净化气在操作条件下的重度：

$$\gamma=V_0\times M/(22.4\times V)\ [kg/m^3] \tag{5-11}$$

催化剂颗粒圆柱形：$\phi 3\times 5mm$。

催化剂当量直径：

$$d_e=\sqrt[3]{1.5d^2h}=\sqrt[3]{1.5\times 0.003^2\times 0.005}=0.004(m)$$

$$E=0.378+0.308\times\frac{d_e}{D}$$

式中，D 为吸附器直径，m。

催化剂层压力降按经验公式计算：

$$\Delta p = 20.6 \times 10^{-8} \times \frac{1.5G^{1.9}}{\gamma \mathrm{d}p^{1.1}} \times \frac{1-E}{E^3} L \tag{5-12}$$

式中，Δp 为黄磷尾气通过吸附器床层的压力降，Pa，G 为黄磷尾气质量流量，$kg/(m^2 \cdot h)$；γ 为黄磷尾气在操作条件下的重度，kg/m^3；d_e 为催化剂颗粒直径，m；L 为催化剂层高度，m。

$$E = 1 + 3.6 V_0 \cdot x \cdot J / W \tag{5-13}$$

式中，E 为阻力系数；V_0 为黄磷尾气处理量，Nm^3/h；x 为黄磷尾气中 PH_3 含量，mg/Nm^3；J 为运行时间，h；W 为催化剂总用量，kg。

阻力系数，由于生成物被吸附，催化剂孔隙度逐渐减少。阻力系数与处理气量及杂质浓度有关，新的或再生后的催化剂 E 为 1，随着时间的推移，阻力系数逐渐增长，压力降也相应升高，根据压力降经验公式可以估算催化剂运行时间。

5) 吸附器催化剂热水洗涤循环

为了加快洗涤速度，缩短洗涤时间，提高洗涤效果，利用蒸汽加热洗涤水温度，将洗涤水温度提高至 70～80℃，提高磷化物的溶解速度，在利用蒸汽加热的同时，充分利用蒸汽的能量，使洗涤水在吸附器内不断循环流动，冲洗催化剂表面，以提高洗涤速度并提高洗涤效果。

吸附器装有一台 ZSQ500 蒸汽-水喷射器。蒸汽作为工作流体，以很高的速度从喷嘴出来，将蒸汽的势能和热能转化为动能，进入喷射器的接收室，把吸附器中的大量洗涤水吸入，在吸附器内部形成大循环，每小时可使洗涤水循环流动 42 m^3。吸附器内的洗涤水约 2 h 循环一次，加热时间由原来的 11～12 h 缩短到 2～3 h，提高了洗涤速度及洗涤效果。

催化剂洗涤再生需要热水，其目的一是将 P_2O_5 生成正磷酸所必需的热水；二是提高被催化剂吸附的固体 P_2O_5 扩散速度，以提高溶解速度。热水由蒸汽加热洗涤水而得，将洗涤水温度提高至 70～80℃，温度不能超过 80℃，否则对不锈钢有腐蚀现象。在提高磷化物的溶解速度，与利用蒸汽加热的同时，采用蒸汽-水喷射器，充分利用蒸汽的能量，使洗涤水在吸附器内不断循环流动，冲洗催化剂表面，缩短再生时间，对提高洗涤速度并提高洗涤效果起了很大作用。

2. 蒸汽-水喷射器结构

蒸汽-水喷射器结构见图 5.7，以蒸汽作为工作流体，从蒸汽管 (1) 进入蒸汽喷嘴 (2) 以很高的速度从喷嘴出来，将蒸汽的势能和热能转化为动能，使水吸入管 (3) 形成负压，把吸附器中的大量洗涤水吸入，然后进入混合管 (4) 进行热交换，提高水温，再经扩散管(5)增压至原压。在吸附器内部形成大循环。蒸汽-水喷射器由法兰(6)固定在吸附器相应的接管法兰上，为了防止喷射器振动，用肋板(7)加固并与吸附器接管紧密接触。

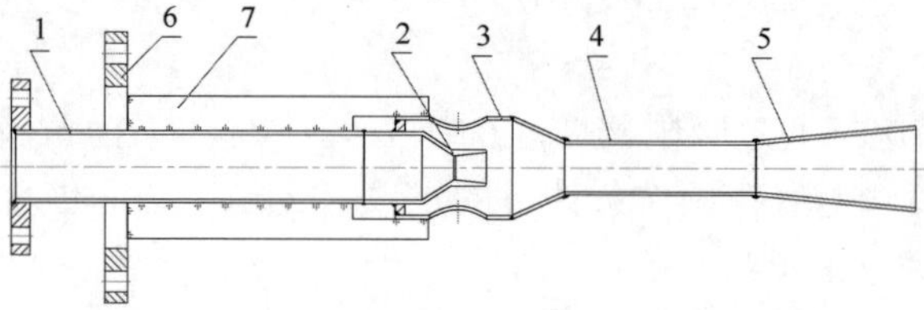

图 5.7 蒸汽-水喷射器

1. 蒸汽管；2.喷嘴；3.水吸入管；4.混合管；5.扩散管；6.法兰；7.肋板

3. 蒸汽喷射器计算

1)基础数据(见图 5.8 蒸汽-水喷射器简图)

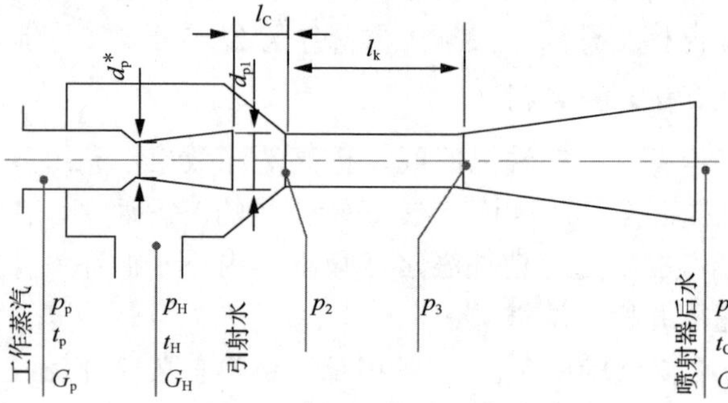

图 5.8 蒸汽-水喷射器简图

蒸汽压力：p_p，atm；蒸汽温度：t_p，℃；蒸汽焓：I_p，kJ/kg；蒸汽比容：v_p，m^3/kg；蒸汽绝热指数：k_p=1.13；蒸汽用量：G_p，kg/h；引射水喷射器前压力：p_H，atm；引射水喷射器前温度：t_H，℃；引射水比重：G_H，kg/m^3；喷射后的水压力：p_C，atm。

2)计算

在计算喷射器时，往往用到比较复杂的气体动力函数，将计算蒸汽-水喷射器相关气体动力函数列于后。

符号：G 为质量流量；p 为压力；v 为比容；I 为焓；ω 为速度；α 为声速；f 为截面积。

下脚标：*表示临界截面；1 表示工作喷嘴出口截面；2 表示混合室入口截面；3 表示混合室出口截面；p 表示在喷射器的喷嘴前的工作流体；H 表示在喷射器的接收室前的引射流体；C 表示在喷射器的扩散管后的混合流体。

下脚标的第一个符号表示流体，第二个符号表示截面。

p_*表示在喷嘴的临界截面上的工作流体；p1 表示在喷嘴截面上的工作流体；p_2表示在混合室入口截面上工作流体；H2 表示在混合室入口截面上的引射流体。

气体在等熵(绝热)流动时的速度与临界速度之比称折算等熵速度：

$$\lambda=\frac{\omega_{\mathrm{a}}}{\omega_*} \tag{5-14}$$

式中，ω_{a}为等熵速度，m/s；ω_*为临界速度，m/s。

函数$\prod(\lambda)$为相对压力，即在给定截面上等熵流动气体静压力p与滞止压力p_0之比：

$$\prod=\frac{p}{p_0}=\left(1-\frac{k-1}{k+1}\lambda^2\right)^{\frac{k}{k-1}} \tag{5-15}$$

$$\prod{}_*=\frac{p_*}{p_0}=\left(\frac{2}{k+1}\right)^{\frac{k}{k-1}} \tag{5-16}$$

函数$\xi(\lambda)$为相对密度，即在给定截面上等熵流动的流体密度ρ与滞止流体密度ρ_0之比：

$$\xi=\frac{\rho}{\rho_0}=\left(1-\frac{k-1}{k+1}\lambda^2\right)^{\frac{1}{k-1}} \tag{5-17}$$

$q(\lambda)$函数是一个折算质量速度，即在给定截面上等熵流动流体的质量速度$\omega\rho$ [(kg/m$^2\cdot$s)]与临界截面上这种流体的质量速度$\alpha_*\rho_*$[(kg/m$^2\cdot$s)]之比：

$$q=\frac{\omega\rho}{\alpha_*\rho_*}=\frac{\omega}{\alpha_*}\frac{p}{p_0}\frac{\rho_0}{\rho_*}=\frac{\lambda\xi}{\xi_*} \tag{5-18}$$

式中，$\alpha_*\rho_*\xi_*$为临界速度时等熵流动气体质量流速、密度、相对密度。

从流体连续性条件到达得到，函数q等于流体的临界截面的面积与给定截面面积之比：

$$q=\frac{f_*}{f} \tag{5-19}$$

式中，f_*为流体的临界截面的面积，m^2；f为给定截面的面积，m^2。

在给定喷射器的工作条件下，容积系数按下式计算：

$$u=\frac{C\sqrt{p_{\mathrm{H}}-p_{\mathrm{k}}}}{\Delta p_{\mathrm{C}}+\left(2-\phi_3^2\right)\left(p_{\mathrm{H}}-p_{\mathrm{k}}\right)}-1 \tag{5-20}$$

式中，

$$C = \frac{2K_1}{\phi_3}\sqrt{\frac{k_p}{k_p+1}}\sqrt{\frac{\nu_p}{\nu_h}}p_p\lambda_{PH}$$

式中，λ_{PH}为饱和水蒸气的气体动力函数，根据$\prod_{ph} = {p_h}/{p_p}$查附表 6；ϕ_1为工作喷嘴速度系数，0.95；ϕ_2为混合室速度系数，0.975；ϕ_3为扩散器速度系数，0.9；ϕ_4为混合室入口段速度系数，0.925；K_1为工作流体速度系数，$K_1 = \phi_1 \cdot \phi_2 \cdot \phi_3 = 0.834$。

保证达到喷射系数的混合室截面与喷嘴临界截面之比f_3/f_{p*}用下式确定：

$$\frac{f_3}{f_{p*}} = \sqrt{\frac{k_p}{2}\left(\frac{2}{k_p+1}\right)^{\frac{k_p+1}{k_p-1}}}\sqrt{\frac{p_p}{p_p-p_k}}\sqrt{\frac{\nu_h}{\nu_p}}(1+u) \tag{5-21}$$

式中，f_3为混合室截面积，m^2；f_{p*}为临界截面积，m^2。

工作喷嘴的出口截面与临界截面之比根据气体动力函数q来确定：

$$\frac{f_{p1}}{f_{p**}} = \frac{1}{q_{PH}} \tag{5-22}$$

式中，f_{p1}为工作喷嘴的出口截面积，m^2；f_{p*}为临界截面积，m^2。

喷射器后压力：

$$\begin{aligned} p_c = p_p\Bigg[&\prod_{p1}\frac{f_{p1}}{f_3} + \frac{K_1}{\varphi_3}k_p\prod_{p*}\lambda_{p1}\frac{f_{p*}}{f_3} - \left(1-0.5\varphi_3^2\right)k_p \\ &\times\left(\frac{2}{k_p+1}\right)^{\frac{k_p+1}{k_p-1}}\frac{\nu_c}{o_p}\left(\frac{f_{p*}}{f_3}\right)^2(1+u)^2\Bigg] + \left(1-\frac{f_1}{f_3}\right)p_h \end{aligned} \tag{5-23}$$

式中，$\prod_{p1} = {p_{p1}}/{p_p}$；$\prod_{p*} = \frac{p_*}{p_0} = \left(\frac{2}{k+1}\right)^{\frac{k}{k-1}}$。

计算极限喷射系数。为了确定极限喷射系数(最大和最小)，用下式来确定混合室的始端压力p_2与u的关系：

$$p_2 = p_h - k_p\left(\frac{2}{k_p+1}\right)^{\frac{k_p+1}{k_p-1}}\frac{p_p}{\nu_p}\frac{\nu_h}{2}\left(\frac{f_{p*}}{f_3}\right)^2(1+u)^2 \tag{5-24}$$

给定 u=5、10、20、40、60、80、100 值，求相应的p_2，并画出曲线，根据

p_h 和 p_2 曲线交点求得 u 的最大值和最小值。

3) 喷射器的绝对尺寸

工作喷嘴临界截面积：

$$f_{p*} = \frac{G_p \times 10^6}{3600 \times 203\sqrt{\dfrac{p_p}{p_k}}} \tag{5-25}$$

工作喷嘴出口截面积：

$$f_{p1} = \frac{f_{ph*}}{q_{ph}} \tag{5-26}$$

混合室截面积：

$$f_3 = \sqrt{\frac{k_p}{2}\left(\frac{2}{k_p+1}\right)^{\frac{k_p+1}{k_p-1}}}\sqrt{\frac{p_p}{p_p - p_k}}\sqrt{\frac{v_h}{v_p}}(1+u)\times f_{p*} \tag{5-27}$$

4. 500 kg/h 蒸汽喷射器计算例

1) 基础数据

蒸汽压力：p_h=4 atm；饱和蒸汽；蒸汽温度：t_p=150℃；蒸汽焓：I_p=2746.5 kJ/kg。蒸汽比容：v_p=0.47 m^3/kg；饱和蒸汽绝热指数：k_p=1.13；蒸汽用量：G=500 kg/h；引射水，蒸汽-水喷射器装在离水面下 7 m，喷射器前压力 p_h =0.7 atm；在喷嘴处截面 1 的压力与水在喷射器前压力相同，即 $p_{p1}=p_h$=0.7 atm；喷射器前温度：t_h=20℃；水比重：γ_h=1000 kg/m^3；水的比容：v_h=10^{-3} m^3/kg；喷射后压力：p_c=0.9 atm。

2) 计算

在已知给定条件下，$\prod_{p1} = {p_{p1}}/{p_p} = 0.7/4 = 0.175$，查附表 5 得 $\lambda_{ph} = 1.72$，算出 C 值：

$$C = \frac{2K_1}{\phi_3}\sqrt{\frac{k_p}{k_p+1}}\sqrt{\frac{v_p}{v_h}p_p}\ \lambda_{PH} = \frac{2\times 0.834}{0.9}\times\sqrt{\frac{1.13}{2.13}}\times\sqrt{\frac{0.47}{10^{-3}}\times 4\times 1.72} = 100.7$$

可达到的喷射系数：

$$u = \frac{100.7\times\sqrt{0.7-p_k}}{(0.9-0.7)+(2-0.81)(0.7-p_k)} - 1 = \frac{100.7\times\sqrt{0.7-p_k}}{0.2+1.19\times(0.7-p_k)} - 1$$

计算结果：

p_k/atm	0.1	0.2	0.3	0.4	0.5	0.6	0.7
u	84.3	88.6	93.2	98	101.8	98.8	−1

根据上述计算，u 值暂取 88.6，p_k=0.2。

保证达到喷射系数的混合室截面与喷嘴临界截面之比 f_3/f_{p*} 用式(5-21)确定：

$$\frac{f_3}{f_{p*}}=\sqrt{\frac{1.13}{2}\times\left(\frac{2}{2.13}\right)^{\frac{2.13}{0.13}}}\times\sqrt{\frac{4}{0.7-0.2}\times\frac{1}{1000\times0.47}}\times(1+88.6)=5.24$$

工作喷嘴的出口截面与临界截面之比根据气体动力函数 q 确定，查附表 5 得：当 $\prod_{ph}=0.175$ 时，p_h=0.6032 atm。

$$\frac{f_{p1}}{f_{p**}}=\frac{1}{q_{ph}}=\frac{1}{0.6032}=1.6578$$

喷射器特性曲线按式(5-23)计算。

喷射器后压力：

$$p_c=4\times\left[0.175\times\frac{1.658}{2.24}+\frac{0.834}{0.9}\times1.13\times\left(\frac{2}{2.13}\right)^{\frac{1.13}{0.13}}\times1.72\times\frac{1}{2.24}-(1-0.5\times0.81)\times1.13\right.$$
$$\left.\times\left(\frac{2}{2.13}\right)^{\frac{2.13}{0.13}}\times\frac{1}{1000\times0.47}\times\left(\frac{1}{2.14}\right)^2\times(1+u)^2\right]+\left(1-\frac{1.658}{2.24}\right)\times0.7$$
$$=2.5604-4.4526\times10^{-4}(1+u)^2$$

计算结果：

u	10	20	30	40	50	60	70	80
p_c/atm	2.52	2.38	2.17	1.87	1.49	1.02	0.47	−0.16

为了计算极限喷射系数(最大和最小)，用式(5-24)来确定混合室的始端压力 p_2 与 u 的关系：

$$p_2=0.7-1.13\times\left(\frac{2}{2.13}\right)^{\frac{2.13}{0.13}}\times\left(\frac{1}{2.24}\right)^2\times\frac{4}{1000\times2\times0.47}\times(1+u)^2$$
$$=0.7-3.415\times10^{-4}(1+u)^2$$

混合室始端压力 p_2 与容积系数可以通过附录 A 计算，计算结果：

u	10	20	30	40	50	60	70	80	90
p_2/atm	0.659	2.38	2.17	0.126	−0.19	−0.57	−1.02	−1.54	−2.13

工作喷嘴的临界截面：

$$f_{p*}=\frac{500\times10^6}{3600\times203\times\sqrt{\dfrac{4}{0.47}}}=234.5(mm^2)$$

由此得喷嘴的临界直径 d_{p*}=17.3 mm。

工作喷嘴出口截面直径：

$$f_{p1}=\frac{234.5}{0.6032}=388.8(mm^2)$$

$$d_{p1}=\sqrt{\frac{388.8}{0.785}}=22.2(mm)$$

混合室直径：

$$f_3=2.24\times234.5=525.3(mm^2)$$

$$d_3=\sqrt{\frac{525.3}{0.785}}=25.9(mm)$$

入口蒸汽管直径 45 mm，取 $\phi57$，每小时可使洗涤水循环流动 0.5×88.6=44.3 (m^3)。蒸汽-水喷射器也可作为上吹蒸汽使用，即在不加水时，可加蒸汽上吹。吸附器在催化剂洗涤时，洗涤水具有较强酸性，有腐蚀性，故采用耐酸不锈钢制作。

催化剂二层上部设有补充空气，为了补充空气均匀分布，设有空气分布器，空气分布器采用管式小孔布气，结构见图 5.9，它由进气管(1)、圈管(2)和支管(3)组成，管底部占有 $\phi15$～25 mm 的小孔。分布管直径由空气量和空气流速确定，进气管和支管流速取为 8～12 m/s。小孔数量也由空气量及流速确定，小孔流速取为 4～5 m/s。

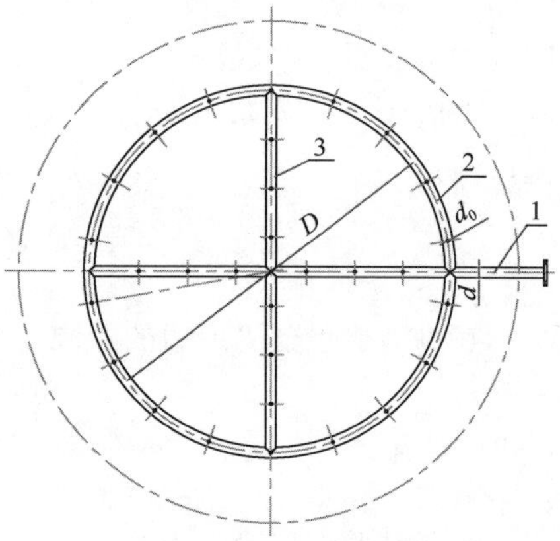

图 5.9　空气分布器

1.进气管；2.圈管；3.支管

催化剂装填在可拆卸的筛板上，筛板直径比筒体直径小 15～20 mm，整个筛板布满 $\phi12$ mm 的筛孔，孔间距 25 mm，正方形或正三角形排列，可从人口处装入，放置在梁上。为了减少阻力，采用 T 型梁并在筛板上放置光滑的直径 $\phi10$～30 mm 鹅卵石，60 mm 厚，为了防止催化剂泄漏，在鹅卵石上放置 10 目的不锈钢丝网。

5. 支架 T 型梁强度核算

较长的支架须作强度核算，计算方法如同受均布负荷的两点承支梁一样，负荷等于鹅卵石及催化剂质量(图 5.10)。催化剂与塔壁的摩擦所减少的负荷略去不计。

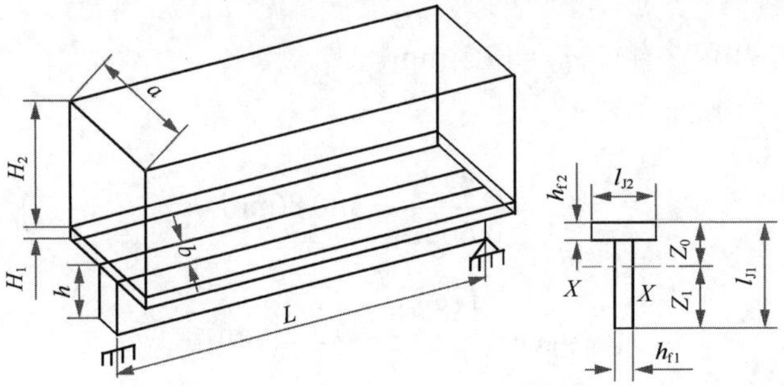

图 5.10　T 型梁和催化剂计算图

梁的弯矩按下式计算：

$$M=\frac{PL}{8}\ (\mathrm{kg\cdot cm}) \tag{5-28}$$

式中，M 为一根支架梁上的质量。

$$p=(H_2\cdot\gamma_c+H_1\cdot\gamma_e)\,a\cdot L \tag{5-29}$$

式中，H_2 为催化剂层的高度，m；H_1 为鹅卵石层的高度，m；a 为邻近两支架梁间的中心距，m；L 为支架梁的长度，m；γ_c 为催化剂的堆积重度，kg/m^3；γ_e 为鹅卵石的堆积重度，kg/m^3。

考虑到负荷分布不均匀，以及湿填料的质量较干填料的重度大，为了安全起见，假定：

$$M=\frac{PL}{6}\ (\mathrm{kg\cdot cm}) \tag{5-30}$$

T 型梁重心至梁顶边的距离：

$$Z_0=\frac{1}{2}\times\frac{h_{f1}l_{J1}^2+(l_{J2}-h_{f1})h_{f2}^2}{h_{f1}l_{J1}+(l_{J2}-h_{f1})h_{f2}} \tag{5-31}$$

T 型梁重心至梁底边的距离：

$$Z_1=l_{J1}-Z_0 \tag{5-32}$$

T 型梁截面对 X-X 轴的抗弯惯性矩：

$$I_x=\frac{1}{3}(\,l_{J2}-2h_{f1})\left[Z_0^3-(\,Z_0-h_{f2})^3\ \right]+\frac{1}{3}h_{f1}Z_1^3\ (\mathrm{cm}^4) \tag{5-33}$$

T 型梁截面对 X-X 轴的抗弯截面模数：

$$W_{X1} = \frac{I_X}{Z_0}\ (\mathrm{cm}^3) \tag{5-34}$$

$$W_{X2} = \frac{I_X}{Z_1}\ (\mathrm{cm}^3) \tag{5-35}$$

式中，h_{f1} 为 T 型梁的腰宽度，cm；l_{J1} 为 T 型梁高度，cm；h_{f2} 为 T 型梁顶板厚度，cm；l_{J2} 为 T 型梁顶板宽度，cm。

支架 T 型梁的应力：

$$\sigma = \frac{M}{W} \leqslant \left[\sigma_{弯曲}\right] \tag{5-36}$$

6. 脱磷吸附器黄磷尾气气流流向分析

脱磷吸附器黄磷尾气气流走向有两种：一种是黄磷尾气从吸附器上连箱进气管从上而下，先经由焦炭过滤层除去夹带的杂物，然后经由催化剂层脱磷后从吸附器底部出气管排出装置外，流程如图 5.4 所示；另一种是黄磷尾气从吸附器底部进气，从下而上经筛板分布后经过催化剂层脱磷后由上连箱出气管而排出装置外，如图 5.11 所示，设备及其余流程均与图 5.4 基本相同。

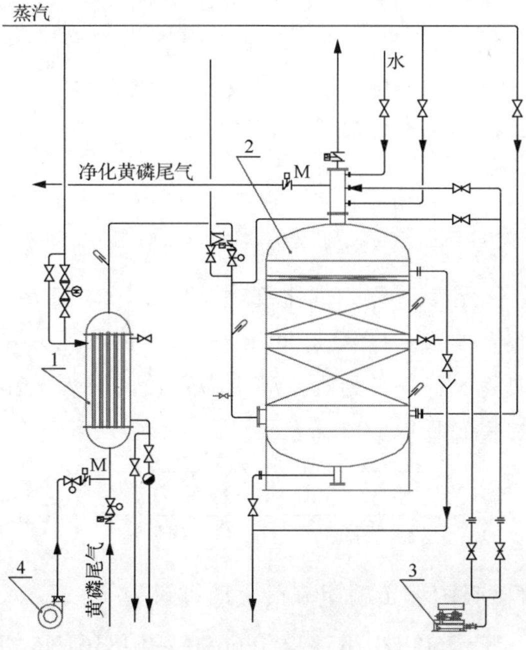

图 5.11　黄磷尾气催化氧化脱磷上行流程图

1. 蒸汽加热器；2. 吸附器；3. 补充鼓风机；4. 空气干燥鼓风机

颗粒在气流中运动受到三个力的作用：①颗粒的重力 F_g， $F_g=\frac{\pi}{6}d_p^3\rho_p g$；②气流对颗粒的浮力 F_b，$F_b=\frac{\pi}{6}d_p^3\rho_p g$；③气流对颗粒的曳力或阻力 F_D，$F_D=\xi A\frac{\rho u_r^2}{2}$。黄磷尾气从上而下流程气流需要克服浮力和阻力两种力的作用，催化剂层阻力较大，往往由于阻力大而影响输气量，操作稳定，净化气质量有保证。黄磷尾气从下而上流程只需克服气流对颗粒的阻力，故催化剂层阻力较小，用同一类型煤气鼓风机相对来说输气量要大些，但催化剂层经常被吹翻，甚至被吹出装置外，催化剂损失严重，尽管采取措施，不让吹走，催化剂在吸附器内翻动，催化剂磨损也大，操作不很稳定，对净化气质量难以保证。

7. 催化剂吹走原因分析

脱磷吸附器属固定床吸附装置。催化剂颗粒在吸附器内是静止状态，当黄磷尾气从吸附器底部进入，从下而上通过催化剂层，脱磷吸附器成为沸腾床，其催化剂颗粒初始上升的速度 W_p 为零，而气流的运动速度为 W_g，此时固相间的相对运动速度 $W_r=W_g-W_p$ 为最大。此后，催化剂颗粒在上升气流对其产生的曳力的作用下，上升速度 W_p 不断增大，而固相间的相对速度 W_r 不断减小。当气流速度增加到一定速度数值时，床层中全部颗粒开始沸腾，颗粒在床层中跳动，床层膨胀，这时的速度叫临界速度 W_k。随着黄磷尾气流量的增加或温度提高，当实际气流速度超过临界速度时，催化剂颗粒就会被吹动带出。一般不推荐黄磷尾气从下而上流程。

固定床吸附装置气流速度应在临界速度以下操作。

根据沸腾床反应器的临界速度公式：

$$W_k=\sqrt{\frac{2d_T(\rho_T-\rho_g)\varepsilon_m^3}{\varphi\rho_g\xi(1-\varepsilon_m)}}$$

式中，W_k 为临界速度，m/s；d_T 为催化剂颗粒直径，0.003 m；ρ_T 为催化剂重度，500 kg/m^3；ρ_g 为黄磷尾重度，1.193 kg/m^3；ε_m 为催化剂孔隙度，实测为 0.7；φ 为催化剂形状系数，取为 5.23；ξ 为固定床阻力系数，取为 1.26。

通过脱磷催化剂层的临界速度为

$$W_k=\sqrt{\frac{2\times0.003\times(500-0.925)\times0.7^3}{5.23\times1.193\times1.26\times(1-0.7)}}=0.66\,(\text{m/s})$$

ϕ4 m 直径的脱磷吸附器黄磷尾气最大通过量为

$$V=3600\times0.785\times42\times0.66\times0.7=54836\,(\text{Nm}^3/\text{h})$$

从上述计算可知，采用从下而上流程，吸附器在额定负荷下，已经在临界速度处运行，如果压力或温度发生变化，稍有不慎，都会把催化剂带走。

实例 5.1　10000 Nm^3/h 黄磷尾气吸附器设计。

黄磷尾气中通常含有单质磷 P_4 0.8～1.2 g/m^3，PH_3 1.0～1.2 g/m^3，在催化剂中两者均能脱除，两者之和称为总磷。取床层高度 3 m，空速取为 0.3 m/s，平均温度为 100℃，黄磷尾气中总磷平均按 2.1 g/m^3 计算。

1) 吸附器直径计算

在操作条件下的气体流量：

$$V=10000\times(273+100)\times760/(273\times738)=14070(m^3/h)$$

固定床直径 D=4 m。

2) 吸附剂用量

容积：$V=0.785\times42\times3=98.9(m^3)$

质量：$W=98.9\times500=49450(kg)$

每千克吸附剂处理 260 m^3 尾气，每槽可通过气量 4898400 m^3，满负荷操作，每槽可使用 489.8 h，即每 20 天左右再生一次。再生一次需要 5～6 天。

3) 再生用水量

(1) 吸附器盛水部分容积：

封头容积：9 m^3；筒体高：筒体高 7.6 m，容积 95.456 m^3；出气管：ϕ630，长 8.4 m，容积 2.818 m^3；合计：　107.274 m^3。

(2) 催化剂 37.8 m^3，占据的体积为 18.9 m^3。

吸附器加入洗涤水量为 107.27–18.9=88.37 (m^3)。

4) 吸附剂层的阻力计算

根据吸附器气体通过触媒层的经验压力降公式进行计算。净化气分子量 M=26.73，净化气质量流量为

$$G=10000\times26.73/(22.4\times12.56)=950[kg/(m^2\cdot h)]$$

净化气在操作条件下的重度：

$$\gamma=10000\times26.73/(22.4\times14070)=0.848(kg/m^3)$$

颗粒平均直径 d_e=0.004 m，

$$\Delta p=20.6\times10^{-8}\times\frac{1.5G^{1.9}}{\gamma d_e^{\ 1.1}}\times\frac{1-E}{E^3}L=20.6\times10^{-8}\times\frac{1.5\times950^{1.9}}{0.848\times0.004^{1.1}}\times\frac{1-0.3785}{0.3785^3}\times1$$
$$=825(Pa/m)$$

对于新催化剂，总阻力 Δp=2475 Pa，由于使用过程中，反应所产生的五氧化二磷为固体物，催化剂表面被固体物所包裹，孔隙率减少，阻力增加，运行后期

阻力达到 21000 Pa。

8. T 型梁强度校核

催化剂层的高度，H_2=1.2 m；鹅卵石层的高度，H_1=0.06 m；邻近两支架梁间的中心距，b=0.5 m；支架梁的长度，L=2 m；催化剂的堆积重度，γ_c=500 kg/m^3；鹅卵石的堆积重度，γ_e=2800 kg/m^3；材质：1Cr8Ni9Ti，100℃时，$[\sigma]$=137 MPa；T 型梁尺寸：$h_{f1}=h_{f2}$=0.8 cm；l_{J2}=5 cm，l_{J1}=16.8 cm。

在一根支架梁上的重量：

$$P=(H_2\cdot\gamma_c+H_1\cdot\gamma_e)\ a\cdot L=(1.2\times500+0.06\times2800)\times0.5\times2=768\,(\text{kg})$$

梁的弯矩按式(5-28)计算：

$$M=\frac{PL}{6}=\frac{768\times200}{6}=25600\ (\text{kg}\cdot\text{cm})$$

T 型梁重心至梁顶边的距离 Z_0：

$$Z_0=\frac{0.8\times16.8^2+(5-0.8)\times0.8^2}{2\times0.8\times16.8+(5-0.8)\times0.8}=7.56\,(\text{cm})$$

T 型梁重心至梁底边的距离 Z_1：

$$Z_1=l_{J1}-Z_0=16.8-7.56=9.24\,(\text{cm})$$

T 型梁截面对 x-x 轴的抗弯惯性矩：

$$I_x=\frac{1}{3}(l_{J2}-2h_{f1})\left[Z_0^3-(Z_0-h_{f2})^3\right]+\frac{1}{3}h_{f1}Z_1^3$$

$$I_x=\frac{1}{3}\times(5-2\times0.8)\times\left[7.56^3-(7.56-0.8)^3\right]+\frac{0.8\times11.04^3}{3}=498.4\,(\text{cm}^4)$$

T 形梁截面对 x-x 轴的抗弯截面模数：

$$W_{x1}=\frac{I_x}{Z_0}=\frac{498.4}{7.56}=65.9\,(\text{cm}^3)$$

$$\sigma=\frac{M}{W}=\frac{25600}{65.9}=388.47\,(\text{kg/cm}^2)=388\ \text{MPa}\leqslant\left[\sigma_{弯曲}\right]$$

5.4.2 黄磷尾气蒸汽加热器

1. 蒸汽加热器结构

黄磷尾气加热采用饱和蒸汽加热，这是最安全的加热方法。加热设备采用管壳式列管换热器，立式安装，蒸汽加热器结构如图 5.12 所示，它由换热管(2)用焊接的方法固定在两端管板(1)上，管板又焊接在壳体(3)上。壳体与管束间设有折流板(4)，折流板用定距套定位，再用定距杆(6)以丝扣固定在上管板上。壳体中间设有膨胀节(7)，以适应温度变化。蒸汽从蒸汽进口管(8)进入，蒸汽走管间并经数块折流板，以提高壳体内流体的传热系数，改善传热效果，冷凝液从冷凝液出口管(9)排出。管板两端设有管箱(12)，下部管箱设有进气管(13)，黄磷尾气走管内，经蒸汽加热后，从上部管箱的出气管(14)排出。黄磷尾气走管内的目的是：①管内不易积聚污垢，即使产生污垢也便于清洗；②便于排水，虽然经过了净化，万一有杂物或水带入，可以排出；③便于检修和换管，蒸汽加热器实际上是间断操作，经常在温度变化中，由于热胀冷缩的变化，易出现列管与管板焊接处焊缝开裂而泄漏，如果管子发生泄漏或损坏，也便于堵管或换管。

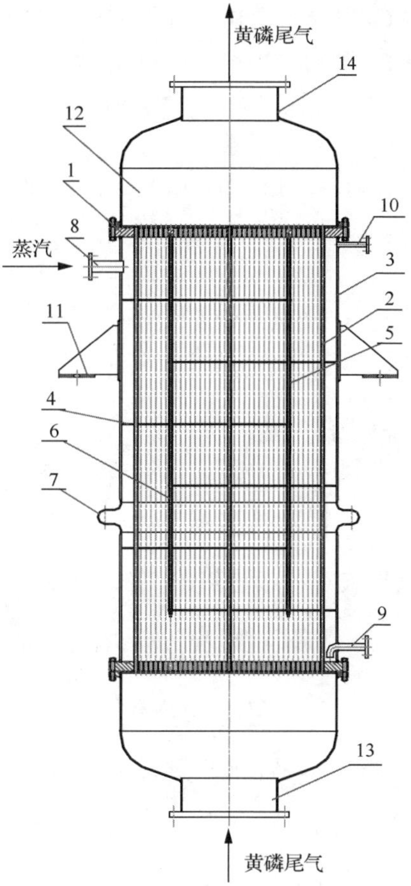

图 5.12　蒸汽加热器结构图

1.管板；2.换热管；3.壳体；4.折流板；5.定距套；6.定距杆；7.膨胀节；8.蒸汽进口管；9.冷凝液出口管；10.排气管；11.支座；12.管箱；13.进气管；14.出气管

2. 热量衡算

1) 已知条件

净化气设计能力：V_0，Nm^3/h 或 $kg \cdot mol/h$；净化气入器压力(绝对压力)：p，kPa；净化气入器温度：t_2，℃；净化气出器温度：t_1，℃。

2) 蒸汽消耗量计算

净化气带入热：

$$q_1 = V_0 \cdot C_p \cdot t_2 \tag{5-37}$$

式中，C_p 为净化气 0～110℃时平均分子热容，C_p=6.9193 kcal/(kg·mol·℃)

蒸汽带入热：

$$q_2 = G \cdot I_1 \tag{5-38}$$

式中，I_1 为蒸汽焓，0.4 MPa，151℃时，2747.8 kJ/kg；G 为蒸汽需要量，kg/h。

$$Q_{入} = q_1 + q_2 = V_0 \cdot C_p \cdot t_2 + G \cdot I_1 \tag{5-39}$$

净化气带出热：

$$q_3 = V_0 \cdot C_p \cdot t_1 \tag{5-40}$$

蒸汽带出的热：

$$q_4 = G \cdot I_2 \tag{5-41}$$

式中，I_2 为冷凝水焓，kJ/kg。

热损失 q_5：按进热的 5%计

$$q_5=(V_0 \cdot C_p \cdot t_2 + G \cdot I_1)\times 0.05=0.05V_0 \cdot C_p \cdot t_2 + 0.05G \cdot I_1$$

$$Q_{出}=V_0 \cdot C_p \cdot t_1 + G \cdot I_2 + 0.05V_0 \cdot C_p \cdot t_2 + 0.05\, G \cdot I_1 \tag{5-42}$$

根据热平衡原理，

$$q_1 + q_2 = q_3 + q_4 + q_5$$

$$V \cdot C_p \cdot t_2 + G \cdot I_1 = V \cdot C_p \cdot t_1 + G \cdot I_2 + 0.05V \cdot C_p \cdot t_2 + 0.05\, G \cdot I_1$$

蒸汽需要量：

$$G = \frac{V_0 \cdot C_p (t_1 - t_2) + 0.05 V_0 \cdot C_p \cdot t_2}{(1-0.05)I_1 - I_2} \tag{5-43}$$

热负荷：

$$Q= G \cdot (I_1 - I_2) \tag{5-44}$$

3. 设备计算

1) 管板直径的计算

在操作条件下气体平均体积：

$$V = \frac{V_0 \cdot 101.3 \times (273 + t)}{273 \cdot p} \tag{5-45}$$

式中，V_0 为黄磷尾气处理量，Nm^3/h；p 为操作压力(绝对压力)，kPa；t 为操作温度，℃。

初选气体流速 ω=5～10 m/s。

选择换热管规格：外径×厚度($d_0\times\delta$)，换热管内径 $d=d_0-2\delta$，计算换热管根数：

$$n=\frac{V}{3600\times0.785d^2\cdot\omega} \tag{5-46}$$

管间距 $t=(1.3\sim1.5)d_0$，估算管板直径：

$$D=1.05\cdot t\cdot\sqrt{\frac{n}{\eta}}(\text{mm}) \tag{5-47}$$

式中，η 为管板充填系数，0.8～1.0。

管板计算后按蒸汽操作压力，选取标管板尺寸(见《压力容器设计手册》表 2-9-47 管板尺寸表)。

2) 总传热系数的计算

管内实际流速：

$$\omega=\frac{V}{3600\times0.785d_0\cdot n} \tag{5-48}$$

雷诺数：

$$Re=\frac{d\omega\cdot\gamma}{\mu}$$

普朗特数：

$$Pr=\frac{3600\mu C_p}{\lambda}$$

式中，d 为管子直径，m；μ 为流体的黏度，kg/(m·s)；C_p 为流体的比热，kJ/(kg·℃)；γ 为流体重度，kg/m^3；λ 为流体导热系数，kJ/(m·h·℃)。

流体在管内的传热系数按下式计算：

$$\alpha=0.023Re^{0.8}Pr^{0.3}\lambda/d\quad[\text{kJ}/(\text{m}^2\cdot\text{h}\cdot℃)] \tag{5-49}$$

式中，α 为流体在管内的传热系数，$kJ/(m^2\cdot h\cdot ℃)$。

蒸汽在管间垂直管上冷凝，冷凝膜以层流状态向下流动，传热系数有两种计算方法。

(1)蒸汽在管间垂直管表面上冷凝传热系数按下式计算：

$$\alpha = 6B\sqrt[3]{\frac{\pi d}{W}} = 6B\frac{B}{\sqrt[3]{L}} \tag{5-50}$$

式中，α 为蒸汽在管间垂直管表面上冷凝传热系数，kJ/(m^2·h·℃)；L 为流下来的冷凝液的密度，即每单位管周的冷凝液量，kg/(m·h)，$L = \frac{W}{n\pi d}$；其中，W 为冷凝液量，kg/h；n 为管子数量，根；d 为管子直径，m。

冷凝液的物理性质应在膜的温度下选取，而膜的温度可取为蒸汽温度和壁温的算术平均值，蒸发潜热应在蒸汽温度下选取。水蒸气 B 值按表 5.3 选取。

表 5.3　水蒸气 *B* 值

t/℃	0	20	40	60	80	100	120	150
B	8450	10800	13000	15200	17300	19400	21500	24500

当冷凝液膜以湍流状态流动时应用下式计算：

$$\alpha = 0.0084 \times \sqrt[3]{\frac{\lambda^3\gamma^2 g}{\mu^2}}\left(\frac{W'}{\mu d}\right)^{0.4} \tag{5-51}$$

此式也可表示为

$$\alpha = CL0.4 \tag{5-52}$$

式中，

$$C = 0.0084\left(\frac{\pi}{\mu}\right)^{0.4}\sqrt[3]{\frac{\lambda^3\gamma^2 g}{\mu^2}} = 6.7\frac{\lambda\gamma^{0.67}}{\mu^{1.07}} \tag{5-53}$$

蒸汽在管内流动冷凝传热可用简单的经验公式计算。传热系数按下式近似计算：

$$K = 3140\sqrt{w_2}\,\sqrt[3]{0.007 + w_1}\quad [\text{kJ/(m}^2\cdot\text{h}\cdot{}^\circ\text{C)}] \tag{5-54}$$

式中，w_1 为液体流速，m/s；w_2 为蒸汽流速，m/s。

错流换热器管间传热系数，可用下式概略估算：

$$Nu = 0.385Re^{0.56}Pr^{0.3} \tag{5-55}$$

上式适用于 Re＞100 的单管，对于管束，需引入校正系数 f_1。管子按正六角形或同心圆排列时 f_1=1.3，管子按正方形排列时 f_2=1.2。式(5-55)中，Nu 和 Re 都根据管的外径及管束最小截面处的速度来计算，而物理性质则需在薄膜温度下选取。上式也写成：

$$\alpha = A\omega^{0.56}d_0^{-0.44} \tag{5-56}$$

式中，d_0 为管子外径。

$$A = 0.385 \times 3600^{0.56} \times \frac{\gamma^{0.56} C^{0.3} \lambda^{0.7}}{\mu^{0.26}} \tag{5-57}$$

水的 A 值，见表 5.4。

表 5.4　水的 A 值

t/℃	0	20	40	60	80	100	120
A	625	800	940	1050	1150	1230	1310

对于气体，式(5-57)可用质量速度来表示

$$\alpha = AG^{0.56} d_0^{-0.44} \tag{5-58}$$

$$A = 0.385 \times 3600^{0.56} \times \frac{\lambda}{\mu^{0.56}} Pr^{0.3} \tag{5-59}$$

几种常用气体的 A 值见表 5.5。

表 5.5　几种常用气体的 A 值

气体	在薄膜温度(℃)下的 A 值					
	−100	0	100	200	300	400
氮气	2.78	3.27	3.66	3.9	4.15	4.35
氨气	2.9	4.35	5.36	6.2	6.95	7.65
氢气	28.5	33.5	37.5	40	43	46
蒸汽			4.43	5.15	5.8	6.5
空气	2.62	3.15	3.57	3.9	4.15	4.35
氧气	2.56	3.07	3.43	3.76	4.08	4.4
甲烷	2.88	3.39	3.83	4.2	4.67	—
一氧化碳	2.58	3.15	3.63	4.11	4.5	4.85
硫化氢	1.84	2.28	2.63	2.92	3.18	3.4
二氧化碳	1.64	2.32	2.80	3.22	3.62	4

横过管子流动的 α 值较沿着管子流动时要大 0.5～1 倍。

(2)具有横向挡板圆缺形挡板的换热器(流体只部分地横过管子)管隙间的传热系数，推荐按以下各式计算。

对于装有圆缺形的列管式换热器，传热系数可用下式计算(误差±9%)：

$$\frac{\alpha d_0}{\lambda}=1.72\ (d_e)^{0.6}\left(\frac{d_0 G_m}{\mu}\right)^{0.6}\left(\frac{C\mu}{\lambda}\right)^{\frac{1}{3}}\left(\frac{\mu}{\mu_\omega}\right)^{0.14} \tag{5-60}$$

Re 实验范围：50～6×10^4。

对于装有盆环的列管式换热器，传热系数可用下式计算(误差±11%)：

$$\frac{\alpha d_0}{\lambda}=2.08\ (d_e)^{0.6}\left(\frac{d_0 G_m}{\mu}\right)^{0.6}\left(\frac{C\mu}{\lambda}\right)^{\frac{1}{3}}\left(\frac{\mu}{\mu_\omega}\right)^{0.14} \tag{5-61}$$

Re 实验范围：3～2×10^4。

式中，d_e 为当量直径，m；μ_ω 为流体在壁温下的黏度，kg/(m·h)；G_m 为按廊道流道基准截面积计算的管外流体重量流速，kg/(m^2·h)。

以上两式中各物理性质，应按流体进出口的算术平均温度作为定性温度。当量直径应采用计算压降时的值。

当黏度随温度变化不大时，黏度校正项 $\left(\frac{\mu}{\mu_\omega}\right)^{0.14}$ 可以略去不计。

污垢热阻：管内走黄磷尾气因含有少量沉淀等污物，热阻取为 0.0017 m^2·h·℃/kJ；管外为干净水蒸汽结垢热阻：取为 0.0004 m^2·h·℃/kJ，R=0.0021 m^2·h·℃/kJ。

λ_g 为管子材料导热系数，钢管；167.5 kJ/(m·h)。

$$K=\frac{1}{\frac{1}{\alpha_{内}}+\frac{1}{\alpha_{外}}+R+\frac{\delta}{\lambda}}\quad [\mathrm{kJ/(m^2\cdot h\cdot ℃)}] \tag{5-62}$$

式中，δ 为管壁厚度，m。

平均温度差：

$$\Delta t=\frac{(T_2-t_1)-(T_1-t_2)}{\ln\frac{T_2-t_1}{T_1-t_2}} \tag{5-63}$$

式中，T_1 为饱和蒸汽温度，℃；T_2 为冷凝水温度，℃；t_1 为黄磷尾气进口温度，℃；t_2 为黄磷尾气出口温度，℃。

传热面积：

$$F=\frac{Q}{K\cdot\Delta t}\quad (\mathrm{m^2}) \tag{5-64}$$

为了留有余地，以及考虑结构，传热面积应富余 20%。

列管高度：

$$L = \frac{1.2F}{\pi \cdot d \cdot n}\ (\mathrm{m}) \tag{5-65}$$

实例 5.2　10000 Nm^3/h 黄磷尾气蒸汽加热器设计。

A.已知条件

净化气设计能力：V_0=10000 Nm^3/h，即 480 kg·mol/h；黄磷尾气分子量：M=26.73，尾气重度 ρ_g=1.264 kg/m^3；净化气入器压力：p=20000 Pa；净化气入器温度：t_1=35℃；净化气出器温度：t_2=120℃；饱和蒸汽：0.4 MPa（表压）；蒸汽温度 T_1=151℃，焓 I_1=2748 kJ/kg；地区大气压：P_d=8 kPa。

B.热量衡算

净化气 0～120℃时平均分子热容，C_p=6.9193 kcal/(kg·mol·℃)，净化气带入热量：

$$Q_{11} = 480 \times 6.9193 \times 35 \times 4.1868 = 486691(\mathrm{kJ/h})$$

净化尾气在脱磷过程中未加入水蒸气，反应生成的水蒸气量很少，其湿含量应为泡沫塔出口温度 t_1=35℃时的湿含量，查附表 2 中 0℃体积为 1 m^3 的干煤气经水蒸气饱和后的湿含量为 d_1=33.07 g/Nm^3，其中水蒸气焓：I_S=84.58 kJ/m^3。净化尾气中水蒸气带入热量为

$$Q_{12} = V_0 \cdot I_S = 10000 \times 84.58 = 845800(\mathrm{kJ/h})$$
$$Q_1 = Q_{11} + Q_{12} = 486691 + 845800 = 1332491(\mathrm{kJ/h})$$

水蒸气带入热 Q_2：

$$Q_2 = G \cdot I_1 = 2748G(\mathrm{kJ/h})$$
$$Q_{入} = 2748G + 1332491(\mathrm{kJ/h})$$

干净化气带出的热量 Q_{31}：

$$Q_{31} = V_0 \cdot C_p \cdot t_2 = 480 \times 6.9193 \times 120 \times 4.1868 = 1668656(\mathrm{kJ/h})$$

净化尾气在此过程中也未加入水蒸气，其湿含量仍为泡沫塔出口温度 t_1=35℃时的湿含量，d_1=33.07 g/Nm^3，当加热至 120℃时，其中水蒸气焓：

$$I_S = 2490 \times 33.07 / 1000 + 1.93 \times 33.07 \times 120 / 1000 = 90(\mathrm{kJ/m^3})$$
$$Q_{32} = V_0 \cdot I_S = 10000 \times 90 = 900000(\mathrm{kJ/h})$$

净化气中水蒸气带出热 Q_3 为

$$Q_3 = Q_{31} + Q_{32} = 1668656 + 900000 = 2568656(\text{kJ/h})$$

水蒸气带出的热：

$$Q_4 = 418.6G(\text{kJ/h})$$

热损失按进热的 3%计：

$$(2748G + 1332491) \times 0.03 = 39975 + 82.4G$$

$$Q_{出} = 2568656 + 418.6G + 39975 + 82.4G = 501G + 2608631$$

根据热平衡原理，$2748G + 1332491 = 501G + 2608631$，需要水蒸气量：$G=1276140/2247=568$（kg/h），热负荷：$Q=568\times(2748-418.6)=1323099.2$（kJ/h）。

C.设备计算

尾气加热器采用列管式，列管 $\phi 25\times2.5$ 无缝钢管，气体走管内，蒸汽走管外。

在操作条件下气体平均体积 $V=10000\times(73+273)/(273\times0.98)=12932.6(\text{m}^3/\text{h})=3.6\ \text{m}^3/\text{s}$；初选气体流速 8 m/s；管子根数=3.6/（0.785×0.022×8）=26（根）；管间距取 34 mm；管板充填系数设为 90%；管板直径

$$D = 1.05t\sqrt{\frac{n}{\eta}} = 1.05 \times 34 \times \sqrt{\frac{26}{0.9}} = 192(\text{mm})$$

管板直径取为 ϕ190 mm。

管子排列层数估算 $n=0.5\times(1.4-2\times0.025)/0.034=19.85$，取整数 20 层。管子实际排列数按六角排列 20 层时，查得管板开孔数为 1459 根，减去装拉杆 12 根，实际 1447 根。

列管总面积 $1447\times0.022\times0.785=24.9897(\text{m}^2)$，气体质量流速 $G=480\times28.3/(24.9897\times3600)=0.1510(\text{kg/m}^2\cdot\text{s})$，净化气在 110℃时的黏度 $\mu=205.25\times10^{-7}$ kg/(m·s)，$Re=\dfrac{d\omega\cdot\gamma}{\mu}=\dfrac{0.1510\times0.02}{205.25\times10^{-7}}=147138$。

净化气在 110℃时的导热系数，查表 1.15 用内插法计算得 $\lambda=1287\times10^{-4}$ kJ/(m·h·℃)；净化气在 110℃时的分子热容，查表 1.12 用内插法计算得 $C_p=30.003$ kJ/(kmol·℃)。

$$C_p = 30.003 / 26.73 = 1.1224\ [\text{kJ/(kg}\cdot℃)]$$

$$Pr = \frac{3600\mu C_p}{\lambda} = \frac{3600 \times 205.25 \times 10^{-7} \times 1.1224}{1287 \times 10^{-4}} = 0.644$$

$$\begin{aligned}\alpha_1 &= 0.023 \times Re^{0.8} Pr^{0.4} \lambda / d \\ &= 0.023 \times 147138^{0.8} \times 0.644^{0.4} \times 0.1287 / 0.02 \\ &= 1690[\text{kJ/(m}^2 \cdot \text{h} \cdot ℃)]\end{aligned}$$

具有横向挡板圆缺形挡板的换热器(流体只部分地横过管子)管隙间的传热系数，可用式(5-60)计算：

$$\frac{\alpha d_0}{\lambda}=1.72(d_{\mathrm{e}})^{0.6}\left(\frac{d_0 G_{\mathrm{m}}}{\mu}\right)^{0.6}\left(\frac{C\mu}{\lambda}\right)^{\frac{1}{3}}\left(\frac{\mu}{\mu_{\omega}}\right)^{0.14}$$

装圆缺形挡板，挡板间距取为 h=0.45 m，截口高度取为直径的 22%，$h'=1.4\times0.22=0.31(\mathrm{m})$。

管外流道基准截面 $S_{\mathrm{m}}=\sqrt{S_1S_2}$，流体横过管束时流道的截面积 $S_1=hD\left(1-\frac{d_0}{t}\right)=0.45\times1.4\times\left(1-\frac{0.025}{0.034}\right)=0.1668(\mathrm{m}^2)$。

弓形缺口处流道截面积 S_2 是弓形面积 S_{a} 扣去该处管子所占面积。

弓形面积：

$$\begin{aligned}S_{\mathrm{a}}&=\frac{3.1416}{180}r^2\cos^{-1}\left(\frac{r-h'}{r}\right)-(r-h')\sqrt{dh'-h'^2}\\&=\frac{3.1416}{180}0.7^2\cos^{-1}\left(\frac{0.7-0.31}{0.7}\right)-(0.7-0.31)\sqrt{1.4\times0.31-0.31^2}\\&=0.2532(\mathrm{m}^2)\end{aligned}$$

$$S_2=S_{\mathrm{a}}\left[1-0.91\left(\frac{d_0}{t}\right)^2\right]=0.2532\times\left[1-0.91\times\left(\frac{0.025}{0.034}\right)^2\right]=0.1286(\mathrm{m}^2)$$

$$S_{\mathrm{m}}=\sqrt{S_1S_2}=\sqrt{0.1688\times0.1286}=0.1473(\mathrm{m}^2)$$

当量直径按计算压降时的当量直径计算：

$$d_{\mathrm{e}}=\frac{D_{\mathrm{i}}^2-nd_0^2}{D_{\mathrm{i}}+nd_0}=\frac{1.4^2-1447\times(0.025)^2}{1.4+1447\times0.025}=0.028(\mathrm{m})$$

水蒸气在平均温度 125℃时的热力学参数，查附表 5 用内插法求得：比热 C_p=4.2392 kJ/(kg·℃)，黏度 μ=0.0824 kg/(m·h)，导热系数 λ=2.47 kJ/(m²·h·℃)，Pr=1.415，按廊道流道基准截面积计算的管外流体质量流速：

$$G_{\mathrm{m}}=\frac{G}{S_{\mathrm{m}}}=\frac{582}{0.1473}=3951.1\ \mathrm{kg/(m^2\cdot h)}$$

$$Re=\frac{Gd}{\mu}=\frac{3951.1\times0.025}{0.0824}=1198.8$$

$$\alpha_2 = 1.72 \times 0.028^{0.6} \times 1198.8^{0.6} \times 1.415^{0.333} \times \left(\frac{0.0824}{0.1019}\right)^{0.14} \times \frac{2.47}{0.025}$$
$$= 1524.1\,[\text{kJ/(m}^2 \cdot \text{h} \cdot ℃)]$$

污垢热阻：管内走黄磷尾气因含有少量沉淀等污物，热阻取为 0.0017 $m^2 \cdot h \cdot ℃/kJ$；管外为干净水蒸气结垢热阻，取为 0.0004 $m^2 \cdot h \cdot ℃/kJ$，R=0.0021 $m^2 \cdot h \cdot ℃/kJ$。

λ_g 为管子材料导热系数，钢管；167.5 kJ/(m·h)。

$$K = \frac{1}{\dfrac{1}{\alpha_1} + \dfrac{1}{\alpha_2} + R + \dfrac{\delta}{\lambda}} = \frac{1}{\dfrac{1}{166} + \dfrac{1}{1524.1} + 0.0021 + \dfrac{0.0025}{167.5}} = 112[\text{kJ/(m}^2 \cdot \text{h} \cdot ℃)]$$

平均温度差：

$$\Delta t_m \frac{(T_2 - t_1) - (T_1 - t_2)}{\ln\dfrac{(T_2 - t_1)}{(T_1 - t_2)}} = \frac{(120 - 35) - (151 - 120)}{\ln\dfrac{(120 - 35)}{(151 - 120)}} = \frac{(85 - 31)}{\ln\dfrac{85}{31}} = 53.5$$

传热面积：

$$F = \frac{Q}{K \cdot \Delta t} = \frac{1355711}{113.7 \times 53.5} = 222.9(\text{m}^2)$$

为了留有余地以及考虑结构，传热面积富余 20%，传热面积取 250 m^2；列管高度 $L = \dfrac{1.2F}{\pi \cdot d \cdot n} = \dfrac{250}{3.1416 \times 0.022 \times 1447} = 2.5(\text{m})$，$\phi$1400，管子 ϕ25×2.5 L=2600(mm)。

5.4.3 辅助设备

1. 再生干燥鼓风机

1) 催化剂滞留水量

催化剂滞留水量根据试验，每 100 kg 催化剂滞留水 63 kg。

吸附器滞留的总水量 W_1：

$$W_1 = 0.63W$$

2) 催化剂干燥需要的热量

滞留水蒸发需要的热量：

$$Q = 0.63 \times W_1 \times 5025(\text{kJ})$$

式中，5025 为经验数据，蒸发 1 kg 催化剂滞留水需要热量 5025 kJ。

3) 干燥空气量计算

空气进口温度设为 20℃，水蒸气含量 17.4 g/m³。

吸附器干燥空气出口温度平均设为 50℃，水蒸气含量 83 g/m³。

每立方米空气带出水量：

$$83-17.4=65.6(\mathrm{g/m^3})$$

干燥需要空气量：

$$V=1.1\times W_1\ /\ 0.0656(\mathrm{m^3})$$

在 t(h) 时间内完成脱水工作，空气需要量：

$$V_1=V\ /\ t\ (\mathrm{m^3/h})$$

根据吸附器气体通过触媒层的经验压力降公式计算鼓风机压力降选用鼓风机，通过计算，压力降在 2000 Pa 以上，应选用 9-19 型高压离心鼓风机。

4) 干燥空气加热需要的蒸汽量计算

加热空气需要的热量：

$$q=1.2979\times 120\times V_1\ (\mathrm{kJ/h})$$

干燥空气加热与黄磷尾气加热用同一个蒸汽加热器。

蒸汽加热器需要的蒸汽量：

$$G=1.2\times q\ /\ (I_1-I_2)\,(\mathrm{kg/h})$$

式中，I_2 为蒸汽焓，kJ/kg；I 为冷凝水焓，kJ/kg。

实例 5.3　10000 Nm³/h 黄磷尾气吸附器干燥鼓风机选用。

吸附器滞留的总水量 18840×0.63=11869.2 (kg)，吸附器需要热量：Q=18840×0.63×5025=59642730 (kJ)，空气进口温度 20℃，蒸汽含量 17.4 g/m³。吸附器干燥空气出口温度平均 50℃，蒸汽含量 83 g/m³。每立方米空气带出水量 83–17.4=65.6 (g/m³)。干燥需要空气量 V=1.1×11869.2/0.0656=199026 (m³)，在 48 h 内完成脱水工作，空气需要量 V=25603/48=533 (m³/h)。小时脱水量 11869.2/48=247.3 (kg/h)。

选用 9-19No.6.3A 离心鼓风机，风量 5153 m³/h，全压 9055 Pa，功率 18.5 kW。用 0.4 MPa 饱和蒸汽加热，将空气加热至 120℃，蒸汽饱和温度 151℃，蒸汽焓=2747.8 (kJ/kg)。

空气加热需要热量

$$Q=533\times1.2979\times120=83013.7\,(\text{kJ/h})$$

蒸汽消耗量

$$G=1.2\times645734.3/(2747.8-418.7)=333\,(\text{kg/h})$$

2. 补充空气鼓风机

1）单质硫氧化需要氧量

$$P_4+5O_2 \xrightarrow{\text{催化剂}} 2P_2O_5$$

$$PH_3+2O_2 \xrightarrow{\text{催化剂}} H_3PO_4$$

单质磷量：10000×1/1000 = 10（kg/h）；
需要氧量：10×5/124 = 0.403（kg · mol）。

2）PH_3 氧化需要氧量

PH_3 量：10000×1.1/1000 = 11（kg/h）；
需要氧量：11×2/31 = 0.71（kg · mol）。

3）H_2S 还原成硫需要氧量

$$H_2S+0.5\,O_2 = S+H_2O$$

假设将 H_2S 脱至 200 mg/m^3，则
H_2S 量：10000×0.2/1000 = 2（kg/h）；
需要氧量：2×0.5/32 = 0.031（kg · mol/h）；
黄磷尾气总需要量：0.403+0.71+0.031=1.144（kg · mol/h）= 25.74（m^3/h）。

黄磷尾气本身氧含量按 0.5%计算，黄磷尾气中氧量为 10000×0.005 = 50（m^3/h）。

按计算，黄磷尾气中氧含量用于脱除总磷已经够了，往往刚开车时效果就可以达到要求，这也证明了这一点。但由于时间推移，催化剂表面被覆盖，效果下降，再加氧就困难了，所以一开始就要加。要补加的氧换算为空气需要量为 122 m^3/h。为了保持脱除效果，将氧含量提高至 1%，需要氧气量 10000×0.05 = 500（m^3/h），需要空气量 238 m^3/h。

考虑地区的大气压，空气需要量需乘以系数，如云南弥勒乘以 1.2，鼓风机风量按 286 m^3/h 选择。

选择罗茨鼓风机 BK6005-80，流量 5.1 m^3/min，全压 40 kPa，转速 1150 r/min，功率 7.5 kW。

有时黄磷尾气氧含量达到 1%，此时把空气全部加上，氧流量也只有 1.5%，还是安全的（图 5.13）。

图 5.13　脱磷装置(图中为三台脱磷吸附器)

5.5　催化氧化脱磷的操作

5.5.1　催化剂的装填

系统吹除、气密试验和联动试车等项工作完成后进行装填脱磷催化剂工作。

脱磷催化剂装填高度 2.8～3 m。打开催化剂的装料孔，筛板上铺 60 mm 厚的小鹅卵石(15～30 mm)，把平。在鹅卵石上铺一层 10 目的不锈钢丝网。在吸附器筒体上画上催化剂高度的标志线。轻轻倒入催化剂，如遇催化剂粉尘太多时应用 10 目的筛子过筛，倒催化剂时要求全面积均匀，以免局部阻力过大，影响通气均匀，如人需要进入容器内处理，必须铺轻型木板，人站在木板上，不要直接踩在催化剂上，以免踩碎。

催化剂装完后，催化剂顶面用木耙把平，盖上加料孔盖板。

启动补充鼓风机，以 0.05 MPa 表压进行气密性试验。气密试验合格后，加料孔恢复保温，在保温施工时加料孔和卸料孔应装成可拆卸型保温壳。

5.5.2　催化氧化的正常运行

1. 正常运行操作指标

(1) 蒸汽压力：0.4 MPa。

(2) 尾气流量(m^3/h)：按设计定。

(3) 黄磷尾气蒸汽加热器出口温度：100～120℃。

(4) 吸附器出口氧含量 0.1%～0.4%。

(5) 吸附器黄磷尾气出口磷含量小于 20 mg/m^3。

(6) 补充空气量：2.0～2.8 m^3 空气/100 m^3 黄磷尾气。

2. 催化氧化投入正常运行后要注意的正常操作

(1)经常注意蒸汽加热器尾气出口温度。

(2)经常根据吸附器尾气流量、尾气出口氧含量和 PH_3 含量调节补充空气量。

(3)经常检查所管设备、管道、阀门以及蒸汽加热器冷凝水排放情况。

(4)经常注意吸附器进出口压力变化。

3. 影响催化氧化运行的因素

1)黄磷尾气中的氧含量

氧含量越高，脱磷效率越高，黄磷尾气本身就含有氧，一般含量0.5%左右，单靠黄磷尾气中的氧，脱磷效果较差，适当外加一点氧效果最好，经脱磷后黄磷尾气中氧含量为0.3%～0.5%。补充空气必须按比例一开始就要加，如果一开始不加空气，P_4 氧化不完全，会被催化剂吸附，以后再加空气时，催化剂层中的 P_4 被剧烈氧化，温度上升很快，无法再加了，影响脱磷效率。氧是由补加空气取得的，补加氧多了，惰性气增加，对后工序不利，因此，尽量不要多加。另外，氧含量不能超过操作指标，否则不安全。

2)黄磷尾气的温度

黄磷尾气的温度对反应速率影响很大，当温度在70℃时已开始反应，但效果较差。80℃时已达到较的速度，可以操作，但不稳定。当温度达90℃以上，已达到很好的效果，试验最佳的操作温度为110℃，温度再高浪费热量。

3)黄磷尾气的流量

黄磷尾气的流量对脱磷效果有影响，一般都会在允许范围内运行，黄磷尾气超过催化剂的承受负荷，脱磷效果下降，尤其是后期接近穿透时效果影响更大。

4)催化剂的性质

脱磷催化剂本身的质量以及催化剂再生的好坏，直接影响脱磷的效果，其他类型的催化剂脱磷效果差。

5.5.3 运行中不正常现象分析

1. 吸附器阻力增长

吸附器阻力投运初期阻力不高，中期逐步增长属正常现象，是由于催化剂微孔被生成物逐步阻塞，后期阻力急逐增长，吸附器停运再生。在正常运行时，阻力增长较快，就要检查：①黄磷尾气脱硫运行是否正常，若 H_2S 含量过高，阻力增长速度就很快；②系统是否带水。

2. 吸附器温度激烈波动

一般来说，吸附器温度由蒸汽加热器的流量自动控制，吸附器上部温度较高，下部温度较低，对脱磷效果影响不大。若吸附层温度突然升高，往往是被吸附的单质磷遇氧激烈氧化所致，据计算，1 kg 单质磷燃烧，可以使 1000 m^3 的黄磷尾气温度升高 17℃。

一个特例是：吸附器投入运行初期，脱磷效果很好，未按规定补加空气，运行一段时间后，约 1 周，脱磷效果下降，开始补加空气，加入空气后发现吸附器出口温度上升，竟上升到 250℃，无法再补加空气。为何补加空气温度会上升呢？从 P、S、H_2S、PH_3 燃点来看，在操作温度下，只有磷能发生燃烧现象，磷燃烧放出大量热量，使温度上升。

补加空气时温度上升的原因在于：运行初期不加空气，黄磷尾气在氧气不足的情况下，磷没有完全被催化氧化，以单质磷的形式被催化剂吸附，积聚在催化剂表面，若突然加入空气，积聚的单质磷发生氧化，磷的燃烧热值特别大，放出大量的热量，使催化剂层温度上升。蒸汽再生吹扫时，在放空的蒸汽里发生磷光，这就表明了催化剂层保存了大量的单质磷。

解决的办法是吸附器一投入运行即要加入一定量的补充空气，使单质磷氧化完全，不让催化剂吸附单质磷。

3. 吸附器出口 PH_3 超标

吸附器出口 PH_3 超标一般是催化剂饱和穿透所致，催化剂应进行再生。若穿透过快，可能是黄磷尾气中 H_2S 含量升高。

5.5.4 脱磷吸附器脱磷及其脱硫化物的效果

将川投脱磷吸附器脱磷及其脱硫化物随机取样测定数据列于表 5.6。

表 5.6　脱磷吸附器脱磷及其脱硫化物随机取样测定数据

日期	时间	吸附器进口含量/(mg/Nm^3)				吸附器出口含量/(mg/Nm^3)			
		PH_3	COS	H_2S	CS_2	PH_3	COS	H_2S	CS_2
10 月 19 日	9:36	2509.6	5393.0	10286.3	104.8	0.00	0.27	0.07	0.41
10 月 19 日	15:50	2490.5	2845.7	11820	203.4	1.37	0.19	0.2	0.1
10 月 20 日	14:30	19993	4397.7	499.5	75.5	5.91	25.6	0.06	0.78
10 月 22 日	3:00	2810.8	5034.4	2167.8	145.2	0.00	0.1	0.56	0.34
11 月 7 日	11:00	2120.1	4414.3	6254.4	227	18.0	4075	409	119.4
11 月 7 日	17:55	3962.4	9861.2	23991.6	—	103.5	11287	4549	—
11 月 7 日	23:55	3034.6	6808	18040.5	—	2.06	7084.8	1888.2	—
11 月 8 日	4:00	2503.7	5244.6	13126.3	—	0.00	5507.1	1879.8	—

从表 5.6 可看出，脱磷催化剂脱除 PH_3 的效果相当好，同时还具有脱除 H_2S、COS、CS_2 的能力，但比 PH_3 先穿透。脱磷吸附器主要功能为脱磷，在工艺上脱磷后配置有 COS 水解脱硫系统，对整个工艺无影响。

5.6 载磷催化剂的再生

5.6.1 催化氧化生成物的性质

1. 单质磷和单质硫的性质

脱磷催化剂在生产过程中部分单质磷被吸附，尤其是当供氧不足时，单质磷吸附量更大，H_2S 被氧化生成单质硫，磷和硫在再生时遇空气即燃烧放出大量热，有烧毁催化剂及吸附器的危险，单质磷和单质硫的性质见表 5.7。

表 5.7 单质磷和单质硫的性质

序号	名称	分子量	熔点/℃	沸点/℃	燃点/℃	热值	
						kJ/kg	kcal/kg
1	P	31	44.1	281	50	23635	5654.3
2	S	32	110～119	444.7	250	9504	2270

硫具有很强的化学活泼性，黄色晶状固体，不溶于水，尤其是催化氧化生成的单质硫活性更强，在空气中就可以燃烧，并产生有强烈刺激气味的气体。

2. P_2O_3、P_2O_5 和 H_3PO_4 的性质

(1) 生成的三氧化二磷(P_2O_3)，在有催化剂时呈白色固体状，P_2O_3 在含有氧的热气流中会转变成 P_2O_5，在催化剂中含量不多，即使有也会溶于热水中，形成亚磷酸。

$$P_2O_3 + 3H_2O \longrightarrow 2H_3PO_3 \tag{5-66}$$

(2) 生成的五氧化二磷(P_2O_5)，在有催化剂时呈白色体积膨松的软质粉末，其性质为极易吸水并在空气中潮解，在水中热解时发出嗞嗞声，并放出热量。

五氧化二磷与水反应，温度不同产物不同，在冷水中生成剧毒的偏磷酸，反应如下：

$$P_2O_5 + H_2O = 2HPO_3 \tag{5-67}$$

在热水中生成正磷酸，反应如下：

$$P_2O_5 + 3H_2O \longrightarrow 2H_3PO_4 \tag{5-68}$$

在载磷催化剂再生水洗时采用热水洗涤，在洗涤过程中 P_2O_5 先形成偏磷酸，然后转化成正磷酸。

$$P_2O_5 + 3H_2O \longrightarrow 2H_3PO_4 \tag{5-69}$$

(3) 生成的 H_3PO_4 在有催化剂时为固体状，再生水洗时溶于水生成稀磷酸。磷酸在水中的溶解度很大。稀磷酸水溶液具有腐蚀性，吸附器必须采取防腐措施，应用不锈钢制造。

5.6.2 催化剂再生原理及方法

氧化生成的 S、P_2O_3、P_2O_5 和 H_3PO_4 以及被催化剂表面所吸附的单质磷，这些物质性质不同，采用不同的方法再生。

1. 催化剂中的单质磷和单质硫的脱除

1) 单质磷的脱除

单质磷 (P_4) 用蒸汽吹出。单质磷加热至 44℃以上就可以蒸发，稍开上吹蒸汽阀，蒸汽通过催化剂层加热，将吸附的单质磷脱出，脱出磷遇空气即发出磷光。在夜间可在放空管观察，无磷光显示，即为吹脱完成；白天用少量玻璃棉扎在 ϕ6 mm 铁棒上，放在放空管中，观察有无单质磷凝聚，无凝聚说明单质磷已脱出；此步结束，关上吹蒸汽。

2) 单质硫的脱除

单质硫 (S) 用空气氧化，生成 SO_2 而放出。催化剂层通入少量空气，单质硫氧化生成 SO_2，并放出大量热量，其反应如下：

$$S + O_2 \longrightarrow SO_2$$

以 100 m^3 空气再生为例，消耗单质硫 G=21×32/22.4=30 (kg)，放出热量 Q=30×2270=68100 (kcal)，生成物 V=100 m^3，其中 SO_2 为 21 m^3，N_2 为 71 m^3。

由于单质硫燃烧，废气温度急逐上升，此时在理论上可达到的温度由下式计算：

$$t = \frac{Q}{V \cdot c} = \frac{68100}{100 \times 0.3484} = 1954.6\ (℃)$$

产生如此高的温度会发生严重的后果，将吸附器内件和筒体烧坏，催化剂烧毁，这不是骇人听闻，而是在开车初期曾发生了两次。再生时，在极短的时间内，吸附器底部筛板、鹅卵石及少部分催化剂被烧毁，筛板处筒体周围烧熔大小不等的孔洞，再生时催化剂是处于相当潮湿的状态，实际温度不会那么高，从吸附器烧毁熔融状态来看，温度至少不低于 1400℃。吸附器检修好后，继续投入运行。

再生时必须充分注意，利用蒸汽降温，控制再生时废气的温度。

在脱除单质硫阶段，加入空气 100 m^3/h，同时开上吹蒸汽阀，加入蒸汽量 300 kg/h，使催化剂层中的单质硫氧化生成 SO_2，观察吸附器顶温度，同时用手背触试保温层，用蒸汽量控制催化剂层温度不超过 200℃，经过 1 h 后，没有发现异常，可继续加大空气量，相应加大蒸汽量，总之，使吸附器温度不能超过 200℃。

除非催化剂层确定无单质硫，否则吸附器内无温度上升，也不能认为是再生完全，也就是说，温度不能太高，也不能没有一点温度。

当放空中闻不到 SO_2 气味，或从压力点取样分析无 SO_2 时，说明单质硫已基本脱出；停蒸汽，逐渐加大空气，确认无温度上升时，该步操作结束。

2. 催化剂中的 P_2O_3、P_2O_5、H_3PO_4 的脱除

加热水浸泡，P_2O_5 与水生成稀磷酸，固体磷酸溶于水，反应如下：

$$P_2O_5 + 3H_2O \longrightarrow 2H_3PO_4$$

洗涤水含有酸性，稀磷酸含量平均为 2%～3%，应进行处理。

3. 催化剂微孔结构恢复

(1) 催化剂层用直接蒸汽吹扫数小时，进一步将催化剂中的杂质吹除，恢复催化剂孔结构，恢复活性。

(2) 空气干燥：干燥空气加热至 110～120℃，将催化剂内的表面水和吸附水烘干，催化剂的水会影响脱磷效果。

5.6.3 放空废气 SO_2 简易测定方法——碘-淀粉溶液吸收法

1. 原理

在反应器中放置一定的碘溶液，与淀粉溶液混合为深蓝色溶液，将含有 SO_2 的混合气通入后，通过吸收发生吸收反应：

$$SO_2 + I_2 + 2H_2O = H_2SO_4 + 2HI$$

2.方法

(1) 碘溶液配制：称取 13 g 碘及 35 g 碘化钾，溶于 100 mL 水中，稀释至 1000 mL，摇匀，保存于棕色瓶中。

(2) 淀粉溶液：配制成 0.5%浓度淀粉溶液，在 100 mL 水中，加入 0.5 g 淀粉即可。

(3) 反应管：喷气口接近底部，10～15 mL。

(4) 在反应管中加入碘溶液 5 mL，再加入 0.5%的淀粉溶液 2～3 mL，混合溶液呈深蓝色，用胶管接入分析点，通气，若蓝色消失，说明有 SO_2，判断还有单质硫，再生未完成，直至混合溶液蓝色不褪，初步判断，脱单质硫已完成。

5.7　仓储散气磷化氢净化装置

粮食的储存量大、难度高，不仅要防止破损散漏，而且要防止生物及微生物的危害和自身的酸败、陈化。我国每年在储存中损失的粮食约为 1800 万吨，约占全世界损失量的 1/3。由于历史原因，我国的粮食储存设施比较陈旧和简陋，而我国又是产粮大国和消费大国，这些因素构成了我国粮食储存设施的巨大市场。目前我国从事粮食储存设施生产的企业规模不大，技术含量低，专业性不强。这一巨大市场空间，并没有逃过外国人的眼睛，以美国 GSI 集团公司为代表的国外专业生产粮食储存加工设施的企业，纷纷抢滩中国粮食储存市场。美国 GSI 集团公司是世界闻名的专业生产镀锌粮食储存加工设施的企业，其产品在全球占有很大份额，尤其是它的烘干设备已在世界范围内销售。除此之外，他们在粮食装卸设备、运输设备、筒仓设备等方面都具有很强的竞争力。

烤后烟叶的储存和保管，是烤烟生产中的重要环节。往年，正是因为烟农对烟叶储藏保管不当，导致了烟叶水分超限，甚至霉变，给烟农和企业带来重大的经济损失。

为防止烟叶在长期储藏期间，霉菌和害虫的发生和繁殖，储烟场所必须进行消毒。

磷化氢环流熏蒸是我国 1990 年发展起来的熏蒸杀虫方法，它可以弥补常规熏蒸的不足之处，解决深粮层仓型熏蒸杀虫难的问题。磷化氢环流熏蒸杀虫具有有毒气体在短时间内就可以在仓内达到均匀分布、用药量少，保管员在仓外投药接触毒气时间短，杀虫效果好等特点。1998 年以后在新仓中推广环流熏蒸技术，在有关环流熏蒸的规范中将钢瓶气、仓外发生器作为主产气法与环流熏蒸相配套。

磷化氢是目前和以后相当长时期内防治储藏物害虫的主要熏蒸剂，甚至是难以用其他熏蒸剂替代的药剂。1998 年以后在新仓中推广环流熏蒸技术，在有关环流熏蒸的规范中将钢瓶气、仓外发生器作为主产气法与环流熏蒸相配套。但在多数国储库使用过程中，存在熏蒸费用昂贵、购磷化氢气难或操作麻烦等问题，于是部分粮库又回到进仓投磷化铝或其他磷化物的方法，其目的还是产生磷化氢杀虫。仓储熏蒸期间，根据害虫种类，磷化氢浓度在 100～350 mg/m^3 范围内。

磷化氢是一种无色、高毒、易燃气体，比空气密度大并有类似臭鱼的味道。如果遇到痕量其他磷的氢化物如乙磷化氢，会引起自燃。磷化氢应该按照高毒性且自燃的气体处理。吸入磷化氢不仅有刺激性而且是系统毒剂。症状包括流泪、刺激肺、气短、咳嗽、肺积水、头痛、青紫、头晕、疲劳、恶心、呕吐、严重的上腹疼痛、麻木、颤抖、痉挛、黄疸、肝脏及心脏功能紊乱、肾发炎甚至死亡。

PH_3 主要从呼吸道吸入引起中毒，人吸入不同浓度引起的中毒情况见表 5.8。

表 5.8　PH_3 浓度与中毒程度

PH_3 浓度 mg/m³	PH_3 浓度 mL/m³	中毒情况
7	5	6 h 后有中毒症状
10	7	数小时后有严重影响
140 ~ 270	200 ~ 190	1 h 后有生命危险
540 ~ 800	400 ~ 600	30～60 min 死亡
2700	2000	立即死亡

2003 年，PH_3 被列入中华人民共和国卫生部印发的《高毒物品目录》(简称《名录》)。《名录》规定工作场所空气中有毒物质 PH_3 最高允许浓度为 0.3 mg/m³。

当熏蒸密闭时间达到设定时间或预期效果后，即可散气。散气可采用自然通风散气或机械通风散气。采用机械通风散气，散气时间一般为 3～5 d；采用自然通风散气，散气时间一般为 5～7 d。自然通风散气实际上就是把毒气向仓储周围扩散，污染环境空气，目前国家已经明令禁止。

针对散气中的磷化氢尚未采取有效措施防止扩散造成的污染，本装置引用黄磷尾气脱磷经验采用催化氧化法将散气中的磷化氢分解，净化后排入大气中，消除环境污染。

本装置的特点是气体净化效率高，达标排放，使剧毒物转化为无毒化工产品，不产生二次污染；工艺简单，操作灵活，体积小。

5.7.1　散气净化概况及特点

散气主要组分为含有杀虫剂磷化氢的空气，磷化氢的浓度根据《磷化氢环流熏蒸技术规程》中的规定，根据不同粮温和虫种确定环流熏蒸的磷化氢浓度和密闭时间，见表 5.9。

表 5.9　粮温和虫种确定环流熏蒸的磷化氢浓度和密闭时间

虫种	温度ᵃ/℃	密闭时间 14d	密闭时间 21d	密闭时间 28d
敏感害虫：玉米象、长头谷盗、杂拟谷盗及其他敏感害虫	>25	200	150	100
	20～25	250	200	150
	15～20	—	250	200
耐药性害虫：谷蠹、米象、扁谷盗、赤拟谷盗、蛾类及其他抗性虫种	>25	300	250	200
	20～25	350	300	250
	15～20	—	350	300

a.害虫发生部位最低粮温，磷化氢浓度单位为 mL/m³

当有强抗性谷蠹集中发生并导致发热，或有强抗性米象和扁谷盗时，建议磷化氢浓度采用 300～500 mL/m^3。根据仓房密闭情况和仓内磷化氢浓度变化情况确定维持熏蒸浓度的方式。

5.7.2　散气净化反应机理

利用散气中的氧，进行催化氧化脱除磷化氢，其反应如下：

$$2PH_3 + 3O_2 \xrightarrow{\text{催化剂、温度}} P_2O_3 + 3H_2O \tag{5-70}$$

$$P_2O_3 + O_2 \longrightarrow P_2O_5 \tag{5-71}$$

$$PH_3 + 2O_2 \xrightarrow{\text{催化剂、温度}} H_3PO_4 \tag{5-72}$$

PH_3 在催化剂的催化作用下氧化为 P_2O_3、P_2O_5 和 H_3PO_4 等物质，并被吸附在催化剂表面，从而散气中的 PH_3 得到彻底净化。

根据催化氧化原理，脱除磷化氢必须有三个条件：①催化剂，必须有脱磷专用催化剂；②氧，必须有一定的氧含量存在，供磷化氢氧化的需要，本装置散气中已有足够氧气，是有利条件；③温度，催化氧化必须在一定的温度条件下进行，经试验得出催化氧化的温度在 110℃时为最佳，温度过高或过低，净化效果均不理想，温度过高则消耗额外的能量，造成浪费和不经济。

热量供给一般用蒸汽，运行费用要低一点，考虑到本装置是移动式，蒸汽供应不方便，故采用电加热，本装置采用石英加热管。

电热管是配用电阻合成材料作为发热子，由于钢管内的发热子可以吸收来自电热丝辐射的几乎全部的可见光和近红外光，且能使之转化为远红外辐射。通电后，发热合金丝发射的近红外光和可见光其中 95%被发热子所阻挡、吸收，使管内温度升高产生纯硅氧键的分子振动，辐射远红外线，产生的热量通过钢管传给净化气体，使得净化气体温度升高。电热管热惯性小，热响应速度快，热转换效率高。

电加热器有 27 根电热管，每根 1.5 kW。

催化剂再生原理：催化剂表面吸附饱和后，用 H_2O 对 P_2O_3 进行再生。其反应如下：

$$P_2O_3 + 3H_2O \xrightarrow{\text{催化剂}} 2H_3PO_4 \tag{5-73}$$

再生产生的 H_3PO_4 用石灰乳中和得 Ca_3PO_4，其反应如下：

$$H_3PO_4 + 3Ca(OH)_2 \xrightarrow{\text{催化剂}} Ca_3PO_3 + 3H_2O \tag{5-74}$$

生成的磷酸钙为植物需要的肥料，可以直接施肥用掉。然后再用 110～120℃的热空气干燥后重复使用。

5.7.3 散气磷化氢净化装置结构

小型散气磷化氢净化装置为一移动式整体，其结构见图 5.14，散气由鼓风机(1)抽出并增压，通过电加热器(2)加热至 90～110℃，通过两个串联的催化吸附器(3)后由出气口(6)排出，排出的净化气中的 PH_3 用微量 PH_3 测定仪测定无显示，脱磷效果相当好。将鼓风机、电加热器和两个吸附器分别放在移动平台(4)上，用软接头(5)连接，拆卸、运输方便。

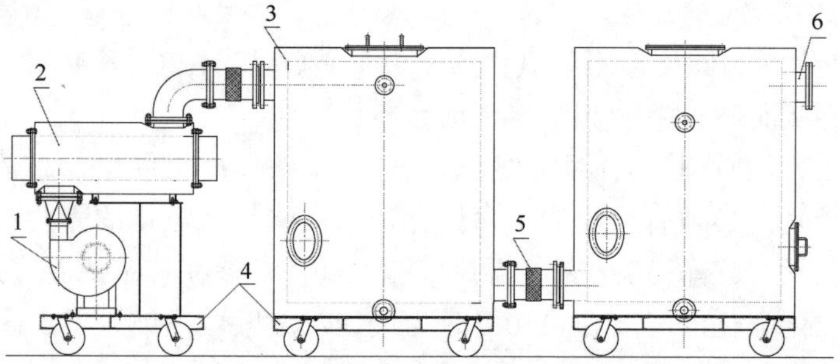

图 5.14　移动式散气脱磷化氢装置

1. 鼓风机；2. 电加热器；3. 催化吸附器；4. 移动平台；5. 软接头；6. 出气口

电加热器和两个吸附器外部用轻质硅酸铝纤维保温，减少热损失。将磷化氢氧化生成的 P_2O_5 被催化剂表面所吸附，当磷化氢超标时，催化剂用水再生，当再生产生的水 pH≥6 时停止再生，用热风吹干后备用。电加热器两用，既用来加热散气，又用来加热干燥空气。移动式散气磷化氢净化装置的缺点是电用量比较大，只能用于小规模散气处理。若散气比较集中、规模大的场合，可采用固定式，热源可采用烟道气或蒸汽加热，其效果会更佳。

5.7.4 装置主要设备选择与计算

采用催化氧化法，散气中含磷化氢平均约为 0.2 g/m^3 计算。散气磷化氢总量：

$$1000 \times 0.2 / 1000 = 0.2(\text{kg/h})$$

$$2PH_3 + 3O_2 = P_2O_3 + 3H_2O$$

生成的 P_2O_3 量：

$$0.2 \times 110 / 68 = 0.324(\text{kg/h})$$

5.7.5 催化吸附器

根据地形的限制，催化吸附器采用立式圆柱形或方形柱床进行催化氧化，为了降低阻力，空速要求较低，取为 0.28 m/s，平均温度为 100℃，平均压力为 100 mmH_2O。

在操作条件下的气体流量：

$$V = 1000 \times (273 + 100) \times 760 / (273 \times 700) = 1483(\text{m}^3/\text{h})$$

吸附器截面积 $F = 1483/(3600 \times 0.28) = 1.471(\text{m}^2)$；圆柱形，$\phi$1400 mm。

根据现场具体情况，设备总高不超过 2.2 m，由于高度限制，分成两台串联，催化剂层高度取为 1 m，见图 5.15。

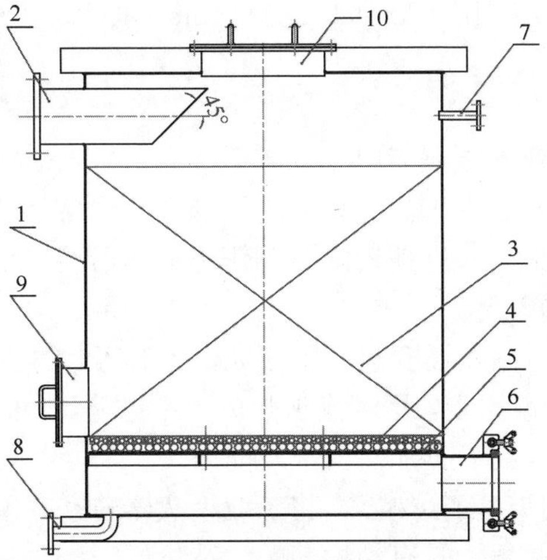

图 5.15 催化吸附器

1. 吸附器筒体；2. 进气管；3. 催化剂；4. 鹅卵石；5. 筛板；6. 出气管；7. 进水管；8. 出水管；9. 卸料孔；10. 装料孔

每千克催化剂吸附磷化氢 0.2 kg，可通过散气 1000 m^3，每槽可通过散气量 1500000 m^3，每槽可使用 1500 h，如果连续使用，可以使用两个月再生一次。再生一次需要 4～5 天。

吸附器采用不锈钢制作。

催化剂再生后期需将催化剂中滞留的水干燥，根据试验催化剂滞留水量，为每 100 kg 催化剂滞留 63 kg 水。

吸附器滞留的总水量 1500×0.63=945(kg)。干燥吸附器需要热量 Q=945×1200=1134000(kcal)。空气进口温度 20℃，水蒸气含量 17.4 g/m^3。吸附器干燥空气出口温度平均 50℃，水蒸气含量 83 g/m^3。每立方米空气带出水量 83–17.4=65.6(g/m^3)。干燥需要空气量 V=1.1×945/0.0656=15846(m^3)。工作空气量根据鼓风机能力为 1000 m^3/h；需要工作时间：t=15846/1000=15.8(h)。

通过触媒层的压力降根据经验公式计算催化剂层的阻力。

散气分子量 M=28.84，散气质量流量为 G=1000×28.84/(22.4×1.5)=858.33[kg/(m^2·h)]。

散气在操作条件下的重度 γ＝1000×28.84/(22.4×1483)=0.868(kg/m^3)，颗粒平均直径 d_e=0.004 m，E=0.378 + 0.308×0.003/3=0.3783，$\Delta p = 2.1\times10^{-8}\times\dfrac{1.5G^{1.9}}{\gamma \mathrm{d}p^{1.1}}\times\dfrac{1-E}{E^3}L = 2.1\times10^{-8}\times\dfrac{1.5\times858.33^{1.9}}{0.868\times0.003^{1.1}}\times\dfrac{1-0.3784}{0.3784^3}\times1$=93(mmH$_2$O/m)。

催化剂层高 2 m，总阻力 Δp=93×2=186(mm)水柱，实测 2 kPa。

5.7.6 散气加热器

换热设备在工农业各领域应用十分广泛，在日常生活中传热设备随处可见，是不可缺少的设备之一。在工农业领域使用的换热设备都很庞大，需要配置锅炉等供热设备，投资很大。家庭使用的石英管电加热器又很小，而且只用于加热空气，提高室温，使用较低温度。

仓储散气磷化氢吸附器需要热量不很大，但工艺上需要将其温度加热至 80～110℃，还要容易移动或搬走，用蒸汽加热成为不可能。仓储散气含有有毒的磷化氢，不允许泄漏，一般的石英加热器也不能用。

为了解决小型可移动的换热器，将工业换热器与家庭用加热器结合起来，组成一种套管电发热换热器，具有结构简单、造价低、密封不漏气、灵活轻巧、搬运容易、温度控制准确的特点，可用于有毒气体。

夹套电发热换热器用石英发热管作为热源，相当于列管换热器，管内为石英发热管，管外走散气。其结构见图 5.16，夹套管(3)焊接于两端管板(1)上，管板焊接在换热器外壳(2)上。电石英发热管(4)插入夹套管(3)内，并与其紧密接触，发热管两端电接头露于管板外，便于接线。壳体内设有两块折流板(5)，防止加热气体走短路，折流板用定位套(6)定位，再用丝杆(7)固定于管板上。散气从散气进口管(9)进入换热器内，通过两块折流板与加热管换热，由散气出口管(8)排出。管板两端设有封头(10)，用于电线连接与防护，便于装拆，电缆从此引出进入自控装置。

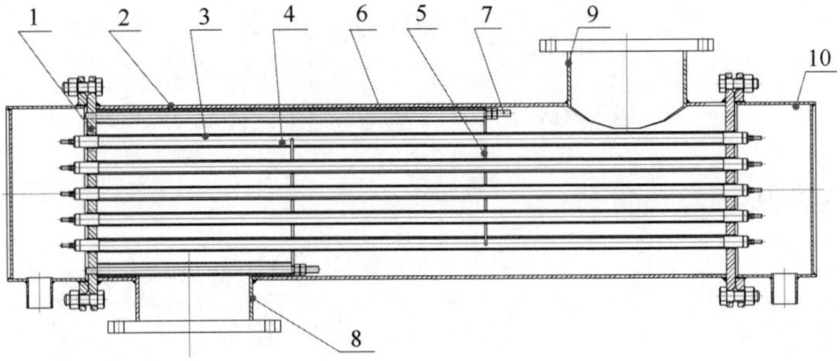

图 5.16　夹套电发热换热器

1. 管板；2. 换热器外壳；3. 夹套管；4. 电石英发热管；5. 折流板；6. 定位套；7. 丝杆；8. 散气出口管；9. 散气进口管；10.封头

套管电发热换热器计算如下所述。

1. 基础数据

散气能力：V_0，Nm^3/h；散气分子量：M；散气比重：γ，kg/m^3；散气入器压力；p，kPa；散气入器温度：t_1，℃；散气出器温度：t_2，℃；当地大气压力：p_d；kPa。

2. 热量衡算

散气带入的热量：

$$q_1 = V_0 \times C_p \times t_1$$

式中，C_p为散气热容，0～110℃时平均热容，C_p=1.2979 kJ/($m^3 \cdot$ ℃)。

电带入热：

$$q_2 = 3600.1w$$

$$Q_{入} = q_1 + q_2$$

散气带出的热量：

$$q_3 = V_0 \times C_p \times t_2$$

热损失按进热的 5%计，

$$q_4 = (q_1 + q_2) \times 0.05$$

$$Q_{出} = q_3 + q_4$$

根据热平衡原理，

$$q_1 + q_2 = q_3 + q_4$$

需要电量：

$$w = \frac{V_0 \cdot C_p (t_2 - 0.95 t_1)}{3420.6}$$

$$w = 130439.8 / 3420.6 = 38.13 (\text{kW})$$

热效率取为 95%，热负荷：

$$Q = 3600.1 \times w \ (\text{kJ/h})$$

3. 设备计算

散气加热器采用列管式，列管采用无缝钢管，根据石英发热管的外径确定套管的内径，以轻松插入为准。管内为石英电发热管，管外走散气。

1) 管板直径的计算

在操作条件下气体平均体积：

$$V = \frac{V_0 \times 101.3 \times (273 + t_\text{m})}{273(p_\text{d} + p)} \ (\text{m}^3/\text{h})$$

加热器平均温度：

$$t_\text{m} = \frac{t_1 + t_2}{2} \ (℃)$$

加热管根据功率选取，每根加热管 1.5 kW。供需加热管 $n=w/1.5$(根)，根据加热管数量及无缝钢管规格，设管间距为 t(mm)，一般 t 为套管外径的 2～3 倍，管板充填系数设为 90%。管板直径

$$D = 1.05t\sqrt{\frac{n}{\eta}} (\text{mm})$$

2) 传热系数计算

普朗特准数：$Pr = \frac{\mu C}{\lambda}$

式中，μ 为散气在 t_m 时的黏度，kg/(m·h)；λ 为散气在 t_m 时的导热系数，kJ/(m·h·℃)；C_p 为散气在 t_m 时的热容，kJ/(kg·℃)；管外流道基准截面由下式计算：

$$f = 0.785 \times (D^2 - d^2 \times n) \ (\text{m}^2)$$

式中，f 为管外流道截面积，m²；D 为壳体内径，m；d 为套管外径，m。散气在管外质量流速：$G = \frac{V_0 \cdot \gamma}{3600 \cdot f}$，kg/(m²·s)；雷诺数 $Re = \frac{Gd}{\mu}$。

当量直径按下式计算：

$$d_e = \frac{D^2 - nd^2}{D + nd}(\mathrm{m})$$

传热系数按下式计算：

$$\frac{\alpha d}{\lambda} = 7.2(d_e)^{0.6}\left(\frac{d_e G}{\mu}\right)^{0.6}\left(\frac{C_p \mu}{\mu}\right)^{\frac{1}{3}}$$

$$\alpha = 7.2（d_e)^{0.6}\left(\frac{d_e G}{\mu}\right)^{0.6}\left(\frac{C_p \mu}{\lambda}\right)\frac{\lambda}{d}$$

平均温度差：

$$\Delta t = \frac{(T_1 - t_2) - (T_2 - t_1)}{\ln\left(\dfrac{T_1 - t_2}{T_2 - t_1}\right)}$$

式中，T_1为电发热管温度，℃；T_2为散气出口温度，℃。

传热面积：

$$F = \frac{Q}{\alpha \cdot \Delta t}（\mathrm{m^2}）$$

4. 套管电发热换热器计算实例：

1) 基础数据

散气能力：V_0=1000 Nm^3/h；散气分子量：M=28.84；散气重度：γ=1.29 kg/m^3；散气入器压力：p=2 kPa；散气入器温度：t_1=10℃；散气出器温度：t_2=110℃；发热管温度：T_1=400℃；要求散气温度：T_2=150℃；当地大气压：p_d=88 kPa。

2) 热量衡算

散气 0～110℃时平均热容，C_p=1.2979 kJ/(m^3·℃)，散气带入热=1000×1.2979×10 = 12979 (kJ/h)

电带入热=3600.1w (kJ/h)

$$Q_{入} = 3600.1w + 12979(\mathrm{kJ/h})$$

散气带出热= 1000×1.2979×110= 142769 (kJ/h)

热损失按进热的 5%计：

$$(3600.1w + 12979.1) \times 0.05 = 180w + 649$$

$$Q_{出} = 142769 + 180w + 649 = 180w + 143418$$

根据热平衡原理，3600.1w+12979=180w+143418；

需要电量：w=130439.8/3420.6=38.13（kW）；

热效率取为 95%，电量=40.1（kW）；

热负荷：Q=40.1×3600.1=144364（kJ）。

3）设备计算

散气加热器采用列管式，套管内石英电发热管外径为 ϕ 14mm，套管选用 ϕ 19mm×2，管外走散气。

（1）管板直径的计算。

加热器平均温度为 70℃，在操作条件下气体平均体积：

$$V = 1000\times(273+70)\times101.3/(273\times0.88)=144629(\mathrm{m^3/h})=40.175(\mathrm{m^3/s})$$

加热管根据功率选取，每根加热管 1.5 kW，供需加热管 n=40.1/1.5=27（根），管间距取 51 mm，管板充填系数设为 90%。管板直径：

$$D = 1.05t\sqrt{\frac{n}{\eta}} = 1.05\times51\times\sqrt{\frac{27}{0.9}} = 293(\mathrm{mm})$$

管板直径取为 ϕ 300mm。

（2）传热系数计算。

散气平均温度 70℃，散气在 70℃时的黏度 μ=0.0738 kg/（m·h），散气在 70℃时的导热系数 λ=0.025 kcal/（m·h·℃），散气在 70℃时的热容 C_p=0.31 kcal/（kg·℃），$Pr=\frac{\mu C}{\lambda}=\frac{0.0738\times0.31}{0.025}=0.915$。

管外流道基准截面由下式计算：

$$f = 0.785\times(0.3^2-0.019^2\times27)=0.063(\mathrm{m^2})$$

散气在管外质量流速：

$$G = 1000\times1.29/(0.063\times3600)=5.688(\mathrm{kg/m^2\cdot s})$$

$$Re=\frac{Gd}{\mu}=\frac{5.688\times3600\times0.3}{0.0738}=83236$$

当量直径按下式计算：

$$d_\mathrm{e}=\frac{D_\mathrm{i}^2-nd_0^2}{D_\mathrm{i}+nd_0}=\frac{0.3^2-27\times(0.019)^2}{0.3+27\times0.019}=0.099(\mathrm{m})$$

传热系数按下式计算：

$$\frac{\alpha d_0}{\lambda} = 7.2(d_e)^{0.6}\left(\frac{d_0 G}{\mu}\right)^{0.6}\left(\frac{c_p \mu}{\mu}\right)^{\frac{1}{3}}$$

$$\alpha_{外} = \frac{0.025}{0.019} \times 7.2 \times 0.099^{0.6} \times 83236^{0.6} \times 0.915^{\frac{1}{3}} = 1942.64[\text{kJ/(m} \cdot \text{h} \cdot ℃)]$$

平均温度差

$$\Delta t = \frac{(400-110)-(150-10)}{\ln\dfrac{400-110}{150-10}} = (290-140)/\ln(290/140) = 206(℃)$$

传热面积

$$F = 34486/(491 \times 206) = 0.341(\text{m}^2)$$

列管高度取为 1.2 m，已足够。

5.7.7　空气鼓风机

在使用干法净化有毒气体过程中要用鼓风机输送有毒气体，鼓风机输送对鼓风机须有两个必备条件：①有较高压力。因使用的催化剂阻力较大，在使用过程中催化剂阻力还会有增加，没有较高压力会使催化剂再生频繁；②不泄漏，在有毒气体输送过程中又不允许有泄漏，否则，对环境又会产生二次污染。散气脱磷净化一般处理量较小，需要小型鼓风机，对小型鼓风机可有两种类型选择：①罗茨鼓风机；②高压离心鼓风机。

1. *罗茨鼓风机*

若用罗茨鼓风机则设备庞大，且功率很大，能耗高，难以采用。国内对于输送有毒气体的小型高压离心鼓风机还没有生产，这给小型干法净化装置带来了难题。一般离心鼓风机不能达到压力的要求。适用于移动式散气磷化氢净化装置的小型罗茨鼓风机性能见表 5.10。

表 5.10　小型罗茨鼓风机性能

型号	转速/(r/min)	理论流量/(m^3/min)	升压/kPa	实际流量/(m^3/h)	配套电机	
					型号	功率 kW
RD-125	1750	20.07	9.8	1070	Y132M-4	7.5
RD130	1450	25.3	9.8	1332	Y132M-4	7.5
RD-150	870	20.8	9.8	1032	Y160M-6	7.5
RD-150	1450	31.09	9.8	1650	Y160M-4	11
RE-150	970	35.54	9.8	1860	Y160L-6	11

2. 9-19 型高压离心鼓风机

9-19 型高压离心鼓风机由叶轮、机壳、进风口及支架所组成，叶轮直接由电机带动。其特点是压力高，是其他离心鼓风机所不能达到的；结构简单，价格低廉，这也是其他高压鼓风机所无法比拟的。因其叶轮与电机直连，转轴短，无密封设施，转轴处漏气很大，只能用于空气的输送，对于输送空气来说，漏一点对环境不会产生影响。

本装置对 9-19 型高压离心鼓风机进行改造，利用其压力高、动力小的特点，改造后用于输送有毒气体使 9-19 型高压离心鼓风机用途更广泛，也为小型干法净化装置创造了有利条件。

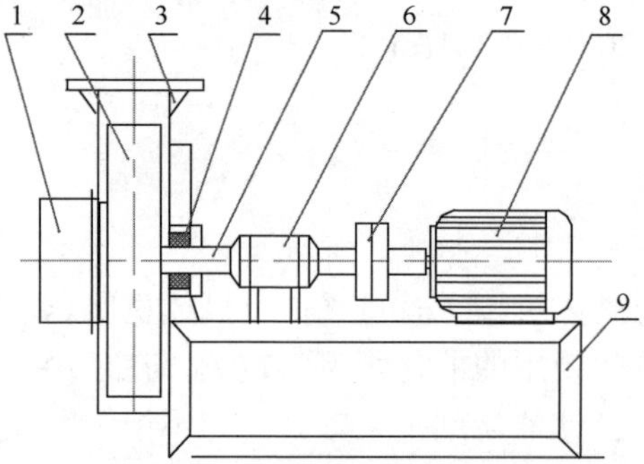

图 5.17　改进型高压离心鼓风机结构

1.进风口；2.叶轮；3.机壳；4.填料函；5.转轴；6.轴承箱；7.连轴器；8.电机；9.支架

改进型鼓风机是在 9-19 型小型鼓风机基础上进行改进的，结构见图 5.17，该鼓风机利用 9-19 鼓风机的进风口(1)、叶轮(2)、机壳(3)，重新配置填料函(4)、转轴(5)、轴承箱(6)、连轴器(7)及电机(8)，用支架(9)组成一个整体，形成一台新型不泄漏的高压离心鼓风机。

改进型高压离心鼓风机 9-19No.4，流量 1264 m^3/h，全压 3597 Pa，转速 2900 r/min，功率 2.2 kW。已用于净化仓储散气的吸附装置中，将仓储气抽出并加压至 20 kPa 以上，送往套管电发热换热器内，通电供热，自动控制温度在 80～100℃，散气换热后从换热器的出口管排出，通入两个串联的吸附器中，通过吸附器中的脱磷催化剂，吸附仓储散气中的磷化氢，净化后的散气排入大气。

适用于移动式散气磷化氢净化装置的小型 9-19 高压离心鼓风机性能见表 5.11。

表 5.11　小型 9-19 高压离心鼓风机性能

型号	转速/(r/min)	流量/(m^3/h)	全压/kPa	内效率/%	配套电机	
					型号	功率/kW
No.4	2900	1260	3.597	76	Y90L-2	2.2
No.4.5	2900	1839	4.58	77.3	Y112M-2	4
No.4.5	2900	2504	4.112	70	Y132S_1-2	5.5
No.5	2900	2844	5.517	77.2	Y132S_2-2	7.5
No.5	2900	3488	5.08	70.5	Y160M_1-2	11

5.7.8　磷化氢净化装置操作方法

1. 磷化氢净化装置控制系统操作

磷化氢净化装置控制系统由西门子 PLC 和触摸屏构成，其主要用于磷化氢净化器风机及加热器的控制。操作界面如图 5.18 所示。

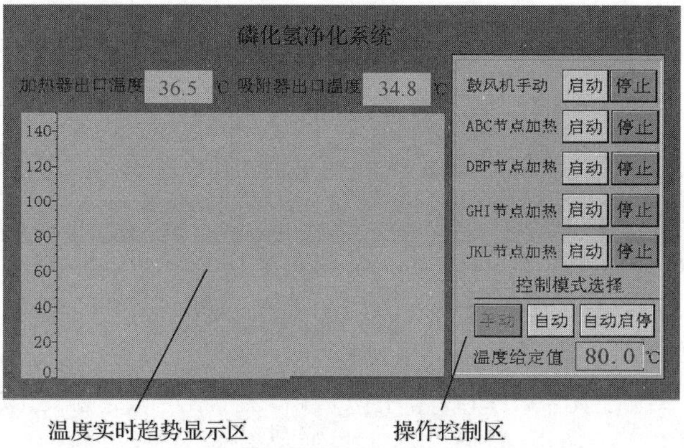

图 5.18　磷化氢净化器风机及加热器的控制界面

(1) 在操作界面中，左边主要显示加热器和吸附器的出口温度及其温度的变化趋势。

(2) 右边是操作控制区，可对鼓风机和加热器进行控制，其控制模式分为手动和自动。若需手动控制，只需用手指轻触“手动”按钮，手动按钮即变色表示控制模式在手动状态，在手动模式下，可直接用手指触摸相应按钮即可完成对应动作，例如，在手动模式下需要启动鼓风机，则可直接用手指轻触与鼓风机相对应的“启动”按钮，鼓风机即可启动；同理，若需要停止鼓风机，只需直接用手指轻触“停止”按钮，鼓风机即可停止。加热器的控制也是如此。若需自动控制，请先输入需要控制的温度范围，即温度给定值，首先用手指轻触温度给定值后面的字符框，即显示输入界面；其次轻触数字符设定温度值，再触摸“回车”确定即可。

然后分别轻触“自动”和“自动启停”按钮，使之变色即表示系统在自动控制模式下。此模式下，当加热器出口温度达到 80℃时，鼓风机启动，加热器的温度自动控制在温度给定范围内，即在自动控制模式下，不需人为干预。

(3) 系统维护保养。电气部分请按常规进行保养，小心触电危险！系统部分请注意不要使细小杂物掉落模块内，它们可能会使系统模块短路损坏或发生危险；另外触摸屏 (HMI) 设备是针对免维护操作而设计的，应对触摸屏进行定期清洁。

步骤如下：①在清洁触摸屏之前关掉 HMI 设备以防止发生意外；②不要使用压缩空气或喷气鼓风机清理 HMI，不要使用腐蚀性溶剂或擦洗粉；③请先将清洁液喷洒在抹布上，再用抹布清洁 HMI 设备，而不是直接喷洒在 HMI 设备上；④清洁显示器时，请从屏幕的边缘向中间擦拭。

2. 磷化氢净化装置操作方法

1) 散气净化操作

A.开车

(1) 按磷化氢净化器控制系统说明方法启动磷化氢净化装置，当加热器出口温度(T_1)达到 80℃时，鼓风机启动，当温度达到 100℃时，可将散气连接管与鼓风机入口管相连，开始净化操作。

(2) 一般情况下，入口蝶阀全开，必要时可用鼓风机入口蝶阀控制吸气量。

(3) 用电加热器自动控制加热器出口温度在 100～120℃范围内，若净化器出口磷化氢含量较低时，温度可以在低限操作，以节省用电。

(4) 吸附器二级净化器出口经常用微量磷化氢测定仪，测定微量磷化氢含量，并对系统进行适当控制，一般情况下不需要控制。

(5) 吸附器进口即鼓风机出口设有分析点，需要测定时，用高量程磷化氢测定仪测定，以作比较、调整。

B.停车

净化装置停车时，电加热器手动停车，当加热器温度下降至 80℃以下时，鼓风机手动停车。

2) 催化剂再生

当吸附器出口磷化氢含量超标或吸附器阻力超过鼓风机能力时停车，催化剂进行再生。

催化剂用自来水浸泡：①净化装置按第 2 条方法停车；②接通自来水，向吸附器内加入清水，至溢流管出水时，关水阀，停止加水，浸泡 8 h；③打开吸附器底阀，将吸附器内的酸性水排出；④吸附器内酸水排干后，按②和③条继续操作；⑤排出的废水以 pH 试纸测定，当 pH 达 6 以上时，浸泡工作结束。

催化剂干燥：①吸附器内废水排完后，空干 8 h，尽量把水流干；②按开车方法启动净化装置，加热空气；③加热空气温度控制在 110～120℃的范围内，当热空气中基本不冒蒸汽时干燥结束；④干燥时间大约需要 16 h。

两台质量：$W = 2\times1.5\times500 = 1500$ (kg)。

每千克催化剂吸附磷化氢 0.2～0.25 kg，为了留有余地，按 0.2 kg 计算，连续使用，使用时间估算见表 5.12。再生一次需要 3～4 天。

表 5.12　催化剂使用时间与散气 PH_3 含量

处理气量 /(Nm^3/h)	散气含磷化氢 /(mg/m^3)	处理散气量 /Nm^3	至少使用时间/h	再生周期/天
1000	200	1500000	1500	62.5
1000	300	1000000	1000	42
1000	400	750000	750	32

5.8　脱磷设备及管道保温

脱磷吸附器及蒸汽加热器要求在 100～120℃，为了满足生产要求，节约能源，改善劳动条件，提高经济效益，节省投资，保证保温工程质量，需要确定保温材料及保温厚度。

根据工艺要求保温材料要采用不燃类 A 级材料，具有防水、防潮、抗大气腐蚀、化学稳定性好等性能。

5.8.1　保温层厚度计算

根据脱磷工艺要求，保温层结构由绝热层和保护层组成。绝热层材料为硅酸铝纤维毡，保护层材料为镀锌薄钢板。

硅酸铝纤维毡性能：最高使用温度 650℃；导热系数 70℃时，λ=0.056 W/(m·℃)；容重 260～320 kg/m^3。

根据脱磷工艺要求，绝热层的厚度采用“经济厚度”法计算。

1. 圆筒型绝热层经济厚度计算

由于圆筒型绝热层外径只能简化到 $D_1\ln\dfrac{D_1}{D_0}$ 这种隐函数学形式为止，由 $D_1\ln\dfrac{D_1}{D_0}$ 值查 $D_1\ln\dfrac{D_1}{D_0}$ 与绝热层厚度 δ 关系见附表 4，直接查得绝热层厚度。

$D_1\ln\dfrac{D_1}{D_0}$ 根据下述公式计算：

$$D_1\ln\frac{D_1}{D_0}=3.795\times10^{-3}\sqrt{\frac{P_E\lambda t\left|T_0-T_a\right|}{P_T S}}-\frac{2\lambda}{\alpha_s} \tag{5-75}$$

管道保温绝热结构单位造价(PT)按下式计算：

$$P_T=(1+D_X)\left[F_iP_i+F_{ia}+\frac{4\times F_1D_1}{D_1^2-D_0^2}\times(F_9\times P_9+F_{91})\right] \tag{5-76}$$

设备保温绝热结构单位造价(PT)按下式计算：

$$P_T=(1+D_X)\left[F_iP_i+F_{ia}+\frac{F_1}{\delta}\times(F_9\times P_9+F_{92})\right] \tag{5-77}$$

2. 平面型绝热层经济厚度计算

平面型绝热层经济厚度按下式计算：

$$\delta=1.8975\times10^{-3}\sqrt{\frac{P_E\lambda t\left|T_0-T_a\right|}{P_TS}}-\frac{\lambda}{\alpha_s} \tag{5-78}$$

式中，D_1 为绝热层外径，m；D_0 为管道或设备外径，m；δ 为绝热层厚度，m；P_E 为能量价格，元/10^6 kJ；P_T 为绝热结构单位造价，元/m^3；P_i 为绝热层到厂单价，元/m^3；P_9 为保护层材料价格，镀锌薄钢板，元/m^2；D_X 为固定资产投资方向调节税(建成定向税)税率，%；F_i 为绝热层材料消耗及费税系数，F_i=1.10～1.18；F_{ia} 为每立方米绝热层人工、管理等附加费，元/m^3；见表 5.13 取值；F_1 为保护层费税系数，F_1=1.08；F_9 为保护层材料损耗、重叠系数，F_9=1.2～1.3；F_{91} 为管道保护层每平方米人工、管理等附加费，F_{91}=4～7 元/m^2；F_{92} 为设备保护层每平方米人工、管理等附加费，F_{92}=4～6 元/m^2(钉口)，F_{92}=9～13 元/m^2(咬口)；S 为绝热工程年摊销率，%；λ 为绝热材料在平均温度下的导热系数，W/(m·℃)；α_s 为绝热层外表面向周围环境的放热系数，W/(m·℃)；保温结构表面放热系数应按下式计算：

$$\alpha_s=1.163\times(10+6\sqrt{W}) \tag{5-79}$$

式中，W 为年平均风速，m/s。

当无风速值时，α_s 可取为 11.63W/(m·℃)。

表 5.13　每立方米绝热层人工管理附加费 F_{ai}

项目	F_{ai} /(元/m^3)
ϕ426 ～ ϕ76	43～96
≤ϕ57 的泡沫玻璃	160
>ϕ57 的泡沫玻璃	320

t 为年运行时间(h)，对常年运行的应按 8000 h 计，对非常年运行的按实际运行时间计。T_0 为管道或设备的外表面温度(℃)。金属管道或设备的外表面温度，当无衬里时，应取介质温度。T_a 为环境温度，运行期间平均气温(℃)。T_a 的取值，室外保温应取历年的年平均温度值，暖季节运行时应取历年运行期日平均温度的平均值。室内保温环境温度 T_a 可取为 20℃。

5.8.2　保温层厚度计算实例

1. 绝热层计算基础数据

按攀枝花地区气象条件，绝热层和保护层价格按 2014 年 4 月市场价计。

能量价格 P_E：脱磷加热热源为蒸汽加热，保温计算采用热价值 P_H 进行计算，蒸汽市场价每吨 200 元，1 吨蒸汽当量热值为 4.1868×10^6kJ。热价 P_H=200/4.1868=47.77(元/10^6kJ)；P_i 为绝热层到厂单价，1100 元/m^3；P_9 为保护层材料价格，镀锌薄钢板，0.6 mm 26 元/m^2；D_X 为定向税率，0；F_i 为绝热层材料消耗及费税系数，取为 1.15；F_{ia} 为每立方米绝热层人工管理等附加费，取 90 元/m^3；F_1 为保护层费税系数，取为 1.08；F_9 为保护层材料损耗、重叠系数，1.25；F_{91} 为管道保护层每立方米人工、管理等附加费，7 元/m^2；F_{92} 为设备保护层每立方米人工、管理等附加费，6 元/m^2；S 为绝热工程年摊销率，10%；λ 为硅酸铝毡导热系数，0.056 W/(m·℃)；α_s 为绝热层外表面向周围环境的放热系数，年平均风速 1.6 m/s，$\alpha_S=1.163\times(10+6\sqrt{w})=20.457\ \mathrm{W/(m^2\cdot ℃)}$；$t$ 为蒸汽管道年运行时间，8000 h；黄磷尾气管道及设备间断运行，年运行时间为全年时间的 2/3，按 5300 h 计；T_a 为环境温度，年平均温度 18℃。

2. 绝热层计算

1) $\phi 89\times4$ 蒸汽管道保温

T_0 为管道的外表面温度，取介质运行温度 150℃。

(1) 管道保温绝热结构单位造价按下式计算：

假设绝热层厚度为 δ=0.13 m，D_1=2×0.13+0.089=0.349(m)，

$$P_T=(1+D_X)\left[F_iP_i+F_{ia}+\frac{4\times F_1D_1}{D_1^2-D_0^2}\times(F_9\times P_9+F_{91})\right] \tag{5-80}$$

$$P_T=(1+0)\times\left[1.15\times1100+90+\frac{4\times1.08\times0.349}{0.349^2-0.089^2}\times(1.25\times1.25+7)\right]=1468.4(\text{元/m}^3)$$

(2) 圆筒型绝热层经济厚度按下式计算：

$$D_1 \ln\frac{D_1}{D_0} = 3.795\times10^{-3}\sqrt{\frac{P_E \lambda t\left|T_0 - T_a\right|}{P_T S}} - \frac{2\lambda}{\alpha_s} \tag{5-81}$$

$$D_1 \ln\frac{D_1}{D_0} = 3.795\times10^{-3}\times\sqrt{\frac{47.77\times0.056\times8000\times(150-18)}{1468.4\times0.1}} - \frac{0.112}{24.87} = 0.522$$

经计算，查附表 4，用插入法计算，绝热层厚度为 138 mm，与假设相近，取为 140。

2) ϕ630×6 黄磷尾气管道保温

T_0 为管道的外表面温度，取介质运行温度，120℃。

(1) 管道保温绝热结构单位造价按下式计算：

假设绝热层厚度为 δ=0.16 m，D_1=2×0.16+0.63=0.95 (m)

$$P_T = (1+D_X)\left[F_i P_i + F_{ia} + \frac{4\times F_1 D_1}{D_1^2 - D_0^2}\times(F_9\times P_9 + F_{91})\right] \tag{5-82}$$

$$P_T = (1+0)\times\left[1.15\times1100 + 90 + \frac{4\times1.08\times0.95}{0.95^2-0.63^2}\times(1.25\times1.25+7)\right] = 1424.5(\text{元/m}^3)$$

(2) 绝热层厚度按经济厚度计算：

$$D_1 \ln\frac{D_1}{D_0} = 3.795\times10^{-3}\times\sqrt{\frac{47.77\times0.056\times5300\times(120-18)}{1484\times0.1}} - \frac{0.112}{24.87} = 0.378$$

经计算，查附表 4，用插入法计算，绝热层厚度为 156 mm，与假设相近，取为 160 mm。

(3) 催化吸附器保温层厚度计算：

吸附器外径 ϕ4020 mm，T_0 为设备的外表面温度，取运行温度 120℃。

(4) 设备保温绝热结构单位造价按下式计算：吸附器外径 D_0=4.02 m，假设绝热层厚度为 δ=0.18 m，D_1=2×0.18+4.02=4.38 (m)，

$$P_T = (1+0)\times\left[1.15\times1100 + 90 + \frac{4\times1.08\times4.38}{4.38^2-4.02^2}\times(1.25\times1.25+6)\right] = 1402.3(\text{元/m}^3)$$

(5) 圆筒型绝热层经济厚度按下式计算：

$$D_1 \ln\frac{D_1}{D_0} = 3.795\times10^{-3}\times\sqrt{\frac{47.77\times0.056\times5300\times(120-18)}{1424.5\times0.1}} - \frac{0.112}{24.87} = 0.378$$

经计算，查附表 4，用插入法计算，保温层厚度为 181.8 mm，与假设相符，取为 180 mm。

5.8.3　工艺对保温层施工要求

(1) 保温按《工业设备及管道绝热工程施工及验收规范》(GBJ 126－89) 制作施工和验收。

(2) 管路及设备绝热工程应在试压合格并清洗管路表面脏物、铁锈以及防腐工程结束后进行。设备施工时，凡必须在设备上焊接绝热钩钉或支撑板时应先焊好然后进行试压或防腐工程。

(3) 在施工时，应使主绝热层均匀、连续，容重符合规定数值，并与绝热面贴合，各段软质件间无空隙，必要时用纤维状绝热材料填塞。

(4) 绝热结构所用的材料，其技术性能应符合要求。

(5) 金属壳保护层应紧贴绝热层，不应有脱壳现象，两段金属壳搭接位置和方向应能防止雨水进入，并应尽量在隐蔽面上，垂直敷设时金属壳由下而上施工，水平敷设时，上半壳应搭在下半壳的外面。

(6) 室外管路，雨水有可能渗入绝热层的地方应设防雨罩。

(7) 法兰连接处的绝热层端面与法兰面的距离按结构图中的规定施工，以便拆卸螺栓。

(8) 需保温的碳钢管在保温前需涂红丹防锈漆二道。

(9) 不保温的其他碳钢管及设备支架、管架安装完毕后均应进行防腐。先涂红丹漆二道，然后再用标志色漆刷二道，水为绿色，或根据企业一致的色调涂刷。

(10) 不锈钢设备及管道不允许在现场与碳钢部件焊接，如一定要焊接时，则需衬一块不锈钢板，并用不锈钢焊条焊接。

(11) 碳钢设备及其在运输/安装过程中如将防腐膜破坏的则需要补刷防腐漆。

(12) 低压管道密封垫片采用 GB/T 3985—1995 标准，牌号 BX200。

(13) 不锈钢设备及管道与碳钢接触时中间应垫一层 XB200。

第 6 章　黄磷尾气脱有机硫

以无烟煤为原料制磷的黄磷尾气硫化物的形态主要是 COS 和 H_2S，在经过脱硫和脱磷工序后，H_2S 已经被脱至 20 mg/m^3 以下，但对 COS 脱除效果不显著。黄磷尾气作为燃料用，对硫化物要求不高，经脱硫和脱磷后的净化黄磷尾气已满足要求。黄磷尾气作为合成气(合成氨、甲醇、合成天然气等)的生产过程中，氨合成、低温变换、甲烷化等过程中所用的催化剂对"硫毒"很敏感。因此，必须对黄磷尾气中的有机硫进行脱除。

根据以无烟煤为原料的黄磷尾气氧硫化碳含量特别高的特点，重点应放在 COS 的脱除上。当前，能脱除有机硫的方法有溶剂法和干法。溶剂法有烷基醇胺法、环丁砜法(sulfinol 法)等。干法脱有机硫按催化剂性能可分为转化型和吸附型。转化型有加氢转化法和水解转化法，该法是首先将有机硫转化为无机硫(H_2S)，然后 H_2S 按通用的脱硫方法将其脱除。加氢转化法催化剂对原料气中的 N_2、H_2S、CO、CO_2 等组分发生竞争性吸附，使活性下降而中毒，对黄磷尾气脱有机硫不适用。吸附型有活性炭法、分子筛法和一步法等[65-68]。

按其对脱硫程度的要求可分为粗脱硫(10 g/Nm^3)、中等脱硫(200 mg/Nm^3)和精细脱硫(0.1 mg/Nm^3)。

6.1　烷基醇胺法脱硫

6.1.1　烷基醇胺溶剂性质

在常温下某些有机溶剂能在脱除酸性物质如 H_2S、CO_2 的同时，脱除有机硫(COS、CS_2、硫醇等)，有机溶剂脱除酸性气体的方法也较多，其中最为常用的是烷基醇胺类溶剂。烷基醇胺类溶剂包括一乙醇胺(MEA)法、二乙醇胺(DEA)法、三乙醇胺(TEA)法及二异丙醇胺(DIPA)法等，这些溶剂的性质列于表 6.1。烷基醇胺类溶剂是无色透明并略有刺激性气味的液体。除三乙醇胺外，所有其他烷基醇胺均可视为化学稳定物质，它们在加热至沸点时不分解，三乙醇胺在低于正常沸点 360℃时分解。

估计烷基醇胺蒸气压的安东尼方程为

$$\lg p = A - \frac{B}{T + C} \tag{6-1}$$

式中，p 为蒸气压，mmHg（1 mmHg = 133 Pa）；T 为温度，℃；A、B 和 C 为常数（表 6.1）。

表 6.1　烷基醇胺的物性数据

项目	一乙醇胺（MEA）	二乙醇胺（DEA）	三乙醇胺（TEA）	二异丙醇胺（DIPA）
分子式	$HOC_2H_4NH_2$	$(HOC_2H_4)_2NH$	$(HOC_2H_4)_3N$	$(HOC_3H_6)_2NH$
分子量	61.8	105.14	149.19	133.19
沸点/℃ 760 mmHg	171	268.8	360	248.7
50 mmHg	100	187	244	167
10 mmHg	69	150	208	133
凝固点/℃	10.5	28.0	21.2	42
蒸气压（20℃）/Pa（mmHg）	47.99（0.36）	1.33（0.01）	1.33（0.01）	1.33（0.01）
在水中溶解度（质量分数）（20℃）/%	全部	96.4	全部	87
黏度（20℃）/cP	24.1	380（30℃）	1013	198（45℃）
蒸发热（英热单位/磅，1 atm）	355	288（23 mm168.5℃）	230	184.5
安东尼方程常数				
A	8.02421	8.12303	9.6586	9.8698
B	1921.6	2315.46	4055.05	3600.3
C	203.3	173.3	237.67	265.54

6.1.2　过程的化学原理

烷基醇胺类化合物化学结构式如图 6.1 所示。

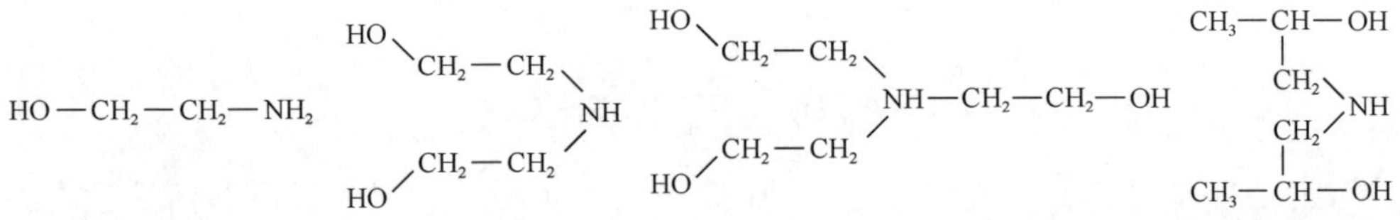

一乙醇胺(MEA)　二乙醇胺(DEA)　三乙醇胺(TEA)　二异丙醇胺(DIPA)

图 6.1　烷基醇胺类化合物化学结构式

从烷基醇胺类化合物化学结构式看出，每种化合物至少有一个羟基和一个氨基。通常，可认为羟基能降低化合物的蒸气压，并降低在水中的溶解度；氨基在水溶液中提供所需要的碱度，以促使酸性物质的吸收。

烷基醇胺类化合物中二乙醇胺水溶液脱除 COS（DEA 法）最为有效，该法在处理炼厂气和焦炉煤气已使用几十年，炼厂气和焦炉煤气中除有 H_2S 和 CO_2 外，尚含有相当数量的 COS 和 CS_2，反应产物腐蚀性不大；二乙醇胺的蒸气压较低，可以在低压操作，因其损失量很少。黄磷尾气脱氧硫化碳推荐采用二乙醇胺(DEA)溶液脱硫。

用二乙醇胺的水溶液来吸收 CO_2、H_2S 和 COS 时，所发生的主要反应如下：

二乙醇胺与硫化氢反应生成硫化胺和硫氢化胺，

$$2R_2NH + H_2S = (R_2NH_2)_2S \tag{6-2}$$

$$(R_2NH_2)_2S + H_2S = 2(R_2NH_2)HS \tag{6-3}$$

式中，R 表示 HO—CH_2—CH_2—

二乙醇胺与二氧化碳及水反应直接生成氨基甲酸盐，

$$2R_2NH + CO_2 + H_2O = (R_2NH_2)_2CO_3 \tag{6-4}$$

二乙醇胺与硫化氢、二氧化碳的反应均为可逆反应，温度在 20～40℃时，反应正向进行，并放出热量。若将溶液加热至 105℃以上时，反应逆向进行，放出 CO_2 和 H_2S，溶液得到再生，溶液循环使用。

氧硫化碳和二硫化碳与二乙醇胺溶液接触时会发生两种类型的吸收。

1) 物理吸收

COS 和 CS_2 直接溶于二乙醇胺溶液中。

2) 化学转化

转化有两种反应：

(1) 水解作用。首先将氧硫化碳和二硫化碳转化为 H_2S 和 CO_2[69]，反应如下：

$$COS+H_2O = CO_2+H_2S \tag{6-5}$$

$$CS_2+2H_2O = 2H_2S + CO_2 \tag{6-6}$$

然后 H_2S 和 CO_2 按式(6-2)、式(6-3)和式(6-4)反应，被二乙醇胺溶液吸收。

(2) 反应后生成不能热再生的完全稳定的化合物。

二乙醇胺与 COS 可发生如式(6-7)所示的反应，产物在高温与碱存在下失去二分子 CO_2，反应见式(6-8)。

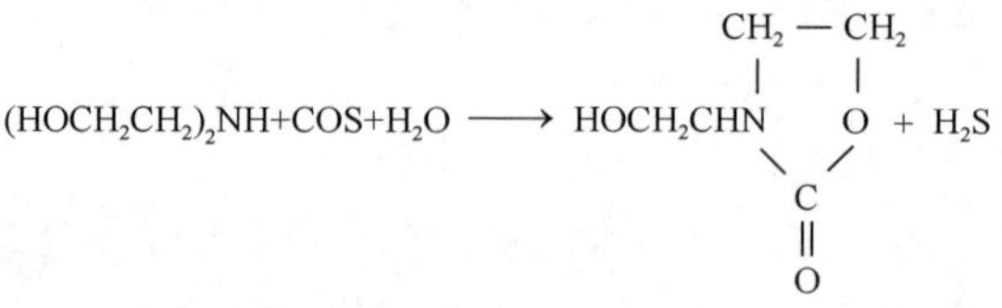

(6-7)

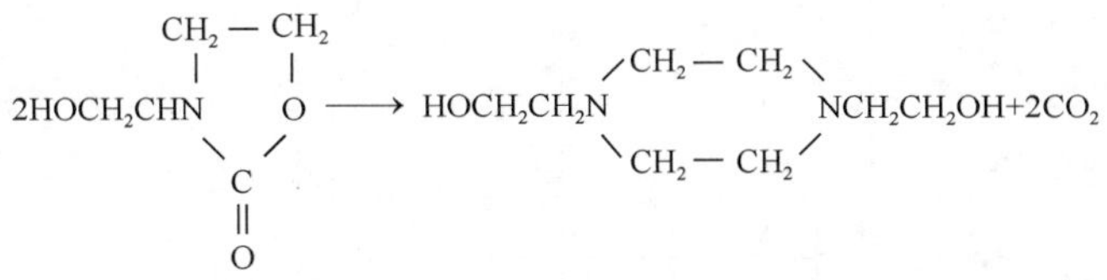
(6-8)

二硫化碳与二乙醇胺反应如式(6-9)和式(6-10)所示。

$$2(HOCH_2CH_2)NH+CS_2 \longrightarrow (HOCH_2CH_2)_2N\underset{\underset{S}{\|}}{C}SN(CH_2CH_2OH)_2 \tag{6-9}$$

$$(HOCH_2CH_2)_2N\underset{\underset{S}{\|}}{C}SH_2N(CH_2CH_2OH)_2 \longrightarrow (HOCH_2CH_2)_2N\underset{\underset{S}{\|}}{C}ON(CH_2CH_2OH)+H_2S \tag{6-10}$$

二乙醇胺与 CO_2、COS、CS_2 都会产生这些降解产物，这些降解产物不能再生，但不影响溶液的吸收特性。这些降解产物积累多了，会增加溶液的黏度，最后还是会影响脱硫效果。皮尔塞等根据实验室和现场试验认为用二乙醇胺溶液时，基本上不会因氧硫化碳而引起降解反应。因此，当处理气体中 COS 含量较高时，宁愿采用二乙醇胺溶液脱硫。

需要净化的气体由下而上与溶液逆流通过脱硫塔，从脱硫塔出来的富液经加热在分解塔中分解，溶液冷却后循环使用。

DEA 水溶液在使用过程中，生成的高分子产物用活性炭进行过滤除去。将循环溶液的 5%～10%连续通过活性炭过滤器，使溶液始终保持清净。

6.1.3　二乙醇胺溶液脱硫流程

二乙醇胺(DEA)溶液脱硫可利用黄磷尾气从压缩机二段加压至 0.8 MPa 下进行，也可在常压下进行，加压下脱硫效果会更佳。黄磷尾气二乙醇胺溶液脱硫流程见图 6.2。图 6.2 二乙醇胺(DEA)溶液脱硫流程是在常压下进行的，黄磷尾气进入脱硫塔(T801)，与从塔顶下来的 DEA 溶液充分接触，吸收了酸性气体的溶液称为富液，富液由富液泵(P803)送往贫富液换热器(E804)与来自解吸塔(T805)底温度为 115～119℃的贫液换热，富液温度升高至 90℃左右，进入解吸塔顶部，从上而下与从下而上的热气体接触，析出可分解的酸性气体，解吸器底部用再沸器(E806)蒸汽加热，保持塔底温度 115～119℃，使富液充分分解，分解出来的酸性气体和饱和水蒸气进入酸性气体冷却器(E810)以冷却水进行冷却，冷却后的冷凝液回收，酸性气体经气液分离器(F811)进行分离，溶液回收，酸性气体送往废气处理工序进行处理。

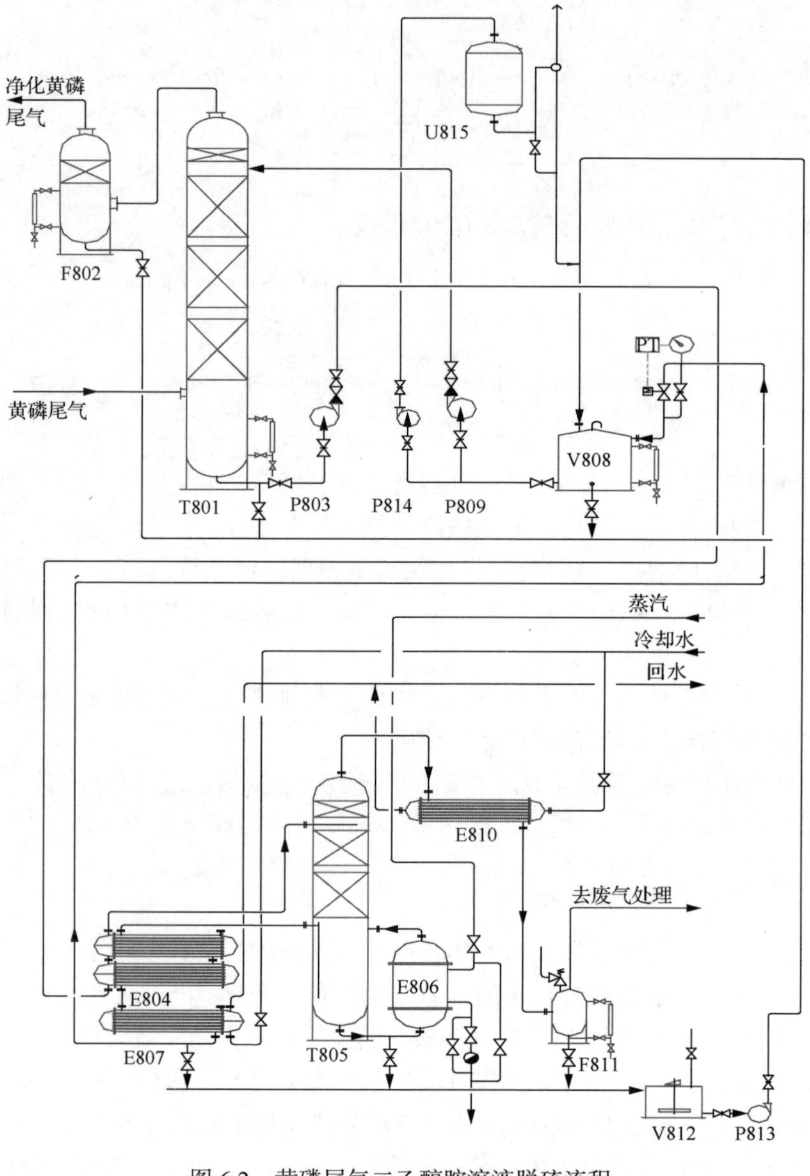

图 6.2　黄磷尾气二乙醇胺溶液脱硫流程

T801：脱硫塔；F802：丝网除雾器；P803：富液泵；E804：贫富液换热器；T805：解吸塔；E806：再沸器；E807：贫液冷却器；V808：贫液槽；P809：贫液泵；E810：酸性气体冷却器；F811：气液分离器；V812：地下槽；P813：地下泵；P814：过滤泵；U815：过滤器

贫液经换热器换热后温度降低至 57～60℃，再用冷却水在贫液冷却器(E807)中冷却至 35℃，进入贫液槽(V808)中，再用贫液泵(P809)送往脱硫塔顶部喷淋而下，从塔顶出来的尾气经丝网除雾器(F802)除雾后返回压缩机三段。

从循环槽用过滤泵(P814)抽出部分溶液，送往活性炭过滤器(U815)过滤，除去高分子有机物，清洁的滤液返回循环槽。

各处收集的溶液进入地下槽(V812)，再用地下泵(P813)送回贫液槽再用。

压力对吸收酸性气体有很大影响，压力越高吸收效果越好，增加压力意味着增加能耗。该工艺一般在黄磷尾气净化后而净化黄磷尾气中有机硫特别高的场合，且用于作为合成气。合成气都需要在较高的压力下进行，可以从压缩机的二段引出，而不需要另增动力，但能利用这个压力，保持吸收有较高的压力，利于吸收。

解吸塔温度越高，解吸效果越好，但温度高易产生腐蚀，不是说温度越高越好，应在一定范围内。解吸塔内的温度是受压力控制的，因此在气液分离器的管线上和贫液管线上设有压力自动调节器来调节解吸塔内的压力。

6.1.4　二乙醇胺溶液脱硫主要设备的选择与计算

1. 脱硫吸收塔

1) 吸收塔形式的选择

工业吸收塔的有用数据大部分是泡罩塔和拉西环填料塔。近年来，板式塔各种塔板形式如筛板塔、浮阀塔等得到了发展和广泛的应用，填料塔更先进的各种填料如阶梯环、鞍形环等也使用在现代装置上。板式塔和填料塔之间的选择可有任意性，因为这两种塔都能设计得很完善，故其经济效益很难决定哪一种塔优越。有一点可以说，填料塔气体通过填料时速度较慢，对溶液的搅动比较平稳，不易起泡，而板式塔当气体通过筛孔时，速度较快，对溶液搅动激烈，易起泡。对于易起泡的溶液采用填料比较稳当。

2) 二乙醇胺溶液物性参数确定

溶液流量的估算：

在设计吸收塔前，必须事先知道被气体的流量及组分与溶液流量和物理性质。黄磷尾气中 CO_2 与 H_2S 含量对二乙醇胺溶液吸收 CO_2 及 H_2S 的影响关系数据示于图 6.3～图 6.6 中。

为了近似地计算所需的液体流量，可假定富液中酸性气体含量，达到与吸收塔底部温度下的进料气体呈平衡时浓度的 75%～80%。还需要知道贫液中 CO_2 和 H_2S 的含量，解吸塔的解吸程度对吸收的影响较大，若溶液再生不佳，就要提高溶液循环量。设计时必须考虑贫液中 H_2S 含量对出口气体脱除程度的影响。

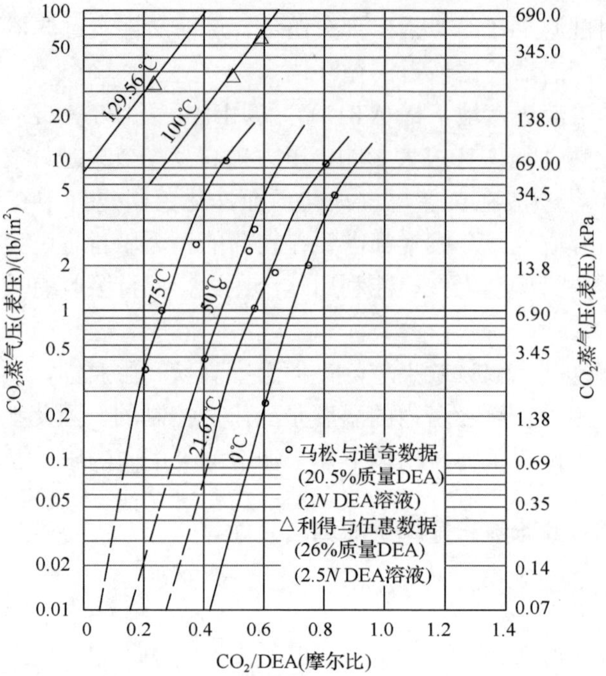

图 6.3　在 2*N* 与 2.5*N* 的二乙醇胺溶液上 CO_2 蒸气压与 CO_2 浓度曲线

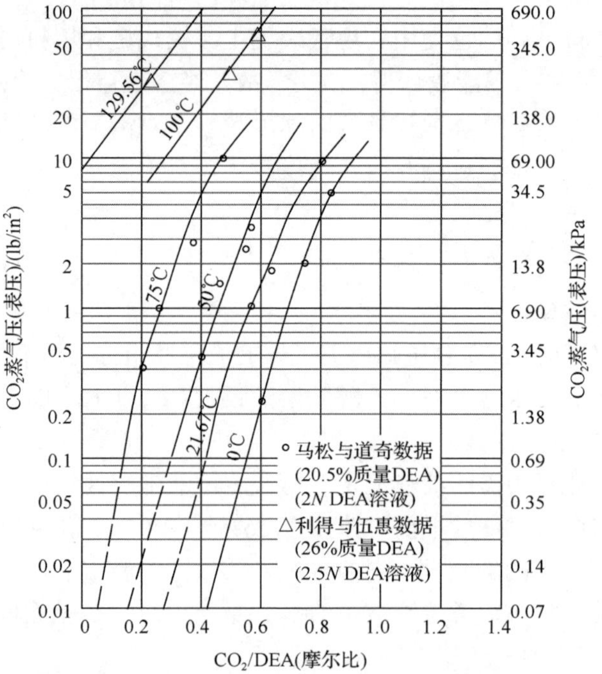

图 6.4　含有 CO_2 与 H_2S 的 2*N* 二乙醇胺溶液中溶解的 H_2S

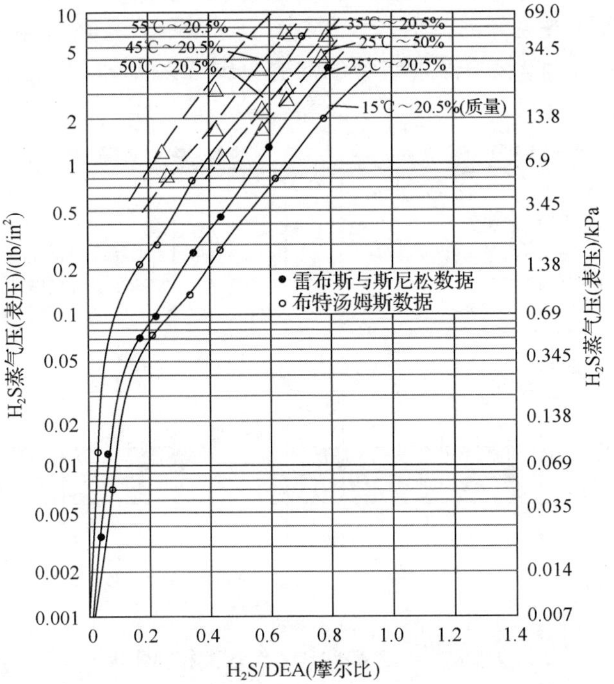

图 6.5　H_2S 蒸气压对 $2N$ 二乙醇胺溶液中 H_2S 浓度的影响

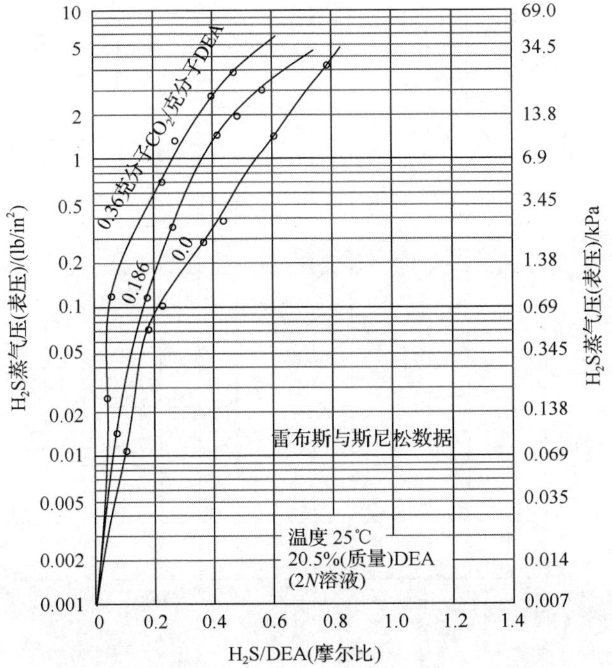

图 6.6　CO_2 对含有 CO_2 与 H_2S 的 $2N$ 二乙醇胺上 H_2S 蒸气压的影响

二乙醇胺溶液各组分的相对密度见图 6.7 曲线。二乙醇胺溶液各组分的黏度见图 6.8 曲线。二乙醇胺溶液各组分的热容见图 6.9 曲线。

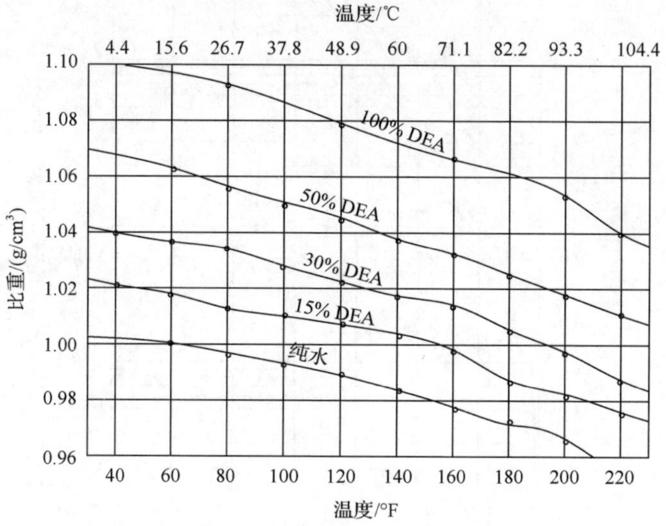

图 6.7　二乙醇胺(DEA)溶液相对密度

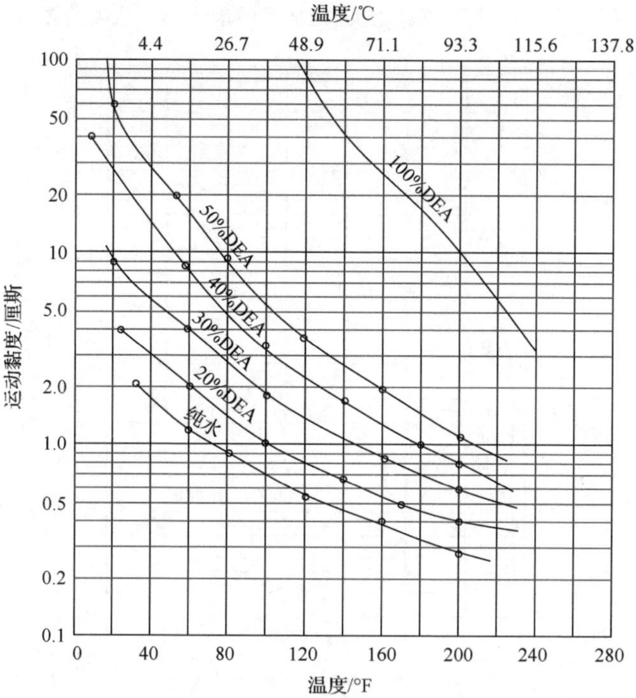

图 6.8　二乙醇胺溶液黏度

数据取自联合碳化公司

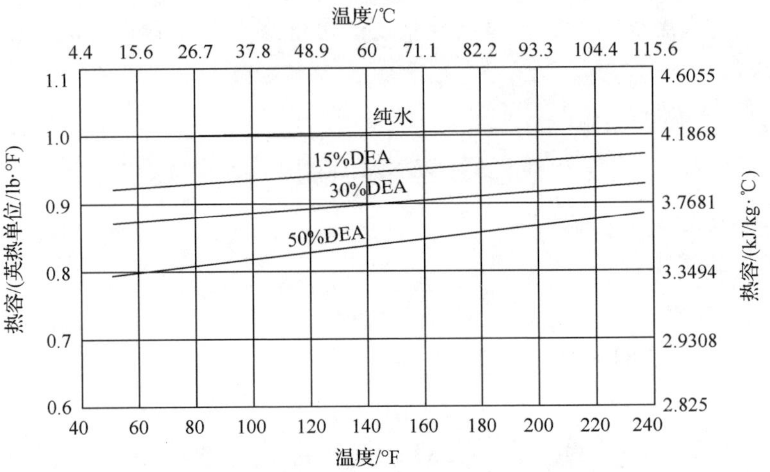

图 6.9　二乙醇胺溶液热容

3) 吸收塔温度

二乙醇胺溶液吸收 CO_2 和 H_2S 为放热反应，反应热见表 6.2。

表 6.2　烷基醇胺类溶液吸收 CO_2 和 H_2S 的反应热

酸性气体	烷基醇胺类名称	反应热/(kJ/kg 气体)
H_2S	一乙醇胺(DEA)	1907.32
H_2S	二乙醇胺(MEA)	1188.59
H_2S	三乙醇胺(TEA)	930.4
H_2S	二甘油胺(DGA)	1567.72
CO_2	一乙醇胺(DEA)	1918.95
CO_2	二乙醇胺(MEA)	1518.88
CO_2	三乙醇胺(TEA)	1465.28
CO_2	二甘油胺(DGA)	1977.1

在此，二乙醇胺溶液吸收的目的是脱除 H_2S 及 COS，但黄磷尾气中还含有一定量的 CO_2，在脱硫的同时，CO_2 一起被脱除。

根据表 6.2 中反应热及图 6.9 中二乙醇胺溶液的热容数据，按 3.3.3 小节中物料衡算和热量衡算，可以计算二乙醇胺溶液出脱硫塔的温度。黄磷尾气中 CO_2 含量不高，反应热不大，反应热有可能被气体带走，离开脱硫塔的气体温度要比进入脱硫塔的贫液温度高。

4) 脱硫塔直径

脱硫塔直径按传统泛点速度进行计算，考虑到二乙醇胺溶液在生产过程中有可能会发生气泡现象，设计流量要比液泛速度低很多，推荐设计流量比泛点流速不大于 60%。

液体质量流量：

$$L = QL \times \rho L \,(\mathrm{kg/h}) \tag{6-11}$$

气体质量流量：

$$G = \frac{V \times M}{22.4} (\mathrm{kg/h}) \tag{6-12}$$

黄磷尾气 t(℃)时的体积流量按下式计算：

$$V = \frac{101.3 V_0 T}{273\,(p_\mathrm{d} + p_1)} \tag{6-13}$$

式中，V 为黄磷尾气操作工况下的体积流量，$\mathrm{m^3/h}$；V_0 为黄磷尾气处理量，$\mathrm{Nm^3/h}$；T 为黄磷尾气热力学温度(273+t)，K；p_d 为所在地区大气压，kPa；p_1 为进脱硫塔黄磷尾气压力，kPa。

气体重度：

$$\rho_G = \frac{M \cdot V_0}{22.4 \cdot V} (\mathrm{kg/m^3}) \tag{6-14}$$

重力加速度 g=9.81 $\mathrm{m/s^2}$，根据填料塔液泛速度通用关联图(图 1.6)计算塔径。

先按式(6-15)计算图 1.4 中横坐标点 A：

$$A = \left(\frac{L}{G}\right)^{0.25} \left(\frac{\rho_\mathrm{G}}{\rho_\mathrm{L}}\right)^{0.125} \tag{6-15}$$

查图 1.4，从横坐标点垂直向上与填料液泛点曲线相交，再从相交点引水平线与纵坐标相交，得纵坐标点 B：

$$B = \frac{w_0^2}{g} \left(\frac{a}{\varepsilon^3}\right) \left(\frac{\rho_\mathrm{G}}{\rho_\mathrm{L}}\right) \mu^{0.2} \tag{6-16}$$

然后根据式(6-16)计算液泛速度：

$$W_0 = \sqrt{\frac{9.81 B \cdot \varepsilon^3 \rho_\mathrm{L}}{a \cdot \rho_\mathrm{G} \cdot {\mu_\mathrm{L}}^{0.18}}} \tag{6-17}$$

式中，ε 为填料孔隙率；a 为填料比表面积，$\mathrm{m^2/m^3}$；μ_L 为脱硫液黏度，cP。

脱硫填料塔空速按式(6-18)计算：

$$W_1=0.5\sim0.6\,W_0\,(\text{m/s}) \tag{6-18}$$

脱硫填料塔直径：

$$D=\sqrt{\frac{V}{0.785\times3600W_1}} \tag{6-19}$$

5) 脱硫吸收塔高度估算

估算脱硫吸收塔高度比确定吸收塔直径困难得多，因为伴有化学反应的系数速度很复杂。未见二乙醇胺溶液对吸收 H_2S 和 COS 的专门研究资料，对 H_2S 与 H_2S-CO_2 化合物的吸收采用工业数据取值是可靠的。

用烷基醇胺溶液吸收 CO_2 的吸收速度的研究报道很多，但对 H_2S 的吸收速度的研究很少。但是设计 H_2S 吸收塔时，一般对吸收速度数据不需担心，因为烷基醇胺溶液吸收 H_2S 的效率相当高。事实上，对 H_2S 的吸收而言，离开吸收塔顶的净化气，能与进入的贫液达到平衡，如果需要净化气中 H_2S 的含量很低时，对富液再生的解吸塔操作效果比脱硫吸收塔的高度更重要。

A.H_2S 吸收系数 K_Ga 的选取

雷布斯和斯尼松研究了用一乙醇胺与二乙醇胺水溶液吸收 H_2S，所用设备在与研究 CO_2 吸收时的设备相同。他们发现，一般在相同条件下，H_2S 吸收系数为 CO_2 吸收系数的 3～5 倍。并发现 H_2S 吸收与 CO_2 系数相似，增加乙醇胺转化度，增加气体中酸性气体含量或降低液体流量，其结果均使吸收系数下降。可是，温度的影响则不一样，即使在低温范围内，升高温度也能使吸收系数降低。因为吸收系数较高，所研究的每一种胺对 H_2S 吸收具有一定的选择性。当混合气体中所含 CO_2 为 H_2S 含量的 2.5～20 倍时，发现 H_2S 吸收系数为 CO_2 的 6～10 倍。测得的单独吸收 H_2S 的典型数据见表 6.3。所有的试验是在温度 25℃以上、液体流量为 6407.4 kg/(h · m^3 · atm) 条件下进行的。

表 6.3　一乙醇胺与二乙醇胺溶液中吸收 H_2S 的吸收系数

吸收剂	气体中 H_2S/%		液体中 H_2S (摩尔比/摩尔比)		K_Ga[kmol/(h · m^3 · atm)]
	进口	出口	进口	出口	
2.5*N* 一乙醇胺	1.08	0.11	0.007	0.107	639.14
2.5*N* 一乙醇胺	1.08	0.40	0.207	0.275	410.07
2.5*N* 一乙醇胺	8.80	3.86	0.007	0.378	179.41
2*N* 二乙醇胺	2.62	0.39	0.007	0.101	205.04
2*N* 二乙醇胺	2.56	1.64	0.266	0.315	91.3

注：取自斯尼松和雷布斯用 25 mm 直径实验室吸收塔，内填 5～6 mm 玻璃填料数据

K_Ga 按表 6.3 取值需乘以填料形状和尺寸的校正系数 F，ϕ50×50 的瓷环 F=0.15～0.2。

B.脱硫吸收过程平均推动力

脱硫吸收过程平均推动力以吸收塔进、出口 H_2S 分压的对数平均值按下式计算：

$$\Delta p_{\mathrm{m}} = \frac{(p_1 - p_1^*) - (p_2 - p_1^*)}{\ln \dfrac{p_1 - p_1^*}{p_2 - p_2^*}} \tag{6-20}$$

式中，p_1 为脱硫吸收塔入口压力(绝对压力)，MPa；p_2 为脱硫吸收塔出口压力(绝对压力)，MPa；p_1^* 为脱硫塔出、入口溶液中 H_2S 平衡分压，因溶液中 H_2S 含量很低，可以忽略。p_1/p_2 为进口/出口现场提取脱硫液浓度系数，一般为 5-200，本设计中取 50。C_1、C_2 为进口、出口硫化氢的浓度，g/Nm^3。

脱硫吸收塔进口气相 H_2S 分压 p_1 计算：

$$p_1 = \frac{22.4 \times P_1 C_1}{34 \times 1000}(\mathrm{MPa}) \tag{6-21}$$

脱硫吸收塔出口气相 H_2S 分压 p_2 计算：

$$p_2 = \frac{22.4 \times P_2 C_2}{34 \times 1000}(\mathrm{MPa}) \tag{6-22}$$

a) 脱硫吸收塔填料体积数量计算

黄磷尾气硫化氢脱除量：

$$G_{\mathrm{S}} = V_0 \times C_{\mathrm{S}} \times \eta_{\mathrm{S}} / 1000 (\mathrm{kg/h}) \tag{6-23}$$

式中，G_S 为 H_2S 脱除量，kg/h；V_0 为黄磷尾气处理量，Nm^3/h；C_S 为黄磷尾气中 H_2S 含量，g/Nm^3；η_S 为要求的脱硫效率，%。

吸收塔填料需要 V_T 量按下式计算：

$$V_{\mathrm{T}} = \frac{G_{\mathrm{S}}}{K_{\mathrm{G}} a \cdot \Delta p_{\mathrm{m}}} \tag{6-24}$$

式中，V_T 为吸收塔填料需要量，m^3；K_Ga 为 H_2S 吸收系数，kg/(h·m^3·atm)；Δp_m 为吸收塔进、出口 H_2S 分压的对数平均值，MPa。

吸收塔填料实际需要V'_T量：

$$V'_T = \frac{V'_T}{F} \tag{6-25}$$

式中，V'_T为吸收塔填料实际需要量，m^3；F为填料形状和尺寸的校正系数，$\phi 50\times 50$的瓷环，F=0.15～0.2。

b) 脱硫吸收塔填料高度H_T

脱硫塔吸收塔填料高度按下式计算：

$$H_T = \frac{V'_T}{0.785D^2} \tag{6-26}$$

式中，H_T为吸收塔填料高度，m；V'_T为吸收塔填料实际需要量，m^3；D为吸收塔直径，m。

工业二乙醇胺水溶液装置吸收塔典型操作数据见表 6.4。

表 6.4　用典型的二乙醇胺水溶液吸收设备脱除石油炼厂气中 H_2S 操作数据

吸收塔	压力/kPa	温度/℃	H_2S/(g/Nm^3)	
			进口	出口
16 块塔板	4.8	18.9	73.136	0.342
7.9 m 塔高 76 mm 填料	10.8	60	34.096	0.595
7.9 m 塔高 50 mm 填料	12	60～68.33	5.95	0.137
15.5 m 塔高 50 mm 填料	7.2	35～38	34.325	0.114
9.1 m 塔高 19 mm 填料	8.4	51.7～54.4	57.209	0.343

从表 6.4 可看出，在低压下二乙醇胺水溶液脱硫效率相当高，令人满意。

Berthier 发表了用二乙醇胺水溶液装置处理高压天然气的操作数据，这些数据是法国拉克气田的 S.N.P.A-DEA 早期数据(表 6.5)，不能完全代表该过程，但能说明 20%的 DEA 水溶液在加压下，脱除 H_2S、CO_2、COS 和 CS_2 效率均很高，在脱除 H_2S 的同时，也能脱除 COS 和 CS_2，二乙醇胺水溶液在脱除有机硫方面也令人满意。

Willmott 等发表了使用二乙醇胺水溶液吸收 CO_2 和 H_2S 吸收塔的数据。研究所用的吸收塔，其直径为ϕ760 mm，填装 32 mm 的陶质拉西环 10.66 m，试验数据见表 6.6。

表 6.5 二乙醇胺水溶液处理高压天然气的装置操作数据

气体进料量/(百万 Nm^3)	1.00525
进料气体分析:	
H_2S/%	15.0
CO_2/%	10.0
COS/ppm	300
CS_2/ppm	600
出口气体分析:	
H_2S/(mg/Nm^3)	6.406
CO_2/(mg/Nm^3)	36.61
COS/(mg/Nm^3)	0
20%二乙醇胺水溶液/(m^3/h)	460
蒸气量/(t/h)	41.8
吸收塔:	
塔板数/块	30
压力/MPa	7.0
解吸器:	
塔板数/块	20
压力/MPa	0.175
再沸器温度/℃	119

表 6.6 用二乙醇胺水溶液从合成气中脱除 CO_2 和 H_2S 的操作数据

吸收塔数据	试验编号	
	A	B
进口气体/(m^3/h)	2463.6	2036
吸收塔压力(表压)/kPa	16.76	16.28
进口气体分析:		
CO_2/%	15.0	19.4
H_2S/(mg/Nm^3)	2974.4	1716
出口气体分析:		
CO_2/%	2.5	4.2
H_2S/(mg/Nm^3)	274.56	49.05
溶液流量/(m^3/h)	9.6	11.2
二乙醇胺/%	35	41
贫液分析:		
H_2S/(mg/L)	253.2	541.66
CO_2/(L/L)	8.1	3.11
富液分析:		
H_2S (mg/L)	784.0	784.0
CO_2 (L/L)	38.6	32.4

2. 解吸塔

在解吸塔中，二乙醇胺-酸性气体混合物加热进行分解，塔顶排出的气体为酸性气体和水蒸气，在酸性气体冷凝冷却器中进行冷凝冷却，冷凝水返回解吸塔顶作为回流。

1) 解吸塔顶回流比的控制

对于二乙醇胺溶液在较低的回流比下就能使溶液解吸达到满意的程度，一般在 2 以下。解吸塔顶回流比由塔顶温度控制，解吸塔操作压力不高时，此时水气和干酸性气可视为理想气体，塔顶回流比设为 2.05，塔顶水蒸气分压由下式计算：

$$p = \frac{0.114M_g P}{1 + 0.114M_g} \tag{6-27}$$

式中，p 为湿酸性气中水气分压，kPa；P 为塔顶总压强，kPa；M_g 为酸性气体分子量，kg/kmol。

根据塔顶水蒸气分压(kPa)，查附表 2 得水的饱和温度，即为塔顶温度。

2) 解吸塔直径

解吸塔与吸收塔相同，可以设计成填料塔、泡罩塔或筛板塔，塔径按通用的设计公式计算。

3) 解吸塔高度

解吸塔所需塔板数或填料高度，通常不是根据严格的计算而是根据经验数据确定。对于一乙醇胺与二乙醇胺净化装置，其典型解吸塔在加料位置以下有 12～20 块塔板，在加料位置以上，为了防止胺类损失，有 2～6 块塔板；不易挥发的二乙醇胺用 2～4 块即可，该位置的塔板还有一个作用是脱除夹带的胺沫及雾滴。

3. 再沸器

1) 再沸器的选型

再沸器的任务是将解吸塔底部的溶液引入再加热，然后回到解吸塔中进行硫化物的分解并进行分馏，释放出酸性气体。再沸器也属换热设备，根据工艺计算求得所需要的传热面积，安排再沸器的结构和安装形式。再沸器的结构有夹套式、蛇管式或列管式；加热方式有直接加热或间接加热两种方式；再沸器安装形式有立式和卧式之分。根据二乙醇胺溶液的需要，选用立式热虹吸再沸器，溶液在管内，而加热蒸气在管间，它是利用再沸器中气、液化合物与塔底液体的温度差而产生的密度差为推动力，在再沸器和解吸塔之间进行循环[70]。再沸器内由于循环量大，提高了管内流动速度，减少了污垢的沉积，提高了传热系数，装置紧凑，占地面积小。

立式热虹吸再沸器见图 6.10，液体由解吸塔底进入再沸器，在 L_{BC} 段受 A-B 间液体静压的影响，液体沸点上升，不能达到沸腾温度，处于未气化状态，L_{BC} 段称为显热段。液体在上升过程被加热，到 C 点达到泡点开始沸腾，在 L_{CD} 段形成气液两相流，称为蒸发段。

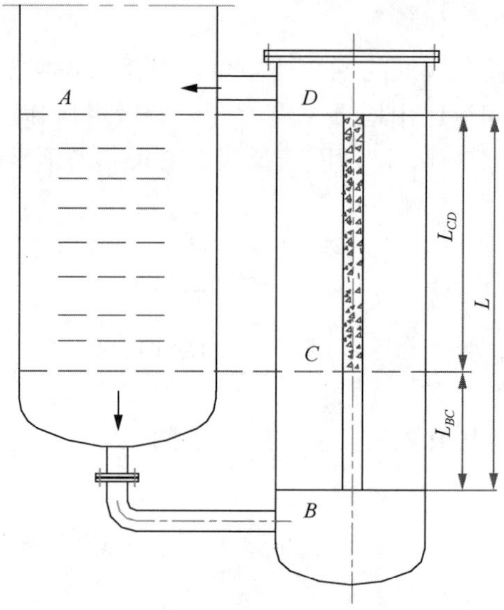

图 6.10　立式热虹吸再沸器示意图

2) 再沸器设计步骤

目前常用的设计计算方法主要包括以下步骤：

(1) 收集物系相关的物性数据(液体和蒸气密度 ρ、黏度 μ、比热 C_p、液体的导热系数 λ、临界压力 p_c、表面张力 σ 等)。

(2) 通过热平衡，计算蒸气用量，确定热负荷 Q，计算再沸器出口气化率 X_E，确定循环流量 W_T。

(3) 平均温差 ΔT_m，初选总传热系数 K，估算传热面积，初选再沸器型号。

(4) 计算各部分压降与再沸器可利用循环推动力相比较，若相差较多则应返回重新计算。

(5) 计算蒸发段传热系数，计算总传热系数。若与初选值误差较大则重新计算。

(6) 校核最大热负荷，若超过或接近最大允许值，则需要增大面积重新计算。

3) 再沸器的设计计算

A.收集基础数据

富液进口流量：G_F，kg/h；贫液出口流量：G_p，kg/h；进料温度：t_1，℃；解吸塔塔顶温度：t_2，℃，根据解吸塔回流比计算而得；解吸塔塔底温度：t_3，℃；塔底压力(表压)：p，kPa；蒸气参数：表压 MPa，饱和温度 T_1，℃，蒸气焓 I，kJ/kg；溶液中酸性气量：CO_2，G_{CO_2}，kg/h；H_2S+COS，G_S，kg/h。解吸塔顶排出水蒸气量：G_S，kg/h。

B.再沸器热负荷的计算

解吸塔的再沸器热量由蒸气提供，它必须有足够的热量，再沸器需要的热量包括三部分。

第一，提供进料富液的温度提高至贫液离开再沸器温度所需要的热量，二乙醇胺溶液的热容数据绘于图 6.9 中，根据二乙醇胺溶液组成和温度用内插法查得，然后计算富液升温需要的热量。

第二，提供二乙醇胺-酸性气体混合物分解所需要的热量，表 6.2 列出了二乙醇胺与 CO_2 和 H_2S 的反应热近似值，根据反应掉的 CO_2 和 H_2S 的量计算分解所需要的热量。

第三，提供水变成蒸汽与酸性气体离开解吸塔需要的热量，随酸性气体一起离开解吸塔的水蒸气，通常被冷凝下来的水作为回流液返回到解吸塔顶部作为回流液。

离开解吸塔的酸性气体中水的量(摩尔)与解吸的酸性气体量(摩尔)之比称为“回流比”。回流比越大，再生溶液即贫液残留物越少，吸收塔出口净化度越高。工业塔的典型回流比在 3∶1 至 1∶1 范围内，回流比的大小，与对气体净化度的要求、气体的组成(H_2S/CO_2)、使用胺类的种类及解吸塔的高度等因素有关。有趣的是，H_2S/CO_2 的比值越小，蒸气需要量减少；H_2S/CO_2 的比值越小，也就是 CO_2 越多，CO_2 与蒸气一样起气提作用，使 H_2S 残留量降低。

回流液加热至蒸发温度需要显热和潜热，也要加热蒸气提供。在设计中往往用回流比来衡量解吸蒸气的消耗量。对于二乙醇胺溶液在较低的回流比下就能使溶液解吸达到满意的程度，一般在 2 以下。在大多数情况下，用二乙醇胺溶液处理气体时，蒸气消耗量约为 100 kg/m^3 溶液，这已使被处理气体达到比较满意的净化度。

(1) 热量衡算：计算蒸气用量

富液带入热 Q_1：

$$Q_1=G_F \cdot C_F \cdot t_1\ (\text{kJ/h}) \tag{6-28}$$

式中，G_F 为富液流量，kg/h；C_F 为富液在 t_1 温度下的比热，由图 6.9 查得。

加热蒸气带入热 Q_2：

$$Q_2= G \cdot I \tag{6-29}$$

式中，G 为蒸气用量，kg/h，由热平衡求得。

总入热为 $Q_{入}= Q_1 + Q_2$。

贫液带出热 Q_3：

$$Q_3=G_p \cdot C_p \cdot t_3\ (\mathrm{kJ/h}) \tag{6-30}$$

酸性气分解热 Q_4 由 H_2S 分解需要的热量 Q_{41} 和 CO_2 分解需要的热量 Q_{42} 共同决定。

$$Q_{41}= G_{H_2S} \cdot R_{H_2S}\ (\mathrm{kJ/h})$$

式中，R_{H_2S} 为 H_2S 与二乙醇胺溶液反应热，1188.59 kJ/kg。

$$Q_{42}= G_{CO_2} \cdot R_{CO_2}\ (\mathrm{kJ/h})$$

式中，R_{CO_2} 为 CO_2 与二乙醇胺溶液反应热，1518.88 kJ/kg。

$$Q_4= Q_{41} + Q_{42}\ (\mathrm{kJ/h}) \tag{6-31}$$

塔顶酸性气体带出热量 Q_5 由干酸性气体带出热 Q_{51} 和水蒸气带出热 Q_{52} 共同决定。

$$Q_{51}=G_C \cdot C_g \cdot t_2\ (\mathrm{kJ/h})$$

解吸塔顶水蒸气带出量按回流比为 2.05 计算。水蒸气在 t_2℃时的焓：$I_s=2490+1.93\times t_2$ (kJ/kg 蒸气)

$$Q_{52}= 2.05\,(G_{CO_2}+G_s) \cdot I_s\ (\mathrm{kJ/h})$$

$$Q_5= Q_{51} + Q_{52}\ (\mathrm{kJ/h}) \tag{6-32}$$

蒸气冷凝液带出量 Q_6：

$$Q_6= G \cdot I_2\ (\mathrm{kJ/h})$$

式中，I_2 为蒸气冷凝液在排出温度下的焓，kJ/kg。

热损失 Q_7：设热损失为入热的 2%，

$$Q_7 = 0.02 \cdot Q_{入} \tag{6-33}$$

$$Q_{出}= Q_3+ Q_4+Q_5 +Q_6 +Q_7$$

根据热平衡原理，求出再沸器蒸气用量 G (kg/h)。

(2)确定热负荷。根据蒸气热负荷确定：

$$Q = G(I_1 - I_2) \tag{6-34}$$

(3) 再沸器气化率。根据解吸塔顶需要排出的酸性气和回流量定。

$$G_S = G_{CO_2} + G_{H_2S}$$

$$G_g = G_C + G_S$$

$$X_E = \frac{G_g}{G_F} \times 100 \tag{6-35}$$

(4) 再沸器循环量：

$$W_T = \frac{G_g}{X_E} \tag{6-36}$$

C.立式虹吸再沸器规格估算

a) 设备直径与列管数的估算

循环液走管内，蒸气走管外。再沸器为自然循环，液流速度取为 ω= 0.4～1.0 m/s，列管选用外径 $d \times \delta$，列管数按下式计算：

$$n = \frac{W_T}{3600 \times \omega \times 0.785 \times (d - 2\delta)^2 n_1} \tag{6-37}$$

式中，n 为管子数量，根；ω 为脱硫液管内流速，m/s；d 为加热管外径，mm；δ 为加热管壁厚，mm。

管板直径的计算：按正六角形排列，取充填系数 η，取管间距 t(mm)。

$$D = 1.05 \times t\sqrt{\frac{n}{\eta}} \tag{6-38}$$

式中，D 为筒体内径，mm；t 为管间距，mm；η 为充填系数。

b) 蒸发管内的传热计算

立式热虹吸再沸器设计时蒸发管内只允许液相对流换热、过冷泡核沸腾和饱和泡核沸腾三种传热状态存在。液相对流换热称显热段传热，过冷泡核沸腾和饱和泡核沸腾属于蒸发过程，所以在图 6.10 中只有加热段和蒸发段两部分。

(1) 液相对流传热计算。

液相对流换热传热系数按 Colbum 方程计算：

$$NU = 0.023Re^{0.8} \cdot Pr^{\frac{1}{3}} \tag{6-39}$$

努塞特数：

$$NU = \frac{\alpha d}{\lambda} \tag{6-40a}$$

普朗特数：

$$Pr = \frac{\mu \cdot C_p}{\lambda} \tag{6-40b}$$

式中，α 为传热系数，kJ/(m^2·h·℃)；d 为管子直径，m；λ 为流体的导热系数，kJ/(m·h·℃)；μ 为流体的黏度，kg/(m·s)。

1967 年 ESDU(Engineering Sciences Data Unit)推荐用下式计算，对 Re 和 Pr 数值适用范围更广。

$$NU = 0.0225Re^{0.795}Pr^{0.495}\exp[-0.0225(\ln Pr)^2] \tag{6-41}$$

计算显热段的传热系数是为计算显热传热段长度，以确定蒸发段长度，因为显热段传热需要量和蒸发段传热需要量相比所占比例很小，可以忽略不计，只要蒸发段传入的热量大于所需要的热量即可。计算显热传热段长度首先按照热平衡建立下式：

$$\left(\frac{\Delta t}{\Delta L}\right) = \frac{\pi d_{\mathrm{i}} N h_{\mathrm{L}}(t_{\mathrm{w}} - t)}{C_{\mathrm{PL}} W_{\mathrm{L}}} \tag{6-42}$$

式中，d_{i} 为管子内径，m；N 为管子数，根；t_{w} 为管壁温度，℃；t 为溶液温度，℃；C_{PL} 为溶液比热，kJ/(kg·℃)，W_{L} 为溶液循环量，kg/(m^2·h)。

显热传热段长度按下式计算：

$$L_{BC} = \frac{(\Delta t/\Delta p)_{\mathrm{S}}}{\dfrac{(\Delta t/\Delta L)}{-(\Delta p/\Delta L)} + (\Delta t/\Delta p)_{\mathrm{S}}} \times L_{\mathrm{S}} \tag{6-43}$$

上式中的 $\left({}^{\Delta t}\!/_{\Delta p}\right)_{\mathrm{S}}$ 可以用热力学表查出，也可按 Antoine 蒸气压方程计算；$-\left({}^{\Delta p}\!/_{\Delta L}\right)$ 在忽略加热段的摩擦损失时，

$$-\left({}^{\Delta p}\!/_{\Delta L}\right) = \rho_{\mathrm{L}}\left({}^{g}\!/_{g_{\mathrm{C}}}\right) \tag{6-44}$$

(2) 蒸发段的传热计算。在立式热虹吸再沸器的蒸发管内，液体经过显热加热段，然后经过过冷泡核沸腾和饱和泡核沸腾阶段，在这些阶段，靠近管壁部分基本被液膜覆盖，离开管壁后为沸腾的液体及产生的气泡，并向上运动。也就是说，立式热虹吸再沸器的蒸发管内的传热是由两相流动液膜传热和泡核沸腾传热两部

分组成，对于这样的传热被广泛接受的是 Chen 的关系式：

$$h_b = h_{ft} + S \times h_{nb} \tag{6-45}$$

式中，h_{ft}为两相流动液膜传热系数，由下式计算：

$$h_{ft} = F \times h_i \tag{6-46}$$

式中，F 为气泡扰动因素，表示气泡对单相液流运动的影响；h_i 为单向液相对流换热传热系数，由式(6-38)或式(6-39)计算。

h_{nb}为泡核沸腾传热系数，由下式计算：

$$h_{nb} = F_C \cdot h_{nb1} \tag{6-47}$$

式中，F_C为对釜式泡核沸腾的校核系数，由下式计算：

$$F_C = (1 + 0.023q^{0.15}BR^{0.75})^{-1} \tag{6-48}$$

h_{nb1}为釜式泡核沸腾传热系数，该传热系数采用 Mostinski 公式计算：

$$h_{nb1} = 0.00417P_C^{0.69}q^{0.7}F_P \tag{6-49}$$

式中，F_P为压力校正因子，可由下两式计算：

$$F_P = 1.8p_R^{0.17} \tag{6-50}$$

$$F_P = 2.1p_R^{0.27} + \left[\frac{1}{1-p_R^2} + 9\right]p_R^2 \tag{6-51}$$

q 为热负荷，kJ/(m^2·h)；S 为 Chen 关系式中的抑制因子，由下式计算：

$$S = \frac{1}{\left[1 + 2.53 \times 10^{-5}(Re_{CP})^{1.17}\right]} \tag{6-52}$$

$$Re_{CP} = \left(\frac{G \cdot d}{\mu_L}\right)(1-x)F^{1.25} \tag{6-53}$$

式中，G 为单位面积流量，kg/(m^2·h)；d 为管径，m：μ_L为溶液黏度，kg/(m·h)；x 为气相含量，%；F 为两相运动增强系数。

F=0，当$(1/X_{tt}) \leqslant 0.1$，

$$F = 2.35 \times (0.213 + 1/X_{tt})^{0.736} \tag{6-54}$$

式中，X_{tt}为 Martinellie 系数，气液两相皆为湍流，由下式计算：

$$X_{tt}=\left(\frac{x}{1-x}\right)^{0.9}\left(\frac{\rho_L}{\rho_v}\right)^{0.5}\left(\frac{\mu_v}{\mu_L}\right)^{0.1} \tag{6-55}$$

式中，μ_v为气相黏度，kg/(m·h)；ρ_v为气相流体重度，kg/m^3。

(3)蒸发段的总传热系数：

$$K=\frac{1}{\frac{1}{h_b}+\frac{1}{h_{nb}}+r_i+r_0\frac{d_0}{d_i}} \tag{6-56}$$

式中，h_b为液相对流传热系数，kJ/(m^2·℃)；h_{nb}为泡核沸腾传热系数，kJ/(m^2·℃)；r_0为管外壁污垢热阻，m^2·h·℃/kJ；r_i为管内壁污垢热阻，m^2·h·℃/kJ；d_0为管子外径，m；d_i为管子内径，m。

D.立式热虹吸再沸器系统压力降计算

立式热虹吸再沸器依靠塔釜内的液体静压头和再沸器内两相流体的密度差产生推动力形成热虹吸式的循环流动，立式热虹吸再沸器循环的必要条件是：

$$\Delta p_T=[L_{CD}(\rho_L-\rho_\varphi)-L_{DE}\rho_{\varphi E}]g\geqslant\sum_{i=1}^{5}\Delta p_i \tag{6-57}$$

式中，ρ_φ为再沸器管内两相的平均密度，kg/m^3；$\rho_{\varphi E}$为再沸器出口管处两相的平均密度；

$$\rho_\varphi=\rho_G R_G+\rho_L R_L \tag{6-58}$$

式中，R_G为气相体积分率；R_L= 1–R_G，R_G按 Martinellie 方法计算：

$$R_G=1-\left(\frac{1}{X_{tt}^2+21/X_{tt}+1}\right)^{0.5} \tag{6-59}$$

$\sum_{i=1}^{5}\Delta p_i$为再沸器内的总压降，由下式计算：

$$\sum_{i=1}^{5}\Delta p_i=\Delta p_1+\Delta p_2+\Delta p_3+\Delta p_4+\Delta p_5 \tag{6-60}$$

式中，Δp_1为再沸器入口管液相流动摩擦压降；Δp_2为再沸器显热段的液相流动摩擦压降；Δp_3为再沸器蒸发段两相流动摩擦压降；Δp_4为再沸器出口管两相流动摩擦压降；Δp_5 为再沸器两相流动加速压降。

$$\Delta p_5 = \frac{G_t}{\rho_L}\left(\frac{(1-x_E)^2}{R_L} + \frac{x_E^2\rho_L}{R_G\rho_G} - 1\right) \tag{6-61}$$

Δp_1、Δp_2 均为单液相的压降计算，可以用 Fanning 方程计算：

$$\Delta p = \frac{2fLG}{\rho_L d_i} \tag{6-62}$$

式中，f 为摩擦系数，可由 Churchill 开发的单一的适用于所有 Re 数范围的公式：

$$f' = \left\{\left(\frac{8}{Re}\right)^{12} + \frac{1}{(A+B)^{3/2}}\right\}^{1/12} \tag{6-63}$$

式中，

$$A = \left\{2.457\ln\frac{1}{\left(\frac{7}{Re}\right)^{0.9} + \frac{0.27\varepsilon}{d_i}}\right\}^{16} \tag{6-64}$$

$$B = \left(\frac{37530}{Re}\right)^{10} \tag{6-65}$$

式(6-62)中的 Fanning 摩擦系数 $f = 2f'$，ε 为管子粗糙度，m；Δp_3、Δp_4 均为气、液两相流动摩擦压降计算。这里推荐齐来福介绍的分离流模型 Chisholm 的计算有蒸发的两相摩擦压降的计算方法。

(1) 首先计算当量的 Re，

$$Re_{LO} = \frac{Gd}{\mu_L} \tag{6-66}$$

$$Re_{GO} = \frac{Gd}{\mu_G} \tag{6-67}$$

(2) 计算摩擦系数(采用 Blasius 方程)：

$$f_{LO} = aRe_{LO}^{-n} \tag{6-68}$$

$$f_{GO} = aRe_{GO}^{-n} \tag{6-69}$$

式中，Re 取 2000～10^5 时，a=0.314，n=0.25；Re 取 5000～2×10^5 时，a=0.186，n=0.2。

(3)计算单向的当量压降：

$$-\left(\frac{\mathrm{d}p_{\mathrm{F}}}{\mathrm{d}L}\right)_{\mathrm{LO}}=\frac{f_{\mathrm{LO}}G^2}{2\mathrm{d}\rho_{\mathrm{L}}} \tag{6-70}$$

$$-\left(\frac{\mathrm{d}p_{\mathrm{F}}}{\mathrm{d}L}\right)_{\mathrm{GO}}=\frac{f_{\mathrm{LO}}G^2}{2\mathrm{d}\rho_{\mathrm{G}}} \tag{6-71}$$

(4)计算气液两相压降比值 Y：

$$Y^2=\frac{\left(\mathrm{d}p_{\mathrm{F}}/\mathrm{d}L\right)_{\mathrm{LO}}}{\left(\mathrm{d}p_{\mathrm{F}}/\mathrm{d}L\right)_{\mathrm{GO}}} \tag{6-72}$$

(5)计算压降与单向压降的比值 φ_{LO}：

$$\varphi_{\mathrm{LO}}^2=1+(Y^2-1)[Bx^{(2-n)/2}(1-x)^{(1-x)/2}+x^{(2-n)}] \tag{6-73}$$

式中，$B=55/G^{1/2}$（$0<Y<9.5$）；$B=520/\left(YG^{1/2}\right)$（$9.5<Y<28$）；$B=15000/\left(Y^2G^{1/3}\right)$（$Y>28$）。

(6)计算两相摩擦压降：

$$-\left(\mathrm{d}p_{\mathrm{F}}/\mathrm{d}L\right)=-\varphi_{\mathrm{LO}}^2\left(\mathrm{d}p_{\mathrm{F}}/\mathrm{d}L\right)_{\mathrm{LO}} \tag{6-74}$$

由式(6-54)～式(6-61)计算的是出口管道内的两相流摩擦压降 Δp_4。

Δp_3 为再沸器蒸发段两相流动摩擦压降，主要为液相，有气体产生，Chisholm 对式(6-60)由进口到出口，蒸发分率由 0～X_{E} 进行积分，得到下式：

$$\frac{\int_0^{L_{\mathrm{G}}}\Delta p_{\mathrm{tp}}\mathrm{d}L}{\Delta p_{\mathrm{LO}}L_{\mathrm{G}}}=1+(Y^2-1)\left[\frac{B}{x_{\mathrm{E}}}\int_0^{x_{\mathrm{E}}}x^{(2-n)/2}\mathrm{d}x+\frac{x_{\mathrm{E}}^{2-n}}{3-n}\right] \tag{6-75}$$

式(6-75)左边的 $\frac{\int_0^{L_{\mathrm{G}}}\Delta p_{\mathrm{tp}}\mathrm{d}L}{\Delta P_{\mathrm{LO}}L_{\mathrm{G}}}=\varphi_{\mathrm{LO}}^2$，右边中括号的积分式 $\frac{1}{x_{\mathrm{E}}}\int_0^{x_{\mathrm{E}}}x^{(2-n)/2}(1-x)^{(2-n)/2}\mathrm{d}x$ 的值可由表 6.7 查得。

表 6.7　式(6-75)右边积分值与 x_E、n 的关系

x_E	0.01	0.04	0.08	0.09	0.1	0.2	0.3
n=0.25	0.0094	0.0311	0.0558	0.0615	0.0670	0.1154	0.1536
n=0.2	0.0082	0.0283	0.0516	0.0570	0.0623	0.1089	0.1462
n=0.1	0.0064	0.0234	0.0442	0.0491	0.0539	0.0971	0.1324

由此计算摩擦压力降：

$$\Delta p_3 = \frac{\int_0^{L_G} \Delta p_{tp} dL}{\Delta p_{LO} L_G} \times \left(\frac{\Delta p_p}{\Delta L} \right)_{LO} \times L_{CD} \tag{6-76}$$

式中，下标：0 为开始假设的值；c 为临界性质；E 为出口；F 为流体摩擦压力；i 为内部；o 为外部；nb 为泡核沸腾；nb1 为釜式泡核沸腾；L 为液相；LO 为单位液相；G 为气相；GO 为单为气相；S 为代表总管长；tt 为气液皆湍流；T 为总量；tp 为两相；w 为管壁部位。

E.临界最大热通量

对于再沸器最大热通量的校核非常重要，如果使用的热通量过高，则可能出现流量不稳，管内的液体和蒸气流动不平滑而易发生脉动，甚至发生“气锁”现象。对于立式热虹吸再沸器可采用 Palen 提出的最简单的关系式：

$$q_{max} = 23600 \left(\frac{d_i^2}{L} \right) \times p_c^{0.61} \times p_v^{0.25} \times (1 - p_v) \tag{6-77}$$

式中，L 为管长，m；p_c 为溶液临界压力，kPa；p 为再沸器操作压力，kPa；$p_v = p/p_c$。

F.立式热虹吸再沸器使用条件

(1) 通用设计一般限定再沸器换热管管长 2.5～3.7 m，标准 2.44 m，管径ϕ25～32 mm。

(2) 解吸塔内液位与再沸器上管板同高。

(3) 管程总传热系数计算应加污垢系数 0.00064 $m^2 \cdot ℃/kJ$。

(4) 壳程加热介质为蒸气，总传热系数计算应加污垢系数 0.00064 $m^2 \cdot ℃/kJ$。

(5) 操作压力不低于 0.03 MPa，忽略显热段热阻及热负荷。用于混合物的加热以及壳程采用单相加热介质其计算过程则更为复杂，最好由计算机程序完成。

(6) 为保证再沸器的正常循环，出口气化率一般在 5%～40%，出口管道压降一般不超过总压降的 30%。加热管内流速一般控制在 0.5～1.5 m/s，入口管内流速一般控制在 0.6～2 m/s，出口管内流速一般控制在 0.3～1 m/s。

(7)在出口气化量不变的情况下，气化率减低，再沸器管内循环量将增加，管内传热系数增大，再沸器面积减小，再沸器热通量增大，但一般不超过最大热通量的70%。

(8)对于易结垢的物系应充分考虑污垢对传热的影响。考虑再沸器的操作弹性，一般在计算基础上要留有10%～20%裕量。

4. 酸性气体冷凝冷却器

在解吸塔中，二乙醇胺-酸性气体混合物加热进行分解，塔顶排出的气体为酸性气体和水蒸气，在酸性气体冷凝冷却器中进行冷凝冷却，冷凝水返回解吸塔顶作为回流。

在冷凝冷却器中，由于传质和传热同时进行，混合气体中蒸气不断冷凝下来，使混合气体的流量不断减少，它的组成、物性参数及传热系数也在不断变化，所以这种传热计算是很复杂的。

冷凝冷却器的传热管表面温度在混合气体露点以下，则混合气体中的蒸气开始冷凝，管的表面被润湿并被气膜所包围。混合气体中的蒸气要通过气膜扩散到管子的表面才能冷凝，蒸气的冷凝潜热及显热通过气膜及冷凝液膜传给传热管表面，但在传热管表面很冷时，使气膜温度在露点以下，则不等蒸气到达冷凝液膜之前，就会在气膜中生成冷凝雾。这种计算更为复杂。为了计算不花费太多的时间，可不考虑雾气的影响。

冷凝冷却器的计算方法有两种：①逐点计算法，该法比较严密，准确度高，但手工计算很费时间；②三点法，该法计算较简单，但误差较大，可达10%左右，作为方案设计是可用的。

1)传热的基本公式

在冷凝冷却器传热面上取一微小面积dA来研究。蒸气通过不凝性气体膜扩散到冷凝液膜表面冷凝后，放出的热量dQ_c为

$$\mathrm{d}Q_{\mathrm{c}} = K_{\mathrm{G}} \cdot M_{\mathrm{v}} \cdot r_{\mathrm{v}} \left(\frac{p_{\mathrm{v}} - p_{\mathrm{c}}}{p_{\mathrm{gf}}} \right) \mathrm{d}A \tag{6-78}$$

式中，K_G为传质系数，kmol/(m^2·h)，$K_{\mathrm{G}} = \dfrac{\alpha_{\mathrm{g}} Pr^{\frac{2}{3}}}{C \cdot M Sc^{\frac{2}{3}}}$；$\alpha_g$为混合气体对流传热系数，kJ/(m^2·h·℃)；Pr为混合气体普朗特数，$\dfrac{C\mu}{\lambda}$；Sc为混合气体施密特数，$\dfrac{\mu}{\gamma D}$；C为混合气体定压比热，kJ/(kg·℃)；M为混合气体分子量，kg/kmol；μ为混合

气体黏度，kg/(m·h)；γ 为混合气体重度，kg/m^3；D 为蒸气在混合气体中的扩散系数，m^2/h；M_v 为蒸气分子量，kg/kmol；r_v 为蒸气冷凝潜热，kJ/kg；p_v 为混合气体中蒸气分压(绝对压力)，kPa；p_c 为冷凝液表面上蒸气的分压(绝对压力)，kPa；p_{gf} 为不凝气体分压(绝对压力)对数平均值，kPa；$p_{gf}=\dfrac{(p-p_c)-(p-p_v)}{\ln\left(\dfrac{p-p_c}{p-p_v}\right)}$ p 为混合气体总压(绝对压力)，kPa。

传递的显热量 dQ_s 为

$$dQ_S=\alpha_g(t_g-t_c)dA \tag{6-79}$$

式中，t_g 为混合气体温度，℃；t_c 为冷凝液膜面温度，℃。

混合气体传给冷凝液膜表面的总热量 dQ 为

$$dQ=dQ_S+dQ_c=\alpha_g(t_g-t_c)dA+K_G M_v\gamma_v\left(\frac{p_v-p_c}{p_{gf}}\right)dA \tag{6-80}$$

冷凝液膜表面传给冷却水的热量 dQ'为

$$dQ'=\alpha_{\sum}(t_c-t_w)dA \tag{6-81}$$

式中，t_w 为冷却水温度，℃；$\alpha_{\sum}$ 为冷凝液膜面至冷却水的综合传热系数，由冷凝传热系数、冷却水传热系数、管壁热阻及污垢热阻等组成，即 $\alpha_{\sum}=\dfrac{1}{\sum\dfrac{1}{\alpha_i}}$。

当混合气体走壳程、冷却水走管程时，按下式计算：

$$\alpha_{\sum}=\frac{1}{\dfrac{1}{\alpha_c}+R_0+\dfrac{\delta}{\lambda}\left(\dfrac{d_0}{d_m}\right)+R_i\left(\dfrac{d_0}{d_i}\right)+\dfrac{1}{\alpha_w}\left(\dfrac{d_0}{d_i}\right)} \tag{6-82}$$

当混合气体走管程、冷却水走壳程时，按下式计算：

$$\alpha_{\sum}=\frac{1}{\dfrac{1}{\alpha_w}\left(\dfrac{d_i}{d_0}\right)+R_0\left(\dfrac{d_i}{d_0}\right)+\dfrac{\delta}{\lambda}\left(\dfrac{d_i}{d_m}\right)+R_i+\dfrac{1}{\alpha_C}} \tag{6-83}$$

式中，$\alpha_{\sum}$ 为综合传热系数，kJ/(m^2·h·℃)；α_C 为冷凝液膜传热系数，kJ/(m^2·h·℃)；α_w 为冷却水膜传热系数，kJ/(m^2·h·℃)；R_0 为管外壁污垢热阻，m^2·h·℃/kJ；R_i

为管内壁污垢热阻，$m^2 \cdot h \cdot ℃/kJ$；d_0为管子外径，m；d_i为管子内径，m；d_m为管子平均直径，m；δ为管壁厚度，m；λ为管壁导热系数，kJ/(m·h·℃)。

如略去前段冷凝液流经后端时的热量变化，一般情况下其量不大，可以略去。但在计算总热负荷时则不能忽略，根据热平衡可得 $dQ = dQ'$：

$$\alpha_g(t_g - t_c) + K_G M_v \gamma_v \ln\left(\frac{p - p_c}{p - p_v}\right) = \alpha_\Sigma(t_c - t_w) = K(t_g - t_w) = \frac{dQ}{dA} \tag{6-84}$$

上式即为传热的基本式，由于t_c是未知数，而p_c又是t_c的函数，故不能直接求解，而要用试差法或图解法计算。

2)逐点试差计算法

逐点试差计算法是根据前述传热的基本公式，将冷却冷凝过程分成若干小段，然后分别用试差法或图解法求出液膜温度和单位面积传热量，进而求得该小段所需的传热面积，将各小段的计算结果汇总后，即可得全部传热面积。计算步骤如下：

(1)根据热平衡计算出冷却水用量。

(2)将混合气体进口及出口的温度差分成若干小段，分段越小，计算越繁，而计算结果越准确。

(3)计算出各段间传递的热量ΔQ和气体与冷却水之间的温度差。

(4)估计一个 K 值，根据前面计算所得的总换热量和权重温差，估计出一个大概的传热面积，并进而初步定出冷却器的规格。

(5)计算出冷却水的传热系数α_W。

(6)计算出冷凝传热系数α_C。

(7)根据α_W、α_C、管壁热阻及污垢热阻系数，计算出综合传热系数α_Σ。

(8)根据各点气体状态计算出各段气体的物理参数，并算出各点的对流传热系数α_g。

(9)根据各点的状态和α_g，算出传质系数k_G。

传质系数k_G按下式计算：

$$k_G = \frac{\alpha_g Pr^{\frac{2}{3}}}{C \cdot M \cdot Sc^{\frac{2}{3}}} = \frac{\alpha_g \left(\frac{C \cdot \mu}{\lambda}\right)^{\frac{2}{3}}}{C \cdot M \left(\frac{\mu}{\gamma \cdot D}\right)^{\frac{2}{3}}} \tag{6-85}$$

式中，M为混合气分子量；γ为混合气的重度，kg/m^3；D为水蒸气通过酸性气体

的扩散系数 D_{ai}，由下式计算：

$$D_{ai}=0.00155\frac{T^{\frac{3}{2}}}{p\left(V_a^{\frac{1}{3}}+V_i^{\frac{1}{3}}\right)^2}\sqrt{\frac{1}{M_a}+\frac{1}{M_i}} \tag{6-86}$$

式中，T 为温度，K；p 为压力(绝对压力)，atm；V_a，V_i 为扩散组分(水蒸气)和惰性气体(酸性气体)的分子体积；M_a，M_i 为扩散组分(水蒸气)和惰性气体(酸性气体)的分子量。

分子体积在没有实验数据时，可视为原子体积之和。有关元素的原子体积和分子体积见表 6.8。

表 6.8　原子体积和分子体积　　(单位：cm^3/mol)

原子体积					
C	14.8	Br	27.0	N	15.6
H(在化合物中)	3.7	I	37.0	O	7.4
Cl	24.6	S	25.6	O(与酸结合时)	12.0

分子体积							
H_2	14.3	CO	30.7	N_2O	36.4	COS	51.6
O_2	25.6	CO_2	34.0	NH_3	25.8	Cl_2	48.4
N_2	31.2	SO_2	44.8	H_2O	18.9	Br_2	53.2
空气	29.9	NO	23.6	H_2S	32.9	I_2	71.5

(10)计算各段所需的传热面积。

首先要计算出各点的膜温和单位面积传热量 q[即 $K(t_g-t_w)$]，各点的膜温用试差法计算，先假设一个膜面温度 t_C，从而查出膜面蒸气分压 p_C 和膜面温度下的蒸气冷凝潜热 r_v，根据式(6-30)和式(6-31)计算出 $\frac{dQ}{dA}$ 值和 $\frac{dQ'}{dA}$ 值。如 $\frac{dQ}{dA}\neq\frac{dQ'}{dA}$ 则说明假定的膜面温度不正确，需重新假定并计算，直至 $\frac{dQ}{dA}=\frac{dQ'}{dA}$ 为止。要试算到正好是很费时间的，可以假设几个 t_C，算毕后将 $\frac{dQ}{dA}$ 对 t_C 和 $\frac{dQ'}{dA}$ 对 t_C 分别作图，$\frac{dQ}{dA}$-t_C 是一曲线，$\frac{dQ'}{dA}$-t_C 是一直线，两线交点即为正确的膜面温度 t_C 和单位面积传热量 q。

计算出各点的 $K(t_g-t_w)$ 值后，对每一区间取进出口处值的对数平均值 $[K(t_g-t_w)]m$。根据前面已经计算得到的各段传递的热量 ΔQ 即能算出各段所需的传热面积，$\Delta A=\dfrac{\Delta Q}{[K(t_g-t_w)]m}$。

(11)将各段传热面积汇总即为所需的全部传热面积。

由上述可知，逐点试差计算法是比较繁琐费时的，在冷凝开始时由于冷凝快、条件变化大，分段应密一点，一般手算的可取 3～5℃为一段，以后可稍放大。此种计算最宜用 Visual Basic 编程计算，分段还可以更密，计算结果更准确。

3)三点计算法

三点计算法是对逐点试差计算法诸简化法中最为简便的一种。这种计算法是假设一个虚构的“中间点”，在该点气体温度、各气体组分的流量和冷却水温度等皆为气体出入口处参数的算术平均值，对出入口和虚构的“中间点”这三点用逐点计算法中介绍的相同方法计算出各该点的液膜表面温度 t_c。计算“中间点”的 K_G 值时，Pr 和 Sc 使用入口和出口处的平均值。由此计算得各点的 Δt 值(即 t_c-t_w)，然后用下式计算传热面积。

$$A=\frac{\dfrac{Q}{2}}{\alpha_{\Sigma}\dfrac{\Delta t_1-\Delta t_n}{\ln\dfrac{\Delta t_1}{\Delta t_n}}}+\frac{\dfrac{Q}{2}}{\alpha_{\Sigma}\dfrac{\Delta t_n-\Delta t_2}{\ln\dfrac{\Delta t_n}{\Delta t_2}}} \tag{6-87}$$

式中，Q 为总传递热量，kJ/h；α_{Σ} 为冷凝液膜面至冷却水间的综合传热系数，计算方法同前，kJ/(m^2·h·℃)；Δt_1 为进口处膜面与冷却水间的温度差，℃；Δt_n 为“中间点”处膜面与冷却水间的温度差，℃；Δt_2 为出口处膜面与冷却水间的温度差，℃。

由于只需计算出口、入口和“中间点”三个点，而“中间点”的物性参数又是用出入口处平均值，所以手工计算量大为减少。

6.1.5　DEA 溶液吸收黄磷尾气中的 H_2S 和 COS 设计实例

1. 基础数据

黄磷尾气处理量：V_0=5000 Nm^3/h。

进塔黄磷尾气中 H_2S 含量：C_1=1.5 g/Nm^3。

脱硫塔出口要求黄磷尾气 H_2S 含量，C_2=0.05 g/Nm^3。

进塔黄磷尾气中 CO_2 含量：2.6%。

进塔黄磷尾气中有机硫含量：COS 含量 730mg/Nm^3；CS_2 含量 50 mg/Nm^3。

脱硫塔操作压力，p=1 kPa。

黄磷尾气进脱硫塔温度，T_1=35℃。

贫液进入脱硫塔温度，t_1=35℃。

2. 物料衡算

DEA 溶液浓度采用 20.5%（相当于 2N 溶液）。

DEA 溶液在吸收硫化物的同时吸收二氧化碳，本工程对二氧化碳吸收不要求，只需要将硫化物脱净即可，正好 DEA 溶液吸收硫化物的速度比二氧化碳快得多，因无 COS 吸收数据，一般硫化氢被吸收了，COS 也被吸收了，与此同时 CO_2 也被吸收了，DEA 水溶液吸收 CO_2 的能力达 28～30 m^3/m^3，而 DEA 水溶液吸收 H_2S 的能力为 0.5 kg/m^3，比吸收 CO_2 能力低得多，因此，溶液需要量由 EDA 水溶液的硫容量数据确定。

1）黄磷尾气硫化氢脱除量

硫化氢脱除量：G_S=5000×（1.5–0.05）/1000= 7.25（kg/h）。

2）脱硫液循环量

根据操作数据 DEA 溶液可达 0.48 kg/m^3；同时吸收 CO_2 达 30 L/L。

W=7.25/0.48=15.1（m^3/h）（查图 6.7，20% DEA 水溶液相对密度为 1.02）。

L=15.1×1020=15402（kg/h）。

3. 主要设备选择及计算

1）脱硫吸收塔

因对硫化物要求高，填料塔的效率较高，故采用陶瓷鲍尔环。

鲍尔环的规格：ϕ50×50×4.5，乱堆，比表面积 93 m^2/m^3，填料因子 Φ=205。

A.设计数据

全塔平均压力 1 kPa，操作温度 35℃。

B.气相流量及重度

黄磷尾气分子量为 26.73。在操作条件下的体积流量：V=5000×101.3×（273+35）/[273×（101.3+1）]= 5585.88（m^3/h）；G=5000×26.73/22.4=5966.5（kg/h）；气相重度：ρ_G=1.0662 kg/m^3；气相黏度：μ_G=0.018 cP。

液相流量及重度

液相流量 L=15400 kg/h；在 35℃时，DEA 相对密度 ρ_L=1020 kg/m^3；液相黏度查图 6.8，20% DEA 35℃时的运动黏度为 1 cst，μ_L=1.02 cP。

C.塔径的确定

根据填料塔液泛速度通用关联图计算塔径。

查图 1.4，得横坐标数据 A：

$$A=\left(\frac{L}{G}\right)^{0.25}\left(\frac{\rho_{\mathrm{G}}}{\rho_{\mathrm{L}}}\right)^{\frac{1}{8}}=\left(\frac{15400}{5966.5}\right)^{0.25}\times\left(\frac{1.0662}{1020}\right)^{0.125}=0.537$$

查图得纵坐标 $B=\dfrac{w^2\phi\cdot\psi}{g}\left(\dfrac{\rho_{\mathrm{g}}}{\rho_{\mathrm{L}}}\right)\cdot\mu_{\mathrm{L}}^{0.2}=0.038$。

液泛速度：

$$W=\sqrt{\frac{B\cdot g\cdot\rho_{\mathrm{L}}\cdot\mu_{\mathrm{L}}^{0.2}\cdot\psi}{\phi\cdot\rho_{\mathrm{g}}}}$$

$$W=\sqrt{\frac{0.038\times9.81\times1.02^{0.2}\times1020\times1.02}{93\times1.0662}}=1.98(\mathrm{m/s})$$

取 W_1=0.55W_0，操作气速 W_1=0.55×1.98= 1.09(m/s)。

脱硫塔直径：

$$D=\sqrt{\frac{5966.5}{0.785\times3600\times1.09}}=1.39(\mathrm{m})$$

取为ϕ1400 mm。脱硫塔截面积 F＝0.785×1.4^2=1.54(m^2)；液体的喷淋重度 W= 15.1/1.54= 9.81[m^3/(m^2·h)]；润湿率：$L_{\mathrm{w}}=W/a_{\mathrm{t}}$=15.1/93=0.162[m^3/(m·h)]；大于最小润湿率 0.08 m^3/(m^2·h)的规定，可以保证比较充分润湿填料表面。

D.塔高的确定

根据威尔摩特等典型操作数据换算，二乙醇胺吸收硫化氢的吸收系数为 91.3～205 kg 分子/(h·m^3·atm)。

脱硫吸收塔进口气相 H_2S 分压 p_1 计算：

$$p_1=\frac{22.4\times P_1C_1}{34\times1000}=\frac{22.4\times1.1\times1.5}{34\times1000}=1.087\times10^{-3}(\mathrm{atm})$$

脱硫吸收塔出口气相 H_2S 分压 p_2 计算：

$$p_2=\frac{22.4\times P_2C_2}{34\times1000}=\frac{22.4\times1.1\times0.05}{34\times1000}=3.624\times10^{-5}(\mathrm{atm})$$

脱硫吸收过程平均推动力以吸收塔进、出口 H_2S 分压的对数平均值按下式计算：

$$\Delta p_m = \frac{(p_1 - p_1^*) - (p_2 - p_1^*)}{\ln \dfrac{p_1 - p_1^*}{p_2 - p_2^*}} = \frac{1.087\times10^{-3} - 0.03624\times10^{-3}}{\ln \dfrac{1.087\times10^{-3}}{0.03624\times10^{-3}}} = 0.309\times10^{-3}(\text{atm})$$

二乙醇胺吸收硫化氢的吸收系数取为平均值 K_Ga=148 kg 分子/(h·m^3·atm)，吸收塔填料需要 V_T 量按下式计算：

$$V_T = \frac{G_S}{K_G a\cdot\Delta p_m} = \frac{7.25}{34\times148\div0.309\times10^{-3}} = 4.66(\text{m}^3)$$

取填料形状和尺寸的校正系数 F，ϕ50×50 的瓷环 F=0.15～0.2。

吸收塔填料实际需要 V_T' 量：

$$V_T' = \frac{V_T'}{\text{F}} = \frac{4.66}{0.17} = 27.4(\text{m}^3)$$

E.塔高的确定

填料高度：26.2/1.54=17(m)；

脱硫塔总高：H=23500 mm。

2) 脱硫液解吸塔

脱硫液解吸塔与吸收塔同样，采用陶瓷鲍尔环塔。解吸塔介质为 20%二乙醇胺水溶液，入口从脱硫吸收塔来的溶液称为富液，出口为解吸后的溶液称为贫液。

A.设计数据

(1) 解吸塔底压力：p_0= 110 kPa(绝对压力)。

(2) 解吸塔底温度：T_0= 119℃。

(3) 解吸塔顶压力：p=101.3 kPa。

(4) 进料温度：90℃。

(5) 解吸塔出口气量：H_2S：G_{H_2S}=7.25 kg/h；设 COS 脱除率 65%，则 COS 气体量为 G_{COS}=5000×0.73×0.65/1000=2.37(kg/h)；设 CS_2 脱除率 85%，则 CS_2 气体量为 G_{CS_2}=5000×0.05×0.85/1000=0.21×10^3(kg/h)。设 CO_2 吸收率 90%，V_{CO_2}=5000×0.026×0.9=117(m^3/h)；折合质量 $G_{CO_2} = \dfrac{44\cdot V_{CO_2}}{22.4} = \dfrac{44\times117}{22.4} = 229.82(\text{kg/h})$。

解吸塔出口干解吸气总量：G_C=7.25+ 2.37+229.82=239.44(kg/h)，见表 6.9。

表 6.9　干解吸气组分

序号	名称	分子量	质量/(kg/h)	体积/(Nm^3/h)	体积/%
1	H_2S	34	7.25	4.78	3.89
2	COS	60	2.37	0.885	0.72
3	CO_2	44	229.83	117.0	95.27
4	CS_2	76	0.21×10^{-3}	0.15×10^{-3}	0.12
	合计	214	239.65	122.815	100.00

(6) 解吸塔回流比设为 2.0，回流量 2×239.65=479.3 (kg/h)，479.3×22.4/18=596.5 (Nm^3/h)，水蒸气占 596.5/718.76=0.8299。

(7) 解吸塔顶温度根据下式计算：

$$p=\frac{0.114M_{\mathrm{g}}P}{1+0.114M_{\mathrm{g}}}=\frac{0.114\times43.65\times101.3}{1+0.114\times43.65}=84.3(\mathrm{kPa})$$

查附表 2，得塔顶饱和温度为 95℃。

(8) 解吸塔操作平均温度 105℃，在操作条件下解吸气体积流量：

$$V_{\mathrm{g}}=\frac{718.76\times(273+105)}{273}=995.2(\mathrm{m}^3/\mathrm{h})$$

湿解吸气分子量：43.65×0.1707+18×0.8299= 22.389；

气相重度：ρ_G=(239.5+479.3)/995.2=0.7223 (kg/m^3)；

气相黏度：μ_G=0.0154 cP。

(9) 贫液流量 L_P=15400 kg/h，富液流量：L_F=15400 +239.5= 15639.5 (kg/h)；

在 105℃时，20% DEA 水溶液相对密度：ρ_L=980 kg/m^3；液相黏度 μ_L=0.5 cP；20% DEA 水溶液热容 C_d=4.02 kJ/(kg·℃)。

B.解吸塔尺寸确定

因对硫化物要求高，填料塔的效率较高，故采用陶瓷鲍尔环。

鲍尔环的规格：ϕ50×50×4.5，乱堆，比表面积 93 m^2/m^3，填料因子 Φ=205。

a) 解吸塔直径确定

查图 1.4，得横坐标数据 A：

$$A=\left(\frac{L}{G}\right)^{0.25}\left(\frac{\rho_{\mathrm{G}}}{\rho_{\mathrm{L}}}\right)^{\frac{1}{8}}=\left(\frac{15400}{766.67}\right)^{0.25}\times\left(\frac{0.7213}{980}\right)^{0.125}=0.8592$$

查图得纵坐标 $B=\dfrac{w^2\phi\cdot\psi}{g}\left(\dfrac{\rho_{\mathrm{g}}}{\rho_{\mathrm{L}}}\right)\cdot\mu_{\mathrm{L}}^{0.2}=0.023$。

液泛速度：

$$W=\sqrt{\frac{B\cdot g\cdot\rho_{\mathrm{L}}\cdot\mu_{\mathrm{L}}^{0.2}\cdot\psi}{\phi\cdot\rho_{\mathrm{g}}}}$$

$$W=\sqrt{\frac{0.023\times9.81\times0.5^{0.2}\times980\times0.98}{93\times0.7213}}=1.667(\mathrm{m/s})$$

取 W_1=0.55W_0，操作气速 W_1=0.55×1.667= 0.922 (m/s)。

解吸塔直径：

$$D=\sqrt{\frac{995.2}{0.785\times3600\times0.922}}=0.618(\mathrm{m})$$

取为 Φ700 mm。

脱硫塔截面积：F＝0.785×0.7^2= 0.385 (m^2)；

实际气速取 $\omega=\dfrac{995.2}{3600\times0.5}=0.55(\mathrm{m/s})$。

b) 解吸塔高

填料高根据操作经验数据取为 10.5 m。

3) 贫富液换热器

贫富液换热器(图 6.11)采用卧式列管换热器，贫液走管间，富液走管内。贫液从解吸塔出来进入贫富液换热器将热量传给富液，贫液温度下降，而富液温度升高，回收热量。为了提高传热系数，富液分为二程。

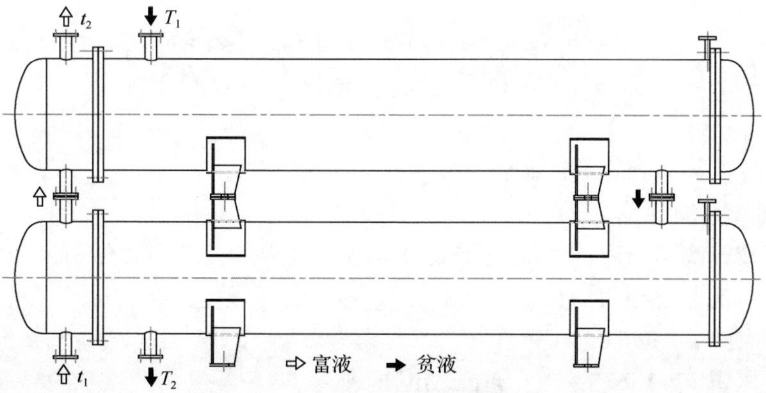

图 6.11　贫富液换热器

A.基础数据

操作压力：0.3 MPa；

富液入口温：t_1=35℃；

富液出口温度：t_2=90℃；

贫液进口温度：T_1=115℃；

贫液出口温度：T_2；

富液进口流量：G_F=15400+239.5=15639.5(kg/h)；

贫液出口流量：G_P=15400 kg/h。

B.热量衡算

入热：

贫液带入热 Q_1

$$Q_1=G_P\cdot C_d\cdot T_1=15400\times4.02\times115=7119420\,(\text{kJ/h})$$

富液带入热 Q_2

$$Q_2=G_P\cdot C_d\cdot T_1=15639.5\times4.02\times35=2200477.7\,(\text{kJ/h})$$

总入热：$Q_{入}$= 7119420+2200477.7 = 9319897.7(kJ/h)。

出热：

贫液带出热 Q_3

$$Q_3=G_P\cdot C_d\cdot T_2=15400\times4.02\times T_2=61908T_2\,(\text{kJ/h})$$

富液带出热 Q_4

$$Q_4=G_P\cdot C_d\cdot t_1=15639.5\times4.02\times90=5658371.1\,(\text{kJ/h})$$

热损失 Q_5，取为总入热的 2%：

$$Q_5=9319897.7\times0.02=186398\,(\text{kJ/h})$$

总出热 $Q_{出}$= 61908T_2 +5658371.1+186398 = 61908T_2 + 5844769.1(kJ/h)。

根据热平衡：

$$9319897.7=61908T_2+5844769.1$$

$$T_2=3475128.6/61908=56.1\,(℃)$$

C.设备计算

a)设备直径与列管数的确定

(i)列管数的计算

为了减轻或防止腐蚀，流速要低，富液走管内，贫液走管外。

富液平均温度=(115+56.1)/2= 85.6(℃)；

富液重度 ρ_L=996 kg/m^3；

富液体积 V_F=15639.5/996= 15.7(m^3/h)；

取富液流速为 0.05 m/s，列管选用 Φ25×2.5；

列管数=15.7/(3600×0.05×0.785×0.02^2)=277.8(根)。

(ii) 管板直径的计算

按正六角形排列，取充填系数=0.9，取管板间距 t=34 mm：

$$D = 1.05 \times 0.034 \times \sqrt{\frac{278}{0.9}} = 0.627(\mathrm{m})$$

选用管板直径为 0.8 m。

管子实际排列数：按六角排列时，查得管板开孔数为 421 根，减去装拉杆 4 根，实际 417 根。

b) 总传热系数的计算

(i) 管内传热系数的计算

为了减轻或防止腐蚀，流速要低，富液走管内用双程，贫液走管外。

管内用双程，管内管字数为 208 根。

管内流速：

$$\omega = 15.7/(3600 \times 0.785 \times 0.02^2 \times 208) = 0.0668\,(\mathrm{m/s})$$

溶液在平均温度 86℃时的黏度为 μ_L=0.4 cP

$$Re = \frac{d\omega \cdot \gamma}{\mu} = \frac{0.02 \times 0.0668 \times 996}{0.4 \times 10^{-3}} = 3326.6$$

富液在管内作湍流流动，传热系数按下式计算：

$$Nu = 0.023Re^{0.8}Pr^{0.4}$$

富液在平均温度 86℃时的导热系数 λ= 2.0197 kJ/(m · h · ℃)

$$Pr = \frac{\mu C}{\lambda} = \frac{0.4 \times 4.02 \times 3.6}{2.0197} = 2.8662$$

$$\begin{aligned}\alpha_{内} &= 0.023Re^{0.8}Pr^{0.3}\lambda / d = 0.023 \times 3326.6^{0.8} \times 2.8662^{0.3} \times 2.0197 / 0.02 \\ &= 2093[\mathrm{kJ/(m^2 \cdot h \cdot ℃)}]\end{aligned}$$

(ii) 管间传热系数的计算

管间为贫液，平均温度 63℃，物理参数与富液相近。

装圆缺形挡板，挡板间距取为 h=0.46 m，截口高度取为直径的 22%：

$$h' = 0.8 \times 0.22 = 0.18\,(\mathrm{m})$$

管外流道基准截面由下式计算：$S_m = \sqrt{S_1 S_2}$ 。

流体横过管束时流道的截面积 S_1：

$$S_1 = h \cdot D\left(1-\frac{d_0}{t}\right) = 0.46 \times 0.8 \times \left(1-\frac{0.025}{0.034}\right) = 0.0974(\mathrm{m}^2)$$

弓形缺口处流道截面积 S_2 是弓形面积 S_a 扣去该处管子所占面积。

弓形面积：

$$S_a = \frac{3.1416}{180} r^2 \cos^{-1}\left(\frac{r-h'}{r}\right) - (r-h')\sqrt{dh'-h'^2}$$

$$= \frac{3.1416}{180} \times 0.4^2 \times \cos^{-1}\left(\frac{0.4-0.18}{0.4}\right) - (0.4-0.18) \times \sqrt{0.8 \times 0.18 - 0.18^2}$$

$$= 0.08466(\mathrm{m}^2)$$

$$S_2 = S_a\left[1-0.91\left(\frac{d_0}{t}\right)^2\right] = 0.08466 \times \left[1-0.91 \times \left(\frac{0.025}{0.034}\right)^2\right] = 0.043(\mathrm{m}^2)$$

$$S_m = \sqrt{S_1 S_2} = \sqrt{0.0974 \times 0.043} = 0.06(\mathrm{m}^2)$$

贫液在管外质量流速：

$$G = 15400/(0.06 \times 3600) = 71.296[\mathrm{kg}/(\mathrm{m}^2 \cdot \mathrm{s})]$$

$$Re = \frac{Gd}{\mu} = \frac{71.296 \times 3600 \times 0.025}{0.4} = 16041.6$$

计算压降时，当量直径按下式计算：

$$d_e = \frac{D_i^2 - nd_0^2}{D_i + nd_0} = \frac{0.8^2 - 417 \times (0.025)^2}{0.8 + 417 \times 0.025} = 0.0338(\mathrm{m})$$

计算传热时，当量直径按下式计算：

$$d_e = \frac{D_i^2 - nd_0^2}{nd_0} = \frac{0.8^2 - 417 \times 0.025^2}{417 \times 0.025} = 0.0364(\mathrm{m})$$

传热系数按下式计算：

$$\frac{\alpha d_0}{\lambda} = 1.72 d_e^{0.6}\left(\frac{d_0 G}{\mu}\right)^{0.6}\left(\frac{c_p \mu}{\lambda}\right)^{\frac{1}{3}}$$

$$\alpha_{外} = \frac{2.0197}{0.025} \times 1.72 \times 0.0364^{0.6} \times 19250^{0.6} \times 2.8662^{\frac{1}{3}} = 10060\ [\mathrm{kJ}/(\mathrm{m} \cdot \mathrm{h} \cdot ℃)]$$

污垢热阻：管内走富液因含有少量沉淀等污物，热阻取为 0.0017 $m^2 \cdot h \cdot ℃/kJ$；考虑到腐蚀，增加 1 mm 的铁锈，则管内热阻为 0.0017+0.001/4.6=0.00192 ($m^2 \cdot h \cdot ℃/kJ$)；管外为干净水溶液结垢热阻：取为 0.0004 $m^2 \cdot h \cdot ℃/kJ$，R= 0.00232 $m^2 \cdot h \cdot ℃/kJ$，则

$$K = \frac{1}{\dfrac{1}{\alpha_{内}} + \dfrac{1}{\alpha_{外}} + R + \dfrac{\delta}{\lambda}} = \frac{1}{\dfrac{1}{2093} + \dfrac{1}{10060} + 0.00232 + \dfrac{0.0025}{167.4}} = 343.4[\mathrm{kJ} / (\mathrm{m}^2 \cdot \mathrm{h} \cdot ℃)]$$

c) 传热面积计算

(i) 热负荷

Q= 15639.5×4.02×(90–35) = 3457893.5 (kJ/h)

(ii) 平均温度差

换热器内系简单杂流(图 6.12)，有效平均温度差按下式计算：

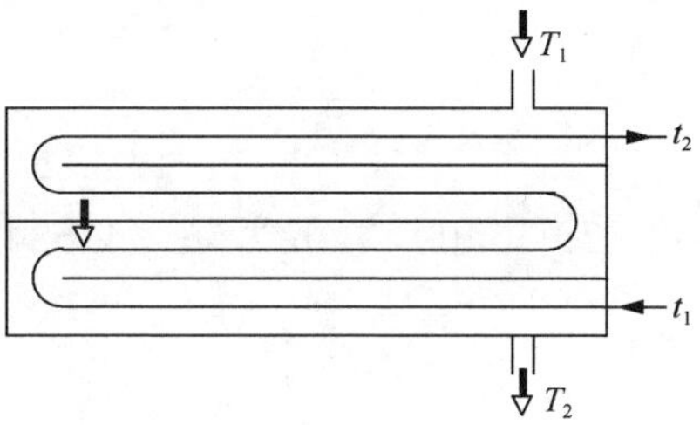

图 6.12　热、冷流体流向

$$\Delta t_{\mathrm{m}} = \frac{\sqrt{\Delta T^2 + \Delta t^2}}{\ln \dfrac{\Delta t_1 + \Delta t_2 + \sqrt{\Delta T^2 + \Delta t^2}}{\Delta t_1 + \Delta t_2 - \sqrt{\Delta T^2 + \Delta t^2}}}$$

式中，$\Delta t_1 = T_1 - t_1$=115–35=80，$\Delta t_2 = T_2 - t_2$=90–56.1=33.9，$\Delta T = T_1 - T_2$=115–56.1=58.9，$\Delta t = t_2 - t_1$=90–35=55。

$$\Delta t_{\mathrm{m}} = \frac{\sqrt{58.9^2 + 55^2}}{\ln \dfrac{80 + 33.9 + \sqrt{58.9^2 + 55^2}}{80 + 33.9 - \sqrt{58.9^2 + 55^2}}} = 45.7(℃)$$

(iii) 传热面积

$$F = 3457893.5/(343.4 \times 45.7) = 220\,(\mathrm{m}^2)$$

富裕 20%，则 F=1.2×220=264 (m^2)。

(iv) 列管长度

列管长度 L= 264/(3.1416×0.025×417)=8.06 (m^2)，换热器两个串联，每个列管长度为 4 m。

4) 贫液冷却器

用循环水将贫液从 56℃冷却至 35℃。

A.基础数据

贫液入口温度：T_1=56℃；

贫液出口温度：T_2=35℃；

冷却水进口温度：t_1=28℃；

冷却水出口温度：t_2=33℃；

贫液进口流量：G_P= 15400 kg/h。

B.热量衡算

入热：

贫液带入热 Q_1

$$Q_1=G_P \cdot C_P \cdot T_1=15400\times4.02\times56=3466848\ (\text{kJ/h})$$

冷却水带入热 Q_2

$$Q_2= G \cdot C_P \cdot t_1=G\times4.1868\times28= 117.2G\ (\text{kJ/h})$$

总入热

$$Q_{\text{入}}= 3466848+117.2G\ (\text{kJ/h})$$

出热：

贫液带出热 Q_3

$$Q_3= G_p \cdot C_p \cdot T_2=15400\times4.02\times35= 2166780\ (\text{kJ/h})$$

冷却水带出热 Q_4

$$Q_4=G\times4.1868\times33= 138.2G\ (\text{kJ/h})$$

热损失 Q_5，取为总入热的 0.5%：

$$Q_5=(3466848+117.2G)\times0.005 = 17334.2+0.586G\ (\text{kJ/h})$$

总出热

$$Q_{\text{出}}=2166780 +138.2G +17334.2+0.586G = 2184114.2 +138.79G\ (\text{kJ/h})$$

根据热平衡 3466848+117.2G = 2184114.2 +138.79G，冷却水用量 G=

1282733.8/21.59 = 59413(kg/h)。

C.设备计算

a)设备直径与列管数的确定

为了与贫富液换热器配合，富液走管内，冷却水走管外。

富液流速为 0.05 m/s，列管选用 $\phi 25\times2.5$，列管数=15.7/(3600×0.05×0.785×0.02^2)=277.8(根)。

根据正六角形排列，取充填系数=0.9，取管板间距 t=34 mm：

$$D = 1.05\times0.034\times\sqrt{\frac{278}{0.9}} = 0.627(\mathrm{m})$$

选用管板直径为 0.8 m。

管子实际排列数：按六角排列时，查得管板开孔数为 421 根，减去装拉杆 4 根，实际 417 根。

b)总传热系数的计算

(i)管内传热系数的计算

管内用双程，管内管数为 208 根。

管内流速：

$$\omega = 15.7/(3600\times0.785\times0.02^2\times208) = 0.0668(\mathrm{m/s})$$

溶液在平均温度 46℃时的黏度为 μ_{L}=0.4cP，

$$Re = \frac{d\omega\cdot\gamma}{\mu_{\mathrm{L}}} = \frac{0.02\times0.0668\times996}{0.4\times10^{-3}} = 3326.6$$

富液在管内作湍流流动，传热系数按下式计算：

$$Nu=0.023Re^{0.8}Pr^{0.4}$$

富液在平均温度 86℃时的导热系数 λ= 2.0197 kJ/(m·h·℃)

$$Pr = \frac{\mu C}{\lambda} = \frac{0.4\times4.02\times3.6}{2.0197} = 2.8662$$

$$\begin{aligned}\alpha_{内} &= 0.023Re^{0.8}Pr^{0.3}\lambda/d = 0.023\times3326.6^{0.8}\times2.8662^{0.3}\times2.0197/0.02\\ &= 2093[\mathrm{kJ/(m\cdot h\cdot ℃)}]\end{aligned}$$

(ii)管间传热系数的计算

管间为冷却水，均温度 30℃时，导热系数 λ=2.2232 kJ/(m·h·℃)，Z=0.801 cP，比热 C=4.1786 kJ/(kg·℃)。

装圆缺形挡板，挡板间距取为 h=0.46 m，截口高度取为直径的 22%。

$$H'=0.8\times 0.22=0.18\,(\text{m})$$

管外流道基准截面：

$$S_{\text{m}}=\sqrt{S_1S_2}$$

流体横过管束时流道的截面积 S_1：

$$S_1=hD\left(1-\frac{d_0}{t}\right)=0.46\times 0.8\times\left(1-\frac{0.025}{0.034}\right)=0.0974(\text{m}^2)$$

弓形缺口处流道截面积 S_2 是弓形面积 S_{a} 扣去该处管子所占面积。
弓形面积：

$$\begin{aligned}S_{\text{a}}&=\frac{3.1416}{180}r^2\cos^{-1}\left(\frac{r-h'}{r}\right)-(r-h')\sqrt{dh'-h'^2}\\&=\frac{3.1416}{180}\times 0.4^2\cos^{-1}\left(\frac{0.4-0.18}{0.4}\right)-(0.4-0.18)\times\sqrt{0.8\times 0.18-0.18^2}\\&=0.8466(\text{m}^2)\end{aligned}$$

$$S_2=S_{\text{a}}\left[1-0.91\left(\frac{d_0}{t}\right)^2\right]=0.08466\times\left[1-0.91\times\left(\frac{0.025}{0.034}\right)^2\right]=0.043(\text{m}^2)$$

$$S_{\text{m}}=\sqrt{S_1S_2}=\sqrt{0.0974\times 0.043}=0.06(\text{m}^2)$$

冷却水在管外质量流速：

$$G=59413/(0.06\times 3600)=275\ \text{kg}/(\text{m}^2\cdot\text{s})$$

$$Re=\frac{Gd}{\mu}=\frac{275\times 3600\times 0.025}{0.801}=30898.9$$

计算压降时，当量直径按下式计算：

$$d_{\text{e}}=\frac{D_{\text{i}}^2-nd_0^2}{D_{\text{i}}+nd_0}=\frac{0.8^2-417\times(0.025)^2}{0.8+417\times 0.025}=0.0338(\text{m})$$

计算传热时，当量直径按下式计算：

$$d_e = \frac{D_i^2 - nd_0{}^2}{nd_0} = \frac{0.8^2 - 417 \times 0.025^2}{417 \times 0.025} = 0.0364(\text{m})$$

传热系数按下式计算：

$$\frac{\alpha d_0}{\lambda} = 1.72 d_e{}^{0.6}\left(\frac{d_0 G}{\mu}\right)^{0.6}\left(\frac{c_p \mu}{\lambda}\right)^{\frac{1}{3}}$$

$$\alpha_{外} = \frac{2.2232}{0.025} \times 1.72 \times 0.0364^{0.6} \times 37087^{0.6} \times 5.42^{\frac{1}{3}} = 20296.8[\text{kJ}/(\text{m}\cdot\text{h}\cdot℃)]$$

污垢热阻：管内走富液因含有少量沉淀等污物，热阻取为 0.0017 m^2·h·℃/kJ；考虑到腐蚀，增加 1 mm 的铁锈，则管内热阻为 0.0017+0.001/4.6=0.00192 m^2·h·℃/kJ；管外为循环水结垢热阻：取为 0.0004 m^2·h·℃/kJ，R=0.00232 m^2·h·℃/kJ。

$$K = \frac{1}{\frac{1}{\alpha_{内}} + \frac{1}{\alpha_{外}} + R + \frac{\delta}{\lambda}} = \frac{1}{\frac{1}{2093} + \frac{1}{20295.4} + 0.00232 + \frac{0.0025}{167.4}} = 349.4[\text{kJ}/(\text{m}^2\cdot\text{h}\cdot℃)]$$

c) 传热面积计算

(1) 热负荷：

$$Q = 15400 \times 4.02 \times (56-35) = 1300068(\text{kJ/h})$$

(2) 冷却器内系简单杂流，有效平均温度差按下式计算：

$$\Delta t_m = \frac{\sqrt{\Delta T^2 + \Delta t^2}}{\ln\dfrac{\Delta t_1 + \Delta t_2 + \sqrt{\Delta T^2 + \Delta t^2}}{\Delta t_1 + \Delta t_2 - \sqrt{\Delta T^2 + \Delta t^2}}}$$

式中，$\Delta t_1 = T_1 - t_1 = 56-28 = 28$；$\Delta t_2 = T_2 - t_2 = 35-33 = 2$；$\Delta T = T_1 - T_2 = 56-35 = 21$；$\Delta t = t_2 - t_1 = 33-28 = 5$。

$$\Delta t = \frac{\sqrt{21^2 + 5^2}}{\ln\dfrac{28 + 2 + \sqrt{21^2 + 5^2}}{28 + 2 - \sqrt{21^2 + 5^2}}} = 11.9(℃)$$

(3) 传热面积：

$$F = 1300068/(349.4 \times 11.9) = 312.7(\text{m}^2)$$

d) 列管长度

列管长度 L=312.7/(3.1416×0.025×417)=9.55(m)。

冷却器两个串联，个列管长度为 4.5 m。

5) 酸性气冷凝冷却器

酸性气冷凝冷却器为立式列管结构，列管外走酸性气体，管内走冷却水。用循环水将酸性气从 95℃冷却至 35℃，回收冷凝液。

A.基础数据

(1) 操作压力：P=101.3 kPa。

(2) 湿酸性气入口温度：t_g=95℃。

(3) 酸性气出口温度：t_2=35℃。

(4) 冷却水进口温度：t_1=28℃。

(5) 冷却水出口温度：t_w=35℃。

(6) 冷却器进口气量：干气量：G_C=7.25+2.37+229.83=239.5(kg/h)；解吸塔进入水蒸气分压 p=84.5 kPa，$d=\dfrac{M_W}{M_g}\cdot\dfrac{p}{P-p}=\dfrac{18}{43.65}\cdot\dfrac{p}{P-p}=0.4124\times\dfrac{84.5}{101.3-84.5}=$ 2.074(kg/kg干气)，带入的水蒸气量 39.5×2.074= 81.9(kg/h)。

(7) 冷却器出口气量，不计溶解量。干气量 G_C=7.25+2.37+229.83=239.5(kg/h)；水蒸气含量按下式计算，35℃时水蒸气分压，p=5.609 kPa：

$$d=\frac{M_W}{M_g}\cdot\frac{p}{P-p}=\frac{18}{43.65}\cdot\frac{p}{P-p}=0.4124\times\frac{5.609}{101.3-5.609}=0.02417(\text{kg/kg干气})$$

带出的水蒸气量 39.5×0.02417 = 0.95(kg/h)；冷凝水冷凝量 95.8 − 0.95 = 94.85(kg/h)；回流比 491/239.5 = 2.05，满足要求。

(8) 湿酸性气量及组分见表 6.10。

表 6.10 湿酸性气量组分

序号	名称	分子量	质量/(kg/h)	体积/(Nm³/h)	体积/%
干酸性气	H_2S	34	7.25	4.78	3.68
	COS	60	2.37	0.885	0.72
	CO_2	44	229.83	117.0	95.38
	CS_2	76	0.21×10^{-3}	0.15×10^{-3}	—
	合计	43.65	239.5	122.67	100.00
湿酸性气	干气	43.65	239.5	122.67	16.72
	H_2O	18	495.8	617.0	83.28
	合计	22.093	735.3	739.67	100.0

B.热量衡算

a) 入热

(i) 干酸性气带入热 Q_1

干酸性气 95℃时，比热 C_g=0.8919 kJ/(kg·℃)，则

$$Q_1=G_C\cdot C_g\cdot T_1=239.5\times 0.8919\times 95=20292.95\,(\text{kJ/h})$$

(ii) 水蒸气带入热 Q_2

水蒸气在 95℃时的焓：

$$I_s=2490+1.93\times 95=2673.35\,(\text{kJ/kg 蒸汽})$$

$$Q_2=495.8\times 2673.35=1325446.9\,(\text{kJ/h})$$

$$Q_0=20292.95+1325446.9=1345739.8\,(\text{kJ/h})$$

(iii) 冷却水带入热 Q_3

$$Q_3=G\times 4.1868\times 28=117.2G\,(\text{kJ/h})$$

总入热：

$$Q_{入}=1345739.8+117.2G\,(\text{kJ/h})$$

b) 出热

(i) 干酸性气带出热 Q_4

干酸性气 35℃时，比热 C_g=0.8724 kJ/(kg·℃)，则

$$Q_4=239.5\times 0.8724\times 35=7312.9\,(\text{kJ/h})$$

(ii) 酸性气中水汽带出热 Q_5

水蒸气在 35℃时的焓 I_s=2557.55 kJ/kg，则

$$Q_5=5.8\times 2557.55=14833.8\,(\text{kJ/h})$$

(iii) 冷凝水带出热量 Q_6

$$Q_6=(495.8-5.8)\times 4.1868\times 35=71803.6\,(\text{kJ/h})$$

(iv) 冷却水带出热 Q_7

$$Q_7=G\times 4.1868\times 35=146.54G$$

热损忽略不计。

总出热 $Q_{出}$=7312.9+14833.8+71803.6+146.54G= 93950.3+146.54G；

根据热平衡：1345739.8+117.2G= 93950.3+146.54G；

冷却水用量：G=1251789.5/29.34= 42665(kg/h)。

C.用逐点试差计算法计算传热面积

a)酸性气体在各区分点含水量的计算

按以下温度范围进行分区：95℃、90℃、85℃、80℃、75℃、70℃、65℃、45℃、35℃。

各分区温度点干酸性气体及水蒸气焓值见表 6.11。

表 6.11 干酸性气体及水蒸气焓值

分区点	气体温度/℃	干酸性气焓/(kJ/kg 干气)	水蒸气焓/(kJ/kg 蒸汽)
		$I_g=C_g \cdot t_g$	$I_s=2490+1.93t_g$
0	95	0.8919×95=84.73	2673.35
1	90	0.8904×90=80.14	2663.7
2	85	0.8887×85=75.54	2654.05
3	80	0.887×80=70.96	2644.4
4	75	0.8853×75=66.40	2634.75
5	70	0.8838×70=61.87	2625.1
6	65	0.8821×65=57.34	2615.45
7	55	0.8789×55=48.34	2596.15
8	45	0.8756×45=39.40	2576.85
9	35	0.8724×35=30.53	2557.55

进口点(0 点)气体温度为 95℃，水蒸气分压为 84.5 kPa，则水蒸气含量：

$$d_{95} = 0.4124 \times \frac{84.5}{101.3 - 84.5} = 2.074(\text{kg/kg干气})$$

水蒸气量：

239.5×2.07=495.8(kg/h)

第一点气体温度为 90℃，水蒸气分压为 70.108 kPa，则水蒸气含量：

$$d_{90} = 0.4124 \times \frac{70.108}{101.3-70.108} = 0.9269(\text{kg/kg干气})$$

水蒸气量：239.5×0.9269=221.99(kg/h)

用同样方法计算各点气体中水蒸气含量和凝水量见表 6.12。

表 6.12　各点气体中水蒸气含量和凝水量

分区点	温度/℃	水蒸气分压/kPa	水蒸气含量/(kg/kg)	水蒸气量		水蒸气百分比/%		冷凝水量/(kg/h)	段间凝水量/(kg/h)
				kg/h	Nm^3/h	质量	体积		
0	95	84.533	2.074	495.8	617.0	68.78	83.42	0	0
1	90	70.108	0.9269	221.99	276.25	30.80	69.25	273.81	273.81
2	85	57.80	0.548	131.25	163.33	18.21	57.11	364.57	183.07
3	80	47.347	0.3619	86.68	107.87	12.03	46.79	409.12	46.17
4	75	38.53	0.2531	60.63	75.45	8.41	38.08	435.17	18.52
5	70	31.136	0.183	43.83	54.54	6.08	30.78	451.97	9.25
6	65	24.99	0.135	32.35	40.26	4.49	24.71	463.45	1.77
7	35	5.609	0.0242	5.8	7.22	0.8	5.56	490	26.55

b) 各区间的传热量及温度差

进口点气体温度为 95℃，湿酸性气体热量 Q_0=1345739.8 kJ/h，冷却水出口温度 t_w=35℃，则 t_g-t_w=95–35=60(℃)。

第一点气体温度为 90℃，则湿酸性气体及冷凝液热量：

$$Q_1=G_g\cdot I_g+G_s\cdot I_s+4.1868T_2G_N$$
$$=239.5\times80.14+221.99\times2663.7+273.81\times146.54=650632.4\ (\text{kJ/h})$$
$$\Delta Q=Q_0-Q_1=1345739.8-650632.4=695107.4\ (\text{kJ/h})$$

水温变化 Δt_w= 695107.4/(42213×4.1868)=3.9(℃)，冷却水温度 t_w=35–3.9=31.1(℃)，t_g-t_W=90–31.1=58.9(℃)。

进口点与第一点区间平均温度差 $(t_g-t_w)_{\alpha v}=\dfrac{60+58.9}{2}=59.45(℃)$

同样对各区间进行计算，并列见表 6.13。

表 6.13　各区间温差

区分点	气体温度 t_g	气体凝液热量/(kJ/h)	ΔQ/(kJ/h)	冷却水温度/℃	(t_g-t_w)	$(t_g-t_w)_{\alpha v}$	$\dfrac{\Delta Q}{(t_g-t_w)_{\alpha v}}$	$\sum\Delta Q$/(kJ/h)
0	95	1345739.8	—	35	60			
1	90	650632.4	695107.4	31.1	58.9	59.45	11692.3	695107
2	85	393263.0	257369.4	29.66	55.34	57.12	4505.8	952476
3	80	252977.3	140285.7	28.87	51.13	53.24	2635.2	955111
4	75	178359.8	74617.5	28.45	46.55	48.84	1527.8	1029729
5	70	131231.5	47128.3	28.19	41.81	44.18	1066.7	1076857
6	65	98602.1	32629.4	28.1	36.9	39.36	829.1	1109487
7	35	93950.3	4651.8	28	7	22	211.4	1114139

c)酸性气冷凝冷却器规格估算

假设 K=150 kJ/(m^2·h·℃)，

$$\Delta t = \frac{\sum \Delta Q}{\sum \frac{\Delta Q}{(t_g - t_w)_{\beta\nu}}} = \frac{1114139}{22468.3} = 49.59(℃)$$

所需传热面积 $A = \frac{1114139}{150 \times 49.59} = 149.8(m^2)$

换热管选用ϕ25×2.5 耐硫不锈钢管。管子按正六角形排列，管间距取为 34 mm，水管内流速取为 0.15 m/s。

列管数 n=42.66/(3600×0.15×0.785×0.02^2)=252(根)。

d)管板直径的计算

按正六角形排列，填系数=0.9，管板间距 t=34 mm：

$$D = 1.05 \times 0.034 \times \sqrt{\frac{252}{0.9}} = 0.597(m)$$

选用管板直径为 0.6 m，则管子实际排列数：按六角排列时，得管板开孔数 223 根，减去装拉杆 4 根，实际 219 根。

根据估计的传热面积计算管子长度：

$$L = \frac{149.8}{219 \times 3.1416 \times 0.025} = 8.7(m)$$

分成两个串联，每个管子长 4.5 m。

e)管内传热系数的计算

管内单程，水在管内质量流速：

$$\omega = 42665/(3600 \times 0.785 \times 0.02^2 \times 219) = 172.34\ [kg/(m^2 \cdot s)]$$

水在平均温度 31.5℃时，黏度：μ_L=0.7793，cP=0.7793×10^{-3} kg/(m·s)，C=4.1786kJ/(kg·℃)，λ=2.2232 kJ/(m·h·℃)。

$$Re = \frac{d\omega\gamma}{\mu} = \frac{0.02 \times 172.34}{0.7793 \times 10^{-3}} = 4423$$

水在管内属过渡流，传热系数按湍流流动公式计算，查 f = 0.88 系数进行校正。

$$Nu = f \cdot 0.023 Re^{0.8} Pr^{0.4}$$

$$Pr = \frac{\mu C}{\gamma} = \frac{0.7793 \times 10^{-3} \times 3600 \times 4.1786}{2.2232} = 5.27$$

$$\alpha_{内} = 0.88 \times 0.023 Re^{0.8} Pr^{0.3} \lambda / d = 0.023 \times 4423^{0.8} \times 5.27^{0.3} \times 2.2232 / 0.02$$
$$= 3473.7[\mathrm{kJ / (m^2 \cdot h \cdot ℃)}]$$

f) 冷凝传热系数的计算

蒸汽在管间垂直管表面上冷凝传热系数按式(5-50)计算：

$$\alpha = 6B\sqrt[3]{\frac{\pi d}{W'}} = 6B\frac{B}{\sqrt[3]{L}}$$

式中，L 为流下来的冷凝液的密度(即每单位管周的冷凝液量)，kg/(m·h)。

$$L = \frac{W}{n\pi d} = \frac{490}{219 \times 3.1416 \times 0.025} = 28.5[\mathrm{kg / (m \cdot h)}]$$

平均水膜温度为(95+35)/2=65(℃)，B 值由表 5.3 用内插法求得 15725。

$$\alpha_{\mathrm{C}} = 6 \times \frac{15725}{\sqrt[3]{28.5}} = 30888[\mathrm{kJ / (m^2 \cdot h \cdot ℃)}]$$

g) 综合传热系数的计算

当混合气体走壳程，冷却水走管程时按式(6-82)计算：

$$\alpha_{\Sigma} = \frac{1}{\frac{1}{\alpha_{\mathrm{C}}} + R_0 + \frac{\delta}{\lambda}\left(\frac{d_0}{d_{\mathrm{m}}}\right) + R_{\mathrm{i}}\left(\frac{d_0}{d_{\mathrm{i}}}\right) + \frac{1}{\alpha_{\mathrm{w}}}\left(\frac{d_0}{d_{\mathrm{i}}}\right)}$$

污垢系数：R_{i}=0.00628 m^2·h·℃/kJ，R_0=0.0025 m^2·h·℃/kJ。

不锈钢导热系数 λ=85 kJ/(m·h·℃)。

$$\alpha_{\Sigma} = \frac{1}{\frac{1}{30825} + 0.0025 + \frac{0.0025}{85} \times \left(\frac{0.025}{0.022}\right) + 0.00628 \times \left(\frac{0.025}{0.02}\right) + \frac{1}{3053.8} \times \left(\frac{0.025}{0.02}\right)}$$
$$= 92.4\ [\mathrm{kJ / (m^2 \cdot h \cdot ℃)}]$$

h) 气体对流传热系数的计算

计算各段气体对流传热系数，需首先计算出各段气体的物理参数和质量流速。

因缺乏 H_2S、COS、CS_2 物理参数数据，其所占比例不高，酸性气体的物理参数均按 CO_2 的物理参数。

各段混合气体的组成见表 6.14。

表 6.14　混合气体组分

分区点	气体温度/℃	酸性气量/(Nm^3/h)	水蒸气量/(Nm^3/h)	混合气量/(Nm^3/h)	水汽百分比/%		混合气分子量
					质量	体积	
0	95	122.67	617.0	739.67	68.78	83.42	22.252
1	90	122.67	276.25	398.92	30.80	69.25	25.887
2	85	122.67	163.33	286.00	18.21	57.11	29.00
3	80	122.67	107.87	230.54	12.03	46.79	31.649
4	75	122.67	75.45	198.12	8.41	38.08	33.883
5	70	122.67	54.54	177.21	6.08	30.78	35.755
6	65	122.67	40.26	162.93	4.49	24.71	37.312
7	35	122.67	7.22	129.86	0.8	5.56	42.224

各段单独气体物理参数见表 6.15。

表 6.15　单独气体物理参数

分区点	气体温度/℃	比热/[kJ/(kg·℃)]		黏度 $\mu\times10^7$/[kg/(m·s)]		导热系数 $\lambda\times10^4$/[kJ/(m·h·℃)]	
		CO_2	H_2O	CO_2	H_2O	CO_2	H_2O
0	95	0.8919	1.8380	1805	1231.4	799.7	856.1
1	90	0.8904	1.8361	1783	1213	785.6	841.0
2	85	0.8887	1.8343	1760	1194	771.4	826.0
3	80	0.887	1.8324	1738	1176	757.2	810.9
4	75	0.8853	1.8306	1716	1157	743.1	795.8
5	70	0.8838	1.8287	1693	1142	728.2	780.8
6	65	0.8821	1.8268	1669	1124	683.4	765.7
7	35	0.8724	1.8157	1530	1113	623.7	675.2

(i) 混合气体的黏度

进口点气体温度为 95℃，则

$$CO_2 \quad y_i\sqrt{M_i} = 0.1646\times\sqrt{44} = 1.0918$$

$$H_2O \quad y_i\sqrt{M_i} = 0.8342\times\sqrt{18} = 3.5392$$

$$\sum y_i\sqrt{M_i} = 1.0918 + 3.5392 = 4.631$$

$$CO_2 \quad y_i\mu_i\sqrt{M_i} = 0.1646\times1805\times10^{-7}\times\sqrt{44} = 1970.8\times10^{-7}[kg/(m\cdot h)]$$

$$H_2O \quad y_i\mu_i\sqrt{M_i} = 0.8342\times1231.4\times10^{-7}\times\sqrt{18} = 4358.2\times10^{-7}[\text{kg}/(\text{m}\cdot\text{h})]$$

$$\sum y_i\mu_i\sqrt{M_i} = 1970.7\times10^{-7} + 4363.5\times10^{-7} = 6334.2\times10^{-7}[\text{kg}/(\text{m}\cdot\text{h})]$$

混合气体在 95℃时的黏度：

$$\mu = \frac{6329\times10^{-7}}{4.631} = 1366.7\times10^{-7}[\text{kg}/(\text{m}\cdot\text{h})]$$

(ii) 混合气体的导热系数

进口点气体温度为 95℃，则

$$CO_2 \quad y_i\sqrt[3]{M_i} = 0.1646\times\sqrt[3]{44} = 0.581$$

$$H_2O \quad y_i\sqrt[3]{M_i} = 0.8342\times\sqrt[3]{18} = 2.186$$

$$\sum y_i\sqrt[3]{M_i} = 0.581 + 2.186 = 2.767$$

$$CO_2 \quad y_i\lambda_i\sqrt[3]{M_i} = 0.1646\times799.7\times10^{-4}\times\sqrt[3]{44} = 464.7\times10^{-4}[\text{kJ}/(\text{m}\cdot℃)]$$

$$H_2O \quad y_i\lambda_i\sqrt[3]{M_i} = 0.8342\times841\times10^{-4}\times\sqrt[3]{18} = 1838.6\times10^{-4}[\text{kJ}/(\text{m}\cdot℃)]$$

$$\sum y_i\lambda_i\sqrt[3]{M_i} = 464.6\times10^{-4} + 1838.4\times10^{-4} = 2303\times10^{-4}[\text{kJ}/(\text{m}\cdot℃)]$$

混合气体在 95℃时的导热系数：

$$\lambda = \frac{2303\times10^{-4}}{2.767} = 832.3\times10^{-4}[\text{kJ}/(\text{m}\cdot℃)]$$

各点酸性气体的物理参数可由各单组分的物理参数和组分根据附录 1.23“酸性气体混合气的物性计算 Visual Basic 程序”计算。

(iii) 壳程通道截面的计算

壳程装有圆缺形挡板，挡板间距取为 h=0.45 m，截口高度取为直径的 22%，则 h'=0.6×0.22=0.132 (m)。

管外流道基准截面由下式计算：

$$S_m = \sqrt{S_1S_2}$$

流体横过管束时流道的截面积 S_1：

$$S_1 = hD\left(1-\frac{d_0}{t}\right) = 0.45\times0.6\times\left(1-\frac{0.025}{0.034}\right) = 0.0715(\text{m}^2)$$

弓形缺口处流道截面积 S_2 是弓形面积 S_a 扣去该处管子所占面积。

弓形面积：

$$S_a = \frac{3.1416}{180} r^2 \cos^{-1}\left(\frac{r-h'}{r}\right) - (r-h')\sqrt{dh' - h'^2}$$

$$= \frac{3.1416}{180} \times 0.3^2 \cos^{-1}\left(\frac{0.3-0.132}{0.3}\right) - (0.3-0.132) \times \sqrt{0.6 \times 0.132 - 0.132^2}$$

$$= 0.04612(m^2)$$

$$S_2 = S_a\left[1 - 0.91\left(\frac{d_0}{t}\right)^2\right] = 0.04512 \times \left[1 - 0.91 \times \left(\frac{0.025}{0.034}\right)^2\right] = 0.02343(m^2)$$

$$S_m = \sqrt{S_1 S_2} = \sqrt{0.0715 \times 0.02343} = 0.0409(m^2)$$

进口点质量流速 $G_0 = \dfrac{239.5+495.8}{0.0409} = 17977.99[kg/(m^2 \cdot h)]$；第一点质量流速 $G_1 = \dfrac{239.5+221.99}{0.0409} = 11283.37[kg/(m^2 \cdot h)]$。

用同样的方法计算各点的质量流速见表 6.16。

表 6.16　质量流速

分区点	气体温度/℃	比热/[kJ/(kg · ℃)]	黏度 $\mu \times 10^{-7}$/[kg/(m · s)]	导热系数 $\lambda \times 10^{-4}$/[kJ/(m · ℃)]	气体质量流速/[kg/(m^2 · h)]
0	95	1.5426	1366.5	832.3	18148.2
1	90	1.1817	1446.7	820.3	11394.8
2	85	1.0592	1499.7	798.5	9154.3
3	80	1.0007	1446.6	820.3	8053.8
4	75	0.9648	1558.2	759.6	7410.6
5	70	0.9412	1571.0	741.3	6995.8
6	65	0.9245	1574.4	699.5	6712.3
7	35	0.8799	1498.9	628.1	6056.8

(iv)混合气体对流传热系数的计算

混合气体对流传热系数由装有圆缺形的列管式换热器的传热系数用下式计算，因区分点温差小，黏度校正项略去不计：

$$\frac{\alpha d_0}{\lambda} = 1.72(d_e)^{0.6}\left(\frac{d_0 G_m}{\mu}\right)^{0.6}\left(\frac{C\mu}{\lambda}\right)^{\frac{1}{3}}$$

$$d_e = \frac{D^2 - nd_0^2}{D + nd_0} = \frac{0.6^2 - 219 \times (0.025)^2}{0.6 + 219 \times 0.025} = 0.0367$$

进口点：

$$\alpha_g = \frac{0.0832}{0.025} \times 1.72 \times (0.0367)^{0.6} \times \left(\frac{0.025 \times 18148.2}{0.4919}\right)^{0.6} \times \left(\frac{1.5426 \times 0.4919}{0.0834}\right)^{\frac{1}{3}}$$
$$= 98.88[\text{kJ}/(\text{m}^2 \cdot \text{h} \cdot ℃)]$$

根据附录1.24“传热系数和传质系数计算Visual Basic程序”计算得各点的α_g值见表6.17。

表6.17 传热系数和传质系数的 α_g 值

区分点	0	1	2	3	4	5	6	7
α_g/[kJ/(m^2·h·℃)]	98.87	66.8	55	51.4	45.0	42.3	39.4	34.4

(v) 各点传质系数的计算

传质系数用下式计算：

$$K_G = \frac{\alpha_g Pr^{\frac{2}{3}}}{C \cdot M \cdot Sc^{\frac{2}{3}}} = \frac{\alpha_g \left(\frac{C \cdot \mu}{\lambda}\right)^{\frac{2}{3}}}{C \cdot M \left(\frac{\mu}{\gamma \cdot D}\right)^{\frac{2}{3}}}$$

酸性气体和水蒸气的分子体积由表6.8查得，其中CS_2缺乏数据且量很少，略去不计。

酸性气体分子体积 V_i=0.9538×34+0.0368×32.9+0.0072×51.6=34.01。

进口点：温度95℃。

进口点水蒸气在酸性气体中的扩散系数D按式(6-86)计算：

$$D_{ai} = 0.00155 \times \frac{T^{\frac{3}{2}}}{P\left(V_a^{\frac{1}{3}} + V_i^{\frac{1}{3}}\right)^2} \times \sqrt{\frac{1}{M_a} + \frac{1}{M_i}} = \frac{0.00155 \times (273 + 95)^{\frac{3}{2}}}{1 \times \left(18.9^{\frac{1}{3}} + 34.01^{\frac{1}{3}}\right)^2} \times \sqrt{\frac{1}{18} + \frac{1}{43.65}}$$

$$= 0.0879\ (\text{m}^2/\text{h})$$

进口点混合气的密度 $\gamma = \dfrac{22.252}{22.4} \times \dfrac{(273+95)}{273} = 1.339(\text{kg/m}^3)$

进口点传质系数：

$$K_G = \frac{98.87 \times \left(\dfrac{1.6425 \times 0.45194}{0.8323}\right)^{\frac{2}{3}}}{1.5426 \times 22.252 \times \left(\dfrac{0.45194}{1.339 \times 0.519}\right)^{\frac{2}{3}}} = 3.6[\text{kmol}/(\text{m}^2 \cdot \text{h})]$$

根据附录 1.24“传热系数和传质系数计算 Visual Basic 程序”计算得各点的 K_G 值见表 6.18。

表 6.18　传热系数和传质系数的 K_G 值

区分点	气体温度/℃	各点分子量 M	扩散系数 D/(m²/h)	混合气密度 γ/(kg/m³)	传质系数 K_G/[kmol/(m²·h)]
0	95	22.252	0.0879	1.339	3.6
1	90	25.887	0.0753	1.494	3.0
2	85	29.00	0.0769	1.698	2.58
3	80	31.649	0.0753	1.827	2.29
4	75	33.883	0.0737	1.928	2.04
5	70	36.755	0.0721	2.005	1.88
6	65	37.312	0.0705	2.062	1.77
7	35	42.224	0.0613	2.127	1.383

(vi) 传热面积计算

①求取膜面温度。

进口点：t_g=95℃，t_w=35℃，p_v=84.533 kPa，α_g=99.0 kJ/(m²·h·℃)，K_G=4.6 kmol/(m²·h)。

设膜面温度 t_c=93℃，由蒸汽表查得 p_c=78.492 kPa，r_v=2490 kJ/kg，则

$$\frac{dQ}{dA} = \alpha_g(t_g - t_c) + K_G \cdot M_v \cdot r_v \cdot \ln\left(\frac{P-p_c}{P-p_v}\right) = 99 \times (95-93) + 4.6 \times 18 \times 2490$$

$$\times 0.4124 \ln\left(\frac{101.3-78.492}{101.3-84.533}\right) = 26360[\text{kJ}/(\text{m}^2 \cdot \text{h})]$$

$$\frac{dQ'}{dA} = \alpha_{\sum}(t_c - t_w) = 92.4 \times (93-35) = 5359[\text{kJ}/(\text{m}^2 \cdot \text{h})]$$

设膜面温度 t_c=94℃，由蒸汽表查得 p_c=81.463 kPa，r_v=2490 kJ/kg，则

$$\frac{dQ}{dA}=\alpha_g(t_g-t_c)+K_G\cdot M_v\cdot r_v\cdot\ln\left(\frac{P-p_C}{P-p_v}\right)=99\times(95-94)+4.6\times18\times2490$$
$$\times\ln\left(\frac{101.3-81.463}{101.3-84.533}\right)=34764[kJ/(m^2\cdot h)]$$

$$\frac{dQ'}{dA}=\alpha_{\sum}(t_c-t_w)=92.4\times(94-35)=5452[kJ/(m^2\cdot h)]$$

设膜面温度 t_c=95℃，由蒸汽表查得 p_c=84.533 kPa，r_v=2490 kJ/kg，则

$$\frac{dQ}{dA}=\alpha_g(t_g-t_c)+K_G\cdot M_v\cdot r_v\cdot\ln\left(\frac{P-p_C}{P-p_v}\right)=99(95-95)+4.6\times18\times2490$$
$$\times\ln\left(\frac{101.3-84.533}{101.3-84.533}\right)=0.0[kJ/(m^2\cdot h)]$$

$$\frac{dQ'}{dA}=\alpha_{\sum}(t_c-t_w)=92.4\times(95-35)=5544[kJ/(m^2\cdot h)]$$

用以上数据作液膜面温度计算图见图 6.13，$\frac{dQ}{dA}$-t_c和$\frac{dQ'}{dA}$-t_c 曲线交点为，t_c=94.64℃；$K(t_g-t_w)$=99×(94.64 – 35)=5904[kJ/(m²·h)]。

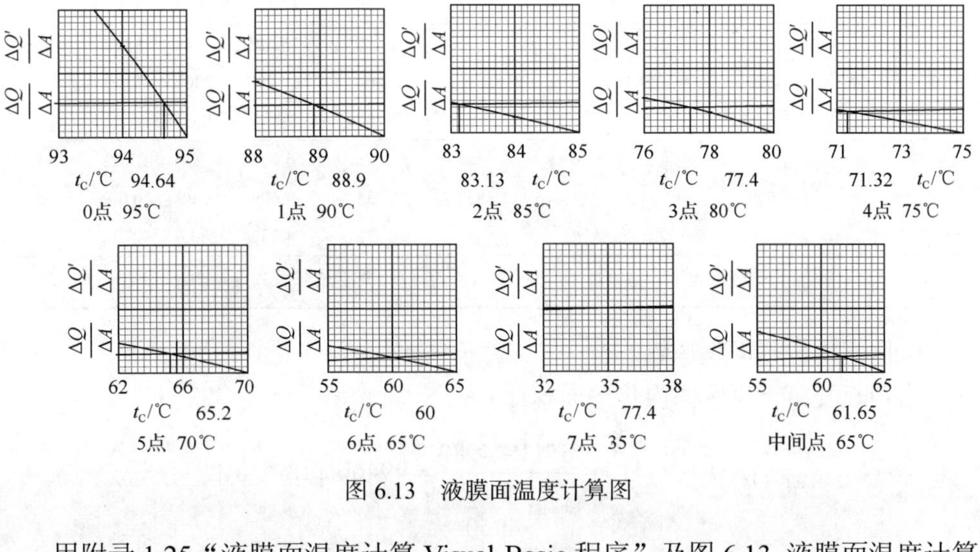

图 6.13 液膜面温度计算图

用附录 1.25“液膜面温度计算 Visual Basic 程序”及图 6.13 液膜面温度计算图，计算结果见表 6.19。

表 6.19　液膜面温度

区分点	气体温度 t_g/℃	蒸汽分压 p_v/kPa	传热系数 α_g /[kJ/(m²·h·℃)]	传质系数 K_G /[kmol/(m²·h)]	假设液膜温度 t_c/℃	蒸汽分压 p_c/kPa	$\frac{dQ}{dA}$	$\frac{dQ'}{dA}$	求取得液膜温度 t_c'
					93	78.492	26360	5359	
0	95	84.533	99	4.6	94	81.464	14390	5452	94.64
					95	84.533	0	5544	
					88	64.949	8621	4897	
1	90	70.108	66.84	3.0	89	67.48	4552	4990	88.9
					90	70.108	0	5082	
					83	4708	4435		
2	85	57.80	55.0	2.58	84	55.564	2445	4528	83.13
					85	57.8	0.00	4620	
					76	40.178	5486	3788	
3	80	47.347	51.4	2.29	78	43.23	3214	3973	77.4
					80	47.374	0.00	4158	
					71	32.509	3634	3326	
4	75	38.53	45.0	2.04	73	35.412	1918	3511	71.32
					75	3853	0.00	3697	
					62	21.831	4666	2495	
5	70	31.136	42.3	1.88	66	26.136	2561	2864	65.2
					70	31.136	0.00	3234	
					55	15.721	4144	1848	
6	65	24.99	39.4	1.77	60	19.912	2305	2310	60
					65	24.99	0.00	2772	
					38	6.623	–376	277.2	
7	35	5.609	34.4	1.383	35	5.609	0.00	0.00	35
					32	4.737	335	–277.2	
冷却水温度 t_w= 35℃					综合传热系数 α_Σ = 92.4 kJ/(m²·h·℃)				

②区间内传热面积计算。

进口点与第一点区间内传热面积计算：

$$[K(t_g - t_w)]_m = \frac{5511 - 4980}{\ln\frac{5511}{4950}} = 4946[\text{kJ/(m}^2 \cdot \text{h)}]$$

$$\Delta Q = 69510.4 \text{ kJ/h}$$

$$\Delta A=\frac{69510.4}{4946}=14.05(m^2)$$

用同样方法求得各区间所需的传热面积见表 6.20。

表 6.20　各区间所需传热面积

区分点	膜面温度 t_C/℃	$K(t_g-t_w)$/[kJ/(m²·h)]	$[K(t_g-t_w)]_m$/[kJ/(m²·h)]	ΔQ/(kJ/h)	ΔA/m²
0	94.64	5511			
1	88.9	4980	4946	695107.4	13.99
2	83.13	4447	5404	257369.4	47.53
3	77.4	3918	4176.9	140285.7	33.6
4	71.32	3356	3630	74617.5	20.6
5	65.2	2790	3064	47128.3	15.4
6	60	2310	2542	32629.4	12.8
7	35	0.00	2310	4651.8	2.0

总传热面积 $A=\sum\Delta A=145.9(m^2)$。

计算结果与估计的基本一致。

D.用三点法计算传热面积

用本法计算时，冷却水用量、综合传热系数 α_Σ 的计算与前法相同，不再重复，直接取用前法中的计算结果，以下仅取不同的部分进行计算，以说明本法的实际应用。

a) 各点的物理参数和有关数据

三点法“中间点”的值是进口点和出口点的平均值(见表 6.21)。

表 6.21　各点的物理参数和有关数据

区分点	比热 C /[kJ/(kg·℃)]	黏度 $\mu\times10^7$ /[kg/(m·s)]	传热系数 $\lambda\times10^{-4}$ /[kJ/(m·h·℃)]	重度 γ/(kg/m³)	扩散系数 D/(m²/h)	平均分子量 M	气温 t_g/℃	水温 t_w/℃
进口点	1.5426	1366.5	832.3	1.339	0.0801	22.252	95	35
出口点	0.8799	1498.9	628.1	2.127	2.127	42.224	35	28
平均点	1.2113	1432.7	730.2	1.733	1.1036	32.238	65	31.5

b)“中间点”气体对流传热系数及传质系数的计算

根据上表中间点数据，用附录 1.24“传热系数和传质系数计算 Visual Basic 程序”计算得“中间点”的 α_g 值和 K_G 值：

$$G=\frac{18148.2+6056.8}{2}=12102.5[kg/(m^2\cdot h)]$$

$$\alpha_{\mathrm{g}} = \frac{0.07302}{0.025} \times 1.72 \times (0.0367)^{0.6} \times \left(\frac{0.025 \times 3949.5}{0.3358}\right)^{0.6} \times \left(\frac{1.733 \times 0.3358}{0.07302}\right)^{\frac{1}{3}}$$

$$= 41.8[\mathrm{kJ/(m^2 \cdot h \cdot ℃)}]$$

$$K_{\mathrm{G}} = \frac{41.8 \times \left(\dfrac{1.2113 \times 0.3358}{0.07302}\right)^{\frac{2}{3}}}{1.2113 \times 32.238 \times \left(\dfrac{0.3358}{1.733 \times 1.1036}\right)^{\frac{2}{3}}} = 10.73[\mathrm{kmol/(m^2 \cdot h)}]$$

c) 液膜面温度计算

进出口点的液膜面温度见前法计算结果“中间点”的液膜面温度用附录 1.25 “液膜面温度计算 Visual Basic 程序”及图 6.13 液膜面温度计算图，计算结果见表 6.22。

表 6.22　液膜面温度

区分点	气体温度 t_g/℃	蒸汽分压 p_v/kPa	传热系数 a_g /[kJ/(m²·h·℃)]	传质系数 K_G /[kmol/(m²·h)]	假设液膜温度 t_c/℃	蒸汽分压 p_c/kPa	$\frac{dQ}{dA}$	$\frac{dQ'}{dA}$	求取得液膜温度 t_c'
					55	15.721	6390	1848	
中间点	65	24.99	64.83	2.71	60	19.912	3551	2310	61.65
					65	24.99	0.00	2772	
冷却水温度 t_w = 35℃					综合传热系数 α_Σ = 92.4 kJ/(m²·h·℃)				

d) 传热面积计算

$$\Delta t_1 = 94.64 - 35 = 59.64(℃)$$

式中，94.64℃为进口点液膜面温度。

$$\Delta t_2 = 31.5 - 28 = 3.5(℃)$$

式中，35℃为出口点液膜面温度。

$$\Delta t_n = 61.65 - 35 = 26.65(℃)$$

式中，61.65℃为中间点液膜面温度。

传递的热量：

$$\frac{Q}{2}=\frac{\sum \Delta Q}{2}=1114139/2=557069.5$$

$$A=\frac{557069.5}{92.4\times\dfrac{59.64-31.65}{\ln\dfrac{59.62}{31.65}}}+\frac{557069.5}{92.4\times\dfrac{31.65-2.8}{\ln\dfrac{31.65}{2.8}}}=643(\mathrm{m}^2)$$

不凝性气体的冷凝冷却器用三点法所计算的面积与逐点试差法计算结果相差太大，用逐点试差法计算较适宜。

6) 再沸器

立式虹吸式再沸器的计算。

A.基础数据

富液进口流量 G_F=15400 + 239.5=15639.5 (kg /h)； 贫液出口流量： G_P= 15400kg/h；进料温度 T_1= 90℃；塔顶温度：T_2= 95℃；塔底温度 T_3=119℃；塔底压力：p=120 kPa (表压)；蒸汽参数：0.4 MPa，饱和温度 151℃，蒸汽焓 I=2748 kJ/kg；溶液中酸性气量：G_{CO_2} =229.83 kg/h，$G_{S(H_2S+COS)}$=7.25+2.37= 9.62 (kg/h)。解吸塔排出水蒸气量 G_S=495.6 kg/h。

B.热量衡算

a) 入热

富液带入热 Q_1：

$$Q_1=G_F\cdot C_F\cdot T_1=15639.5\times4.0\times90=5630220\ (\mathrm{kJ/h})$$

加热蒸汽带入热 Q_2：

$$Q_2=2748\ G$$

总入热：

$$Q_{入}= 5630220+2748G$$

b) 出热

(i) 贫液带出热 Q_3

$$Q_3=G_p\cdot C_p\cdot T_3=15400\times4\times119=7330400\ (\mathrm{kcal/h})$$

(ii) 酸性气分解热 Q_4

H_2S 分解需要的热量 Q_{41}：

$$Q_{41}= G_X\cdot R_X= 9.62\times1188.59=11434\ (\mathrm{kJ/h})$$

式中，R_X 为 H_2S 与二乙醇胺溶液反应热，1188.59 kJ/kg；CO_2 分解需要的热量 Q_{42}。

$$Q_{42} = G_{CO_2} \cdot R_{CO_2} = 229.83 \times 1518.88 = 349084(\text{kJ / h})$$

式中，R_{CO_2} 为 CO_2 与二乙醇胺溶液反应热，1518.88 kJ/kg。

$$Q_4 = 11434 + 349084 = 360518\,(\text{kJ/h})$$

(iii) 酸性气体带出热量 Q_5

干酸性气体带出热 Q_{51}：

$$Q_{51} = G_C \cdot C_g \cdot T_2 = 239.5 \times 0.8919 \times 95 = 20293\,(\text{kg/h})$$

水蒸气带出热 Q_{52}：

水蒸气在 95℃时的焓 $I_s = 2490 + 1.93 \times 95 = 2673.35$（kJ/kg 蒸汽），则

$$Q_{52} = 495.8 \times 2673.35 = 1325447\,(\text{kg/h})$$

$$Q_5 = 20293 + 1325447 = 1345740\,(\text{kJ/h})$$

(iv) 冷凝水带出热 Q_6：

$$Q_6 = 500\,G$$

(v) 热损失 Q_7

设热损失为入热的 2%，则

$$Q_7 = (5630220 + 2748G) \times 0.02 = 112604 + 55G$$

$$\begin{aligned} Q_{出} &= 7330400 + 360518 + 1368125 + 126.6G + 500\,G + 112604 + 55G \\ &= 9171647 + 681.6G \end{aligned}$$

根据热平衡 $5630220 + 2748G = 9171647 + 681.6G$，再沸器蒸汽用量 $G = 3541427/2066.4 = 1714$ (kg/h)，每吨二乙醇胺溶液蒸汽消耗量 110 kg，热负荷 $Q = 1714 \times (2748 - 500) = 3853072$ (kJ/h)，再沸器汽化率根据解吸塔顶需要排出的酸性气和回流量定。

$$G_C = G_{CO_2} + G_{H_2S} = 229.83 + 9.62 = 239.5(\text{kg / h})$$

$$G_g = G_S + G_C = 495.6 + 239.5 = 735.1\,(\text{kg/h})$$

$$X_E = \frac{G_g}{G_F} \times 100 = \frac{735.1}{15639.5} \times 100\% = 0.047 \times 100\% = 4.7\%$$

再沸器循环量：

$$W_T = \frac{G_g}{X_E} = \frac{735.1}{0.047} = 15640(\text{kg/h})$$

循环比为 1/0.047=21.28。

再沸器直径与列管数的估算：循环液走管内，蒸汽走管外。

再沸器为自然循环，液流速度取为 ω= 0.05 m/s。

为了防止结垢，列管选用外径选用ϕ32×3，管间距取为 t=44 mm。

列管数按下式计算：

$$n = \frac{15.6395 \times 0.979}{3600 \times 0.05 \times 0.785 \times (0.032 - 2 \times 0.003)^2} = 160(\text{根})$$

管板直径的计算：

按正六角形排列，取充填系数 η=0.85，则

$$D = 1.05t\sqrt{\frac{n}{\eta}} = 1.05 \times 44 \times \sqrt{\frac{106}{0.85}} = 516(\text{mm})$$

选用管板直径为 0.6 m。

管子实际排列数：按六角排列时，查得管板开孔数 139 根，减去装拉杆 4 根，实际 135 根。

C.总传热系数的估算

a) 管间传热系数的计算

管间截面积 f=0.785×[0.6^2–(0.785×0.025^2×139)]=0.229(m^2)；

蒸汽平均温度 $\frac{151+120}{2} = 135.5$ (℃)；

蒸汽在管间的流速 V=1714×22.4×(273+135.5)/(273×3600×18×0.2918)= 3.038(m/s)

管间为水蒸气冷凝，传热系数按下式近似计算：

$$\alpha_1 = 3140\sqrt{V} = 3140 \times \sqrt{3.038} = 5472.98[\text{kJ}/(\text{m}^2 \cdot \text{h} \cdot ℃)]$$

b) 管内传热系数的计算

20% DEA 溶液在平均温度为 $t_\text{m}=\frac{95+119}{2}=107$ ℃时的物理参数：相对密度 γ =0.979 g/cm^3，C=4.0 kJ/(kg·℃)，导热系数(因无数据，取为 107℃时水的导热系数) λ=2.52 kJ/(m·h·℃)，运动黏度 v=0.35 cst=0.35×10^{-6} m^2/s，107℃时，γ_1=0.979，26.7℃时，γ_2=1.021。

$$\beta = \frac{\frac{1}{\gamma_2} - \frac{1}{\gamma_1}}{t_2 - t_1} = \frac{\frac{1}{0.979} - \frac{1}{1.021}}{107 - 26.7} = 5.2 \times 10^{-4}$$

$$\mu = \frac{3600 \times 0.35 \times 10^{-3}}{979} = 1.287[\text{kg}/(\text{m} \cdot \text{h})]$$

$$\Delta t = 151 - 107 = 44(℃)$$

$$Pr = \frac{\mu \cdot C_{\mathrm{p}}}{\lambda} = \frac{1.287 \times 4}{2.52} = 2.04$$

$$Gr = \frac{d^3 \cdot \gamma^2 \cdot \beta \cdot g \cdot \Delta t}{\mu^2} = \frac{0.026^3 \times 979^2 \times 5.4 \times 10^{-4} \times 9.81 \times 44}{1.287^2} = 2.371$$

$$Nu = 12.8(Gr \cdot Pr)^{\frac{1}{3}}$$

$$\alpha = \frac{\lambda}{d} \times 12.8(Gr \cdot Pr)^{0.3333}$$

$$\alpha_2 = \frac{2.52 \times 12.8 \times (3.936 \times 2.04)^{0.3333}}{0.026} = 2482[\mathrm{kJ/(m^2 \cdot h \cdot ℃)}]$$

污垢热阻：管内走富液因含有少量沉淀等污物，热阻取为 0.0017 $m^2 \cdot h \cdot ℃/kJ$；考虑到腐蚀，增加 1 mm 的铁锈，则管内热阻为 0.0017+0.001/4.6=0.00197 ($m^2 \cdot h \cdot ℃/kJ$)；管外为蒸汽热阻：取为 0.0004 $m^2 \cdot h \cdot ℃/kJ$，R=0.0039 $m^2 \cdot h \cdot ℃/kJ$。

总传热系数

$$K = \frac{1}{\frac{1}{\alpha_1} + \frac{1}{\alpha_2} + R + \frac{\delta}{\lambda}} = \frac{1}{\frac{1}{22916} + \frac{1}{2482} + 0.0039 + \frac{0.003}{163}} = 229.1[\mathrm{kJ/(m^2 \cdot h \cdot ℃)}]$$

D.传热面积计算

平均温度差：

$$\Delta t = \frac{(151-119)-(120-95)}{\ln\frac{(151-119)}{(120-95)}} = 28.36(℃)$$

传热面积：

$$F = \frac{3853072}{125 \times 28.36} = 1086.9$$

$$F = 389643/(227.8 \times 27.5) = 62.2(\mathrm{m^2})$$

留有 20%的余地，则 F=75 m^2。

选用立式热虹吸式重沸器，直径ϕ1000，管长 2 m，换热面积 80 m^2。

标准图号：JB1146－71－2－10；

设备型号：GCH1000－10－80；

设备质量：总重 2900 kg。

7) 贫液泵

参数：流量 69 m^3/h，扬程 32 m。

选用 IHG40-160(Ⅰ)，一开一备，2 台。

8) 富液泵

IHG40-160(Ⅰ)，一开一备，2 台。

参数：流量 12.5 m^3/h，扬程 32 m，功率 3 kW。

9) 地下槽兼作溶解槽

ϕ1400×1400，一套。

配地下泵：IS50-32-160A；流量：14.2 m^3/h；扬程：27 m；功率：2.2 kW。

10) 活性炭过滤器

为了将溶液中可能产生的高分子有机化合物去除，防止乳化而引起发泡，将溶液引出 5%～10%连续通过活性炭层过滤，活性炭不能再生，当溶液过滤不佳时，更换活性炭。

过滤量 1 m^3/h。

过滤速度取为 1 m/h。

过滤面积 1 m^2，活性炭层高度取为 3 m。

采用机械过滤器，规格ϕ1200×3800。

配过滤泵：采用漩涡泵 32W–30，流量 1.73 m^3/h，扬程 52 m。

功率 1.5 kW，一台。

11) 贫液循环槽

能装脱硫塔和解吸塔底部的存液，有效容积 10 m^3。

规格：ϕ2600×2600 mm。

6.2　含有恶臭的高浓度 H_2S 及有机硫废气处理

恶臭是指一切具有令人不愉快气味的物质及其所发出的气味。硫化物如硫化氢(H_2S)、氧硫化碳(COS)、二硫化碳(CS_2)、甲硫醇(CH_3SH)、乙硫醇(CH_3CH_2SH)等均属恶臭物质，发出令人不愉快的气味。

恶臭物质放出的气味是通过人的嗅觉器官而感觉到，人的鼻子是最敏感的嗅觉器官。H_2S 是大气污染物中毒性很大的污染物之一，空气中 H_2S 的阈值为 0.00047 ppm。低浓度 H_2S 对人的黏膜和呼吸道有刺激作用，能引起眼结膜炎，同时极易被肺和胃肠所吸收。当它进入血液后，部分与血红蛋白结合，生成不可还原的硫化血红蛋白，即能发生中毒症状。高浓度 H_2S 影响中枢神经系统和循环系统，引起呼吸、循环中枢的麻痹，因此，可能与组织呼吸酶中的三价铁结合，抑制组织呼吸酶的活性，特别是与谷胱甘肽相结合，影响了触媒过程，致使组织氧化和还原能力障碍以致缺氧。空气中 H_2S 浓度大于 20 ppm 时已属危险值，200 ppm 时，能使嗅觉神经完全麻痹，浓度大于 700～1000 ppm 时，人会立即昏迷和呼吸麻痹而迅速死亡。郑州铝厂于 2000 年，因未预料到新产品工艺会放出大量 H_2S 气体，造成多人中毒事故。因此，黄磷尾气净化放出的酸性气体必须进行处理。

6.2.1　含有恶臭的高浓度 H_2S 及有机硫废气处理方法

含有恶臭的高浓度 H_2S 及有机硫废气处理方法有两种方法：①回收硫黄法：该法是将酸性气体中的 H_2S 转化为硫黄回收，对于大、中型厂用低温甲醇洗脱除合成氨原料气中所得的酸性气体一般采用克劳斯法回收硫黄；②废弃法：对于酸性气体量不大，且回收价值不大的废气采用燃烧法，将酸性气体中 H_2S 及有机硫转化为 SO_2，然后用废碱液或石灰乳洗涤除去 SO_2，洗液废弃。

将硫化氢转变为硫黄的工业方法，由英国人 C. F. 克劳斯于 1883 年发明。此法广泛用于煤、石油、天然气加工过程(如合成氨原料气生产、炼厂气加工等)，在脱硫产生的含硫化氢气体中回收硫，可解决炼厂废气对大气的污染问题。克劳斯法回收硫的纯度可达到 99.8%，可作为生产硫的一种硫资源，也可作其他部门的化工原料。

经过半个多世纪的演变，改良克劳斯法在催化剂、设备、材质和流程以及控制方法等各方面经过不断的研究改进，才发展成为今天这样简单可靠、经济有效并得到普遍应用的硫回收方法，在工业上得到了大量的应用推广。根据原料气中 H_2S 的含量不同，现代改良克劳斯工艺大致可以分为三种基本形式，即部分燃烧法、分流法和直接氧化法，无论哪种形式都是由高温反应炉、冷凝器、再热炉和催化转化反应器等一系列设备所组成。这些型式之间的区别是在一级催化转化反应器前面产生 SO_2 的方法不同。根据黄磷尾气及二乙醇胺溶液脱硫所得的酸性气体特点采用直接氧化法回收硫黄工艺。

1. 酸性气体直接氧化法回收硫黄原理

直接氧化法其实质是原始克劳斯法的一种形式。直接氧化法的特点是不设置高温反应炉，而是将酸性气体预热至适当的温度，按 1/3 体积 H_2S 所需配入的空气量，混合后直接送入催化转化反应器，进行氧化反应生成 SO_2，然后 SO_2 再与 H_2S 反应生成硫黄，其反应方程式如下：

$$H_2S + 1.5O_2 = SO_2 + H_2O \tag{6-88}$$

$$2H_2S + SO_2 = 3/x\ S_x + 2H_2O \tag{6-89}$$

酸性气中的有机硫通过催化剂进行水解反应生产 H_2S，然后按式(6-88)和式(6-89)反应生成硫黄，其反应方程式如下：

$$COS + H_2O == H_2S + CO_2 \tag{6-90}$$

$$CS_2 + H_2O == COS + H_2S \tag{6-91}$$

2. 物料衡算

以二乙醇胺溶液脱硫为例，从冷凝冷却器排出的酸性气体，其量为：CO_2，G_{CO_2}=229.83 kg/h；H_2S，G_{H_2S}=7.25 kg/h；COS，G_{COS}=2.37 kg/h。

酸性气体中含有较高含量的 COS，要将 COS 按式(6-90)水解为 H_2S，然后再按式(6-88)和式(6-89)反应转化为硫黄。

COS 水解后 H_2S 生成量 $G'_{H_2S} = \dfrac{2.37\times 34}{60} = 1.34(kg/h)$；

CO_2 生成量 $G'_{CO_2} = \dfrac{2.37\times 44}{60} = 1.74(kg/h)$；

水消耗量 $G'_{H_2O} = \dfrac{2.37\times 18}{60} = 0.71(kg/h)$。

1/3H_2S 按式(6-88)反应，空气需要量：

纯氧需要量 $G_{O_2} = \dfrac{1.5\times 0.333\times(7.25+1.38)\times 32}{34} = 4.06(kg/h)$；

空气需要量 $G_{空气} = \dfrac{4.06}{0.21} = 19.34(kg/h)$；

水生产量 $G_{H_2O} = \dfrac{0.333\times 8.63\times 18}{34} = 1.52(kg/h)$。

2/3H_2S 按式(6-89)反应生成硫黄：

硫黄生成量 $G_{S_2} = \dfrac{0.666\times 8.63\times 1.5\times 64}{68} = 8.11(kg/h)$；

水生成量 $G_{H_2O} = \dfrac{0.666\times 8.63\times 36}{68} = 3.01(kg/h)$。

酸性气体反应后产物产量及组分计算结果见表 6.23。

表 6.23　酸性气体反应后产物产量及组分

产物名称	CO_2	S_2	H_2O	N_2	合计
质量/(kg/h)	231.57	8.12	3.82	15.28	258.79
体积/(Nm^3/h)	117.89	2.84	4.75	12.22	137.70
体积分数/%	85.61	2.06	3.45	8.88	100.00

反应物分子量 M=42.0942。

3. 热量衡算

酸性气体克劳斯反应标准热效应 ΔH_{298}(101.3 kPa，25℃)，可以从有关气体标准生成热数据进行计算，有关参与反应物质的标准生成热见表 6.24。

表 6.24　参与反应物质的标准生成热

物质名称	H_2S(气)	SO_2(气)	CO_2(气)	H_2O(气)	S_2(气)	COS(气)
ΔH_{298}/(kJ/mol)	–20.15	–296.9	–393.51	–241.84	129.1	–137.2

式(6-88) H_2S 燃烧反应标准反应热：

$$\Delta H_{298} = (\Delta H_{SO_2} + \Delta H_{H_2O}) - \Delta H_{H_2S}$$

$$\Delta H_{298} = (-296.9-241.84)-(-20.15) = -518.59\,(\text{kJ/mol})\,H_2S \tag{6-92}$$

式(6-89) H_2S 生成硫黄反应标准反应热：

$$\Delta H_{298} = (\Delta H_{S_2} + \Delta H_{H_2O}) - (\Delta H_{H_2S} + \Delta H_{SO_2})$$

$$\Delta H_{298} = (0.75\times129.1-241.84)-(-20.15-0.5\times296.9) = 23.58\,(\text{kJ/mol})\,H_2S$$

式(6-90) COS 水解反应标准反应热：

$$\Delta H_{298} = (\Delta H_{CO_2} + \Delta H_{H_2S}) - (\Delta H_{COS} + \Delta H_{H_2O})$$

$$\Delta H_{298} = (-393.51-20.15)-(-137.2-241.84) = -34.62\,(\text{kJ/mol})\,H_2S$$

COS 的热容按下式计算：

$$C_p = 48.12 + 8.45\times10^{-3}T - 8.29\times10^{5}T^{-3}$$

S_2(气)的热容按下式计算：

$$C_p = 36.11 + 1.09\times10^{-3}T - 3.52\times10^{5}T^{-3}$$

式中，C_p 为 COS 的热容，kJ/mol；T 为温度，K。

参与反应的其他组分的热容可在有关手册查到，参与反应物质的热容见表 6.25。

表 6.25　参与反应物质的热容(25℃)

物质名称	H_2S(气)	SO_2(气)	CO_2(气)	H_2O(气)	S_2(气)	COS(气)	N_2
C_p/(kJ/mol)	32.6152	41.3865	38.0475	32.6152	32.47	41.63	28.3970

在 25℃下反应产物的热容：

$$C_p = 0.8561\times38.0475+0.0206\times32.47+0.0345\times32.6152+0.0888\times28.397$$
$$= 36.8882\ (\text{kJ/mol})$$

克劳斯反应产生的热量：

$$Q = 1000 \times (0.333 \times 8.63 \times 518.59 - 0.666 \times 8.63 \times 23.58 + 1.38 \times 34.62) / 34 = 41251.95 \text{(kJ/h)}$$

反应理论最高温度：

$$t = \frac{QM}{VC_p} = \frac{41251.95 \times 42.0942}{137.7 \times 36.8882} = 342(℃)$$

4. 酸性气体直接氧化法回收硫黄流程

酸性气体克劳斯回收流程见图 6.14，自脱硫装置来的酸性气用酸性气鼓风机(6)送入预热器(5)，将酸性气温度提高至 30～40℃，进入热交换器(1)，再用转化炉(2)一段来的转化气温度为 390～400℃换热，将预热对酸性气温度提高至 200～210℃进入转化炉一段，在低温催化剂的作用下，进行燃烧反应将 1/3 的 H_2S 氧化成 SO_2，与此同时，SO_2 再与 2/3 的 H_2S 反应生成硫蒸气，反应后的温度为 400～420℃。按氧化 1/3 硫化氢的空气需要量用空气鼓风机(7)与硫化氢一起进入转化器，进行催化转化。为完成部分燃烧反应，通入燃烧炉的空气需严格控制，这是克劳斯法的操作关键。转化炉一段的温度为 400～420℃。一段转化气进入换热器将热传给酸性气后，温度下降至 210～220℃进入转化炉二段，进行第二次转化反应，温度上升至 340～350℃，硫回收率在 95%以上。

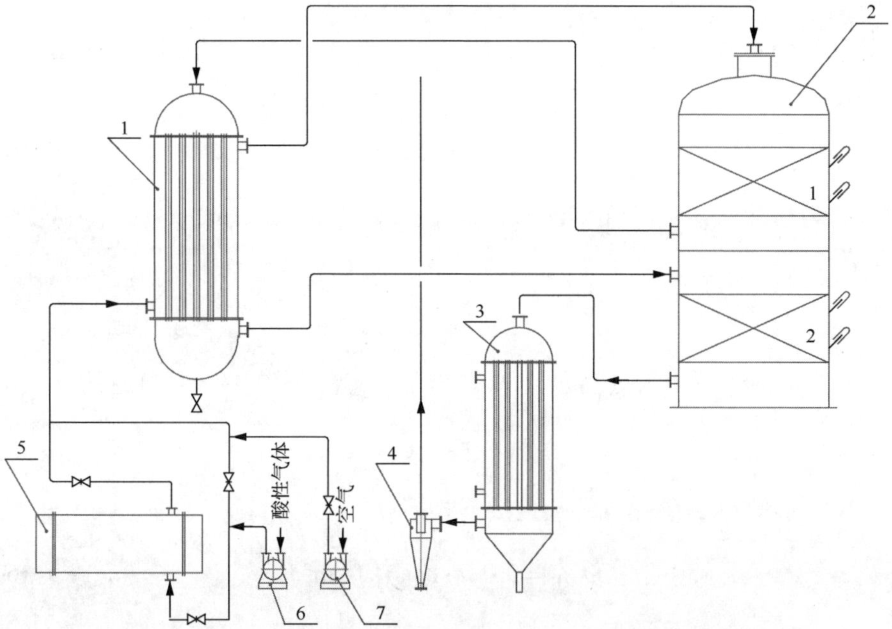

图 6.14　酸性气体克劳斯法回收硫黄流程

1.热交换器；2.转化炉；3.冷凝器；4.除硫分离器；5.预热器；6.酸性气鼓风机；7.空气鼓风机

从转化炉二段排出的燃烧产物中含有液态硫，用冷凝器(3)，将液态硫冷凝为固体硫回收。

转化炉为克劳斯法获胜回收硫黄的关键设备，转化炉分为二段，内装ϕ3 mm的条形催化剂，催化剂活性组分为钒和铋，载体为SiO_2-Al_2O_3，钒和铋的含量(以V_2O_5和BiO_2计)分别为7%和8%以上。催化剂稳定性好，使用寿命长。

6.2.2 燃烧净化法脱除酸性气体中的H_2S及有机硫

燃烧净化法是利用废气中有害气体或蒸气可以氧化燃烧的特性，将它们转化为更易处理的物质，从而除去恶臭气体。低浓度硫化氢不能维持直接燃烧所需要的热量，需要外来热源补充辅助燃料才能维持在高温下进行燃烧，COS和CS_2才得以分解。

补充热源辅助燃料可用黄磷尾气，在无黄磷尾气的场合也用气体燃料或油类，燃料需要量根据热平衡求得。

H_2S燃烧的结果是将难处理的有害物质H_2S和有机硫转化为易处理的有害物质SO_2，SO_2作为有害物质必须进一步处理。

SO_2的处理方法是：①用石灰乳或碳酸钙溶液进行洗涤，除去SO_2；②用废弃的碱液吸收，除去SO_2。

1. 物料热量衡算

酸性气体带入热Q_1包括：干酸性气体带入热量Q_{11}和酸性气体中水蒸气带入热Q_{12}：

$$Q_{11}=V_0 \cdot C_g \cdot t_1 \tag{6-93}$$

式中，V_0为酸性气体量，Nm^3/h；C_g为酸性气体比热，kJ/(m$^3\cdot$℃)；t_1为酸性气体温度，℃。

$$Q_{12}=V_0 \cdot d_S \cdot I_{S1} \tag{6-94}$$

式中，d_S为酸性气体中水蒸气含量，kg/Nm^3；I_{S1}为水蒸气在t_1(℃)时的焓，kJ/kg。

$$Q_1=Q_{11}+Q_{12}$$

H_2S发热量Q_2。硫化氢发热量按下式计算：

$$Q_{H_2S}=231.2 \cdot Y_{H_2S}(\mathrm{kJ/m^3}) \tag{6-95}$$

式中，Y_{H_2S}为酸性气体中H_2S的分子分数，%。

酸性气体中硫化氢燃烧产生的热量：

$$Q_2 = V_0 \cdot Q_{H_2S}(kJ/h) \tag{6-96}$$

辅助燃料带入热 Q_3：

$$Q_3 = G \cdot H_r \tag{6-97}$$

式中，G 为辅助燃料量，kJ/h；H_r 为燃料热值，kJ/kg。

助燃空气带入热量 Q_4。

1 Nm^3 H_2S 燃烧需 1.5 Nm^3 O_2，相当于需空气 1.5/0.21=7.143 (m^3)。

$$V_{K1} = 7.143 \cdot V_0 \cdot Y_{H_2S}$$

式中，V_{K1} 为 H_2S 燃烧空气需要量，Nm^3/h；Y_{H_2S} 为酸性气体中 H_2S 的分子分数，%。

辅助燃料燃烧理论空气量计算 V_{K2}：

$$V_{K2} = \frac{0.5CO + 0.5H_2 + 2CH_4 + 1.5H_2S - O_2}{21}(m^3/m^3) \tag{6-98}$$

助燃空气总量 V_K：

$$V_K = V_{K1} + V_{K2}$$

助燃空气实际空气需要量 (V_{KN}) 计算：

$$V_{KN} = \alpha \cdot V_K (m^3/m^3) \tag{6-99}$$

式中，α 为空气过剩系数，保证完全燃烧的最低值，人工操作为 1.15～1.2，燃烧过程自动控制时为 1.05～1.1。

湿空气需要量计算（若需要空气中水气时）($v_{KN}^{湿}$)：

$$v_{KN}^{湿} = L_{KN}(1 + 0.00124\phi g_{水}^{干})(m^3/m^3) \tag{6-100}$$

式中，ϕ为当地空气平均相对湿度，%；$g_{水}^{干}$ 为空气中饱和水蒸气含量，g/m^3，根据空气温度查表。

$$Q_4 = v_{KN}^{湿} \cdot C_K t_1 \tag{6-101}$$

$$Q_{入} = Q_1 + Q_2 + Q_3 + Q_4 \tag{6-102}$$

H_2S 燃烧产物：

(1) 生成 SO_2 量：

$$V_{SO_2} = 231.2 \cdot Y_{H_2S} (m^3/h) \tag{6-103}$$

(2) 生成的 H_2O 量：

$$V_{HO_2} = V_0 \cdot Y_{H_2O} (m^3/h) \tag{6-104}$$

(3) 空气带入的氮气量：

$$V_{N_2} = \alpha \cdot V_{K_2} \cdot 0.79 \tag{6-105}$$

(4) O_2 剩余量：

$$V_{O_2} = 0.21 \cdot (\alpha - 1) \cdot V_{K_2} \tag{6-106}$$

辅助燃料为黄磷尾气，黄磷尾气需要量设为 V_r。燃料实际燃烧产物中各组分的体积 (m^3/m^3) 的计算：

$$V_{CO_2} = 0.01 (CO + CO_2 + CH_4) \cdot V_r \tag{6-107}$$

$$V_{SO_2} = 0.01 H_2S \cdot V_r \tag{6-108}$$

$$V_{H_2O} = 0.01 (H_2 + H_2S + 2CH_4) \cdot V_r \tag{6-109}$$

$$V_{N_2} = 0.01 (N_2 + 79 V_{K_2}) \cdot V_r \tag{6-110}$$

$$V_{O_2} = 0.21 (\alpha - 1) \cdot V_{K_2} \tag{6-111}$$

$$V_n = V_{CO_2} + V_{H_2O} + V_{SO_2} + V_{N_2} + V_{O_2} (m^3 / m^3) \tag{6-112}$$

燃烧气带出热：

$$Q_{出} = V_n \cdot C_g \cdot t_2 (kJ/h) \tag{6-113}$$

热平衡 $Q_{入} = Q_{出}$，根据热平衡求出辅助燃料量和补充空气量。

2. 酸性气体气烧法脱硫工艺流程

酸性气体气烧法脱硫工艺流程见图 6.15，酸性气体用酸性气鼓风机 (1) 加压至 3～3.5 kPa，用空气鼓风机 (2) 加压至 3～3.5 kPa，同时进入燃气烧嘴 (3)，辅助燃料黄磷尾气从中心管进入燃气烧嘴内进行点火燃烧，燃烧后的燃烧气进入燃烧炉 (4) 并加入二次空气继续燃烧，燃烧气在炉内温度 900～1000℃，用二次空气调节温度至 750℃左右，燃烧气进入废热锅炉 (5) 回收热量后，将温度降至 200～250℃，为了提高脱硫效率，燃烧气进入水冷器 (6)，冷却至 50～60℃。在此，温度必须在露点以上，不能太低，防止水冷器腐蚀。

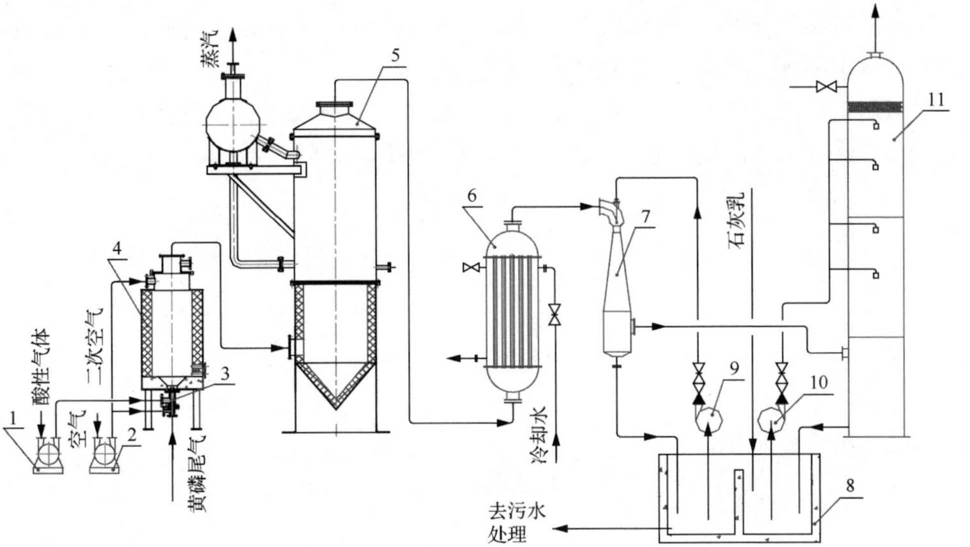

图 6.15　酸性气体气烧法脱硫工艺

1.酸性气鼓风机；2.空气鼓风机；3.燃气烧嘴；4.燃烧炉；5.废热锅炉；6.水冷器；7.射流吸收器；8.循环槽；9.一级循环泵；10.二级循环泵；11.脱硫空塔

将冷却后的燃烧气进行二级脱硫，一级脱硫为射流吸收器(7)，用一级循环泵(9)将从二级来的循环水送入喷射器进行一级吸收，使脱硫效率达 60%～70%，然后进入二级脱硫，二级脱硫为脱硫空塔(11)，该脱硫塔内装旋流喷头数只，根据消耗量而定。用二级循环泵(10)将二级循环水打入脱硫空塔喷头喷成雾状，与从下而上的燃烧气接触脱去 SO_2，脱硫后的燃烧气经塔顶除雾器除雾后达标排入大气中。

二级循环水用石灰乳调节 pH，二级脱硫循环水 pH 控制在 9～10，二级循环水溢流至一级循环槽供一级使用，二级循环槽底部沉淀物送往污水处理集中处理。

6.2.3　酸性气体燃烧脱硫实例

郑州铝厂氧化铝生产采用混联联合法生产工艺，拜尔法系统产生的赤泥与硅渣碳分母液一起进入烧结法系统。烧结法系统，通过加入低品位铝土矿、碱粉、石灰石、磨制料浆，经熟料窑烧结，再经溶出。沉降分离的溢流为粗铝酸钠溶液，粗铝酸钠溶液经净化后通 CO_2 酸化，氢氧化铝分离后为母液，母液中富集了镓化合物，底流为赤泥。部分母液送镓车间回收镓。赤泥经若干次洗涤，而形成弃赤泥，并以 7∶1 的液固比，由泥浆泵及赤泥管道输送至距厂 2.5 km 的赤泥库。

郑州铝厂由母液中回收纯镓，在镓回收的二氧化碳酸化过程中产生了硫化氢，该厂经过多次扩大改造，厂房非常拥挤，操作人员密集，硫化氢的恶臭使操作人员无法坚持岗位操作，曾有几位操作人员中毒昏倒，送急救站抢救。若硫化氢不治理，镓车间无法开车，巨大的财富白白流失。

郑州铝厂与昆明理工大学合作，于 2000 年 3 月开发了“以废治理高浓度硫化氢”的工艺方法，由昆明理工大学设计，郑州铝厂施工，设计施工仅用了一个月，一座含高浓度硫化氢废气治理的一期工程投入了正常运行。

1. 废气设计参数

废气量：3300 Nm^3/h。

废气的组成：H_2S，5.07%；CO_2+N_2，90.23%；O_2，4.7%。

操作温度：112℃，蒸汽含量 29.8%。

排气压力：常压。

2. 处理工艺流程

经与铝厂磋商，硫化氢燃烧和脱硫工艺流程及设备的确定，考虑以下原则；

(1) 硫化氢具有较高的转化效率，SO_2 的脱除基本达标。

(2) 因本装置是间断操作，操作时间也不长，为了节省投资，不必考虑热量的回收。

(3) “以废治废”的原则，考虑利用本公司的废碱液来脱硫。尽量利用旧设备，用原分解槽代替气柜。

(4) 操作简单方便，保证安全运行。

(5) 占地面积少，设备布置要紧凑，只允许在 6 m×50 m 范围内布置。

(6) 投资少，速度快，要求在一个月内完成，设计时间 10 天，设备制作安装 20 天。

3. 酸性气体 H_2S 燃烧脱硫工艺流程

硫化氢油烧法脱硫工艺流程见图 6.16，分解槽出来的含硫废气，从顶部进入储槽，在此进行气水分离并起一定的稳压作用，废气从底部出来，在出口管底部设有双安全水封，如储槽未及时排水，冷凝水可自动由此排出，如储槽压力超过 350 mmH_2O 时，气体冲破水封排入烟囱，压力下降，起稳压作用。含硫废气用管道送入止逆水封，当压力超过 250 mmH_2O 时，含硫气体进入燃烧炉的燃烧装置，与由空气鼓风机来的空气混合进行燃烧，当含硫废气压力下降至 250 mmH_2O 时，燃烧炉不能进气，自动熄灭，防止回火，保证系统安全。燃烧气在炉内温度约 900℃，用二次空气调节温度至 750℃左右，燃烧气进入水换热器，将温度降至 200℃左右，在此温度不能太低，防止水换热器腐蚀。

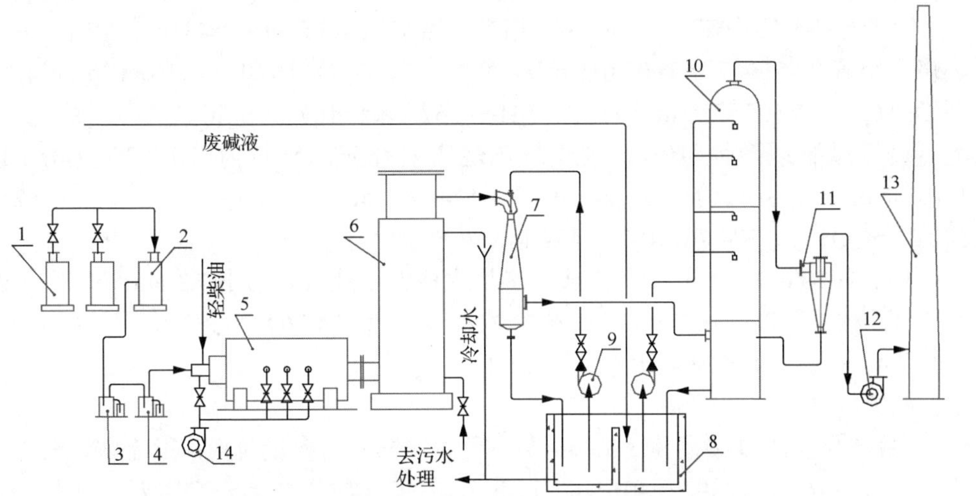

图 6.16　硫化氢油烧法脱硫工艺流程

1.分解槽；2.储槽；3.安全水封；4.止逆水封；5.燃烧炉；6.水换热器；7.射流吸收器；8.循环槽；9.循环泵；10.脱硫塔；11.除雾器；12.抽风机；13.烟囱；14.鼓风机

将 200℃左右的燃烧气进入射流吸收器，用循环废碱液喷射，使脱硫效率达 40%～50%，然后进入脱硫塔，该脱硫塔为空塔，内装 6 只特殊喷头。脱硫后的燃烧气由抽风机抽出送入烟囱排入大气。

废碱液经冷却至 30℃左右补入循环槽，控制 pH，经试验，当 pH 下降至 5 以下时，完全失去脱硫效果，故应控制 pH 为微碱性下操作，pH 达 7～9 时，由脱硫塔底排入下水道。

4. 主要设备

1) 燃烧炉

A.计算参数

H_2S：低热值 24032 kJ/m^3，高热值 25540 kJ/m^3，最低着火点 292℃，在空气中爆炸极限 4.30%(下限)、45.5%(上限)。

H_2S：　　3300×0.051=168.3 (m^3/h)

CO_2+N_2：　　3300×0.1875=618.75 (m^3/h)

O_2：　　3300×0.047=155.1 (m^3/h)

进燃烧炉废气温度：废气经过储气罐，温度下降至 40℃，此时，每立方米废气中饱和水蒸气含量为 51.2 g/m^3。进炉水蒸气量为 3300×51.2/1000=169 (kg/h)。换算为体积为 169×22.4/18=210 (m^3/h)。

B.废气燃烧产物

$$H_2S+1.5O_2 = SO_2+H_2O$$

1 Nm^3 H_2S 燃烧需 1.5 Nm^3 O_2，相当于需空气 1.5/0.21=7.143 (m^3)，1 m^3 废气燃烧需空气 0.051×7.143=0.36 (Nm^3)。其中，生成 SO_2 167.1×1=167.1 (m^3/h)；消耗 O_2 167.1×1.5=250.7 (m^3/h)；生成 H_2O 167.1×1=167.1 (m^3/h)。

设氧过剩系数为 10%，则废气燃烧需要补充的氧量为 1.1×250.7–155.1=120.7 (Nm^3/h)。换算为空气 120.7/0.21 = 574.76 (Nm^3/h)。其中，O_2 574.76×0.21=120.7 (m^3/h)；N_2 574.76×0.79= 454.1 (m^3/h)。

1 m^3 H_2S 生成 1 Nm^3 H_2O，废气燃烧生成的水蒸气量为 167.1 Nm^3/h，空气温度 27℃，相对湿度平均 70%，空气带来的水蒸气为 574.76×25.8/1000=14.8 (kg/h)，换算为体积得 14.8×22.4/18=18.4 (Nm^3/h)。

C.废气燃烧需燃料量

(1) 硫化氢浓度按最高 5.07%计算，此时，燃料需要量包括：①硫化氢燃烧产生的热 q_1=167.1×24032=4015747 (kJ/h)；②废气加热至 850℃需要的热量 q_2=3511.3×1.398×(850−40)=3976126 (kJ/h)；③助燃空气加热至 850℃需要的热量 q_3=593×1.398×(850−27)=682278.5 (kJ/h)。需要总热量 Q=3976126+682278.5−4015747=642657.5 (kJ/h)。

燃料采用轻柴油，柴油的低热值为 43417 kJ/kg，轻柴油需要量 642657.5/43417=14.8 (kg)，若将操作温度稍低一点，不需燃料，热量可自身平衡，也就是说，当硫化氢在高峰期可不需辅助燃烧。

(2) 为了节省热量，可在生产后期当硫化氢浓度降至 0.5%左右、燃烧炉温度降至 700℃左右时，将废气转为脱硫系统直接脱硫，此时，燃料需要量包括：①硫化氢燃烧放出的热量 q_1=3300×0.005×24032=396528 (kJ/h)；②废气加热至 750℃的热量 q_2=3511.3×1.398×(750−40)=3485246.15 (kJ/h)。

轻柴油需要量 (3485246.15−396528)/43417 =71.14 (kg/h)。

(3) 为了保险起见，燃料需要量按硫化氢很少时即可忽略来计算，炉内温度达 750℃。废气加热至 750℃时需要的热量 Q=(3511.3+593)×1.983×(750−40)=5778567.1 (kJ/h)。轻柴油需要量 5778567.1/24032=240.5 (kJ/h)。

按第二种条件计算：燃料油燃烧空气过剩系数取 α=1.10，实际燃烧需空气量 12.6 Nm^3/kg 柴油。需要空气量为 71.4×12.6=899.6 (Nm^3/h)；所含水蒸气量 899.6×25.8/1000=23.2 (kg/h)，相当于 23.2×22.4/18=28.9 (Nm^3/h)。

所产生的烟气：①CO_2，71.4×1.61=115.0 (Nm^3/h)；②SO_2，71.4×0.0007=0.05 (Nm^3/h)；③O_2，71.4×0.24=17.1 (Nm^3/h)；④N_2，71.4×9.946=710.1 (Nm^3/h)；⑤H_2O，71.4×1.687=120.5 (Nm^3/h)。合计产生烟气量为 962.8 Nm^3/h。

D.燃烧炉物料衡算

(1) 燃烧炉进口物料包括：①废气：H_2S 167.3 Nm^3/h；CO_2+N_2 2978.9 Nm^3/h；O_2 155.1 Nm^3/h，H_2O 210.0 Nm^3/h。合计进燃烧炉的物料为 3511.3Nm^3/h。②补充

空气：1521.5 Nm^3/h。③轻柴油：74.1 kg/h。

(2)燃烧炉出口物料：SO_2 167.3 Nm^3/h；CO_2+N_2 2978.9+825.1=3804.0(Nm^3/h)；O_2 155.1+17.1=172.2(Nm^3/h)；H_2O 210+120.5+47.3=377.8(Nm^3/h)。合计带出炉的物料为4521.3 Nm^3/h。

E.燃烧炉尺寸

燃烧气在操作状态下的体积流量 V=4521.3×(273+850)=5077419.9(m^3/h)。燃烧炉内径ϕ1.4 m，长4.1 m。燃烧炉有效容积0.785×1.42×4.0=4.46(m^3)。燃烧气在炉内的停留时间为 6.15×3600/18598.6=1.2(s)。一般要求气体在炉内停留时间为0.5～2 s，满足要求。

F.燃烧喷嘴计算：一次空气量1521.5 Nm^3/h，进中心管，在30℃时的体积流量为1688.7 m^3/h，0.47 m^3/s。废气量3511.3 Nm^3/h，在40℃时流量为4025.8 m^3/h，$V_{废}$=1.12 m^3/s，进蜗壳。

(1)中心管计算。中心管流速取13.5 m/s，中心管截面积f_2=0.47/13.5=0.035(m^2)，中心管直径d_2=0.226 m，取ϕ219×6 mm。

(2)蜗壳计算。设蜗壳进口废气流速 $v_{废3}$=13 m/s，设蜗壳出口废气轴向流速v_2=20 m/s，则蜗壳进口截面积为$F_3=V_{废}/v_{废3}$=0.086 m^2。取B∶H=0.64，则$F_3=B\times H=(0.64H)H=0.64H^2$，$H=\sqrt{\dfrac{F_3}{0.64}}=\sqrt{\dfrac{0.086}{0.64}}=0.366\ (\mathrm{m})$，B=0.64×0.366=0.234(m)。

(3)蜗壳出口管计算。截面积 $f_2=V_{废}/v_{废2}+0.785d_2^2=1.12/20+0.785\times0.219^2=0.0936(\mathrm{m}^2)$，蜗壳出口管直径$d_3=\sqrt{\dfrac{f_2}{0.785}}=\sqrt{\dfrac{0.0963}{0.785}}=0.35(\mathrm{m})$，取$\phi$373×8mm。

(4)废气喷嘴计算。取喷嘴流速为 30 m/s，截面积 $f=1.12/30+0.785\times0.219^2=0.075(\mathrm{m}^2)$，单孔直径$d=\sqrt{\dfrac{f}{0.785}}=\sqrt{\dfrac{0.075}{0.785}}=0.309\ (\mathrm{m})$，取$\phi$300 mm。

2)空气鼓风机

选用4-72NO.3.6。全压165～109 mmH_2O；流量2930～5408 m^3/h，3.0 kW，1台。

3)换热器

采用在常压下水蒸发，将燃烧气的温度从850℃下降至200℃。水蒸气的含热量热为2677 kJ/kg。

(1)出换热器的热量热负荷Q为

$$
\begin{aligned}
Q=&(227.5\times1.8882+262.5\times1.7961+2542.7\times1.3004\\
&+130.1\times1.3356+608.6\times1.4805)\times200\\
=&1056472.54\ (\mathrm{kJ/h})
\end{aligned}
$$

换热器吸收的热量为

$$Q=5205639-1056472.54=4149166.46\,(\text{kJ/h})$$

(2) 蒸汽蒸发量 G:

$$G=4149166.46/2677=1549.93\,(\text{kg/h})$$

(3) 总传热系数根据计算(计算略)得 $K=120\ \text{kJ}/(\text{m}^2\cdot℃)$。

(4) 平均温度差:

$$\Delta t_{\text{m}}=\frac{(899-100)-(300-100)}{\ln\dfrac{(899-100)}{(300-100)}}=432\ (℃)$$

(5) 传热面积 F

$$F=\frac{Q}{K\cdot\Delta t_{\text{m}}}=\frac{4149166.46}{120\times 432}=80.04\ (\text{m}^2)$$

经换热器后的燃烧气，若是直接排放则进入烟窗，若要脱硫则进入脱硫系统。

4) 射流吸收器

为了防止产生酸雨，造成二次污染，根据“以废治废”的原则，采用赤泥废碱液脱硫，这是新工艺。我们在试验室做过模拟试验，脱硫效率在 98%左右。赤泥废水碱度平均 7 g/L，pH 为 12.6。二氧化硫与碳酸钠反应最终产物是亚硫酸钠和硫酸钠，这两者产物在水中溶解，以液体形式排出。

废碱液吸收反应式如下:

$$SO_2+Na_2CO_3 = Na_2SO_3+CO_2$$

预计 pH 在 9 以上时按上式反应。当 SO_2 过剩时，生成亚硫酸氢钠:

$$Na_2SO_3+H_2O+SO_2 = 2NaHSO_3$$

此时，pH 慢慢下降，这时可能是 Na_2SO_3 溶液吸收。

脱除 1 kg SO_2 需 Na_2O 0.97 kg，化学过量比按 1.15 计算，脱除 1 kg SO_2 需纯碱 1.11 kg。

SO_2 质量流量 227.5×64/22.4=650 (kg/h)。纯碱消耗量 650×1.11=721.5 (kg/h)，废碱液浓度 7 kg/m^3 计，则需废碱液 721.5/7=103 (m^3/h)。总循环量按液气比 20 计，则总循环量为 3771/20=188.6 (m^3/h)，射流器与空塔各占 50%。射流量 100 m^3/h。

5) 脱硫空塔

燃烧气先进入射流吸收器，再进入脱硫空塔，然后进入烟囱排放。经射流吸收器和空塔后，燃烧气假定温度下降至 40℃。

在操作状态下的体积流量 V=3821.7×(273+150)/273=5922(m³/h)。喷淋量 100 m³/h，内装 6 只喷头，16.5 m³/h。取脱硫空塔空速为 0.3 m/s。空塔截面积 F=5922/(3600×0.3)=5.48(m²)。空塔直径 $D=\sqrt{\frac{F}{0.785}}=\sqrt{\frac{5.48}{0.785}}=2.64$ (m)。空塔高度 H=20 m。

(1)循环槽：停留 20 min，有效容积 66.6 m³，选用 5×5×3，砼 1 座。

(2)循环泵 2 台，型号 100FS-37A，流量 100 m³/h，扬程 37 m，功率 18.5 kW。

(3)抽风机：4-72 NO.4.5A，全压 2554～1673 Pa，风量 5712～10562 m³/h，7.5 kW。

5. 运行情况考察

1)运行情况

9931 工程硫化氢燃烧脱硫系统自 2000 年 6 月份试运转以来，长铝公司安环部监测站进行了多次全面测定，现将 8 月 31 日和 9 月 12 日对该系统进行全面测定结果列于表 6.26～表 6.29。

表 6.26 8 月 31 日硫化氢燃烧脱硫系统进口测定结果

时间	静压/kPa	H_2O/%	温度/℃	工况气量/(m³/h)	标况气量/(Nm³/h)	H_2S		
						浓度/(mg/m³)	释放量/(kg/h)	含量/%
9:00	0.7	—	—	—	—	13638	0.00	—
10:00	0.8	30.3	77	1.631	936	29941	28.00	1.5
10:30	0.8	30.3	76	2104	1211	44345	53.70	2.2
11:00	1.1	23.6	72	2023	1334	56245	75.00	3.0
11:30	1.1	25.8	67	2126	1250	73151	91.40	3.8
12:00	1.1	25.8	70	2755	1608	44080	70.90	2.3
12:30	0.93	25.8	68	2749	1612	33873	54.6	1.8
13:00	0.7	25.8	70	2339	1360	30318	41.2	1.6
13:30	0.33	25.8	68	1827	1065	25350	27.00	1.3
14:00	0.8	19.5	66	2357	1506	83578	125.9	4.7
14:30	0.93	19.5	68	2484	1580	79881	126.00	4.5
15:00	0.93	19.6	68	2485	1578	57667	91.00	3.3
16:00	0.93	19.6	69	2488	1576	64384	101.5	3.6
17:00	1.7	18.8	62	4623	3043	54235	165.00	3.1
18:00	1.1	18.8	62	3476	2272	58955	133.90	3.4
19:00	0.7	18.1	62	2836	1863	52799	98.40	3.0
20:00	–0.2	18.1	65	2293	1517	14167	21.50	0.8
平均	0.92	22.0	67	2480	1548	49149	81.4	2.8

表 6.27　8 月 31 日硫化氢燃烧脱硫系统出口测定结果

时间	静压/kPa	O_2/%	H_2O/%	温度/℃	工况风量/(m^3/h)	标况气量/(m^3/h)	H_2S			SO_2	
							浓度/(mg/m^3)	排放量/(kg/h)	净化率/%	浓度/(mg/m^3)	排放量/(kg/h)
9:00	–0.88	10.5	5.9	41	4012	3201	42	0.1		34	0.1
10:00	–0.79	8.9	5.2	45	4307	3429	1274	44	84.4	125	0.4
10:30	–0.85	10.4	4.8	44	3883	3108	—	—	—	—	—
11:00	–0.73	9.5	4.9	43	3703	2980	287	0.8	98.8	153	0.4
11:30	–0.68	9.05	4.9	44	3725	2981	—	12.2	86.6	747	2.2
12:00	–0.70	10.0	5.0	45	3381	2696	683	1.8	97.4	1332	3.6
12:30	–0.82	8.08	5.1	43	4044	3226	168	0.5	99.0	2006	6.5
13:00	–0.76	8.4	5.0	42	3896	3127	81	0.2	99.4	375	1.2
13:30	–0.81	8.4	5.0	41	3827	3080	66	0.2	99.2	260	0.8
14:00	–0.74	8.0	4.9	41	3829	3086	52	0.2	99.9	830	2.6
14:30	–0.75	6.8	5.3	42	3971	3184	60	0.2	99.8	46	0.1
15:00	–0.72	6.2	5.1	43	3815	3074	55	0.2	99.8	935	2.9
16:00	–0.72	6.0	5.0	43	4120	3318	43	0.1	99.8	796	2.6
17:00	–1.38	5.4	5.0	44	4803	3809	—	—	—	—	—
18:00	–1.03	5.2	5.0	41	3772	3041	140	0.4	99.7	599	1.8
19:00	–1.12	7.2	4.5	38	4282	3505	64	0.2	99.8	670	2.3
20:00	–1.32	6.0	4.9	34	3408	2802	38	0.1	99.5	97	0.3
平均	–0.84	7.7	5.0	42	3812	3093	420	0.2	98.5	634	2.0

注：10:30、11:30、17:00 燃烧炉熄火，结果未测

表 6.28　9 月 12 日硫化氢燃烧脱硫系统进口测定结果

时间	静压/kPa	H_2O/%	温度/℃	工况气量/(m^3/h)	标况气量/(Nm^3/h)	H_2S		
						浓度/(mg/m^3)	释放量/(kg/h)	含量/%
5:00	1.62	30.0	80	1361	737	814	0.6	0.03
5:30	1.32	30.0	79	2604	1410	11734	16.5	0.5
6:00	0.98	28.0	77	2590	1446	27380	39.6	1.3
6:30	1.02	28.0	75	3162	1776	43670	77.6	2.1
7:00	0.78	27.0	72	3988	2285	33040	75.5	1.6
7:00	0.78	27.0	72	3988	2285	33040	75.5	1.6
7:30	0.98	25.8	71	3612	2039	86260	175.9	4.2
8:30	0.68	18.8	67	3312	2116	85780	181.5	4.6
9:00	0.64	18.6	67	2763	1789	102120	182.7	5.5
9:30	0.83	18.6	57	3694	2396	95280	228.3	5.1
10:30	0.35	18.4	80	3208	1715	132030	226.3	6.1

续表

时间	静压/kPa	H_2O/%	温度/℃	工况气量/(m^3/h)	标况气量/(Nm^3/h)	H_2S		
						浓度/(mg/m^3)	释放量/(kg/h)	含量/%
11:00	0.74	30.0	81	3534	1870	143440	268.2	6.5
11:30	1.2	31.0	85	3282	1697	140530	238.3	6.3
12:00	0.44	32.0	84	2460	1264	113380	14303	5.1
13:00	0.24	32.0	77	2006	1081	77560	83.3	3.6
14:00	0.34	30.1	74	1913	1061	65000	69	3.1
15:00	0.93	28.0	74	3390	1907	50780	96.8	2.4
16:00	0.49	28.0	70	3083	1801	28810	51.9	1.4
17:00	0.34	25.8	68	2936	1715	27660	47.7	1.4
平均	0.8	26.9	74	2923	1672	66661	111.4	3.3

表 6.29　9 月 12 日硫化氢燃烧脱硫系统出口测定结果

时间	静压/kPa	O_2/%	H_2O/%	温度/℃	工况风量/(m^3/h)	标况气量/(m^3/h)	H_2S			SO_2	
							浓度/(mg/m^3)	排放量/(kg/h)	净化率/%	浓度/(mg/m^3)	排放量/(kg/h)
5:00	–0.72	9.5	2.8	29	2326	2026	0.6	0.01	99.8	26	0.05
5:30	–0.74	9.9	2.8	30	3719	3154	8.0	0.02	99.9	26	0.08
6:00	–0.77	8.8	2.8	32	3740	3173	307	1.0	97.5	68	0.2
6:30	–0.79	7.2	2.8	32	3482	2959	756	2.2	97.2	229	0.8
7:00	–0.89	4.4	2.7	30	3455	2961	359	1.1	98.5	1099	3.2
7:30	–0.91	4	2.9	31	3621	3290	277	0.9	99.5	2352	7.7
8:30	–0.96	2.2	3.0	34	3583	3038	809	2.5	98.6	9362	28.5
9:00	–1	1.6	3.0	35	4001	3377	64	0.2	99.9	7650	25.9
9:30	0.91	1	3.7	36	3500	2908	89	0.2	99.0	15896	46.2
10:30	–0.93	3.6	3.7	41	3408	2789	—	—	—	—	—
11:00	–0.74	3.8	3.9	45	3639	2872	464	1.3	99.5	17032	48.9
11:30	–0.82	2.2	3.8	43	3586	2843	377	1.1	99.5	23133	65.8
12:00	–0.83	7.2	3.8	43	3452	2764	19	0.3	99.8	4992	13.8
13:00	–0.75	10.8	3.6	42	3447	2760	44	0.1	99.9	561	1.5
14:00	–1.58	11	3.9	42	6208	5176	27	0.1	99.8	336	1.7
15:00	–1.46	10.4	4.0	43	5844	4946	348	1.7	98.2	1764	8.8
16:00	–1.45	10	4.0	43	6302	5268	124	0.6	98.8	740	3.9
17:00	–1.47	10.1	3.8	42	6501	5444	81	0.4	99.2	528	2.9
平均	–0.98	6.5	3.4	37	4101	3432	250	0.8	99.3	5047	17.1

注：10:30 燃烧炉熄火，结果未测

2) H_2S 净化效率

该净化装置脱硫效率较理想，除少数因操作因素外均在 98%以上，两次测定平均脱硫效率分别为 98.5%和 99.3%，均已超过设计值 98%。其平均排放量为 0.8～

1.2 kg/h，均低于 GB 14554—1993《恶臭污染物排放标准》中 1.8 kg/h 的标准。

3) SO_2 净化效果

该净化装置对脱除 SO_2 效果也是很理想的，SO_2 排放量均值为 2～17.3 kg/h，均低于 GB 16297—1996《大气污染物综合排放标准》中二级排放速率 25 kg/h 的标准。

4) 赤泥废水脱除 SO_2 效果分析

赤泥废水用于脱除 SO_2 是一项“以废治废”的典型范例，取得如此效果除采用雾化空塔有较好的接触面积外，也与赤泥废水本身的性质有关，赤泥废水组分见表 6.30。

表 6.30　赤泥废水组分

项目	pH	碱度/(mg/L)	可燃物/(mg/L)
最低值	12.5	7000	15176
最高值	12.7	7300	19480
平均值	12.6	7130	16830

注：碱度以 Na_2O 计

赤泥废水除有碱和可溶性物质外，赤泥悬浮物较高，赤泥中含有 TiO_2、Fe_2O_3、CaO、Al_2O_3 等物质，具有催化作用，加快了赤泥废水吸收 SO_2 的速度，促进了 SO_2 的吸收。

6. 空气环境效益

为了全面考察 H_2S 排放对环境的影响，在镓车间附近几个岗位设立测点，现将 8 月 31 日和 9 月 12 日对分解槽附近几个岗位和点空气中 H_2S 浓度进行连续测定，测定结果见表 6.31 和表 6.32。

表 6.31　8 月 31 日岗位 H_2S 浓度测定结果 (mg/m^3)

时间	风向	分解槽顶 33 m 平台	氢氧化铝站台	焙烧皮带	碳素厂办公楼前	镓车间办公楼前
10:00～11:00	微北风	0.005	0.005	0.029	—	
11:00～12:00	微北风	0.007	0.002	0.006	—	—
12:00～13:00	静风	0.015	0.002	0.0001	—	—
13:00～14:00	静风	0.011	0.003	0.006	—	—
14:00～15:00	微北风	0.003	0.001	0.005	—	—
15:00～16:00	微北风	0.001	0.008	0.005	—	—
16:00～17:00	微北风	0.004	0.004	0.009	—	—
17:00～18:00	微北风	0.005	0.006	0.007	—	—
18:00～19:00	静风	0.003	—	—	0.008	0.011
19:00～20:00	静风	0.006	—	—	0.006	0.017

表 6.32　9 月 12 日岗位 H_2S 浓度测定结果(mg/m^3)

时间	风向	风速/(m/s)	种分槽南排过滤机	种分槽值班室门前
5:30～6:30	SN	3	0.022	0.005
6:30～7:30	WSW	3	0.003	0.032
7:30～8:30	SW	4	0.009	0.004
8:30～9:30	W	5	0.006	0.025
9:30～10:30	WSW	4	0.005	0.329
10:30～11:30	WSW	3	0.003	0.008
12:00～13:00	WSW	2	0.002	0.006
13:00～14:00	WSW	2	0.004	0.004
14:00～15:00	N	2	0.027	0.002
15:00～16:00	NNE	2	0.009	0.007
16:00～17:00	C	0	0.003	0.003

在测定期间以静风为主，在正常情况下各岗位测定点 H_2S 浓度在 0.002～0.027 mg/m^3 范围内，均低于恶臭污染物厂界标准(H_2S 二级 0.06 mg/m^3)。

9:55～10:40 燃烧炉熄火期间，种分槽值班室门前测定点最高 H_2S 浓度为 0.329 mg/m^3，为厂界标准的 4.5 倍，有恶臭味出现。

6.3　干法水解脱除有机硫

6.3.1　干法脱有机硫方法选择

根据以无烟煤为原料的黄磷尾气氧硫化碳含量特别高的特点，重点应放在 COS 的脱除上，当前常用的湿法脱硫(如栲胶法、ADA 法)不能脱除 COS，甚至 PDS 或“888”法也不能脱除 COS 和 CS_2。

DEA 法在常压或加压下脱除有机硫是有效的方法，但能耗高、成本高，一般也不是很理想的脱有机硫的方法，必须寻求能耗低、成本低的方法。

目前，国内除有机溶剂脱除 COS 外，还有固体催化剂法，其中脱除 COS 有两种类型，一是中国科学院大连化学物理研究所开发的转化吸收型催化剂，3019 脱硫剂法(简称一步法)。一步法催化氧化羰基脱硫剂及技术，可将有害的 COS 转化为无害的单质硫，实现 COS 和 H_2S 一体化脱除，具有流程短、硫容高等优势。转化吸收型催化剂虽然硫容较高，但不能再生，特别是硫化物含量高时，更换频繁、成本高，更换催化剂劳动强度大、条件差，卸出的废催化剂遇空气即氧化生成 SO_2，造成二次污染，一步法生成的单质硫吸附在脱硫剂上，吸附剂微孔很快被堵塞，阻力增加很快，像黄磷尾气中这么高的 H_2S 和 COS 含量，且在常压下操作，将很难应用。

二是湖北省化学研究院开发的转化型催化剂，常温 T504 COS 水解催化剂，先将 COS 水解成 H_2S，然后再用湿法脱硫脱除硫化氢(简称二步法)。转化型催化剂(二步法)流程长、设备复杂，但脱硫剂使用寿命长、操作环境好、成本低，硫还可以回收，故推荐后一种方法。

6.3.2　水解法脱有机硫的化学基础

黄磷尾气中含有较高的 COS，首先在常压和一定温度下，利用黄磷尾气中的饱和水蒸气，通过 T504 催化剂，将 COS 水解为 H_2S，然后用 ADA 或“888”脱硫液脱除 H_2S，其水解反应如下：

$$COS + H_2O \xlongequal{} CO_2 + H_2S \tag{6-114}$$

1. COS 水解反应热效应

COS 水解反应的标准反应热 $\Delta H_{298}^{\ominus}$(101.3 kPa，25℃)，可从有关气体标准生成热有关数据进行计算：

$$\Delta H_{298}^{\ominus} = (\Delta H_{CO_2}^{\ominus} + \Delta H_{H_2S}^{\ominus}) - (\Delta H_{COS}^{\ominus} + \Delta H_{H_2O}) \tag{6-115}$$

$$\Delta H_{298}^{\ominus} = (-393.51-20.15) - (-137.2-241.84) = -34.62\,(\text{kJ/mol})$$

反应放出热量，不同温度下反应热根据基尔霍夫公式求得，参与 COS 水解反应各物质的标准生成热、标准熵、标准生成自由焓和热容数据见表 6.33。

表 6.33　参与反应物质的标准生成热、标准熵、标准生成自由焓和热容数据

物质	$\Delta H_{298}^{\ominus}$/(kJ/mol)	$S_{298}^{\ominus}$/[J/(mol·K)]	$\Delta G_{298}^{\ominus}$/(J/mol)	C_p/[J/(mol·K)]$a+bt+c'/T^2$
COS(g)	−137.2	231.5	−169.24	$48.12+8.45\times10^{-3}T-8.2\times10^{5}T^{-2}$
H_2O(g)	−241.84	188.74	−228.59	$30.00+10.71\times10^{-3}T+0.33\times10^{5}T^{-2}$
H_2S(g)	−20.15	205.64	−33.02	$29.37+15.4\times10^{-3}T$
CO_2(g)	−393.51	213.6	−394.38	$44.14+9.04\times10^{-3}T-8.53\times10^{5}T^{-2}$

基尔霍夫公式：

$$\Delta H_{r,T} = \Delta H_{r,298} + \int_{298}^{T} \Delta C_p \mathrm{d}T \tag{6-116}$$

式中，$\Delta C_p = \sum C_{p生成物} - \sum C_{p反应物}$，

$$\Delta C_p=\Delta a+\Delta bT+\Delta c'/T^2+\cdots \tag{6-117}$$

将式(6-117)代入式(6-116)并积分得：

$$\Delta H_{\mathrm{r}}=\Delta H_{\mathrm{r},298}^{\ominus}+\Delta a(T-298)+\frac{1}{2}\Delta b(T^2-298^2)-\Delta c'\left(\frac{1}{T}-\frac{1}{298}\right) \tag{6-118}$$

参与 COS 反应各物质的标准生成热、标准熵和热容数据查表 6.33，将 C_p 数据代入式(6-117)得

$$\begin{aligned}\Delta C_p&=(29.37+15.4\times10^{-3}T+44.14+9.04\times10^{-3}T-8.53\times10^{5}T^{-2})\\&\quad-(48.12+8.45\times10^{-3}T-8.2\times10^{5}T^{-2}+30+10.71\times10^{-3}T+0.33\times10^{5}T^{-2})\\&=-4.61+5.27\times10^{-3}T-0.66\times10^{5}T^{-2}\end{aligned} \tag{6-119}$$

因此，$\Delta a=-4.61$，$\Delta b=5.27\times10^{-3}$，$\Delta c'=-0.66\times10^{5}$。

将式(6.119)代入式(6-118)得，在不同温度下，COS 水解反应热：

$$\begin{aligned}\Delta H_{\mathrm{T}}&=-34620+\int_{298}^{T}(-4.61+5.27\times10^{-3}T-0.66\times10^{5}T^{-2})\,\mathrm{d}T\\&=-34620-4.61(T-298)+2.635\times10^{-3}(T^2-298^2)+0.66\times10^{5}\left(\frac{1}{T}-\frac{1}{298}\right)\end{aligned} \tag{6-120}$$

式中，ΔH_{T} 为在 t(℃)时的反应热，J/mol；T 为热力学温度，K。

2. COS 水解反应平衡常数

黄磷尾气一般在常压下进行，COS 水解反应平衡常数以各组分分压来计算：

$$K_p=\frac{p_{CO_2}\cdot p_{H_2S}}{p_{COS}\cdot p_{H_2O}} \tag{6-121}$$

式中，p_{COS}、p_{H_2O}、p_{CO_2}、p_{H_2S} 分别为 COS、H_2O、CO_2、H_2O 的平衡分压。

反应平衡常数越大，反应产物越多。

3. 利用热力学数据计算 COS 水解反应平衡常数

范托夫(van’t Hoff)等温方程式：

$$\Delta G_{\mathrm{r},T}^{\ominus}=-RT\ln K_p \tag{6-122}$$

式中，$\Delta G_{r,T}^{\ominus}$ 为反应标准焓的变化，即产物和反应物的活度都是 1 时的反应自由焓的变化；K_p 为平衡常数；T 为反应热力学温度，K；R 为摩尔气体常量，8.314 J/(mol·K)。

平衡常数是温度的函数，在不同温度下，COS 水解反应平衡常数按范托夫等压方程求得。

忽略压力对 K_p 的影响，范托夫等压方程如下：

$$\frac{\mathrm{d}\ln K_p}{\mathrm{d}T}=\frac{\Delta H_{\mathrm{r}}}{RT} \tag{6-123}$$

$$\ln K_p=-\frac{\Delta H_{298}^{\ominus}}{R}\cdot\frac{1}{T}+\frac{\Delta a}{R}\ln T+\frac{\Delta b}{2R}(T-298)-\frac{\Delta c}{2R}\left(\frac{1}{T^2}-\frac{1}{298^2}\right)+I \tag{6-124}$$

式中，I 为积分常数。

将式(6-119)代入式(6-124)得，在不同温度下，COS 水解反应平衡常数方程式：

$$\begin{aligned}\ln K_p=&4164.06\times\frac{1}{T}-0.5545\ln T+0.3169\times10^{-3}(T-298)\\&+0.03969\times10^5\times\left(\frac{1}{T^2}-\frac{1}{298^2}\right)+I\end{aligned} \tag{6-125}$$

为了求出积分常数 I，按范托夫等温方程首先求出 298 K 时的平衡常数 $K_{p,298}$。

$$\begin{aligned}\Delta G_{\mathrm{r},298}^{\ominus}&=\sum(\Delta G_{\mathrm{r},298}^{\ominus})_{生成物}-\sum(\Delta G_{\mathrm{r},298}^{\ominus})_{反应物}\\&=[(-33.02-394.38)-(-169.24-228.59)]\times1000=-29570(\mathrm{J/mol})\end{aligned}$$

$$\ln K_{p,298}=-\frac{-29750}{298\times8.314}=11.9351$$

代入式(6-125)：

$$\begin{aligned}11.9351=&4164.06\times\frac{1}{T}-0.5545\ln T+0.3169\times10^{-3}(T-298)+0.03969\\&\times10^5\times\left(\frac{1}{T^2}-\frac{1}{298^2}\right)+I\end{aligned}$$

利用计算机计算求得 I=5.3098。

COS 水解反应平衡常数很大，当反应到达平衡时 COS 几乎完全转化为 H_2S。平衡常数是温度的函数，在不同温度下，COS 水解反应平衡常数按范托夫等压方程式得出 COS 水解平衡常数方程式(6-126)。

$$\ln K_p = 4164.06 \times \frac{1}{T} - 0.5545 \ln T + 0.3169 \times 10^{-3}(T - 298) + 0.03969 \times 10^5 \times \left(\frac{1}{T^2} - \frac{1}{298^2}\right) + 5.3098 \tag{6-126}$$

将各种温度下 COS 水解反应热及平衡常数用计算机计算的数据列于表 6.34。

表 6.34　温度 25～400℃时的反应热及平衡常数

温度/℃	25	50	75	100	150	200	250	300	350	400
$-\Delta H$/(J/mol)	34620	34710	34800	34880	35020	35150	35270	35360	35440	35510
K_p	164011	50240	18140	7473	1717	531.9	204.2	91.95	46.76	26.16

将各种温度下 COS 水解反应平衡常数绘于图 6.17 中，从图中可看出，COS 水解反应平衡常数在较低温度下更大，若到达平衡，出口 COS 应完全水解为 H_2S，而出口 COS 应很低。但温度太低，反应速率慢，很难达到反应平衡，需要用水解催化剂提高反应速率，操作最佳温度应根据水解催化剂性能要求确定。

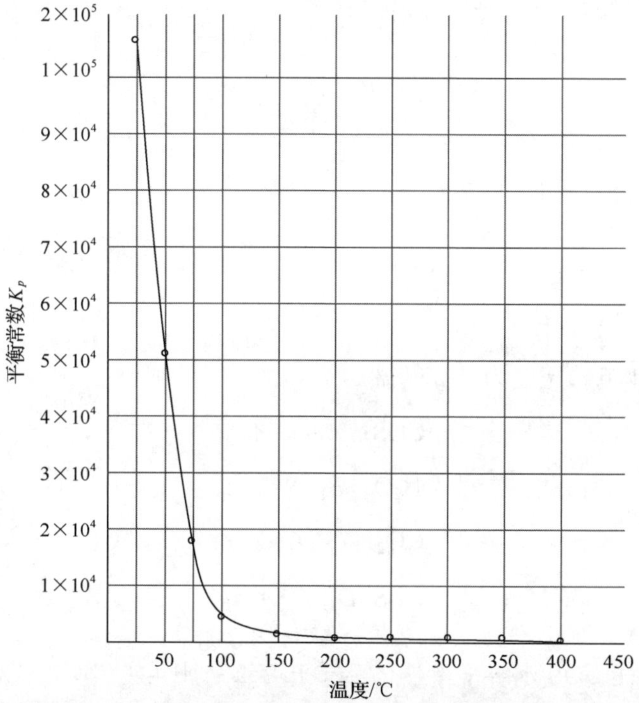

图 6.17　COS 水解平衡常数与温度关系曲线

4. COS 平衡水解率的计算

当水解反应到达平衡时 COS 水解率称为 COS 的平衡水解率。如将黄磷尾气中 COS、H_2O、CO_2、H_2S 的起始组分浓度用 A、B、C、D 来表示，则平衡水解率与平衡常数有如下关系：

$$K_p = \frac{p_{CO_2} \cdot p_{H_2S}}{p_{COS} \cdot p_{H_2O}} = \frac{(C + Ax_p)(D + Ax_p)}{(A - Ax_p)(B - Ax_p)} \tag{6-127}$$

式中，K_p 为 COS 水解平衡常数；x_p 为 COS 平衡水解率；A、B、C、D 为气体中 COS、H_2O、H_2S、CO_2 的起始组分浓度，分子分率。

将式(6-127)进行整理后，平衡变换率与平衡常数的关系式得出如下方程式：

$$(K_p-1)(Ax_p)^2-[K_p(A+B)+(C+D)]Ax_p+(K_pAB-CD)=0$$

令 $w=K_p-1$，$u=K_p(A+B)+(C+D)$，$v=K_p(AB)-(CD)$，则上式可写成

$$w(Ax_p)^2-u(Ax_p)+v=0$$

解之得

$$x_x = \frac{u \pm \sqrt{u^2 - 4wv}}{2wA}$$

因 x_p 不可能大于 1，所以 x_p 只能是一个解。令 $q = \sqrt{u^2 - 4wv}$ 则得 $x_p = \dfrac{u-q}{2wA} \times 100\%$。

5. 水解后组分的计算

以 1 kgmol 黄磷尾气为计算基础。

$$COS：A_1=A-A \cdot x_p$$

$$H_2O：B_1=B-A \cdot x_p$$

$$CO_2：C_1=C+A \cdot x_p$$

$$H_2S: D_1=D+A \cdot x_p$$

6. 黄磷尾气 COS 水解平衡转化率及平衡组分计算实例

黄磷尾气杂质含量：COS，7085 mg/m^3；H_2S，1888 mg/m^3；CO_2，2.6%。温度在 35℃时饱和水蒸气含量 33 g/Nm^3，操作温度 60～80℃，用附录 1.26“COS 水解平衡转化率及平衡组分计算 Visual Basic 程序”计算结果见表 6.35。

表 6.35　在上述杂质组分下平衡组分计算结果

温度/℃	平衡常数 K_p	平衡转化率 x_p	平衡组分			
			COS/(mg/m³)	H_2O/(mg/m³)	CO_2/%	H_2S/(mg/m³)
60	32840	99.99	0.23	29.81	3.0	7910
70	21986	99.99	0.34	29.81	3.0	7910
80	15045	99.99	0.50	29.81	2.99	7910

黄磷尾气中的水蒸气含量越高，反应平衡越向右移动，对 COS 水解反应有利，实际上，远超过 COS 水解对水的需要量，在运行中不需要补充水就满足要求。黄磷尾气脱除有机硫温度在 60～80℃范围内操作，对平衡转化率影响不大。

6.3.3　水解法脱硫在黄磷尾气净化中的应用

1. COS 水解催化剂性能

水解催化剂用湖北化学研究院研制的 T504，COS 水解剂的主体为氧化铝，经浸碱处理后使氧化铝活性表面呈碱性位，从而促使氧硫化碳水解反应。常温水解剂应控制水分和氧含量，水分过多以使水解剂活性组分溶解，破坏水解剂结构，甚至带出活性组分。氧含量过高，易使硫化氢硫酸盐化沉积于水解剂表面，导致活性下降。

为了保护 T504 催化剂，在 T504 反应器前加 G101 和 G102 保护剂。

T504 常温 COS 水解催化剂：规格为白色球形(ϕ3～6)，堆重度 0.7～1.0，COS 转化率≥99%，脱除精度 COS＜0.03ppm，操作温度 30～100℃，空速 1500～3000 h^{-1}。

G101、G102 和 T504 催化剂使用寿命为一年。

2. 黄磷尾气水解法脱除有机硫工艺

黄磷尾气水解法脱除有机硫工艺流程图见图 6.18

从脱磷工段来的尾气温度为 70～80℃，为了保证水解在最佳温度下操作，设置蒸汽加热器(E301)用蒸汽加热至 90～100℃，然后相继进入保护塔(T302)和水解塔(T303)将 COS 转化为 H_2S，此称为一段脱硫。

从一段脱硫来的黄磷尾气进入水冷器(E304)将温度降至 35～38℃，满足 ADA 或“888”脱硫需要的温度，然后进入脱硫塔(T305)，吸收 H_2S 后的富液进入富液槽(V306)，富液用再生泵(P307)打入喷射再生槽(Z310)的射流器中，由射流器自吸空气进行再生，再生后的贫液进入贫液槽(V309)，再用脱硫泵(P308)打入脱硫塔中的布水器中，自上而下通过塑料阶梯环与自下而上的尾气充分接触而脱除硫化氢，经脱硫后的尾气经顶部填料除雾后送往精脱硫工序，此称二段脱硫。

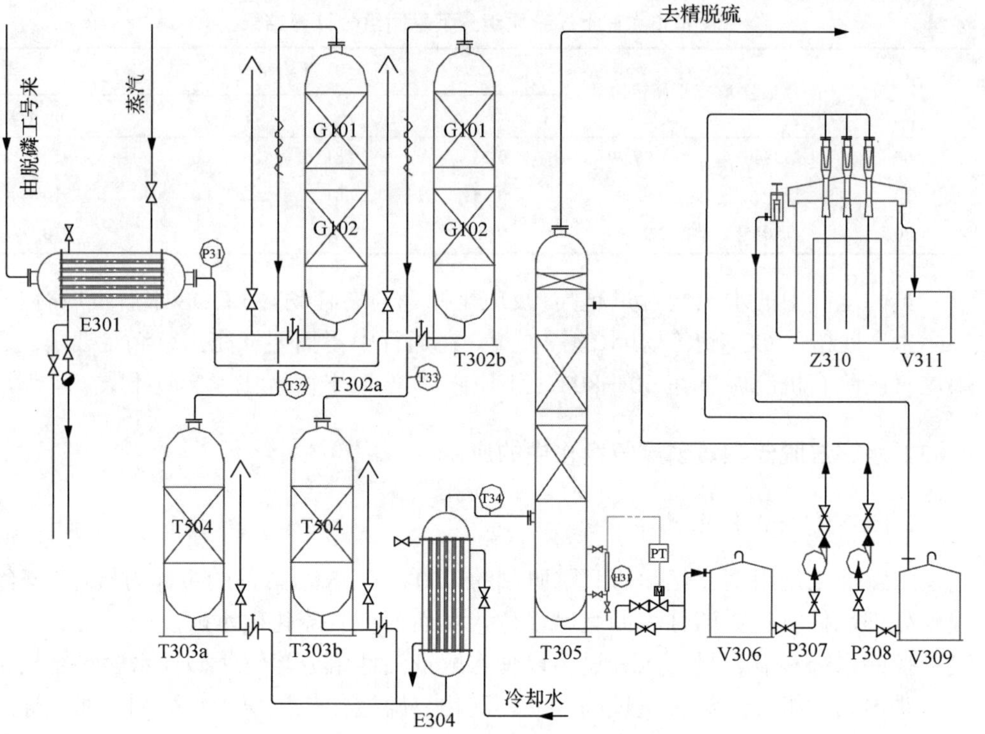

图 6.18　黄磷尾气水解法脱除有机硫工艺流程图

E301：蒸汽加热器；T302a、T302b：保护塔；T303a、T303b：水解塔；E304：水冷器；T305：脱硫塔；V306：富液槽；P307：再生泵；P308：脱硫泵；V309：贫液槽；Z310：喷射再生槽；V311：硫泡沫槽

氧化槽顶部的硫泡沫溢流至硫泡沫槽(V311)储槽统一处理。

3. 主要设备的选择与计算

1) 蒸汽加热器

蒸汽加热器采用卧式列管换热器，黄磷尾气走管内，将温度从 55℃提高至 90℃，加热用 0.4 MPa 蒸汽加热，走管间。

A.已知条件

净化气量：V_0=5000 Nm^3/h，即 240 kgmol/h；

尾气分子量：M=26.73；

尾气重度：ρ_g=1.264 kg/m^3；

净化气入器压力：p= 3.4 kPa；

净化气入器温度：t_1=55℃；

净化气出器温度：t_2= 100℃；

饱和蒸汽：0.4 MPa(表压)；蒸汽温度 151℃；焓 I_1= 2738 kJ/kg。

B.热量衡算

净化气带入的热量 Q_1 包括干黄磷尾气带入热 Q_{11} 和净化尾气中水蒸气带入热量 Q_{12}。

净化气 0～100℃时平均分子热容 C_p=28.9697 kJ/kgmol · ℃，

$$Q_{11}=V_0\cdot C_p\cdot t_1=240\times28.9697\times55=382400.04\,(\text{kJ/h})$$

净化尾气在脱磷过程中未加入水蒸气，反应生成的水蒸气量很少，其湿含量应为泡沫塔出口温度 t_1=35℃时的湿含量，查附表 2 中 0℃体积为 1 m^3 的干煤气经水蒸气饱和后的湿含量为 d_1=33.07 g/Nm^3，其中水蒸气焓 I_S=84.58 kJ/m^3。

$$Q_{12}=V_0\cdot I_S=5000\times84.58=422900\,(\text{kJ/h})$$

$$Q_1=Q_{11}+Q_{12}=383400+422900=806300\,(\text{kJ/h})$$

蒸汽带入热 Q_2

$$Q_2=2738\,\text{G}\,(\text{kJ/h})$$

$$Q_{入}=2738\text{G}+805300\,(\text{kcal/h})$$

净化气带出的热量 Q_3 包括干净化气带出热 Q_{31} 和净化气中水蒸气带出热 Q_{32}。

$$Q_{31}=240\times6.9193\times4.1868\times90=625746\,(\text{kJ/h})$$

净化尾气在此过程中也未加入水蒸气，其湿含量仍为泡沫塔出口温度 t_1=35℃时的湿含量，d_1=33.07 g/Nm^3，当加热至 90℃时，其中水蒸气焓 I_S=2490×33.07/1000+1.93×33.07×90/1000 = 88.1 (kJ/m^3)。

$$Q_{32}=V_0\cdot I_S=5000\times88.1=440500\,(\text{kJ/h})$$

$$Q_3=Q_{31}+Q_{32}=625746+440500=1066246\,(\text{kJ/h})$$

水蒸气凝结水带出的热 Q_3:

$$Q_3=418.68\,\text{G}\,(\text{kJ/h})$$

热损失 Q_4 按进热的 3%计，

$$Q_4=(2738\text{G}+805300)\times0.03=24159+82.1G$$

$$Q_{出}=1066246+418.68G+24159+82.1G=500.8G+1090405$$

根据热平衡原理，2738G+ 805300=500.8G+1090405。需要蒸汽量 $G=\dfrac{285105}{2237.3}=$ 127.4 (kg/h)。热负荷 Q=127.4×(2738–418.7)= 295478.82 (kJ/h)。

C. 设备计算

尾气加热器采用列管式，列管 ϕ25×2.5 无缝钢管，净化气走管内，蒸汽走管外。

a) 管板直径的计算

管内平均温度：$t_{\mathrm{m}}=\dfrac{55+90}{2}=72.5$ (℃)

在操作条件下气体平均体积：

$$V=5000\times(72.5+273)\times760/(273\times906)=5308\ (\mathrm{m^3/h})$$

初选气体流速 8 m/s，管子根数=1.4745/(0.785×0.02^2×8)=587(根)，管间距取 34 mm，管板充填系数设为 90%。

管板直径：

$$D=1.05t\sqrt{\frac{n}{\eta}}=1.05\times34\times\sqrt{\frac{587}{0.9}}=912\ (\mathrm{mm})$$

管板直径取为 ϕ1000 mm。

b) 设备规格的选定

管子实际排列数：按六角排列，查得管板开孔数为 673 根，减去装拉杆 6 根，实际 667 根。

c) 传热系数计算

(1) 管内传热系数计算 α_1：

列管总面积 667×0.02^2×0.785=0.2094 ($\mathrm{m^2}$) 气体质量流速 G=240×26.73/(0.2867×3600)=6.2156[kg/($\mathrm{m^2}$ · s)]。净化气在平均温度 72.5 ℃时的黏度 μ= 0.06874 kg/(m · h)，

$$Re=\frac{d\omega\cdot\gamma}{\mu}=\frac{0.02\times6.1256\times3600}{0.06874}=6416.1$$

净化气在 72.5℃时的导热系数 λ=0.1165 kJ/(m · h · ℃)。净化气在 72.5℃时的分子热容 C_p=29.871 kJ/(kmol · ℃)=1.1175 kJ/(kg · ℃)。

$$Pr=\frac{\mu C_p}{\lambda}=\frac{0.06874\times1.1175}{0.1165}=0.6594$$

气体属过渡流，查 α 值的校正系数为 f=0.98，

$$\begin{aligned}\alpha_1&=f\times0.023\times Re^{0.8}Pr^{0.4}\lambda/d\\&=0.98\times0.023\times6510^{0.8}\times0.6594^{0.4}\times0.1165/0.02\\&=124.96[\text{kcal}/(\text{m}^2\cdot\text{h}\cdot{}^\circ\text{C})]\end{aligned}$$

(2) 管间传热系数计算 α_2：

具有横向挡板圆缺形挡板的换热器(流体只部分地横过管子)管隙间的传热系数，可用下式计算：

$$\frac{\alpha d_0}{\lambda}=1.72(de)^{0.6}\left(\frac{d_0G_{\mathrm{m}}}{\mu}\right)^{0.6}\left(\frac{C\mu}{\lambda}\right)^{\frac{1}{3}}\left(\frac{\mu}{\mu_\omega}\right)^{0.14}$$

装圆缺形挡板，挡板间距取为 h=0.45m，截口高度取为直径的 22%，h'=1.0×0.22=0.22 (m)。

管外流道基准截面由 $S_{\mathrm{m}}=\sqrt{S_1S_2}$ 计算。

流体横过管束时流道的截面积 $S_1=hD\left(1-\dfrac{d_0}{t}\right)=0.45\times1.0\times\left(1-\dfrac{0.025}{0.034}\right)=0.1191(\mathrm{m}^2)$。

弓形缺口处流道截面积 S_2 是弓形面积 S_{a} 扣去该处管子所占面积，弓形面积：

$$\begin{aligned}S_{\mathrm{a}}&=\frac{3.1416}{180}r^2\cos^{-1}\left(\frac{r-h'}{r}\right)-(r-h')\sqrt{dh'-h'^2}\\&=\frac{3.1416}{180}0.5^2\cos^{-1}\left(\frac{0.5-0.22}{0.5}\right)-(0.5-0.22)\sqrt{1.0\times0.22-0.22^2}\\&=0.1281(\mathrm{m}^2)\end{aligned}$$

$$S_2=S_{\mathrm{a}}\left[1-0.91\left(\frac{d_0}{t}\right)^2\right]=0.1281\left[1-0.91\left(\frac{0.025}{0.034}\right)^2\right]=0.065(\mathrm{m}^2)$$

$$S_{\mathrm{m}}=\sqrt{S_1S_2}=\sqrt{0.1191\times0.065}=0.0879(\mathrm{m}^2)$$

当量直径按计算压降时的当量直径计算：

$$d_{\mathrm{e}}=\frac{D_{\mathrm{i}}^2-nd_0^2}{D_{\mathrm{i}}+nd_0}=\frac{1.0^2-667\times(0.025)^2}{1.0+667\times0.025}=0.033(\mathrm{m})$$

蒸汽在平均温度 125℃时的热力学参数，查附表 5 用内插法求得：比热容

C_p=4.2392 kJ/(kg·℃)，黏度 μ=0.0824 kg/(m·h)，导热系数 λ=2.47 kJ/(m^2·h·℃)，Pr=1.415。

按廊道流道基准截面积计算的管外流体质量流速，

$$G_{\mathrm{m}}=\frac{G}{S_{\mathrm{m}}}=\frac{126.5}{0.08799}=1437.7\ [\mathrm{kg/(m^2\cdot h)}]$$

$$Re=\frac{Gd}{\mu}=\frac{1437.7\times 0.025}{0.0824}=436.2$$

$$\alpha_2=1.72\times(0.033)^{0.6}\times 463.2^{0.6}\times 1.415^{0.333}\times\left(\frac{0.0824}{0.1019}\right)^{0.14}\times\frac{2.47}{0.025}$$
$$=950.9[\mathrm{kJ/(m^2\cdot h\cdot ℃)}]$$

(3)总传热系数的计算：

污垢热阻：管内走黄磷尾气因含有少量沉淀等污物，热阻取为 0.0017 m^2·h·℃/kJ；管外为干净水蒸气结垢热阻，取为 0.0004 m^2·h·℃/kJ，R= 0.0021 m^2·h·℃/kJ。

$$K=\frac{1}{\dfrac{1}{\alpha_1}+\dfrac{1}{\alpha_{外}}+R+\dfrac{\delta}{\lambda}}=\frac{1}{\dfrac{1}{160.7}+\dfrac{1}{1031}+0.0021+\dfrac{0.0025}{167.5}}=107.4[\mathrm{kJ/(m^2\cdot h\cdot ℃)}]$$

平均温度差计算：

$$\Delta t_{\mathrm{m}}\frac{(T_1-t_2)-(T_2-t_1)}{\ln\dfrac{(T_1-t_2)}{(T_2-t_1)}}=\frac{(151-90)-(100-55)}{\ln\dfrac{(151-90)}{(100-55)}}=52.6\ (℃)$$

传热面积计算：

$$F=\frac{Q}{K\cdot\Delta t_{\mathrm{m}}}=\frac{293270}{107.4\times 52.6}=51.91\ (\mathrm{m^2})$$

为了留有余地以及考虑结构，传热面积取 60 m^2。

列管长度：

$$L=60/(3.14\times 0.022\times 667)=1.3\ (\mathrm{m})$$

取 ϕ1000，管子 ϕ25×2.5 L=1500(mm)。

2)水解保护器和水解反应器

水解保护器和水解反应器(总称水解器)是水解反应的关键设备，其结构对水解效果影响较大。两者的结构相同，均为立式圆柱床，由碳钢焊接而成，结构见图 6.19，在立式圆筒筒体(1)的顶部设有进气管(2)、黄磷尾气由此进入。经分布板(3)将气体分布在催化剂(8)的截面上，然后进入催化剂层进行水解反应，经水解后的气体从水解器底部的出气管(4)排出。

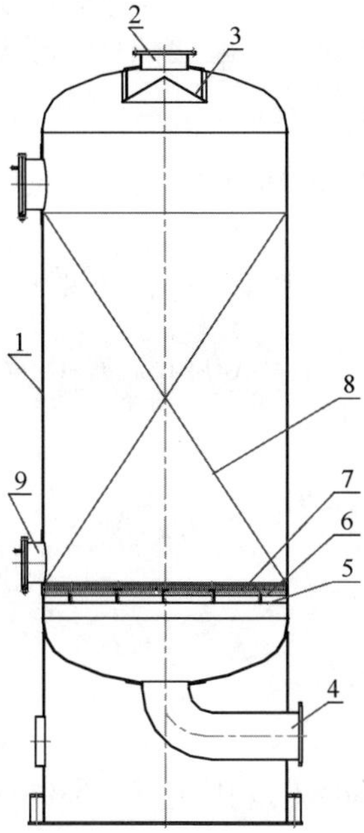

图 6.19　水解反应器结构图

1.筒体；2.进气管；3.分布板；4.出气管；5.支架；6.筛板；7.鹅卵石；8.催化剂；9.人孔

水解保护器和水解反应器底部设有槽钢支架(5)，支架上平放筛板(6)，催化剂装填在可拆卸的筛板上，筛板直径比筒体直径小 15～20 mm，整个筛板布满 ϕ 12 mm 的筛孔，孔间距 25 mm，正方形或正三角形排列，可从人口处装入，放置在梁上。为了减少阻力，在筛板上放置光滑的直径 ϕ 10～30 mm 鹅卵石(7)，60 mm 厚，为了防止催化剂泄漏，在鹅卵石上放置 10 目的不锈钢丝网。

筒体壁上设有人孔(9)，用于检修和装卸催化剂。

各种水解器结构相同，但高度不同，水解器的高度是根据催化剂用量决定的，催化剂用量少的采用一层结构，催化剂多的采用二层结构，二层结构的水解器在水解器中部增加一层相同的支架、筛板、鹅卵石以及装卸人孔即可。

A.水解保护器

规格：ϕ2400 内装 G101 和 G102 保护剂各 14 m^3，触媒层高 2×3.0 m。净化气处理能力：V_0=5000 Nm^3/h；操作温度 t=60℃(平均)；操作压力 p=35 kPa(平均)；当地

大气压 p_d=88 kPa。水解保护器在操作条件下净化气流量$V=\dfrac{5000\times 101.3\times(273+60)}{273\times(88+35)}$ $=5022.9$ (m^3/h) 水解保护器截面积 F=0.785×2.4^2=4.52 (m^2)。

催化剂剂层的阻力计算：

水解是在常压下操作，催化剂层阻力显得很重要，牵涉到鼓风机的选配问题，因此要对催化剂的阻力进行核算，水解器的压力降根据脱磷吸附器气体通过触媒层的经验压力降公式进行计算。

净化气分子量 $M=26.73$。净化气质量流速 $G=\dfrac{V_0M}{22.4\times F}=\dfrac{5000\times 26.73}{22.4\times 4.52}=$ 1320[kg/(m^2 · h)]。净化气在操作条件下的重度 $\gamma=\dfrac{V_0M}{22.4\times V}=\dfrac{5000\times 26.73}{22.4\times 5022.9}=$ 1.18786 (kg/m^3)。颗粒平均直径 d_e=0.004 m。E=0.378 + 0.308×0.004/2.4=0.3785。单位催化剂层压力降按下式计算：

$$\Delta p=20.6\times 10^{-8}\times\frac{1.5G^{1.9}}{\gamma dp^{1.1}}\times\frac{1-E}{E^3}=20.6\times 10^{-8}\times\frac{1.5\times 1320^{1.9}}{1.18786\times 0.004^{1.1}}\times\frac{1-0.3785}{0.3785^3}$$
$$=1099.67(\text{Pa/m})$$

水解保护剂层总阻力

$$\Delta p_Z=\Delta p\cdot L=1.076\times 6=6.456\ (\text{kPa})$$

B.水解反应器

水解反应器规格：ϕ2400 内装 T504COS 水解剂 16 m^3，触媒层高 3.5 m。操作温度 t=60℃（平均）；操作压力 p=30 kPa（平均）；水解反应器在操作条件下净化气流量$V=\dfrac{5000\times 101.3\times(273+60)}{273\times(88+30)}=5235.75$ (m^3/h)。水解反应器截面积 F=0.785×2.4^2=4.52 (m^2)。水解反应器的质量流量与水解保护器相同。净化气在操作条件下的重度$\gamma=\dfrac{V_0M}{22.4\times V}=\dfrac{5000\times 26.73}{22.4\times 5235.75}=1.13957$ (kg/m^3) 颗粒平均直径 d_e= 0.004 m。E=0.378 + 0.308×0.004/2.2=0.37856。单位催化剂层压力降按下式计算：

$$\Delta p=20.6\times 10^{-8}\times\frac{1.5G^{1.9}}{\gamma dp^{1.1}}\times\frac{1-E}{E^3}=20.6\times 10^{-8}\times\frac{1.5\times 1320^{1.9}}{1.13957\times 0.004^{1.1}}\times\frac{1-0.37856}{0.37856^3}$$
$$=1145.6(\text{Pa})$$

水解催化剂层总阻力

$$\Delta p_Z=\Delta p\cdot L=1.035\times 3.5=3.62\ (\text{kPa})$$

C.COS 水解运行效果

黄磷尾气水解法脱除有机硫工艺装置于 2008 年在攀枝花川投投入运行，部分分析数据见表 6.36。

表 6.36　水解槽 COS 水解分析数

日期	时间	进口/(mg/m³)				出口/(mg/m³)			
		PH_3	COS	H_2S	CS_2	PH_3	COS	H_2S	CS_2
10 月 19 日	9:36	0.00	0.27	0.07	0.41	0.00	0.015	0.06	0.41
10 月 19 日	15:50	1.37	0.19	0.2	0.1	0.00	0.4	0.01	0.03
10 月 20 日	14:30	5.91	25.6	0.06	0.78	0.00	0.13	0.014	0.06
10 月 22 日	3:00	0.00	0.1	0.56	0.34	0.00	0.012	0.56	0.03
11 月 6 日	20:00	—	—	—	—	—	—	—	—
11 月 6 日	23:00	—	—	—	—	—	—	—	—
11 月 7 日	2:00	—	—	—	—	—	—	—	—
11 月 7 日	6:00	—	—	—	—	—	—	—	—
11 月 7 日	11:00	18.0	4075	409	119.4	0.04	1.5	492.0	121.7
11 月 7 日	17:55	103.5	11287	4549	—	4.74	68.5	2635.6	—
11 月 7 日	23:55	2.06	7084.8	1888.2	—	0.00	74.0	9231.4	—
11 月 8 日	4:00	0.00	5507.1	1879.8	—	—	—	175.3	—

从上述分析数据可看出，水解法 COS 水解率高达 98%以上，对 CS_2 基本上无水解能力。

经配套的二段 ADA 脱硫液脱硫后，H_2S 含量均在 50 mg/Nm³ 以下。

二段脱硫按 3.5.1 节一级脱硫方法进行设计。

6.4　精 细 脱 硫

在合成工业中，许多催化剂对合成原料气中的硫非常敏感而引起中毒，催化剂的价格都较贵，为了保护催化剂，延长使用寿命，对合成气中的硫含量要求非常严格，总硫必须小于 0.1 mg/Nm³。某些工业催化剂中毒情况见表 6.37。

表 6.37　微量硫对某些工业催化剂的中毒情况

催化剂类型	Cu-Zn 系列低变催化剂	镍系甲烷化催化剂	铁系氨合成催化剂	铜系甲醇催化剂
微量硫中毒定性和定量描述	吸硫 0.2%，活性降低 35%	硫中毒分层进行，吸硫 0.5%～0.6%，活性基本丧失	硫计量在床层上部，吸硫 0.1%，活性明显下降	活性随中毒时间很快下降，吸硫 2.4%，活性 75%
净化气对总硫含量的要求/(mg/Nm³)	<0.1	<0.1	<0.1	<0.1

精细脱硫一般用干法脱硫，不要求再生。在精细脱硫中，一方面不断研制高活性、硫容大的脱硫剂；另一方面根据含硫种类、含硫量大小、工艺操作条件，对出口含硫量的要求等，用各种特制的脱硫剂组合工艺，以达到精细脱硫的目的。目前，国内精脱硫根据脱硫剂使用温度可分为常温精脱硫和中低温精脱硫两种类型脱硫剂，根据不同的使用条件选择。

6.4.1 常温精脱硫

在没有热量可利用的场合，采用常温精脱硫，常温精脱硫是最近几年才开发出来的，已在多家小氮肥厂应用，取得了很好的效果。常温精脱硫可在 5～80℃下操作，穿透指标为 H_2S(COS、CS_2)＜0.03 ppm。

常温精脱硫剂推荐以下几种：

1. 活性炭脱硫剂

1) 活性炭脱硫机理

活性炭脱硫机理是利用活性炭表面活性基团的催化作用加速气体中的 H_2S 和 O_2 发生下述反应：

$$H_2S + 0.5O_2 \longrightarrow H_2O + S \qquad \Delta H = -221.69\ \text{kJ/mol}\ H_2S \tag{6-128}$$

H_2S 与 O_2 在活性炭表面的反应实际上分两步进行，首先是活性炭表面吸附氧，形成活性中心的表面氧化物，然后气体中的 H_2S 分子与化学吸附的氧发生反应，生成的硫黄沉积在活性炭的微孔中。为了加速反应的进行，提高脱硫效果，实际 O_2/H_2S 之比需大于理论值 0.5，其比值以大于 3 为好。

2) 活性炭精脱硫热力学平衡

反应式(6-128)中硫被活性炭吸附以固体存在，反应平衡常数只与 H_2S、O_2 和 H_2O 分压有关，其平衡常数为

$$K_p = \frac{p_{H_2O}}{p_{H_2S} \cdot p_{O_2}^{0.5}} \tag{6-129}$$

式中，K_p 为在温度 t 下的反应平衡常数；p_{H_2S}、p_{O_2}、p_{H_2O} 分别为平衡时 H_2S、O_2、H_2O 分子比，%。

参与 H_2S 反应各物质的标准生成热、标准熵、标准生成自由焓和热容数据列于表 6.38。

表 6.38　参与反应物质的标准生成热、标准熵、生成自由焓和热容数据

物质	$\Delta H_{298}^{\ominus}$/(kJ/mol)	$S_{298}^{\ominus}$/[J/(mol·K)]	$\Delta G_{298}^{\ominus}$/[J/(mol·K)]	C_p/[J/(mol·K)]$a+bT+c'/T^2$
H_2S(g)	–20.15	205.64	–33.02	$29.37+15.4\times10^{-3}T$
O_2(g)	0	205.03	0	$31.46+3.39\times10^{-3}T-3.77\times10^{5}T^{-2}$
H_2O(g)	–241.84	188.74	–228.59	$30.00+10.71\times10^{-3}T+0.33\times10^{5}T^{-2}$
S(斜方)	0	31.88	0	$14.98+29.08\times10^{-3}T$

利用热力学数据计算活性炭吸附 H_2S 平衡常数。

基尔霍夫公式：

$$\Delta H_{r,T}=\Delta H_{r,298}+\int_{298}^{T}\Delta C_p\mathrm{d}T \tag{6-130}$$

式中，$\Delta C_p=\sum C_{p生成物}-\sum C_{p反应物}$

$$\Delta C_p=\Delta a+\Delta bT+\Delta c'/T^2+\cdots \tag{6-131}$$

将式(6-131)代入式(6-130)并积分得：

$$\Delta H_r=\Delta H_{r,298}^{\ominus}+\Delta a(T-298)+\frac{1}{2}\Delta b(T^2-298^2)-\Delta c'\left(\frac{1}{T}-\frac{1}{298}\right) \tag{6-132}$$

范托夫等温方程：

$$\Delta G_{r,T}^{\ominus}=-RT\ln K_p \tag{6-133}$$

式中，$\Delta G_{r,T}^{\ominus}$ 为反应标准生成吉布斯自由能的变化，即产物和反应物的活度都是1时的反应自由能的变化；K_p 为平衡常数；T 为反应热力学温度，$(t+273)$K；R 为摩尔气体常量，8.314 J/(mol·K)。

平衡常数是温度的函数，在不同温度下，COS 水解反应平衡常数按范托夫等压方程式求得。

忽略压力对 K_p 的影响，范托夫等压方程式如下：

$$\frac{\mathrm{d}\ln K_p}{\mathrm{d}T}=\frac{\Delta H_r}{RT} \tag{6-134}$$

式中，$\Delta C_p=\sum C_{p生成物}-\sum C_{p反应物}$。

$$\Delta C_p=\Delta a+\Delta bT+\Delta c'/T^2+\cdots \tag{6-135}$$

将式(6-135)代入式(6-134)并积分得：

$$\ln K_{\mathrm{p}} = -\frac{\Delta H_{298}^{\ominus}}{R}\cdot\frac{1}{T} + \frac{\Delta a}{R}\ln T + \frac{\Delta b}{2R}(T-298) - \frac{\Delta c}{2R}\left(\frac{1}{T^2}-\frac{1}{298^2}\right) + I \quad (6\text{-}136)$$

式中，I 为积分常数。

$$\begin{aligned}\Delta C_p &= (30+10.71\times10^{-3}T+0.33\times10^5\times T^{-2}+14.98+29.08\times10^{-3}T)\\ &\quad -\left[29.37+15.4\times10^{-3}T+0.5(31.46+3.39\times10^{-3}T-3.77\times10^5T^{-2})\right] \quad (6\text{-}137)\\ &= -0.12+22.695\times10^{-3}T+2.215\times10^5T^{-2}\end{aligned}$$

Δa=–0.115，Δb=8.725×10^{-3}，$\Delta c'$=2.215×10^5，

$$\begin{aligned}\Delta H_{\mathrm{r},298}^{\ominus} &= \sum\Delta H_{\mathrm{r},298,\text{生成物}}^{\ominus} - \sum\Delta H_{\mathrm{r},298,\text{反应物}}^{\ominus}\\ &= (-241.84+0)-(-20.15+0) = -221.69(\mathrm{kJ/mol})\end{aligned} \quad (6\text{-}138)$$

将式(6-137)和式(6-138)代入式(6-136)得，在不同温度下，活性炭吸附 H_2S 反应平衡常数方程：

$$\begin{aligned}\ln K_{\mathrm{p}} &= 26664.7\cdot\frac{1}{T} - 0.0138\ln T + 0.5247\times10^{-3}(T-298)\\ &\quad -0.1332\times10^5\left(\frac{1}{T^2}-\frac{1}{298^2}\right)+I\end{aligned} \quad (6\text{-}139)$$

为了求出积分常数 I，按范托夫等温方程首先求出 298 K 时的平衡常数 K_{p}。

$$\begin{aligned}\Delta G_{\mathrm{r},298}^{\ominus} &= \sum(\Delta G_{\mathrm{r},298}^{\ominus})_{\text{生成物}} - \sum(\Delta G_{\mathrm{r},298}^{\ominus})_{\text{反应物}}\\ &= [(-228.59+0)-(-33.02+0)]\times1000 = -195570(\mathrm{J/mol})\end{aligned}$$

$$\ln K_{\mathrm{p},298} = -\frac{-195570}{298\times8.314} = 78.94$$

代入式(6-139)：

$$78.94 = 26664.7\cdot\frac{1}{T} - 0.0138\ln T + 0.5247\times10^{-3}(T-298) - 0.1332\times10^5\left(\frac{1}{T^2}-\frac{1}{298^2}\right)+I$$

根据计算机计算求得 I=70.1791。

活性炭吸附 H_2S 反应平衡常数很大，当反应到达平衡时，H_2S 几乎完全转化为 S。平衡常数是温度的函数，在不同温度下，活性炭吸附 H_2S 反应平衡常数按范托夫等压方程式得出。

$$\ln K_p = 26664.7 \cdot \frac{1}{T} - 0.0138 \ln T + 0.5247 \times 10^{-3}(T-298) - 0.1332 \times 10^5 \left(\frac{1}{T^2} - \frac{1}{298^2} \right) + 70.1791 \tag{6-140}$$

20～100℃范围内的 K_p 值见表 6.39。

表 6.39　不同温度下反应式(6-129)的平衡常数

温度/℃	20	30	40	50	60	70	80	90	100
$K_p = \frac{p_{H_2O}}{p_{H_2S} \cdot p_{O_2}^{0.5}}$	2.22×10^{34}	1.67×10^{34}	1.28×10^{34}	9.93×10^{33}	7.84×10^{33}	6.28×10^{33}	5.09×10^{33}	4.18×10^{33}	3.46×10^{33}

从表 6.39 可以看出，温度在 100℃以内平衡常数相当大，故实际上反应是不可逆的。

T101、T102、T103、EAC-4 型系列精脱硫剂，是以优质活性炭为载体，浸渍活性组分及特种添加剂，经干燥、焙烧制成高效气相常温精脱硫剂(表 6.40 和表 6.41)。

表 6.40　活性炭精脱硫剂主要理化性能

精脱硫剂	外观	粒度/mm	堆密度/(g/mL)	比表面积/(m^2/g)	孔容/(cm^3/g)
T101	黑条形	ϕ 3-4～4-12	0.6±0.1	≥500	0.6
T102	黑条形	ϕ 3-4～4-12	0.6±0.1	≥850	0.7
T103	黑条形	ϕ 3-4～4-12	0.6±0.1	≥900	0.7
EAC-4	黑条形	ϕ 3-4～4-12	0.6±0.1	≥850	0.7

表 6.41　活性炭精脱硫剂技术指标

技术指标		T101	T102	T103	EAC-4
硫容 *W*/%	30℃	8.0～10.0	12.0～28.0	13.0～18.0	12.0～18.0 (SO_2硫容)
	60℃	≥5.0	≥8.0	≥13.0	
强度/(N/cm)		≥60	≥60	≥60	≥60
空速	H_2S≤10mg/Nm^3h^{-1}	800	800	800	800
	H_2S＞10mg/Nm^3h^{-1}	500～800	500～800	500～800	500～800
使用温度	常用温度	常温～80℃	常温～80℃	常温～80℃	常温～80℃
	最佳温度/℃	30～40	30～40	30～40	30～40
使用压力		常压～8.0 MPa			
湿度(相对湿度≥70%)		最好为水蒸气，但不能带液体说进床层			

2. 氧化铁脱硫剂

氧化铁是一种良好的脱硫剂，很早就被使用，近年来又进行了许多改进，使用性能不断提高。氧化铁脱硫剂分为常温型、中温型和高温型三种类型，在黄磷尾气净化上只使用常温型和中温型脱硫剂。氧化铁属常温型脱硫剂，可单独使用或与常温羰基硫水解催化剂、有机硫转化吸收脱硫剂联合使用，主要用于粗脱和半精脱。

1) 常温下水合氧化铁脱硫反应

常温氧化铁脱硫是用水合氧化铁脱除 H_2S，主要成分是 α 或 γ 型 $Fe_2O_3 \cdot H_2O$，通常加入碱性组分，木屑、水泥等成型而成，其脱硫反应为

$$Fe_2O_3 \cdot H_2O + 3H_2S = 2FeS + S + 4H_2O \quad \Delta H = 41.55\ \text{kJ/mol} \tag{6-141}$$

反应机理为硫化氢首先溶解于脱硫剂表面的水膜中并离解为 HS^-、S^{2-}离子，然后 HS^-、S^{2-}离子同氧化铁相互作用生成硫化亚铁和单质硫，留在脱硫剂内，精脱硫不需再生。

氧化铁吸收 H_2S 后，有氧条件下是可逆反应。用作粗脱硫，可加入空气则发生再生反应，再生反应式如下：

$$2FeS + 3.5O_2 = Fe_2O_3 + 2SO_2 \tag{6-142}$$

$$S + O_2 = SO_2 \tag{6-143}$$

再生反应为放热反应，脱硫剂温度升高，同时放出刺激性 SO_2。氧化铁脱硫剂具有较好的再生性能，再生操作有三种方法：一是器外再生；二是器间歇再生；三是器内连续再生。器外再生污染环境已废弃不用。间歇再生是目前采用的主要方法。再生反应速率较脱硫反应慢得多。

2) 中温下氧化铁脱硫反应

中温型氧化铁脱硫剂主要以氧化铁为主，通常先要将 Fe_2O_3 还原成 Fe_3O_4，要在由氢气存在下进行，其反应如下：

还原
$$3Fe_2O_3 + H_2 = 2Fe_3O_4 + H_2O \tag{6-144}$$

吸收
$$Fe_3O_4 + H_2S = FeS + H_2O + Fe_2O_3 \tag{6-145}$$

原料气中 COS 和 CS_2 通过氧化铁脱硫剂首先被水解为 H_2S，然后按式(6-145)反应而被脱除。

$$COS + H_2O = H_2S + CO_2 \tag{6-146}$$

$$CS_2 + 2H_2O = 2H_2S + CO_2 \tag{6-147}$$

理论上每 100 kg 的氧化铁可吸收 64 kg 的硫化氢，相当于 60 kg 的硫，也就

是氧化铁的理论硫容量 60%。但在操作中这个指标达不到，无氧条件下可达此指标的 80%～85%。一般当氧化铁的 50%～80%转变成硫化物时即需通入氧气再生。

脱硫剂的主要成分为 $Fe_2O_3 \cdot H_2O$，为了发挥主成分作用，还应加入助剂和制孔剂。

现将我国几种氧化铁型脱硫剂的性能列于表 6.42。

表 6.42　氧化铁脱硫剂型号和性能

型号		T701	T702	T703	LA-1-1
类型		常温型	常温型	常温型	中温型
物化性能	组分/%	$Fe_2O_3 \geqslant 80$	$Fe_2O_3=50$		$Fe_2O_3 > 90$
	外形，颜色	条状，粉红色	条状，褐色	条状，黄色	片状，红褐色
	尺寸/mm	$\phi 5\times4$～15	$\phi 6\times5$～15	$\phi 3\times4$～15	$\phi 6\times5$
	堆密度/(kg/L)	0.8～0.9	0.7～0.8	0.5～0.8	1.4～1.5
	比表面积/(m^2/g)	60～90	80	50～100	110～270
	侧压强/(N/cm)	35	20	≥50	
	硫容 W/%	20	30	≥15	≥20
使用条件	压力/MPa	0.1～0.8	0.1～3.0	≤10	0.1～4.0
	温度/℃	20～40	20～40	5～90	250～300
	空速/h^{-1}	800～1500	300～800	1000～2000	1000～2000
	水汽浓度/%		10		<5
	再生温度/℃	20～40	30～60		450～550

3. T104 转化吸收型多功能精脱硫剂

规格黑色条形 ϕ (3～4) × (3～15)，堆重度 0.5～0.75，原粒度 H_2S 硫容≥12%，脱除精度 COS＜0.03 ppm; CS_2＜0.03 ppm，操作温度 15～50℃，空速 800～1200 h^{-1}。

6.4.2　黄磷尾气精脱硫实例

1. 黄磷尾气精脱硫工艺流程

由湖北化学研究院研制的 T703-T504-T103-T104 组合工艺在黄磷尾气精脱硫上应用，精脱硫工艺由四种脱硫剂组成，从粗脱硫出来的黄磷尾气中的 H_2S 先用 T703 脱硫剂进行吸收，用 T504 水解催化剂将尚未完全水解的极少量的 COS 和 CS_2 进行二次水解为 H_2S，然后用 T103 型精脱硫剂进行吸收，最后用 T104 转化吸收型多功能精脱硫剂，将微量的 COS 和 CS_2 保证脱至 0.1 mg/m^3 以下。

各种催化剂操作的适宜温度不同，应根据装填的催化剂种类，控制不同的温度，以保证最佳的脱硫效果。

黄磷尾气精脱硫工艺流程见图 6.20，为了满足 T504 水解催化剂温度的要求，从粗脱硫出来的黄磷尾气用蒸汽加热器(E321)加热至 60～80℃，相继进入第一精脱硫塔(T322)和第二精脱硫塔(T323)，为了满足 T104 多功能脱硫剂对温度的要求，设有水冷器(E324)，将黄磷尾气冷却至 35～40℃，满足多功能精脱硫剂温度的要求，然后进入第三精脱硫塔(T325)，经过一系列的脱硫剂，最后将总硫脱至 0.03 mg/Nm^3 以下，至此，净化黄磷尾气可满足合成气的要求。

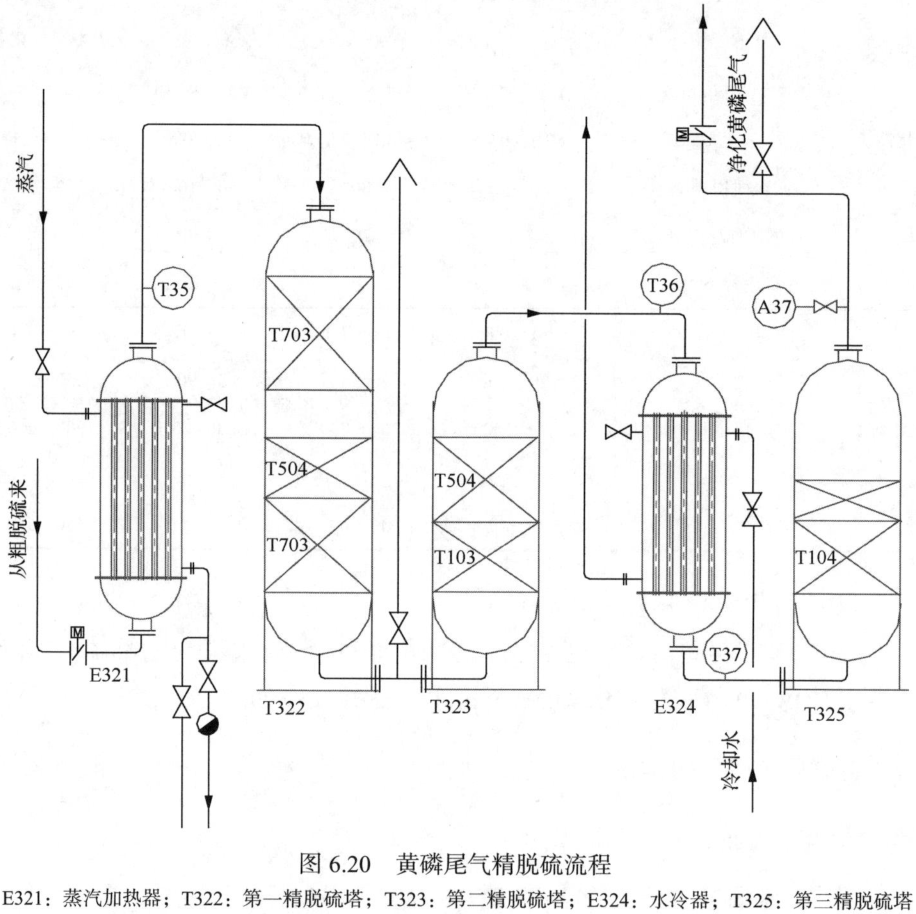

图 6.20　黄磷尾气精脱硫流程

E321：蒸汽加热器；T322：第一精脱硫塔；T323：第二精脱硫塔；E324：水冷器；T325：第三精脱硫塔

2. 黄磷尾气精脱硫设备

1)蒸汽加热器

从湿法脱硫出来的温度约为 38℃，将其加热至 80℃左右，满足第一和第二精脱硫塔的温度要求。蒸汽加热器与粗脱硫加热器基本相同，不另计算。

2) 第一精脱硫塔

操作压力平均为 20 kPa，操作温度平均为 60℃，则操作条件下的尾气体积流量：V=5000×101.3×(273+60)/[273×(89+20)]= 5668 (m^3/h)。考虑到催化剂层的阻力，精脱硫塔空速取为 0.3 m/s。精脱硫塔截面积 F= 5687/(3600×0.3)=5.2 (m^2)。精脱硫塔直径 $D=\sqrt{\dfrac{5.2}{0.785}}=2.57$ (m)。取 D=2.6 m，分成二段。

第一段：第一层装 T703 脱硫剂，催化剂层高 2.6 m，用于脱除脱硫后带出的 H_2S。催化剂容积 5.3×2.6=13.78 (m^3)，催化剂质量 13.78×650=8957 (kg)，可以吸收硫量 8957×0.15=1344 (kg)，使用时间 1 年。

第二段：第一层装 T504 水解剂，催化剂层高 1.55 m，用于水解 COS，使之转化为 H_2S，使用时间 1 年。催化剂容积 5.3×1.5=7.95 (m^3)，催化剂质量 7.95×850=6758 (kg)。第二层装 T703，催化剂层高度 2.0 m，吸收水解后的 H_2S。催化剂容积 5.3×2.0=10.6 (m^3)，催化剂质量 10.6×650=6890 (kg)，可以吸收 H_2S 量 6890×0.15=1033.5 (kg)。

净化气分子量 M = 26.73。净化气质量流量 5000×26.73/(22.4×5.3)= 1125.8 [kg/($m^2\cdot h$)]。净化气在操作条件下的重度 5000×26.73/(22.4×5668)= 1.0527 (kg/m^3)。颗粒平均直径 d_e=0.004 m。

$$E=0.378+0.308\times0.003/2.4=0.3784$$

$$\Delta p=8.7923\times10^{-8}\times\frac{1.5G^{1.9}}{\gamma d_e^{1.1}}\times\frac{1-E}{E^3}L=8.7923\times10^{-8}\times\frac{1.5\times1125.8^{1.9}}{1.0527\times0.004^{1.1}}\times\frac{1-0.3784}{0.3784^3}\times1$$
$$=391.79(\text{Pa}/\text{m})$$

总阻力=6.1×391.79 =2389.919 (Pa)。

3) 第二精脱硫塔

第一层装 T504，催化剂层高度 1.5 m，用于水解第一塔未分解的 COS。催化剂容积 5.3×1.5=7.95 (m^3)，催化剂质量 7.95×850=6758 (kg)。

第二层装 T103 精脱硫剂，用于脱除第一层精脱硫塔水解后带出的 H_2S，层高 2.0 m，10 m^3，也就是说，精脱硫 COS 也进行二段转化，保证出口 COS＜0.05 mg/Nm^3。催化剂容积 5.3×2.0 =10.6 (m^3)，催化剂质量 10.6×600 =6360 (kg)，可以吸收 H_2S 量 6360×0.15 =954 (kg)。两个塔可吸收 H_2S 量 1033.5＋954 = 1987.5 (kg)。至少可以使用一年。总阻力=3.5×391.79 =1371.265 (Pa)。

4) 水冷器

从第二精脱硫塔出来的尾气温度约为 55℃，不能满足多功能转化吸收催化剂的要求，需通过二水冷器将其温度降低至35℃左右。

5）第三精脱硫塔（ϕ2600）

操作压力10 kPa，操作温度35℃。

第一层装T104多功能转化吸收型催化剂，继续用于脱除CS_2，层高2.0 m。催化剂容积5.3×2.0 =10.6（m^3），催化剂质量10.6×620 =6572（kg），可以吸收H_2S量6572×0.1 =657.2（kg）。可使用3年以上。

第二层装脱砷剂，层高1 m，5.3 m^3。净化气分子量M= 26.73。净化气质量流量为5000×26.73/（22.4×5.3）=1125.8[kg/（m^2·h）]。

总阻力=3×980=2940（Pa）。

6.4.3 中低温精脱硫

国内使用的高温精脱硫剂类型较多，各种类型高温催化剂有不同的温度使用范围。黄磷尾气变换后有热量可利用，可以接精脱硫。黄磷尾气经粗脱硫后尚有少量的一般有机硫（COS、CS_2），氧化锌脱硫剂具有脱除一般有机硫的能力，由于ZnO与H_2S反应生成难以解离的ZnS，净化气总硫可降低到0.3 μg/g以下，质量硫容达25%以上，不能再生，一般适用于精脱硫，高温精脱硫剂推荐用氧化锌脱硫剂。

氧化锌精脱硫反应机理：氧化锌脱硫剂以ZnO为主要组分，有时添加CaO、MnO_2、MgO或Al_2O_3为促进剂以改进低温脱硫活性和增加抗破碎强度，并以矾土水泥或纤维素为黏结剂，有时还加入造孔剂以改善微孔结构，是一种吸收型固体脱硫剂。

氧化锌精脱硫反应方程如下：

$$ZnO+H_2S = ZnS+H_2O \quad \Delta H_{298}^{\ominus} = -76.62 \ \text{kJ/mol} \tag{6-148}$$

$$ZnO+COS = ZnS+CO_2 \quad \Delta H_{298}^{\ominus} = -126.40 \ \text{kJ/mol} \tag{6-149}$$

$$2ZnO+CS_2 = 2ZnS+CO_2 \quad \Delta H_{298}^{\ominus} = -283.95 \ \text{kJ/mol} \tag{6-150}$$

脱有机硫时也有认为先将有机硫被气体中的氢气氢化或与气体中的水反应发生水解为H_2S，然后H_2S被ZnO吸收，反应如下：

$$COS+H_2 = H_2S+CO \tag{6-151}$$

$$CS_2+4H_2 = 2H_2S+CH_4 \tag{6-152}$$

气体中有水蒸气存在时发生水解反应：

$$COS+H_2O = H_2S+CO_2 \tag{6-153}$$

$$CS_2+2H_2O = 2H_2S+CO_2 \tag{6-154}$$

生成的H_2S即与ZnO反应，为ZnO所吸收。

金属氧化物与 H_2S 的结合能力(脱硫精度)的大小顺序为

$$CuO>ZnO>NiO>CaO>MnO>Ni>Cu>MgO$$

ZnO 脱硫能力仅次于 CuO，为了提高脱硫能力，有些氧化锌脱硫剂加入 CuO。

1) 氧化锌精脱硫热力学平衡

反应式(6-148)中 ZnO 和 ZnS 均以固体存在，反应平衡常数只与 H_2S 和 H_2O 分压有关，氧化锌吸收 H_2S 后生成 ZnS，其平衡常数为

$$K_p = \frac{p_{H_2O}}{p_{H_2S}} \tag{6-155}$$

式中，K_p 为在温度 t 下的反应平衡常数；p_{H_2S} 为 H_2S 平衡时分子比，%；p_{H_2O} 为 H_2O 平衡时分子比，%。

参与 H_2S 反应各物质的标准生成热、绝对熵和热容数据见表 6.43。

表 6.43　参与反应物质的标准生成热、绝对熵和热容数据

物质	$\Delta H^{\ominus}_{298}$/(kJ/mol)	$S^{\ominus}_{298}$/[J/(mol·K)]	$C^{\ominus}_p$/[J/(mol·K)]	C_p/[J/(mol·K)]
ZnO(晶)	−349.0	43.5	−318.19	$48.99+5.10\times10^{-3}T-9.12\times10^{5}T^{-2}$
H_2S(g)	−20.15	205.64	33.93	$29.37+15.4\times10^{-3}T$
ZnS(晶)	−201	57.7	−198.3	$50.88+5.19\times10^{-3}T-5.69\times10^{5}T^{-2}$
H_2O(g)	−241.84	188.74	33.56	$30.00+10.71\times10^{-3}T+0.33\times10^{5}T^{-2}$

平衡常数是温度的函数，在不同温度下，反应平衡常数按范托夫等压方程式得出平衡常数方程式。

$$K_p = 8863.36\times\frac{1}{T} - 3.3031\ln T - 0.066548\times10^{-3}T + 0.15075\times10^{5}T^{-2} + 11.0747$$

$$\ln K_p = -\frac{\Delta H^{\ominus}_{298}}{R}\cdot\frac{1}{T} + \frac{\Delta a}{R}\ln T + \frac{\Delta b}{2R}T + \frac{\Delta c}{3R}T^2 \tag{6-156}$$

50～450℃范围内的 K_p 值见表 6.44。

表 6.44　不同温度下反应式(6-148)的平衡常数

温度/℃	$K_p=\frac{p_{H_2O}}{p_{H_2S}}$	温度/℃	$K_p=\frac{p_{H_2O}}{p_{H_2S}}$	温度/℃	$K_p=\frac{p_{H_2O}}{p_{H_2S}}$
50	3.11×10^{9}	200	1.34×10^{4}	350	57.11
100	4.96×10^{6}	250	1582	400	15.24
150	1.82×10^{5}	300	263.3	450	4.8

从表 6.44 可以看出，温度在 150℃以内平衡常数相当大，故实际上反应是不可逆的，在 150℃以上，反应平衡常数下降很快。

式(6-156)表明在一定温度下，H_2S 反应平衡浓度只与水蒸气含量有关(表 6.45)，H_2S 反应平衡时的分子分数与水蒸气分子分数的关系按下式计算：

$$p_{H_2S}=\frac{p_{H_2O}}{K_p} \tag{6-157}$$

将式(6-157)转换为 H_2S 平衡浓度关系式：

$$C_{H_2S}=\frac{p_{H_2O}\times 34}{22.4K_p\times 10^{-6}} \tag{6-158}$$

式中，C_{H_2S} 为平衡时 H_2S 含量，mg/Nm^3。

表 6.45　水蒸气含量对 H_2S 平衡浓度的影响

温度/℃	平衡常数 K_p	水蒸气/%	H_2S 平衡浓度/mg	温度/℃	平衡常数 K_p	水蒸气/%	H_2S 平衡浓度/mg
100	4096370	4.0	0.0129	140	327900	4.0	0.185
		3.0	0.0997			3.0	0.14
		2.0	0.0065			2.0	0.093
		1.0	0.0032			1.0	0.046
125	838426	4.0	0.0724	150	181552	4.0	0.33
		3.0	0.054			3.0	0.25
		2.0	0.036			2.0	0.17
		1.0	0.018			1.0	0.084

从热力学角度看，降低温度有利增大平衡常数，有利于降低净化气出口 H_2S 含量；降低水蒸气含量，也有利于降低净化气出口 H_2S 含量。

2) 氧化锌脱硫动力学

一般认为 ZnO 脱除 H_2S 时，对 p_{H_2S} 而言为一级反应，反应速率常数为：

$$k=9.46\times 10^{-2}\exp\left(\frac{-7236}{RT}\right) \tag{6-159}$$

国内研究表明，脱硫过程不同于催化过程，H_2S 或 COS 不仅进入 ZnO 固体颗粒毛孔在内表面吸附，而且渗透到 ZnO 晶体内部进行反应。减少粒度虽能降低小孔扩散阻力，但氧化锌脱硫时由外向内生成致密的 β-ZnS 层包裹在 ZnO 表面，ZnS 的硫离子可渗透到 ZnO 微晶内部与氧离子交换，直至整个六方晶系 ZnO 完全转化为立方晶系 ZnS 为止。

总的反应速率在表面未形成 ZnS 的覆盖膜前受扩散控制，在一定时间内不可能全部由 ZnO 转化为 ZnS。从动力学角度看，提高温度可以提高总反应速率。

氧化锌脱硫剂从发展来看，降低脱硫剂操作温度，提高脱硫精度是大方向。

中国的工业常用氧化锌脱硫剂。中国先后推出 20 多种型号的氧化锌脱硫剂，根据温度使用范围有高、中、低氧化锌脱硫剂，最近湖北化学研究院开发了新型 EZ-2 宽温氧化锌精脱硫剂，用途更为广泛。中低温型氧化锌脱硫剂的性能见表 6.46。

表 6.46　中、低氧化锌脱硫剂性能

项目		T308	CT307	KT311	T307	KT310	NCT310	QTS01	EZ-2
外形尺寸/mm		ϕ4×4×10 条	ϕ3×4×10 条	ϕ5×5×15 条	ϕ5×5×15 条	ϕ5×5×15 条	ϕ4×4×10 条	ϕ4×5×10 条	ϕ4×4×12 条
堆密度/(kg/L)		0.8～1.0	1.0～1.1	0.9～1.0	1.1～1.3	0.9～1.0	～1.0	0.8～0.95	1.1～1.2
比表面/(m^2/g)		70	～100	>40	30～50	70～100	～100	80～100	
测压强度/(N/cm)		≥50	～40	≥50	≥50	≥50	≥50	≥60	≥40
ZnO 含量/%		>80	>80	>85	>90	>70	>80		
硫容测定	温度/℃	150	250	100300	室温	25		30	
	入口硫/(mg/m^3)	100～200	1000～2000		COS30～200		1000～2000		359℃>28% 220℃>23% 30～100℃>10%
	出口硫/(mg/m^3)	0.1	<0.1		<1	<0.3			
	硫容/(g/100g)	≥13	穿透≥10	10　25	相对 10%	穿透≥10		>10	
使用条件	压力/MPa	0.1～3	0.1～3	0.1～4	0.1～0.3	不限	0.1～4	0.1～5	≤30
	温度/℃	120～300	200～250	100～400	室温	室温	室温	30～40	30～400
	气空速/h^{-1}	2000	1000～2000	≤3000		≤1000	1000	≤2000	1000～3000
	液空速/h^{-1}			1～6	≤5	≤3	1～6	≤5	
	入口硫/(μg/g)	COS10～15	COS1～2	<100	<10	<5	10～20		
	出口硫/(μg/g)	<0.1	<0.1	<0.1	<0.1	<0.05	<0.05	<1	<0.03
生产厂家		西北院	西北院	昆山精细所	西北院联营厂	昆山精细所	南化催化剂厂	齐鲁研究院	湖北化学研究院

第 7 章　黄磷尾气部分变换制氢

一氧化碳变换是指用水蒸气和一氧化碳作用，生成氢气和二氧化碳的方法。目前，一氧化碳变换一般用于一氧化碳含量较低的煤气，如以煤或焦炭为原料的半水煤气含一氧化碳 30%～34%；以天然气为原料部分氧化法制得的半水煤气含一氧化碳 20%左右；以天然气为原料蒸汽转化法制得的半水煤气含一氧化碳 13%左右；以重油为原料纯氧气化法制得的水煤气一氧化碳含量 45%～49%，并用于合成氨生产。在合成氨生产中一氧化碳不但不能合成氨，而且对合成氨触媒有毒害作用，一氧化碳对于合成氨原料气是一种有害物，必须将其清除。目前，合成氨生产普遍采用一氧化碳变换的方法，将一氧化碳变换为氢气，要求一氧化碳含量越低越好，通常把这种变换方法也称全程变换，这种变换方法的变换率无法人为控制，是由操作温度和蒸汽比决定的。

自 20 世纪 80 年代以来，世界各国竞相开发碳一化工的有关技术，该领域发展迅速，我国也有较大发展。受国际原油、天然气价格上涨和我国油气资源短缺的影响，煤制甲醇、煤制液体燃料等碳一化工的发展已成为热点[71-73]。由此，高浓度一氧化碳资源就有被极好利用的投资环境，如黄磷尾气和电石炉气中的一氧化碳含量高达 85%～90%，把这部分一氧化碳资源作为碳一化工的原料利用起来将是一笔很大的社会财富。

为了要利用黄磷尾气中的高浓度一氧化碳，昆明理工大学提出了“部分变换制氢方法”，所谓一氧化碳部分变换是控制变换率，将气体中的一氧化碳一部分转化为氢的一种方法，这也是本章要介绍的内容。

7.1　黄磷尾气部分变换制氢中试

为了配合“20000 吨/年净化黄磷尾气制甲醇产业化示范项目”，并验证一氧化碳部分变换制氢方法的实用性，昆明理工大学与云南江磷集团股份有限公司合作，在云南江磷集团股份有限公司江川县黄磷生产基地黄磷尾气净化装置的基础上建立了“部分变换中试装置”，试验规模 50 m^3/h，现将中试装置试验工作做一介绍。

7.1.1　黄磷尾气部分变换中试装置原理

一氧化碳与水蒸气作用生成氢和二氧化碳，其反应式如下：

$$CO+H_2O=\!=\!=CO_2+H_2+Q \tag{7-1}$$

从上述反应可看出，如有 1 体积一氧化碳被变换，就会产生 1 体积的氢气和 1 体积的二氧化碳。

一氧化碳的变换反应有如下特点[74-80]：

(1) 变换反应是一个可逆反应。根据所处的条件不同，可正向进行反应，也可逆向进行。实际上，两个方向的反应是同时进行的，仅在一定条件下，一个方向的反应比另一个反应有优势而已。在一定的一氧化碳量下，增加水蒸气量可以使反应向正向移动，增加氢和二氧化碳的浓度；反之，减少水蒸气量反应向左移动，氢和二氧化碳浓度降低。由此可见，控制一定比例的水蒸气与煤气混合，进入装有催化剂的变换炉中，在一定温度下，可生成氢、一氧化碳和二氧化碳的混合气体。

(2) 一氧化碳的变换反应是一个放热反应过程。降低温度有利于放热反应，使平衡向右移动，但不利于反应速率。一氧化碳变换反应，在较低温度时，反应非常缓慢，在工业生产上是不允许的。为了取得高的反应速率，又要获得高的氢气产量，在工艺和设备的选择上要认真考虑。一般地，煤气中一氧化碳的含量在 28%～35%，在变换炉中反应热已超过触媒所能承受的热量，触媒层温度会剧烈升高，要控制触媒层温度，必须通过加大量的蒸汽来控制温度，这样，一氧化碳浓度虽然很低，但蒸汽消耗太大，能耗高，是不合算的。高浓度一氧化碳的煤气，如黄磷尾气和电石炉气，要把这么大的热量引出，实际上是无法实现的。只有控制变换率，使一氧化碳少变换掉，才能控制触媒层温度，实现一氧化碳变换过程。

(3) 由反应式可知，反应式左边的气体反应物和右边的气体生成物的分子数是相等的。即压力对一氧化碳变换反应不产生影响，故通常都在常压下进行，也可以在加压下进行。

(4) 在一氧化碳的变换过程中，有可能发生一氧化碳分解和甲烷的生成等副反应，这对生产是不利的。在生产控制上要严格控制温度，采用以氧化铁为主体的多成分变换触媒，可以防止副反应发生。

7.1.2　黄磷尾气部分变换中试装置流程

黄磷尾气部分变换中试装置流程见图 7.1。黄磷尾气在 0.05 MPa 压力下净化，与来自循环鼓风机(C106)的循环气混合，进入饱和热水塔(T101)的下部饱和塔，提高混合气的温度，出塔气体根据温度计算出蒸汽量，从蒸汽喷射器(X201)加入与混合气混合均匀，然后进入热交换器(E202)，加热至 320℃左右，进入变换炉(R203)一层，经一层反应后温度升高至 440℃，温度由蒸汽喷射器后的冷激混合气控制；反应后的气体进入变换炉(R203)二层继续反应，二层温度由混合器后的冷激混合气控制，经二层变换后的气体温度达到 480℃，出变换炉的变换气经热交换器(E202)，将热量传给混合气，然后进入水加热器(E102)和饱和热水塔(T101)的上部热水塔，将热量传给软水，使变换气温度降至 100℃左右，最后经水冷却塔(T104)将温度降至 35℃送往下一道工序，试验时是放空。

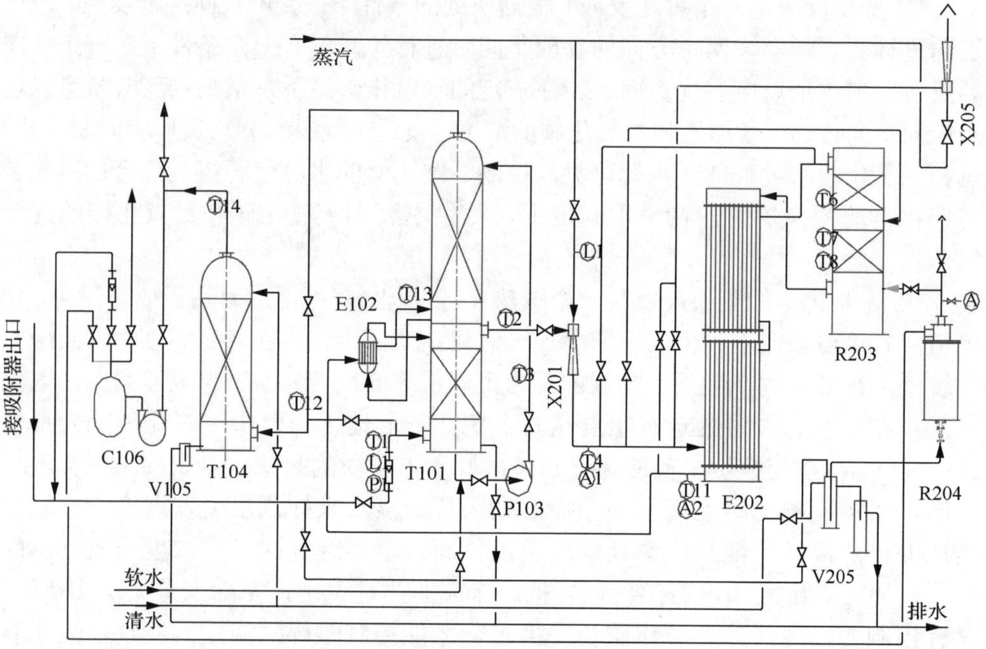

图 7.1 黄磷尾气部分变换中试装置流程

T101：饱和热水塔；E102：水加热器；P103：热水泵；T104：水冷却塔；V105：水封；C106：循环鼓风机；X201：蒸汽喷射器；E202：热交换器；R203：变换炉；R204：升温炉；X205：蒸汽吸引器

7.1.3 部分变换中试装置工艺计算

1. 基础数据

(1) 试验规模：根据 2005 年 7 月在江磷集团会议室确定为黄磷尾气净化气量 50 Nm^3/h。

(2) 黄磷尾气净化气成分见表 7.1。

表 7.1 黄磷尾气净化气成分

CO	CO_2	N_2	O_2
89.7%	1.6%	7.5%	1.2%

(3) $H_2O/CO=2.6$。

(4) 触媒采用 B113，相当于 C4-2。

2. 变换炉工艺条件计算(按全程变换思路由计算机计算)

(1)进出口温度的估计。

变换炉进气温度：350℃。

系统煤气采用冷激流程，进出口温度差取 40℃，则变换炉出口温度为 350+40=390(℃)。

(2)一段出口温度。

一段出口温度：500℃。

一段变换率：X=39.87%。

出一段气体成分表 7.2。

表 7.2　出一段气体成分(体积分数)

CO	CO_2	N_2	H_2	H_2O
16.24%	11.25%	2.26%	10.77%	59.48%

(3)冷激气量的计算。

设冷激尾气的温度为 170℃，设出一段气体经冷激后降温至 405℃。

经热量平衡计算，冷激尾气占总气量的百分数为 28.8%。

进一段气体量占总气量的百分数为 71.2%。

冷激后的气体组成见表 7.3。

表 7.3　冷激后的气体组成

CO	CO_2	N_2	H_2	H_2O	O_2
19.32%	8.15%	2.26%	7.67%	62.5%	0.1%

(4)二段出口和三段条件。

二段出口温度：480℃。

三段出口温度：405℃。

出三段气体成分(湿基)见表 7.4。

表 7.4　出三段气体成分(湿基)

CO	CO_2	N_2	H_2	H_2O
8.68%	18.92%	2.27%	17.71%	52.42%

(5)变换气气体成分(干基)见表 7.5。

表 7.5　变换气气体成分(干基)

CO	CO_2	N_2	H_2
18.24%	39.76%	4.77%	37.23%

(6)变换率：

$$E=(C_{CO}-C'_{CO})/C_{CO}(100+C'_{CO})\times100=(89.7-18.24)/89.7(100+18.24)\times100=67.4\%$$

(7)变换后气体体积：

$$V_2=V_1(1+EC_{CO})=50(1+0.674\times0.897)=80(m^3/h)$$

7.1.4 部分变换设备估算

1. 变换炉

1)已知条件

操作压力(绝对压力)：0.1 MPa；一段进口温度：350℃；一段出口温度：500℃；二段进口温度：405℃；二段出口温度：480℃；三段进口温度：390℃；一段进口温度：405℃；进一段的气体流量为总气量的 71.4%。

气体成分见表 7.6～表 7.10。

表 7.6 进一段气体成分(干基)

CO	CO_2	N_2	O_2
89.7%	1.6%	7.5%	1.2%

表 7.7 进一段气体成分(湿基)

CO	CO_2	N_2	O_2	H_2O
26.92%	0.48%	2.25%	0.36%	69.99%

总气量：50(1+0.897×2.5)=162.1(Nm^3/h)。

表 7.8 出一段的气体成分(湿基)

CO	CO_2	N_2	H_2	H_2O
16.24%	11.25%	2.26%	10.77%	59.48%

一段变换率：X=38%。

进一段的气体流量：162.1×0.712=115.4(Nm^3/h)。

进二段的气体流量：162.1 Nm^3/h。

表 7.9 进二段气体成分

CO	CO_2	N_2	H_2	O_2	H_2O
19.32%	8.15%	2.26%	7.67%	0.1%	62.5%

进三段气体流量与二段相同。

表 7.10　出三段气体成分(湿基)

CO	CO_2	N_2	H_2	H_2O
8.68%	18.92%	2.27%	17.71%	52.42%

2) 触媒用量的计算(计算机 VB-6 程序计算)

触媒采用三段，一段用饱和气控制温度，一、二段之间采用混合气，即冷激气控制温度，二、三段之间采用预热回收的方法将热量取出。

变换炉直径，计算值为 0.28 m，取 0.3 m；一段触媒高度，计算值为 0.341 m，取 0.5 m；一段触媒层阻力，58 mmH_2O；二段触媒高度，计算值 0.687 m，取 0.8 m；二段触媒层阻力，211 mmH_2O；三段触媒高度，第三段触媒根据计算，只要降温后反应即可达到要求，为了试验保险，再加一层 0.5 m 触媒；三段触媒层阻力，50 mmH_2O；变换炉总阻力，320 mmH_2O；变换炉触媒总量，0.127 m^3，200 kg；变换触媒采用 B110-2 触媒，颗粒$\phi 9\times 5$，堆密度 1.4～1.6 kg/L，床层温度 300～500℃。

2. 热交换器

1) 已知条件

湿尾气平均压力 0.12 MPa；湿尾气进口温度 140℃；湿尾气出口温度 370℃；湿尾气平均分子量 21.1；湿尾气质量流量 162.2×21.1/(3600×22.4)=0.0424(kg/s)；湿变换气平均压力 0.112 MPa；湿变换气进口温度 405℃；湿变换气出口温度 185℃；湿变换气平均分子量 21.27；湿变换气质量流量 162.2×21.27/(3600×22.4)=0.0428(kg/s)(表 7.11 和表 7.12)。

表 7.11　湿尾气成分

CO	CO_2	N_2	O_2	H_2O
26.92%	0.48%	2.25%	0.36%	69.99%

表 7.12　湿变换气成分

CO	CO_2	N_2	H_2	H_2O
8.68%	18.92%	2.27%	17.71%	52.42%

2) 设备直径与列管数的确定

湿尾气走管内，变换气走管外。

A. 管内湿尾气质量流速

$$\gamma_0=21.1/22.4=0.9419\,(\text{kg/Nm}^3)$$

取 ω_0=2 m/s，

$$G=2\times0.942\times1.2=2.261[\mathrm{kg/(m^2\cdot s)}]$$

B. 列管根数

湿尾气质量流量 0.0424 kg/h；需通道截面积 W/G=0.024/2.268=0.01058(m^2)；选用ϕ25×2.5 无缝钢管；管子数=0.01058/[0.785(0.025–0.005)^2]=33.7(根)，圆整为 55 根。

C. 管板直径

采用六角形排列，取充填系数 0.9；管间距 t=34 mm；管板 0.3 m。

D. 传热面积

热负荷：

$$Q=162.2\times34.7504\times(405-185)/22.4=55358(\mathrm{kJ/h})$$

传热系数：

$$K=217.7[\mathrm{kJ/(m^2\cdot h\cdot ℃)}]$$

平均温度差：

$$\Delta t_{\mathrm{m}}=\frac{(185-140)-(405-370)}{\ln\dfrac{(185-140)}{(405-370)}}=40(℃)$$

传热面积：

$$F=\frac{Q}{K\cdot\Delta t_m}=\frac{55358}{217.7\times40}=6.4(\mathrm{m^2})$$

备用系数取 20%，需传热面积为 7.68 m^2。

E. 列管高度

$$L=7.68/(55\times0.02\times3.1416)=2.2(\mathrm{m})$$

3. 中间换热器(余热锅炉)

(1)尾气量 50 Nm^3/h，尾气温度由 35℃加热至 100℃需要的热量：

$$Q_1=50\times1.3398\times(100-35)=4354(\mathrm{kJ/h})$$

(2)二、三段之间要移走的热量：

$$Q_2=162.2\times35.5878\times(480-400)/22.4=20615.5(\mathrm{kJ/h})$$

从上述计算可知，黄磷尾气放出的热量必须移走，二、三段需要取出的热量采用余热锅炉的形式产生蒸汽的方法移出。进三段的变换气温度由二段副线控制温度。

(3) 余热产生的蒸汽量：蒸汽压力设为 0.4 MPa，饱和蒸汽温度为 151℃，饱和蒸汽焓为 2478 kJ/kg。产生的蒸汽量为 20615.5/2478=8.32 (kg/h)。

(4) 传热面积的计算：传热量 20615.5 kJ/h，传热系数 K=120 kJ/($m^2 \cdot h \cdot$ ℃)，平均温度差：

$$\Delta t_{\mathrm{m}} = \frac{(480-151)-(390-151)}{\ln\dfrac{(480-151)}{(390-151)}} = 281.6(℃)$$

传热面积：

$$F = \frac{Q}{K \cdot \Delta t_m} = \frac{20615.5}{120 \times 281.6} = 0.61(\mathrm{m}^2)$$

4. 饱和塔

变换气的绝热饱和温度的确定：压力(绝对压力) 0.123 kPa；净化尾气入口温度 35℃，水蒸气压 5.609 kPa；净化尾气出口温度 76℃，水蒸气压 40.178 kPa；90% 饱和度时水蒸气压 36.16 kPa；循环水 400 kg/h；水入口温度 78℃；水出口温度 65℃；饱和塔压力 23 kPa；采用瓷环填料，$\phi 25 \times 25 \times 2.5$，比表面积 190 m^2/m^3；空塔速度 0.3 m/s，选用 $\phi 273 \times 7$ 的管子制作。

$$Q=50 \times 1.3398 \times (76-35)=2746.59\,(\mathrm{kJ/h})$$

传热系数 140 kJ/($m^2 \cdot h \cdot$ ℃)；平均温度差：

$$\Delta t=[(65-35)-(78-76)]/\ln(30/2)=-19.9\,(℃)$$

所需传热面积 F=1.33 m^2；填料高 0.6 m。

变换气湿基和干基成分分别见表 7.13 和表 7.14。

表 7.13　变换气湿基成分

CO	CO_2	N_2	H_2	H_2O
8.68%	18.92%	2.27%	17.71%	52.42%

表 7.14　变换气干基成分

CO	CO_2	N_2	H_2
18.24%	39.76%	4.77%	37.23%

5. 热水塔

入塔气体温度 100℃；出塔气体温度 70℃；水蒸气分压 p_{H}=30.14 kPa；入塔水温度 65℃，出塔水温度 76℃；气体出口压力 5 kPa；湿球温度 79℃；水蒸气分压：p_H=45.45 kPa；采用瓷环填料，ϕ25×25×2.5，比表面积 190 m^2/m^3；塔径与饱和塔相同，选用ϕ273×7 的管子制作。

根据计算，传热系数 K=30 kJ/(m^2·h·℃)；平均温度差 15℃；气体给予水的热量：

$$Q=162\times1.5072\times(100-70)=7324.992\,(\text{kJ/h})$$

所需的传热面积：

$$F=7324.992/(30\times15)=16.3\,(\text{m}^2)$$

瓷环高：1.6 m。

6. 水加热器

气体入口温度 146℃；出口温度 100℃；水入口温度 76.3℃；出口温度 78℃。气体传给水的热量：

$$Q=162.2\times1.5072\times(146-100)=11246\,(\text{kJ/h})$$

根据计算，传热系数 K=110 kJ/(m^2·h·℃)，平均温度差：

$$\Delta t=[(146-78)-(100-76.3)]/\ln(68/23.7)=40.38\,(℃)$$

所需传热面积 F=2.43 m^2；水加热器直径ϕ219。

7. 蒸汽喷射器

蒸汽体积需要量：

$$50\times(0.897\times2.6)=116.61\,(\text{Nm}^3/\text{h})$$

蒸汽质量需要量：

$$116.61\times18/22.4=93.7\,(\text{kg/h})$$

饱和塔出口带出的蒸汽体积：

$$V=V_1\times p/(P-p)=50\times274/(780-274)=27\,(\text{m}^3/\text{h})$$

按质量计为

$$27\times18/22.4=21.7\,(\text{kg/h})$$

需要补充的蒸汽量：

$$93.7-21.7=72\,(\text{kg/h})$$

蒸汽喷射器能力按此计算。

8. 变换器冷却塔

变换气出口压力为 5 kPa；变换气温度由 100℃降至 35℃；冷却水温度由 20℃升至 35℃。

1) 变换气带出的热量

(1) 干变换气带出的热量：

$$q_{11}=80\times1.3021\times35=3646\,(\mathrm{kJ/h})$$

(2) 水蒸气带出的热量：

变换气出口温度 35℃，水蒸气压 5.609 kPa。

变换气中水蒸气体积：

$$80\times42.2/(646-42.2)=5.59\,(\mathrm{m^3/h})$$

以质量计：

$$5.59\times18/22.4=4.49\,(\mathrm{kg/h})$$

$$q_{12}=4.49\times4.1868\times35=657.956\,(\mathrm{kJ/h})$$

$$Q_1=4303.3\ \mathrm{kJ/h}$$

2) 变换气带入的热量

(1) 干变换气带入的热量：

$$q_{21}=80\times1.3021\times100=10416.8\,(\mathrm{kJ/h})$$

(2) 水蒸气带入的热量：

$$V=162.2-80=82.2\,(\mathrm{m^3/h})$$

按质量计：

$$82.2\times18/22.4=66\,(\mathrm{kg/h})$$

$$q_{22}=66\times2675=176550\,(\mathrm{kJ/h})$$

$$Q_2=q_{21}+q_{22}=186966.8\ \mathrm{kJ/h}$$

由冷却水带走的热量：

$$Q=Q_2-Q_1=186966.8-4303.3=182663.5\,(\mathrm{kJ/h})$$

需要冷却水量：

$$G=182663.5/(4.1868\times15)=2908.6\,(\mathrm{kg/h})$$

冷却塔直径与饱和塔相同，ϕ273，瓷环高 0.5m。

7.1.5 部分变换中试装置的主要设备结构及其改进情况

1. 变换炉

变换炉原设计是根据传统变换炉的理念而设计的。变换炉为圆筒形，外壳用钢板制成，圆筒直径ϕ630 mm。因为设备小，人无法进去砌耐火砖，也不能装触媒，为了施工和装触媒方便，把变换炉分成五节，每节用法兰连接，节数自上而下数，法兰之间用筛板隔开，装触媒用，三、四节法兰用盲板隔开，并填耐火泥。每层触媒的筛板上放ϕ15 mm和ϕ30 mm的耐火球各30 mm，耐火球上铺铁丝网，然后再装触媒。壳内靠炉壁钢板处砌一层150 mm的黏土耐火砖，变换炉内径为300 mm。

混合气和蒸汽的混合物由顶部侧面进气孔进入变换炉，相继进入一段一层和一段二层触媒，一层冷激气从顶部一段冷激气管进入，一、二层之间的空间设有冷激气进口管；二段变换气从第三节引出进入余热锅炉，回收热量后进入二段，进入二段的变换气经二段触媒反应后从第五节引出进入热交换器。

变换反应是放热反应，一氧化碳浓度越高，放出的热量越大，这是不变的定律，既然放出热量，就要把热量移走，这也是常理。试验装置是按照这一思路而设计的，变换炉分为两段，一、二段之间设有余热锅炉，将热量引出，既然要将热量移走，对变换炉保温设施也就不太重视，原设计变换炉壳外保温层只有100 mm，以能防止人烫伤即可。

通过试验，对变换炉温度变化规律进行分析，部分变换反应温度高，反应速率快，变换反应约在触媒层1 m内即可完成，另外，部分变换不需要提高变换率，没有必要为提高变换率而设置两段触媒，因此，取消两段触媒和余热锅炉。从第三节引出的变换气直接与换热器连接，由此，两段变换炉改为单段二层炉。按已取得的工艺条件运行，变换炉还会出现跨温，检查变换炉保温层(硅酸铝纤维)，发现变换系统保温层厚度不够，保温层松动质量太差，手摸保温层外壳感到温度较高，说明是由变换炉散热过大造成的，为此重新返工保温层并加厚保温层，同时对保温层的质量提出了严格的要求，之后投入运行，运行稳定，由此说明部分变换炉对保温层的重要性。

变换炉升温后，分节的法兰发生黄磷尾气泄漏现象，其原因是普通钢材的螺栓伸长而松动，将普通螺栓改为高温螺栓35CrMoA后上紧，未发现有泄漏。

2. 换热器

在一氧化碳变换过程中，换热器也称热交换器，其作用是利用变换气的热量来加热将要变换的混合气和水蒸气的混合物。利用这种热交换，一是可以回收热量，二是要保证进入变换炉的混合气在触媒的活性温度范围内，如果达不到这个要求，变换炉就容易跨温，所以换热器是保证变换正常运行的重要设备。

换热器由立式列管组成，黄磷尾气从进气管进入换热管管间，通过数块折流板，换热后由出气管排出；变换气从变换气管进入换热管内，将热量传给黄磷尾气后由变换气出口管排出。换热器底部设有排水管，检查是否有积水。

本装置因操作条件变化，试车时温度较难维持而发生跨温现象，对原换热器进行校核。

换热器传热面积核算如下。

1) 已知条件(表 7.15～表 7.19)

湿黄磷尾气平均压力 0.12 MPa。

表 7.15　黄磷尾气组成(试验实测)

CO	CO_2	N_2	H_2	CH_4	O_2
89.09%	0.0%	0.29%	9.88%	0.0%	0.74%

表 7.16　变换气组成按制甲醇的要求

CO	CO_2	N_2	H_2
20.08%	37.62%	0.18%	42.12%

黄磷尾气与变换气按体积比 1∶1 配比混合。

表 7.17　两者混合后的混合气组分

CO	CO_2	N_2	H_2	O_2
54.58%	18.81%	0.23%	26.0%	0.38%

混合气经变换后达到制甲醇的要求时的变换率：

$$E=(C_{CO}-C'_{CO})/C_{CO}(100+C'_{CO})\times 100=(54.58-20.08)/54.58(100+20.08)\times 100=52.64\%$$

根据变换平衡计算，水蒸气与黄磷尾气比例为每立方米黄磷尾气加入蒸汽量约为 3.5 kg。

表 7.18　湿混合气组成

CO	CO_2	N_2	H_2	H_2O	O_2
17.3%	5.967%	0.073%	7.86%	68.59%	0.21%

混合气分子量：湿基为 19.9，干基为 24.0。

表 7.19　湿变换气组成

CO	CO_2	N_2	H_2	H_2O
8.08%	15.14%	0.073%	16.95%	59.757%

变换气分子量：湿基为 20.04，干基为 23.06。

黄磷尾气流量：25 Nm^3/h；循环气流量：25 Nm^3/h。

蒸汽量(包括饱和塔出口湿含量)：

$$G=25\times3.5=87.5\,(kg/h)$$

变换气量：

$$V_1=50/(1+0.53\times0.891)=33.96\,(Nm^3/h)$$

湿混合气进口温度设为 120℃；根据反应要求，湿混合气出口温度为 350℃。

湿混合气质量流量：

$$(87.5+50\times24/22.4)/3600=0.0392\,(kg/s)$$

湿变换气平均压力 0.115 MPa；湿变换气进口温度 400℃；湿变换气出口温度 180℃。

2) 热量衡算

A. 入热

a) 混合气带入热

干尾气带入热：干混合气 100℃时平均分子热容 C_p=30.145 kJ/(kg·mol·℃)；$q_{11}=50\times30.145\times120/22.4=8074.55$ (kJ/h)。

水蒸气带入热：蒸汽量为 87.5 kg/h，120℃时水蒸气焓为 2706 kJ/kg，$q_{12}=87.5\times2706=236775$ (kJ/h)，Q_1=244880 kJ/h。

b) 二段湿变换气带入热

二段干变换气带入热：二段干变换气 0～400℃时平均分子热容 C_p=34.5775 kJ/(kg·mol·℃)，$Q_{21}=73.61\times34.5775\times400/22.4=45451$ (kJ/h)。

水蒸气带入热：变换入口总气量 $50+87.5\times22.4/18=158.9$ (Nm^3/h)；二段出口水蒸气量 $158.9\times0.5975\times18/22.4=76.3$ (kg/h)；0.1 MPa 400℃时水蒸气焓为 3277.8 kJ/kg，$q_{22}=76.3\times3277.8=250096.14$ (kJ/h)，Q_2=705912.9 kJ/h。

总入热量 $Q_{入}$=540431 kJ/h。

B. 出热

a) 湿混合气带出热

干混合气带出热：干混合气 0～350℃时平均热容为 31.3047 kJ/(kg·mol·℃)，$q_{31}=50\times31.3047\times350/22.4=24456.7969$ (kJ/h)。

蒸汽带出热量：0.1 MPa，350℃时水蒸气焓为 3175.3 kJ/kg，$q_{31}=87.5\times3175.3=277838.75$ (kJ/h)，Q_3=293919.2 kJ/h。

热损失取为总入热的 3%，则热损失 $Q_4=540431\times0.03=16213$ (kJ/h)。

b) 二段湿变换气带出热

二段干变换气带出热：二段变换气出口温度为 t(℃)，q_{51}=73.61×34.5746×t/22.4=113.62t (kJ/h)。

湿变换气带出热：0.1 MPa，t(℃)时水蒸气焓为 2430+0.521t (kJ/kg)，q_{51}=76.3×(2430+2.1t)=185409+160.23t (kJ/h)，Q_5=185410.3+273.4t (J/h)，$Q_{出}$=293919.2+16213+185410.3+273.4t=495542.5+273.4t (kJ/h)。

根据热平衡原理：540431=495542.5+273.4t，t=44888.5/273.4=164(℃)，湿变换气出口温度为 164℃。

3) 设备计算

二段湿变换气质量流量：

$$W_{变}=158.9\times20.04/(3600\times22.4)=0.0395\ (\text{kg/s})$$

湿混合气走管外，二段变换气走管内。

A. 管内湿变换气质量流速

列管为 ϕ25×2.5 无缝钢管 55 根，通道面积：

$$f_1=0.785\times0.02^2\times55=0.01727\ (\text{m}^2)$$

管内湿变换气质量流速：

$$G_{变}=W_{变}/f_1=0.0395/0.01727=2.2872\ [\text{kg/(m}^2\cdot\text{s)}]$$

$$\gamma_0=20.04/22.4=0.8946\ (\text{kg/Nm}^3)$$

B. 传热面积

以管内湿混合气计算热负荷：

$$Q=293919-244880=49039\ (\text{kJ/h})$$

管内传热系数：

湿混合气平均温度(120+350)/2=235(℃)。在温度为 235℃，压力(绝对压力)为 0.1 MPa 下湿混合气物理性质：C_m=1.7647 kJ/(kg·℃)；μ_m=0.08236 kg/(m·h)；λ_m=0.2063 kJ/(m·h·℃)；$Re=\dfrac{Gd}{\mu}=\dfrac{2.2872\times3600\times0.02}{0.08236}=1999.5$；$Pr=\dfrac{\mu C}{\lambda}=\dfrac{0.08236\times1.7647}{0.2063}=0.7045$；$\alpha_{内}=0.023Re^{0.8}Pr^{0.3}\lambda/d=0.023\times1999.5^{0.8}\times0.7045^{0.3}\times0.2063/0.02=93.4[\text{kJ}/(\text{m}^2\cdot\text{h}\cdot℃)]$。

管间装环盘形挡板，挡板直径 D_2 取 0.225 m，介于壳和盘之间的环形面积：

$$S_1 = 0.785\left(D^2 - {D_2}^2\right)\left[1 - 0.91\left(\frac{d_0}{t}\right)^2\right]$$

$$= 0.785\left(0.3^2 - 0.225^2\right)\left[1 - 0.91\left(\frac{0.025}{0.034}\right)^2\right] = 0.0157(\mathrm{m}^2)$$

环形挡板上孔道的有效截面积：

$$S_3 = 0.785{D_1}^2\left[1 - 0.91\left(\frac{d_0}{t}\right)^2\right]$$

根据 S_1 与 S_3 应相等，得：

$$0.785{D_1}^2\left[1 - 0.91\left(\frac{0.025}{0.034}\right)^2\right] = 0.0157$$

$$D_1 = \sqrt{\frac{0.0157}{0.3988}} = 0.1984\ (\mathrm{m})$$

两挡板之间截面积：

$$S_2 = 3.14 D_\mathrm{m} h\,(1 - d_0/t)$$

$$D_\mathrm{m} = (D_1 + D_2)/2 = (0.3 + 0.225)/2 = 0.2625\,(\mathrm{m})$$

$$S_2 = 3.14 \times 0.2625 \times 0.075\,(1 - 0.025/0.034) = 0.01636\,(\mathrm{m}^2)$$

$$S_\mathrm{m} = \sqrt{S_1 S_2} = \sqrt{0.0157 \times 0.01636} = 0.01603(\mathrm{m}^2)$$

湿二段变换气平均温度：

$$(400+180)/2 = 290\,(℃)$$

在温度为 290℃，压力(绝对压力)为 0.1 MPa 下湿二段变换气物理性质：C_m=1.7853 kJ/(kg·℃)；μ_m=0.07514 kg/(m·h)；λ_m=0.2211 kJ/(m·h·℃)。

湿二段变换气的质量流速：

$$G = 7.094 \times 20.04/(3600 \times 0.01603) = 2.4635[\mathrm{kg}/(\mathrm{m}^2\cdot \mathrm{s})]$$

$$Re = \frac{Gd}{\mu} = \frac{2.4635 \times 3600 \times 0.025}{0.07514} = 2951$$

$$Pr = \frac{\mu C}{\lambda} = \frac{0.07514 \times 1.7853}{0.2211} = 0.6067$$

当量直径按：

$$d_e = \frac{D_i^2 - nd_0^2}{D_i + nd_0} = \frac{0.3^2 - 55\times(0.025)^2}{0.3 + 55\times 0.025} = 0.0332(m)$$

管间装环盘形挡板，传热系数按：

$$\frac{ad_0}{\lambda} = 2.08(d_e)^{0.6}\left(\frac{d_0 G}{\mu}\right)^{0.6}\left(\frac{c_p\mu}{\mu}\right)^{\frac{1}{3}}$$

$$得\ a_{外} = \frac{0.2211}{0.025}\times 2.08\times 0.0332^{0.6}\times 2951^{0.6}0.6067^{\frac{1}{3}} = 243.8[\mathrm{kJ/(m\cdot h\cdot ℃)}]$$

$$K = \frac{1}{\dfrac{1}{\alpha_{内}} + \dfrac{1}{\alpha_{外}} + \mathrm{R} + \dfrac{\delta}{\lambda}} = \frac{1}{\dfrac{1}{93.4} + \dfrac{1}{243.8} + 0.002 + \dfrac{0.0025}{167.4}} = 59.44[\mathrm{kJ/(m^2\cdot h\cdot ℃)}]$$

平均温度差：

$$\Delta t_m = \frac{(180-120)-(400-350)}{\ln\dfrac{(180-120)}{(400-350)}} = 54.8(℃)$$

传热面积：

$$F = \frac{Q}{K\cdot\Delta t_m} = \frac{49039}{59.44\times 54.8} \doteq 15(\mathrm{m}^2)$$

通过传热面积核算可知，核算面积比原设计面积（7.6 m^2）多了 1 倍。原因是由于工艺操作条件改变，传热系数降低，换热效果不佳，造成现有热交换器面积太小和一段温度低。若一段进口温度过低，如遇气温降低，一段温度就难以保持。

改进方法：按原热交换器图纸，重新制作换热段一节，将原换热器顶盖拆开，放在原热交换器下节上部，盖上盖子，换热器管外混合气用连通管连接。

改进后的换热器为直立列管式，直径 ϕ300 mm，内有换热管 ϕ25×2.5，L=2000 mm，110 根，传热面积 16 m^2。

混合气-蒸汽从换热器底部进入，在管内从下而上流动，从顶部引出进入变换炉。变换气从换热器的顶部管间，自上而下流经连通管进入换热器下部，气体从下部引出，管间装有 8 块折流板，以提高传热效率。

改进后的换热器在试验中一直保持正常运行，未发生跨温现象。

7.1.6 中试装置试车方案

1. 开工前的准备工作

在开工前，必须做好以下准备工作，以保证开工的顺利进行：①组织好相应的指挥和操作人员；②制定开工方案和试车规程；③准备好试验所需的工具、用具、分析仪器、测量仪表等；④整理好有关的图纸和安装记录、试验记录报表等有关技术资料。

开工前的检查工作：①开工前应按流程分别检查设备、管线、阀门、仪表、压力点、分析点是否齐全；②将每个阀门转动一次，检查是否灵活；③将测压测温仪表进行校正；④接好取样点，满足分析要求。

清扫吹洗：对管道及设备用空气或蒸汽进行吹扫，或用清水进行清洗，直至没有灰尘为止。

试压试漏：试压试漏的目的是检查设备、管道、法兰、阀门以及焊缝是否严密良好。煤气系统用罗茨鼓风机打空气至最大压力，检查各处是否严密；蒸汽管道用蒸汽试漏；水管道用水试漏。试压试漏合格后，对设备管道进行保温工作。

装触媒：触媒采用 C4-2 或 B112 型高温触媒，一层 50 cm，二层 80 cm，三层 50 cm。将变换炉分解为三段，从上到下依次为一、二、三段，在一、二、三段的花板底部依次装ϕ30 mm 的耐火球一层，ϕ15 mm 的耐火球两层，10 目钢丝网一层，再分段按上述规定高度画上触媒高度标志线，在装触媒前触媒要过 100 目筛，筛好后轻轻倒入触媒，触媒装好后扒平，正好在触媒标志线上。上述工作完毕后，依次恢复变换炉。

2. 触媒的升温和还原操作

1) 变换升温工艺流程

变换反应是在有触媒存在的条件下进行的，而触媒仅在一定温度范围内才能具有较好的活性，因此必须通过升温将炉温提高到触媒活性范围以内。目前升温的方法有三种：一是用燃烧气负压直接升温，该法流程最简单，设备少，操作方便，但还原温度波动较大；二是用燃烧气正压直接升温，需要压缩空气，流程较复杂，但还原温度波动较小；三是正压循环升温，这种方法最安全可靠，但流程复杂，设备较多，投资大。本试验装置已有循环设备，故采用负压和循环升温相结合的方法。

(1) 负压升温操作按负压升温流程图 7.2(a) 设置。燃料为黄磷尾气从饱和塔前进入升温炉(R204)的气体燃烧器中，由负压抽入空气混合燃烧生成预热气。预热气借蒸汽引射器或称尾部喷射器(X206)形成的负压进入变换炉(R203)的上段触媒层。上段触媒层出来的气体进入热交换器(E202)的管间，经尾部喷射器(X206)放空。二次空气由循环鼓风机(C106)吸入加压后进入升温炉顶部二次空气管与燃烧气混合后进入变换炉，用来控制变换炉升温速度。

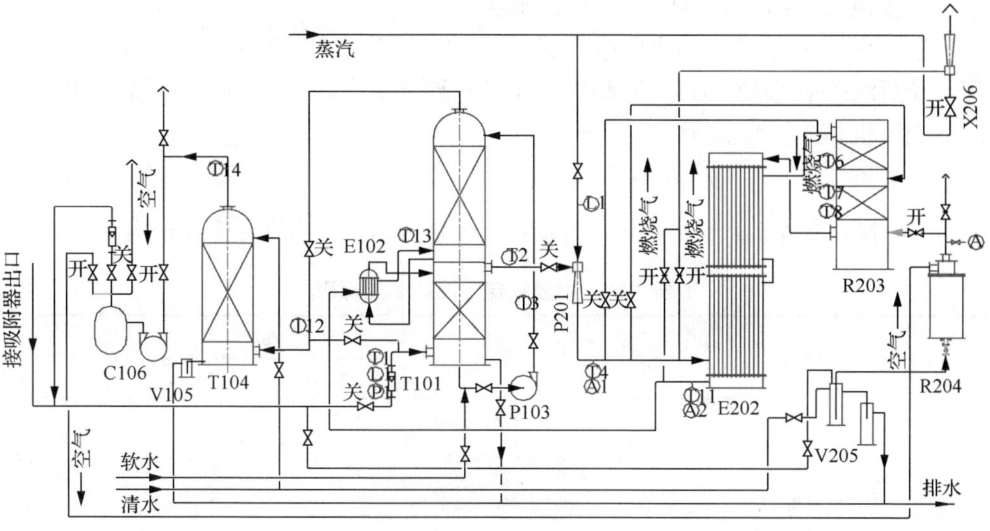

(a) 负压升温流程图

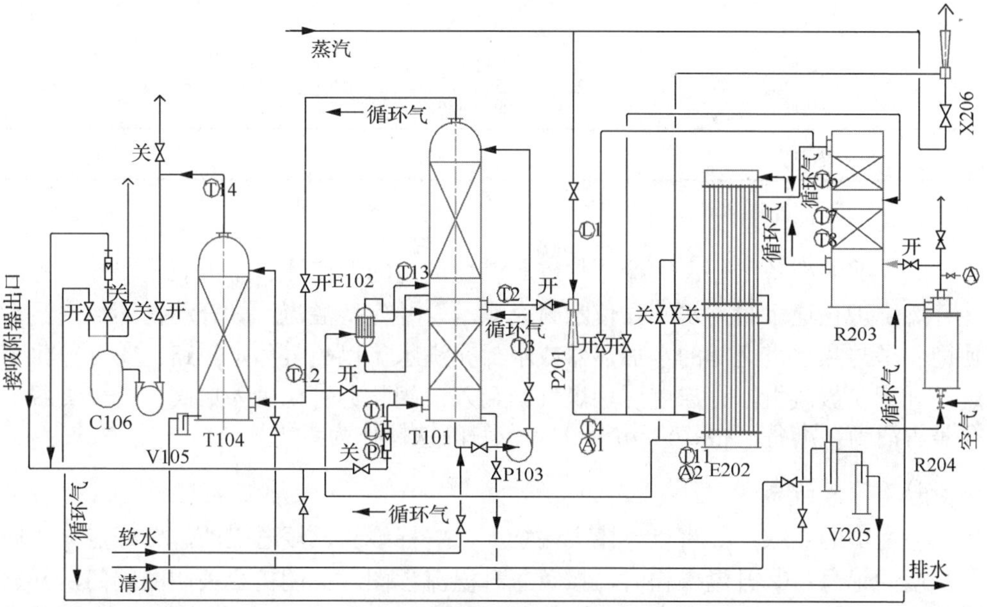

(b) 循环升温流程图

图 7.2　升温流程图

T101：饱和热水塔；E102：水加热器；P103：热水泵；T104：冷却塔；V105：水封；C106：循环鼓风机；X201：蒸汽喷射器；E202：热交换器；R203：变换炉；R204：升温炉；X205：蒸汽吸引器；X206：尾部喷射器

(2) 循环升温操作按循环升温流程图 7.2 (b) 设置。燃料为黄磷尾气从饱和塔前进入升温炉 (R204) 的气体燃烧器中，燃烧器更换为正压燃烧器。循环气借循环鼓风机 (C106) 从冷却塔 (T104) 抽出，加压后进入升温炉顶部二次空气管与燃烧气混合进入变换炉，用以控制变换炉升温速度。

进入变换炉 (R203) 的上段触媒层。上段出来的气体进入热交换器 (E202) 的管间，经蒸汽喷射器 (X201)、饱和塔、循环气连通管，进入冷却塔，然后由变换气循环鼓风机抽入循环使用。

2) 升温曲线

升温操作开始前，根据触媒的性质制定升温曲线，作为升温操作指南 (表 7.20)。

表 7.20　中温触媒升温计划指标表

序号	阶段	所需时间/h	温度范围/℃	速率/ (℃/h)	速率/ (℃/15 min)	备注
1	升温	8	室温～120	10	3～4	
2	恒温	6	120			
3	升温	7	120～220	14	3～4	
4	恒温	4	220			
5	升温	8	220～350	16	4～5	
6	恒温	2	350			
7	还原	10	350～480	20	4～6	
	合计	45				

3) 点火前的准备工作

点火前的准备工作：①检查与校对燃烧炉用的温度计、压力表及取样点等；②开燃烧炉止逆水封用水阀，使水封充满水，并保持溢流；③开动循环热水泵，使饱和塔与热水塔之间的水加热器或水封充满水，以免气体走短路；④开净化系统，开罗茨鼓风机，开启燃烧炉煤气阀和入口阀数分钟，关入口阀；⑤检查看火孔是否清晰，准备一根 ϕ6 mm 长 1 m 左右的铁棒作为点火棒。

4) 燃烧炉的点火

燃烧炉的点火：①将点火棒尖端绕上一些棉纱头，浸透煤油，做好点火棒伸入深度的记号；②升温操作时，按负压升温流程图，关闭需要关闭的阀门，开启需要开启的阀门；③先开尾部喷射器，使系统保持 1～1.5 kPa 的负压，点火时可将负压降至 150～200 Pa (负压太高，火不易点着)，点火后仍维持系统负压为 1000 Pa 左右，负压的大小用蒸汽量调节，如点不着火或点火后熄灭，则应关闭煤气阀，取出点火棒，加大负压抽 2 min，再进行点火；④点火者在点火时，人体不应对正点火孔站立，应稍偏，以防有火喷出伤人。

5) 负压升温操作

点火后，触媒层温度便逐渐上升，按升温曲线进行升温。升温炉燃烧器为负压燃烧器，在升温过程中经常以负压、煤气量和煤气压力来控制触媒层温度。负压应经常保持在 1000 Pa 左右，预热气温度高于触媒层最高点温度 50～80℃，根据当时情况而定，预热气中氧含量保持在 15%～18%之间较好。做到上述条件，能保证煤气燃烧完全，升温曲线比较平稳。当温度升至触媒刚具有活性时，要特别注意 CO 含量，以免引起还原反应，还原后又要氧化，反复进行放出大量热量，造成局部过热现象，烧坏触媒。

为了升温按曲线进行，根据操作经验，在升温改恒温或恒温改升温时，可在恒温前 1h 左右将预热气温度降低 20℃，以防恒温时温度还继续上涨；反之在升温前 1h，可将预热气提高 60℃左右，以防引起系统温度的下降。当触媒温度升高到 220℃左右时，经过一定时间的恒温，改为循环升温。

6) 循环升温还原操作

升温炉燃烧器更换为正压燃烧器，接通燃烧补充空气，各水封加水，按循环升温流程图，关闭需要关闭的阀门，打开需要打开的阀门，启动变换气鼓风机，控制循环气量，此时燃烧系统变为正压操作，控制冷却塔压力为 1000 Pa 左右，必须正压，根据燃烧气成分控制燃烧器空气和尾气量，此时，应逐渐降低燃烧气中 O_2 含量，O_2 含量降低至 0.5%，CO 含量可提高至 5%～10%，触媒层继续升温，当温度达到 400℃左右时，触媒便产生还原反应，升温速度会加快，若温度上涨速度不是太快，维持煤气量不变，加大循环气量，这种调节方法较为简单，也易于控制，否则，减少煤气量，温度不要超过 480℃。从触媒层温度或变换炉出口取样分析也可判断触媒是否还原结束。

当触媒还原结束后可投入正常运行。只要触媒层有一点温度在 350℃以上都可以开车，因此，在开车过程中必须注意，温度不允许降低至 350℃以下。

抽出升温时所插的盲板，恢复系统流程。

3. 正常操作要点

1) 正常生产控制指标

正常生产控制指标：①萝茨鼓风机出口压力＞12 kPa；②触媒层阻力＜5 kPa；③饱和塔进口热水温度 85～92℃；④触媒层热点温度 480℃；⑤触媒层热点温度波动幅度±10℃；⑥变换气成分中 CO 含量 17.8%～18.8%；⑦蒸汽压力 0.08～0.15 MPa；⑧热水泵出口压力＞0.1 MPa；⑨热水与煤气的比例 15～20 kg/m^3。

2) 正常操作控制要点

注意蒸汽量的调节，部分变换与全程变换最根本的区别在于蒸汽量的调节。全程变换的蒸汽量是由触媒层的热点温度调节的，热点温度升高，加大蒸汽量，反之减少蒸汽量。部分变换的蒸汽量是根据变换气中的 H_2/CO 的比例固定的，不作为温度调节的措施。

蒸汽量的计算方法如下：

总蒸汽质量需要量

$$W_1=V(V_{CO}\times B)\times 18/22.4$$

式中，W_1 为总蒸汽质量需要量，kg/h；V 为饱和塔进口煤气体积流量，Nm^3/h；B 为蒸汽/CO 比例；V_{CO} 为煤气中 CO 含量，%。

饱和塔出口带出的蒸汽质量(假定饱和度为 90%)：

$$W_2=V\times p_{H_2O}/(p-p_{H_2O})\times 0.723$$

式中，W_2 为饱和塔出口带出的蒸汽质量，kg/h；p 为总压(绝对压力)，即江川地区大气压和饱和塔出口压力之和，kPa；p_{H_2O} 为与饱和塔出口有关的蒸汽分压，kPa。

蒸汽控制量即蒸汽流量表显示的量为

$$W=W_1-W_2$$

饱和塔煤气出口温度与水蒸气分压表见表 7.21。

表 7.21　饱和塔煤气出口温度与水蒸气分压表

温度/℃	蒸汽分压/kPa	温度/℃	蒸汽分压/kPa	温度/℃	蒸汽分压/kPa	温度/℃	蒸汽分压/kPa
70	31.136	76	40.178	82	51.318	88	64.949
71	32.509	77	41.865	83	53.397	89	67.480
72	33.931	78	43.230	84	55.564	90	70.108
73	35.412	79	45.454	85	57.800	91	72.814
74	36.363	80	47.347	86	60.105	92	75.609
75	38.53	81	49.498	87	62.478	93	78.492

例　假定江川地区大气压为 81.36 kPa，饱和塔出口压力 12 kPa，煤气出口温度 80℃，煤气流量计流量为 50 Nm^3/h，煤气中 CO 含量 89.1%，蒸汽比为 1.4，此时，蒸汽流量计控制流量为多少？

总蒸汽质量需要量：

$$W_1=50\times 0.897\times 1.4\times 18/22.4=50.456(kg/h)$$

饱和塔出口带出的蒸汽重：

$$d_S = 0.6734\frac{p_S}{p - p_S} = 0.6734\frac{47.347}{(81.3+12) - 47.347} = 0.6938(\text{kg / kg黄磷尾气})$$

$$W_2 = \frac{50\times 26.73\times 0.9\times 0.6938}{22.4} = 37.3(\text{kg/h})$$

蒸汽控制量即蒸汽流量表显示的量：

$$W=50.3-37.3=13(\text{kg/h})$$

注意控制触媒层温度，不得使波动过大。一、二段触媒热点温度用一、二层副线即冷激煤气的大小来控制，三段触媒热点温度用预热锅炉的副线或三层冷激煤气控制。如果发现温度难控制，也就是说温度继续升高，超过规定指标，则启动变换气鼓风机，将变换气送入饱和塔中，降低尾气中的 CO 含量，控制循环气量，求得合理的比例。

注意饱和塔煤气出口温度和热水循环量的及时调节，在实际生产中，希望饱和塔出口温度越高越好。饱和塔出口温度越高，煤气中所含的水蒸气越多，蒸汽消耗量就越少。热水循环量太大或太小，都是不利的，应在一定的范围，需要调节。注意煤气流量的变化，及时调节。注意煤气成分的变化，及时调节蒸汽量。

3) 变换系统停车

系统的停车包括临时停车和计划大停车两种。临时停车是指因试验需要或发生事故停车。计划大停车是指为了长时间停止试验的停车。临时停车较简单，其基本要点已包括在计划大停车中，因此以下主要介绍大停车。

大停车包括停车、触媒的降温氧化以及触媒的取出等操作。

停车：停车时应按照操作法依次关闭蒸汽引射阀、各层副线阀及煤气调节阀，然后再根据需要关闭饱和塔进口阀和冷却塔出口阀。用蒸汽维持系统压力，并进行置换。

触媒的降温：如何降温视当时情况而定。

7.1.7　部分变换中试装置试验过程

1. 变换炉的升温还原

在本试验中，中试装置设有两种升温装置，并对两种升温装置进行比较。第一种是用燃烧气负压直接升温，该法流程最简单，设备少，但还原温度波动较大；第二种是正压循环升温，这种方法最安全可靠，但流程复杂，设备较多，投资大，中试装置是利用原有设备使用，故能减少投资。开始试验时，即先负压升温，后正压还原，称为正负压升温还原法。负压升温改正压升温，燃烧炉要更换燃烧器，温度又较高，操作复杂，所以采用正压循环升温还原法，现将正压循环升温还原操作做如下简述。

按循环升温流程图，关闭需要关闭的阀门，打开需要打开的阀门，燃烧炉点火，启动变换气循环鼓风机，控制循环气量，此时燃烧系统变为正压操作，控制冷却塔压力为 100 mmH_2O 左右，必须正压，根据燃烧气成分控制燃烧器空气和尾气量，此时，燃烧气的成分应逐渐降低 O_2 含量，O_2 降低至 0.5%，CO 含量可提高至 5%～15%，触媒层继续升温，当温度达到 300℃左右时，触媒便产生还原反应，升温速度会加快，若温度上涨速度不是太快，维持煤气量不变，加大循环气量，这种调节方法较为简单，也易于控制，否则，减少煤气量，温度不要超过 480℃。从触媒层温度或变换炉出口取样分析也可判断触媒是否还原结束。

点火后，触媒层温度便逐渐上升，按升温曲线进行升温。在升温过程中经常以正压、煤气量及煤气压力来控制触媒层温度。预热气温度高于触媒层最高点温度 50～80℃，根据当时情况而定，预热气中氧含量保持在 15%～18%之间较好。做到上述条件，能保证煤气燃烧完全，升温曲线比较平稳。当温度升至触媒刚具有活性时，要特别注意 CO 含量，以免引起还原反应，还原后又要氧化，反复进行放出大量热量，造成局部过热现象，烧坏触媒。

为了升温按曲线进行，根据操作经验，在升温改恒温或恒温改升温时，可在恒温前 1h 左右将预热气温度降低 20℃，以防恒温时温度还继续上涨；反之在升温前 1h，可将预热气提高 60℃左右，以防引起系统温度的下降。

根据 2007 年 8 月 6 日 9:30 开始升温的操作记录表的平均温度绘制的升温曲线见图 7.3。

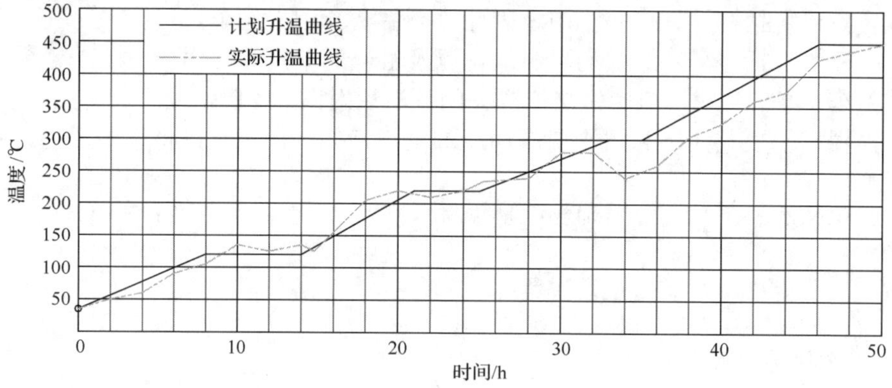

图 7.3 升温曲线

2. 第一阶段条件试验

1) 部分变换装置系统及设备调试

现场试验自 2006 年 8 月 8 日开始，对净化系统设备和变换系统设备进行全面调试，触媒层温度升不上去，不能达到催化剂的还原温度，检查发现是燃烧空气量不能满足升温要求，为此，停车解决下述问题。

(1) 设备：①升温空气量不能满足升温要求，将原有一台空压机接一临时管线供烧嘴燃烧空气用；②燃烧室出口接一升温管线至二层冷激气管线上并保温，安一阀门，以提高一层升温速度；③燃烧炉及升温管线增加保温层。

(2) 分析：①色谱无法分离二氧化碳；②测试二氧化碳需要高纯氦气，氦气一瓶 1600 元，昆明交货，不含运费，减压阀用厂里的氧气减压阀；③需要一氧化碳标气一瓶；④需分析打印纸，请企业及时提供。

以上在三天内完成，于 8 月 28 日准时开工。

自 2006 年 8 月 23 日提出变换中试需要解决的问题后，课题组对设备进行了整改，并于 2006 年 8 月 29 日按要求开车，30 号升温正常，31 日还原正常，9 月 1 日 8:00 开始变换，这次变换的时间持续了 10h，这期间可以制得所需比例的一氧化碳和氢气，初步显示部分变换是可行的，操作控制是容易的。但到晚上由于气温下降，保温层没有达到设计要求(保温层过薄)，散热过大，变换炉保温能力不足，导致变换炉温度保持不住，不能达到变换温度，于 22:00 被迫停车。

检查发现有如下问题：变换炉保温层只做了 70 mm，没有达到设计要求，因此，不能确保变换炉内的温度维持在催化剂的活性范围内，解决方法是把变换炉的保温层做足，裸露部分的法兰一起保温。另外，蒸汽喷射器的压力太大，在蒸汽喷射器上加了一个副阀，在燃烧炉使用升温的过程中可以用副阀减少压力。

自 2006 年 9 月 1 日提出变换中试需要解决的问题后，课题组对设备按要求进行了整改，并于 2006 年 9 月 6 日按时开车，升温还原很稳定，9 月 9 号 8:00 开始变换，但下午发现变换炉全部法兰漏气，于当日 16:00 被迫停车。原因是法兰连接螺栓为 Q235A 钢，升温后螺栓伸长而松动。将变换炉连接螺栓更换为高温螺栓 35CrMoA，未发现泄漏现象。

经过上述调试，基本摸清了黄磷尾气部分变换的基本规律，解决了系统和设备上的一些问题，就此转入条件试验。

2) 条件试验

A. 第一次条件试验

9 月 19 日 18:00 开始变换，20:30 停车；主要停车原因是余热锅炉的阻力太大，气体无法进入，不能正常换热，解决办法是将余热锅炉拆下，用弯管把变换炉的两段直接连接起来。

9 月 20 日晚上开始的升温和还原均正常，但是仍旧存在着之前没有解决的问题：变换炉 1 点的温度始终达不到理想的水平，而且偏低，发现变换炉进换热器的管路上的温度损失很大，变换炉底温度(6 号点)可达到 600℃以上，这个管路上的温度计显示的温度只能达到 200℃以上，很显然这里的温度损失是非常大的，经过检查发现，这段管路的保温情况很差，保温材料和管路之间存在着很大的空隙，保温层没有和管壁紧挨在一起。因此要求重新进行保温，但是厂方反应重新进行保温(停炉、重新升温)不可取，所以先用石棉绳将这段管路进行包裹，简单处理后看温度情况再定夺。

2006 年 9 月 18 日 10:00 开始升温，9 月 21 日 17:50 开始投料，并同时加入循环气(即变换气)，20:00 停蒸汽，变换停车，22 日 8:30 继续进气试车，现将操作数据列于表 7.22。

表 7.22　首次投料中试数据

时间	流量/(m^3/h)			触媒层温度/℃						变换出口温度/℃
	尾气	循环气	蒸汽	1 点	2 点	3 点	4 点	5 点	6 点	
17:00	20	20	10	197	420	390	440	386	415	322
18:00	20	20	10	185	340	430	420	382	420	328
19:30	20	20	9	185	225	490	420	385	395	330
20:00	20	20	9	175	199	220	595	385	395	332

净化气 30 m^3/h，循环气 30 m^3/h，蒸汽 12 kg/h，触媒层的温度容易控制，变换气成分符合甲醇气组分的要求，但变换炉整体温度不易控制，二段出口温度比二段触媒层温度低 120～140℃，即 330℃左右，三段出口比三段触媒层温度低 200～220℃，即 220℃左右，进热交换器温度低，热交换器基本上是无热量可交换，造成一层触媒层温度逐渐下降，直降至活性温度以下，造成整个变换炉跨温现象，而不能继续操作。

分析原因：触媒层温度与出口气体温度相差较大，其根本原因是变换系统保温层厚度不够，保温质量太差，散热过大。

保温材料采用硅酸铝纤维，导热系数较低，但达不到保温效果，原因有以下两点：其一，关键在于保温施工方法不对，质量不符合保温要求；其二，原设计对部分变换规律还不清楚，对保温层规定不严格。保温层从外观可以看出：①保温层疏松，用手按压或用脚踩踏即可出现一个凹洞，说明保温层没有一定的强度，不符合保温要求；②保温层可以随意转动，说明保温层与设备或管道壁接触不紧密，形成冷热空气流动，不符合保温要求；③保温层用塑料带轻绕，保温层捆扎不紧，不符合保温要求。

根据部分变换的新概念，热量可以控制，即热量可以根据需要控制，放出的热量不需要用其他的方法如余热锅炉或散热的方法取出，变换系统本身可以做到热量平衡。若热量损失太大，变换系统热量不平衡，对变换系统操作不利，或者说温度不能控制，因此，保温就显得更加重要。为了部分变换试验取得圆满成功，变换炉、换热器及其连接管道保温层必须返工，按要求重新保温，材料仍用硅酸铝纤维。

对保温层提出新的要求：

(1) 保温层由绝热层和保护层组成。

(2) 绝热层厚度：以捆扎后的厚度计算。

变换炉：15 cm；

换热器：15 cm；

连接管道：12 cm。

(3) 绝热层分层敷设：每层不大于 5 cm。

最里层用高温胶水与设备或管道黏结，防止与设备脱离；

每层用 ϕ1.2～1.5 mm 镀锌铁丝捆扎紧，捆扎间距 30 cm，捆扎后不能有鼓包现象；

采用同层错缝，内外层压缝方式敷设，内外层接缝应错开 100～150 mm。

(4) 在大法兰处考虑维修采用可拆卸绝热结构，法兰、温度计等不留有裸露处。

(5) 绝热结构应有一定的机械强度，不因受自重或外力作用而损坏。

(6) 保护层：采用 0.8 mm 铝合金薄板。

保护层采用搭接、插接或咬接，用铆钉连接固定；

保护层应有整体防水功能，对水易渗进绝热层的部位应用马蹄脂或胶泥严缝。

B. 第二次条件试验

自 2006 年 9 月 21 日提出变换系统需要解决的问题后，课题组对设备按要求进行了整改，并于 2006 年 10 月 2 日 16:00 开始变换，变换操作简单平稳，变换气成分 (CO 17%～20%、H_2 40%) 达到设计要求，并对变换炉进出口气体成分进行了全分析，包括 PH_3、H_2S、SO_2、COS、CS_2、AsH_3、杂质组分的含量达到工艺要求，二段出口温度达到工艺要求，三段出口温度温差达到 130℃，这说明变换炉三段的热量损失还是过大，变换炉出口温度无法达到工艺要求，导致变换炉不能正常运行，经分析原因并做了如下改进：

从变化炉二段出口接管 ϕ76×4 接到变换炉出口，将变换炉二、三段断开，变换炉由三层两段变为两层一段，然后按要求做好保温。

改进后于 8 月 3 日 13:40 重新投料试验，操作数据见表 7.23。

表 7.23　再次投料中试数据

日期	时间	流量/(m^3/h)			触媒层温度/℃				变换炉出口温度/℃
		尾气	循环气	蒸汽	1 点	2 点	3 点	4 点	
8 月 3 日	15:00	28	28	24	320	395	540	515	—
	20:00	28	24	24	314	359	490	522	415
	24:00	28	24	24	312	400	495	499	396
8 月 4 日	4:00	28	24	24	290	315	449	485	396
	8:00	28	24	24	285	310	445	460	384
	10:30	28	24	24	270	275	364	515	368

经 24h 连续变换得到的气体均达到设计变换要求：净化后原料气(CO 89%～90%)，变换炉进口混合气(CO 54%～56%)、变换炉出口气(CO 17%～20%、H_2 40%～42%)。

经全面调试以及第一、二次条件试验，对燃气喷嘴、管道连接进行了适当修改。变换炉由三层两段改为两层一段，取消余热系统，对变换炉、换热器、管道进行了全面保温，为下一阶段试验创造了良好的条件。

经过条件试验，初步得出结论：净化黄磷尾气部分变换工艺参数及其工艺路线可行。

C. 第三次条件试验

从 2006 年 11 月 14 日开始，升温还原一切正常，于 11 月 16 日 15:30 投料开始变换，从分析结果可以看出，一开始变换就比较正常。

江磷集团黄磷生产基地锅炉供蒸汽异常，除锅炉本身故障不断，每天还要停炉排污，每天锅炉停车 1～3 次，变换无蒸汽必须同时停车，变换也要每天停车 1～3 次。

17 日 10:50 由于系统停车(停动力电)，变换停车，11:45 变换开车。

19 日 5:50 因锅炉房故障停蒸汽，变换停车，8:50 锅炉处理完毕供蒸汽，变换开车。19:32 锅炉房又发生故障，变换停车，20:25 恢复供汽，变换开车。

20 日 9:40 赤磷换蒸汽阀门，锅炉房停车，变换停车，9:58 恢复供汽，变换开车。17:30 锅炉故障停蒸汽，变换停车，19:30 恢复供汽，变换开车。

21 日 11:30 赤磷换阀门停蒸汽，变换停车，11:50 恢复供汽，变换开车。

22 日 13:10 锅炉房故障处理停蒸汽，变换停车，14:15 恢复供汽，变换开车。

23 日 7:20 锅炉排污停车，变换停车，7:30 恢复供汽，变换开车。9:55 烘干换阀门停蒸汽，变换停车，10:20 恢复供汽，变换开车，未加循环气，10:55 开始加循环气。13:48 锅炉房故障停蒸汽，变换停车，15:15 恢复供汽，变换开车。

25 日 16:45 锅炉房故障无软水停蒸汽，变换停车，17:35 恢复供汽，变换开车。23:30 锅炉房给水泵线路故障停蒸汽，变换停车，次日 26 日锅炉房故障处理好，通蒸汽，变换开车，开车后变换炉温度仪表打点不正常，通知仪表处理，8:38 又停车，11:15 开车。

27 日 16:00 净化鼓风机出现故障，停车处理，同时变换停车，19:30 鼓风机处理好，变换开车，19:30 电磷炉电气故障停炉，黄磷尾气供应不上而停车，22:00 处理好，变换开车。22:20 又停蒸汽，23:15 通蒸汽，经过这两次折腾，变换炉温度逐渐下降，此时，变换炉温度：1 点 245℃，2 点 250℃，3 点 290℃，4 点 335℃，1、2、3 点温度已降至触媒起始还原温度以下，最高点温度只有 335℃而且是触媒层的最下面的 4 点，在这种状态下要把变换炉温度升起来具有较大难度。

28 日 0:30 采取特殊提温措施想挽救变换炉温度，即在变换炉内加入少量空气，利用氧化放热提温，2 点温度达到 720℃(触媒已到烧毁温度)，加入净化尾气 30 m^3/h，蒸汽 16 m^3/h，此时变换炉的温度变化见表 7.24。

表 7.24　变换炉温度

时间		1:00	2:00	3:00	4:00	5:00	6:00	7:00	8:00	9:00
触媒温度	1 点/℃	250	250	251	240	230	225	226	290	250
	2 点/℃	720	625	520	523	290	240	240	290	256
	3 点/℃	330	345	365	485	580	455	340	275	275
	4 点/℃	346	350	355	356	452	585	615	400	300
变换炉出口		299	80	252	309	328	361	372	444	371
流量/(m^3/h)	原料气		30	30	30	30	30	30	30	30
	循环气		0	0	0	0	16	26	20	20
	蒸汽		16	16	16	12	12	12	17	17

从上述操作数据看，触媒已烧毁失去活性，靠氧化热量不能保持触媒层温度，恢复变换已无能为力。

正逢旱季，供电紧张，电力系统要求江磷集团黄磷生产基地停产，中试装置运行到 11 月 28 日 16:35 系统停车，21:00 触媒氧化降温。

本阶段正常运行操作数据见表 7.25，从表 7.25 操作数据可以看出：

(1) 操作过程中炉温波动较大，循环气和变换气组分波动也大，其原因是开停车频繁，如果净化尾气与循环气稳定，变换气组分也稳定，完全可以达到预想的效果。

(2) 条件试验期间，触媒层温度波动太大，又经过几次高温，触媒活性逐渐下降，触媒层温度也逐渐向下移动，也就是说变换率也向下移动，尽管如此，变换气组分仍然保持不变。

(3) 部分变换两层温度均在 480℃±10℃范围内操作，由于黄磷尾气组分的波动，触媒层温度还往往超过 500℃，对于中温触媒已在允许温度范围的高限操作，长期在这个温度下操作会缩短触媒寿命。

(4) 黄磷尾气部分变换最佳的操作条件是净化气与变换气之比为 1，混合气与蒸汽比约为 0.5，一层触媒热点温度 440℃，二层触媒热点温度 480℃，变换气组分中的氢与一氧化碳之比约为 2，完全能满足甲醇生产合成气的要求。

存在的问题：①蒸汽供给不正常，造成变换开停车频繁，变换炉温度波动大，影响触媒使用寿命，中试装置本来就是试验，试验时间不长，对试验寿命没有要求，今后若建大型装置，必须考虑自建蒸汽供应系统，否则，影响触媒使用寿命；②条件试验期间，触媒经过几次高温，触媒有可能烧毁，应检查触媒；③中温触

表 7.25 第三次条件试验操作数据表(2006 年 11 月 16 日～2006 年 11 月 27 日)

日期	时间	尾气量/(m^3/h)	循环量/(m^3/h)	蒸汽量/(m^3/h)	触媒层温度/℃					混合气组分/%				变换气组分/%			
					1 点	2 点	3 点	4 点	变出	H_2	CO_2	CO	N_2	H_2	CO_2	CO	N_2
16 日	16:10	20	20	20	353	548	498	498	415					34.83	31.77	33.15	0.25
	17:25	20	20	20	344	440	440	440	431	29.86	22	48.14		45.82	43.18	11.0	
	19:40	20	20	20	360	488	488	488	449	29.64	24.08	46.04	0.24	45.61	39.39	15.0	
17 日	8:15	20	20	20	340	410	430	491	452	32.3	23.06	44.35	0.29	45.65	42.77	11.58	
	13:40	20	20	10	326	425	436	491	459	26.57	20.61	51.72	1.1	41.16	36.68	22.16	
	14:50	20	20	10	332	392	491	464	435	30.71	24.49	44.34	0.46	45.9	39.71	14.39	
18 日	9:07	20	20	12	280	305	430	485	423	28.82	20.3	49.3	1.58	43.79	35.79	20.42	
	13:00	20	20	16	300	350	480	480	428	51.4	21.47	27.13		42.08	34.45	23.47	
	17:47	20	20	14	310	350	439	485	435	30.31	23.36	46.33		44.59	37.14	18.27	
19 日	9:15	28	28	15	280	330	430	467	388	31.09	25.42	43.49		42.89	38.33	18.78	
	12:22	24	24	15	280	290	360	470	436	27.12	18.02	54.86		38.48	37.55	23.97	
	13:02	24	24	15	295	315	375	475	428	27.22	17.72	55.06		40.31	36.33	23.36	
20 日	20:00	26	26	14	280	335	450	455	359	30.25	28.74	41.01		52.86	30.58	16.56	
	20:45	30	30	12	280	290	361	530	392	33.7	24.85	41.45		44.29	40.04	15.67	
	21:30	30	30	12	285	298	360	470	402	31.19	22.61	46.20		42.28	38.59	19.13	
21 日	8:10	28	28	20	313	355	440	489	426	29.43	21.75	48.82		44.43	38.88	16.69	
	9:15	28	28	20	314	350	435	500	430	31.54	24.97	43.49		45.31	41.43	13.26	
	13:05	28	28	20	302	335	455	440	402	32.33	24.9	42.86		44.05	39.63	16.32	
	17:00	28	28	15	299	322	410	457	405	33.7	24.85	41.45		44.05	39.63	16.32	

续表

日期	时间	尾气量/(m³/h)	循环量/(m³/h)	蒸汽量/(m³/h)	触媒层温度/℃					混合气组分/%				变换气组分/%			
					1 点	2 点	3 点	4 点	变出	H_2	CO_2	CO	N_2	H_2	CO_2	CO	N_2
22 日	8:15	24	24	20	298	325	397	475	412	30.78	24.8	44.42		41.42	37.75	20.83	
	14:50	28	28	19	281	320	407	459	384	23.57	16.9	59.53		45.35	45.47	9.18	
	17:50	28	28	10	280	296	280	470	391	25.11	18.79	56.1		43.86	42.71	13.43	
23 日	8:15	28	28	20	295	324	381	456	411	28.91	23.53	47.56		39.36	35.9	24.74	
	12:10	28	28	20	296	322	415	507	419	27.12	18.02	54.86		38.38	36.57	25.05	
	16:05	24	16	14	280	360	430	438	388	16.11	10.32	73.57		39.31	35.98	24.71	
24 日	16:10	30	20	13	300	325	401	515	451	18.53	11.12	68.79	1.56	34.55	31.17	34.02	0.26
25 日	8:20	30	20	12	290	309	380	470	416	18.91	10.71	69.1	1.28	33.56	25.56	40.17	0.71
	12:05	36	24	15	290	303	351	495	432	21.83	12.96	63.57	1.64	37.72	30.36	30.26	1.66
	15:40	30	24	12	283	295	338	475	435	22.5	15.37	61.28	0.84	35.75	31.98	31.68	0.59
26 日	13:30	30	16	14	268	272	314	470	420	17.65	8.18	72.96	1.21	39.62	33.33	26.43	0.62
27 日	8:30	28	16	15	307	310	335	480	429	25.22	18.37	55.45	0.96	42.48	38.78	18.13	0.61
	13:30	28	15	18	282	282	325	495	406	31.17	22.82	44.83	1.18	45.53	42.3	11.86	0.31
	16:05	20	14	13	275	275	312	435	408	33.7	24.85	41.45		44.72	40.65	14.24	0.39

媒长期在高限温度运行，对使用寿命有影响，应将二层触媒改为高温触媒，对长期运行有利；④变换炉停车后将变换炉分段吊开检查，发现一、二层触媒靠底部中间有结块现象，证实触媒已有部分烧毁。

取样分析：黄磷尾气部分变换经过了条件试验，部分变换条件试验的参数已能满足设计要求，并能提供大型部分变换炉的最佳工艺条件，条件试验的目的已达到，试验暂告一段落。

3) 第二阶段正常运行

变换炉停车后根据条件试验的结果，变换炉更换触媒，一层装中温触媒，二层装高温触媒，变换炉组装后重新保温。

江磷集团黄磷生产基地恢复生产，中试装置由江磷集团组织正常运行，第二阶段正常运行期间，在条件试验时存在的问题仍然存在，江磷集团黄磷生产基地锅炉供蒸汽相当异常，除锅炉本身故障不断，每天还要停炉排污，每天锅炉停车1～3 次，变换无蒸汽必须同时停车，变换也要每天停车 1～3 次。尽管如此，第二阶段从 2007 年 8 月起，断断续续运行至枯水季节的 11 月限电黄磷生产基地全停为止，正常运行四个月。

于 2007 年 8 月开始进行第二阶段正常运行，于 8 月 5 日开始升温还原，8 月 8 日 8:30 升温还原完成，11:00 投料变换，将 2007 年 11 月 17～21 日连续 5 天正常运行的操作数据见表 7.26，供参考。

表 7.26　正常运行操作数据

日期	时间	尾气量 /(m^3/h)	循环气 /(m^3/h)	蒸汽量 /(m^3/h)	触媒层温度/℃		变换气组分/%			
					一层	二层	H_2	CO_2	CO	N_2
11 月 17 日	13:40	20	20	10	422	485	41.16	36.68	22.16	
11 月 18 日	9:07	20	20	12	430	485	43.79	35.79	20.42	
11 月 19 日	9:15	28	28	15	430	467	42.89	38.32	18.79	
11 月 20 日	21:30	30	30	15	360	470	42.28	38.59	19.13	
11 月 21 日	8:10	28	28	16	440	489	44.42	38.82	16.76	

黄磷尾气部分变换工艺方法运行正常稳定，变换后变换气组分与理论计算值近似，达到了预想的效果。

触媒层反应温度与气体进口温度、触媒活性有关，现将试验期间触媒层反应温度与气体进口温度曲线绘于图 7.4 中。2006 年为第一次触媒：①2006 年 17 日操作数据；②2006 年 20 日操作数据；③2006 年 27 日操作数据。2007 年为第二次触媒：④2007 年 11 月 11 日操作数据；⑤2007 年 12 月 21 日操作数据。

从图 7.4 可发现：①气体进口温度低，触媒层反应热点温度向下移动；②触媒活性下降，触媒层反应热点温度向下移动；③部分变换反应速率快，当触媒活性好时，反应在触媒层高度 700 mm 以前就可完成。

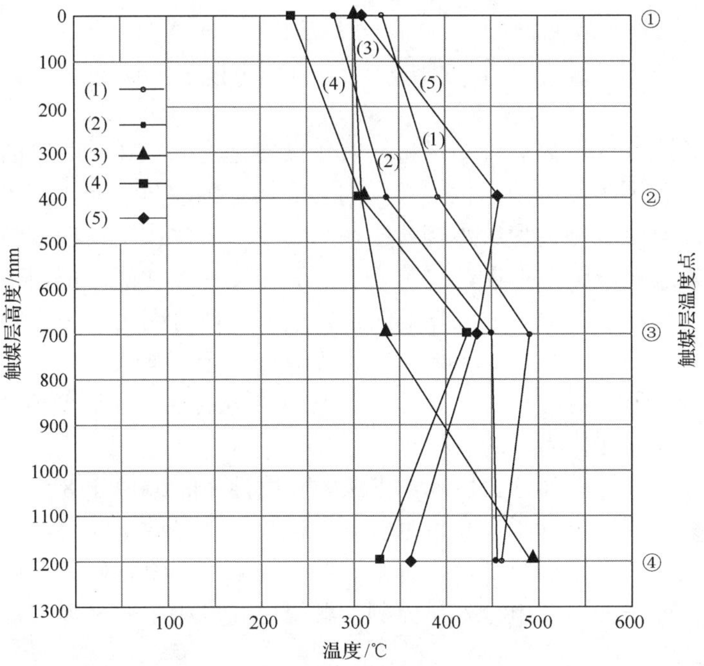

图 7.4　部分变换触媒层高度与温度的关系曲线

黄磷尾气部分变换投入正常运行，进一步证实了高浓度一氧化碳部分变换制氢方法的实用性，可以推广使用。黄磷尾气部分变换中试装置(图 7.5)试验成功，试验数据可作为大型装置设计参数，中试操作经验可作为大型装置的操作依据，部分变换方法可作为高浓度一氧化碳制氢的方法推广。黄磷尾气部分变换中试成功，在此对江磷集团的领导和技术人员在财力、物力和人员上给予大力的支持和无私帮助，表示衷心的感谢。黄磷尾气部分变换中试成功，堪称厂校结合的典范。

图 7.5　黄磷尾气部分变换中试装置

7.2　黄磷尾气部分变换技术

要利用高浓度一氧化碳，如何将一氧化碳转化为一氧化碳和氢的原料气是一项关键技术。若采用传统的全程变换，因为变换是强放热反应，高浓度一氧化碳会产生高温，温度太高会使触媒烧毁；在高浓度一氧化碳下反应剧烈，反应热难以移出，触媒层温度无法控制，试验表明，高浓度一氧化碳不能用传统的全程变换方法来实现。用于合成甲醇或汽油的合成气，按理论配比为 $H_2/CO=2$，仅仅要求一氧化碳变换率达 60%～67%即可，也没有必要全程变换。为此，昆明理工大学开发了“部分变换制氢方法”，所谓一氧化碳部分变换是控制变换率，将气体中的一氧化碳一部分转化为氢的一种方法。

为了验证一氧化碳部分变换制氢方法的实用性，于 2006 年 8 月在江磷集团黄磷厂建成中试装置，进行了三个多月的条件试验，几经改进完善，预想的目标取得成功，并投入了正常运行试验。试验表明，高浓度一氧化碳完全可以用部分变换方法制氢，该法变换气组分容易控制，触媒层温度稳定并易调节，操作容易，运行稳定。

高浓度一氧化碳部分变换后再接全程变换，可以将一氧化碳全部转化为氢气，达到一氧化碳全制氢的目的。

一氧化碳部分变换可用于黄磷尾气、电石炉气的制氢，铁合金尾气及高炉煤气提取高浓度一氧化碳制氢，也可以用于煤气中调节氢与一氧化碳的比例。

一氧化碳部分变换的优点：①变换气不需要用冷凝水冷却，蒸汽用量少，触媒层不会产生积壳现象，无机盐类少，触媒层阻力低，触媒使用寿命长；②变换反应水蒸气用量少，节省蒸汽，能耗低；③触媒层温度控制容易，运行稳定；④变换器结构简单，维护方便。

7.2.1　一氧化碳部分变换基本原理

一氧化碳与水蒸气作用生成氢和二氧化碳，其反应式如下：

$$CO+H_2O=\!=\!=CO_2+H_2+\text{热量} \tag{7-2}$$

从反应式(7-2)可看出，若有一体积一氧化碳被变换掉，就会产生一体积的氢气和一体积的二氧化碳。

变换反应是一可逆反应。根据所处的条件不同，可向顺方向进行反应，也可向逆方向进行。实际上，两个方向的反应是同时进行的，仅在一定条件下，一个方向的反应比另一个方向的反应更有优势而已。在一定的一氧化碳量下，增加水蒸气量可以使反应向右移动，增加氢和二氧化碳的浓度；反之，减少水蒸气量反应向左移动，氢和二氧化碳降低。由此可见，人为控制一定比例的水蒸气与黄磷尾气混合，进入装有催化剂的变换炉中，在一定温度下，生成一定量的氢和二氧化碳，水蒸气比例不变，氢与一氧化碳的比例也不变，一氧化碳部分变换根据这一概念，用固定水蒸气与一氧化碳的比例来实现变换，从而控制一氧化碳变换率，这就是一氧化碳部分变换的基本原理。

一氧化碳的变换反应是放热反应。有关文献中所记载的反应热计算式不完全一样，作为工业计算差异不大，经比较后介绍如下：

$$\Delta H = -9838 + 1.0943 \times T + 0.000285 \times T^2 + 0.7 \times 10^{-6} T^3 \tag{7-3}$$

式中，ΔH 为反应热，卡/克分子（1 卡/克分子=4.18 J/mol）；T 为热力学温度，K。反应热随温度升高而降低。

变换炉中气体按绝热反应温度上升，气体上升温度以 100 分子干气进入变换炉为计算基础，按下述经验公式计算：

$$\Delta t = 0.556 \times \left[\left(\frac{164 \times ax}{9B + 7} \right) - 32 \right] \tag{7-4}$$

式中，Δt 为气体上升的温度，℃；a 为煤气中 CO 含量（体积分数）；x 为 CO 变换率，%；B 为蒸汽∶煤气。

以黄磷尾气为例，黄磷尾气 CO 含量 85.8%，设蒸汽与煤气体积比为 1∶1，变换率 90%，按式（7-4）计算，黄磷尾气温升为 420℃，加上进口温度 350℃，触媒层温度 770℃，这么高的温度触媒早已烧毁。

黄磷尾气按全程变换方法操作投料，变换炉触媒升温还原后，当温度上升至规定温度 480℃，用加入蒸汽的方法控制触媒层温度，则引起热交换器混合气出口温度逐渐下降，变换炉一段触媒层温度也已下降至触媒变换反应起始温度 320℃以下，此时，变换不起反应，触媒层各点温度相继下降，最后造成整个变换炉跨温，变换炉无法继续运行而停车；变换炉重新升温，为了保持变换炉进口温度不让触媒层温度垮掉，任其升温，触媒层温度达 600℃而停车，降温后检查，触媒已烧毁结块。试验表明，高浓度一氧化碳无法用全程变换来实施。同时，只有控制一氧化碳变换率，才能控制触媒层温升，变换炉一般要求触媒层热点温度升温 150～200℃，黄磷尾气一氧化碳在原始浓度下的变换率要控制在 30%～32%范围内，才能控制触媒层温度。

7.2.2　一氧化碳变换率控制

一氧化碳的变换程度通常用变换率来表示。若反应前气体中有 a mol 的一氧化碳，变换后气体中剩下 b mol 的一氧化碳，则变换率：

$$x = \frac{a-b}{a} \times 100 \tag{7-5}$$

在实际生产中，煤气中除含有CO外，尚有H_2、CO_2、N_2等组分，生产控制是测定变换炉前、后的气体组分，变换后气体体积增大，变换率不能直接用上式计算，应用变换反应的气体成分进行计算。

设V_{CO}、V'_{CO}为变换前后气体中CO的体积，%；V_{CO_2}、V'_{CO_2}为变换前后气体中CO_2的体积，%；x为变换率。则变换后气体中CO的体积分数：

$$V'_{CO} = \frac{V_{CO} - x \cdot V_{CO}}{100 + x \cdot V_{CO}} \times 100\% \tag{7-6}$$

变换率：

$$x = \frac{V_{CO} - V'_{CO}}{V_{CO}\left(100 + V'_{CO}\right)} \times 100\% \tag{7-7}$$

一氧化碳部分变换总变换率的控制方法：用变换气循环降低黄磷尾气中一氧化碳初始浓度。根据变换率控制触媒层温度，不能达到所需要的变换气比例，需要用变换气循环降低混合气中的一氧化碳度。现将需要的变换气组分与黄磷尾气混合，在各种循环比下，混合气的组分见表7.27～表7.29。

表 7.27　预计的部分变换气组分

CO	CO_2	H_2	N_2	CH_4
19.11%	37.71%	40.16%	2.77%	0.25%

表 7.28　黄磷尾气组分

CO	CO_2	N_2	H_2	CH_4	O_2
85.8%	2.6%	4.3%	6.4%	0.4%	0.5%

表 7.29　各种循环比下循环气的组分

黄磷尾气：变换气	CO/%	CO_2/%	H_2/%	N_2/%	CH_4/%	O_2/%	部分变换率/%	总变换率/%
1：1.2	50.82	18.62	26.07	3.85	0.32	0.23	51.5	65.3
1：1.0	52.44	20.16	23.28	3.54	0.33	0.25	53.4	65.3
1：0.8	55.56	18.6	21.49	3.62	0.34	0.39	54.9	65.3
1：0.6	60.68	15.77	19.06	3.73	0.35	0.41	57.6	65.3

黄磷尾气/变换气之比越大，部分变换率越低，触媒层温度也低，但循环气能耗增大，设备增大。试验表明，黄磷尾气/变换气之比控制在0.8～1.0之间，变换炉出口变换气中CO含量控制在19%～20%之间就能控制好温度，此时的氢含量

为 40%～42%。

7.2.3　蒸汽比控制

1. 平衡变换率 x_p 与平衡常数 K_p 的关系式

当变换反应达到平衡时的一氧化碳变换率称为平衡变换率。如将气体中 CO、H_2O、CO_2、H_2 的起始浓度用 A、B、C、D 来表示，则平衡变换率与平衡常数的关系式：

$$K_p = \frac{P_{CO_2} \cdot P_{H_2}}{P_{CO} \cdot P_{H_2O}} = \frac{(C + Ax_p)(D + Ax_p)}{(A - Ax_p)(B - Ax_p)} \tag{7-8}$$

式中，K_p 为平衡常数；x_p 为平衡变换率；A、B、C、D 为气体中 CO、H_2O、CO_2、H_2 的起始组成浓度，分子分率。

2. 平衡常数 K_p 的计算

部分变换用中温变换催化剂，中温变换反应温度通常在 380～520℃之间进行，根据《小氮肥厂工艺设计手册》推荐的公式：

$$\lg K_p = \frac{3994.704}{T} + 12.2203\lg T - 4.4624\times10^{-3}T + 0.6718\times10^{-5}T^2 - 36.7251 \tag{7-9}$$

式中，K_p 为平衡常数；T 为温度，K。

3. 平衡变换率 x_p 的计算

平衡变换率与平衡常数的关系式整理后得

$$(K_p-1)(Ax_p)^2-[K_p(A+B)+(C+D)]Ax_p+(K_pAB-CD)=0 \tag{7-10}$$

令 $w=K_p-1$，$u=K_p(A+B)+(C+D)$，$v=K_p(AB)-(CD)$，则

$$w(Ax_p)^2 - u(Ax_p) + v = 0$$

$$x_x = \frac{u \pm \sqrt{u^2 - 4wv}}{2wA}$$

因 x_p 不可能大于 1，所以 x_p 只能是一个解。令 $q = \sqrt{u^2 - 4wv}$，则

$$x_p = \frac{u - q}{2wA} \times 100\% \tag{7-11}$$

4. 蒸汽比、温度与变换率及其变换气组分的关系

以黄磷尾气与变换气按 1∶1 比例混合为例，混合气成分：CO，52.46%；CO_2，20.16%；N_2，3.54%；H_2，23.28%；CH_4，0.33%；O_2，0.25%。

平衡常数与温度关系见图 7.6。

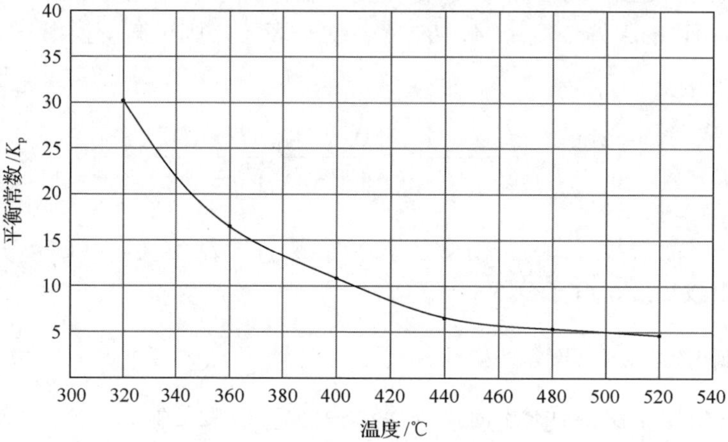

图 7.6　变换平衡常数与温度关系曲线 K_p-t 图

在不同温度下，黄磷尾气混合气蒸汽比与一氧化碳平衡变换率的关系(混合气：CO，52.46%；CO_2，20.16%；N_2，3.54%；H_2，23.26%；CH_4，0.33%，O_2，0.25%)

从图 7.7 可看出：①温度越低，越有利反应进行，平衡变换率越高；②蒸汽与一氧化碳之比越高，越有利反应进行，平衡变换率越高；③在一定的蒸汽比，一定的温度下，有一定的平衡变换率，如上述混合气，蒸汽比为 0.875，温度 480℃下，平衡变换率为 53.3%，变换率不变，气体组分也不会变。

5. 变换气平衡组分的计算

一氧化碳反应平衡后的组分(假设为纯组分)：

CO 量　$$Y_{a1}=A-x_p\cdot A \tag{7-12}$$

H_2O 量　$$Y_{b1}=B-x_p\cdot A \tag{7-13}$$

CO_2 量　$$Y_{c1}=C-x_p\cdot A \tag{7-14}$$

H_2 量　$$Y_{d1}=D-x_p\cdot A \tag{7-15}$$

式中，x_p 为平衡变换率；A、B、C、D 为气体中 CO、H_2O、CO_2、H_2 的起始组成浓度，分子分率。

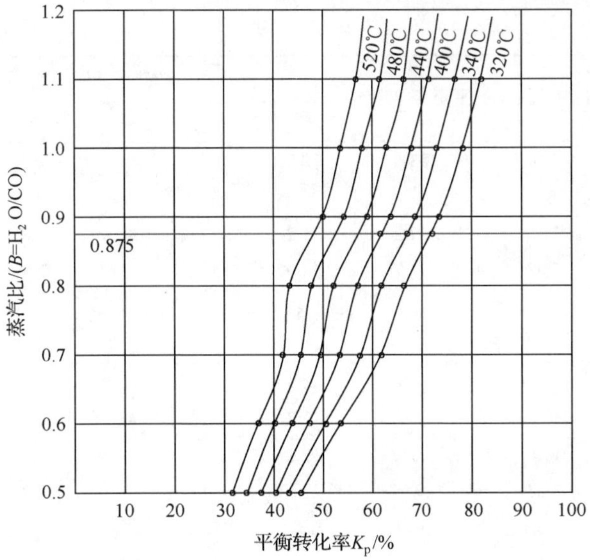

图 7.7　蒸汽比、温度与平衡变换率的关系曲线

反应后变换气总量：

$$Y=Y_{a1}+Y_{b1}+Y_{c1}+Y_{d1} \tag{7-16}$$

反应后变换气组分(%)：

一氧化碳含量
$$Y_{CO}=Y_{a1}/Y\times 100 \tag{7-17}$$

水蒸气含量
$$Y_{H_2O}=Y_{b1}/Y\times 100 \tag{7-18}$$

二氧化碳含量
$$Y_{CO_2}=Y_{c1}/Y\times 100 \tag{7-19}$$

氢气含量
$$Y_{H_2}=Y_{d1}/Y\times 100 \tag{7-20}$$

根据混合气的组分及各温度的平衡常数、平衡变换率，可以计算出部分变换后的变换气平衡组分，黄磷尾气部分变换后的变换气组分计算结果见表 7.30。

表 7.30　蒸汽比、温度、变换率、变换气组分的关系

H_2O/CO	温度/℃	平衡常数 K_p	平衡变换率 x_p	变换气组分(干基)/%					
				CO	CO_2	H_2	N_2	O_2	CH_4
0.5	320	30.39	45.45	23.15	35.6	38.12	2.86		0.27
	360	18.11	43.08	24.4	34.95	37.49	2.89		0.27
	400	11.6	40.35	25.87	34.18	36.75	2.93		0.27
	440	7.88	37.42	27.49	33.33	35.94	2.96		0.28
	480	5.62	34.42	29.2	32.43	35.09	3.0		0.28
	520	4.17	31.45	30.93	31.53	34.21	3.04		0.28

续表

H_2O/CO	温度/℃	平衡常数 K_p	平衡变换率 x_p	变换气组分(干基)/%					
				CO	CO_2	H_2	N_2	O_2	CH_4
0.6	320	30.4	53.6	19.03	37.75	40.19	2.77		0.26
	360	18.11	50.56	20.53	36.97	39.44	2.80		0.26
	400	11.6	47.2	22.24	36.07	38.58	2.85		0.26
	440	7.88	43.7	24.07	35.12	37.66	2.88		0.27
	480	5.62	40.2	25.25	34.81	36.71	2.96		0.27
	520	4.17	36.8	27.84	33.14	35.76	2.97		0.28
0.7	320	30.39	61.1	15.47	39.62	41.98	2.68		0.25
	360	18/.11	57.37	17.22	38.7	41.1	2.73		0.25
	400	11.6	53.4	19.13	37.7	40.14	2.77		0.26
	440	7.88	49.37	21.13	36.66	39.13	2.82		0.26
	480	5.62	45.4	23.2	35.55	38.12	2.86		0.27
	520	4.17	41.65	25.17	34.54	37.11	2.91		0.27
0.8	320	30.39	66.57	12.12	38.07	47.13	2.45		0.23
	360	18.11	61.83	14.08	36.99	46.21	2.49		0.23
	400	11.6	56.98	16.16	35.84	45.23	2.53		0.24
	440	7.88	52.19	18.29	34.66	44.23	2.58		0.24
	480	5.62	47.58	20.41	33.49	43.23	2.63		0.24
	520	4.17	43.2	22.5	32.34	42.24	2.67		0.25
0.875	320	30.39	72.22	10.59	42.17	44.44	2.57		0.24
	360	18.11	67.43	12.64	41.09	43.41	2.62		0.24
	400	11.6	62.6	14.8	39.97	42.31	2.67		0.25
	440	7.88	57.86	16.99	38.82	41.22	2.72		0.25
	480	5.62	53.32	19.16	37.68	40.13	2.77		0.26
	520	4.17	49.03	21.31	36.56	39.05	2.82		0.26
0.9	320	30.39	73.56	10.02	42.46	44.72	2.56		0.24
	360	18.11	68.67	12.11	41.37	43.68	2.6		0.24
	400	11.6	63.74	14.28	40.24	42.57	2.66		0.25
	440	7.88	58.9	16.49	39.08	41.47	2.71		0.25
	480	5.62	54.3	18.68	37.93	40.37	2.76		0.26
	520	4.17	50.0	20.83	36.81	39.29	2.81		0.26
1.0	320	30.39	78.29	8.08	43.48	45.69	2.52		0.23
	360	18.11	73.1	10.22	42.36	44.62	2.56		0.24
	400	11.6	67.92	12.43	41.2	43.51	2.62		0.24
	440	7.88	62.87	14.67	40.03	42.36	2.69		0.25
	480	5.62	58.06	16.9	38.87	41.26	2.72		0.25
	520	4.17	53.52	19.07	37.73	40.17	2.77		0.26

续表

H_2O/CO	温度/℃	平衡常数 K_p	平衡变换率 x_p	变换气组分(干基)/%					
				CO	CO_2	H_2	N_2	O_2	CH_4
1.1	320	30.39	82.06	6.59	44.26	46.44	2.48		0.23
	360	18.11	76.79	8.69	43.16	45.39	2.52		0.24
	400	11.6	71.49	10.89	42.0	44.28	2.59		0.24
	440	7.88	66.32	13.13	40.84	43.16	2.62		0.25
	480	5.62	61.37	15.36	39.67	42.04	2.68		0.25
	520	4.17	56.7	17.54	38.53	40.94	2.74		0.25

部分变换的目的是将黄磷尾气或其他原料气通过变换，生成不同含量的一氧化碳和氢气，满足产品对合成原料气 CO 和 H_2 的含量要求，几种产品合成气组分见表 7.31。

表 7.31　几种产品合成气组分

产品	反应式	H_2∶CO	合成气组分/%	
			CO	H_2
合成甲醇	$CO+2H_2 = CH_3OH$	2∶1	30～32	60～65
合成甲烷	$CO+3H_2 = CH_4+H_2O$	3∶1	20～25	60～70
合成燃料	$(2n+1)H_2+nCO = C_nH_{2n+2}+nH_2O$	2∶1～1∶1	26～30	55～60
合成氨	$N_2+3H_2 = 2NH_3$	1∶3	越低越好	60～70

不同合成气组分就要不同的 H_2O/CO 比例，蒸汽比就要根据不同温度下的平衡常数求出，要寻求合适的蒸汽比要通过许多数据进行计算，费时，速度慢。已将部分变换平衡组分与蒸汽比、温度、变换率等关系编制成 Visual Basic 程序，按附录 1.27 Visual Basic 程序计算，可很快求出合成气组分、蒸汽比、操作温度等数据。

6. 一氧化碳分解析碳问题

在一氧化碳的变换过程中，有可能发生一氧化碳分解和甲烷的生成等副反应，这对生产是不利的。当温度在 350～400℃时，一氧化碳能发生分解反应，生成 CO_2，并析出碳。其反应如下：

$$2CO = C+CO_2+\text{热量} \tag{7-21}$$

若发生上述反应，生成的游离碳易附在触媒表面上，从而使触媒活性下降。因为黄磷尾气一氧化碳浓度高，大家担心会发生析碳反应。

一氧化碳的分解是放热反应和体积缩小的反应，所以在降低温度和提高压力的条件下，会使反应向生成碳的方向进行。金属铁和碳化铁的存在会加速析碳反应进行，由此可以说，一氧化碳的分解与变换催化剂的组分有关，采用 Fe_2O_3 和

ZnO 系列催化剂未发生析碳反应，这可能与发生水煤气反应有关，在有水蒸气存在的条件下还会发生如下反应：

$$C+H_2O═══CO+H_2 \tag{7-22}$$

$$C+2H_2O═══CO_2+2H_2 \tag{7-23}$$

水煤气反应为吸热反应，提高温度反应有利于向右移动，有利于碳的消化。正好部分变换的变换炉温度较高，可以消化析碳。

据资料介绍，一氧化碳分解反应在 200～500℃范围内，反应速率极慢，同时有水蒸气的条件下的析碳逆反应存在，不会发生析碳反应。试验结束，取出触媒观察和分析，均未发现有积碳现象。

根据平衡转移定律，温度低、压力高有利于析碳反应，黄磷尾气部分变换采用混合气已将一氧化碳浓度降低，反应温度高，温度在 400℃以上，同时采用以氧化铁为主体的多成分变换触媒，就可以防止副反应的发生。

7.2.4 一氧化碳部分变换的变换炉

1. 变换炉温度的控制

变换反应是放热反应，一氧化碳浓度越高，放出热量越大，这是不变的定律，既然放出热量，就要把热量移走，这也是常理。试验装置就是按照这一思路而设计的，变换炉分为两段，一段分为两层，一段一层和一、二层之间均用冷激煤气调节温度，一、二段之间设有余热锅炉，将热量引出，既然要将热量移走，对变换炉保温设施也就不太重视，由于这一误解，试验走了弯路，弯路走通了，也取得了经验。

通过试验，对变换炉温度变化规律进行分析，部分变换反应温度高，反应速率快，变换反应约在触媒层 1 m 内即可完成，因此取消第三段触媒和余热锅炉。按已取得的工艺条件运行，变换炉还会出现跨温，检查变换炉保温层(硅酸铝纤维)，发现变换系统保温层厚度不够，保温层松动质量太差，散热过大，为此重新保温并加厚保温层，之后，投入了正常运行，运行稳定。

试验表明，只要按规定控制住蒸汽和煤气的比例、变换气与煤气的比例，触媒层温度很稳定，若触媒层热点温度有波动，只要稍用一点冷激煤气就可控制温度。

试验表明，以黄磷尾气为例，变换气：黄磷尾气=1，水蒸气：一氧化碳=0.85～0.9 范围内相当于水蒸气：混合气=0.45～0.5，一层进口温度 340℃，一层出口温度 440℃，转化率 30%左右；二层出口温度 480℃，总转化率 53.4%左右。试验期间，触媒层温度升高在 140～160℃范围内。

一氧化碳部分变换的目的是通过控制变换率以控制触媒层温度，没有必要按照全程变换将触媒层分为两段，只需要一段变换即可，为了更好地控制热点温度，防止突然升温，将这一段触媒分成两层，在两层间用冷激煤气调节温度。

2. 部分变换触媒的选择

部分变换条件试验时，变换炉全装中温触媒，中温触媒的温度使用范围为330～500℃，触媒几乎是在高限温度运行，有时还有超温的可能，对触媒使用寿命有影响，若作为长期生产，触媒随着活性的下降，就没有提温的余地，是不适宜的。

为了部分变换长期运行，重新装触媒，根据触媒层温度变化规律，一层装中温触媒，触媒层高 0.6 m，二层装高温触媒，触媒层高 0.8 m。高温触媒的温度使用范围为 330～530℃，投入运行后，温度容易控制，操作更稳定，取得了长期运行的好结果。

3. 变换炉结构

部分变换炉和一般变换炉相同，但更简单，单段两层。每层触媒下面均有支承结构，支架上铺篦子板、篦子板上放 ϕ25～50 mm 的耐火球 100 mm，耐火球上铺铁丝网，然后再装触媒。

变换炉为圆筒形，外壳用钢板制成，壳外的保温层用绝热效果好的硅酸铝纤维捆扎紧密，并保证规定厚度，防止热损失过大；壳内靠炉壁钢板处铺 10 mm 石棉板，先砌一层硅藻土砖，再砌一层耐火砖。

混合气和蒸汽的混合物由上部进入变换炉，经多孔板均匀分布，相继进入一、二层触媒，一二层之间的空间设有冷激气进口管。为了便于测量，在每段不同高度装有热电偶温度计。

4. 压力对变换的影响

变换反应是等体积反应，加大到几十个大气压可以认为对反应平衡无影响，而且对析碳和甲烷化是有利的。因此，加压变换对合成组分有害，对产生运行也无利。从反应动力看，加压会增大反应速率，触媒用量减少，相应变换炉及热量回收系统如热交换器、热水饱和塔、热水塔、水加热器、冷却塔一系列设备缩小，降低了设备和管道的消耗及投资，加压流程优于常压流程。尤其是变换后的变换气体积比原料气增加很多，因此，用来压缩原料气的电能消耗要少很多。合成反应一般都在加压下进行，因此，黄磷尾气部分变换也采用加压流程。

压力对反应速率的影响，还没有公认的计算方法，根据《小氮肥厂工艺设计手册》推荐的压力对反应速率的影响(图 7.8)，对于中、高温触媒以反应速率压力系数 ϕ 乘以常压下反应速率常数，较为接近实际。

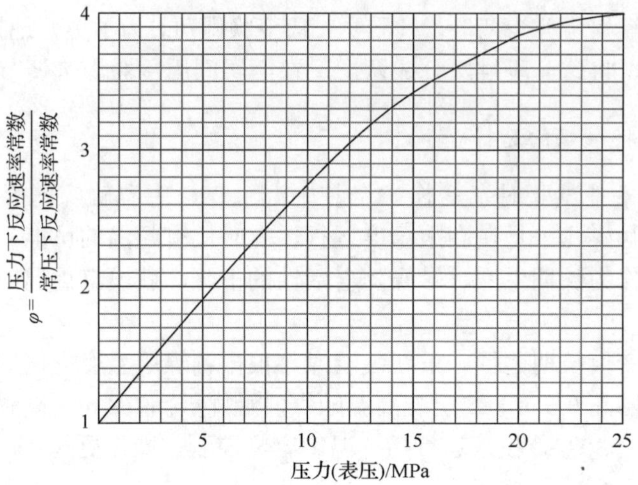

图 7.8　压力对反应速率的影响

5. 变换炉计算

1) 变换炉直径

变换炉直径根据触媒层阻力确定，一般要求触媒层设计阻力小于 5 kPa。变换炉直径可以先用压力、温度和通过触媒层空速预设，然后根据计算阻力试算调整。

$$V = V_0 \times \frac{0.1013 \times (273 + t)}{273 \cdot p_1} \tag{7-24}$$

式中，V 为黄磷尾气在操作工况下的体积流量，m^3/h；V_0 为黄磷尾气在标准状况下的体积流量，m^3/h；t 为通过触媒层的平均温度，℃；p_1 为变换炉存在的压力（绝对压力），MPa。

变换炉直径预设：

$$D = \sqrt{\frac{V}{0.785 \times 3600 \times w}} \tag{7-25}$$

式中，D 为触媒层预设直径，m；w 为通过触媒层空速，m/s。

空速可预设为 0.25 m/s，根据触媒层计算阻力上下调整，若阻力超过设计要求，降低空速重算，若阻力较低，为了减少设备直径，可提高空速重算，直至满意为止。

变换炉空速过大过或小对生产都是不利的。如果空速过大，气体与触媒接触时间太短，变换反应来不及完成就出去了，变换率就会降低。空速过低，可以提高变换率，但使一氧化碳变换量减少，放出的热量也减少，触媒层不能保持自热平衡，就会发生跨温；另外，空速过低，不能发挥触媒应有的能力，设备增大。根据合成氨对变换气的要求，空速一般维持在 250～300 $m^3/(m^3 \cdot h)$较为适宜，此处的空速，就是每小时单位体积触媒所提高的气量。

2) 变换炉触媒用量计算

部分变换触媒量按单段计算，分两层安装。变换率按需要而定，温度范围 320～500℃。

根据工业条件下的数据，在设计时，触媒在平均温度 350～450℃范围内的反应速率常数，按《小氮肥厂工艺设计手册》推荐的公式计算：

$$\ln k_1 = 16.2 - \frac{1000}{RT} \tag{7-26}$$

式中，k_1 为反应速率常数，标准 $m^3/(m^3$ 触媒 $\cdot h)$；R 为摩尔气体常量，1.987 kcal/kg 分子 K；T 为触媒层平均温度，K。

标准接触时间：

$$\tau_0 = \frac{K_p}{k_1 q}\left(\ln\frac{2wn - u - q}{2wn - u + q} - \ln\frac{-u - q}{-u + q}\right) \tag{7-27}$$

式中，K_p 为平衡常数；k_1 为反应速率常数；n 为变换掉的一氧化碳浓度。

$$w = K_p - 1$$

$$u = K_p(A_1 + B_1) + (C_1 + D_1)$$

$$v = K_p(A_1 B_1) - (C_1 D_1)$$

$$q = \sqrt{u^2 - 4wv}$$

式中，A_1、B_1、C_1、D_1 分别为混合气体中 CO、H_2O、CO_2、H_2 的起始组成浓度，分子分率。

所谓标准接触时间是指气体以标准状态下的体积计量时与触媒床接触的时间，它是空间速度的倒数。K_p 和 k_1 以床层的平均温度计算。

触媒量：

$$V_k = \tau_0 \cdot V_0 \tag{7-28}$$

式中，V_k 为触媒体积，m^3；τ_0 为标准接触时间，$h \cdot m^3/Nm^3$；V_0 为通过触媒的气体体积，Nm^3/h。

考虑到触媒的过热、污染以及计算误差等的影响，为了保险起见，取用 20% 的过剩系数。

实际触媒量为：

$$V=1.2\times V_0$$

3) 变换炉压力降计算

流体通过固定床触媒层阻力的计算公式较多，对于变换炉通过触媒层的压力降可用下式计算：

$$\Delta p = 20.59\times10^{-8}\times\frac{f\cdot G^{1.9}}{\gamma\cdot d_{\mathrm{p}}^{1.1}}\cdot\frac{1-E}{E^3}\cdot L \tag{7-29}$$

式中，Δp 为气体通过触媒层的压力降，Pa；f 为摩擦系数，一般取 1.5；G 为气体质量流速，kg/(m²·h)；γ 为黄磷尾气在操作条件下的重度，kg/m³；d_{p} 为触媒颗粒直径，m；L 为催化剂层高度，m。

$$E = 0.378+0.038\times\frac{d_{\mathrm{p}}}{D_{\mathrm{t}}} \tag{7-30}$$

式中，D_{t} 为触媒床直径，m。

为了减少变换炉计算工作量已将部分变换炉计算编制了 Visual Basic 程序，按附录 1.28“部分变换炉的计算 Visual Basic 程序”计算。

7.3　黄磷尾气全程变换制氢技术

黄磷尾气组成中的 CO 比一般气化方法生产的煤气都高。变换制氢要采用部分变换和全程变换相结合的方法。部分变换已将黄磷尾气中的 CO 降低到 30%以下，可以采用全程变换。

7.3.1　黄磷尾气全程变换自热平衡原理

一氧化碳与水蒸气作用生成氢和二氧化碳，其反应式如下：

$$CO+H_2O=\!=\!=CO_2+H_2+\text{热量} \tag{7-31}$$

从式(7-31)可看出，如有一体积一氧化碳被变换掉，就会产生一体积的氢气和一体积的二氧化碳。由此可见，变换后的体积等于变换前的体积加上被变换掉的一氧化碳的体积。

1. 一氧化碳变换程度

一氧化碳变换程度以变换率表示，全程变换与部分变换的不同之处在于变换率，部分变换的变换率需要控制，而全程变换的变换率要求越低越好。对于合成氨原料气来说，一氧化碳不但不能合成氨，而且对合成触媒是有害的，必须将合成气中的一氧化碳除去。

一氧化碳变换程度以变换率表示，变换率用变换反应后的气体成分进行计算：

$$E = \frac{V_{CO} - V'_{CO}}{V_{CO}\left(100 + V'_{CO}\right)} \times 100\% \tag{7-32}$$

式中，E 为一氧化碳变换率，%；V_{CO} 为变换前黄磷尾气中一氧化碳的体积分数；V'_{CO} 为变换后变换气中一氧化碳的体积分数。

变换后变换气体积：

$$V_2 = V_1(1 + EV_{CO}) \tag{7-33}$$

式中，V_1 为变换前黄磷尾气体积，Nm^3；V_2 为变换后变换气体积，Nm^3；V_{CO} 为变换前黄磷尾气中一氧化碳体积分数；E 为一氧化碳变换率，%。

提高变换率的方法：从式(7-31)可知，增加水蒸气的含量可以促使反应向右进行，增加二氧化碳和氢含量，相应降低了一氧化碳，提高了变换率。但蒸汽量也不能随意增加，其原因为：一是增加蒸汽量提高了能耗，二是为了维持触媒层适当的温度，蒸汽量要受到控制。

一氧化碳变换反应是放热反应，由平衡转移定律可知，降低反应温度有利于放热反应，使平衡有利于向产品方向移动。由实验指出，一氧化碳变换反应，在温度较低时，反应速率很慢，在工业生产上是不许可的。因此，反应温度必须在一定较高范围内。

2. 操作条件对变换过程的影响

1) 变换温度

变换温度的高低，对变换影响很大。温度低，反应速率慢，温度高，反应速率快，但反应向不利产品方向移动，对变换不利。因此，反应温度不能过高，也不能过低，要维持在适当的范围内。在这个温度下，一氧化碳变换反应速率快，反应也进行得很完全，这个温度称为最适宜温度。最适宜温度与触媒品种有关，触媒品种有高温触媒、中温触媒和低温触媒三种，各种触媒有一定的温度使用范围。触媒品种根据原料气中一氧化碳含量和对变换气质量要求选择。

一氧化碳变换反应是一个放热反应，在变换过程中，触媒层温度逐渐升高，不利于变换反应向产品方向移动。为了使反应更接近理想温度，必须将过量反应热移去，以降低反应温度。在生产中将变换炉分成两段，第一段反应温度控制较高，一段出来的变换气进入二段前，即在两段之间用喷冷凝水或加入蒸汽的方法，将变换气温度降低，使第二段温度在较低温度下进行。这样可以在一段(温度较高)获得较高的反应速率，提高触媒能力，缩小设备容积；在二段(温度较低)获得较高的变换率。一段反应速率快，反应剧烈，尤其是原料气中一氧化碳含量高时，温差很大，不易控制，有的将一段分为两层，在两层之间用冷激原料气降温，控制温度。

根据变换触媒的活性温度，如果使用铁镁触媒，一般一段触媒温度维持在450～480℃，二段触媒温度维持在400～420℃最为适宜。

2) 水蒸气与一氧化碳比例

从式(7-31)可知，在理论上增加水蒸气的含量可以促使反应向右进行，从而增加二氧化碳和氢含量。但在实际生产中，水蒸气是控制触媒层温度的主要手段，用蒸汽控制触媒层温度很灵敏，且触媒层温度控制要求很严格，目前一般都根据触媒层热点温度用蒸汽量自动控制。不是根据反应方向随意地加大蒸汽量来提高产品氢气量，否则，触媒层就会发生温垮。在实际操作中，变换炉蒸汽量是由变换反应自热平衡所决定的。水蒸气用量一般由原料气中的一氧化碳含量所决定，在一氧化碳变换计算时称为蒸汽与一氧化碳之比或简称蒸汽比。

一氧化碳变换过程主要由自热平衡控制。一定的原料气组分和一定的催化剂，蒸汽与一氧化碳的比例由触媒层温度差所决定。一氧化碳变换率与变换气组分也由蒸汽与一氧化碳之比决定。要提高一氧化碳变换率，降低催化剂层温度是最有效的方法。

7.3.2 一氧化碳自热平衡计算

1. 平衡变换率、平衡常数与变换气组分

1) 平衡变换率 x_p

当变换反应达到平衡时的一氧化碳变换率称为平衡变换率。若将气体中 CO、H_2O、CO_2、H_2 的起始浓度分别用 *A*、*B*、*C*、*D* 来表示，则平衡变换率与平衡常数的关系式如下：

$$K_p = \frac{p_{CO_2} \cdot p_{H_2}}{p_{CO} \cdot p_{H_2O}} = \frac{(C + Ax_p)(D + AX_p)}{(A - AX_p)(B - AX_p)} \tag{7-34}$$

式中，K_p 为平衡常数；x_p 为平衡变换率；*A*、*B*、*C*、*D* 分别为气体中 CO、H_2O、CO_2、H_2 的起始组成浓度，分子分率。

$Z=B/A$ 为蒸汽与一氧化碳之比。

2) 平衡常数 K_p 的计算

全程变换用中温变换催化剂，中温变换反应通常在380～500℃之间进行，根据《小氮肥厂工艺设计手册》推荐的公式：

$$\lg K_p = \frac{3994.704}{T} + 12.2203\lg T - 4.4624\times10^{-3}T + 0.6718\times10^{-5}T^2 - 36.7251 \quad (7\text{-}35)$$

式中，K_p 为平衡常数；T 为温度，K。

3) 平衡变换率 x_p 的计算

平衡变换率与平衡常数的关系式整理后得出如下方程式：

$$(K_p-1)(Ax_p)^2-[K_p(A+B)+(C+D)]Ax_p+(K_pAB-CD)=0 \quad (7\text{-}36)$$

令 $w=K_p-1$，$u=K_p(A+B)+(C+D)$，$v=K_p(AB)-(CD)$，则

$$w(Ax_p)^2-u(Ax_p)+v=0$$

$$x_p = \frac{u \pm \sqrt{u^2-4wv}}{2wA}$$

因 x_p 不可能大于 1，所以 x_p 只能是一个解。令 $q=\sqrt{u^2-4wv}$，则：

$$x_p = \frac{u-q}{2wA}\times100\% \quad (7\text{-}37)$$

4) 变换气组分的计算

一氧化碳反应平衡后的组分(假设为纯组分)：

CO 量　$Y_{a1}=A-x_p\cdot A$　(7-38)

H_2O 量　$Y_{b1}=B-x_p\cdot A$　(7-39)

CO_2 量　$Y_{c1}=C-x_p\cdot A$　(7-40)

H_2 量　$Y_{d1}=D-x_p\cdot A$　(7-41)

式中，x_p 为平衡变换率；A、B、C、D 分别为气体中 CO、H_2O、CO_2、H_2 的起始组成浓度，分子分率。

反应后变换气总量：

$$Y=Y_{a1}+Y_{b1}+Y_{c1}+Y_{d1} \quad (7\text{-}42)$$

反应后变换气组分：

一氧化碳含量　$Y_{CO}=Y_{a1}/Y\times100\%$　(7-43)

水蒸气含量　$Y_{H_2O}=Y_{b1}/Y\times100\%$　(7-44)

二氧化碳含量　$Y_{CO_2}=Y_{c1}/Y\times100\%$　(7-45)

氢气含量　$$Y_{H_2}=Y_{d1}/Y\times 100\%\tag{7-46}$$

变换后变换气体积：

$$V_2=L_1(1+X_p\cdot V_{CO})\tag{7-47}$$

式中，L_1为变换前黄磷尾气体积，Nm^3；V_2为变换后变换气体积，Nm^3；V_{CO}为变换前黄磷尾气中一氧化碳体积分数；X_p为一氧化碳变换率，%。

2. 变换反应热

变换反应热效应由一氧化碳变换热效应和原料气中氧反应热效应两部分组成。

1) 一氧化碳变换热效应

变换反应的标准反应热$\Delta H_{298}^{\ominus}$（101.3 kPa，25℃），可由有关气体标准生成热有关数据进行计算。

反应放出热量，不同温度下反应热根据基尔霍夫公式求得，变换反应各物质的标准生成热和热容数据见表 7.32。

表 7.32　变换各反应物质的标准生成热和热容数据

代号	物质/g	$\Delta H_{298}^{\ominus}$/(kJ/mol)	$C_p^{\ominus}298$/[J/(mol·K)]	C_p/[J/(mol·K)]
A	CO	–110.5	29.15	$28.41+4.10\times10^{-3}T-0.46\times10^5T^{-2}$
B	H_2O	–241.84	33.56	$30.00+10.71\times10^{-3}T+0.33\times10^5T^{-2}$
C	CO_2	–393.51	37.13	$44.14+9.04\times10^{-3}T-8.53\times10^5T^{-2}$
D	H_2	0	28.83	$27.28+3.26\times10^{-3}T+0.502\times10^5T^{-2}$
E	N_2	0	29.10	$27.87+4.27\times10^{-3}T$
F	O_2	0	29.36	$31.46+3.39\times10^{-3}T-3.77\times10^5T^{-2}$
G	CH_4	–74.85	35.75	$17.45+60.46\times10^{-3}T+1.117\times10^{-6}T^2-7.2\times10^{-9}T^3$

变换反应热效应的标准反应热：

$$\Delta H_{298}^{\ominus}=(\Delta H^{\ominus}{}_{CO_2}+\Delta H^{\ominus}{}_{H_2})-(\Delta H^{\ominus}{}_{CO}+\Delta H_{H_2O})\tag{7-48}$$

$$\Delta H_{298}=(-393.51)-(-110.5-241.84)=-41.17(\text{kJ/mol})$$

$$\begin{aligned}\Delta C_p&=(27.28+3.26\times10^{-3}T+0.502\times10^{-5}T^{-2}+44.14+9.04\times10^{-3}T-8.53\times10^5T^{-2})\\&\quad-(28.41+4.1\times10^{-3}T-0.46\times10^5T^{-2}+30+10.71\times10^{-3}T+0.33\times10^5T^{-2})\\&=13.01-2.51\times10^{-3}T-7.898\times10^5T^{-2}\end{aligned}$$

在不同温度下，变换反应热：

$$\Delta H_{T_1} = -41070 + \int_{298}^{T} (13.01 - 2.51\times10^{-3}T - 7.898\times10^{5}T^{-2})\ \mathrm{d}T$$

$$= -41070 - 13.01(T-298) - 1.255\times10^{-3}\left(T^2 - 298^2\right) + 7.898\times10^{5}\left(\frac{1}{T^3} - \frac{1}{298^3}\right) \tag{7-49}$$

式中，ΔH_T 为在 t(℃)时的反应热，J/mol；T 为热力学温度，(t+273)K。

2)氧反应热效应

原料气中的氧进入变换炉后有可能与氢、一氧化碳和触媒中的 Fe_2O_3 等反应，氧气消失，因此，变换炉具有脱氧功能，但消耗了有效组分，原料气中氧含量过高是不适宜的。在还原环境中，O_2 与 Fe_2O_3 反应可能性小，氢反应活性比一氧化碳强，首先应该是氧与氢反应。为了计算方便，均按氧与氢反应生成水来计算。

$$2H_2 + O_2 = 2H_2O \tag{7-50}$$

式(7-49)标准反应热：

$$\Delta H_{298}^{\ominus} = (2\Delta H^{\ominus}{}_{H_2O}) - (\Delta H^{\ominus}{}_{O_2} + \Delta H_{H_2}) \tag{7-51}$$

$$\Delta H_{298}^{\ominus} = (-241.84) = -483.68(\mathrm{kJ/mol})$$

$$\Delta C_p = 2\times(30 + 10.71\times10^{-3}T + 0.33\times10^{5}T^{-2} - \Big[2\times(27.28 + 3.26\times10^{-3}T + 0.502\times 10^{5}T^{-2}) + 31.46 + 3.39\times10^{-3}T - 3.77\times10^{3}T^{-2}\Big]$$

$$= -26.02 + 11.51\times10^{-3}T + 3.426\times10^{5}T^{-2}$$

在不同温度下，生成水反应热：

$$\Delta H_{T_2} = -483680 + \int_{298}^{T} (-26.02 + 11.51\times10^{-3}T + 3.426\times10^{5}T^{-2})\ \mathrm{d}T$$

$$= -483680 - 26.02(T-298) + 5.755\times10^{-3}(T^2 - 298^2) - 3.426\times10^{5}\left(\frac{1}{T^3} - \frac{1}{298^3}\right) \tag{7-52}$$

式中，ΔH_T 为在 t(℃)时的反应热，J/mol；T 为热力学温度，(t+273)K。

3. 一氧化碳变换自热平衡计算

1)催化剂层热量

在变换过程中，触媒层温度逐渐升高，升高的温度要根据触媒层允许的温差范围决定。

催化剂层总热量包括原料气进口带入的热量、一氧化碳变换反应放出的热量和原料气中氧反应放出的热量三部分，以及原料气升温需要的热量。

(1) 原料气进口带入的热量 Q_1：

$$Q_1=V_1\times C_{p1}\times t_1 \tag{7-53}$$

式中，Q_1 为原料气量，kJ/(kg·mol)；V_1 为原料气量，kmol；t_1 为催化剂层进口温度，℃；t_2 为变换气出口温度，℃；C_{p1} 为原料气在 t_m 时的分子热容，kJ/(kg·mol·℃)。

触媒层平均温度：

$$t_m=\frac{t_1+t_2}{2}$$

热容根据表 7.32 中热容公式计算：

$$\sum C_{p1}=A\cdot y_{CO}+B\cdot y_{H_2O}+C\cdot y_{CO_2}+D\cdot y_{H_2}+E\cdot y_{N_2}+F\cdot y_{O_2}+G\cdot y_{CH_4}$$

式中，A、B、C、D、E、F、G 分别为 CO、H_2O、CO_2、H_2、N_2、O_2、CH_4 等气体的分子热容，kJ/(kg·mol)；y_{CO}、y_{H_2O}、y_{CO_2}、y_{H_2}、y_{N_2}、y_{O_2}、y_{CH_4} 分别为 CO、H_2O、CO_2、H_2、N_2、O_2、CH_4 等原料气的组分，%。

(2) 一氧化碳变换反应放出的热量和原料气中氧反应放出的热量：

$$Q_2=L_1\times(\Delta H_{T_1}\times X_P\times Y_{CO}+\Delta H_{T_2}\times Y_{O_2}) \tag{7-54}$$

式中，Q_1 为变换过程放出的总热量，kJ/kmol；ΔH_{T_1} 为变换反应热效应，kJ/kmol；ΔH_{T_2} 为氧生成水反应热效应，kJ/kmol；X_P 为一氧化碳平衡变换率，%；Y_{CO} 为原料气中一氧化碳含量，%；Y_{O_2} 为原料气中氧含量，%；L_1 为原料气处理量，kmol。

(3) 原料气升温需要的热量 Q_3：

$$Q_3=L_1\cdot C_p\cdot(t_2-t_1) \tag{7-55}$$

触媒层的总热量：

$$Q_r=0.97\cdot(Q_1+Q_2-Q_3) \tag{7-56}$$

2) 变换气带出的热量

$$Q_c=V_2\times C_{p2}\times t_2 \tag{7-57}$$

式中，Q_c 为变换气带出热量，kJ/kmol；V_2 为变换气量，kmol；C_{p2} 为变换气各组分分子热容，kJ/kmol。

热容根据表 7.32 中热容公式计算：

$$\sum C_{P2} = A_2 \cdot y_{CO} + B_2 \cdot y_{H_2O} + C_2 \cdot y_{CO_2} + D_2 \cdot y_{H_2} + E_2 \cdot y_{N_2} + F_2 \cdot y_{O_2} + G_2 \cdot y_{CH_4}$$

式中，A_2、B_2、C_2、D_2、E_2、F_2、G_2 分别为 CO、H_2O、CO_2、H_2、N_2、O_2、CH_4 等气体的分子热容，kJ/(kgmol)；y_{CO}、y_{H_2O}、y_{CO_2}、y_{H_2}、y_{N_2}、y_{O_2}、y_{CH_4} 分别为 CO、H_2O、CO_2、H_2、N_2、O_2、CH_4 等变换气的组分，%。

根据热平衡原理：Q_r=Q_c。一氧化碳含量、蒸汽比、温度、变换率及其变换气组分的关系相互关联。触媒层要求有一定的温度差，如一段触媒进口温度为 330℃，出口温度不超过 460℃，温差为 130℃，这个温度由蒸汽量来控制，所以，触媒层温度定了，随温度变化的平衡常数、平衡变换率、变换气组分也就确定了。在一定的原料气组分和一定的触媒层温度下，根据自热平衡可求出蒸汽比和变换气组分，要用试差法求出，计算工作量很大，现已将原料气组分、蒸汽比、温度、变换率及其变换气组分的关系编制成 Visual Basic 计算程序，按附录 1.29“一氧化碳变换自热平衡 Visual Basic 计算程序”计算，其作用是：①可以求得蒸汽比以及变换过程各种工艺参数，满足设计参数要求；②根据计算数据调整工艺参数，作为操作依据；③根据原料气组分，求得触媒层平衡温度，选取触媒类型决定触媒层控制温度，无需多余的蒸汽来冲冷，节省蒸汽消耗量。

实例 7.1　一氧化碳变换自热平衡计算。

黄磷尾气根据氨合成气 H_2/N_2 比的要求，进行部分变换，其条件为 H_2O∶CO=0.875，变换温度 480℃，查表 7.31 得部分变换气的组分作为继续全程变换的原料气，部分变换气的组分见表 7.33。

表 7.33　部分变换气的组分

名称	CO	CO_2	H_2	N_2	O_2	CH_4
组分/%	19.16	37.68	40.12	2.77	0	0.27
代号	A1	C1	D1	E1	F1	G1

全程变换条件：采用中温变换触媒，原料气热交换器后进入触媒层温度为 320℃，变换后变换气出口温度 420～480℃。

计算方法如下：

(1) 根据上述工艺条件，按附录 1.29“一氧化碳变换自热平衡 Visual Basic 计算程序”进行计算，得出 H_2O/CO=1～8 与触媒层变换温升热量和变换气引出热量等系列数据。

计算结果见表 7.34。

表 7.34 自热平衡计算结果

出口温度/℃	平衡常数 K_p	蒸汽比			变换率/%	触媒层热量 Q_1	出口热量 Q_2
		H_2O/CO	m^3/m^3 干原料气	kg/m^3 干原料气			
440	7.883	1	0.1916	0.1539	25.79	3268	3980
		2	0.3832	0.3079	53.06	4830	4146
		3	0.5748	0.4619	57.06	5296	4200
		4	0.7664	0.6159	74.98	5352	4210
		5	0.958	0.7698	79.94	5254	4203
		6	1.1496	0.9238	83.31	5100	4190
		7	1.3412	1.0778	85.72	4766	4160
		8	1.5238	1.2317	87.53	2157	4279
460	6.619	1	0.1916	0.1539	20.44	2710	4131
		2	0.3832	0.3079	47.68	4330	4310
		3	0.5748	0.4619	62.41	4876	4374
		4	0.7664	0.6159	71.05	4994	4392
		5	0.958	0.7698	76.59	4951	4340
		6	1.1496	0.9238	80.4	4820	4380
		7	1.3412	1.0778	83.16	4675	4367
		8	1.5238	1.2317	85.26	4526	4353
470	6.09	1	0.1916	0.1539	15.21	2433	4205
		2	0.3832	0.3079	42.34	4079	4391
		3	0.5748	0.4619	57.66	4663	4460
		4	0.7664	0.6159	66.95	4812	4482
		5	0.958	0.7698	73.04	4781	4482
		6	1.1496	0.9238	77.30	4677	4474
		7	1.3412	1.0778	80.42	4536	4461
		8	1.5238	1.2317	82.80	4392	4446
480	5.618	1	0.1916	0.1539	10.12	2113	4279
		2	0.3832	0.3079	37.07	3720	4472
		3	0.5748	0.4619	52.87	4315	4547
		4	0.7664	0.6159	62.74	4487	4571
		5	0.958	0.7698	69.35	4480	4575
		6	1.1496	0.9238	74.04	4395	4568
		7	1.3412	1.0778	77.51	4278	4557
		8	1.5238	1.2317	80.18	4152	4545

(2) 将不同温度下的热量 Q_1 和 Q_2 绘制触媒层变换温升热量 (Q_1) 和变换气引出热量 (Q_2) 与蒸汽比的关系曲线，如图 7.9 所示。

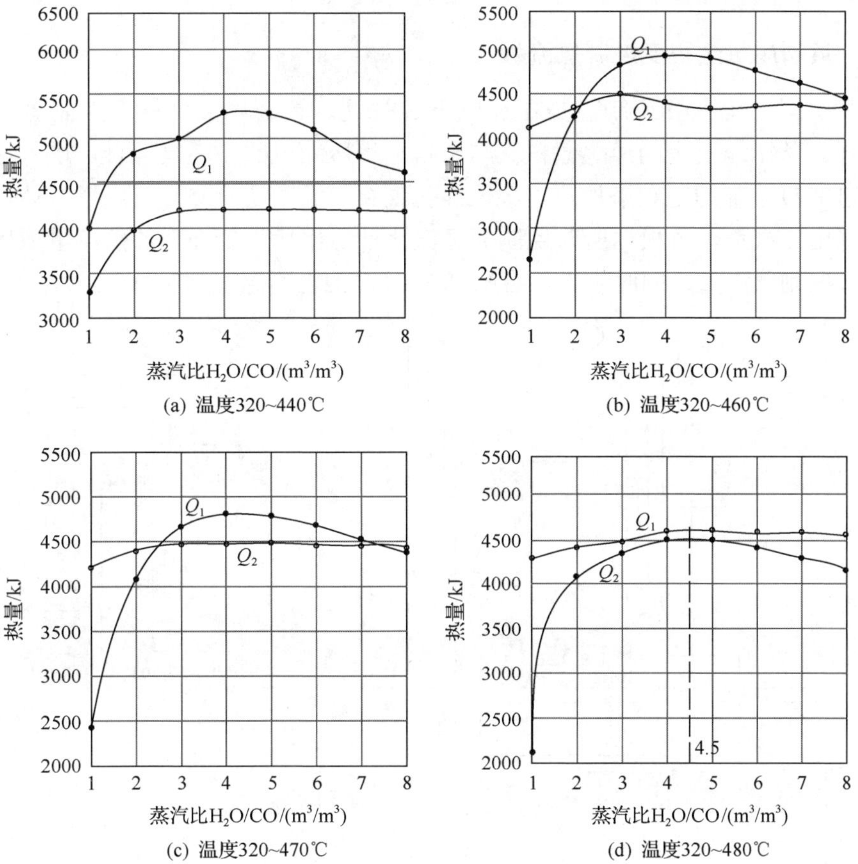

图 7.9 变换自热平衡图

(3) 两条曲线的热量高峰处重叠或相近的温度即为触媒层温度，如图 7.9(d) 的 480℃；触媒层热量高峰处为所求的蒸汽比，如图 7.9(d) 的虚线，得 $H_2O/CO=4.5$。

(4) 根据得出的 $H_2O/CO=4.5$，触媒层温度为 480℃，重新上机进行计算，可以求得变换过程各种参数，满足设计参数要求。

计算结果：①变换炉蒸汽需要量 0.8622 m^3/Nm^3 原料气，0.6928 kg/Nm^3 原料气；②反应平衡常数 $K_p=5.618$；③反应变化率 $X_p=66.35\%$。

(5) 变换气量：$V=1.0683$ kgmol。变换气组分见表 7.35。

表 7.35 变换气组分

名称	CO	H_2O	CO_2	H_2	N_2	CH_4
湿基组分/%	3.46	39.48	27.06	28.37	1.49	0.14
干基组分/%	5.72	0.00	44.71	46.88	2.46	0.23

7.3.3　黄磷尾气全程变换制氢流程

黄磷尾气全程变换制氢是在加压下进行的。黄磷尾气全程变换制氢流程见图 7.10。从压缩机来的净化原料气与来自循环压缩机的循环气混合，进入饱和热水塔(T301)下部的饱和塔加热增湿，净化混合气温度达 135℃，出塔气体根据温度计算出蒸汽量，再根据所要控制的蒸汽比计算出所需要补充的蒸汽量或用变换气成分控制蒸汽量，同时进入混合器(V302)，混合后温度达 170℃。

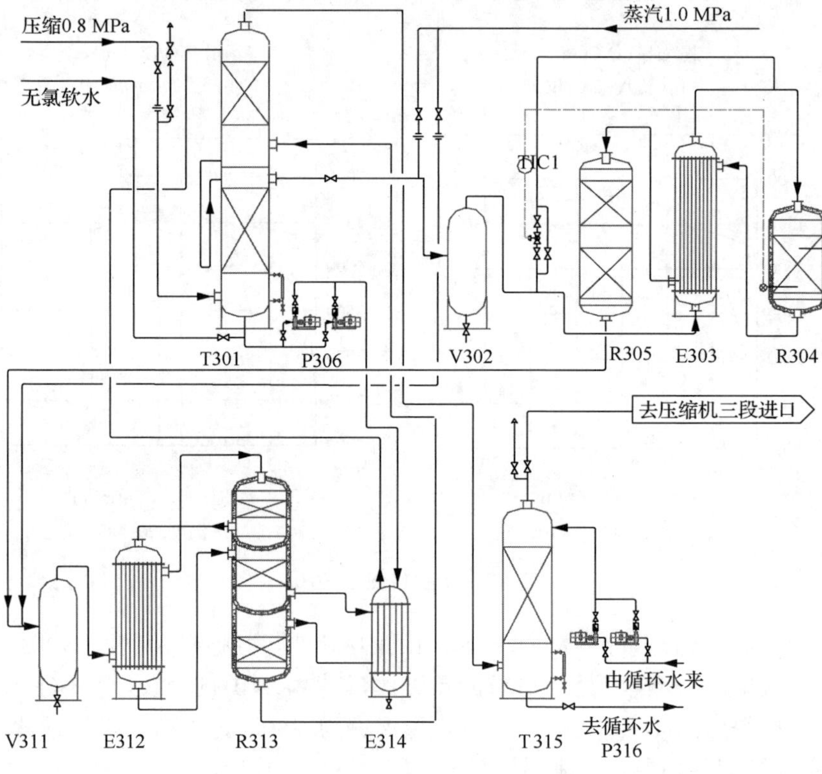

图 7.10　黄磷尾气全程变换制氢流程图

T301：饱和热水塔；V302：混合器；E303：一热交换器；R304：部分变换炉；R305：氧化锌脱硫槽；P306：热水泵；V311：二混合器；E312：二热交换器；R313：高中低变换炉；E314：水加热器；T315：水冷却塔；P316：冷却水泵

然后进入一热交换器(E303)，加热至 320℃左右，进入部分变换炉(R304)一段催化剂层，经反应后温度升高至 480℃，出部分变换炉的变换气经一热交换器(E303)，将热量传给混合气后温度降至 265℃左右。为了保护低温触媒，变换气进入氧化锌脱硫槽(R305)，将气体中硫化物脱至 0.1 ppm 以下，出口温度 250℃。

经精脱硫后部分变换气与中低温变换炉一段需要的蒸汽一起进入二混合器(V311)。然后进入二热交换器(E312)，与一段出来 480℃的一段变换气换热，将温度提高至 320℃左右，进入高中低变换炉(R313)一段高变触媒层，经一段反应后温度升高至 480℃进入第二换热器，将温度降至 285℃；利用一段变换气中所含的水蒸气，进入二段中变触媒层继续反应，经二段变换后的气体温度基本保持不变，然后二段变换气进入水加热器(E314)，将热量传给热水后，二段变换气温度冷却至 180～200℃，又回到变换炉三段低变触媒层继续反应，温度基本不升。

从中低变换炉底部出来的三段变换气进入饱和热水塔(T301)上部的热水塔，将热量传给软水，其变换气温度降至 105℃，最后经水冷却塔(T315)将温度降至 35℃送往下工序。从饱和塔底部的冷却水泵(P316)加压后送往水加热器(E314)接受热量后进入热水塔顶部，与三段变换气换热，继续提高热水温度，经 U 形管进入饱和塔，将回收的热量转给原料气，提高原料气的饱和温度，减少蒸汽用量。

因此，该法热量回收充分，蒸汽消耗量较少，能耗很低。

7.3.4　黄磷尾气全程变换制氢方法

黄磷尾气经部分变换后，气体中一氧化碳含量可降低至 20%～25%，可采用高中低温相结合的方法进行变换，该方法蒸汽消耗低，并满足变换反应向右移动的要求，出口一氧化碳含量低，变换率高。

1. 黄磷尾气部分变换

黄磷尾气根据氨合成气 H_2/N_2 比的要求，首先进行部分变换，其条件为 H_2O：CO=0.891，变换温度 480℃，部分变换气的组分作为中温变换一段的原料气，部分变换计算结果：

(1) 黄磷尾气原料气量：V=1 kgmol。

(2) 部分变换炉蒸汽需要量：0.8718 m^3/Nm^3 原料气，0.7005 kg/Nm^3 原料气。

(3) 部分变换气组分见表 7.36。

表 7.36　部分变换气组分

名称	CO	H_2O	CO_2	H_2	N_2	CH_4
湿基组分/%	16.78	12.40	33.25	35.18	2.19	0.20
干基组分/%	19.16	0.00	37.95	40.16	2.5	0.23

(4) 剩余水蒸气量：0.1416 m^3/m^3 干原料气。

(5) 剩余水蒸气量：0.1138 kg/m^3 干原料气。

(6) 变换后变换气量：V_1=1.6278 kgmol。

2. 部分变换气全程变换

部分变换气(表 7.37)全程变换在一个分为三段的高中低变换炉内进行。

表 7.37 部分变换气的组分

名称	CO	CO_2	H_2	N_2	O_2	CH_4
组分/%	19.16	0.00	37.95	40.16	2.5	0.23
代号	A1	C1	D1	E1	F1	G1

1) 一氧化碳高温变换炉一段

高温变换条件：采用高温变换触媒，原料气热交换器后进入触媒层温度为320℃，变换后变换气出口温度 480℃。

(1) 变换炉一段蒸汽需要量：0.8622 m^3/Nm^3 部分变换气，0.6928 kg/Nm^3 部分气。

(2) 一段变换气量(表 7.38)：

$$V_2=V_1\times 1.0683=1.6278\times 1.0683=1.7390\,(\text{kgmol})$$

表 7.38 一段变换气组分

名称	CO	H_2O	CO_2	H_2	N_2	CH_4
湿基组分/%	3.46	39.48	27.06	28.37	1.49	0.14
干基组分/%	5.72	0.00	44.71	46.88	2.46	0.23

2) 中间换热器或称二换热器

由部分变换来的部分变换气的温度为 250℃，经中间换热器与来自一段变换气 480℃换热，将温度升高至 320℃，一段变换气换热后的温度由热平衡确定(表 7.39 和表 7.40)。

表 7.39 湿基部分变换气分子热容(kJ/kmol)

温度/℃	100	150	200	250	300	350	400	450	500
C_p	32.862	33.184	33.501	33.811	34.116	34.414	34.706	34.993	35.273

表 7.40 湿基一段变换气分子热容(kJ/kmol)

温度/℃	100	150	200	250	300	350	400	450	500
C_p	33.377	33.714	34.045	34.703	34.691	35.006	35.316	35.621	35.92

(1) 部分变换气带入热：

$$Q_1=V_1\cdot C_{p1}\times t_1 \tag{7-58}$$

式中，V_1 为部分变换气量，1.6278 kgmol；C_{p1} 为部分变换气在 250℃时的热容，查表 7.39 为 33.811 kJ/kmol；t_1 为部分变换气进口温度，250℃。

$$Q_1=1.6278\times33.811\times250=13759\,(\mathrm{kJ})$$

(2) 一段变换气带入热：

$$Q_2=V_2\cdot C_{p2}\times t_2 \tag{7-59}$$

式中，V_2 为一段变换气量，1.0683×1.6278=1.739 kgmol；C_{p2} 为一段变换气在 480℃时热容，查表 7.40 为 35.8 kJ/kmol；t_2 为一段变换气温度进口，480℃。

$$Q_2=1.739\times35.8\times480=29883\,(\mathrm{kJ})$$

总入热：

$$Q_r=Q_1+Q_2=13759+29883=43642\,(\mathrm{kJ})$$

(3) 部分变换气带出热：

$$Q_3=V_2\cdot C_{p3}\times t_3 \tag{7-60}$$

式中，V_1 为部分变换气量，1.6278 kgmol；C_{p3} 为部分变换气 320℃时热容，查表 7.40 为 34.235 kJ/kmol；t_3 为部分变换气出口温度，320℃。

$$Q_3=1.6278\times34.235\times320=17833\,(\mathrm{kJ})$$

(4) 一段变换气带入热：

$$Q_4=V_2\cdot C_{p4}\times t_4 \tag{7-61}$$

式中，V_2 为一段变换气量，1.0683×1.6278=1.739 (kgmol)；C_{p4} 为一段变换气在 t_4(℃)时热容，暂设 400℃，查表 7.40 为 35.316 kJ/kmol；t_4 为一段变换气出口温度，℃。

$$Q_4=1.739\times35.316\times t_4=61.415t_4\,(\mathrm{kJ})$$

(5) 热损失取为总入热的 5%，则热损失：

$$Q_5=43642\times0.05=2182\,(\mathrm{kJ/h})$$

总出热：

$$Q_{出}=Q_3+Q_4+Q_5=17833+61.415t_4+2182=20015+61.415t_4$$

根据热平衡原理，得：

$$43642=43505+61.415t_4$$

$$t_4=\frac{43642-20015}{61.415}=\frac{23627}{61.415}=385(℃)$$

一段湿变换气出口温度为 385℃。

3）一氧化碳中温变换炉二段

中温二段变换利用一段变换气中的水蒸气，采用降低触媒层温度提高变化率来提高氢气产量，节省能耗。

中温二段进口温度 385℃，利用变换气中一定蒸汽比例，触媒层出口温度按附录 1.30“求取触媒层温度的自热平衡 Visual Basic 程序”进行计算。

在不加蒸汽的情况下，根据计算，一段变换气经二段变换后的结果如下：

变换炉二段变化率：X_p=51%。

变换炉二段变换气量(表 7.41)：

$$V_3=V_2\times1.0177=1.7390\times1.0177=1.76978\,(\text{kgmol})$$

表 7.41　二段变换气组分

名称	CO	H_2O	CO_2	H_2	N_2	CH_4
湿基组分/%	1.69	37.71	28.83	30.14	1.49	0.14
干基组分/%	2.72	0.00	46.28	48.38	2.39	0.23

触媒层温度基本不会上升。

4）一氧化碳低温变换三段

在较低温度下进行一氧化碳变换有如下优点：①温度越低，反应平衡向有利生产产品的方向进行；②经过一氧化碳中温变换后残余一氧化碳在 3%～4%，采用低温变换后，煤气中一氧化碳含量可以下降到 0.2%～0.5%，从而提高氢气产量；③以往的合成氨工业生产中，为了除去煤气中 3%～4%的一氧化碳，一般经铜氨液洗涤，将合成气中的一氧化碳和二氧化碳降低至 25 ppm 以下，铜氨液系统工艺复杂，流程很长。采用低温变换后，由于一氧化碳含量很低，变换气经脱除二氧化碳后，采用甲烷化工艺，将一氧化碳和二氧化碳含量降低至 10 ppm 以下。

CO 变换反应是一个可逆、放热的等分子反应，压力对反应影响较小，反应热随温度升高而降低，其反应如下：

$$CO+H_2O=\!=\!=CO_2+H_2\quad \Delta H_{298}^{\ominus}=-41.6\ \text{kJ/mol} \tag{7-62}$$

CO 反应热：

$$\Delta H=(9420+3.16T-8.314\times10^{-3}T^2+5.17\times10^{-6}T^3)\times4.1868\,(\text{kJ/mol}) \tag{7-63}$$

低温变换反应基本方程与中高温反应相同，但在提高压力、降低温度和低汽/气比条件下会出现一氧化碳歧化和还原析碳反应，其反应如下：

$$2CO=\!=\!=CO_2+C \tag{7-64}$$

$$CO+H_2=\!=\!=H_2O+C \tag{7-65}$$

提高汽/气比有利消碳。

低温变换反应动力学研究不多，据安格工艺技术公司推荐 B204 型低变催化剂的本征动力学方程：

$$r = 7.7 \times 10^4 \exp\left(\frac{-5700}{R \cdot T}\right) \frac{y_{CO} y_{H_2O}^{0.4}}{y_{CO_2}^{0.3} y_{H_2}^{0.3}} \left(1 - \frac{y_{CO} y_{H_2O}}{y_{CO_2} y_{H_2} K_p}\right) \tag{7-66}$$

式中，r 为反应速率，m^3 气体/(m^3 触媒·h)；y_{CO}、y_{H_2O}、y_{CO_2}、y_{H_2} 分别为 CO、H_2O、CO_2、H_2 等的初始浓度，%；K_p 为平衡常数。

三段低温变换继续利用二段变换气中的水蒸气，采用降低触媒层温度提高变化率来提高氢气产量，节省能耗。

三段进口温度 180～200℃范围内，利用二段变换气中一定蒸汽比例，触媒层出口温度按附录 1.30“求取触媒层温度的自热平衡 Visual Basic 程序”进行计算。

在不加蒸汽的情况下，根据计算，二段变换气经三段低温变换后的结果见表 7.42。

表 7.42　低温三段换气组分

温度/℃	平衡常数 K_p	变换率 X_p	变换气量/kmol[a]	低温三段变换气组分/%						
				基名	CO	H_2O	CO_2	H_2	N_2	CH_4
180	370	95.71	1.7984	湿基	0.07	36.09	30.45	31.76	1.49	0.14
				干基	0.11	0.00	47.64	49.69	2.34	0.22
185	324	95.11	1.7982	湿基	0.08	36.1	30.44	31.75	1.49	0.14
				干基	0.13	0.00	47.63	49.68	2.34	0.22
190	285	94.45	1.7980	湿基	0.9	36.11	30.33	31.44	1.08	0.14
				干基	0.15	0.00	47.63	49.68	2.33	0.21
195	252	93.72	1.7978	湿基	0.11	36.13	30.41	31.72	1.498	0.14
				干基	0.17	0.00	47.62	49.67	2.33	0.22
200	222	92.91	1.79756	湿基	0.12	36.14	30.40	31.71	1.49	0.14
				干基	0.19	0.00	47.60	49.66	2.33	0.22

a. 变换气量以 1 kmol 黄磷尾气为基准，触媒层温度基本不会上升

3. 高中低温变换炉

1) 高中低变换炉结构

高中低变换炉为圆筒形，共分三段，每段用椭圆形封头隔开，见图 7.11。变换炉筒体(1)外壳由钢板制成，依靠外壁的保温层(2)防止设备散热。保温层有三

种结构：第一种是耐热混凝土；第二种是靠内壁钢板处粘贴一层石棉板，再砌一层黏土耐火砖；第三种是耐火混凝土与耐火砖相结合。每层触媒层下设支承结构或称触媒支架(10)，支架上设有筛板，筛板上铺一层60 mm厚、直径为ϕ20～30 mm的耐火球，耐火球上布设不锈钢丝网。

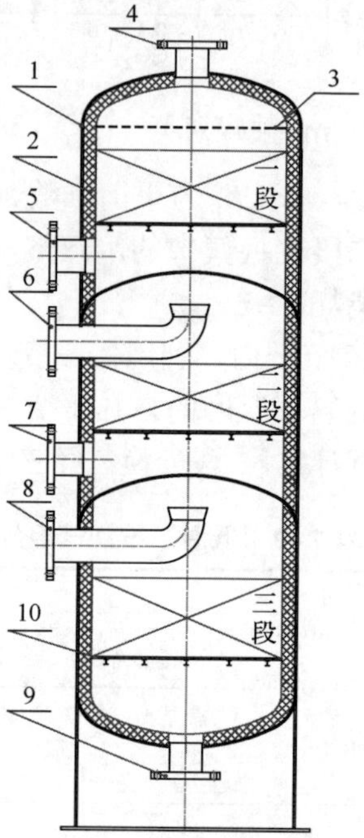

图7.11　高中低温变换炉

1. 变换炉筒体；2. 保温层；3. 分布板；4. 原料气进口管；5. 一段变换气出口管；6. 二段变换气进口管；7. 二段变换气出口管；8. 三段变换气进口管；9.变换气进口管；10. 触媒支架

部分变换气经中间换热器将温度提高至 320℃，从一段变换气原料气进口管(4)进入，通过分布板(3)将气体均匀地分布在一段触媒层上，反应后的一段变换气温度高达480℃，从一段变换气出口管(5)引出，进入中间换热器，将温度降低至385℃左右，从二段变换气进口管(6)进入二段触媒层，经反应后的二段变换气从二段变换气出口管(7)引出，进入水加热器，将二段变换气降低至180～200℃，从三段变换气进口管(8)进入三段触媒层，经三段反应后的三段变换气从变换炉底部的变换气出口管(11)引出，进入热水塔。

2)高中变换炉计算

A. 变换炉直径

变换炉直径根据触媒层阻力确定，一般要求触媒层设计阻力小于5 kPa。变换炉直径可以先用压力、温度和通过触媒层空速预设，然后根据计算阻力试算调整。

$$V = V_0 \frac{0.1013\ (273+t)}{273 p_1} \tag{7-67}$$

式中，V 为黄磷尾气在操作工况下的体积流量，m^3/h；V_0 为黄磷尾气在标准状况下的体积流量，m^3/h；t 为通过触媒层平均温度，℃；p_1 为变换炉存在压力(绝对压力)，MPa。

变换炉直径：

$$D = \sqrt{\frac{V}{0.785 \times 3600 \times w}} \tag{7-68}$$

式中，D 为触媒层预设直径，m；w 为通过触媒层空速，m/s，空速可预设为 0.25 m/s，根据触媒层计算阻力上下调整，若阻力超过设计要求，降低空速重算，若阻力较低，为了减少设备直径，可提高空速重算，直至满意为止。

变换炉空速过大或过小对生产都是不利的。如果空速过大，气体与触媒接触时间太短，变换反应来不及完成就出去了，变换率就会降低。空速过低，可以提高变换率，但使一氧化碳变换量减少，放出的热量也减少，触媒层不能保持自热平衡，就会发生跨温；另外，空速过低，不能发挥触媒应有的能力，设备增大。根据合成氨对变换气的要求，空速一般维持在 250～300 $m^3/(m^3 \cdot h)$较为适宜，此处的空速，就是每小时单位体积触媒所提高的气量。

B. 高、中温变换触媒用量

根据黄磷尾气部分变换后工艺要求，一、二段催化剂均采用高温型触媒，型号为 B110-2，Fe-Cr 组分，使用温度范围 300～500℃。

根据工业条件下的数据，在设计时，触媒在平均温度 350～450℃范围内的反应速率常数，按《小氮肥厂工艺设计手册》推荐的公式计算：

$$\ln k_1 = 16.2 - \frac{1000}{RT} \tag{7-69}$$

式中，k_1 为反应速率常数，$Nm^3/(m^3$ 触媒$\cdot h)$；R 为摩尔气体常量，1.987 kcal/(kg 分子·K)；T 为触媒层平均温度，K。

标准接触时间：

$$\tau_0 = \frac{K_p}{k_1 q}\left(\ln\frac{2wn-u-q}{2wn-u+q} - \ln\frac{-u-q}{-u+q}\right) \tag{7-70}$$

式，K_p 为平衡常数。

全程变换用高中温变换催化剂，中温变换反应通常在 380～500℃之间进行，根据《小氮肥厂工艺设计手册》推荐的公式：

$$\lg K_{\mathrm{p}} = \frac{3994.704}{T} + 12.2203\lg T - 4.4624\times10^{-3}T + 0.6718\times10^{-5}T^2 - 36.7251 \quad (7\text{-}71)$$

式中，k_1为反应速率常数；n为变换掉的一氧化碳浓度。

$$w=K_{\mathrm{p}}-1$$

$$u=K_{\mathrm{p}}(A_1+B_1)+(C_1+D_1)$$

$$v=K_{\mathrm{p}}(A_1B_1)-(C_1D_1)$$

$$q=\sqrt{u^2-4wv}$$

式中，A_1、B_1、C_1、D_1分别为混合气体中CO、H_2O、CO_2、H_2的起始组成浓度，分子分率。

所谓标准接触时间是指气体以标准状态下的体积计量时与触媒床接触的时间，它是空间速度的倒数。K_{p}和k_1以床层的平均温度计算。

触媒量：

$$V_{\mathrm{k}} = \tau_0 \cdot V_0 \quad (7\text{-}72)$$

式中，V_{k}为触媒体积，m^3；τ_0为标准接触时间，$\mathrm{h\cdot m^3/Nm^3}$；V_0为通过触媒的气体体积，$\mathrm{Nm^3/h}$。

考虑到触媒的过热、污染及计算误差等的影响，为了保险起见，取用20%的过剩系数。

实际触媒量为$V=1.2\times V_0$。

压力对反应速率的影响率还没有一致公认的计算方法，根据《小氮肥厂工艺设计手册》，对于中、高温触媒以反应速率压力系数ϕ乘以常压下反应速率常数，较为接近实际。

C. 变换炉压力降计算

流体通过固定床触媒层阻力的计算公式较多，变换炉通过触媒层的压力降：

$$\Delta p = 20.59\times10^{-8}\times\frac{f\cdot G^{1.9}}{\gamma\cdot d_{\mathrm{p}}^{1.1}}\cdot\frac{1-E}{E^3}\cdot L \quad (7\text{-}73)$$

$$E = 0.378 + 0.038\times\frac{d_{\mathrm{p}}}{D_{\mathrm{t}}} \quad (7\text{-}74)$$

式中，Δp为气体通过触媒层的压力降，Pa；f为摩擦系数，一般取1.5；G为气体质量流速，$\mathrm{kg/(m^2\cdot h)}$；γ为黄磷尾气在操作条件下的重度，$\mathrm{kg/m^3}$；d_{p}为触媒颗粒直径，m；L为催化剂层高度，m；D_{t}为触媒床直径，m。

高、中温变换触媒分为两段，每段虽然触媒相同，但每段变换气组分和使用温度范围不同，每段触媒用量也不同，因此，每段触媒量分开计算。

为了减少变换炉计算工作量已将变换炉计算编制了 Visual Basic 程序，按附录 1.31 “高中温变换炉计算 Visual Basic 程序” 计算。

3) 变换炉低温段计算

A. 变换炉直径

变换炉直径根据触媒层阻力确定，一般要求触媒层设计阻力小于 5 kPa。变换炉直径可以先用压力、温度和通过触媒层空速预设，然后根据计算阻力试算调整。

$$V = V_0 \times \frac{0.1013\ (273+t)}{273 \cdot p_1} \tag{7-75}$$

式中，V 为黄磷尾气在操作工况下的体积流量，m^3/h；V_0 为黄磷尾气在标准状况下的体积流量，m^3/h；t 为通过触媒层的平均温度，℃；p_1 为变换炉存在压力(绝对压力)，MPa。

变换炉直径：

$$D = \sqrt{\frac{V}{0.785 \times 3600 \times w}} \tag{7-76}$$

式中，D 为触媒层预设直径，m；w 为通过触媒层气体空速，m/s，空速可预设为 0.25 m/s，根据触媒层计算阻力上下调整，若阻力超过设计要求，降低空速重算，若阻力较低，为了减少设备直径，可提高空速重算，直至满意为止。

B. 低温触媒用量计算

标准接触时间按下式计算：

$$\tau_0 = \frac{K_p}{k_1 q}\left(\ln\frac{2wn-u-q}{2wn-u+q} - \ln\frac{-u-q}{-u+q}\right) \tag{7-77}$$

式中，K_p 为平衡常数。

CO 低温变换平衡常数：

$$\lg\left(\frac{1}{K_p}\right) = \frac{2059}{T} + 1.5904\lg T - 14.817\times10^{-3}T + 5.65\times 10^{-7}T^2 - 8.24\times10^{-11}T^3 - 3.5313 \tag{7-78}$$

式中，n 为变换掉的一氧化碳浓度。

$$w = K_p - 1$$

$$u=K_{\mathrm{p}}(A_1+B_1)+(C_1+D_1)$$

$$v=K_{\mathrm{p}}(A_1B_1)-(C_1D_1)$$

$$q=\sqrt{u^2-4wv}$$

式中，A_1、B_1、C_1、D_1 分别为混合气体中 CO、H_2O、CO_2、H_2 的起始组成浓度，分子分率。

反应速率常数由下式确定：

$$\ln k_1 = 12.88 - \frac{3340}{°R} \tag{7-79}$$

$$°R = \frac{9}{5}\left(\frac{t_1+t_2}{2}\right)+492$$

式中，t_1 为触媒层进口温度，℃；t_2 为触媒层出口温度，℃。

标准接触时间是指气体以标准状态下的体积计量时与触媒床接触的时间，它是空间速率的倒数。K_{p} 和 k_1 以床层的平均温度计算。

触媒量以下式计算：

$$V_{\mathrm{k}} = \tau_0 \cdot V_0 \tag{7-80}$$

式中，V_{k} 为触媒体积，m^3；τ_0 为标准接触时间，$h \cdot m^3/Nm^3$；V_0 为通过触媒的气体体积，Nm^3/h。

考虑到触媒的过热、污染及计算误差等的影响，为了保险起见，取用 20%的过剩系数。

实际触媒量为 $V=1.2\times V_0$。

压力对反应速率的影响，还没有一致公认的计算方法，根据《小氮肥厂工艺设计手册》，对于低温触媒以反应速率压力系数 φ 乘以常压下反应速率常数。

C. 变换炉压力降计算

流体通过固定床触媒层阻力的计算公式较多，对于变换炉通过触媒层的压力降可用下式计算：

$$\Delta p = 20.59\times10^{-8}\frac{f\cdot G^{1.9}}{\gamma\cdot d_{\mathrm{p}}^{1.1}}\cdot\frac{1-E}{E^3}\cdot L \tag{7-81}$$

$$E = 0.378+0.038\frac{d_{\mathrm{p}}}{D_{\mathrm{t}}} \tag{7-82}$$

式中，Δp 为气体通过触媒层的压力降，Pa；f 为摩擦系数，一般取 1.5；G 为气体质量流速，kg/($m^2 \cdot h$)；γ 为黄磷尾气在操作条件下的重度，kg/m^3；d_p 为触媒颗粒直径，m；L 为催化剂层高度，m；D_t 为触媒床直径，m。

以此作为低温催化剂需要量计算的基础，为了减少变换炉计算工作量已将低温触媒变换炉计算编制了 Visual Basic 程序，按附录 1.32“低温触媒变换炉的计算 Visual Basic 程序”计算。

在计算时，为了变换炉直径一致，注意输入相同的变换炉直径。

第 8 章　黄磷尾气资源化利用及其节能减排效果

8.1　黄磷尾气净化制清洁燃料

8.1.1　净化黄磷尾气烧锅炉

1. 黄磷尾气烧锅炉腐蚀机理

锅炉可分为两部分，第一部分由锅炉主体和炉膛组成，炉膛是由一个炉墙包围起来的，供燃料燃烧传热的主体空间，燃烧温度达 850～1000℃，其四周布满水冷壁，炉膛上部悬挂屏式过热器；第二部分为炉膛后上方烟气流出炉膛的尾部对流烟道，布置省煤器、空气预热器等。

黄磷尾气含有磷、硫、砷、氟等杂质及较多水分，不净化直接作为燃气使用，则会使结构复杂的热工设备会产生严重的腐蚀及脆化。所以直接燃用未净化的黄磷尾气，其热工设备结构必须采取严密的保护措施，但目前对于高温防腐材料的研究尚不完善，设备使用寿命不长，保护困难，这就制约了黄磷尾气热能利用效率的提高和热能利用途径的拓展[81-83]。

一般来说，热工设备的腐蚀按设备结构分为内腐蚀和外腐蚀两类[84]。内腐蚀即换热介质侧腐蚀，对蒸汽锅炉而言，主要由锅炉给水中的溶解氧造成，以电化学腐蚀为主，其表现为金属受热面水侧出现凹坑、斑点等腐蚀现象。水侧腐蚀为锅炉固有腐蚀而普遍存在，而非燃用黄磷尾气所造成。外腐蚀即烟侧腐蚀，因所用燃料不同而情况各异。燃用黄磷尾气的热工设备外腐蚀主要分为低温腐蚀和高温腐蚀两种。

1)低温腐蚀

未经净化处理的黄磷尾气，除富含 CO 外，还含有许多有害而且具有高腐蚀性的物质，主要为磷、硫、砷、氟等杂质。尾气中的磷主要以 PH_3 和 P_2 形式存在，质量浓度分别为 900～1500 mg/m^3 和 500～1200 mg/m^3；硫主要以 H_2S 的形式存在，质量浓度为 4000～15000 mg/m^3；氟主要以 HF 的形式存在，质量浓度为 400～500 mg/m^3，HF 不但腐蚀钢结构，还腐蚀耐火材料。由于黄磷尾气中的 PH_3、P_2 和 H_2S 燃烧后生成 P_2O_3、P_2O_5 和 SO_2、SO_3 等酸性气体。加之尾气经过水洗冷凝收磷工艺处理，因而含有较多水分(通常含水量为 50 g/m^3)，容易在热工设备的低温段换热器表面发生结露，并与酸性气体形成腐蚀性很强的氢氟酸、磷酸、偏磷酸、亚硫酸和硫酸等，它们与燃烧气中的粉尘结合，黏附于换热面上，从而产生酸性腐蚀即所谓低温腐蚀。

黄磷尾气燃烧气中的腐蚀性物质按酸性由强至弱排序分别为硫酸、氢氟酸、磷酸、亚硫酸、偏磷酸。对比含硫量 2%燃煤(热值 22000 kJ/kg)，产生 10000 kJ 燃烧热烟气中硫含量为 9000 mg，比黄磷尾气燃烧气中的所有酸性气体总量还多。可见锅炉燃烧高硫煤并不比燃烧黄磷尾气所产生的低温腐蚀严重。

2) 高温腐蚀及脆化

A. 高温腐蚀

高温腐蚀是指蒸汽锅炉内水冷管壁在高温烟气的环境里，具有较高的管壁温度时所发生的锈蚀现象。根据其发生机理及腐蚀产物成分的分析，黄磷尾气锅炉水冷壁高温腐蚀主要分为硫酸盐型高温腐蚀和硫化物、磷化物型高温腐蚀两种。

黄磷尾气燃烧时，其中的 H_2S 在燃烧高温段大部分氧化生成 SO_2，与尾气中的碱金属氧化物(主要来自磷矿石和尾气碱洗净化工段，以 Na^+为代表)化合生成焦硫酸盐(如 $Na_2S_2O_7$)。焦硫酸盐与锅炉换热面金属氧化保护膜 Fe_2O_3 反应成复合硫酸盐——碱金属三硫酸盐，其反应方程为 $3Na_2S_2O_7+Fe_2O_3 \longrightarrow 2Na_3Fe(SO_4)_3$。

复合硫酸盐不像 Fe_2O_3 那样在换热器表面形成稳定的保护膜，在钾盐存在的条件下，其熔点低于 825 K，如有少量金属元素锂的存在，其熔点甚至可以降低至 490 K。因此当硫酸盐沉积厚度增加，表面温度升高至熔点温度时，换热器表面 Fe_2O_3 氧化保护膜被复合硫酸盐溶解破坏，使换热器表面金属铁的氧化腐蚀加速。硫酸盐型高温腐蚀同样也存在于普通燃煤锅炉中，而非黄磷尾气所特有。

黄磷尾气燃烧气中的 H_2S 含量很高，在炉膛中燃烧生成 SO_2，在高温区还原气氛中，有可能 H_2S 与 SO_2 会发生反应生成单质硫，反应方程为 $4H_2S+2SO_2 \longrightarrow 4H_2O+3S_2$，单质硫在 350℃，即可与换热器表面金属铁发生硫化反应：$Fe+S \longrightarrow FeS$。尽管碳钢烟气侧由于高温氧化形成三层连续的由外向内依次为 $Fe_2O_3-Fe_3O_4-FeO$ 的具有保护性的氧化膜，但单质硫对金属氧化膜仍具有破坏作用，它能以直接渗透的方式穿过氧化膜，并沿金属晶界渗透。促使氧化膜内部硫化，同时使其疏松、开裂，甚至剥落。

同时，黄磷尾气中的 H_2S 除了能促进硫化物型腐蚀外，还会对锅炉管壁直接产生腐蚀作用，是水冷壁管腐蚀的另一主要因素，其腐蚀反应为 $Fe+H_2S \longrightarrow FeS+H_2$ 和 $FeO+H_2S \longrightarrow FeS+H_2O$。生成的 FeS 又进一步氧化形成 FeO。FeO 与 FeS 的混合物是多孔性的，不起保护作用，可使腐蚀继续进行。

黄磷尾气燃烧产生的磷酸盐同样可以破坏金属氧化保护膜而造成换热面金属腐蚀，当温度大于 177℃时即可发生，其腐蚀产物为可溶性 $NaFePO_4$。有文献报道，黄磷尾气燃烧造成磷酸盐锅炉烟侧高温腐蚀。由于磷酸盐水处理剂造成这种腐蚀在锅炉水侧也有发生。

B. 高温脆化

国内有企业和锅炉厂合作，对黄磷尾气只做简单水洗就用于烧锅炉[85]，结果锅炉使用寿命不长就失败了。锅炉失败是锅炉钢板产生裂纹所致，由此分析，其罪魁祸首应该是磷化氢，磷化氢在黄磷尾气中含量最大，其影响更大。

PH_3 在空气中的着火点为 150℃，磷化氢在具有大量空气并具有高温的锅炉炉膛中燃烧生成五氧化二磷和水：

$$2PH_3 + 4O_2 = P_2O_5 + 3H_2O \tag{8-1}$$

生成的五氧化二磷不具有腐蚀性。当在低温处，水蒸气冷凝与五氧化二磷生成磷酸，磷酸有腐蚀性，造成表面腐蚀。

磷化氢的分子结构与氨相同，其性质较相似，见图 8.1 和图 8.2。

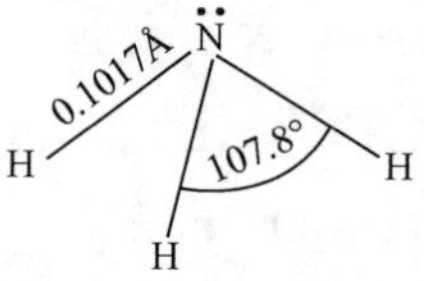

图 8.1　NH_3 的分子结构

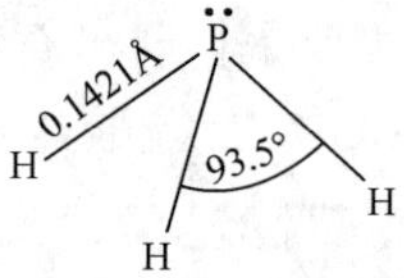

图 8.2　PH_3 的分子结构

氨在高温下能分解为活性氮渗入到钢工件的内部，产生渗氮而改变钢工件的性质。

氨在 480～560℃下分解为活性氮与氢，反应如下：

$$2NH_3 \xrightarrow{480\sim560℃} 2[N] + 3H_2 \tag{8-2}$$

NH_3 的化学键断裂能：

$$NH_3 \longrightarrow NH_2+H,\quad \Delta H_{298}^{\ominus}=438.1\ \text{kJ / mol}$$

$$NH_2 \longrightarrow NH+H,\quad \Delta H_{298}^{\ominus}=421\ \text{kJ / mol}$$

$$NH \longrightarrow N+H,\quad \Delta H_{298}^{\ominus}=313.4\ \text{kJ / mol}$$

NH_3 分子断裂为 N 和 H 总断裂能：

$$\Delta H_{298}^{\ominus}=1172.5\ \text{kJ / mol}$$

黄磷尾气在烧锅炉的过程中，大部分磷化氢被烧掉，一部分磷化氢在高温下分解生成活性磷，反应如下：

$$2PH_3 \xrightarrow{\text{高温}} 2[P]+3H_2 \tag{8-3}$$

PH_3 的化学键断裂能：

$$PH_3 \longrightarrow PH_2+H，\Delta H_{298}^{\ominus}=305\ kJ/mol$$

$$PH_2 \longrightarrow PH+H，\Delta H_{298}^{\ominus}=339\ kJ/mol$$

$$PH \longrightarrow P+H，\Delta H_{298}^{\ominus}=342.7\ kJ/mol$$

PH_3 分子断裂为 P 和 H 总断裂能：

$$\Delta H_{298}^{\ominus}=986.7\ kJ/mol$$

PH_3 的断裂能比 NH_3 小，说明 PH_3 比 NH_3 更容易断裂。

活性磷比活性氮活性更活泼，更易发生渗磷作用，活性磷还可能与铁发生反应，生成脆性物质磷化铁，反应如下：

$$2[P]+3Fe = Fe_3P_2 \tag{8-4}$$

活性磷与锅炉钢板接触被钢板表面吸附，逐渐进入到 Fe 原子的晶格中，随着钢板表面磷的吸附量增加，由于浓度差的推动，磷逐渐渗入到钢板的内部发生渗磷作用，活性磷浓度越高，渗透深度越深，直至穿透为止。锅炉钢板由于渗磷，塑性变差，脆性加大，含磷钢板属冷脆性，甚至在较低的温度下也会发生脆裂，最后整体锅炉也就被破坏了。因此，未经净化的黄磷尾气烧锅炉，由于锅炉钢板产生渗磷变脆现象，锅炉属高压设备，渗磷锅炉在高压下运行存在着严重隐患。由此可见，只要将磷化氢除掉，锅炉运行也就安全了。宣威磷电高压锅炉发电已运行三年多，磨损损坏的水冷管取样分析，未检出磷，说明经净化的黄磷尾气烧锅炉不会发生渗磷现象，是安全的。

2. 黄磷尾气烧锅炉净化工艺流程

黄磷电炉产生的炉气含有磷蒸气、炉尘、CO 以及其他气态物质，在冷却塔中，炉气被冷凝和洗涤，大部分磷蒸气、炉尘被收集到受磷槽(也称收磷槽)，其余的气态成分进入到总水封。一般来说，总水封前的工艺与设备已有，总水封以后才称为尾气回收系统，但从整个工艺来说，黄磷尾气所经过部分均属回收系统，要从整体上来考虑。

黄磷尾气净化烧锅炉工艺因企业制磷车间原始设计不同有所差异，大致总流程框图如图 8.3 所示。

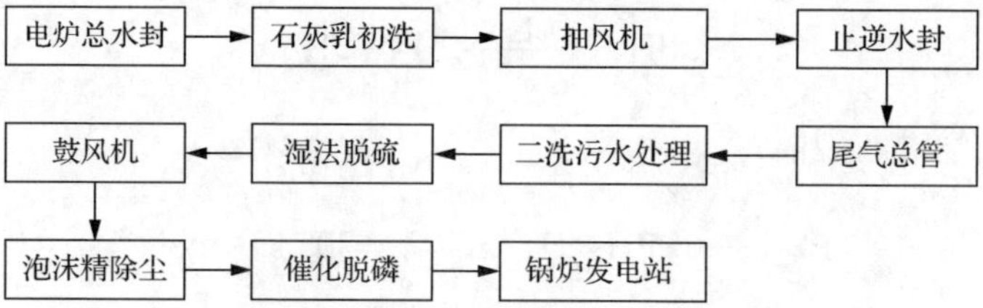

图 8.3 黄磷尾气净化烧锅炉工艺流程框图

电炉总水封用抽风机抽出加压，相继通过石灰乳洗涤塔，将黄磷尾气中的酸性物质如 P_2O_5、HF、HCN 等除去，再通过除尘塔除去粉尘，然后经止逆水封进入总管。

黄磷尾气从总管再经二次洗涤，进一步除尘洗涤后进入湿法脱硫系统，脱硫液采用 ADA 脱硫液或“888”复合脱硫液脱硫，将黄磷尾气中的 H_2S 脱至 100 mg/Nm^3 以下。脱硫前系统阻力由抽风机提供，因抽风机出口压力不高，脱硫前的设备采用阻力小的设备，洗涤塔及脱硫塔均采用空塔。

脱硫后的黄磷尾气用煤气鼓风机加压至 35 kPa，经泡沫除尘后进入脱磷工序。为了防止固体物带入脱磷催化剂层，泡沫塔应采用新鲜水或经处理后的循环水。精除尘后的黄磷尾气进入蒸汽加热器，用蒸汽加热至 100～120℃进入吸附器，在有氧存在下用脱磷催化剂除去磷，脱磷后的净化气，含磷、硫均在 10 mg/m^3 以下，送往锅炉燃烧器进行燃烧，在燃烧器前应设置止逆水封，防止回火。

3. 黄磷尾气节能减排效果

黄磷尾气节能减排效果是泛指某产品利用废气取代化石燃料而产生的减排。黄磷尾气热值有 11300 kJ/m^3，热值比发生炉空气煤气高 1 倍，是很好的燃料。实际运行统计，1 m^3 黄磷尾气可发电 1.0～1.1 kW·h，黄磷尾气电热效率 32%～35%。

1) 经济效益

黄磷尾气净化运行成本以处理能力 20000 Nm^3/h 为例，原材料消耗及运行成本计算结果见表 8.1。

表 8.1 黄磷尾气净化原材料消耗及运行成本

序号	成本项目	单位	数量	单位费用	总价/万元
一	原材料				379.563
1	纯碱	t	177.4	0.22 万元	39.028
2	ADA 液	t	6.811	2.5 万元	17.028
3	偏钒酸钠	t	3.326	5.0 万元	16.63
4	酒石酸钾钠	t	3.6	1.8 万元	6.48

续表

序号	成本项目	单位	数量	单位费用	总价/万元
5	脱磷催化剂	m^3	114	2.5 万元	285.00
6	石灰	t	513.22	0.03 万元	15.397
二	动力能源				600.70
1	水	万 t	18.612	0.30 万元	5.584
2	电(包含仪表空气和氮气)	万 kW·h	1100	0.45 万元	495.00
3	蒸汽	万 t	1.2514	80 万元	100.112
三	工资及福利费		45	2.2 万元	99.00
四	维修费		3040×0.03		91.20
五	折旧费		3040/13.5		225.18
六	其他费用				99.7
1	备品备件				30.4
2	管理费用				69.3
七	销售费用				
1	运行成本				1495.321
2	单位运行成本			94.4 元/千 m^3		

黄磷尾气净化运行成本与处理量有关，处理量越小，运行成本越高。年运行时间 330 天，按黄磷尾气 1 m^3 发 1 度电计算，黄磷尾气处理量与经济效益的关系见表 8.2。

表 8.2　黄磷尾气处理量与经济效益

处理量/(Nm^3/h)	年产气量/万 m^3	运行成本/元	年发电量/万度	年销售收入/万元	年税利总收入/万元
5000	3960	0.17	3960	1782.0	1109.8
10000	7920	0.13	7920	3564.0	2534.4
15000	11880	0.1	11880	5364.0	4166.0
20000	15840	0.09	15840	7128	5702.4
25000	19800	0.08	19800	8910	7326.0

最直接的经济效益就是增加黄磷厂的经济收入。因为原料气中一氧化碳是黄磷生产的废气，没有原料成本，从整体上节省了原料用煤，这就降低了黄磷的成本。黄磷尾气直接经济效益见表 8.2。黄磷尾气发电节能减排效果见表 8.3。

表 8.3　黄磷尾气处理量与节能减排效果

处理量/(Nm^3/h)	年产气量/万 m^3	年发电量/(万 kW · h)	年标准煤 T_{ce}/t	年 CO_2 减排量 T_{CO_2} /t
5000	3960	3960	12949.2	29700
10000	7920	7920	25898.4	59400
15000	11880	11880	38847.6	89100
20000	15840	15840	51796.8	118800
25000	19800	19800	64746.0	148500

黄磷尾气发电节能量可按电的等价热值为 3.27t 标准煤/(万 kW·h)折算为标准煤。

例如，年发电量为 11880 万 kW·h，则节能量折算为年标准煤：

$$T_{ce}=11880\times3.27=38847.6\,(t)$$

黄磷尾气发电的二氧化碳减排量按电的二氧化碳减排系数为 0.75 kg CO_2/(kW·h)计算。

又如，年发电量为 11880 万 kW·h，折算为 CO_2 年减排量：

$$T_{CO_2}=0.75\times118800000/1000=89100\,(t)$$

2) 环境效益

由于黄磷尾气中含有硫、磷、氟、砷等杂质，直接排入大气，势必对环境造成严重危害，如果以“火炬”方式燃烧放空，将浪费尾气中的一氧化碳。因此，综合利用黄磷尾气既可以减少废气的排放，改善自然环境，又可以充分利用尾气中的一氧化碳，变废为宝，带来巨大的环境效益。

3) 社会效益

循环经济是追求更大经济效益，更少资源消耗，更低环境污染的先进经济模式。当前，国家把发展循环经济和建设资源节约型社会提到重要议事日程上来，这是一项重要的战略性任务，也是当前经济发展中一项迫切的工作。

黄磷尾气净化后作为燃料还用于焙烧钛白粉。

四川省攀枝花川投化工有限公司 5000 m^3/h 黄磷尾气净化装置，于 2009 年 8 月开始试车，顺利投产，净化黄磷尾气供攀枝花钛白粉工业园区焙烧钛白粉用，除了园区停气外，装置一直在运行。

8.1.2　净化黄磷尾气烧石灰

1. 概述

钢铁工业、电石工业、氧化铝工业、耐火材料等工业都是石灰消耗大户，近年来这几个行业都是高速发展的行业。每年的产量基本都是以 20%以上的速度增长。可它们需要的主要材料(辅助材料)石灰却没有相应增长，所以造成了石灰的紧张，从而刺激了社会上土石灰窑的大量上马，土烧窑的遍地开花又造成了环境的严重污染，在这种情况下，国家和地方政府相继出台了一系列整治土烧窑的政策和法规，但很难实现预期效果，原因是有需求的刺激。因此要想彻底治理土烧窑的污染，必须推行现代新技术石灰窑来解决需求的问题。这样不但对环境能达到保护目的，而且它生产的石灰，质量好且成本低。对利用这一新技术的企业，经济效益会有明显增加。这就是推广新技术石灰窑的现实意义。

石灰窑种类，按燃料分有混烧窑(即烧固体燃料，焦炭、焦粉、煤等)和气烧窑(包括烧高炉煤气、焦炉煤气、电石尾气、发生炉煤气、天然气等)。按窑型分，有竖窑、回转窑、套筒窑、西德维马斯特窑、麦尔兹窑(瑞士)、弗卡斯窑(意大利)等。按操作压力分，有正压操作窑和负压操作窑。黄磷尾气含有很高的 CO，CO 是一种易燃、易爆、有毒的气体，若用正压操作易造成黄磷尾气向外泄漏，人员中毒，不安全，且只能烧大块石灰。负压操作可用于烧小块石灰，使用范围广，烧制的石灰质量好，操作安全，故采用负压操作窑。

基本原理和热工工艺：石灰石主要成分是碳酸钙，而石灰成分主要是氧化钙。烧制石灰的基本原理就是借助高温，把石灰石中的碳酸钙分解成氧化钙和二氧化碳。它的反应式：

$$CaCO_3 = CaO + CO_2，-177.9\ kJ \tag{8-5}$$

它的工艺过程为，石灰石和燃料装入石灰窑(若气体燃料经管道和燃烧器送入)预热后到 850℃开始分解，到 1200℃完成煅烧，再经冷却后，卸出窑外，即完成生石灰产品的生产。不同的窑型有不同的预热、煅烧、冷却和卸灰方式。但有几点工艺原则是相同的：原料质量高，石灰质量好；燃料热值高，数量消耗少；石灰石粒度和煅烧时间成正比；生石灰活度和煅烧时间、煅烧温度成反比[86-88]。

2. *原材料及产品的主要技术规格*

(1) 石灰石的质量要求如下。

石灰石粒度：40～80 mm(小于 40 mm≤5%，大于 80 mm≤5%)。

石灰石成分：CaO≥55%。

(2) 石灰质量：生产冶金石灰。按冶金石灰质量标准(YB/T 042—2004)执行(表 8.4)。

表 8.4　冶金石灰质量标准（YB/T 042—2004）

类别	品级	CaO/%	CaO+MgO/%	MgO/%	SiO_2/%	S/%	灼碱/%	活性度，4 mol/mL 40℃±1℃，10 min
普通冶金石灰	特级	≥92.0	—	<5.0	≤1.5	≤0.20	≤2	≥360
	一级	≥90.0			≤2.0(2.5)	≤0.030	≤4	≥320
	二级	≥85.0			≤2.5(3.5)	≤0.050	≤5(7)	≥250(260)
	三级	≥80.0			≤5.0	≤0.100	≤9	≥180(200)
镁冶金石灰	特级	—	≥93.0	≥5.0	≤1.5	≤0.025	≤2	≥360
	一级		≥91.0		≤2.5	≤0.050	≤4	≥280
	二级		≥86.0		≤3.5	≤0.100	≤6	≥230
	三级		≥81.0		≤5.0	≤0.200	≤8	≥200

(3) 高炉炼铁对石灰中有害杂质硫和磷含量越少越好，一般硫的质量含量0.01%～0.08%，磷的质量含量为0.001%～0.03%。

3. 工艺简述

高炉炼铁对石灰中的硫、磷含量有一定要求。黄磷尾气含有较高的 H_2S 和 P_4、PH_3，这些物质在石灰窑中燃烧产生 SO_2 和 P_2O_5。石灰属碱性物质，是 SO_2 和 P_2O_5 的良好吸收剂。石灰窑中产生的 SO_2 和 P_2O_5 均被石灰所吸收，造成石灰杂质含量过高，品质下降，而不能在冶金行业大用户中使用。因此，用于烧石灰的黄磷尾气需要净化。

黄磷尾气烧石灰的净化工艺与 8.1.1 节黄磷尾气烧锅炉相同。

石灰石用铲车装入给料仓，石灰石经仓下电振动筛筛分处理后，通过电器时间计量进入给料皮带机，送给上料车并由卷扬机拉动料车经斜桥提升至炉顶经布料器装入炉内，布料采用旋转布料器在炉体中部，圆周装有两层有 36 组燃烧器（烧嘴和喷烧嘴）黄磷尾气经过窑顶烟气二氧化碳稀释（有时也不用）和助燃空气利用窑内余热换热，两气经燃烧装置送入炉内燃烧，石灰石在自重作用下经预热带、煅烧带、冷却带完成煅烧全过程。窑体三带各装有测定温度的热电偶，所烧成的石灰经卸灰器卸出炉外。卸灰器由圆盘卸灰机和星形出灰器在保证窑内始终保持密封的状态下卸出石灰，运至成品灰仓待用。同时窑顶烟尘由抽风机将烟尘引入三级干湿结合除尘器系统，经除尘达标后排入大气中，除尘后的烟气温度在 100℃以内，若回收二氧化碳则可直接从除尘系统出口连接配置回收专用设备。

4. 净化黄磷尾气烧石灰实例

1) 石灰规模

烧制 56 g 石灰需要 42.5 kcal 能量，烧制 1 kg 石灰需要 758.93 kcal 能量，实际

测定，石灰竖窑热效率一般为 55%～60%，按 60%计，1 kg 石灰需要热量 1265 kcal。黄磷尾气热值 2700 kcal/m^3，每立方米黄磷尾气可烧 2.13 kg，5000 m^3/h 黄磷尾气可烧石灰 10 t/h 左右，日产 240 t，年产石灰 7.2 万 t。

选用 160 m^3 竖式气烧窑(竖炉)，2 套。

2) 160 m^3竖炉基本参数和指标

①石灰窑为直立圆筒型竖窑，有效容积 160 m^3，炉体高度 24～26 m，外直径 4.9 m，占地面积 1200 m^2；②产量 80～120 t；③燃气(黄磷尾气)消耗 350～450 m^3/t 灰；④石灰石粒度 40～80 mm；⑤电力总装机容量 200 kW。

3) 160 m^3 竖炉主要结构

方案窑为钢结构竖窑，内腔为哑铃形，窑主要由炉体、上料斜桥、炉顶装料系统、卸灰机、助燃风机、冷却风机和燃烧器及温度仪表控制系统等几部分组成。炉体外为金属壳内砌耐火砖和保温材料。

4) 主要结构设计

(1) 窑体。窑体为钢结构，内衬耐火砖和保温材料，窑体中段两层是获得专利权的长火焰燃烧嘴和空煤气总管，上部装有受料斗、布料器和尘帽，尘帽上有排烟上升管、下降管、中部设三层操作平台窑体，下部有窑底圈牢固地固定在窑基础上。

(2) 上料。窑前侧安装有上料斜桥，上料斜桥内装有料车，斜桥前侧安装石灰石料仓，料仓下装有电震筛分计量给料器作对石灰石的二次筛分并同时给料于料车提升至窑顶经旋转布料器布入窑内。

(3) 卸灰装置。窑下安装有圆盘卸灰机和两段式卸灰阀(或星形卸灰机)，窑内在始终保持密封状态下将灰卸出窑外。

(4) 供风系统。窑下要安装有两台风机，其中一台助燃风机，一台冷却风机。窑心安装有概率风帽可实现均匀分布冷却风，同时将冷却后的余热风成为烧嘴的助燃氧气强化中心煅烧。

(5) 窑内冷却段余热返回预热带预热石灰石，窑顶烟气余热送双预热交换器预热空气和煤气，提高燃气热效率，节约煤气。

(6) 窑体预热带、煅烧带、冷却带分别安装有热电偶，监测窑内温度为操作提供依据。

(7) 黄磷尾气。黄磷尾气经净化后，一般要求压力在 10 kPa 以上，不足时需加增压风机。

(8) 环保措施。利用黄磷尾气本身就是一项很好的节能减排项目，煅烧石灰后的烟尘通过窑项烟气上升管、下降管在引风机作用下，引入三级干湿结合除尘脱硫净化系统，除尘烟尘经除尘净化后达标排放。

(9) 安全措施。黄磷尾气易燃易爆，同时有毒建设与生产必须有一定的安全措施。本设计在煤气总管末端设了水封保证在生产或检修停气时可对尾气绝对密封，尾气不会流通到窑上，同时窑上生产一旦出现回火可马上关上水封，使回火回不到气源处，另外在尾气总管道上安装了防爆阀，一但尾气发生爆炸，首先破坏的是防爆阀，不会影响到气源设备上。

5. 黄磷尾气烧石灰成本预算

年产 2 万 t 黄磷规模，黄磷尾气产量 5000 Nm^3/h，可年产冶金级石灰 8 万 t。按此规模预算的成本见表 8.5。

表 8.5　净化黄磷尾气烧石灰成本预算表

序号	成本项目	单位	数量	单位费用	总价/万元
一	原材料				633.6
1	石灰石	t	15840	0.04 万元	633.6
二	动力能源				827.94
1	黄磷尾气	m^3	39.6×10^6		669.94
2	电(包含仪表空气)	万 kW · h	316	0.5 万元	158.00
三	工资及福利费		34	3.5 万元	119.00
四	维修费		450×0.03		13.5
五	折旧费		450/13.5		33.33
六	其他费用				87.8
1	备品备件				4.5
2	管理费用				83.3
七	销售费用				
1	运行成本				1597.17
2	单位运行成本	t		202 元	

8.2　黄磷尾气制合成氨

目前，化工行业中的氨、甲醇及其衍生物以及近期兴起的合成油包括甲烷的生产都把目光放在从原料开始，这些产品的原料是煤、焦炭、天然气和重油，也就是说要以消耗大量能源为代价。这些原料通过气化炉根据合成气组分要求，控制蒸汽和空气加入量的方法，制取满足合成气要求的半水煤气(CO、H_2、N_2)和甲醇或合成油要求的水煤气(CO、H_2)，然后将这些煤气以各种方法合成最简单的产品氨和甲醇。氨是基本化工原料之一，主要用于制造氮肥。甲醇是基础化工原料，从甲醇可衍生出甲醛、乙酸、二甲醚、汽油及其他碳一化工产品。合成油是运输工具的重要动力能源，需要量很大，由于油品价格的不断上涨，合成油已引起人们的兴趣。从某种意义上来说，从含有 CO 和 H_2 的煤气开始，无论用什么方法制取氨、甲醇和合成油都是在做化工捕碳工作，这些技术经过长期考验，都是成熟可靠的，把这些技术应用到有关行业或有关产业上去，也就是说把这些行业的废气中的 CO 利用起来，这将是节能减排技术的重大突破。

制取合成氨的原料气为 H_2 和 N_2。获取合成氨原料气的原料主要有焦炭、煤(包括褐煤、烟煤、无烟煤)、天然气和重油，并以气化的方法制取煤气。目前天然气和重油已退出历史舞台。

气化制取煤气的方法有：传统方法，以焦炭或无烟煤为原料，气化方法有常压间隙法、常压连续富氧气化法；20 世纪 60 年代新发展的有以褐煤和烟煤为原料，气化方法有加压纯氧鲁奇气化法；近年又新发展起来的气化方法有 Shell 纯氧粉煤气化法、德士古水煤浆气化法和纯氧熔渣气化法。用气化炉生产的煤气，我们称为气化煤气。几种工业运行气化方式的煤气成分见表 8.6。

表 8.6　几种工业运行气化方式的煤气成分

气化方式	原料	煤气成分/%					
		CO	CO_2	H_2	N_2	CH_4	O_2
间隙式气化	焦炭	30.5	8.3	39.4	21.2	0.5	0.2
富氧连续气化	焦炭	38.85	14.5	25.99	20.22	0.25	0.19
加压纯氧气化	褐煤	32.11	14.5	38.5	1.2	12.5	0.2
Shell 纯氧气化	煤	64.07	6.45	29.48		0.00	
水煤气	焦炭	35～38	5～7	48～50	8～12	0.3～0.5	0.3

从表 8.6 和表 8.7 对比可看出，黄磷尾气($CO+H_2$)含量比加压纯氧气化高，而甲烷含量比加压纯氧气化低，少一道甲烷转化工序，但杂质组分较复杂。黄磷尾气只要将杂质去掉也可以作为合成氨的原料气，黄磷尾气作为合成氨原料气可以省掉主要原料煤，节能减排效果是肯定的。作为合成气无非是对净化气杂质含量的要求和气体成分比例的要求，这两项要求达到了，就可以作为合成氨原料气了[89, 90]。

表 8.7　黄磷尾气的组分

黄磷尾气组分	CO	CO_2	N_2	H_2	O_2	CH_4
含量(体积分数)/%	85.8	2.6	4.3	6.4	0.5	0.4
杂质组分	COS	H_2S	CS_2	HF	总 P	AsH_3
含量/(mg/Nm^3)	500～1500	1500～8000	60～120	350～450	2000～2500	2～8

8.2.1 黄磷尾气制合成氨流程

黄磷尾气中含有 4%～5%的氮气，只需补充部分氮气，利用黄磷尾气中的 CO 和 H_2 生产合成氨原料气，制成合成氨最为有利。

受黄磷企业规模的制约，黄磷尾气量一般都不大，黄磷尾气制合成氨工艺按照成熟的中、小合成氨工艺流程实行。黄磷尾气制合成氨工艺是在黄磷尾气净化工艺的基础上，根据合成催化剂对硫、砷的净化要求进一步精净化，按合成氨 H_2：N_2 的要求配入部分氮气，以后就按传统合成氨工艺生产合成氨，黄磷尾气制合成氨流程框图见图 8.4。

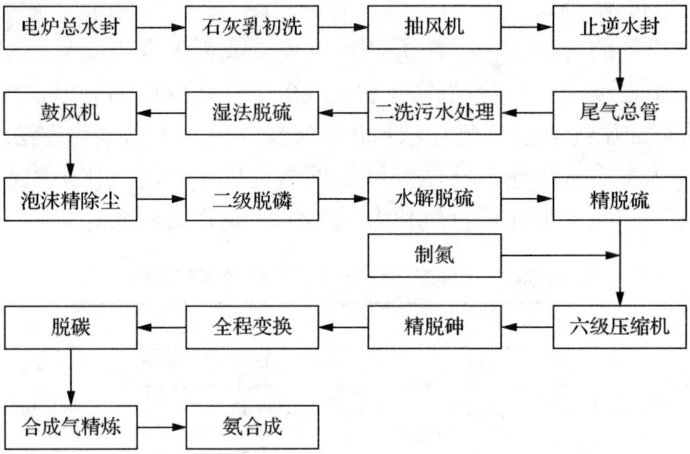

图 8.4　黄磷尾气制合成氨流程框图

在黄磷尾气净化工艺的基础上将脱磷改为二级脱磷，将磷含量降至 0.1 mg/Nm^3 以下，然后进行水解脱硫，将有机硫 COS 和 CS_2 脱至 20 mg/Nm^3 以下，再用精脱硫剂将总硫脱至 0.1 mg/Nm^3 以下。

由精脱硫送来的净化气，在常温及压力为 20～30 kPa 下，按 CO 与 N_2 的比例配入氮气，以满足合成氨的要求，然后进行加压全程变换，即部分变换-高、中、低温变换工艺，最后变换气组分为 CO 0.15%、CO_2 47.62%、H_2 49.67、N_2 2.33%、CH_4 0.23%，满足氨合成气的要求。

变换气在常温及压力为 2000～3000 Pa 下，经过一段缓冲器后用六级压缩机吸入，经二段压缩至 0.8 MPa 排出，进入二段水冷器冷却至常温，并从底部将净化气中的冷凝水和润滑油排出；然后，进入精脱砷塔，将净化气中的 AsH_3 脱至 0.05 ppm 以下，然后精脱砷后的变换气冷却后进入三段压缩至 0.2 MPa 左右排出，进行化学法脱碳，将合成气中的 CO_2 脱至 0.2%以下，进入四段压缩至 12.5 MPa，利用传统方法脱去微量 CO_2 和 CO，再压缩至 30 MPa 进入氨合成塔，进行合成氨。

8.2.2　黄磷尾气制合成氨精脱磷、砷及配氮

1. 精脱磷

对于锅炉燃料用净化黄磷尾气对磷含量要求不高，一般低于 20 mg/Nm^3 即可，一般操作磷含量在 1～10 mg/Nm^3 范围内，到了后期，黄磷尾气中磷含量升到 20 mg/Nm^3 时催化剂就需要再生了。合成氨原料气对磷含量要求很高，要求在 0.1 ppm，并要求稳定，因此对脱磷要特别重视，为了保证净化气质量和稳定，采用二级脱磷，一级脱磷要求磷含量小于 20 mg/Nm^3，二级脱磷要求磷含量小于 0.1 ppm。

黄磷尾气两级脱磷工艺流程见图 8.5。

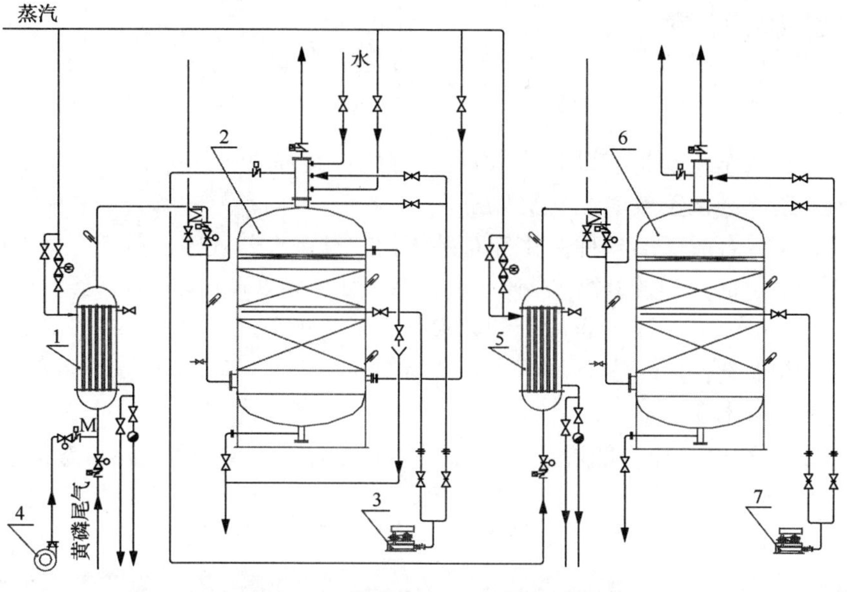

图 8.5　黄磷尾气两级脱磷工艺

1.蒸汽加热器；2.吸附器；3.补充鼓风机；4.空气干燥鼓风机；5.二级蒸汽加热器；6.二级吸附器；7.补充鼓风机

一级脱磷：黄磷尾气脱硫后，压力有 1500～3500 mm H_2O，进入蒸汽加热器(1)，用蒸汽加热至 100～120℃，自上而下通过吸附器(2)，在有氧存在下用 TP201 专用脱磷催化剂除磷，若黄磷尾气中氧含量较低时，用补充鼓风机(3)补充空气，一级脱磷后的净化气，含磷均在 20 mg/m^3 以下，脱磷后的净化气送往二级脱磷。

一级吸附器需要再生，一级吸附器两台，一台运行，另一台再生备用。吸附器再生方法参照本书 5.6 节。

二级脱磷：一级脱磷出来的黄磷尾气温度为 60～80℃，在此温度下磷化氢反应速率很慢，达不到脱磷要求，为此，尾气要补加热量使之达到高度规定要求。从一级脱磷出来的黄磷尾气经过二级蒸汽加热器(5)将温度提高至 100～

120℃，自上而下进入二级吸附器(6)进一步脱去残磷，磷含量要在 0.1 ppm 以下，脱磷后的净化气送往尾气冷却塔将净化气用循环水冷却至 35℃以下，送往压缩工号。

经一级脱磷之后的黄磷尾气磷含量很低，二级脱磷催化剂可以使用一年以上，不需要再生，待大修时将催化剂用热水洗涤后存放空干给一级吸附器使用。

2. 精脱砷

1) 精脱砷基本原理

黄磷尾气中的砷以砷化氢(胂)形态存在，含量不高，一般为 2 mg/Nm^3，最高达到 8 mg/Nm^3。黄磷尾气温度在 80～120℃时，通过脱磷催化剂，在微氧作用下 AsH_3 发生如下反应：

$$2AsH_3+3O_2 \xrightarrow{\text{催化剂}} As_2O_3+3H_2O \tag{8-6}$$

生成的 As_2O_3 被催化剂吸附，故脱磷催化剂具有脱除黄磷尾气中的 AsH_3(胂)的能力，脱除砷化氢效率在 95%以上。

黄磷尾气合成氨的各种催化剂对砷化物的毒害十分敏感，黄磷尾气在脱磷工序中 AsH_3 大部分已被脱除，若砷化氢较高，如含量 8 mg/Nm^3 时，经脱磷后仍含有 0.4 mg/Nm^3，不能满足合成气的要求。为了防止穿透，脱磷后需设有微量砷脱除装置，起保驾作用。

脱砷的基本原理如下：

AsH_3 将 Cu^{2+}还原为低价或金属态铜，砷与铜结合或游离成元素态：

$$3CuO+2AsH_3 \longrightarrow Cu_3As+As+3H_2O \tag{8-7}$$

$$3CuO+2AsH_3 \longrightarrow 3Cu+2As+3H_2O \tag{8-8}$$

当砷穿透后可用空气或含氧水蒸气再生：

$$2Cu_3As+4.5O_2 \longrightarrow 6CuO+AsO_3 \tag{8-9}$$

$$Cu+0.5O_2 \longrightarrow CuO \tag{8-10}$$

2) 脱砷剂性能

大连化工研究院推荐脱砷剂采用 TAs-98 多功能脱砷剂，该脱砷剂以铜锌及其氧化物为主要组分，添加助剂组分复合而成，常温下活性好，脱砷、硫效率高，使用寿命长。

A. 理化性能(表 8.8)

表 8.8　脱砷剂理化性能

外观	规格/mm	强度/(N/cm)	堆密度/(kg/L)
圆柱形	ϕ (4～6)×5	≥110	1.1～1.3

B. 使用条件

气体空速：≤3000 h^{-1}；

温度：0～100℃；

压力：≤10.0 MPa；

进口水汽含量：≤100 ppm(体积比)；

进口硫含量：≤10 ppm(体积比)；

推荐床层高径比：3～5。

C. 性能指标或特点

脱砷精度：≤20 ppb(体积比)；

脱磷精度：≤30 ppb(体积比)；

脱硫精度：≤20 ppb(体积比)；

砷容：≥10%(质量分数)；

硫容：≥5%(质量分数)。

3) 精脱砷工艺及设备

脱砷剂的脱砷反应为可逆反应，当水蒸气含量高时，反应向左移动，影响脱胂效果，因此要求水分含量越低越好，脱砷剂对水分要求严格。降低水分的方法：①在脱砷装置前设置脱水装置，利用脱水剂将水分脱除；②利用压缩机提高气体压力和温度，再将气体冷却，降低气体中的水蒸气分压，以脱除水分。合成氨工艺需要压缩机将合成气分段压缩成高压，可将脱砷装置设置在压缩二段水冷器冷却后进行。

精脱砷塔为圆柱形、钢制，内有承托催化剂的筛板，气体从上而下通过催化剂层，脱去氧后从下部排出，催化剂层高 6 m，设有催化剂装卸人孔。

精脱砷塔设计示例：

净化黄磷尾气进气量 V_0=15000 Nm^3/h；二段出口压力 p_1=0.7 MPa；净化黄磷尾气经水冷却器冷却后温度 t=35℃；当地大气压 p_0=0.81 MPa。在操作工况下净化尾气流量：$V=V_0\dfrac{p_0(273+t)}{p_1\times 273}=15000\times\dfrac{0.81\times(273+35)}{273\times(0.81+7)}=1755.2\ (m^3/h)$。取催化剂空速为 900 h^{-1}。脱砷剂容积需要量 V=15000/1000=15 (m^3)。脱砷塔空塔流速取为 w=0.2 m/s。脱硫塔直径 $D=\sqrt{\dfrac{1755.2}{3600\times 0.785\times 0.2}}=1.76\ (m)$。取 ϕ 1800 mm。催化

剂层高度 H=15/(0.785×1.8^2)=6(m)。脱砷塔高径比 H/D=3.33，满足要求。管道流速取 15 m/s。进出口管直径 DN200，ϕ219×6。

3. 合成气配氮

黄磷尾气中含有 4%～5%的氮气，按合成氨 H_2∶N_2=3.1～3.2 的比例要求配入部分氮气，配氮的方法是采用制氮机制成氮气加入。

(1)制氮机原理。制氮机采用变压吸附原理制成。变压吸附制氮是采用碳分子筛作为吸附剂。在一定压力下，碳分子筛对空气中的氧分子和氮分子具有不同的吸附能力。利用氧分子和氮分子的吸附能力的差异，在一定压力下，氧分子被碳分子筛吸附，而氮分子通过碳分子筛排出[91]。在减压下氧分子被析放，完成碳分子筛的再生。整个制氮过程由可变程序控制启动阀门的启、闭，达到 A、B 两塔交替循环、加压吸附、降压再生的过程，完成空气中氮、氧的分离，得到所需要的氮气。

制氮机制成的氮气压力为 0.05～1.0 MPa；氮气的纯度为 95%～99.9%。

(2)黄磷尾气配氮需要量根据氮平衡计算：

$$V_1=V_0(y_{CO}+y_{H_2}) \tag{8-11}$$

式中，V_1 为黄磷尾气中 CO 与 H_2 的量，Nm^3；V_0 为黄磷尾气量，Nm^3；y_{CO} 为黄磷尾气中 CO 含量，%；y_{H_2} 为黄磷尾气中 H_2 含量，%。

$$V_1\cdot N_1+V_2\cdot N_2=(V_1+V_2)\cdot N \tag{8-12}$$

式中，N_1 为黄磷尾气中氮含量，%；N_2 为氮气含氮量，%；V_2 为氮气量，%；N 为合成气需要的氮氢比，H_2∶N_2=3.13，N_2∶N=1/4.13=0.2421。

根据黄磷尾气对氧含量的要求，对加入氮气的氧含量在 0.5 以下，因此，要求氮气纯度在 99.5%以上。

$$0.922V_0\times0.046+0.995V_2=(0.922V_0+V_2)\times0.2421$$

$$0.0424V_0+0.995V_2=0.2194V_0+0.2427V_2$$

$$V_2=\frac{0.2232-0.0424}{0.995-0.2421}V_0=\frac{0.1808}{0.754}V_0=0.2398V_0$$

黄磷尾气需要的加氮量：

$$V_2=0.2398\cdot V_0 \tag{8-13}$$

(3)加氮的部位。氮气含有少量的氧，并有一定的压力，为了利于氮气的压力，设氮气压力在 0.5 MPa 以上，一氧化碳变换具有脱氧能力，因此，加氮的部位应在变换前，压缩机一段出口处加入。

8.2.3　黄磷尾气制合成氨变换制氢

1. 净化黄磷尾气配氮

1) 净化黄磷尾气的组分(表 8.9)

表 8.9　净化黄磷尾气的组分

黄磷尾气组分	CO	CO_2	N_2	H_2	O_2	CH_4
含量(体积分数)/%	85.8	2.6	4.3	6.4	0.5	0.4

2) 加氮后净化黄磷尾气的组分

以 1 kmol 净化黄磷尾气为计算基础，在净化黄磷尾气中应加入的氮气量(纯度 99.5%)为 $V_2=0.2398 \cdot V_0=0.2398\times 1=0.2398$(kmol)。配氮后净化黄磷尾气中的氮气量为 $1\times 0.046+0.2398\times 0.995=0.2846$(kmol)。配氮后净化黄磷尾气中的氧气量为 $1\times 0.005+0.2398\times 0.005=0.0062$(kmol)。配氮后净化黄磷尾气的组分见表 8.10。

表 8.10　配氮后黄磷尾气组分

黄磷尾气组分	CO	CO_2	N_2	H_2	O_2	CH_4	合计
配氮黄磷尾气量/kmol	0.858	0.026	0.2846	0.064	0.0062	0.004	1.2428
含量(体积分数)/%	69.04	2.09	22.90	5.15	0.5	0.32	100

2. 配氮净化黄磷尾气部分变换

净化黄磷尾气经配氮后直接进行部分变换。配氮黄磷尾气经热交换器热交换后温度提高至 320℃进入部分变换炉，蒸汽量按 $H_2O/CO=0.8$ 加入，触媒层温度控制在 480℃。

部分变换计算结果：①黄磷尾气原料气量 $V=1.2428$ kmol；②部分变换炉蒸汽需要量：0.5523 m^3/Nm^3 原料气，0.4438 kg/Nm^3 原料气；③配氮后部分变换气组分见表 8.11；④剩余水蒸气量 0.09549 m^3/m^3 干原料气；⑤剩余水蒸气量 0.07674 kg/m^3 干原料气；⑥变换后变换气量 $V_1=1.4178\times 1.2428=1.762$(kgmol)。部分变换气作为高中低温变换炉一段的原料气。

表 8.11　配氮后部分变换气组分

名称	CO	H_2O	CO_2	H_2	N_2	CH_4
湿基组分/%	17.61	8.69	28.36	30.33	14.8	0.21
干基组分/%	19.29	0.00	31.05	33.22	16.21	0.23

3. 高温变换一段

部分变换气 250℃进入热交换器换热后温度提高至 320℃，进入高中低温变换炉一段，变换后变换气出口温度 480℃，$H_2O/CO=3$。

一段变换气组分根据自热平衡计算结果：①变换炉一段蒸汽需要量：0.5787 m^3/Nm^3 部分变换气，0.4650 kg/Nm^3 部分气；②一段变换气量 $V_2=V_1\times 1.0749=1.762\times 1.0749=1.894$ (kmol)。一段变换气组分见表 8.12。

表 8.12 一段变换气组分

名称	CO	H_2O	CO_2	H_2	N_2	CH_4
湿基组分/%	4.73	29.17	27.16	28.53	10.27	0.14
干基组分/%	6.68	0.00	38.34	40.28	14.50	0.20

4. 中温变换二段

中温二段变换利用一段变换气中的水蒸气，采用降低触媒层温度提高变化率来提高氢气产量，节省能耗。

中温二段进口温度 385℃，利用变换气中一定蒸汽比例，触媒层出口温度按附录 1.30 “求取触媒层温度的自热平衡 Visual Basic 计算程序” 进行计算。

在不加蒸汽的情况下，根据计算，一段变换气经二段变换后的结果如下：①变换炉二段变化率 $X_p=47.65\%$；②变换炉二段变换气量 $V_3=V_2\times 1.0225=1.894\times 1.0225=1.9366$ (kmol)。二段变换气组分见表 8.13。

表 8.13 二段变换气组分

名称	CO	H_2O	CO_2	H_2	N_2	CH_4
湿基组分/%	2.47	26.92	29.41	30.78	10.27	0.15
干基组分/%	3.38	0.00	40.24	42.12	14.05	0.21

注：触媒层温度基本不会上升

5. 低温变换三段

三段低温变换继续利用二段变换气中的水蒸气，采用降低触媒层温度提高变化率来提高氢气产量，节省能耗。

三段进口温度在 180～200℃范围内，利用二段变换气中一定蒸汽比例，触媒层出口温度按附录 1.30“求取触媒层温度的自热平衡 Visual Basic 计算程序”进行计算。

在不加蒸汽的情况下，根据计算，二段变换气经三段低温变换后的结果见表 8.14。

表 8.14　三段变换气组分

温度/℃	平衡常数 k_p	变换率 x_p	变换气量/kmol*	低温三段变换气组分/%						
				基名	CO	H_2O	CO_2	H_2	N_2	CH_4
180	370	95.31	1.9821	湿基	0.12	24.60	31.75	33.12	10.26	0.15
				干基	0.15	0.00	42.11	43.92	13.61	0.21
185	324	94.65	1.9818	湿基	0.13	24.62	31.73	33.10	10.26	0.16
				干基	0.17	0.00	42.10	43.91	13.62	0.20
190	285	93.93	1.9815	湿基	0.15	24.64	31.71	33.08	10.26	0.16
				干基	0.20	0.00	42.08	43.90	13.62	0.20
195	251	93.14	1.9812	湿基	0.17	24.66	31.70	33.06	10.26	0.16
				干基	0.22	0.00	42.07	43.89	13.62	0.2
200	222	92.27	1.9808	湿基	0.19	24.68	31.67	33.04	10.26	0.15
				干基	0.25	0.00	42.05	43.87	13.63	0.20

*变换气量以 1 kmol 黄磷尾气为基准，触媒层温度基本不会上升

8.2.4　黄磷尾气制合成氨变换气脱碳

脱除 CO_2 的方法基本上可分为化学吸收法和物理吸收法两大类。化学吸收法大多是用碱性溶液，并添加不同的活性剂，在常温下与 CO_2 生成化合物；再生时加热，提高溶液温度，使反应逆向进行并放出 CO_2。化学吸收剂吸收 CO_2 的容量一般与压力影响不大，适用于气体中 CO_2 分压不太高，且对气体净化度要求高的场合，这类方法有热钾碱法、醇胺法。物理吸收法一般以水和有机溶剂为吸收剂，溶剂吸收 CO_2 的容量随 CO_2 分压升高而上升，再生依靠闪蒸或汽提放出 CO_2，不消耗或少消耗热量，总能耗比化学吸收法低。物理吸收法适用于 CO_2 分压较高的场合。这类方法常用的有加压水洗法、聚乙二醇二甲醚(selexol)法、低温甲醇洗法、碳酸丙烯酯法等。其他还有环丁砜法、甲基二乙醇(MDEA)法等吸收剂兼有物理吸收和化学吸收的特性，称物理-化学吸收法。

黄磷尾气制合成氨变换气中 CO_2 高达 40%～42%，根据工艺设置，采用甲烷化工艺脱除合成气中的微量 CO 和 CO_2，因此，要求脱碳气中 CO_2 含量越低越好，根据要求变换气脱碳选用我国中、小企业常用的碳酸丙烯酯(PC)法。

1. 基本原理

碳酸丙烯酯为物理吸收的有机溶剂，具有同时吸收 H_2S 和 CO_2 的能力，吸收能力随 CO_2 分压提高而增大，随温度升高而降低。碳酸丙烯酯吸收能力较大，在相同条件下约为水的 4 倍。碳酸丙烯酯的物理性质：分子式为 $C_4H_6O_3$，分子量为 102.09。物理性质：外观无色透明液体熔点–48℃，沸点 242℃，闪点 132℃，密度 1.21 g/cm^3（15.5℃），饱和蒸汽压 6.67 Pa（15.5℃），CO_2 溶解热 14.65 kJ/mol。

CO_2 易溶于碳酸丙烯酯中，其溶解度与 CO_2 分压和温度有关。当 p_{CO_2} 在 0～1 MPa 范围内，CO_2 在碳酸丙烯酯中的平衡溶解度可按以下关联式估算：

$$\lg C_{CO_2} = \lg p_{CO_2} + \frac{701.16}{273+t} - 4.267 \tag{8-14}$$

式中，C_{CO_2} 为 CO_2 在碳酸丙烯酯中的溶解度，mol/mol；t 为溶液温度，℃；p_{CO_2} 为 CO_2 分压，MPa。

当压力 $p_{CO_2}=p\cdot y_{CO_2}$，式中，p 为洗涤塔压力（绝对压力），MPa；y_{CO_2} 为变换气中 CO_2 含量，%。

CO_2、CO、H_2、N_2、CH_4 在碳酸丙烯酯中溶解度比 CO_2 小得多，在压力不太高时，溶解在碳酸丙烯酯的通量按亨利定律确定。

$$C_i=\alpha_i\cdot p_i \tag{8-15}$$

式中，C_i 为溶解在碳酸丙烯酯中的气体量，Nm^3/m^3 溶剂；p_i 为气体在气相中的分压，MPa；α_i 为溶解度系数，或亨利系数，Nm^3/(m$^3\cdot$MPa)，亨利系数是温度函数，与压力无关，温度越高，亨利系数越大。几种有关气体在不同温度下，在碳酸丙烯酯中的亨利系数见表 8.15。

表 8.15 不同温度下几种气体在碳酸丙烯酯中的亨利系数 α[Nm^3/(m$^3\cdot$MPa)]

温度	CO_2	H_2	N_2	CO	CH_4
30℃	27.3	0.225	0.722	0.625	2.222
40℃	24.83	0.2908	0.690	0.625	2.222
50℃	20.48	0.3099	0.563	0.600	2.222

黄磷尾气三段变换气组成，查表 8.14 190℃的组分：CO，0.2%；CO_2，42.08%；H_2，43.90%；N_2，13.62%；CH_4，0.2%；在 1.8 MPa 下，变换气组分在碳酸丙烯酯中的溶解度见表 8.16。

从表 8.16 可以看出，CO_2 溶解度随温度升高而降低，而 H_2、N_2 气的溶解度随温度升高而增大，因此，吸收宜在低温下进行。

表 8.16　变换气组分在碳酸丙烯酯中的溶解度

CO_2				CO			
分压/MPa	溶解度/(m^3 CO_2/m^3 碳丙)			分压/MPa	溶解度/(m^3CO/m^3 碳丙)		
	30℃	40℃	50℃		30℃	40℃	50℃
0.757	20.66	18.8	15.50	0.036	0.0225	0.0225	0.0216
H_2				N_2			
分压/MPa	溶解度/(m^3 CO_2/m^3 碳丙)			分压/MPa	溶解度/(m^3 CO_2/m^3 碳丙)		
	30℃	40℃	50℃		30℃	40℃	50℃
0.7814	0.1758	0.2272	0.2421	0.262	0.1474	0.1638	0.1802
CH_4				CO 0.2%、CO_2 42.08%、H_2 43.90%、N_2 13.62%、CH_4 0.2%			
分压/MPa	溶解度/(m^3 CO/m^3 碳丙)						
	30	40	50				
0.036	0.222	0.222	0.222				

以煤为原料的变换气在不同分压下 CO_2 在碳酸丙烯酯中的溶解度见表 8.17 和图 8.6。

表 8.17　CO_2 在碳酸丙烯酯中的溶解度

分压/MPa	溶解度/(m^3 CO_2/m^3 碳丙)		
	30℃	40℃	50℃
0.37	10.35	9.27	7.85
0.50	13.8	12.42	10.24
0.63	17.2	14.7	12.91

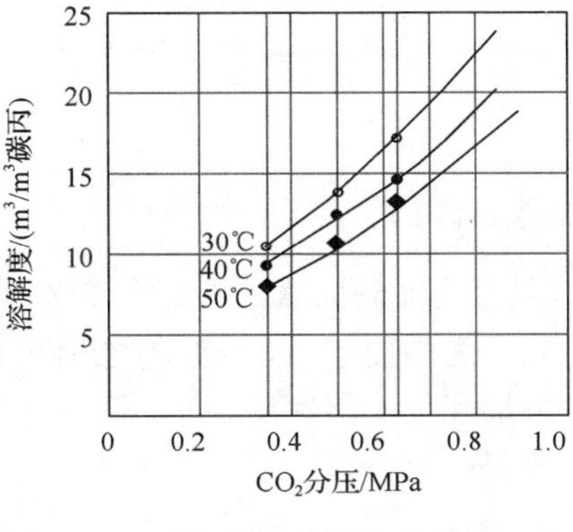

图 8.6　CO_2 在碳酸丙烯酯中的溶解度

变换气用碳酸丙烯酯脱除 CO_2 的工艺流程见图 8.7。变换气经气水分离器(1)脱除水滴后进入脱碳塔(2)底部，脱碳塔由聚丙烯鲍尔环填料组成，变换气在塔内通过填料与碳酸丙烯酯逆流充分接触而脱去 CO_2，脱碳后的脱碳气经气液分离器(3)回收溶剂后返回压缩机。吸收 CO_2 后的碳酸丙烯酯溶液经过溶剂泵(4)回收能量后进入闪蒸槽(6)将压力降低至需要的压力，回收部分氢气、氮气。出闪蒸槽的溶液继续进入常压(或减压)塔(8)上部析放出 CO_2，放出 CO_2 后的溶剂自流至下部，用空气鼓风机(9)送入空气进行气提，气提溶剂中残留的 CO_2，气提后的气体经洗涤塔(11)洗涤后放空。气提后的溶剂进入溶剂储槽(10)，用溶剂泵(4)加压后经溶剂冷却器(5)用冷水或氨气冷却。因为碳酸丙烯酯蒸气压较高，各处放出的气流必须回收，以降低溶剂消耗。

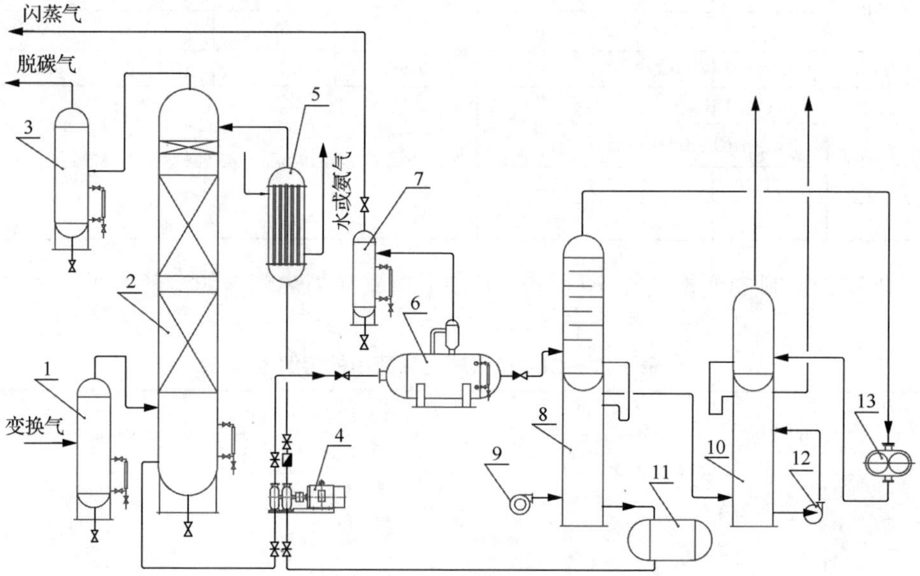

图 8.7　碳酸丙烯酯脱除 CO_2 工艺流程

1.气水分离器；2.脱碳塔；3.气液分离器；4.溶剂泵；5.溶剂冷却器；6.闪蒸槽；7.气液分离器；8.常压(或减压)塔；9.空气鼓风机；10.溶剂储槽；11.洗涤塔；12.洗涤泵；13.罗茨鼓风机

2. 碳酸丙烯酯脱碳后物料衡算

碳酸丙烯酯脱碳过程是在逆流脱碳塔内进行的过程，脱碳过程示意图见图 8.8。

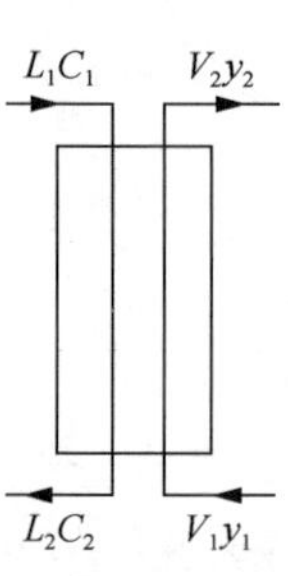

图 8.8　脱碳过程示意图

为简便起见，以 CO_2 物料进行核算，其他气体在碳酸丙烯酯中的溶解度较小，忽略不计，这时 CO_2 的物料衡算可得：

$$V_1(1-y_1)=V_2(1-y_2) \tag{8-16}$$

$$V_2 = V_1 \times \frac{1-y_1}{1-y_2} \tag{8-17}$$

若假设在吸收过程中溶剂量不变，做二氧化碳的物料衡算，被吸收的二氧化碳量 ΔV (Nm^3/h) 为

$$\Delta V=V_1\cdot y_1-V_2\cdot y_2=L(\varphi\cdot C_1-C_2) \tag{8-18}$$

其他气体在碳酸丙烯酯中的物料衡算用同样的公式计算。

单位气体溶剂消耗量按下式计算：

$$\frac{L}{V}=\frac{y_1-y_2}{(1-y_2)(\varphi\alpha p y_1-C_2)} \quad 或 \quad \frac{L}{V}=\frac{y_1-y_2}{(1-y_2)(\varphi C_1-C_2)} \tag{8-19}$$

式中，L 为溶剂消耗量，m^3/h；V 为变换气量，Nm^3/h；y_1 为变换气进塔 CO_2 含量，%；y_2 为变换气出塔 CO_2 含量，%；α 为溶解度系数，或亨利系数，$Nm^3/(m^3\cdot MPa)$；p 为脱碳塔平均压力(绝对压力)，MPa；φ 为饱和度，溶剂实际吸收气体量与溶剂平衡吸收量之比，饱和度一般均小于 1。溶剂饱和度一般取 60%～70%，溶剂饱和度与气液两相接触面积和接触情况有关，接触面积越大，饱和度越高，但增加接触面积，投资变大，要综合考虑。

黄磷尾气三段变换气组成：CO 0.20%、CO_2 42.08、H_2 43.90%、N_2 13.62%、CH_4 0.20%，在 1.8 MPa 下，温度为 30℃，进入脱碳塔进行洗涤，以 1 kmol 黄磷尾气即变换气为 1.9412 kmol 为计算基础，要求脱碳后净化气中 CO_2 在 0.3 以下。

进入脱碳塔的变换气量：1.9815×22.4=44.39(Nm^3)

CO_2 分压：p=1.8×0.4208=0.757(MPa)

CO_2 在 0.757 MPa，温度 30℃下，碳酸丙烯酯溶液溶解度查表 8.16 得 C_1=20.66 Nm^3 CO_2/m^3 碳丙，溶剂贫度即溶剂再生后 CO_2 残留量 C_2=0.2 Nm^3 CO_2/m^3 碳丙，溶剂饱和度取为 0.7。

溶剂消耗量：

$$L=V\frac{y_1-y_2}{(1-y_2)(\varphi C_1-C_2)}=44.39\times\frac{0.4208-0.003}{(1-0.003)(0.7\times 20.66-0.2)}=1.3043 \quad (m^3 碳丙)$$

每立方米变换气需要碳酸丙烯酯量为 0.0294 m^3 碳丙/m^3 变换气。

脱碳后的脱碳气量按式(8-20)计算：

$$V_2=V_1\times\frac{1-y_1}{1-y_2}=1.9815V_0\times\frac{1-0.4208}{1-0.003}=1.15114V_0 \tag{8-20}$$

式中，V_2 为脱碳后的脱碳气量，Nm^3/h；V_1 为变换气量，Nm^3/h；V_0 为净化黄磷尾气量，Nm^3/h。

被吸收的二氧化碳量：

$$\Delta V=L(\varphi\cdot C_1-C_2)=1.3043(0.7\times 20.66-0.2)=18.60(Nm^3)$$

被吸收的氢气量：

$$\Delta V=L(\varphi\cdot C_1-C_2)=1.3043(0.7\times0.1758-0.2)=负值，基本不吸收$$

被吸收的氮气量：

$$\Delta V=L(\varphi\cdot C_1-C_2)=1.3043(0.7\times0.1474-0.2)=负值，基本不吸收$$

从上述计算可知，碳酸丙烯酯脱碳因吸收CO_2的能力比其他气体大得多，所溶解其他气体量很少，对脱碳气组分影响不大，暂且忽略。

在实际生产中，变换气在溶解 CO_2的同时溶解 H_2、N_2于碳丙溶剂中，在排出脱碳塔的富液中尚夹带少量变换气的乳浊液，使合成氨有用的H_2、N_2的损失增大。因此，从脱碳塔排出的富液设置某一个中间压力下进行闪蒸，闪蒸的压力与闪蒸出来的闪蒸气量及组分和常压解析出来的CO_2组分有关。因黄磷尾气变换气中CO_2含量很高，闪蒸出来的氢氮气含量很低，闪蒸气没有回收的必要。

变换气组分在碳酸丙烯酯中脱碳气组分见表 8.18。

表 8.18　脱碳气物料衡算(黄磷尾气 1 kmol)

组分	合计	CO	CO_2	H_2	N_2	CH_4
变换气量/Nm^3	43.38	0.087	18.25	19.04	5.91	0.087
被吸收量/Nm^3			18.18	0.1	—	
脱碳气量/Nm^3	25.104	0.087	0.08	18.94	5.91	0.087
脱碳气组分/%	100.00	0.35	0.31	75.45	23.54	0.35

以煤为原料的中型合成氨厂操作数据：每吨 NH_3 电耗：100 kW，每吨 NH_3 消耗碳丙溶剂 1～2 kg。

8.2.5　黄磷尾气脱碳气甲烷化

国外 20 世纪 60 年代已逐步淘汰落后的铜洗法脱除微量 CO 和 CO_2工艺，之后新建的合成氨全用甲烷化法和液氮洗法代替铜洗法。液氮洗在大型合成氨厂纯氧制气的场合适用，在规模较小的黄磷尾气上不适用，而甲烷化在大中型合成氨工艺上均可适用。

用甲烷化脱除原料气中的微量 CO 和 CO_2可大幅简化生产流程，降低建设和操作费用，操作也较平稳，不发生二次污染，环境操作条件好。低压甲烷化法其操作压力为 1～6 MPa。甲烷化的缺点是在脱除 CO 和 CO_2的同时，消耗了部分 H_2，而合成气中 CH_4 含量提高，这就增大了合成弛放量，影响合成氨产量。

甲烷化反应如下：

$$CO + 3H_2 \Longrightarrow CH_4 + H_2O \tag{8-21}$$

$$CO_2 + 4H_2 \Longrightarrow CH_4 + 2H_2O \tag{8-22}$$

甲烷化后的气体即为合成氨原料气(简称合成气)，合成气物料衡算见表 8.19。

表 8.19　合成气物料衡算(黄磷尾气 1 kmol)

组分	合计	CO	CO_2	H_2	N_2	CH_4
脱碳气量/Nm^3	25.104	0.087	0.08	18.94	5.91	0.087
甲烷化后合成气量/Nm^3	24.523	10 mg/Nm^3		18.36	5.91	0.254
合成气组分/%	100.00	10 mg/Nm^3		74.86	24.1	1.04

甲烷化后的合成气量为

$$V_H = \frac{24.523}{25.532} \times 1.15114V_0 = 1.1056V_0 \tag{8-23}$$

式中，V_H 为合成气量，Nm^3/h；V_0 为净化黄磷尾气量，Nm^3/h。

8.2.6　黄磷尾气的压缩

在合成氨工业中，原料气的变换、脱碳、甲烷化和氨的合成都需要在压力下进行。在制氨过程中，压缩气体占有重要地位，压缩机的生产能力及其工作好坏是决定合成氨合成能力的重要因素。压缩机类型较多，但按其原理大体上分为涡轮式和活塞式，在中小型合成氨企业大多用活塞式压缩机，作为合成压缩机，压力都在 20 MPa 以上，需采用多段压缩机，一般采用五至六段。

黄磷尾气的组分与一般煤制气的气化煤气差异很大，各段气量也相差很大，对于压缩机各段气缸容积及冷却器冷却面积要重新设计和合理配置。

1. 压缩机功率计算[3]

压缩机理论压缩功率按下式计算：

$$N = 16.34 p_1 V \times \frac{K}{K+1} \times \left[\left(\frac{p_2}{p_1} \right)^{\frac{K-1}{K}} - 1 \right] \tag{8-24}$$

式中，N 为压缩机需要的功率，kW；p_1、p_2 为气缸吸入、排出压力，MPa；V 为吸气量，m^3/min。

对于多段压缩机各段吸气量应以第一段的压力和温度进行校正：

$$V_i = V\frac{p_1 T_i}{p_i T_1} \tag{8-25}$$

式中，K 为绝热指数，查表 8.20 并用式(8-26)进行计算。

表 8.20　气体绝热指数

组分	CO	过热 H_2O	饱和 H_2O	CO_2	H_2	O_2	N_2	CH_4
绝热系数 K	1.4	1.30	1.35	1.3	1.407	1.4	1.4	1.308

各段气体的绝热指数按下式计算：

$$\frac{1}{K-1} = \sum \frac{y_i}{K_i - 1} \tag{8-26}$$

设 $\sum \frac{y_i}{K_i - 1} = a$，则

$$K = \frac{1+a}{a} \tag{8-27}$$

例如，第一段进口黄磷尾气绝热指数：

$$\frac{1}{K-1} = \frac{0.858}{1.4-1} + \frac{0.026}{1.3-1} + \frac{0.0277}{1.4-1} + \frac{0.005}{1.4-1} + \frac{0.064}{1.407-1} + \frac{0.004}{1.308-1} = 2.4837$$

$$K = \frac{1+a}{a} = \frac{1+2.4837}{2.4837} = 1.4026$$

气体在实际压缩过程中，影响排气量和功率因素很多，在设计压缩机时，需进行详细计算，其计算甚为烦琐。对于工艺专业不必进行如此复杂的计算，只要将最主要的因素进行校正，就可得到近似值。经校正后的如下式：

$$N = 16.34\frac{p_1 V}{\lambda_i \lambda_t} \cdot \frac{K}{K-1}\left(\varepsilon^{\frac{K-1}{K}} - 1\right) \tag{8-28}$$

式中，λ_i 为泄漏系数；λ_t 为温度系数；ε 为实际压力比。

实际压力比 ε 是指在气缸内的气体压力比，在进、排气过程中气流由于要通过进、排气阀以及连通管等都要造成压力损失，其中尤为以气阀部分最大。因此，气体在气缸内的实际压缩比与用进、出气缸前后的压力计算的名义压力比有很大不同。实际压力比按下式计算：

$$\varepsilon = \frac{p_2}{p_1}\left(\frac{1+\delta_d}{1-\delta_S}\right) \tag{8-29}$$

式中，δ_S、δ_d 为气体在吸入和压出时的相对压力损失，其气体相对压力损失的估计值，按照 $\delta=\dfrac{2.4}{(10\cdot p)^{0.3}}$ 计算。对于设计较先进的压缩机，相对密度与空气近似或更轻的气体可按照 $\delta=\dfrac{1.5}{(10\cdot p)^{0.25}}$ 计算。吸气压力近似地认为是 0.3δ，排气为 0.7δ。

泄漏系数 λ_l 是用以校正由于压缩机的内外泄漏而造成的功率损失。其数据与压缩机结构形式、气缸布置等有关，详细计算十分复杂。在一般估算中可近似地取为 0.9～0.95。

温度系数 λ_t 是用以校正气体吸入气缸后受到气缸壁、活塞等的加热而对功率造成的影响。由于气缸内壁、活塞等的温度大致等于进、排气的平均温度。当气体吸入时，温度低于缸壁，缸壁就对气体传热，气体每增加 3℃，功率消耗就增加 13%。在一定实际压力比下的 δ_t 可由图 8.9 查得，图中斜线部分即 δ_t 的范围。对于大排气量、冷却良好，吸气阻力小、转速高的压缩机取大值，反之取小值。对于氢气取较低值。对于绝热指数小，相对密度大的气体可取较大值，一般取中值。

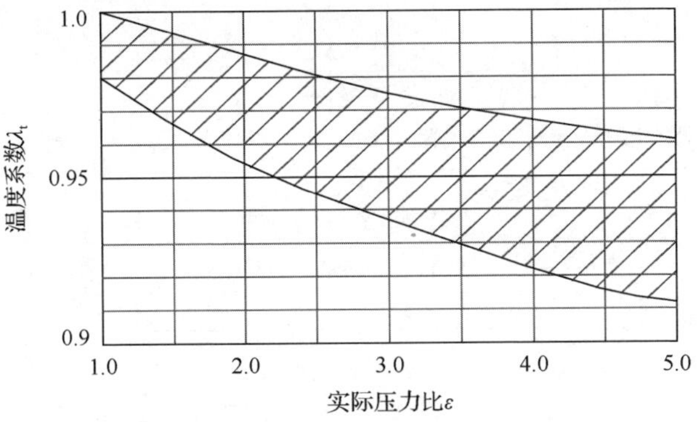

图 8.9　温度系数与实际压力比的关系

式 (8-30) 计算的是指示功率。要求压缩机的轴功率要加上机械效率的影响。

$$N_{轴}=\frac{N_i}{\eta_m} \tag{8-30}$$

式中，η_m 为压缩机的机械效率，一般取 0.88～0.92；N_i 为压缩机的指示功率，kW。

压缩机的排气温度取决于进气温度、压缩比以及压缩过程，按下式计算：

$$T_d=T_s\cdot\varepsilon^{\frac{K-1}{K}} \tag{8-31}$$

式中，T_s 为进入气缸的气体温度，℃；ε 为压力比；K 为绝热指数。

排气温度因气体性质和润滑方式不同有一定的限制。对于用油润滑的压缩机，排气温度过高，会使润滑油黏度降低，润滑性能恶化，并会产生积碳现象，破坏密封，输气能力下降。一般要求排气温度在160℃以下。对于无油润滑的压缩机，温度可适当提高，但温度不能过高，因温度过高会使氟塑料活塞环变形，也会使输气能力下降。一般排气温度要求在180℃以下。

各段冷却水用量可按所得指示功率按下式进行计算。

$$G = \frac{860 \cdot N}{1000\Delta t} \tag{8-32}$$

式中，G为冷却水用量，m^3/h；N为计算所得指示功率，kW；Δt为冷却水进出口温度差，℃。

2. 黄磷尾气合成气物料衡算

1) 已知条件

(1) 氨合成流程框图如图8.10所示。

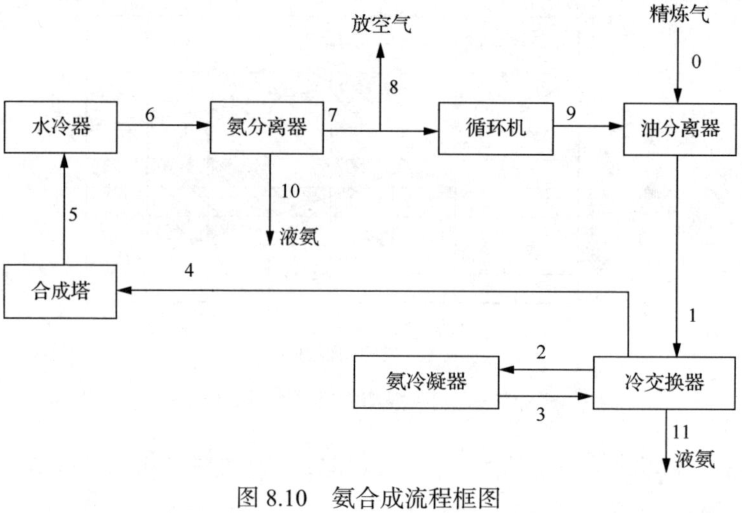

图8.10　氨合成流程框图

(2) 精炼气组分如表8.21所示。

表8.21　精炼气组分

组分	H_2	N_2	CH_4	Ar
占比/%	74.54	24.1	1.04	0.32

(3) 进塔气中氨含量y_{a1}=3%。

(4) 进塔气中惰性气含量y_{I1}=15.5%。

(5) 出塔气中氨含量y_{a2}=16%。

(6)溶解在液氨中的气体量。

2) 物料衡算

A. 进塔气组分

NH_3：3%；

CH_4：$15.5\% \times \dfrac{1.04}{1.04+0.32} = 11.85\%$；

Ar：$15.5\% \times \dfrac{0.32}{1.04+0.32} = 3.65\%$；

N_2：（100%–3%–15.5%）$\times \dfrac{1}{4}$=20.38%；

H_2：100%–3%–15.5%–20.38%=61.12%。

B. 出塔气组分

以 N_{T1}=100 kmol 进塔气为计算基础。

氨的产量按下式计算：

$$N_a = \frac{\Delta y_a \cdot N_{T1}}{1+y_{a2}} = \frac{(0.16-0.03)\times 100}{1+0.16} = 11.2069\ (\text{kmol})$$

出塔气流量：

$$N_{T2}=100-11.2069=88.7931\ (\text{kmol})$$

$$\text{出塔气中氢氮含量} = \frac{(1-y_{a1}-y_{I1})N_{T1}-2N_a}{N_{T1}-N_a}$$
$$= \frac{(1-0.03-0.155)100-2\times 11.02069}{100-11.2069} = 0.666$$

其中 N_2=0.666×0.25=0.1665，H_2=0.666×0.75=0.4995。

$$\text{出塔气中惰性气含量} = \frac{y_{I1}\cdot N_{T1}}{N_{T2}} = \frac{0.155\times 100}{88.7931} = 0.1746$$

其中，CH_4 =$0.1746\times \dfrac{1.04}{1.04+0.32} = 0.1335$，Ar =$0.1746\times \dfrac{0.32}{1.04+0.32} = 0.0411$。

出塔气组分见表 8.22。

表 8.22　出塔气组分

组分	H_2	N_2	CH_4	Ar	NH_3
占比/%	49.90	16.65	13.34	4.11	16.00

C. 合成率计算

合成率按下式计算：

$$x=\frac{2N_{\mathrm{a}}}{N_{\mathrm{T1}}(1-y_{\mathrm{a1}}-y_{\mathrm{I1}})}=\frac{2\times 11.2069}{100(1-0.03-0.155)}=0.275$$

因此，合成率为 27.5%。

放空气组分及数量计算以 1000 Nm^3 精炼气为计算基础。

在压力 300 MPa 和温度 35℃时，根据液氨上方气相氨平衡含量关系得 $y_{\mathrm{a}}^*=9.187\%$，取过饱和度 10%，则

$$Y_{\mathrm{af}}=9.187\times 1.1\%=10.11\%$$

设放空气中氨为 x，

$$\frac{x}{(1-0.16)+x}=0.1011$$

$$x=0.0944$$

因此，放空气组分为

H_2：$\dfrac{0.499}{(1-0.16)+0.1011}\times 100\%=53.02\%$；

N_2：$\dfrac{0.1665}{(1-0.16)+0.1011}\times 100\%=17.69\%$；

CH_4：$\dfrac{0.1314}{(1-0.16)+0.1011}\times 100\%=13.96\%$；

Ar：$\dfrac{0.0411}{(1-0.16)+0.1011}\times 100\%=4.37\%$；

NH_3：$\dfrac{0.0944}{(1-0.16)+0.1011}\times 100\%=10.03\%$。

放空气体积为

$$V_{\mathrm{f}}=\frac{1000\times(1.04+0.32)\%}{(13.96+4.37)\%}=74.2\ (\mathrm{Nm}^3)$$

其中，H_2：74.2×53.02%=39.34 (Nm^3)；

N_2：74.2×17.69%=13.13 (Nm^3)；

CH_4：74.2×13.96%=10.36 (Nm^3)；

Ar：74.2×4.37%=3.24 (Nm^3)；

NH_3：74.2×10.03%=7.44 (Nm^3)。

实际氨产量计算以 1000 Nm^3 精炼气为计算基础。

$$V_4=V_1-V_{11}$$

$$V_1 = V_0 + (V_7 - V_8)$$

$$V_7 = V_5 - V_{10}$$

因此，

$$V_4 = V_0 + V_5 - V_{10} - V_8 - V_{11} = 1000 + V_5 - V_{10} - 74.2 - V_{11} = 925.8 + V_5 - (V_{10} + V_{11}) \quad ①$$

由于氨合成后体积缩小

$$V_5 = V_4 - (V_{10} + V_{11} + 7.44)$$

因此，

$$V_4 = 7.44 + V_5 + (V_{10} + V_{11}) \quad ②$$

解方程式①、②得

$$V_{10} + V_{11} = 460.53$$

$V_{10}+V_{11}$ 即为实际产氨量。因此，实际产氨量=460.53 Nm^3=349.5 kg。每吨氨需要精炼气量=$\dfrac{1000}{0.3495}=2861$ (Nm^3)。每吨氨需要净化黄磷尾气量

$V=2861\times1.0935=3129$ (Nm^3)。

3. 压缩机计算举例

以 1000 kg 合成氨为计算基础(表 8.23)。

表 8.23　合成氨为计算基础数据

压缩机段数		Ⅰ	Ⅱ	Ⅲ	Ⅳ	Ⅴ	Ⅵ
段进气量计算公式		V_0	$1.2398V_0$	$1.9815V_0$	$1.15114V_0$	$1.0934V_0$	
段进气量/(Nm^3/h)		3130	3881	6202	3603	3422.3	3422.3
黄磷尾气量/(Nm^3/min)		52.2	64.7	103.2	60.05	57.0	57.0
段进口压力(绝对压力)MPa		0.1	0.26	0.70	1.79	4.4	12.0
段出口压力(绝对压力)MPa		0.26	0.75	1.80	4.5	12.0	30.0
气体组分/%	CO	0.80	69.04	0.2	0.35	—	—
	CO_2	2.6	2.09	42.08	0.32	—	—
	H_2	6.4	5.15	43.90	75.45	74.56	74.56
	N_2 +Ar	4.3	22.9	13.62	23.54	24.4	24.4
	O_2	0.5	0.5	—	—	—	—
	CH_4	0.4	0.32	0.2	0.34	1.04	1.04

续表

压缩机段数	Ⅰ	Ⅱ	Ⅲ	Ⅳ	Ⅴ	Ⅵ
绝热指数 K	1.3965	1.3972	1.3259	1.4043	1.4039	1.4039
压缩机实际压力比 ε	3.24	3.42	2.95	2.8	2.97	2.68
排气最高温度/℃	157	160	135	140	148	135
指示功率/kW	15.53	20	26.9	15.0	15.4	13.6
压缩机轴功率/kW	16.9	22.3	29.9	16.7	17.1	15.0
冷却水用量/(m^3/h)	2.3	2.9	3.9	2.2	2.2	2.0

压缩机轴总功率：

$$N=16.9+22.3+29.9+16.7+17.1+15=117.9\,(\text{kW/t NH}_3)$$

冷却水温升取 6℃，总冷却水用量：

$$G=2.3+2.9+3.9+2.2+2.2+2.0=15.5\,(\text{t/t NH}_3)$$

8.2.7　黄磷尾气制合成氨节能减排效果

黄磷尾气净化制合成氨工艺，利用黄磷尾气中的 CO 和 H_2 生产合成氨原料气：经 8.2.6 节计算，每吨氨消耗黄磷尾气 3130 Nm^3。

15000 m^3/h 黄磷尾气可生产合成氨 15000/3130=4.8（TNH_3/h）。

每年可生产合成氨：38000 t/年，相当于 4 万 t 合成氨厂。

合成氨市场价每吨 2800 元计算，年产值 2800 元×3.8 万= 10640 万元。

黄磷尾气制合成氨节能量按先进限额每吨合成氨 1.4 t 标准煤折算。

标准煤二氧化碳减排系数为 2.64 T_{CO_2} /tce。

黄磷尾气制合成氨节能减排效果见表 8.24。

表 8.24　黄磷尾气制合成氨处理量与节能减排效果

黄磷尾气量/(Nm^3/h)	年产气量/万 Nm^3	年产合成氨量/万 t	年节约标准煤 tce/万 t	年 CO_2 减排量 T_{CO_2} /万 t	年销售额/万元
10000	7920	2.5	3.5	9.24	7000
15000	11880	3.8	5.32	14.00	10640
20000	15840	5.0	7.0	18.48	14000
25000	19800	6.3	8.86	16.63	17640
30000	23600	7.6	10.64	28.00	21280

注：按合成氨市场价 2800 元/t 计算

8.3　黄磷尾气制甲醇

8.3.1　黄磷尾气制甲醇概述

甲醇(methanol，methyl alcohol，acetone)又名木醇、木酒精、甲基氢氧化物，是一种最简单的饱和醇。甲醇用途广泛，是基础的有机化工原料和优质燃料。主要应用于精细化工、塑料等领域，用来制造甲醛、乙酸、氯甲烷、甲氨、硫酸二甲酯等多种有机产品，也是农药、医药的重要原料之一。甲醇在深加工后可作为一种新型清洁燃料。

2011 年我国甲醇总产能达到 4654 万 t，甲醇产量为 2627 万 t，表观消费量达 3195.8 万 t。据资料称，国内甲醇的消费结构大致为：甲醛生产占总消费量的 40%，对苯二甲酸二甲酯、甲基丙烯酸甲酯和丙烯酸甲酯等占 20%，农药生产占 10%，聚乙烯醇占 7%，MTBE 占 5%，甲胺占 6%，硫酸二甲酯占 3%，其他占 9%。我国甲醇需求逐步增长，价格稳中有升。

目前，我国甲醇生产原料路线有下述三种[92, 93]。

(1)天然气制甲醇[94, 95]：2008 年国内天然气甲醇生产能力占总生产能力的约 26%，装置规模在 10 万～60 万 t/a 之间。国内天然气甲醇的生产成本差异较大，最高的甲醇生成本为 1431 元/t，最低的为 803 元/t，造成甲醇生产成本差距较大的主要原因是天然气价格。

(2)煤制甲醇[96, 97]：2008 年国内煤制甲醇的生产能力占总生产能力的约 66%，大中型装置的规模在 20 万～60 万 t/a 之间，小型装置(包括联醇)的规模在 2 万～10 万 t/a 之间。我国煤制甲醇的生产成本差异较大，主要是由煤炭价格不同造成的，当煤炭价格在 250 元/t 时，甲醇的生产成本为 1154 元/t；煤炭价格在 500～650 元，甲醇的生产成本分别达到 1670 元/t 和 1969 元/t。

(3)焦炉气制甲醇[98, 99]：2008 年国内焦炉气制甲醇的生产能力占总生产能力的 8%左右，装置规模在 8 万～20 万 t/a 之间。焦炉气制甲醇的生产成本主要取决于气的价格，原材料费用占总成本的 45%左右。如焦炉气价格按 0.25 元/m^3 计，甲醇的生产成本为 1222 元/t。

三种原料路线工艺比较如下所述。

天然气甲醇生产工艺简单、流程短、占地少、投资小，装置规模易于大型化，属于清洁生产工艺，三废排放少。

煤制甲醇工艺流程长且复杂，煤气化炉台数多、占地大，操作管理复杂、投资巨大，有大量的煤渣和 CO_2 排放，污染严重，造成环保压力增加。

焦炉煤气制甲醇属副产物回收，生产工艺相当于天然气，因其规模受到焦炉气规模的限制，所以产量有限。

甲醇生产原料路线和工艺技术的选择是由建设地点的资源、价格等情况所决定的，如果仅仅从工艺技术角度出发进行比较，天然气甲醇生产要优于煤制甲醇。新版《天然气利用政策》自 2012 年 12 月 1 日起正式实施，政策中规定，新建或扩建以天然气为原料生产甲醇及甲醇生产下游产品装置和以天然气代煤制甲醇项目被列入禁止类。因此，天然气制甲醇原料路线在我国的发展受到极大的限制。

黄磷尾气制甲醇属废气利用，是节能减排的重要手段，生产工艺与焦炉煤气制甲醇相似，属清洁生产工艺，节能减排效果显著，为甲醇原料路线添加一个新成员[100-103]。

黄磷尾气制甲醇的规模受到黄磷尾气规模的限制，所以产能可控性不够稳定。黄磷尾气制甲醇不是为了竞争，而是为了节能减排，在政策上受到很大优惠，所以成本低是其优势之一。

目前国内甲醇产能大量过剩，再加上进口甲醇的冲击，甲醇生产企业处境艰难。为了减轻甲醇市场的压力，将甲醇进一步加工为燃料油，作为一种清洁燃料可直接作为汽油使用。国内正在推广使用“MTG 甲醇合成油”工艺，该工艺可直接生产汽油，而不是作为添加甲醇的甲醇汽油。预计不久，汽油的使用，使世界对甲醇的需求大增。甲醇作为汽车内燃机的燃料消费将会大幅度增长。

8.3.2 黄磷尾气制甲醇生产工艺过程

1. 甲醇合成反应原理

甲醇合成是用 CO、CO_2 和 H_2 在一定的压力和温度下，通过铜基催化剂在甲醇合成塔内反应合成的，主要反应为：

$$CO + 2H_2 = CH_3OH(g) - 90.8\ kJ/mol \tag{8-33}$$

气体中有 CO_2 时也能发生合成甲醇反应，反应如下：

$$CO_2 + 3H_2 = CH_3OH(g) + H_2O(g) - 49.5\ mol \tag{8-34}$$

在反应过程中，主要为生成甲醇反应，同时发生一些副反应，生成少量的烃类、醇类、醚类、酯类等化合物，主要副反应有：

(1) 生成甲烷：

$$CO + 3H_2 = CH_4 + H_2O + 115.69\ kJ/mol \tag{8-35}$$

$$2CO + 2H_2 = CH_4 + CO_2 - 247.36\ kJ/mol \tag{8-36}$$

$$CO_2 + 4H_2 = CH_4 + 2H_2O - 165.02\ kJ/mol \tag{8-37}$$

(2) 生成醇类：

$$2CO + 4H_2 = C_2H_5OH + H_2O - 256.14\ kJ/mol \tag{8-38}$$

$$3CO + 6H_2 = C_3H_7OH + 2H_2O - 412.58\ kJ/mol \tag{8-39}$$

$$4CO + 8H_2 = C_4H_9OH + 3H_2O \tag{8-40}$$

(3) 生成醚类：

$$2CO + 4H_2 = (CH_3)_2O + H_2O \tag{8-41}$$

$$2CH_3OH = (CH_3)_2O + H_2O \tag{8-42}$$

(4) 生成高级烃类：

$$2CO + 5H_2 = C_2H_6 + 2H_2O - 347.35\ kJ/mol \tag{8-43}$$

$$3CO + 7H_2 = C_3H_8 + 3H_2O \tag{8-44}$$

$$8CO + 17H_2 = C_8H_{18} + 8H_2O \tag{8-45}$$

$$nCO + (2n+1)H_2 = C_nH_{2n+2} + nH_2O \tag{8-46}$$

式中，n 为碳原子数，可从 4 到 44。

(5) 变换逆反应：

$$CO_2 + H_2 = CO + H_2O \tag{8-47}$$

由 CO、CO_2 和 H_2 合成甲醇反应是放热反应，又是体积缩小反应，副反应也是如此。从热力学上说，降低反应温度和提高反应压力有利于生成甲醇的反应，但同时也有利于副反应，副反应消耗了有效气体，对生产不利，因此，为了达到多产甲醇的目的，必须选择性能良好的催化剂，严格控制工艺条件，提高主反应速率，减少副反应的发生。

2. 甲醇生产对原料气的要求

根据选定的反应条件和催化剂的性质对原料气提出下述要求：

(1) 原料气要维持一定的 H_2/CO 的比例。甲醇生产需要 2 mol H_2 和 1 mol CO，在原料气中的 CO_2 也参与生成甲醇反应，原料气的组成比例要满足化学计量的要求。在生产中要控制原料气中的 H_2、CO_2 和 CO 的组分，它们之间的关系应按 (H_2-CO_2) 与 (CO+CO_2) 之比在 2.05～2.15 的范围内调节。黄磷尾气中的 H_2 和 CO 的比例是用部分变换制氢中的蒸汽与 CO 的比例控制的，这个比例更易控制。

(2) 原料气中二氧化碳含量。合成原料气保持一定量的二氧化碳对合成甲醇有利，一般要求控制在 4%～6%范围内，最佳含量在生产时做调整，CO_2 含量由脱碳工序控制。

(3) 在甲醇合成循环气中惰性气体(氮、氩、甲烷)要用排出燃料气的方法控制循环气的组分惰性气越多排出越多，因此，要求黄磷尾气中氮气含量尽量要低，黄磷尾气中的氮和氩是由制磷车间原材料带入的，在净化过程中应减少空气带入量。

(4) 原料气中毒物的含量。合成甲醇催化剂为铜基催化剂，铜基催化剂对硫、磷、砷等毒物更为敏感。作为甲醇原料气的黄磷尾气，必须进行净化，净化包括初脱和精脱，初脱的任务是清除黄磷尾气中的油水、尘粒、氯化物、硫化物磷化物和砷化物等有害物质；精脱的目的是彻底清除残留的硫化物、磷化物和砷化物。尤其重要的是硫化物，根据国内铜基催化剂对硫化物的要求，合成气含硫量应低于 0.2 ppm，越低越好，越低催化剂寿命越长，磷化物要在 0.1 ppm 以下。

3. 黄磷尾气制甲醇流程

黄磷尾气制甲醇工艺是在黄磷尾气净化工艺的基础上，进一步精净化后加上甲醇合成工艺，黄磷尾气制甲醇流程框图如图 8.11 所示。

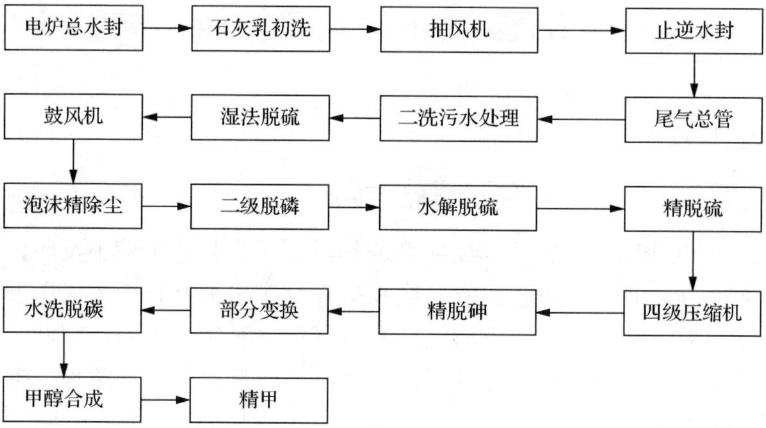

图 8.11 黄磷尾气制甲醇流程框图

在黄磷尾气净化工艺的基础上将脱磷改为二级脱磷，将磷含量降至 0.1 mg/Nm^3 以下，然后进行水解脱硫，将有机硫 COS 和 CS_2 脱至 20 mg/Nm^3 以下，再用精脱硫剂将总硫脱至 0.1 mg/Nm^3 以下。

由精脱硫送来的净化气，在常温及压力为 2000～3000 Pa，经过一段缓冲器后用四级压缩机吸入，经二段压缩至 0.75 MPa 排出，进入二段水冷器冷却至常温，并从底部将净化气中的冷凝水和润滑油排出；然后，进入精脱砷塔，将净化气中的 AsH_3 脱至 0.05 ppm 以下；精脱砷后的气体进入三段压缩至 1.8 MPa 左右排出，三段气缸压缩后净化气温度上升至 150℃左右，进入三段水冷器冷却至常温，在此进行油水分离后，进行水洗脱碳，脱碳气进入压缩机四段压缩至 5 MPa 左右排出，四段压缩后净化气温度上升至 150℃左右，进入四段水冷器冷却至常温，在此进行油水分离后，进入甲醇合成塔进行合成甲醇。

黄磷尾气净化工艺与 8.2 节“黄磷尾气制合成氨”相同。

8.3.3　净化黄磷尾气部分变换制氢

根据甲醇合成气 $H_2/(CO+CO_2)=2$ 的要求，查表 7.30，$H_2O/CO=1.0$，触媒层温度控制在 480℃时的部分变换气组分见表 8.25。

以黄磷尾气与部分变换气按 1∶1 比例混合为例，混合气成分见表 8.25。

表 8.25　混合气组分(%)

混合气	黄磷尾气	部分变换气	1∶1 混合气
CO	85.8	16.9	51.35
CO_2	2.6	38.87	20.74
H_2	6.4	41.26	23.83
N_2	4.3	2.72	3.51
O_2	0.5		0.25
CH_4	0.4	0.25	0.32

配气后进行部分变换。混合黄磷尾气经热交换器热交换后温度提高至 320℃进入部分变换炉，蒸汽量按 $H_2O/CO=1.0$ 比加入，触媒层温度控制在 480℃。

部分变换计算结果：

(1) 黄磷尾气原料气量：V=1 kmol 为计算基础。

(2) 部分变换炉蒸汽需要量：0.5135 m^3/Nm^3 原料气 0.4126 kg/Nm^3 原料气。

(3) 部分变换气组分见表 8.26。

表 8.26　部分变换气组分

名称	CO	H_2O	CO_2	H_2	N_2	CH_4
湿基组分/%	14.43	14.45	33.25	35.30	2.35	0.22
干基组分/%	16.90	0.00	38.87	41.26	2.71	0.26

(4) 剩余水蒸气量：0.16896 m^3/m^3 干原料气。

(5) 剩余水蒸气量：0.13577 kg/m^3 干原料气。

(6) 变换后变换气量：V_1=1.2951 kmol。

部分变换工艺见 7.2 节“黄磷尾气部分变换技术”。

8.3.4　部分变换气脱碳

目前最常用的脱碳方法有传统的加压水洗法和碳酸丙烯酯法，二氧化碳在碳酸丙烯酯中的溶解度比水大 4 倍，对于利用二氧化碳生产尿素和要求气体中含二氧化碳低的合成氨厂是很好的一个方法，对于甲醇厂来说，二氧化碳不利用，气体中二氧化碳含量要求较高，这个优点用不上；碳酸丙烯酯法能耗较低，但碳酸丙烯酯消耗大，价格贵，工艺复杂。通过比较，根据甲醇的实际情况，没有必要采用碳酸丙烯酯法，故选用加压水洗法。

加压水洗法是基于 CO_2 在水中的溶解度比变换气中的其他组分大，使水在水洗塔中与变换气逆流接触，则变换气中所含的 CO_2 极大部分溶于水中，而其他组分只有少量溶于水中。这样就可将 CO_2 从变换气中清洗下来。吸收了 CO_2 的水，减压后引入脱气塔，用空气将 CO_2 从水中赶出，使水再生。再生水又可重新利用。

加压水洗法优点是水源广泛，且水的再生简单，价格低廉，这在碳酸丙烯酯法未工业化前为合成氨厂所广泛采用。其缺点是动力消耗较大。

1. 水洗脱碳原理

水在压力下具有吸收气体的能力，二氧化碳和硫化氢在水中的溶解度最大，其他气体溶解度都很小，即使在较低的温度下，氮氢在水中的溶解度也很小。因此，我们可以利用水将变换气中的二氧化碳清洗掉，而有用的氢则损失较小，如在温度 15℃、压力 1 atm 下，二氧化碳在水中的溶解度比氢大 54 倍。

水作为溶剂属于物理吸收，气体在水中的溶解度服从亨利定律，即溶解于水中的气体量与它的分压成正比。压力越高，溶解度越大。

气体溶解度与温度的关系很大，温度升高，溶解度则减少，温度降低，则溶解度增加，所以用水洗涤二氧化碳的操作，应尽量在较低温度下进行。

氢、氮和一氧化碳等气体在水中的溶解度与压力成正比，即这些气体服从亨利定律。但二氧化碳只有其压力在 0.4～0.5 MPa(表压)以内，二氧化碳在水中的溶解度才可以用亨利定律表示。二氧化碳在水中的溶解度与压力、温度的关系见表 8.27，其他气体在 0.1 MPa 下，不同温度的溶解度见表 8.28。

表 8.27　不同温度压力下 CO_2 在水中的溶解度(Nm^3/m^3 水)

压力/MPa	不同温度下的溶解度				
	0℃	10℃	15℃	20℃	30℃
0.1	1.84	1.194	1.117	0.878	0.665
0.5	8.65	5.34	5.15	3.980	3.56
1.0	15.78	10.20	9.650	7.820	6.61
1.5	21.67	15.14	13.630	11.520	9.98
2.0	26.35	18.91	17.150	14.830	12.62
2.5	30.25	23.07	20.310	18.130	14.51
3.0	33.64	25.51	23.250	20.630	17.22

表 8.28　在不同温度下各种气体在水中的溶解度(Nm^3/m^3 水)(气体压力 0.1 MPa)

温度/℃	溶解度/(Nm^3/m^3 水)				
	H_2	N_2	CO	CH_4	O_2
5	0.02004	0.02901	0.03149	0.04805	0.04286
10	0.01955	0.01857	0.02816	0.04177	0.03802
15	0.01883	0.01682	0.02543	0.03690	0.03415
20	0.01819	0.01542	0.02319	0.03308	0.03102
25	0.01754	0.01431	0.02142	0.03006	0.02831
30	0.01699	0.01330	0.02046	0.02762	0.02608
35	0.01666	0.01164	0.01997	0.02546	0.02440

洗涤水用水量按下式计算：

水洗脱碳过程是在逆流脱碳塔内进行的过程，过程示意见图 8.8。

为简便起见，以 CO_2 物料进行核算，其他气体在水中的溶解度较小，忽略不计，这时 CO_2 的物料衡算可得：

$$V_1(1-y_1)=V_2(1-y_2) \tag{8-48}$$

$$V_2=V_1\frac{1-y_1}{1-y_2} \tag{8-49}$$

若假设在吸收过程中水量不变，做二氧化碳的物料衡算，被吸收的二氧化碳量 ΔV(Nm^3/h) 为

$$\Delta V=V_1\cdot y_1-V_2\cdot y_2=L(\varphi\cdot C_1-C_2) \tag{8-50}$$

其他气体在水中的物料衡算用同样的公式计算。

单位气体水消耗量按下式计算：

$$\frac{L}{V}=\frac{y_1-y_2}{(1-y_2)(\varphi\alpha p y_1-C_2)} \quad 或 \quad \frac{L}{V}=\frac{y_1-y_2}{(1-y_2)(\varphi C_1-C_2)} \tag{8-51}$$

式中，L 为溶剂消耗量，m^3/h；V 为变换气量，Nm^3/h；y_1 为变换气进塔 CO_2 含量，%；y_2 为变换气出塔 CO_2 含量，%；α 为溶解度系数，或亨利系数，$Nm^3/(m^3\cdot MPa)$；p 为脱碳塔平均压力(绝对压力)，MPa；φ 为饱和度，水实际吸收气体量与理论吸收量之比，饱和度一般均小于水饱和度一般取 60%～80%，水饱和度与气液两相接触面积和接触情况有关，即与水洗塔的结构有关。

黄磷尾气部分变换气组成：CO 16.90 %、CO_2 38.87、H_2 41.26%、N_2 2.71%、CH_4 0.26%，在 1.8 MPa 下，温度为 20℃，进入脱碳塔进行洗涤，以 1 kmol 黄磷

尾气即变换气为 1.2678 kmol 为计算基础，要求脱碳后净化气中 CO_2 在 3.5%左右，设水洗饱和度为 75%。

进入脱碳塔的变换气量：1.2951×22.4= 29 (Nm^3)

CO_2 分压：p=1.8×0.3887=0.6997 (MPa)

从表 8.27 查得，CO_2 在 0.1 MPa、温度 20℃下，CO_2 在水中的溶解度为 C_0= 0.878 Nm^3 CO_2/m^3 水；在 1.8 MPa、温度 20℃下，CO_2 的溶解度为 C_1= 0.878× 0.6997/0.1= 6.14 (Nm^3)。

在 1.8 MPa、温度 20℃下，各种气体在水中的溶解度查表 8.28，计算方法同 CO_2。

H_2 的溶解度：C_{H_2} =1.8×0.4126×0.01819/0.1=0.1351 (Nm^3)

CO 解度：C_{CO}=1.8×0.169×0.02319/0.1=0.07054 (Nm^3)

N_2 的溶解度：C_{N_2} =1.8×0.00272×0.01542/0.1=7.55×10^{-4} (Nm^3)

CH_4 的溶解度：C_{CH_4} =1.8×0.0016×0.03308/0.1=9.53×10^{-4} (Nm^3)

水消耗量：

$$L = V\frac{y_1 - y_2}{(1 - y_2)(\varphi C_1 - C_2)} = 29 \times \frac{0.3887 - 0.035}{(1 - 0.035) \times 0.75 \times 6.14} = 2.3082\ (\text{m}^3\ 水)$$

每立方米变换气需要水量为 0.07959 m^3 水/m^3 变换气。

脱碳后的脱碳气量按式(8-52)计算：

$$V_2 = V_1\frac{1 - y_1}{1 - y_2} = 1.2951V_0\frac{1 - 0.3887}{1 - 0.035} = 0.8204V_0 \tag{8-52}$$

式中，V_2 为脱碳后的脱碳气量，Nm^3/h；V_1 为变换气量，Nm^3/h；V_0 为净化黄磷尾气量，Nm^3/h。

被吸收的二氧化碳量：

$$\Delta V=L(\varphi \cdot C_1-C_2)=2.3082\times0.75\times6.14=10.6293\ (\text{Nm}^3)$$

被吸收的氢气量：

$$\Delta V=L(\varphi \cdot C_1-C_2)=2.3082\times0.75\times0.1319=0.2283\ (\text{Nm}^3)$$

被吸收的一氧化碳气量：

$$\Delta V=L(\varphi \cdot C_1-C_2)=2.3082\times0.75\times0.0868=0.1503\ (\text{Nm}^3)$$

被吸收的氮、甲烷气量略而不计。

在实际生产中，变换气在溶解 CO_2 的同时溶解 CO、H_2 于水中，在排出脱碳塔的富液中尚夹带少量变换气的乳浊液，从脱碳塔排出的富液设置某一个中间压力下进行降压膨胀，其目的是：①回收有用的气体；②降低二次降压的气体量。膨胀的压力与膨胀出来的气量及组分和常压解析出来的 CO_2 组分有关。分段降压放出水中的气体浓度与回收率可根据理论计算出来，见表 8.29。

表 8.29　膨胀器分段放出气体的量和组分

膨胀器中压力/MPa	气体名称	气体总量/Nm^3	CO_2		CO		H_2	
			Nm^3	%	Nm^3	%	Nm^3	%
1.8	水中溶解气体量	9.808	9.4382	96.2	0.1466	1.52	0.2227	2.27
0.4	溶解度/(Nm^3/m^3 水)		1.2422		0.019294		0.0293	
	水中残留量	2.179	2.0973	96.2	0.0326	1.52	0.0495	2.27
	降压析放量	7.6281	7.3409	96.5	0.114	1.5	0.1732	2.27
0.5	溶解度/(Nm^3/m^3 水)		1.5527		0.02412		0.03663	
	水中残留量	2.724	2.6216	96.2	0.0407	1.5	0.0618	2.27
	降压析放量	7.0834	6.8166	96.2	0.1059	1.5	0.1609	2.27

由表 8.29 可看出，膨胀器压力降低，膨胀气量增大，每降低 0.1 MPa，膨胀气量增大 0.5447 Nm^3。因黄磷尾气变换气中 CO_2 含量较高，膨胀气中有用气体含量只占 3.7%左右，膨胀气没有回收的必要。

变换气组分在水洗脱碳后脱碳气组分见表 8.30。

表 8.30　脱碳气物料衡算(黄磷尾气 1 kmol)

组分	合计	CO	CO_2	H_2	N_2	CH_4
变换气量/Nm^3	29.0	4.901	11.2723	11.9654	0.7888	0.0754
被吸收量/Nm^3		0.0651	10.6293	0.2283	—	
脱碳气量/Nm^3	18.08	4.8359	0.643	11.7371	0.7888	0.0754
脱碳气组分/%	100.00	26.75	3.56	64.92	4.36	0.42

2. 水洗脱碳工艺流程

水洗脱碳工艺流程图见图 8.12。

从变换工段的变换气经压缩机一、二、三这三段压缩后，压力提高至 1.8 MPa 即送入脱碳塔(1)也称水洗塔中，以除去绝大部分二氧化碳，水洗塔内为筛板，水自上而下流过筛板，气体自下而上与水逆流接触，水吸收二氧化碳外尚有氢、氮等，进入一级膨胀器(4)，压力降至 0.4 MPa，一部分二氧化碳、一氧化碳、氢气

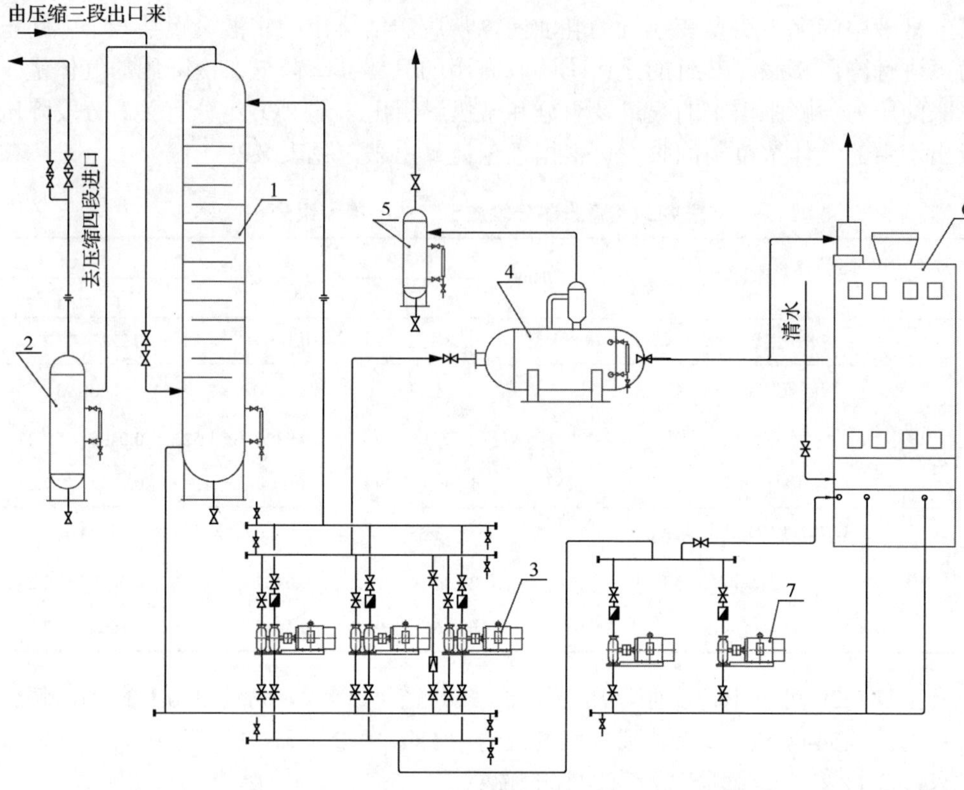

图 8.12 水洗脱碳工艺流程

1.脱碳塔；2.气水分离器；3.高压水泵；4.一级膨胀器；5.气水分离器；6.脱气塔；7.接力泵

即自水中逸出，放出的气体先在一级膨胀器上的旋风分离器，将气体中的水滴初步分离，然后进入气水分离器(5)将残余水雾除尽后放空。溶在水中的二氧化碳，在水进入脱气塔顶部的最终膨胀器压力降至常压，大部分二氧化碳放出。水中残余的二氧化碳，在脱气塔(6)中用大量的空气置换出来，排至大气中。空气用塔顶的抽风机从塔底吸入。

经过水洗塔后的气体经气水分离器(2)分离后送往压缩机四段进口分离器。

经脱气后的水用接力泵(7)送往高压水泵(3)加压后至水洗塔。

3. 水洗脱碳塔

中小型水洗脱碳塔多采用填料塔和筛板塔，填料塔结构简单，但生产强度小。筛板塔制作复杂，但生产强度大。同直径的筛板塔生产能力比填料塔大 1.3～1.5 倍，故采用筛板塔。

水洗脱碳塔因液气比较大，其液气比比一般筛板塔都高，在设计水洗脱碳塔时采用的公式和参数与一般筛板塔有所不同，需要结合水洗脱碳塔的特点进行考虑。

1)塔径的初选

水洗脱碳塔的全塔截面积由气体工作截面和降液管截面两部分组成。全塔截面积可由下式确定。

$$A_T=(A_a+A_f)\times e \tag{8-53}$$

式中，A_T 为全塔截面积，m^2；A_a 为气体工作截面积，m^2；A_f 为降液管截面积，m^2；e 为考虑边角、支架等所占的面积系数，可取 1.1～1.15，大塔取小值，小塔取较大值。

气体工作截面积可根据气体流量和通过截面的气体流速 ω 求得：

$$A_a=\frac{V}{\omega} \tag{8-54}$$

式中，V 为在操作工况下气体流量，m^3/s；ω 为气体流速，m/s。

一般筛板塔气体允许的有效空塔速度为

$$\omega_{G\max}=C\sqrt{\frac{\gamma_L-\gamma_G}{\gamma_G}} \tag{8-55}$$

式中，$\omega_{G\max}$ 为允许的有效空塔速度，m/s；γ_G、γ_L 为气相、液相的重度，kg/m^3；C 为经验系数，C 值与动能参数有关，在水洗筛板塔中的动能参数为 $\frac{L}{V}\left(\frac{\gamma_L}{\gamma_G}\right)^{\frac{1}{2}}$，$C$ 值由图 8.13 查得。

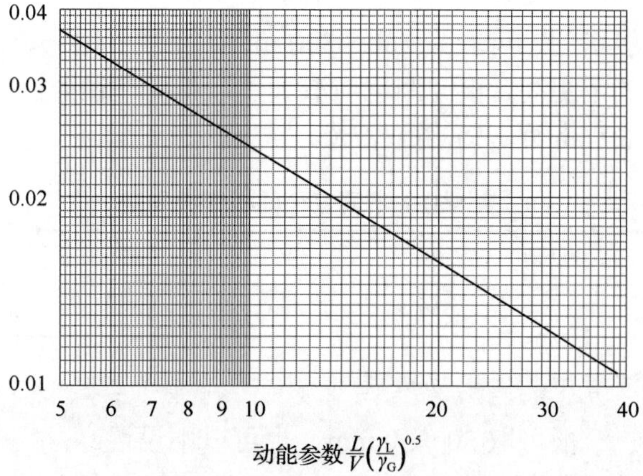

图 8.13　C 值与动能参数的关系

图 8.13 的数据是根据操作经验推算出来的，但因水洗塔的操作弹性比较大，气速对液泛的影响较小，在没有准确数据可查时，作为水洗塔的设计参考还是可以的。对水洗塔而言，因液气比很大，液泛往往是由于降液管液量太大，致使降液管液面上升超过了溢流堰高度而引起的，因此对降液管如何设计更重要。

在计算出 ω_{Gmax} 值后，即可按下式求出操作气体流速 ω，然后计算塔截面积和塔直径。

$$\omega=(0.75\sim0.85)\,\omega_{\text{Gmax}} \tag{8-56}$$

2) 降液管的设计

降液管的截面积由液体在降液管中的流速决定：

$$A_{\text{f}}=\frac{L}{3600\omega_{\text{L}}} \tag{8-57}$$

式中，A_{f} 为降液管截面积，m^2；L 为液体流量，m^3/h；ω_{L} 为液体在降液管内的流速，m/s。

根据资料介绍和生产实践，降液管流速可取 0.4 m/s，较一般筛板塔为高，液体在降液管内的停留时间可取为≤1.5 s，较一般筛板塔为低。

3) 塔板间距

最小塔板间距由下式计算：

$$H_{\text{T}}=\frac{H_{\text{d}}}{\phi}-h_{\omega} \tag{8-58}$$

式中，H_{T} 为塔板间距，m；H_{d} 为降液管内液面高度，m；h_{ω} 为外堰高，m；ϕ 为降液管中充气系数。根据生产实践，推荐 ϕ 值取为 0.75～0.8。

在设计中一般塔间距可取为 500～800 mm，在液气比一定时，直径大的塔液流强度比直径小的塔更高，板间距也应取大些。不同塔径的板间距可按表 8.31 选取，直径大于 2000 mm 的应采用双液流。

表 8.31 不同直径筛板塔板间距

塔径/mm	≤1000	1200	1400	1600	1800	2000
板间距/mm	500	550	600	650	700	800

4) 塔板及降液管中其他数据选取

溢流堰高度，一般可取 30～50 mm，也可以不设堰。

孔径、孔距及开孔率：孔径 5～7 mm，孔距一般可取孔径的 2～2.5 倍，开孔率一般可取 15%～20%。

5）塔板压力降的计算

水洗塔液体流量很大，板上清液层高度较高，在设计时有效液层阻力推荐用下式计算：

$$h_1 = 9.81(Kh_L\gamma_L + 0.408\frac{\sigma}{d_0}) \tag{8-59}$$

式中，h_1为有效液层阻力，kPa；K为充气系数，由图 8.14 查得；h_L为充气液层高度，m；γ_L为液体重度，kg/m^3；σ为液体表面张力，dyn/cm；d_0为筛孔直径，mm。

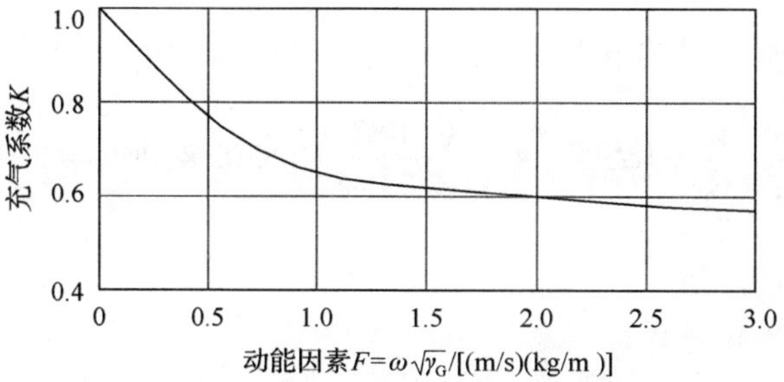

图 8.14　塔板上液体充气系数

4. 10000 m^3/h 黄磷尾气变换气水洗脱碳计算举例

1）物料衡算

A. 已知条件

黄磷尾气处理量 V_0=10000 Nm^3/h；

变换气量 V_1=1.295×10000=12950（Nm^3/h）≈578（kmol/h）；

变换气成分 CO 16.9%、CO_2 38.87%、H_2 41.26%、N_2 2.72%、CH_4 0.25%；

出塔气体中 CO_2 3.5%；

水洗吸收温度 20℃；

操作压力为 1.8 MPa（绝对压力）；

水洗饱和度 65%；

再生水残余 CO_2：30 mg/m^3，0.0153 Nm^3/m^3 水；

以分子分率表示为 $0.1228\times10^{-2}\%$。

B. 物料衡算

黄磷尾气部分变换气组成：CO 16.90%、CO_2 38.87%、H_2 41.26%、N_2 2.72%、CH_4 0.25%，在 1.8 MPa 下，温度为 20℃，进入脱碳塔进行洗涤，CO_2 分压 p=1.8×0.3887=0.6997（MPa），C_0=0.878 Nm^3 CO_2/m^3 水，在 1.8 MPa，温度 20℃下，CO_2 的溶解度为 C_1=0.878×0.6997/0.1= 6.14（Nm^3）。

在 1.8 MPa，温度 20℃下，各种气体在水中的溶解度查表 8.28，计算方法同

CO_2。H_2 的溶解度为 C_{H_2} =1.8×0.4126×0.01819/0.1=0.1351（Nm^3）；CO 解度为 C_{CO}=1.8×0.169×0.02319/0.1=0.07054（Nm^3）；N_2 的溶解度为 C_{N_2} =1.8×0.00272×0.01542/0.1=7.55×10^{-4}（Nm^3）；CH_4 的溶解度为：C_{CH_4} =1.8×0.0016×0.03308/0.1=9.53×10^{-4}（Nm^3）；

水消耗量：

$$L = V\frac{y_1 - y_2}{(1-y_2)(\varphi C_1 - C_2)} = 12950\times\frac{0.3887-0.035}{(1-0.035)\times(0.65\times6.14-0.0153)} = 1194(\text{m}^3\text{水}/\text{h})$$

脱碳后的脱碳气量按下式计算：

$$V_2 = V_1\times\frac{1-y_1}{1-y_2} = 1.295V_0\times\frac{1-0.3887}{1-0.035} = 0.8203\times1000 = 8204\ (\text{Nm}^3/\text{h})$$

溶于水中气体总量：

被吸收的二氧化碳量：

$$\Delta V=L(\Phi\cdot C_1-C_2)=1194\times(0.65\times6.14-0.0153)=4747(\text{Nm}^3/\text{h})$$

被吸收的氢气量：

$$\Delta V=L(\Phi\cdot C_1-C_2)=1194\times0.65\times0.1319=102.4(\text{Nm}^3/\text{h})$$

被吸收的一氧化碳气量：

$$\Delta V=L(\Phi\cdot C_1-C_2)=1194\times0.65\times0.0868=67.4(\text{Nm}^3/\text{h})$$

被吸收的氮气量：

$$\Delta V=L(\Phi\cdot C_1-C_2)=1194\times0.65\times0.00755=5.9(\text{Nm}^3/\text{h})$$

被吸收的甲烷气量：

$$\Delta V=L(\Phi\cdot C_1-C_2)=1030\times0.75\times0.00953=7.4(\text{Nm}^3/\text{h})$$

合计：

$$4747+102.4+67.4+5.9+7.4=4930.1(\text{Nm}^3/\text{h})$$

出水洗塔的气体量和成分：

CO_2：12950×0.3887–4747= 277.6（Nm^3/h）　　3.5 %

H_2：12950×0.4126–102.4=5240.77（Nm^3/h）　　65.4%

CO：12950×0.169–67.4= 2121.15(Nm³/h)　　26.5 %

N_2：12950× 0.0277–5.9= 352.815(Nm³/h)　　4.40 %

CH_4：12950× 0.0025–7.4= 24.975(Nm³/h)　　0.20 %

合计：　　8017.31Nm³/h　　100.00 %

2) 水洗塔计算

A. 已知条件

生产能力：变换气 12950 Nm³/h。

气体成分见表 8.32。

表 8.32　气体成分

组分	CO	CO_2	H_2	N_2	CH_4	合计
变换气	16.9	38.87	41.26	2.72	0.25	100
水洗气	26.5	3.5	65.4	4.4	0.21	100

水洗压力：进口 1.8 MPa，出口 1.79 MPa。

洗温度：30℃。

在操作工况下气体平均体积流量：$V=\dfrac{(12950+8204)}{2}\times\dfrac{0.1\times(273+20)}{1.8\times 273}=630.66$ (m³/h)。

气体平均重度：$\gamma_G=\dfrac{10577}{22.4}\times\dfrac{13.21}{630.66}=9.89$ (kg/m³)。

水的重度：γ_L= 1000 kg/m³。

液体表面张力(30℃)：σ=71.18 dyn/cm。

液体黏度(30℃)：μ_L=0.008 g/(cm · s)。

进塔气量：12950×298×0.1/(273×1.8)=785.3(m³/h)=0.21815(m³/s)。

进塔水：1195 m³/h=0.332 m³/s。

B. 初选塔径

水洗塔采用筛板，单溢流。

动能参数：

$$\frac{V_L}{V_g}\left(\frac{\gamma_L}{\gamma_G}\right)^{\frac{1}{2}}=\frac{1195}{785.3}\times\left(\frac{1000}{9.89}\right)^{\frac{1}{2}}=15.302$$

查图 8.13 得 C= 0.0229，

$$\omega_G=C\sqrt{\frac{\gamma_L-\gamma_G}{\gamma_G}}=0.0229\sqrt{\frac{1000-9.89}{9.89}}=0.229\ (\text{m/s})$$

操作气速：

$$\omega_G=0.229\times0.75=0.1718\,(\text{m/s})$$

工作截面积：

$$A_a=V_G/\omega_G=0.21815/0.1718=1.27\,(\text{m}^2)$$

降液管截面积：

$$A_f=V_L/\omega_L=0.332/0.4=0.83\,(\text{m}^2)$$

上式中，0.4 为降液管流速，m/s。

C. 全塔截面积及塔径

全塔截面积 $A_T=(A_a+A_f)\times e=(1.27+0.83)\times1.1=2.31\,(\text{m}^2)$；

塔径 $D=\sqrt{\dfrac{2.31}{0.785}}=1.715(\text{m})$；

塔径规格圆整后取塔径 D=1.8 m，A_T= 2.5434m^2。

塔径规格化后，全塔截面积比原来计算值增加 22%，气体工作截面积增大 22%，其余归降液管。

气体工作面积 $A_a=1.22\times1.27=1.55\,(\text{m}^2)$，则降液管面积增加至 2.54–1.55= 0.99 (m^2)，降液管流速则降至 0.28m/s。

D. 塔板间距及降液管的其他参数

筛孔取 6 mm，孔中心距取 14 mm。

自由截面 $A_0/A_a=0.907\times(6/14)^2\times100\%=16.7\%$。

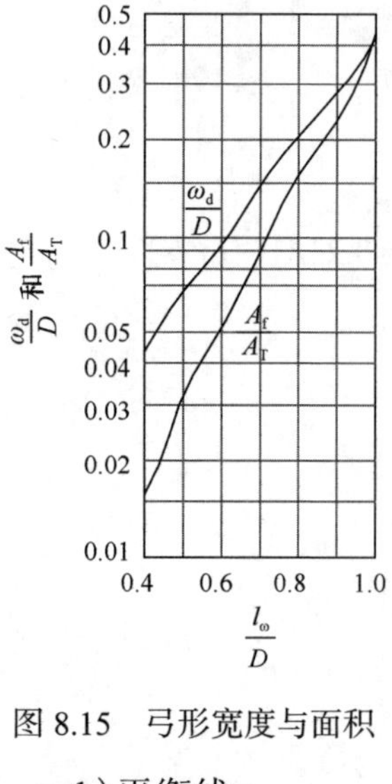

图 8.15　弓形宽度与面积

根据 A_f/A_T=0.99/2.5434=0.389，查图 8.15 得 l_ω/D=0.98。

溢流堰长 l_ω=1800×0.98=1764 (mm)。

堰高 h_ω 取 35 mm。

查表 8.31 得，塔径取 700 mm。

E. 塔板数的计算

a) 操作线

进塔气中 CO_2 浓度 38.87%，出塔气中 CO_2 浓度 3.62%，进塔水 CO_2 浓度 0.0153 Nm^3/m^3 水，以分子分率表示为 $0.1228\times10^{-2}\%$，出塔水 CO_2 浓度=$\dfrac{4751}{1195}$+0.0153= 3.991 (Nm^3/m^3 水)。

以分子分数表示为 0.321%，以 $X_1=0.128\times10^{-2}\%$，Y_2=3.5%为 1 点，X_2=0.321%，Y_1=38.87%为 2 点，连接点 1 与点 2 的直线即为操作线。

b) 平衡线

塔操作压力 p=1.8 MPa。查表 8.33，在 30℃时不同 CO_2 溶解度的平衡分压

$p^*_{CO_2}$，Y^*，用下式计算：$Y^*=p^*_{CO_2}/P$。将液体浓度折算成分子分率单位，即 X^*_0。

计算得平衡数据列于表 8.33，绘成曲线即为平衡曲线图 8.16。

表 8.33　在 30℃时不同 CO_2 溶解度的平衡分压

CO_2 溶解度/(Nm^3/m^3)	X^*	p^*	Y^*	CO_2 溶解度/(Nm^3/m^3)	X^*	P^*	Y^*
0.4	3.21×10^{-4}	0.06	0.033	2.8	22.5×10^{-4}	0.4	0.222
0.8	6.42×10^{-4}	0.125	0.069	3.2	25.7×10^{-4}	0.52	0.289
1.2	9.63×10^{-4}	0.19	0.106	3.6	28.9×10^{-4}	0.60	0.333
1.6	12.84×10^{-4}	0.252	0.140	4.0	32.1×10^{-4}	0.66	0.367
2.0	16.05×10^{-4}	0.317	0.176	4.4	35.4×10^{-4}	0.72	0.400
2.4	19.25×10^{-4}	0.382	0.212	4.8	38.6×10^{-4}	0.8	0.444

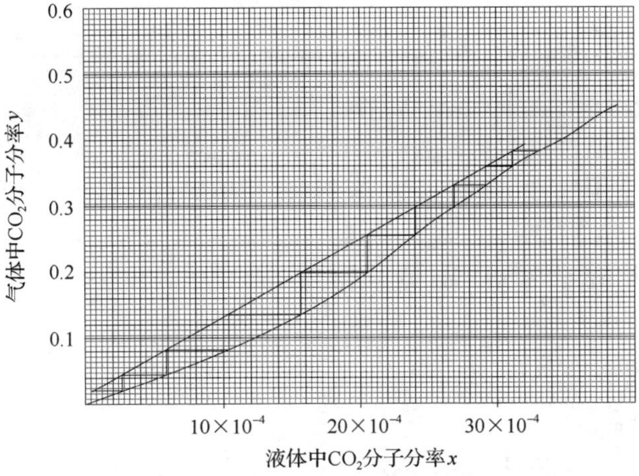

图 8.16　筛板水洗塔塔板计算图

由作图得出理论塔板 9.5 块，取板效率为 30%，供需塔板为 9.5/0.30=32(块)，取塔板数为 24 块。

水洗塔总高 H=27 m。

8.3.5　水洗气的甲醇合成

1. 甲醇合成原料气物料衡算

1) 已知条件

(1) 甲醇合成流程框图见图 8.17。

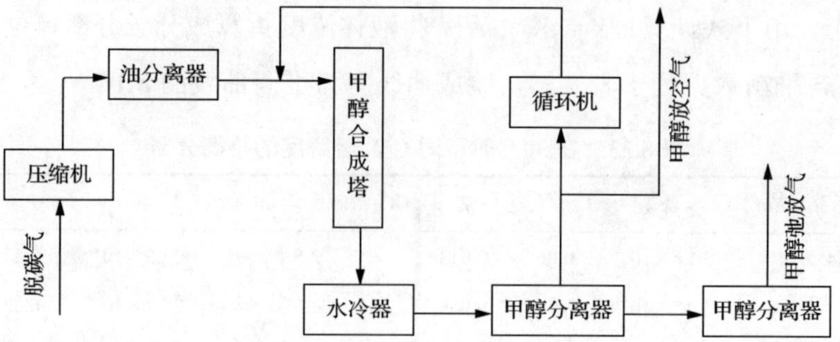

图 8.17　水洗气合成甲醇流程框图

(2) 水洗气组分见表 8.34。

表 8.34　水洗气组分

组分	CO	CO_2	H_2	N_2	CH_4	合计
占比/%	26.5	3.5	65.4	4.4	0.20	100

(3) 进塔气中甲醇含量：y_{a1}=0.5%。

(4) 进塔气中惰性气含量：y_{II}=20.00%。

(5) 出塔气中甲醇含量：根据哈尔滨气化厂单醇合成经验，设甲醇合成塔出塔气中含甲醇为 4.5%。

(6) 溶解在甲醇中的气体量：y_{a2}=4.5%。

2) 物料衡算

A. 进塔气组分

CH_3OH 0.5%;

CH_4　$20.0\% \times \dfrac{0.21}{4.4+0.21} = 0.9\%$；

N_2+Ar　$20.0\% \times \dfrac{4.4}{4.4+0.21} = 19.1\%$；

CO　$100\%–0.5\%–20\% \times \dfrac{1}{3}$=26.5%;

H_2　100%–0.05%–20%–26.5%=53.45%。

B. 出塔气组分

以 N_{T1}=100 kmol 进塔气为计算基础。

甲醇的产量按下式计算：

$$N_a = \frac{\Delta y_a \cdot N_{T1}}{1+y_{a2}} = \frac{(0.045-0.005)\times 100}{1+0.045} = 3.83\ (\text{kmol})$$

出塔气流量：N_{T2}=100–3.83=96.17(kmol)

出塔气中氢、一氧化碳含量=$\dfrac{(1-y_{a1}-y_{I1})N_{T1}-N_a}{N_{T1}-N_a}=\dfrac{(1-0.005-0.2)100-3.83}{100-3.83}$

$=78.7$

其中：N_2含量=78.7×0.3333=26.23，H_2含量=78.7×0.6667=52.47。

出塔气中惰性气含量=$\dfrac{y_{I1}\cdot N_{T1}}{N_{T2}}=\dfrac{0.2\times100}{100-0.45}=20.1\,\%$。

其中，CH_4含量=20.1%×$\dfrac{0.21}{4.4+0.21}=0.92\,\%$。

N_2+Ar 含量=20.1%×$\dfrac{4.4}{4.4+0.21}=19.18\,\%$。

出塔气组分见表 8.35。

表 8.35　出塔气组分

组分	H_2	CO	CH_4	N_2+Ar	CH_3OH
占比/%	50.34	25.23	0.82	19.11	4.5

3) 单位精甲原料气量的计算

以 1000 kg 精甲醇为计算基础，先假设粗甲醇的组分反算原料气需要量。

(1) 假设粗甲醇的组成：

甲醇(CH_3OH)	90.0 %
二甲醚(($(CH_3)_2O$))	0.42 %
高级醇(以异丁醇 C_4H_9OH 计)	0.26 %
高级烷烃(以辛烷 C_8H_{18} 计)	0.32 %
水	9.0 %

(2) 粗醇需要量：粗醇中含甲醇 90%、密度 0.826 g/ML，精甲醇耗粗甲醇为

$$G_{粗甲}=1/0.9=1111\,(kg/t)$$

(3) 生产甲醇所需原料气量：

(a) 根据粗甲醇组分，计算各组分的生成量。

甲醇(CH_3OH)生成量：分子量 32，按式(8-33)反应。

1111×0.9=1000(kg)　　即 31.25 kmol　　700 Nm^3

二甲醚(($(CH_3)_2O$))生产量：分子量 50，按式(8-41)反应生成二甲醚。

1111×0.0042=4.67(kg)　　即 0.093 kmol/h　　2.1 Nm^3

高级醇(C_4H_9OH)生产量：使用铜基催化剂时，副反应可生成多种高级醇，其中以乙醇、丁醇为主，在此以式(8-40)生成丁醇为代表进行计算，分子量 74。

1111×0.0026=2.89(kg)　即 0.039 kmol　0.87 Nm^3

高级烷烃(C_8H_{18})：副反应可生成 C_4～C_{44} 碳链长的烷烃，在此以辛烷为代表进行计算，分子量 114。

1111×0.0032=3.56(kg)　即 0.031 kmol　0.7 Nm^3

水(H_2O)：

1111×0.09=99.99(kg)　即 5.55 kmol　124.3 Nm^3

(b)生产测定得，按反应式(8-35)每生产 1t 粗甲醇的同时，CH_4 生成量为 7.56 Nm^3，即 0.34 mol/t 粗甲醇，所以，每吨精甲 CH_4 生成量为 1.110×7.56=8.39 Nm^3，即 0.377 kmol。

(c)根据粗甲醇组分，计算反应过程水的生成量：忽略由原料气带入的水分。

按反应式(8-35)生成的水：0.377(kmol)；

按反应式(8-41)生成的水：0.093(kmol)；

按反应式(8-40)生成的水：3×0.039=0.117(kmol)；

按反应式(8-45)生成的水：8×0.031=0.248(kmol)；

生成反应水总和：0.377+0.093+0.117+0.248=0.835(kmol)。

(d)变换逆反应生成的水：逆变换生成的水等于粗甲醇中的水减去反应生成的水。即 5.55–0.835=4.72(kmol)

即在逆变换反应中生成 4.72 kmol 的 CO 和 H_2O。

(e)压力为 5×10^6 Pa，温度为 30℃时，每吨粗甲醇中溶解的反应气组分见表 8.36。

表 8.36　混合气在粗甲醇中的溶解量表[104]

组分	CO	CO_2	H_2	N_2	CH_4	$(CH_3)_2O$	小计
溶解量/(Nm^3/t 粗甲醇)	4.9	3.3	12.96	1.63	0.38	0.96	24.13
溶解量/(Nm^3/t 粗甲醇)	5.44	3.66	14.39	1.81	0.42	1.07	26.79
组成/%	20.32	13.63	53.73	6.76	1.58	3.98	100

(f)甲醇弛放气中甲醇的扩散损失：根据测定，在 35℃时液态甲醇中释放的 CO、CO_2、H_2 等混合气中，每立方米含有 37.14 g 甲醇。假设经减压后液相中溶解的气体除二甲醚外全部释放出来，仍然溶入粗甲醇中的二甲醚被带到精馏装置放出，随释放气体排出的二甲醚量为不溶部分：2.1–1.07=1.03(Nm^3)，则甲醇扩散损失为(5.44+3.66+14.39+1.81+0.42+1.03)×0.03714= 1.36(kg)，即 0.0425 kmol/t 精甲醇，0.95 Nm^3/t 精甲醇。

(g)甲醇合成塔需要补充的新鲜气量 $V_{补}$。

$$V_{补}=\frac{V_{合}}{1-\frac{y_d}{0.2}}\tag{8-60}$$

式中，$V_{补}$为甲醇合成塔需要补充的原料气量，Nm^3；$V_{合}$为根据表 8.37 中计算的合计气量，2436.95 Nm^3；y_d为新鲜气惰性气含量，4.61%；每吨粗甲需要补充的水洗气量：

$$V_{补}=\frac{V_{合}}{1-\frac{y_d}{0.2}}=\frac{2436.95}{1-\frac{0.0461}{0.2}}=3166.93\ (\text{Nm}^3)$$

表 8.37　1000 kg 精甲醇合成原料气量及组成综合计算表

序号	消耗方式	单位	消耗原料气组分				消耗量/(Nm^3/t)
			CO	CO_2	H_2	N_2	
1	反应式(8-33)生成甲醇	kmol	31.25		62.5		
		Nm^3	700.0		1400.0		2100.0
2	反应式(8-41)生成二甲醚	kmol	0.186		0.372		
		Nm^3	4.17		8.33		12.5
3	反应式(8-35)生成甲烷	kmol	0.377		1.131		
		Nm^3	8.44		25.33		33.77
4	反应式(8-40)生成异丁醇	kmol	0.156		0.312		
		Nm^3	3.49		6.99		10.48
5	反应式(8-45)生成高级烷烃	kmol	0.248		0.663		
		Nm^3	5.56		14.85		20.41
6	反应过程生成的总水	kmol			5.55		
		Nm^3			124.32		124.32
7	反应式(8-47)变换逆变生成 CO	kmol	–4.72	4.72	4.72		
		Nm^3	–105.73	105.73	105.73		105.73
8	粗甲醇中气体溶解损失	Nm^3	5.44	3.66	0.42	1.81	26.79
8	弛放气中甲醇的扩散损失	Nm^3	0.95		1.90		2.85
	小计	Nm^3	616.9	105.73	1580.2	1.81	2436.95
9	排放气甲醇损失	Nm^3	0.122		1.58		0.365
	合计	Nm^3					

合成塔后排放气量 $V_{排}$。排放气量按下式计算：

$$V_{放}= V_{补}\times y_d/0.2 \tag{8-61}$$

式中，$V_{放}$为甲醇合成塔后排放气量，Nm^3；$V_{补}$为甲醇合成塔需要补充的原料气量，Nm^3；y_d为新鲜气惰性气含量，%。

合成塔后排放气量：

$$V_{放}= V_{补}\times y_d/0.2=3166.93\times 0.0461/0.2=730(Nm^3)$$

(h) 甲醇随气体带出量：排放气中甲醇含量一般为 0.5%，则排放气带走的甲醇量为$=V_{放}\times 0.05\%=730\times 0.005=0.365(Nm^3)$。1000 kg 精甲醇合成原料气量及组成综合计算见表 8.37。

8.3.6　压缩与甲醇合成流程

我国低压法合成甲醇工艺始于 20 世纪 60 年代初，当时从国外分别引进两套 10 万 t/a 的生产装置，此后国内对低压法工艺开发研究不断进行。以节能降耗为目标，与其相配套的离心压缩机，结构合理、加工容易的甲醇合成塔，性能良好的甲醇催化剂等的研制成功，主要性能已接近世界水平，为我国甲醇工艺国产化创造了良好的基础。故采用低压法合成甲醇。

1. 压缩和甲醇合成工艺流程

压缩和甲醇合成工艺流程图见图 8.18。由变换送来的部分变换气，在常温及压力为 2000～3000 Pa，设初始黄磷尾气的吸气量为 V_0，经过一段气水分离器(1)后被压缩机一段气缸吸入，并在其中压缩至 0.26 MPa 左右排出，一段气缸压缩后净化气温度上升至 155℃左右，进入一段水冷器(2)，水冷器有冷却气体和分离冷凝水的作用，它将净化气冷却到常温，并从底部将净化气中的冷凝水和润滑油排出。冷却后的净化气进入压缩机二段气缸。黄磷尾气在二段气缸中压缩至 0.75 MPa 左右排出，压缩后气体温度上升至 160℃，进入二段水冷器(3)冷却至常温，并从底部将净化气中的冷凝水和润滑油排出；然后，进入精脱砷塔(4)将净化气中的 AsH_3 脱至 0.05 ppm 以下，进入压缩机三段气缸，并在其中压缩至 1.8 MPa 左右排出，三段气缸压缩后变换气温度上升至 140℃左右，进入三段水冷器(5)冷却至常温，在此进行油水分离后，进入脱碳塔(6)脱除 CO_2 后的脱碳气量为 $V_4=1.03627V_0$，进入压缩机四段气缸，并在其中压缩至 5.0 MPa 左右排出，四段气缸压缩后净化气温度上升至 150℃左右，进入四段水冷器(8)冷却至常温，然后进入四段油水分离器(9)进行油水分离。

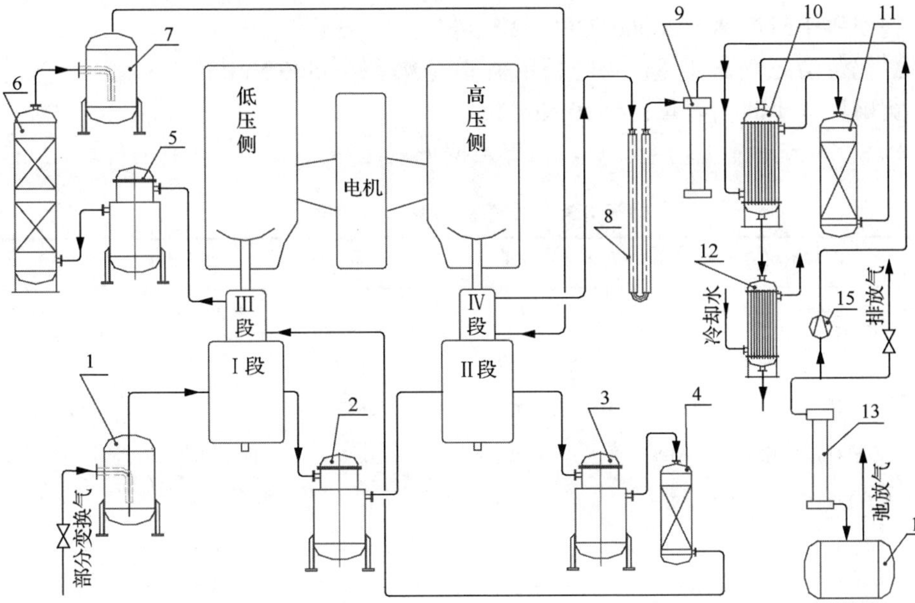

图 8.18　压缩和甲醇合成工艺流程

1.气水分离器；2.一段水冷器；3.二段水冷器；4.精脱砷塔；5.三段水冷器；6.脱碳塔；7.气液分离器；8.四段水冷器；9.四段油水分离器；10.合成气换热器；11.甲醇合成塔；12.甲醇水冷却器；13.气液分离器；14.粗甲醇槽；15.循环机

分离后的水洗气或称新鲜气与循环机(15)来的循环气混合进入合成气换热器与合成气换热器(10)将温度提高至 220℃，进入甲醇合成塔(11)，在此进行甲醇合成反应，合成反应多余的热量由中压蒸汽引出，控制反应温度在 280℃，反应后的合成气通过换热器将温度下降至 119℃左右，进入甲醇水冷却器(12)，冷却器用循环水冷却，将合成气冷却至 38℃以下，在此可凝性物质被凝结成液体，冷却后的合成气与冷凝物如甲醇进入气液分离器(13)进行分离，分离出来的粗甲醇进入粗甲醇槽(14)，供精甲使用。

气液分离器出来的合成气，根据气体中的惰性气含量进行控制排放，其余的由循环机(15)送回合成系统参与循环。

2. 压缩机功率计算

压缩机功率计算与 8.2.6 节“黄磷尾气的压缩”的计算方法相同。

以年产 2 万 t 合成甲醇为计算基础。

年产 2 万 t 合成甲醇需要净化黄磷尾气 10000 Nm^3/h。

精甲醇产量：20000 t/a。

年操作时间：300 天，连续操作，年操作时间 7200 h。

精甲醇小时产量：20000/7200 =2.8 (t/h)。

净化黄磷尾气需要量：每吨精甲需要黄磷尾气 3500 Nm^3/h。

黄磷尾气小时需要量：9800 Nm^3/h。

以 8.2.6 节压缩机功率计算，计算数据见表 8.38。

表 8.38　压缩机功率计算数据

压缩机段数		Ⅰ	Ⅱ	Ⅲ	Ⅳ
段进气量计算公式		V_0	V_0	$1.2951V_0$	$1.03627V_0$
段进气量/(Nm^3/h)		9800	9800	12692	10156
黄磷尾气量/(Nm^3/h)		163.3	163.3	211.5	169.3
段进口压力(绝对压力)/MPa		0.1	0.26	0.7	1.89
段出口压力(绝对压力)/MPa		0.26	0.75	1.9	5.0
气体组分/%	CO	85.8	85.8	16.9	26.5
	CO_2	2.6	2.6	38.87	3.5
	H_2	6.4	6.4	41.26	65.4
	N_2 +Ar	4.3	4.3	2.77	4.4
	O_2	0.5	0.5	—	—
	CH_4	0.4	0.4	0.2	0.2
绝热指数 K		1.3965	1.3965	1.356	1.3995
压缩机实际压力比 ε		3.496	3.62	3.25	3.045
排气最高温度/℃		160	165	145	150
指示功率/kW		52.3	54.0	51.6	46.8
压缩机轴功率/kW		56.9	58.7	56.0	51.0
冷却水用量/(m^3/h)		7.5	7.8	8.8	6.7

压缩机轴总功率：

$$N=56.9 +58.7 + 56 + 51= 222.6\,(\mathrm{kW})$$

冷却水温升取 6℃，总冷却水用量：

$$G=7.5+7.8 +8.8 + 6.7 = 30.8\,(\mathrm{t})$$

8.3.7　黄磷尾气制甲醇节能减排效果

黄磷尾气净化制甲醇工艺，是利用黄磷尾气中的 CO 和 H_2 合成甲醇的原料气。

经 8.3.6 节计算，每吨精甲醇消耗黄磷尾气 3500 Nm^3。

15000 m^3/h 黄磷尾气可生产甲醇：15000/3500=4.28（t 甲醇/h）

每年可生产甲醇：30850 t/a，相当于 3 万 t 甲醇厂。

甲醇燃烧热：726.55 kJ/mol（相当于 22.7 MJ/kg），1t 甲醇折合 22.7/29.306=0.77 吨标准煤。

黄磷尾气制甲醇节能量按每吨甲醇 0.77 吨标准煤折算。

甲醇 CO_2 减排量按排放因子进行计算，甲醇排放因子为 1.375 t CO_2/t 甲醇。

黄磷尾气制甲醇节能减排效果见表 8.39。

表 8.39　黄磷尾气制甲醇处理量与节能减排效果

黄磷尾气量/(Nm^3/h)	年产气量/万 Nm^3	年产甲醇量/万 t	年节约标准煤/万 t	年 CO_2 减排量 T_{CO_2} /万 t	年销售额/万元
10000	7920	2.0	1.54	2.75	44000
15000	11880	3.0	2.31	4.125	6600
20000	15840	4.0	3.08	5.5	8800
25000	19800	5.0	3.85	6.875	11000
30000	23600	6.0	4.62	8.25	13200

注：按甲醇市场价 2200 元/t 计算。

8.3.8　黄磷尾气年产 4 万 t 甲醇示例

1. 基础条件

精甲醇产量：40000 t/a。

年操作时间：300 天，连续操作，年操作时间 7200 h。

精甲醇小时产量：400000/7200 =5.56（t/h）。

粗醇生产量：粗醇中含甲醇 90%，密度 0.826 g/mL。

粗甲醇的组成：

甲醇（CH_3OH）	90.0 %
二甲醚（$(CH_3)_2O$）	0.42 %
高级醇（以异丁醇 C_4H_9OH 计）	0.26 %
高级烷烃（以辛烷 C_8H_{18} 计）	0.32 %
水	9.0 %

粗醇需要量：粗醇中含甲醇 90%、密度 0.826 g/mL，精甲醇耗粗甲醇为 5.56/0.9= 6.2（t/h），合 7.5 m^3/h。

$G_{粗醇}$=粗醇小时产量/精甲醇小时产量= 6.2/5.56=1.115（t/t）。

去掉油水和残液中的甲醇，实际上精甲醇耗粗甲醇为 1.15 (t/t)。

年需要粗醇量为 48000 t。

水洗气组分见表 8.40。

表 8.40　水洗气组分

组分	CO	CO_2	H_2	N_2	CH_4	合计
占比/%	26.5	3.5	65.4	4.4	0.2	100

合成塔操作压力 5.0 MPa。

合成塔操作温度 280℃。

排放气作为燃料气回收。

2. 物料衡算

1) 粗甲醇生产消耗量的计算

合成甲醇与计算有关的主要化学反应如下：

$$CO + 2H_2 = CH_3OH + 102.37\ kJ/mol \tag{8-62}$$

$$CO + 3H_2 = CH_4 + H_2O + 115.69\ kJ/mol \tag{8-63}$$

$$4CO + 8H_2 = C_4H_9OH + 3H_2O + 49.62\ kJ/mol \tag{8-64}$$

$$2CO + 4H_2 = (CH_3)_2O + H_2O + 200.39\ kJ/mol \tag{8-65}$$

$$8CO + 17H_2 = C_8H_{16} + 8H_2O + 957.98\ kJ/mol \tag{8-66}$$

$$\text{逆变反应}\ CO_2 + H_2 = CO + H_2O - 42.92\ kJ/mol \tag{8-67}$$

根据粗甲醇组分，计算各组分的生成量：

甲醇 (CH_3OH)	5600 kg/h	即 175 kmol/h	3920.2 Nm^3/h
二甲醚 ($(CH_3)_2O$)	26.23 kg/h	即 0.57 kmol/h	12.77 Nm^3/h
高级醇 (C_4H_9OH)	17.04 kg/h	即 0.22 kmol/h	4.88 Nm^3/h
高级烷烃 (C_8H_{18})	19.98 kg/h	即 0.177 kmol	3.97 Nm^3/h
水	560 kg/h	即 31 kmol/h	697 Nm^3/h

生产测定得，按反应式 8-35 每生产 1 t 粗甲醇的同时，CH_4 生成量为 4.36 Nm^3，即 0.34 kmol/t 粗甲醇，所以，CH_4 小时生成量为 47.2 Nm^3/h，即 2.11 kmol/h。

反应过程生成的水量，忽略由原料气带入的水分，根据反应式 (8-63) ～式 (8-66)

求得逆变反应式(8-67)生成的反应水为：

(1) 反应生成的水：2.11+4.88×3+0.57+0.177×8=18.736(kmol/h)。

(2) 逆变反应生成的水：等于粗甲醇中的水减去反应生成的水，即 31–18.736 = 12.264(kmol/h)，即在逆变换反应中生成 12.264 kmol/h 的 CO 和 H_2。

压力为 5×10^6 Pa、温度为 30℃时，每吨粗甲醇中溶解的反应气组分见表 8.41。

表 8.41　混合气在粗甲醇中的溶解量

组分		CO	CO_2	H_2	N_2	CH_4	$(CH_3)_2O$	小计
溶解量	Nm^3/t	4.9	3.3	12.96	1.63	0.38	0.96	
	Nm^3/h	30.4	20.5	80.4	10.1	2.4	6.0	149.8
组成/%		20.32	13.63	53.73	6.76	1.58	3.98	100

甲醇弛放气中甲醇的扩散损失：根据测定，在 35℃时液态甲醇中释放的 CO、CO_2、H_2 等混合气中，每立方米含有 37.14 g 甲醇。假设经减压后液相中溶解的气体除二甲醚外全部释放出来，则甲醇扩散损失为(30.4+20.5+80.4+10.1+2.4+6)× 0.03714= 5.6(kg/h)，即 0.16875 kmol/h，3.78 Nm^3/h。

合成塔后排放气量：根据表 8.39 计算的每吨精甲消耗有效 CO、CO_2、H_2 的量为 2437 Nm^3，水洗气需要量 V_x= 5.6×2437/(1–0.0461)=14307(Nm^3)，每吨精甲消耗水洗气约为 3600 Nm^3。

排放气量：新鲜气惰性气含量为 4.61%，假定循环气中的惰性气体平均控制在 20%，排放气量按下式计算：$V_{放}= V_{新}\times I_{新}/I_{放}=0.0461\times V_{新}/0.2= 0.2305\ V_{新}$。

根据精甲醇合成每小时消耗原料气量计算结果得出需要新鲜气量为 6748.7 Nm^3/h，则排放气量为 $V_{放}$= 0.2305×14307 = 3298(Nm^3/h)。

排放气组分与循环气组分相同，循环气组分根据典型的单醇生产实际数据作为计算基础，一般控制惰性气含量在 20%左右，循环气中 H_2 与 CO 之比约为 8。循环气组分如表 8.42 所示。

表 8.42　循环气组分

组分	CO	CO_2	H_2	N_2+Ar	CH_4	CH_3OH	合计
组成/%	8.5	1.0	70.0	16.2	3.8	0.5	100

甲醇随气体带出量：排放气中甲醇含量一般为 0.05%，则带走的甲醇量为 4650×0.05%= 2.33(Nm^3/h)。于是，精甲醇合成每小时消耗原料气量计算见表 8.43。

表 8.43 精甲醇生产原料气消耗量计算

消耗方式	单位	消耗原料气组分				小计/(Nm^3/h)	
		CO	CO_2	H_2	N_2	消耗量	生成量
反应式(8.3.1)生成甲醇	kmol/h	175		350			
	Nm^3/h	3920		7840		11760	3920
反应式(8.3.9)生成二甲醚	kmol/h	1.042		2.083			
	Nm^3/h	23.35		46.65		70.0	12.77
反应式(8.3.3)生成甲烷	kmol/h	2.11		6.33		H_2O	47.2
	Nm^3/h	47.2		141.85		186.11	47.2
反应式(8.3.8)生成异丁醇	kmol/h	0.8736		1.7472		H_2O	14.68
	Nm^3/h	19.57		39.14		58.71	4.89
反应式(8.3.16)CO_2逆变换	kmol/h	(−12.26)	12.26	−12.26			
	Nm^3/h	−274.6	274.6	−274.6		0.00	
反应式(1)生成高级烷烃	kmol/h	1.416		3.01		H_2O	31.72
	Nm^3/h	31.72		67.4		99.12	3.97
反应生成水	kmol/h			31			
	Nm^3/h			691		691	
粗甲醇中气体溶解损失	Nm^3/h	188.5	127.1	498.5	62.6	876.72	
弛放气中甲醇的扩散损失	Nm^3/h	0.71		1.43		2.14	
排放气甲醇损失	Nm^3/h					2.33	
合计	Nm^3/h					13746.13	

2) 变换气需要量

$$V_x=14037\times1.6157=23116(Nm^3)$$

3) 净化黄磷尾气需要量

A. 净化黄磷尾气组分(表 8.44)

表 8.44 净化黄磷尾气组分

CO/%	CO_2/%	N_2/%	H_2/%	O_2/%	CH_4/%
85.8	2.6	4.3	6.4	0.5	0.4%
COS/(mg/Nm^3)	H_2S/(mg/Nm^3)	CS_2/(mg/Nm^3)	HF/(mg/Nm^3)	总 P/(mg/Nm^3)	AsH_3/(mg/Nm^3)
0.1	0.03	0.03	0.1	0.1	0.1

B. 净化黄磷尾气需要量

每标准立方米变换气需要 0.794 Nm^3 净化黄磷尾气。

$$V_J=0.794\times 23116=18354\,(Nm^3)$$

C. 物料衡算：

循环气量的计算：设循环比为 6，循环气中甲醇含量 0.5%。从上述计算新鲜气量为 $G_{新鲜}$=20179 Nm^3/h，$G_{醇循环}$= 6×20179= 102017.2(Nm^3/h)。故得循环气各组分的量及其组成见表 8.45。

表 8.45　循环气各组分的量及其组成

组分	CO	CO_2	H_2	N_2+Ar	CH_4	CH_3OH	合计
组成/%	8.3	1.0	70.2	16.2	3.8	0.5	100
流量/(Nm^3/h)	10018	120.7	84733	19554	4587	603.5	102017.2

D. 甲醇合成塔入塔气量及组成的计算

根据甲醇合成塔 $G_{入塔气}=G_{新鲜气}+G_{循环气}$，由表 8.38 和表 8.41 计算得甲醇合成塔入塔气量，见表 8.46。

表 8.46　甲醇合成塔入塔气量及其组成

名称	单位	CO	CO_2	H_2	N_2+Ar	CH_4	CH_3OH	合计
新鲜气	%	26.5	3.5	65.4	4.4	0.2		100
	Nm^3/h	5347	706	13196	888.0	42.0		20179
循环气	%	8.3	1.0	70.2	16.2	3.8	0.5	100
	Nm^3/h	10018	120.7	84733	19554	4587	603.5	119616.2
入塔气	%	10.91	0.59	69.54	14.52	3.99	0.45	100
	Nm^3/h	15365	826.7	97929	20442	4629	603.5	139795.2

E. 甲醇合成塔出塔气量及组成的计算

根据甲醇 $G_{出塔气}=G_{入塔气}-G_{消耗气}$，由表 8.39 和表 8.42 计算得甲醇合成塔出塔气量，见表 8.47。

表 8.47　甲醇合成塔出塔气量及其组成

名称	单位	CO	CO_2	H_2	N_2+Ar	CH_4	CH_3OH	H_2O	合计
入塔气量	Nm^3/h	15365	826.7	97929	20442	4629	603.5		139795.2
消耗气量	Nm^3/h	–3430	147.5	–8786		47.2	12859	691	
出塔气量	Nm^3/h	11935	974.2	89143	20442	4676.2	13463	691	141324.4
出塔气组分	%	8.45	0.7	63.08	14.47	3.31	9.53	0.46	100

F. 甲醇分离器出口气体和液体产品流量与组分(表 8.48)

表 8.48 甲醇分离器出口气体和液体产品流量与组分

组分		CO	CO_2	H_2	N_2+Ar	CH_4	CH_3OH
分离器损失气量/(Nm^3/h)		188.5	127.1	498.5	62.6	14.9	
出分离器气体流量	Nm^3/h	11746.5	847.1	88644.5	20379	13448	603.5
	组分/%						
出冷却分离器液体量	Nm^3/h						
	组分/%						
	质量/(kg/h)						
	组分/%						
组分		CH_3OH	$(CH_3)_2O$	C_4H_9OH	C_8H_{18}	H_2O	
分离器损失气量/(Nm^3/h)		201	37.2				
出分离器气体流量	Nm^3/h	201					
	组分/%	0.05					
出冷却分离器液体量	Nm^3/h	3920.2	12.77	4.88	3.97	691	4632.82
	组分/%	84.51	0.28	0.11	0.09	15.00	100
	质量/(kg/h)	5600	26.23	17.04	19.98	560	6223.25
	组分/%	90.00	0.42	0.26	0.32	9.00	100

G. 出冷凝器气体量及其组成的计算

出冷凝器量即为出分离器量，由表 8.48 计算得甲醇合成塔出冷凝器气量，见表 8.49。

表 8.49 出冷凝器气量及其组成

名称	单位	CO	CO_2	H_2	N_2+Ar	CH_4	CH_3OH	合计
出冷凝器量	Nm^3/h	11746	847.1	88644	20379	13448	603.5	135667.6

3. 热量衡算

1) 甲醇合成塔的热平衡计算

A. 全塔热平衡方程式

$$\sum Q_{入塔气} + \sum Q_r = \sum (G_{出塔} \times C_{mr} \times T) + Q_{热损} \tag{8-68}$$

式中，$\sum Q_{入塔气}$ 为入塔各组分热量之和，kJ/h；$\sum Q_r$ 为合成反应和副产物的反应热之和，kJ/h；C_{mr} 为各组分的比热容，kJ/Nm^3；T 为出塔气体温度，℃；$Q_{热损}$

为合成塔热损失，kJ/h。

$$\sum Q_{入塔气}=\sum(G_{入塔气}\times C_{mr}\times T)$$

式中，$G_{入塔气}$为如同气体各组分的流量，Nm^3/h。

$$\sum Q_r = Q_{r1}+Q_{r2}+Q_{r3}+Q_{r4}+Q_{r5}+Q_{r6} \tag{8-69}$$

式中，Q_{r1}、Q_{r2}、Q_{r3}、Q_{r4}、Q_{r5}为分别为甲醇、二甲醚、异丁醇、甲烷、辛烷的生成热，kJ/h；Q_{r6}为二氧化碳逆变换的反应热，kJ/h。

$$Q_r=G_r\times\Delta H \tag{8-70}$$

式中，G_r为各组分的生成量，Nm^3/h；ΔH为生成反应的热变换，kJ/h 或 kJ/mol。

B. 全塔热平衡计算

入塔总热：

入塔气经换热后温度上升至 220℃进入合成塔，塔内保持反应温度为 280℃离开合成塔。

合成塔合成气带入热量。查表 1.10 气体热容，根据表 8.46 甲醇合成塔入塔气量及其组成，计算入塔热量，见表 8.50。

表 8.50　甲醇合成塔入塔各组分的热容及热量

组分		CO	CO_2	H_2	N_2+Ar	CH_4	CH_3OH	合计
比热容/[kJ/(kmol·℃)]		30.1589	44.2329	30.1174	29.9137	47.5613	60.2899	
入塔量	Nm^3/h	15365	826.7	97929	20442	4629	603.5	139795.2
	kmol/h	685.94	36.91	4371.8	912.6	206.65	26.94	
入塔热量/(kJ/h)		20661681	359150	28966960	6093758	1502556	357346	57941451

入塔气在 220℃时的总容量为 $Q_{入塔热}$= 57941451 kJ/h。

塔内生成热计算：

在甲醇合成塔内，CO、CO_2、H_2 按反应式(8-33)～反应式(8-47)甲醇、二甲醚、异丁醇、甲烷、辛烷，二氧化碳还原成一氧化碳和水，产生的热量见表 8.51。

表 8.51　甲醇合成塔内反应热

组分		CH_3OH	$(CH_3)_2O$	C_4H_9OH	C_8H_{18}	CH_4	CO	合计
生成热/(kJ/mol)		102.37	49.62	200.39	957.58	115.69	–42.92	
生成量	Nm^3/h	3920	12.77	4.89	3.97	47.2	59.4	4048.2
	kmol/h	175	0.57	0.218	0.177	2.107	2.65	180.722
反应热量/(kJ/h)		17914750	28288	43746	169714	243775	–113815	18286458

塔内反应热：Q_r=18286458 kJ/h。

全塔入热：

$$Q_{入}=(Q_{入塔热}+Q_r)=57941451+18286458=76227909\,(kJ/h)$$

出塔总热量：

合成塔出塔气量带出热量。塔内保持反应温度为 280℃离开合成塔。查表得气体热容，根据表 8.47 甲醇合成塔出塔气量及其组成，计算出塔热量，见表 8.52。

表 8.52　甲醇合成塔出塔各组分的比热容和热量

组分		CO	CO_2	H_2	N_2+Ar	CH_4	H_2O
比热容/[kJ/(kmol · ℃)]		30.3196	44.9780	30.1597	30.0603	49.6013	34.33
出塔气量	Nm^3/h	15365	826.7	97929	20442	4629	691
	kmol/h	685.94	36.9	4371.8	912.6	206.7	30.85
出塔热量/(kJ/h)		5823279	464800	36918840	7681156	2870056	296520

组分		CH_3OH	$(CH_3)_2O$	C_4H_9OH	C_8H_{18}
比热容/[kJ/(kmol · ℃)]		65.649	56.52	61.76	318.21
出塔气量	Nm^3/h	3920	12.77	4.89	3.97
	kmol/h	175	0.57	0.218	0.177
出塔热量/(kJ/h)		3216801	9020.6	3769.8	15770.5

出塔气在 280℃时的总容量为

$$Q_{出塔热}=54300013\ kJ/h$$

2) 全塔热损失取为全入热的 5%计算

$$Q_{热损失}=(Q_{入塔热}+Q_r)\times5\%=76227909\times0.05=3811395\,(kJ/h)$$

出塔总热量为

$$Q_{出}=54300013+3811395=58111408\,(kJ/h)$$

根据计算合成塔出口温度达 280℃，入塔热量由于塔内反应热很大，催化剂层温度要上升，为了保持催化剂层温度，需在塔内设置内置锅炉，将热量用蒸汽的形式引出，合成塔出口温度降低至 280℃时，产生中压蒸汽：蒸汽压力 2.6 MPa，饱和温度 225℃，蒸汽焓 2802.6 kJ/kg。

锅炉所吸收的热量：

$$Q= Q_{入塔热}-Q_{出塔热}=76227909-5811140 = 18116501\,(\text{kJ/h})$$

可产蒸汽量：

$$W=18116501/2802.6=6464\,(\text{kg/h})$$

4. 热交换器热平衡计算

合成后气进口温度 280℃。

混合气进口温度 40℃，换热后温度升高至出口 220℃。

进热：

热交换器进入热量即为合成塔出塔气热量，根据合成塔热量平衡得出合成气带入热量 Q_1：

$$Q_1 = 54300013\ \text{kJ/h}$$

查表得入换热器混合气在 40℃时的热容，根据表 8.46 各组分的流量，将进入换热器各组分的热容和热量见表 8.53。

表 8.53　进入换热器各组分的热容及热量

组分		CO	CO_2	H_2	N_2+Ar	CH_4	CH_3OH	合计
比热容/[kJ/(kmol·℃)]		29.558	42.0301	29.1495	29.3727	43.0575	46.89	220.0578
混合气量	Nm^3/h	15365	826.7	97929	20442	4629	603.5	
	kmol/h	685.94	36.91	4371.8	912.6	206.65	26.94	
入换热器热量/(kJ/h)		811000	62048	50975480	1072200	355920	50520	53327168

混合气带入的热量：

$$Q_2= 53327168\ \text{kJ/h}$$

$$Q_{入}=Q_1+Q_2= 54300013+53327168 = 107627181\,(\text{kJ/h})$$

出热：

换热后温度升高至出口 220℃带出的热量 Q_3 即为合成塔入塔气在 220℃时的总容量，根据合成塔热平衡求得：

$$Q_3=Q_{入塔热}= 42402800\ \text{kJ/h}$$

暂设合成气出换热器的热容按温度为 100℃计算，出口温度设为 t(℃)。

查表得气体热容，根据表 8.45 甲醇合成塔出塔气量及其组成，即为换热器换热后出口气量和组分，由此计算出合成气带出换热器的热量，见表 8.54。

表 8.54　甲醇合成气出换热器各组分的比热容和热量

组分		CO	CO_2	H_2	N_2+Ar	CH_4	H_2O
比热容/[kJ/(kmol·℃)]		29.6788	43.0359	29.1744	29.478	44.0869	33.1176
出器气量	Nm^3/h	11935	974.2	89143	20442	4676.2	691
	kmol/h	532.8	43.49	3979.6	912.6	208.76	30.85
出器热量/(t kJ)/h		158.13	1871.7	116102	26901	9203.6	1021.6
组分		CH_3OH	$(CH_3)_2O$	C_4H_9OH	C_8H_{18}		
比热容/[kJ/(kmol·℃)]		50.91	56.52	61.76	318.21		
出器气量	Nm^3/h	3920	12.77	4.89	3.97		
	kmol/h	175	0.57	0.218	0.177		
出器热量/(kJ/h)		8909.3t	32.2t	13.5t	56.3t		

合成气带出换热器的热量：

$$Q_4 = 170914\ t\ \text{kJ/h}$$

换热器热损失 Q_5 按带入热量的 3%计：

$$Q_5 = 107627181 \times 0.03 = 3228815\ (\text{kJ/h})$$

$$Q_{出} = Q_3 + Q_4 + Q_5 = 42402800 + 170914\ t + 3228815$$

$$61749173 = 45631615 + 170914\ t$$

根据热平衡原理求取合成气出换热器温度：

$$t = \frac{61749173 - 44255275}{170914} = 102.4\ (℃)$$

5. 甲醇水冷凝器的热平衡计算

1) 热平衡方程式

$$Q_{入口气} + Q_{冷凝} = Q_{出口气} + Q_{液体} + Q_{冷却水} \tag{8-71}$$

式中，$Q_{入口气}$、$Q_{出口气}$为分别为冷凝器进口和出口显热，kJ/h；$Q_{冷凝}$为在出口温度下可凝结气体的冷凝热，kJ/h；$Q_{液体}$为出冷凝器液体带出热，kJ/h；$Q_{冷却水}$为冷却水带出热，kJ/h。

2) 热平衡计算

进气温度 102℃，出气 35℃，冷却水进口温度 30℃，出口 36℃。

由手册查得，粗甲醇中各组分的物理常数见表 8.55。

表 8.55　粗甲醇中各组分的物理常数

组分	CH_3OH	$(CH_3)_2O$	C_4H_9OH	C_8H_{18}	H_2O
汽化热/(kJ/kg)	1117.93	531.75	577.81	307.85	2482.8
液体比热容/[kJ/(kg · ℃)]	2.72	2.638	2.596	2.26	4.1868

假设有相变物质在低于沸点时全部冷凝，扩散于气相中的组分忽略不计。

A. 可凝性气体冷凝放热

$$Q_{冷凝}=G\times \Delta H_r \tag{8-72}$$

式中，G 为冷凝液体流量，kg/h；ΔH_r 为组分的汽化热或冷凝热，kJ/kg。

根据表 8.46 数据，计算出合成气各组分及冷凝放热量见表 8.56。

表 8.56　合成塔各冷凝组分及冷凝放热量

组分		CH_3OH	$(CH_3)_2O$	C_4H_9OH	C_8H_{18}	H_2O	合计
冷凝量	Nm^3/h	3920.2	12.77	4.88	3.97	697	4638.8
	kg/h	5600	26.23	17.04	19.98	560	6223
放热量/(kJ/h)		6260408	13947.8	9845.9	6150.8	1390368	7680720

合成塔各组分冷凝放热量：

$$Q_{冷凝}=7680720\ \text{kJ/h}$$

B. 合成气进冷凝器气体带入热量

进冷凝器气体带入热量即为合成气从换热器带出热量：

$$Q_{入冷凝器}= 170914\ t = 170914\times 102= 17433228\ (\text{kJ/h})$$

冷凝器带入总热量：$Q_{入}$= 7680720+17433228 = 25113948 (kJ/h)。

C. 合成气出冷凝器带出热量

合成气出冷凝器的温度 38℃，根据表 8.49 甲醇合成塔出冷凝器气量及各组分的热容，计算出冷凝器各组分的热量，见表 8.57。

表 8.57　合成气出冷凝器各组分的热量

组分		CO	CO_2	H_2	N_2+Ar	CH_4	CH_3OH	合计
比热容/[kJ/(kmol·℃)]		29.558	42.0301	29.1495	29.3727	43.0575	46.89	220.0578
混合气量	Nm^3/h	11746	847.1	88644	20379	13448	603.5	135668
	kmol/h	524.4	37.82	3957.3	909.8	600.4	26.94	
出冷凝器热量/(kJ/h)		588980	60399	4383450	1015459	982295	50053	7080636

冷凝器出口温度为 38℃时，出口气体带出热量为

$$Q_{出冷凝器}= 7080636 \text{ kJ/h}$$

冷凝器出口液体带出热量 $Q_{出冷凝液}$

$$Q_{出冷凝液}=\sum(G_y C_y t) \tag{8-73}$$

式中，G_y 为冷凝器出口各组分的流量，kg/h；C_y 为各组分的比热容，kJ/(kg·℃)；t 为冷凝器出口液体温度，℃。

根据表 8.54 及表 8.55，计算冷凝器出口各组分冷凝液带出热量见表 8.58。

表 8.58　冷凝器出口各组分冷凝液带出热量

组分	CH_3OH	$(CH_3)_2O$	C_4H_9OH	C_8H_{18}	H_2O	合计
比热容/[kJ/(kmol·℃)]	2.72	2.638	2.596	2.26	4.1868	
冷凝液流量/(kg/h)	5600	26.23	17.04	19.98	560	
带出热量/(kJ/h)	578816	2629.4	1681.0	1715.9	89095.1	673937

冷凝器出口冷凝液温度为 38℃时，出口液体带出热量为

$$Q_{出冷凝液}= 673937 \text{ kJ/h}$$

冷凝器带出总热量：$Q_{出}$=7080636+673937=7754573(kJ/h)

冷凝器冷却水温度为 32℃，出口温度为 38℃。

冷却水用量：

$$W=\frac{Q_{入}-Q_{出}}{4.187(38-32)}=\frac{25113948-7754573}{25.1}=691608\ (\text{kg/h})$$

6. 设备计算

1) 合成塔

甲醇合成塔与氨合成塔一样是一种固定床反应器。甲醇合成塔的结构根据原

料气中一氧化碳含量高低有不同的结构。

原料气一氧化碳含量较高时，由于单醇生产有如下特点：①甲醇反应热量很大，在生产条件下，甲醇生成热相当于氨的 2 倍；②原料气一氧化碳含量很高，需要很大的循环量加以冲稀，气量很大；③使用铜基催化剂，该催化剂是金属氧化物粉末压制而成，导热系数小，耐热性能差。为了反应连续进行，必须把反应热迅速引出，同时还必须保证合成塔内反应温度均匀，避免催化剂局部过热而造成催化剂损坏，甲醇合成塔应将催化剂层热量迅速导出。

甲醇合成塔采用水管式冷低压恒温型甲醇合成塔，该塔是我国自行开发制造的新塔型。水管式冷低压恒温型甲醇合成塔具有温差小、触媒装填系数高，且温度稳定、自热性好、操作方便、控制容易、维护容易等优点。水管式冷低压恒温型甲醇合成塔其传热面积集中反映了甲醇合成塔的特点，也是甲醇合成塔设计的关键。

A. 热负荷的计算

根据甲醇合成塔的热平衡计算，求取合成塔需要取出的热量 Q 和蒸汽发生量 W。

B. 总传热系数的计算

催化剂层对水管外壁传热系数按下式计算：

$$\alpha_{\mathrm{K}} = 2.17\frac{\lambda_{\mathrm{K}}}{D_{\mathrm{t}}}\cdot\left(\frac{D_{\mathrm{t}}}{D_{\mathrm{P}}}\right)^{0.8}\left(\frac{D_{\mathrm{P}}\cdot G_{\mathrm{K}}}{\mu_{\mathrm{K}}}\right)^{0.52} \tag{8-74}$$

式中，λ_{K} 为催化床气体导热系数，kJ/(m·h·℃)；D_{t} 为催化剂床层当量直径，m；D_{P} 为催化剂颗粒当量直径，m；G_{K} 为催化剂床气体质量流量，kg/(m^2·s)。

气体对水管外壁传热系数按下式计算：

$$\alpha_0 = 0.023\times\frac{\lambda_0}{d_{\mathrm{C0}}}Re_{\mathrm{C0}}^{0.8}P_{\mathrm{C0}}^{0.4} \tag{8-75}$$

式中，λ_0 为气体导热系数，kJ/(m·h·℃)；d_{C0} 为水管当量直径，m。

$$R_{\mathrm{CO}}=d_{\mathrm{CO}}\cdot G/\mu_0\cdot f_0 \tag{8-76}$$

$$P_{\mathrm{r0}}=C_{p0}\cdot \mu_0/\lambda_0 \tag{8-77}$$

$$f_0 = 0.785n\left(d_{\mathrm{0n}}^2 - d_{\mathrm{in}}^2\right) \tag{8-78}$$

式中，G 为气体总质量流量，kg/h；μ_0 为气体黏度，kg/(m·h)；C_{p0} 为气体比热容，kJ/(kg·℃)；d_{0n} 为水管外径，m；d_{in} 为水管内径，m；n 为水管根数。

催化剂床和水管之间的总传热系数按下式计算：

$$K_0 = \frac{1}{\dfrac{1}{\alpha_K \cdot d_{in}} + \dfrac{d_{0J}}{\alpha_0 \cdot d_{0n}} + \dfrac{\delta_0}{\lambda_{0d}} + r_0} \tag{8-79}$$

式中，d_{0J}为水管平均直径，m；D_{in}为水管内径，m；α_K为催化剂层对水管外壁传热系数，kJ/(m^2·h·℃)；α_0为气体对水管外壁传热系数，kJ/(m^2·h·℃)；λ_{0d}为水管导热系数，kJ/(m·h·℃)；δ_0为水管壁厚，m；r_0为水管壁垢层系数，m^2·h·℃/kJ。

管内传热系数的计算

管内为沸腾水状态，在沸腾范围内，α值随热负荷q和温度差Δt增加而增大。当q和Δt超过临界热负荷时，沸腾状态转变为膜态沸腾，α值下降。

压力p在10 MPa范围内，且不超过临界热负荷范围内，可以推荐下列简化近似以计算水沸腾传热系数。

$$\alpha = 3q^{0.7}p^{0.15} \tag{8-80}$$

$$或\ \alpha = 390\Delta t^{2.33}p^{0.5} \tag{8-81}$$

式中，α为水的沸腾传热系数，kJ/(m^2·h·℃)；q为内置锅炉热负荷，kJ/(m^2·h)；p为蒸汽压力，MPa；Δt为壁面温度t_w与水蒸气饱和温度t_{os}差，t_w-t_{os}。

管内传热系数按下式计算：

$$K_i = \frac{1}{\dfrac{d_{iJ}}{\alpha d_{in}} + \dfrac{\delta_i}{\lambda_{id}} + r_i} \tag{8-82}$$

式中，d_{iJ}为水管平均直径，m；d_{in}为水管内径，m；α为水沸腾传热系数，kJ/(m^2·h·℃)；λ_{id}为水管材料导热系数，kJ/(m·h·℃)；δ_i为水管壁厚，m；r_i为水管壁内壁垢层系数，m^2·h·℃/kJ。

总传热系数按下式计算：

$$K = \frac{1}{\dfrac{1}{K_0} + \dfrac{1}{K_i}} \tag{8-83}$$

式中，K_0为催化剂床和水管之间的总传热系数，kJ/(m^2·h·℃)；K_i为管内总传热系数，kJ/(m^2·h·℃)。

在一定压力下沸腾水温度为定值，平均温度差可按对数平均值计算。

$$\Delta t_m = \frac{\Delta T_2 - t}{\ln \dfrac{\Delta T_2}{t}} \tag{8-84}$$

式中，ΔT_2 为合成气进口温度 T_1 与出口温度 T_2 之温差，$T_2 - T_1$；t 为根据锅炉操作压力查饱和温度，℃。

水管传热面积的计算

$$F = \frac{Q}{K \cdot \Delta t_m} \tag{8-85}$$

式中，Q 为合成塔需要取出的热量，kJ/h；K 为总传热系数，kJ/(m^2·h·℃)；Δt_m 为平均温度差；℃。

2) 热交换器计算

甲醇合成热负荷很大，采用立式列管塔外换热器。合成后气体走管内，合成前气走管间。

A. 已知条件

根据合成塔物料衡算和换热器热平衡计算结果(表 8.59 和表 8.60)。

表 8.59　合成前气体流量即换热器冷端进入气量

名称	单位	CO	CO_2	H_2	N_2+Ar	CH_4	CH_3OH	合计
入器气	%	10.99	0.59	70.05	14.62	3.32	0.43	100
	Nm^3/h	15365	826.7	97929	20442	4629	603.5	139795

表 8.60　合成出塔气量即换热器热端进入气量

名称	单位	CO	CO_2	H_2	N_2+Ar	CH_4	CH_3OH	H_2O	合计
出塔气量	Nm^3/h	11935	974.2	89143	20442	4676.2	13463	691	141324.4
出塔气组分	%	8.44	0.69	63.08	14.46	3.31	9.53	0.49	100

合成前气进口温度 t_1=40℃，出气温度 t_2=220℃；合成前混合气带入热量即换热器冷端进入热量：$Q_{入}$=7449160 kJ/h。

换热器热端进入温度 T_1=280℃，出口温度 T_2=102℃。

合成出塔气量即换热器热端进入热量：

$$Q_{入} = 17833228 \text{ kJ/h}$$

操作压力：0.5 MPa，在压力下热力参数与常压不同，准确计算需要对压力进行校正，为了减少计算工作量，假设在常压下进行计算。

B. 换热器热负荷量

$$Q = 17833228 - 7449160 = 10384068 \text{ (kJ/h)}$$

C. 换热器规格确定

(1)管内合成后气质量流速的计算

合成后气体分子量：M=11.72。

管内合成后气质量流速：

$$G = 141320 \times \frac{11.72}{22.4} = 73940.6\ (\text{kg/h}) = 20.54\ (\text{kg/s})$$

管内气体允许质量流速取为 ω_0=20 kg/(m^2·s)。

需要通道的截面积：

$$A_1 = W/G = 20.54/20 = 1.025\ (\text{m}^2)$$

选用ϕ32×2.5 管子，

$$\text{管子数} = \frac{1.025}{0.785 \times (0.032 - 0.005)^2} = 1791\ (\text{根})$$

(2)管板直径

采用六角形排列.取充填系数 0.9。

取管间距 t=44 mm。

$$D = 1.05 \times t\sqrt{\frac{n}{\eta}} = 1.05 \times 0.044\sqrt{\frac{1791}{0.9}} = 2(\text{m})$$

选用管板直径为 2 m。

D. 传热系数计算

管内传热系数的计算 α_1：

管内平均温度：

$$t = \frac{102 + 280}{2} = 191(℃)$$

合成后进入换热器气体在 191℃时的热力学参数见表 8.61。

表 8.61　合成后进入换热器气体在 191℃时的热力学参数

名称	CO	CO_2	H_2	N_2+Ar	CH_4	CH_3OH	H_2O	合成气
组分/%	8.45	0.7	63.07	14.47	3.31	9.52	0.48	100
C_p/[kJ/(kmol·℃)]	30.065	43.894	29.263	29.828	47.407	56.719	4.459	32.519
$\mu 10^7$/[kg/(m·s)]	241.94	221.64	119.68	243.05	158.02	153..8	144.2	181.21
$\lambda 10^4$/[kJ/(m·h·℃)]	1298.5	1088.1	8679.2	1300.3	2177.6	6375.7	2412	5192.7

分子量 M=11.72；C_p=2.7832 kJ/kg·℃；μ=0.06524 kg/m·h；λ=0.05193 kJ/(m · h · ℃)；$Pr=\mu C/\lambda$=0.06524×2.7832/0.05193= 3.4966；$Re=dG/\mu$=0.0295×20.54×3600/0.06524 = 33343.7。

$$\alpha_1 = 0.023\frac{\lambda}{d}Re^{0.8}Pr^{0.4}$$
$$= 0.023\times0.05193\times(33343.7)^{0.8}\times3.4966^{0.4}/0.0295$$
$$= 277.5\ \text{kJ/(m}^2\cdot\text{h}\cdot℃)$$

管外传热系数 α_2：

管子 ϕ32×2.5，1791 根。

装圆缺形挡板，挡板间距取为 0.45 m，缺口高度取为直径的 22%。

传热系数按下式计算：

$$\alpha_2 = 1.72{d_e}^{0.6}\left(\frac{d_0\cdot G}{\eta}\right)^{0.6}\left(\frac{C\eta}{\lambda}\right)^{\frac{1}{3}}\frac{\lambda}{d_0}$$

合成前气在平均 130℃时的热力学参数见表 8.62。

表 8.62　合成前气在平均 130℃时的热力学参数

项目	CO	CO_2	H_2	N_2+Ar	CH_4	CH_3OH	H_2O	合成气
组分/%	11.61	0.61	69.54	14.52	3.29	0.43	/	100
C_p/[kJ/(kmol · ℃)]	29.864	43.159	29.225	29.679	45.992	51.833	4.229	29.881
$\mu 10^7$/[kg/(m · s)]	219.3	200.58	110.68	224.34	144.68	132.2	220.55	172.3
$\lambda 10^4$/[kJ/(m · h · ℃)]	1158.9	944.2	8051.2	1193.7	1923.2	8323.0	2470	4676.4

分子量 M=11.6546；

C_p 为气体比热容 29.881/11.6548=2.5639 kJ/(kg · ℃)；

μ 为气体的黏度 0.06203 kg/(m · h)；

λ 为气体导热系数 0.04676 kJ/(m · h · ℃)。

管外流道基准截面积的计算：

$$S_1=h_1\cdot D(1-d_0/t)=0.45\times2(1-0.0295/0.044)=0.2966(\text{m}^2)$$

缺口高度 h'=2×0.22=0.44(m)

$$S_a = \frac{3.14}{180}r^2\cos^{-1}\left(\frac{r-h'}{r}\right)-(r-h')\sqrt{Dh'-h'^2}$$
$$= \frac{3.14}{180}1.0^2\cos^{-1}\left(\frac{1-0.44}{1}\right)-(1-0.44)\sqrt{2\times0.44-(0.44)^2}$$
$$= 0.5120(\text{m}^2)$$

$$S_2 = S_a\left[1-0.91\left(\frac{d_0}{t}\right)^2\right] = 0.5120\times\left[1-0.91\left(\frac{0.0295}{0.044}\right)^2\right] = 0.3026(\mathrm{m}^2)$$

$$S_m = \sqrt{S_1 S_2} = \sqrt{0.2966\times 0.3026} = 0.3(\mathrm{m}^2)$$

合成前气体在管外质量流速：

$$G_2 = \frac{140819\times 11.6546}{22.4\times 0.3026\times 3600} = 67.26\ \ \mathrm{kg/(m^2\cdot s)}$$

当量直径：

$$d_e = \frac{D^2 - nd_0{}^2}{D+nd} = \frac{2.0^2 - 1791\times 0.032^2}{2.0+1791\times 0.032} = 0.03652(\mathrm{m})$$

$$\alpha_2 = 1.72\times(0.03652)^{0.6}\times\left(\frac{0.032\times 67.26\times 3600}{0.06203}\right)^{0.6}\times\left(\frac{2.5639\times 0.06203}{0.04676}\right)^{\frac{1}{3}}\times\frac{0.04676}{0.032}$$
$$= 592.9\mathrm{kJ/m^2\cdot h\cdot ℃}$$

传热系数的计算：

$$K = \frac{1}{\dfrac{1}{\alpha_1}+\dfrac{1}{\alpha_2}+R+\dfrac{\delta}{\lambda}} = \frac{1}{\dfrac{1}{277.5}+\dfrac{1}{592.9}+0.008+\dfrac{0.0032}{167.5}}$$
$$=75.1\ \mathrm{kJ/(m^2\cdot h\cdot ℃)}$$

E. 平均温度差的计算

$$\Delta t_m = \frac{(T_2-t_1)-(T_2-t_2)}{\ln\dfrac{T_2-t_1}{T_2-t_2}} = \frac{(102-40)-(280-220)}{\ln\dfrac{102-40}{280-220}} = 61\ (℃)$$

F. 传热面积的计算

$$F = \frac{Q}{K\cdot\Delta t_m} = \frac{10384068}{75.1\times 61} = 2267\ (\mathrm{m}^2)$$

由计算可知，需要换热面积太大，在设计时应采取措施提高传热系数或调整热负荷，以减少传热面积。

3) 冷凝器的计算

水冷凝器采用列管式冷凝器，进气温度 T_1=102℃，出气 T_2=40℃，进水温度

t_1=30℃，出水温度 t_2=38℃。

气体走管间，水走管内。

根据热平衡计算结果，冷却水带走的热量：Q=17359360 kJ/h。

冷却水消耗量：691.6 t/h 按 700 t/h 计算。

进入水冷凝气量：141320 Nm^3/h。

水走管内为加大传热系数采用二程，二程的总水量为 1400 t/h。

水平均温度=34℃；

水重度=994 kg/m^3；

取水流速为 1.2m/s，列管选用 $\phi 25\times 2.5$ mm；

列管数=1400/(3600×1.2×0.785×0.02^2)=1032(根)；

单程管数：516 根。

管板直径的计算：

按正六角形排列，取充填系数=0.9，取管板间距 t=34 mm，

$$D = 1.05 \times 0.034 \times \sqrt{\frac{1032}{0.9}} = 1.2(\text{m})$$

选用管板直径为 1.2 m。

4) 传热系数的计算

水流量单程 700 m^3/h。

水平均温度 34℃。

此时水的热力参数：C_p= 4.175 kJ/(kg·℃)；μ= 0.728×10^{-3} kg/(m·s)；λ= 2.248 kJ/(m^2·h·℃)。

$$Pr = \frac{C_p \cdot \mu}{\lambda} = \frac{4.175 \times 0.728 \times 10^{-3} 3600}{2.248} = 4.8674$$

水的流速：

$$\omega = \frac{700}{0.785 \times 0.02^2 \times 516 \times 3600} = 1.2 \ (\text{m/s})$$

$$Re = \frac{dw\gamma}{\mu} = \frac{0.02 \times 1.2 \times 994}{0.728 \times 10^{-3}} = 32769$$

α_1= $0.023\lambda Re^{0.8} Pr^{0.4}/d$

= 0.023×2.248×$32769^{0.8}$×$4.8674^{0.4}$/0.02

=19942.7[kJ/(m^2·h·℃)]

管外合成后气平均温度 71℃，在 71℃时的热力数据列于表 8.63。

表 8.63　71℃时的热力数据

项目	CO	CO_2	H_2	N_2+Ar	CH_4	CH_3OH	合成气
组分/%	8.45	0.72	63.28	14.47	3.43	9.65	100
C_p/[kJ/(kmol·℃)]	29.665	42.426	29.172	29.466	43.96	47.938	31.513
$\mu 10^7$/[kg/(m·s)]	196.27	169.86	97.63	196.95	124.8	115	145.1
$\lambda 10^4$/[kJ/(m·h·℃)]	1014.4	705.1	7199.6	1017.5	1445.3	5019.1	4252.6

分子量：M=11.566。

C_p 为气体比热容 31.513/11.566= 2.7246 kJ/(kg·℃)。

μ 为气体的黏度 0.0522 kg/(m·h)。

λ 为气体导热系数 0.0425 kJ/(m^2·h·℃)。

装圆缺形挡板，挡板间距取为 0.4 m，缺口高度取为直径的 22%。

传热系数按下式计算：

$$\alpha_2 = 1.72 d_e^{\ 0.6}\left(\frac{d_0 \cdot G}{\mu}\right)^{0.6}\left(\frac{C\mu}{\lambda}\right)^{\frac{1}{3}}\frac{\lambda}{d_0}$$

合成后气在 71℃下的物性数据：

$$C_p = 2.72468\ \text{kJ/(kg·℃)}$$

$$\mu = 0.0522\ \text{kg/(m·h)} \qquad \lambda = 0.0425\ \text{kJ/(m·h·℃)}$$

$$Pr = \frac{C_p \cdot \mu}{\lambda} = \frac{2.7246 \times 0.0522}{0.0425} = 3.3464$$

管外流道基准截面积的计算：

$$S_1 = h_1 \cdot D(1 - d_0/t) = 0.4 \times 1.2(1 - 0.025/0.034) = 0.1271(\text{m}^2)$$

缺口高度：

$$h' = 1.2 \times 0.22 = 0.26(\text{m})$$

$$S_a = \frac{3.14}{180} r^2 \cos^{-1}\left(\frac{r - h'}{r}\right) - (r - h')\sqrt{Dh' - h'^2}$$
$$= \frac{3.14}{180} 0.6^2 \cos^{-1}\left(\frac{0.6 - 0.26}{0.6}\right) - (0.6 - 0.26)\sqrt{1.2 \times 0.26 - (0.26)^2}$$
$$= 0.180(\text{m}^2)$$

$$S_2 = S_a\left[1-0.91\left(\frac{d_0}{t}\right)^2\right] = 0.180\left[1-0.91\left(\frac{0.025}{0.034}\right)^2\right] = 0.09144(\mathrm{m}^2)$$

$$S_m = \sqrt{S_1 S_2} = \sqrt{0.1271 \times 0.09144} = 0.10781(\mathrm{m}^2)$$

气体在管外质量流速：

$$G = \frac{141320 \times 11.566}{22.4 \times 0.10781 \times 3600} = 188.0 \quad \mathrm{kg/(m^2 \cdot h)}$$

当量直径：

$$d_e = \frac{D^2 - n{d_0}^2}{D + nd} = \frac{1.2^2 - 1032 \times 0.025^2}{1.2 + 1032 \times 0.025} = 0.0294(\mathrm{m})$$

$$\alpha_2 = 1.72 \times (0.0294)^{0.6}\left(\frac{0.025 \times 188.0 \times 3600}{0.0522}\right)^{0.6}\left(\frac{2.7246 \times 0.0522}{0.0425}\right)^{\frac{1}{3}}\left(\frac{0.0425}{0.025}\right)$$
$$= 1067.3 \ \mathrm{kcal/(m^2 \cdot h \cdot ℃)}$$

传热系数的计算：

$$K = \frac{1}{\frac{1}{\alpha 1} + \frac{1}{\alpha 2} + R + \frac{\delta}{\lambda}} = \frac{1}{\frac{1}{19942.7} + \frac{1}{1067.3} + 0.008 + \frac{0.0025}{167.5}} = 111.1\,\mathrm{kJ/(m^2 \cdot h \cdot ℃)}$$

平均温度差的计算：

$$\Delta t_m = \frac{(T_1 - t_2) - (T_2 - t_1)}{\ln\frac{(T_1 - t_2)}{(T_2 - t_1)}} = \frac{(102-38)-(40-30)}{\ln\frac{(102-38)}{(40-30)}} = 29\ (℃)$$

传热面积的计算：

$$F = \frac{17359360}{111.1 \times 29} = 5388(\mathrm{m}^2)$$

参考文献

[1] 侯永胜, 王学谦, 张洁, 等. 黄磷尾气净化及综合利用技术进展[J]. 昆明理工大学学报(自然科学版), 2012, 37(1): 73-77.

[2] 张义堃, 刘宝庆, 蒋家羚, 等. 黄磷尾气回收利用现状与展望[J]. 化工机械, 2012, 39(4): 423-427.

[3] 陈善继. 黄磷尾气的回收利用[J]. 无机盐工业, 2008, 40(2): 51-53.

[4] 张时能, 郭仕唐. 黄磷尾气的综合利用[J]. 磷肥与复肥, 1999, (1): 66-68.

[5] 周波. 黄磷电炉尾气的应用实践[J]. 云南化工, 1996,(4): 44-45.

[6] 杨毅, 何衍玉. 利用黄磷尾气发电[J]. 云南化工, 2012, 41(4): 54-56.

[7] 孙志立, 张冬平. 黄磷尾气在燃煤蒸汽锅炉中应用的可行性分析[J]. 化肥工业, 2016,(1): 1-4.

[8] 张国荣. 黄磷生产企业清洁生产技术应用[J]. 当代化工研究, 2016, (10): 22-24.

[9] 余有平. 黄磷清洁生产关键技术及产业化研究[J]. 磷肥与复肥, 2016, 31(9): 31-33.

[10] 陈思忠. 黄磷尾气的净化及综合利用[J]. 中国资源综合利用, 2011, 29(7): 31-33.

[11] 梅毅, 梁雪松, 杨亚斌, 等. 黄磷产业的节能降耗与资源利用[J]. 现代化工, 2010, 30(10): 80-83.

[12] 陈善继. 我国黄磷产业现状及发展方向综述[J]. 硫磷设计与粉体工程, 2006, (4): 10-20.

[13] 李凯, 钱朝军. 化解黄磷业百年难题[J]. 科学中国人, 2015,(8): 58.

[14] 刁建元, 王光裕. 黄磷尾气的净化及利用[J]. 河南化工, 1998, (9): 31-32.

[15] 魏玺群, 郑才平, 张杰, 等. 黄磷尾气净化回收新工艺探讨[J]. 化肥工业, 2001, 28(6): 29-32.

[16] 李光兴. 黄磷尾气一氧化碳的化工利用[J]. 化学与生物工程, 1992, (1): 48-52.

[17] 段春月. 黄磷尾气综合利用现状及建议[J]. 云南化工, 2010, 37(2): 53-56.

[18] 黄磷工业污染物排放标准即将颁布　黄磷生产排放有法可依[J]. 中国石油和化工标准与质量, 2009, 29(3): 35-36.

[19] 杜建学, 孙志立. 电热法制磷[M]. 北京: 冶金工业出版社, 2010.

[20] 谢芸, 扶江, 辛亚蒲, 等. 黄磷尾气净化 CO 提纯中试项目[J]. 绿色科技, 2014, (9): 194-196.

[21] 肖二飞, 雷军, 刘应杰, 等. 黄磷尾气的净化与综合利用[J]. 广东化工, 2016, 43(17): 254-255.

[22] 凌霞, 周虹. 工作场所中磷化氢测定方法的研究[J]. 中国卫生检验杂志, 2009, 17(9): 1714, 1722.

[23] 高红, 张永, 宁平, 等. 金属改性碳脱除 PH_3 和 H_2S 动力学及反应机理研究[J]. 环境工程学报, 2009, 3(2): 301-305.

[24] Ning P, Li K, Yi H H, et al. Simultaneous catalytic hydrolysis of carbonyl sulfide and carbon disulfide over modified microwave coal-based active carbon catalyst at low temperature[J]. The Journal of Physical Chemistry C, 2012, 116: 17055-17062.

[25] Li K, Song X, Ning P, et al. Energy utilization of yellow phosphorustail gas: Simultaneous catalytic hydrolysis of carbonyl sulfide and carbon disulfide at low temperature[J]. Energy Technolog, 2014, 3: 136-144.

[26] 王红妍, 易红宏, 唐晓龙, 等. 改性活性炭催化水解羰基硫[J]. 中南大学学报(自然科学版), 2011, 42(3): 848-852.

[27] Wang X Q, Qiu J, Ning P, et al. Adsorption/desorption of low concentration of carbonyl sulfide by impregnated activated carbon under micro-oxygen conditions [J]. Journal of Hazardous Materials, 2012, 229-230: 128-136.

[28] Wang X Q, Ma Y X, Ning P, et al.Adsorption of carbonyl sulfide on modified activated carbon under low-oxygen content conditions [J]. Adsorption, 2014, 20: 623-630.

[29] Ma Y X, Wang X Q, Ning P, et al. Simultaneous removal of PH_3, H_2S and dust by corona plasma [J]. Energy & Fuels, 2016, 30: 9580-9588.

[30] Ren Z D, Quan S S, Zhu Y C, et al. Purification of yellow phosphorus tail gas for the removal of PH_3 on the spot with flower-shaped CuO/AC [J]. RSC Advance, 2015, 5: 29734-29740.

[31] Bai M D, Bai X Y, Tang H, et al. Removal of SO_2 in simulated flue gas via strong ionization discharge[J]. Chinese Journal of Applied Chemistry, 2005, 22(2): 128-131.

[32] 雷军, 王先厚, 张清建, 等. 工业废气中氰化氢脱除技术的工业应用研究[J]. 天然气化工(C1 化学与化工), 2016, 41(3): 82-85.

[33] Ma Y X, Wang F, Wang X Q, et al. Effects of structures and surface species over Al-Ti-Ox catalysts on removal of HCN [J]. Journal of the Taiwan Institute of Chemical Engineers, 2017, 70: 196-204.

[34] 董新春. 利用电炉生产黄磷的尾气制取草酸[J]. 环境保护, 1989, (9): 30.

[35] Wang X, Ning P, Chen W. Studies on purification of yellow phosphorus off-gas by combined washing, catalytic oxidation, and desulphurization at a pilot scale[J]. Separation & Purification Technology, 2011, 80(3): 519-525.

[36] 余姝丽, 郭蔚良. 连续催化氧化脱磷技术在黄磷尾气净化中的应用[J]. 化肥工业, 2015, (5): 4-6.

[37] 熊辉, 杨晓丽, 李广兴. 次氯酸钠氧化脱除黄磷尾气中的硫、磷杂质[J]. 化工环保, 2002, 22(3): 161-164.

[38] 沈浚, 朱世勇, 冯孝庭. 合成氨[M]. 北京: 化学工业出版社, 2001.

[39] 姜圣阶等. 合成氨工学: 第二卷[M]. 北京: 石油化学工业出版社, 1976.

[40] 汪东红, 李宗宝. 硫化氢中毒及预防[M]. 北京: 中国石化出版社, 2008.

[41] 廖明典, 毕亚凡, 黄永文, 等. 复合溶媒对黄磷尾气中 PH_3、H_2S 吸收试验研究[J]. 化学与生物工程, 2010, 27(7): 84-86.

[42] 宁平, 李凯, 易红宏. 含 CO 工业废气中有机硫深度净化关键技术[M]. 北京: 冶金工业出版社, 2014.

[43] 李成福, 张洁, 侯永胜. 888 法脱硫在黄磷尾气净化中的应用及工艺管理优化[J]. 工程技术: 引文版, 2016, (4): 22-23.

[44] 梁兴禄, 汪晓梅. 888 法脱硫的特点及应用技术综述(上)[J]. 化工催化剂及甲醇技术, 2005, (1): 16-20.

[45] 何冰. 888 法脱硫技术的应用(上)[J]. 化工催化剂及甲醇技术, 2005, (3): 18-21.

[46] 叶响铃. 888 法变换气脱硫工艺管理的优化[J]. 化学工程与装备, 2015, (6): 52-54.

[47] 蒋明, 宁平, 徐浩东, 等. 催化氧化净化黄磷尾气现场实验[J]. 现代化工, 2009, 29(3): 68-71.

[48] 玄恩锋. 国内硫磺的产需分析及预测[J]. 硫磷设计与粉体工程, 1998, (4): 14-15.
[49] 陈赓良. 克劳斯法硫磺回收工艺技术进展[J]. 石油炼制与化工, 2007, 38(9): 32-37.
[50] 唐昭峥, 毛兴民. 国外硫磺回收和尾气处理技术进展综述(续)[J]. 齐鲁石油化工, 1996, (4): 302-311.
[51] 刘宏伟, 徐西娥. LO-CAT 硫磺回收技术在炼厂硫磺回收装置中的应用[J]. 石油与天然气化工, 2009, 38(4): 322-326.
[52] 常宏岗, 王荫研. 胺法脱硫、硫磺回收工艺现状及发展[J]. 石油与天然气化工, 2002, 31(Z): 33-36.
[53] 余琼粉, 易红宏, 唐晓龙, 等. 磷化氢在改性 13X 分子筛上的吸附行为[J]. 化学工程, 2009, 37(12): 1-4.
[54] Weston M H, Morris W, Siu P W, et al. Phosphine gas adsorption in a series of metal-organic frameworks[J]. Inorganic Chemistry, 2015, 54: 8162-8164.
[55] 李军燕, 宁平, 瞿广飞. Cu(Ⅱ)-Co(Ⅱ)液相催化氧化净化 PH_3 研究[J]. 武汉理工大学学报, 2007, 29(10): 63-65.
[56] Li L L, Hart C X, Yang L, et al. The nature of PH_3 decomposition reaction over amorphous CoNiBP alloy supported on carbon nanotubes [J]. Industrial & Engineering Chemistry Research, 2010, 49 (4): 1658-1662.
[57] 张永, 宁平, 王学谦, 等. 改性活性碳吸附净化黄磷尾气中的磷化氢[J]. 武汉理工大学学报, 2007, 29(2): 40-42.
[58] 宁平, 易玉敏, 瞿广飞, 等. $PdCl_2$-$CuCl_2$ 液相催化氧化净化黄磷尾气中 PH_3[J]. 中南大学学报(自然科学版), 2009, 40(2): 340-345.
[59] Wang X, Ning P, Shi Y, et al. Adsorption of low concentration phosphine in yellow phosphorus off-gas by impregnated activated carbon[J]. Journal of Hazardous Materials, 2009, 171(1-3): 588-593.
[60] 王学谦, 宁平. 黄磷尾气催化氧化净化技术[M]. 北京: 冶金工业出版社, 2009.
[61] 贺雷. 黄磷尾气中磷化氢气体净化方法探讨[J]. 华东科技, 2013, (2): 445-446.
[62] Zhang Y, Ning P, Xu H D, et al. Adsorptive removal of PH_3 in off-gas of yellow phosphorus by modified activated carbon [J]. 环境工程学报, 2007, (5): 76-80.
[63] 徐浩东, 宁平, 王学谦. 催化氧化净化黄磷尾气中 PH_3[J]. 昆明理工大学学报(自然科学版), 2007, 34(2): 12-15.
[64] 赵骧. 催化剂[M]. 北京: 中国物资出版社, 2001.
[65] 李秀平. CO 气氛中高浓度 COS 水解转化的研究[D]. 青岛: 中国海洋大学, 2007.
[66] 李建伟, 李成岳, 刘金盾, 等. 还原气氛中 γ-906 型催化剂上羰基硫水解动力学研究[J]. 工业催化, 1996, 2: 23-29.
[67] 陈炜, 王学谦, 宁平, 等. 黄磷尾气中 CS_2 净化材料制备及其性能[J]. 中南大学学报(自然科学版), 2012, 43(7): 2869-2876.
[68] 刘永春, 刘俊锋, 贺泓, 等. 羰基硫在矿质氧化物上的非均相氧化反应[J]. 科学通报, 2007, 52(5): 525-533.
[69] Wang H Y, Hong-Hong Y I, Tang X L, et al. Catalytic hydrolysis of carbonyl sulfide over modified activated carbon[J]. Journal of Central South University, 2011, 42(3): 848-852.
[70] 齐福来. 立式虹吸式再沸器[J]. 医药工程设计, 2010, 31(2): 7-17.

[71] 谢克昌, 李忠. 甲醇及其衍生物[M]. 北京: 化学工业出版社, 2002.
[72] 冯元奇. 联醇生产[M]. 北京: 化学工业出版社, 1994.
[73] 邓志勇, 倪小琼, 王公应. 黄磷尾气净化及 CO 应用进展[J]. 工业催化, 2013, 21(8): 6-11.
[74] 李选志, 韦孙昌. 铜基一氧化碳低温变换催化剂的研究进展[J]. 大氮肥, 2006, 29(1): 69-72.
[75] 傅亮, 刘芹, 陈国平. 一氧化碳变换反应超温控制动态模拟及分析[J]. 现代化工, 2018, (1): 196-200.
[76] 文春梅. 一氧化碳变换工艺及催化剂分析[J]. 化肥工业, 2017, 44(3): 47-48.
[77] 张美华. 一氧化碳高温(中温)变换催化剂操作过程的热力学[J]. 应用化工, 1979, (4): 12-18.
[78] 李选志. 铜基 CO 低温变换催化剂的研究进展[J]. 工业催化, 2005, 12(z1): 222-225.
[79] 崔波, 赵素芳, 刘鹏照, 等. 微铬含量 CO 中温变换催化剂本征动力学的研究[J]. 化学反应工程与工艺, 1994, (4): 416-420.
[80] 陈中明, 武立新, 魏玺群, 等. 变温和变压吸附法从黄磷尾气净化回收一氧化碳[J]. 天然气化工(C1 化学与化工), 2001, 26(4): 24-26.
[81] 郜华萍, 吴飞, 龙晋明, 等. 黄磷尾气燃气锅炉的腐蚀行为[J]. 中国腐蚀与防护学报, 2011, 31(1): 51-55.
[82] 吴飞. 黄磷尾气中磷元素对锅炉材料的腐蚀行为研究[D]. 昆明: 昆明理工大学, 2009.
[83] 吴飞, 郜华萍, 龙晋明. 黄磷尾气热水锅炉腐蚀原因分析及防治措施[J]. 云南化工, 2009, 36(4): 61-65.
[84] 郜华萍, 吴飞, 龙晋明, 等. 黄磷尾气燃气锅炉的腐蚀行为[J]. 中国腐蚀与防护学报, 2011, 31(1): 51-55.
[85] 刘河云. 黄磷尾气用于烧锅炉及其效果[J]. 磷肥与复肥, 2013, 28(1): 76.
[86] 胡学琼, 宁平, 郜华萍, 等. 黄磷尾气作为替代燃料用于石灰窑煅烧工艺[J]. 无机盐工业, 2013, 45(12): 38-40.
[87] 宋忠贤, 郜华萍, 张秋林, 等. 黄磷尾气在烧石灰中的资源化利用[J]. 化学世界, 2014, 55(8): 501-504.
[88] 董国丽, 李黎山, 万荣惠, 等. 黄磷尾气烧制高活性石灰[J]. 环境工程学报, 2016, 10(9): 5058-5062.
[89] 杜建学, 孙志立. 黄磷尾气净化用于合成氨生产[J]. 硫磷设计与粉体工程, 2015, (3): 42-45.
[90] 戴春皓. 黄磷尾气变换制甲醇合成气中试及新型催化剂研究[D]. 昆明: 昆明理工大学, 2009.
[91] 郑勇. 黄磷尾气变温、变压吸附净化技术的新进展[J]. 磷肥与复肥, 2010, 25(3): 49-51.
[92] 曹凯, 冯霄. 不同原料制甲醇的能值分析与比较[J]. 化工进展, 2006, 25(12): 1461-1466.
[93] 曾纪龙. 大型煤制甲醇的气化和合成工艺选择[J]. 煤化工, 2005, 33(5): 1-5.
[94] 刘一静, 刘瑾. 天然气制甲醇合成气工艺及进展[J]. 化工时刊, 2007, 21(5): 64-67.
[95] 马宁, 诸林. 天然气制甲醇的工艺现状及发展前景[J]. 化工时刊, 2006, 20(11): 64-67.
[96] 谷小虎, 曹敏, 王兰甫, 等. 中国煤制甲醇产业现状[J]. 洁净煤技术, 2008, 14(6): 5-7.
[97] 李明. 中国煤制甲醇的发展研究[J]. 洁净煤技术, 2011, 17(4): 41-42.
[98] 吴创明. 焦炉煤气制甲醇的工艺技术研究[J]. 煤气与热力, 2008, 28(1): 36-42.
[99] 陶鹏万. 焦炉煤气制甲醇转化工艺探讨[J]. 天然气化工(C1 化学与化工), 2007, 32(5): 43-46.
[100] 宁平, 王学谦, 陈梁. 黄磷尾气净化制甲醇[J]. 中国工程科学, 2005, (s1): 3-8.

[101] 王家伦. 黄磷尾气制甲醇项目调研报告[J]. 无机盐技术, 2004, (4): 41-42.
[102] 戴春皓, 田森林, 宁平, 等. 净化黄磷尾气变换制甲醇合成气设计与验证[J]. 化学工程, 2009, 37(8): 71-74.
[103] 刘红梅. 利用黄磷尾气生产工业甲醇项目的技术经济评价[J]. 贵州化工, 2005, 30(5): 14-16.
[104] 阿拖特, 罗欣柯. 固定氮工艺计算法[M]. 上海: 上海科技出版社, 1963.
[105] 轻工业设计院. 日用化工理化数据手册[M]. 北京: 轻工业出版社, 1988.
[106] 石油化学工业部化工设计院. 小化肥厂工艺设计手册[M]. 北京: 石油化学工业出版社, 1979.
[107] 国家医药管理局上海医药设计院. 化工工艺设计手册[M]. 北京: 化学工业出版社, 1991.
[108] 石油化学工业部化工设计院. 氮肥工艺设计手册理化数据[M]. 北京: 石油化学工业出版社, 1977.
[109] 萧成基, 于鸿寿. 化学工程手册: 第 13 篇 气液传质设备[M]. 北京: 化学工业出版社, 1979.
[110] 上海市政工程设计院. 给水排水设计手册[M]. 北京: 中国建筑工业出版, 1988.
[111] 素科洛夫 E Я, 津格尔 H M. 喷射器[M]. 黄秋云译. 北京: 科学出版社, 1977.
[112] 金国淼. 除尘设备设计[M]. 上海: 上海科学技术出版社, 1985.
[113] 化学工程手册编辑委员会. 气液传质设备第 13 篇[M]. 北京: 化学工业出版社, 1979.
[114] 拉宾诺维奇 B A, 哈文 З Я. 简明化学手册[M]. 尹承烈, 等译. 北京: 化学工业出版社, 1983.
[115] 里森弗尔德 F C, 科尔 A L. 气体净化[M]. 沈余生, 等译. 北京: 中国建筑出版社, 1982.
[116] 崔玉川, 杨崇豪, 张东伟. 城市污水回用深度处理设施设计计算[M]. 北京:化学工业出版社, 2003.
[117] 董大勤, 袁凤隐. 压力容器设计手册[M]. 北京: 化学工业出版社, 2007.
[118] 许文. 化工安全概论[M]. 北京: 化学工业出版社, 2000.
[119] 蒋军成. 化工安全[M]. 北京: 中国劳动社会保障出版社, 2008.
[120] Dean J A. Lange's Handbook of Chemistry[M]. 12th edition. New York: McGraw-Hill, 1979: 94994.

附　录

附录 1　Visual Basic 程序

附录 1.1　黄磷尾气产量、组分计算 Visual Basic 程序

```
Private  Sub Command4_Click()
Lp = Inputbox("磷矿石 P2O5 含量，LP，干基%/100:")
Lg = Inputbox("磷矿 CaO 含量，Lg，干基%/100:")
Ls = Inputbox("磷矿石 SiO2 含量，Ls，干基%/100:")
Lt = Inputbox("磷矿石 Fe2O3 含量，Lt，干基%/100:")
La = Inputbox("磷矿石 Al2O3 含量，La，干基%/100:")
Lc = Inputbox("磷矿石 CO2 含量，Lc，干基%/100:")
Lf = Inputbox("磷矿石 F 含量，Lf，干基%/100:")
n = Inputbox("输入原料含水量，n，%:")
Jc = Inputbox("焦炭碳含量，Jc，干基%/100")
Ja = Inputbox("焦炭灰含量，Ja，干基%/100:")
Hg = Inputbox("灰分中 CaO 含量，Hg，干基%/100:")
Hs = Inputbox("灰分中 SiO2 含量，Hs，干基%/100:")
Ht = Inputbox("灰分中 Fe2O3 含量，Ht，干基%/100:")
Ha = Inputbox("灰分中 Al2O3 含量，Ha，干基%/100:")
Ss = Inputbox("硅石中 SiO2 含量，Ss，干基%:")
Sg = Inputbox("硅石中 CaO 含量，Sg，干基%:")
St = Inputbox("硅石中 Fe2O3 含量，St，干基%:")
Sa = Inputbox("硅石中 Al2O3 含量，Sa，干基%:")
Vk = Inputbox("随炉料带入的空气量，Vk，Nm3:") '一般 1000kg矿石带入 12-15Nm3
z = Inputbox("水转化为 CO 的转化率，z，%/100:") '一般取 60-70%
x = Inputbox("氧的转化率，x，%:")
```

```
y = Inputbox("黄磷回收率，y，%:")          '一般取 85-87%
  Printer.Print Spc (18); "黄磷尾气产量及组分的计算"
Lp = Lp * (1-n)
Lg = Lg * (1-n)
Ls = Ls * (1-n)
La = La * (1-n)
Lc = Lc * (1-n)
Lf = Lf * (1-n)
Jc = Jc * (1-n)
Hs = Hs * (1-n)
Ha = Ha * (1-n)
Printer.Print Spc (14);  "炉料含水率";  n *100 ; "%"
Printer.Print Spc (14);  " 磷矿石 P2O5 含量:LP=";  Lp * 100 ;
"湿基%"
Printer.Print Spc (14);  "磷矿 CaO 含量:Lg=";  Lg * 100 ;
"湿基%"
Printer.Print Spc (14);  "磷矿石 SiO2 含量:Ls=";  Ls * 100 ;
"湿基%"
Printer.Print Spc (14);  "磷矿石 Fe2O3 含量:Lt=";  Lt * 100 ;
"湿基%"
Printer.Print Spc (14);  "磷矿石 A12O3 含量:La=";  La * 100 ;
"湿基%"
Printer.Print Spc (14);  "磷矿石 CO2 含量:Lc=";  Lc * 100 ;
"湿基%"
Printer.Print Spc (14);  "磷矿石 F 含量:Lf=";  Lf * 100 ;
"湿基%"
Printer.Print Spc (14);  "焦炭碳含量:Jf=";  Jf * 100;
"湿基%"
Printer.Print Spc (14);  "焦炭中灰分含量:Ja=";  Ja * 100 ;
"湿基%"
```

```
Printer.Print Spc (14); "灰分中 CaO 含量:Hg="; Hg * 100 ;
"湿基%"
Printer.Print Spc (14); "灰分中 SiO2 含量:Hs="; Hs * 100 ;
"湿基%"
Printer.Print Spc(14); "灰分中 Fe2O3 含量:Ht="; Ht * 100 ;
"湿基%"
Printer.Print Spc (14); "灰分中 Al2O3 含量:Ha="; Ha * 100 ;
"湿基%"
Printer.Print Spc (14); "硅石中 SiO2 含量:Ss="; Ss * 100 ;
"干基%/100"
Printer.Print Spc (14); "硅石中 CaO 含量:Sg="; Sg * 100 ;
"干基%"
Printer.Print Spc (14); "硅石中 Fe2O3 含量:St="; St * 100 ;
"干基%"
Printer.Print Spc (14); "硅石中 Al2O3 含量:Sa="; Sa * 100 ;
"干基%"
Printer.Print Spc(14); "随炉料带入的空气量:Vk="; Vk; "Nm3"
Printer.Print Spc(14); "水转化为CO的转化率:z="; Lp * 100; "%"
Printer.Print Spc (14); "氧的转化率:x="; x; "%"
Printer.Print Spc (14); "黄磷回收率:y="; y; "%"
  Printer.Print Spc (18); "一.物料衡算"
   Gs = 1000 * (0.8 * Lg - Ls) / Ss
Printer.Print Spc(14); "1. 配料中需要外加的硅石量:Gsi="; Gs ;
"kg"
   Gp = 422.54 * Lp
Printer.Print Spc (14); "2.还原磷矿石中 p2O5 所需碳量:Gp=";
Gp ;  "kg"
   Gt = 225.45 * Lt
Printer.Print Spc (14); "3 还原磷矿石中 Fe2O3 所需碳量:GFe=";
Gt ;  "kg"
```

```
    Gc = 272.7  * Lc
  Printer.Print Spc (14); "4 还原磷矿石中 CO2 所需碳量:GCO2=";
Gc ; "kg"
    Gj = 1.03 * (Gp + Gt + Gc) / Jc
  Printer.Print Spc(14); "5.混合料中需要加入的碳焦量:Gj="; Gj; "kg"
    P4 = 436.46 * Lp
  Printer.Print Spc (14); "6.磷矿石中带进的 P2O5 折算为黄磷的
量:P4= "; P4; "kg"
  Printer.Print Spc (18); "二.黄磷尾气产量计算"
    V1 = 751.87 * Lp
  Printer.Print Spc (14); "(1).还原磷矿石中 P2O5 生成的 CO 量:
V1="; V1 ; "Nm3"
    V2 = 0.42 * (1000 * Lt + Gs * St + Gj * Ja * Ht)
  Printer.Print Spc (14); "(2).还原 Fe2O3 生成的 CO 量:V2= ";
V2 ; "Nm3"
    V3 = 1018.2 * Lc
  Printer.Print Spc(14);"(3).还原磷矿石中CO2生成的CO量:V3=";
V3 ; "Nm3"
    V4 = 1.24 * (1000 * n + Gj * n) * z
  Printer.Print Spc (14); "(4).炉料带入的水 Z%生成 CO 量:V4=";
V4 ; "Nm3"
    V5 = 1.24 * z * (1000 * n + Gj * n )
  Printer.Print Spc (14); "(5).炉料带入的水 Z%生成 H2 量:V5=";
V5 ; "Nm3"
    V6 = 1.24 * (1 - z) * (1000 * n + Gj * n )
  Printer.Print Spc (14); "(6).炉料带入的水 Z%生成 CO2 量:V6=";
V6 ; "Nm3"
    V7 = 1.24 * (1 - z) * (1000 * n + Gj * n )
  Printer.Print Spc (14); "(7).炉料带入的水(1 - z)%与 CO 反应,
减少的 CO 量:V7= "
```

```
    ; V7 ; "Nm3"
   V8 = 1.24 * (1 - z) * (1000 * n + Gj * n )
  Printer.Print Spc (14); "(8).炉料带入的水(1 - z)%与 CO变换
反应，生成H2量:V8= "
    ; V8 ; "Nm3"
   V9 = 0.79 * Vk
  Printer.Print Spc (14); "(9).炉料带入的空气中的氮固定值N2量:
V9="; V9;  "Nm3"
   V10 = 0.21 * Vk * x
  Printer.Print Spc(14); "(10).炉料带入的空气中的O2量:V10=";
V10 ; "Nm3"
  V = V1 + V2 + V3 + V4 + V5 + V6 - V7 + V8 + V9 + V10
  Printer.Print Spc (14); "(11).黄磷尾气总量:=";  Vw ;  "Nm3"
  Printer.Print Spc (18);  "三.黄磷尾气组分计算"
  CO = (V1 + V2 + V3 + V4 - V7)/V
  Printer.Print Spc (14); "(1).黄磷尾气中 CO含量，CO="; CO *
100 ; "%"
  C2 = V6 / V
  Printer.Print Spc (14); "(2).黄磷尾气中CO2含量，CO2= "; CO2 *
100 ; "%"
  H2 = V5 / V
  Printer.Print Spc (14); "(3).黄磷尾气中 H2含量，H2="; H2 *
100 ; "%"
  N2 = V9 / V
  Printer.Print Spc (14); "(4).黄磷尾气中 N2含量，N2="; N2 *
100 ;  "%"
  O2 = V10 / V
  Printer.Print Spc (14); "(5).黄磷尾气中 O2含量，O2="; O2 *
100 ; "%"
  Printer.EndDoc
  End Sub
```

附录 1.2　温度 120～200℃范围内蒸气压与温度关系的计算 Visual Basic 程序

```
Private Sub Command2_Click()
n = Inputbox("输入温度间隔, n: ℃:")
Printer.Print Spc (18); "液态磷蒸气压的计算"
Printer.Print Spc (14); "大气压力:p="; p; "mmHg"
Printer.Print Spc (14); "温度间隔:n="; n; "℃"
   For I = 120 To 200 Step n
    P1 = 1.2996 * 10 ^ -10 * I ^ 5.2
Printer.Print Spc (14); "温度: t ="; I; " ℃"
Printer.Print Spc (14); "磷的蒸气压:Pv="; p1; "mmHg"
   P2 = p1 * 1.332 * 10 ^ 2
Printer.Print Spc (14); "磷的蒸气压": Pv="; p2; "pa"
Next I
Printer.EndDoc
End Sub
```

附录 1.3　黄磷尾气中的蒸气压、磷含量与温度计算 Visual Basic 程序

```
Private Sub Command1_Click()
P = Inputbox("输入大气压力, p, mmHg:")
n = Inputbox("输入温度间隔, n: ℃:")
Printer.Print Spc (18); "液态磷蒸气压的计算"
Printer.Print Spc (14); "大气压力:p="; p; "mmHg"
Printer.Print Spc (14); "温度间隔:n="; n; "℃"
     For I = 0 To 60 Step n
     P1 = 1.0716 * I ^ 2.595 / 100000
     C = 5.5375 * 10 ^ (6) * p1 / (p - p1)
Printer.Print Spc (14); "温度: t ="; I; " ℃"
Printer.Print Spc (14); "磷的蒸气压: Pv=" ; p2; "pa"
P2 = p1 *1.3332 * 10 ^ 2
Printer.Print Spc (14); "磷的蒸气压":Pv="; p2; "pa"
```

```
Printer.Print Spc (14); "尾气中磷含量:C="; C; "mg/m3"
Next I
Printer.EndDoc
End Sub
```

附录 1.4　黄磷尾气热力参数计算 Visual Basic 程序

```
Private Sub Command8_Click()
A1 = Inputbox("一氧化碳体积含量，A1:%/100")
B1 = Inputbox("二氧化碳体积含量，B1:%/100")
C1 = Inputbox("氢体积含量，C1:%/100")
D1 = Inputbox("氮体积含量，D1:%/100")
E1 = Inputbox("甲烷体积含量，E1:%/100")
F1 = Inputbox("氧体积含量，F1:%/100")
Printer.Print Spc (18); "1.气体热容的计算"
Printer.Print Spc(14);"一氧化碳体积含量,A1=";A1 * 100; "%"
Printer.Print Spc (14); "基二氧化碳体积含量，B1="; B1 * 100;
"%"
Printer.Print Spc (14); "氢体积含量，C1="; C1 * 100;  "%"
Printer.Print Spc (14); "氮体积含量，D1="; D1  * 100;  "%"
Printer.Print Spc (14); "甲烷体积含量，E1="; E1 * 100;  "%"
Printer.Print Spc (14); "氧体积含量，F1="; F1 * 100;  "%"
Mm1 = 28 * A1 + 44 * B1 + 2 * C1 + 28 * D1 + 16 * E1 + 32 * F1
Printer.Print Spc (14); "气体湿基分子量: Mm1="; Mm1
   For I = 0 To 500
tm1 = Inputbox("输入要计算的温度，tm1:")
Print "要计算的温度，tm1="; tm1;  " ℃"
Printer.Print Spc (14); "温度"; tm1;  "下的湿气体物性数据; "
     tm1 = tm1 + 273
 Ca1 = 4.1868 * (6.787 + 0.0009201 * tm1 - 0.153 * 10 ^ (-6) *
tm1 ^2)
 Cb1 = 4.1868 * (8.996 + 0.00359 * tm1 - 0.825 * 10 ^ (-6) *
tm1 ^2)
```

```
Cc1 = 4.1868 * (6.919 + 0.000109 * tm1 - 0.093 * 10 ^ (-6) * tm1 ^2)
Cd1 = 4.1868 * (6.771 + 0.000815 * tm1 - 0.115 * 10 ^(-6) * tm1 ^2)
Ce1 = 4.1868 * (7.957 + 0.007809 * tm1 - 1.1936 * 10 ^ (-6) * tm1 ^2)
Printer.Print Spc (14); "CO 分子热容, Ca1= "; Ca1 ; "kJ/kmol.℃"
Printer.Print Spc (14); "CO2 分子热容, Cb1= "; Cb1 ; "kJ/kmol.℃"
Printer.Print Spc (14); "H2 分子热容, Cc1= "; Cc1 ; "kJ/kmol.℃"
Printer.Print Spc (14); "N2 分子热容, Cd1= "; Cd1 ; "kJ/kmol.℃"
Printer.Print Spc (14); "CH4 分子热容, Ce1= "; Ce1 ; "kJ/kmol.℃"
Printer.Print Spc (14); "O2 分子热容, Cf1= "; Cf 1 ; "kJ/kmol.℃"
Cm1 = Ca1 * A1 + Cb1 * B1 + Cc1 * C1 + Cd1 * D1 + Ce1 * E1
Printer.Print Spc(14); "气体分子热容, Cr="; Cm1 ; "kJ/kmol.° K"
Cp1 = Cm1 / Mm1
Printer.Print Spc (14); "气体比热, Cp="; Cp1 ; "kJ/kJ/kg."
Ma1 = Inputbox("查表 1-5-2, CO 黏度, μ:kg/m.s")
Mb1 = Inputbox("查表 1-5-2, CO2 黏度, μ:kg/m.s")
Mc1 = Inputbox("查表 1-5-2, H2 黏度, μ:kg/m.s")
Md1 = Inputbox("查表 1-5-2, N2 黏度, μ:kg/m.s")
Me1 = Inputbox("查表 1-5-2, CH4 黏度, μ:kg/m.s")
Mf1 = Inputbox("查表 11-9, O2 黏度, μ:kg/m.s")
Printer.Print Spc (14); "查表 1-5-2, CO 黏度, μ:kg/m.s"
Printer.Print Spc (14); "查表 1-5-2, CO2 黏度, μ:kg/m.s"
```

```
Printer.Print Spc (14); "查表1-5-2，H2黏度，μ:kg/m.s"
Printer.Print Spc (14); "查表1-5-2，N2黏度，μ:kg/m.s"
Printer.Print Spc (14); "查表1-5-2，CH4黏度，μ:kg/m.s"
Printer.Print Spc (14); "查表1-5-2，O2黏度，μ:kg/m.s"
Mh11 = A1 * Ma1 * 5.1925 + B1 * Mb1 * 6.6332 + C1 * Mc1 *
1.4142 + D1 * Md1 * 5.1925
Mh1 = Mh11 + E1 * Me1 * 4 + F1 * Mf1 * 5.6568
Mm2 = A1 * 5.2915 + B1 * 6.6332 + C1 * 1.4142 + D1 *
5.1915 + E1 * 4 + F1 * 5.6568
Mh1 = Mh1 / Mm2
Printer.Print Spc (14); "气体的黏度，μ="; Mh1; "kg/m.s"
Da1 = Inputbox("查表1-5-3，CO导热系数，λ:KJ/m. h. ℃ ")
Db1 = Inputbox("查表1-5-3，CO2导热系数，λ:KJ/m. h. ℃ ")
Dc1 = Inputbox("查表1-5-3，H2导热系数，λ:KJ/m. h. ℃ ")
Dd1 = Inputbox("查表1-5-3，N2导热系数，λ:KJ/m. h. ℃ ")
De1 = Inputbox("查表1-5-3，CH4导热系数，λ:KJ/m. h. ℃ ")
Df1 = Inputbox("查表1-5-3，O2导热系数，λ:KJ/m. h. ℃ ")
Printer.Print Spc (14); "查表1-5-3，CO导热系数，λ="; Da;
"KJ/m. h. ℃ "
Printer.Print Spc(14); "查表1-5-3，CO2导热系数，λ="; Db1;
"KJ/m. h. ℃ "
Printer.Print Spc (14); "查表1-5-3，H2导热系数，λ="; Dc1;
"KJ/m. h. ℃ "
Printer.Print Spc (14); "查表1-5-3，N2导热系数，λ="; Dd1;
"KJ/m. h. ℃ "
Printer.Print Spc(14); "查表1-5-3，CH4导热系数，λ="; De1;
"KJ/m. h. ℃ "
Printer.Print Spc (14); "查表1-5-3，O2导热系数，λ="; Df1;
"KJ/m. h. ℃ "
Dim Dr!, Dh1!
```

```
    Dr = A1 * Da1 * 28 ^ 0.3333 + B1 * Db1 *44 ^ 0.3333 + C1 *
Dc1 * 2 ^ 0.3333
    Dh1 = Dr + D1 * Dd1 * 28 ^ 0.3333 + E1 * De1 * 16 ^
0.3333 + F1 * Df1 * 32 ^0.3333
    Mm3 = A1 * 28 ^ 0.3333 + B1 * 44 ^ 0.3333 + C1 * 2 ^
0.3333 + D1 * 28 ^ 0.3333 + E1 * 16 ^ 0.3333 + F1 * 32 ^0.3333
   Dm1 = Dh1 / Mm3
   Printer.Print Spc (14); "气体导热系数，λ="; Dm1 ; "KJ/m.
h. ℃ "
   Printer.EndDoc
   Next I
   H1 = 12620 * A1 + 10780 * C1 + 35910 * E1
   Printer.Print Spc (14); "热值，H="; H1 ; "KJ/m3 "
   End Sub
```

附录 1.5　喷淋塔除尘效率计算 Visual Basic 程序

```
      Private Sub Command9_Click()
    w = Inputbox("相对速度， v x; m/s")
    D = Inputbox("尘粒直径， d; μ/m")
    ds = Inputbox("水滴直径， ds; μ/m")
    md = Inputbox("尘粒密度，γ0; kg/m3")
   Printer.Print Spc (14); "相对速度，υx"; w ; " m/s "
   Printer.Print Spc (14); "尘粒直径， d= "; D ; "μ/m "
   Printer.Print Spc (14); "水滴直径， ds= "; ds ; "μ/m"
   Printer.Print Spc (14); "尘粒密度，γ0="; md ; " kg/m3"
   St = w *(D * 10 ^(-6))^ 2 * md /(9* 1.75 * 10 ^(-5)* ds *10 ^(-6))
   Nt = St / 2
   M = Nt ^ 0.5
   R = D / ds
   At = 1 - Exp(-(0.018 * M ^ (0.5 + R) / R - 0.6 * R ^ 2))
```

```
Printer.Print Spc (14); "斯托克斯数，St= "; St
Printer.Print Spc (14); "Nt="; Nt
Printer.Print Spc (14); "M="; M
Printer.Print Spc (14); "R= "; R
Printer.Print Spc (14); "除尘效率，η = "; At * 100 ; "%"
Printer.EndDoc
End Sub
```

附录 1.6　射流洗涤器计算 Visual Basic 程序

```
Private Sub Command1_Click()
V0=Iinputbox("处理气流量V0: Nm3/h")
G=Iinputbox("工作水流量G: m3/h")
t1=Iinputbox("进口气体温度t1: ℃")
t2=Iinputbox("出口气体温度t2: ℃")
PL1=Iinputbox("工作水进口绝压PL1: m水柱")
PL2=Iinputbox("吸气室绝压PL2: m水柱")
W1=Iinputbox("工作水进口管流速w1: m/s")
W2=Iinputbox("喉管流速w1: m/s") '喉管流速取30∽120m/s
Printer print Spc(16)"射流洗涤器的计算"
Printer print Spc(12)"处理气流量V0= ";V0 ;"m3/h"
Printer print Spc(12)"工作水流量G= ";G; ;"m3/h"
Printer print Spc(12)"进口气体温度t1= "; t1 ;" ℃ "
Printer print Spc(12)"出口气体温度t2= ";t2 ;" ℃ "
Printer print Spc(12)"工作水进口绝压PL1= "; PL1 ;" m水柱"
Printer print Spc(12)"吸气室绝压PL2="; PL2 ;" m水柱"
Printer print Spc(12)"工作水进口管流速w1= "; w1 ;" m/s "
 t0 = (t1 + t2)/2
 k = (t0 + 273) / 273
 V = V0 * k
Printer print Spc(12)"在工作下气体积流量: V= ";V ;" m3/h "
```

```
 W=0.95*Sqr(2*9.81*(PL1-PL2)
Printer print Spc(12)"工作水喷嘴的速度：w=" ; w; "m/s"
 d3 = Sqr ( G / ( 0.785 * 3600 * w ) * 1000
Printer·print Spc(12)"喷嘴出口直径：d3=" ; d3 ;" mm"
 f4 = V(3 600 * w2 )
 d4 = Sqr( f4 / (3 600 * w2
Printer print Spc(12)"混合室喉管直径：d4=" ; d4 ;" m "
 L3 = 2 * d4
Printer print Spc(12)"混合室喉管长度：L3=" ; L3 ;" mm "
 K1 = G * 1000 / V
L21 = ( 0.37 * k) * d3 / 0.7
Printer print Spc(12)"喷嘴出口处与混合室入口处的距离:：L21= " ;
L21： " mm "
Printer print Spc(12)"容积系数：k1=" ; k1;" L/m3 "
 d2 = Sqr( G / ( 0.785 * 3600 * w1 ) * 1000
Printer·print Spc(12)"工作水入口管直径：d2=" ; d2 ; " mm "
 L1 =(d2 - d3)/ (2 * Tan ( 3.14 / 180 * 15 ) )
Printer print Spc(12) "工作水喷嘴长度：L1=" ; L1 ;" mm "
 d1 = Sqr( V / (0.785 * 3600 * 15 ) ) * 1000
Printer print Spc(12)"混合气入口管直径：d1=" ; d1; " mm "
 f1 = 0.785 * d1 ^ 2
 f = 0.9 * f1
 d0 = 2 * Sqr( 2 * f / (120 / 180 * 3.14 - Sin( 3.14 / 180 *
120)))
Printer print Spc(12)"吸气室直径：d0=" ; d0 ;" m "
 L0 = d0 + 00
Printer print Spc(12) "吸气室高度：L0=" ; L0 ; " mm "
 d12 = d0
 L2 = ( d12 - d4 ) / ( 2 * Tan ( 3.14 / 180 * 60 ) )
Printer print Spc(12)"缩小管大头直径：d12=" ; d12： "mm"
```

```
Printer print Spc(12)"缩小管长度: L2=" ; L2 ; " mm "
 d5 = d4
 L4 = 12 * d5
Printer print Spc(12)"扩大管长度: L4=" ; L4 ; " mm "
d41 = d5 + 2 * L4 * Tan ( 3.14 / 180 * 7 )
Printer print Spc(12) "扩大管大头直径: d41=" ; d41 ; " mm "
L = L0 + L2 + L3 + L4
Printer print Spc(12)"射流洗涤器总高: L=" ; L ; " mm "
Bp = 0.145 * w2 ^ 2 *( 0.3 + 0.65 * K1 )
Printer print Spc(12) "射流洗涤器压力降: Δp=" ; Bp ; " Pa "
  Printer EndDoc
End Sub
```

附录 1.7　投药射流器计算 Visual Basic 程序

```
Private Sub Commando~ Click()
H1 = InputBox ( "压力喷射水压力, H1:mH2O ")
Hd =InputBox ( "混合液送出压力(包括管道损失),Hd;mH2O ")
Ps =InputBox ("被抽提液体的抽吸压力(包括管道损失),Ps:mH2O ")
Q2 =InputBox ( "吸入药水流量, Q2:L/h " )
Printer. Print Spc (18);"投药射流器的计算"
Printer. Print Spc (14);"压力喷射水压力, H1= " ; H1 ; " mH2O "
Printer. Print Spc (14);"混合液送出压力(包括管道损失),Hd=" ;
Hd ; " mH2O "
Printer. Print Spc (14);"被抽提液体的抽吸压力(包括管道损
失),Ps= " ; Ps ; " mH2O "
Printer. Print Spc (14);" 吸入药水流量, Q2= " ; Q2 : " L/h "
Printer. Print Spc(16); " (1)计算压头比 N "
   Q2 = Q2 / 3600
   N = ( Hd-Hs ) / (Hl-Hd )
Printer. Print Spc(14); "吸入药水流量, Q2= " ; Q2 ; " L/s "
```

```
Print " N= " ; N ;"根据N值，查图2.7.4得R、M值并输入"
Printer. Print Spc (14) ; "压头比N=" ; N
Printer. Print Spc(16);" (2)据N值求截面比R及掺和系数M"
R = InputBox ("输入查得的R值 ")
M = InputBox ("输入查得的M值 ")
Printer. Print Spc(14); "查图2.7.4得的R值 "; R
Printer. Print Spc(14);"查图2.7.4得的M值 "; M
Printer. Print Spc(16);" (3)据M值计算喷嘴 "
Printer. Print Spc (14);"①喷嘴工作水流量Q1 "
   Q1 = Q2 / M
Printer. Print Spc(14);" 喷嘴工作水流量，Q1= " ; Q1 ; "L/s"
Printer. Print Spc(14);"喷嘴工作水流量，Q1=" ; Q1 * 3600 ;
"kg/h"
   F11 = Q1 / ( 1 * 1000 )
   d11 = 1000 * Sqr ( F11 / 0. 785 )
Print" 计算的工作水进口管直径，d11=" ; d11 ; "mm"
d11 = InputBox (" 输入圆整后的工作水进口管直径，d11;mm " )
Printer. Print Spc(14); " 圆整后工作水进口管直径，d11= " ;d11; " mm"
Printer. Print Spc (14) ; "②喷嘴断面A1 "
A1 = 10 * Q1 / ( 0. 9 * Sqr ( 2 * 9. 81 * H1))
Printer. Print Spc (14) ;"喷嘴断面A1=" ; A1 ; "cm2 "
Printer. Print Spc (16) ;"③喷嘴直径d1"
   d1 = 10 * Sqr ( A1 / 0. 785 )
Print " 计算的喷嘴直径d1= " ; d1 ; "mm"
Printer. Print Spc(14);" 计算的喷嘴直径d1= " ; d1 ; " m "
D1 = InputBox ( " 输入圆整后的喷嘴直径，d1:mm " )
Printer. Print Spc (14) ;" 圆整后的喷嘴直径d1= " ; d1 ;" mm "
Printer. Print Spc(16);" ④喉管流速。v1 "
   d1 = d1 / 1000
   V11 = Q1 / ( 1000 * 0. 785 * d1 ^ 2)
```

```
Printer. Print Spc (14) ;" 喉管流速 v11= " ; v11 ; " m/s "
Printer. Print Spc (14) ;" ⑥喉管收缩段长度 L 11 "
  D1 = d1 * 1000
  L11 = (d11-d1) / (2 * 0. 365)
Printer. Print Spc(14);"喷嘴收缩段收缩角为 20 度时喷嘴收缩段长度 L1′=" ; L11 ; "mm"
Printer. Print Spc(14);"⑥喷嘴直线长度 11"
  L12 = 0. 7 * d1
Printer. Print Spc (14) ; "喷口收缩段长度 L1=" ; L12 ; "mm"
Printer. Print Spc (14);"⑦喷嘴总长度 L1"
  L1 = L11 + L12
Printer. Print Spc (14);"喷嘴总长度 L1=" ; L1 ; "mm"
Printer. Print Spc (16);"(4)据 R 值计算喉管"
Printer. Print Spc(14);"①喉管端面积 A2"
  A2 = A1 / R
Printer. Print Spc(14); "喉管端面积 A2=" ; A2 ; "cm2"
Printer. Print Spc(14);"②喉管直径 d2"
  d2 = 10 * Sqr (A2 / 0. 785)
Printer. Print Spc(14);"喉管直径 d2=" ; d2 ; "mm"
Printer. Print Spc(14);"③喉管长度 12"
  12 = 6 * d2
Printer. Print Spc (14);"喉管长度 12=" ; 12 ; "mm"
Printer. Print Spc(14); "④喉管进口扩散角 a=120 度"
Printer. Print Spc(14);"⑤喉管流速 v2"
  v21 = 10 * (Q 1 + Q2) / A2
Printer. Print Spc(14);"喉管流速,v2'=" ; v21 ; "m/s"
Printer. Print Spc(16);"(5)计算扩散管"
  d3 = d11
Printer.Print Spc (14):"水射器混合水出水管管径与进口管同,D3=" ; d3 ; "mm"
```

```
  13 = (d3 - d2) / (2 * 0. 158)
Printer. Print Spc(14);"扩散管扩散角10度时扩散管长度，13=" ;
13 ; "mm"
Printer. Print Spc(16); "(6)喷嘴和喉管进口的间距1"
  1 = 0.5 * d2
Printer. Print Spc (14) ;"喷嘴和喉管进口的间距1=" , 1 ; "mm"
Printer. EndDoc
End Sub
```

附录 1.8　浆板式混合池计算 Visual Basic 程序

```
Private Sub Commandl lick()
Q = InputBox("污水处理量，Q:m3/h")
Printer. Print Spc(18);"浆板式机械混合池的计算"
Printer. Print Spc(14);"污水处理量，Q="; Q ; "m3/h"
Printer. Print Spc(16); " (1)池体尺寸的计算，"
Printer. Print Spc(14); "采用混合时间T=1min "
W = Q * 1 / 60
Printer. Print Spc (14); "混合池有效容积，W="; W ; "m3"
Printer. Print Spc(14);" ①若采用方池，则"
A = (W / 1.4) ^ (1/3)
Print"长×宽=A×B=" ; A ; "m"
A=InputBox ( "输入圆整后的长×宽=A×B; m" )
Printer. Print Spc (14); "圆整后的长×宽=A×B=" ; A
        H = 1.4 * A
Printer. Print Spc(14); "方池高度，H=" ; H ; "m"
Printer. Print Spc (14) ;"②若采用圆池，则 "
        D = (W / (1.9 * 0.785 )) ^ (1/3)
Print"计算的圆池直径，D=" : d ; "m"
D=InputBox ( "输入圆整后的圆池直径，D:m" )
Printer. Print Spc(14); "圆整后的圆池直径，D=" : d
```

```
        H = 1. 9 * d
Printer. Print Spc(14);"池高，H= " ; H ; "m"
Printer. Print Spc(14); "超高0. 3m "
        Hl = H + 0.3
Printer. Print Spc(14); "池总高，H=" ; h1 ; "m"
Printer. Print Spc(16);"(2)搅拌设备计算"
Printer. Print Spc(14); "①搅拌器尺寸及位置"
        d0 = 0.535 * d
Print"计算的搅拌器直径，DO=" ; d0 ; "m"
d0=InputBox ( "输入圆整后的搅拌器直径，D0; m")
Printer. Print Spc (14); "圆整后的搅拌器直径，DO=" ; d0 ; "m"
b1 = 0.15* d0
 Printer. Print Spc (14);"搅拌器浆宽，b =" ; b1 ; "m"
Printer. Print Spc (14);"②垂直轴转速"
n0 = 60 * 3 / (3.1416 * d0)
Printer. Print Spc (14) "搅拌器外缘线速度，采用v=3m/s"
Printer. Print Spc (14) "垂直轴转速，n0=";n0;"r/min"
Printer. Print Sp (14) "③浆板旋转角速度"
0=2*3/d0
Printer. Print Spc(14) "浆板旋转角速度，ω=";0; "ead/s"
Printer. Print Spc(14) "④计算轴功率"
e=InputBox("输入搅拌浆层数，e:")
Printer. Print Spc(14);"搅拌浆层数，e:";e; "层"
N2=0. 5*1000*0^3*2*e*b1*(d0/2)^4 / (408*9.81)
Printer. Print Spc(14);"计算轴功率，N2=0; N2; "kW"
Printer. Print Spc (14);"⑤需要轴功率
        N1=1.162*10^(-4)*W*500^2/102
Printer. Print Spc(14);"需要轴功率，N1="; N1; "kW"
        n=N2 - N1
If n>0.3 Then
```

```
Printer, Print Spc(14);"满足要求"
Else
Printer. Print Spc(14);"选择推进式搅拌器"
End If
Printer. Print Spc(14);"⑥电动机功率"
        N3=N2/0.85
Printer. Print Spc (14);"电动机功率，N3="; N3; "kW"
Printer. EndDoc
End Sub
```

附录 1.9　栅条絮凝池计算 Visual Basic 程序

```
Private Sub Command3 lick()
Q=InputBox("设计水量，Q:m3/h")
Z=InputBox("絮凝池组数，Z:组")
T=InputBox("絮凝时间(10-15min),T:min")
vp=InputBox("竖井平均流速(0.1-0.14m/s)，vp;m/s")
Printer. Print Spc (18);"栅条絮凝池的计算"
Printer. Print Spc(14);"设计水量，Q=";Q; "m3/h"
Printer. Print Spc (14);"絮凝池组数，Z:";Z;"组"
Printer. Print Spc(14);"絮凝时间(10-15 min),T="; T; "min"
Printer. Print Spc(14);"絮凝池分为三段:前段放密栅条，过栅流速v1栅=0.25m/s，竖井平均流速 v1 井=0.12 m/s"
Printer. Print Spc(14);"中段放疏栅条，过栅流速 v2 栅=0.22 m/s，竖井平均流速 v2 井二 0.12 m/s"
Printer. Print Spc (14);"后段不放栅条，过栅流速 v1 栅=0.12 m/s"
Printer. Print Spc (14);"竖井的过孔流速为前段 0.3-0.20 m/s，中段 0.2-0.15 m/s，末段 0.1-0.14 m/s "
Printer.Print Spc(14);"竖井平均流速(0.1-0.14m/s)，vp=";vp; "m/s"
Printer. Print Spc(16);"(1)每组絮凝池的设计水量，Q"
```

```
  Q=Q/(3600*Z)
Printer. Print Spc(14);"每组絮凝池的设计水量，Q="; Q; "m3/s"
Printer. Print Spc(14);"每组絮凝池的设计水量，Q=";Q*3600;
"m3/h"
Printer. Print Spc(16);"(2)絮凝池的容积，V"
  W=Q*T/60
Printer. Print Spc(14);"絮凝池的容积，V="; W;"m3"
Print "絮凝池的容积，V="; W;"m3"
Printer. Print Spc(16);"(3)絮凝池的平面面积，A"
h2 =InputBox("输入絮凝池有效深度，与沉淀池配合，H2:m")
Printer. Print Spc(14);"絮凝池有效深度，与沉淀池配合，
H2=";h2;"m"
  A=W/h2
Printer. Print Spc(14);"絮凝池的平面面积，A="; A; "m2"
Printer. Print Spc(16);"(4)絮凝池单个竖井的平面面积，f"
  F=Q/vp
Printer. Print Spc(14);"絮凝池单个竖井的平面面积，f=´; F; "m2"
  L=Sqr (F)
Print"计算的竖井宽度或长度，L=" , L; "m'
L=InputBox("输入圆整的竖井宽度或长度，L,m")
Printer. Print Spc(14);"圆整后的竖井宽度或长度，L=";L;"m"
  B=L
Printer. Print Spc(i4);"圆整后的竖井的宽度，b=";B; "m."
  F=L*B
Printer. Print Spc(14);"单个竖井的实际面积，f´=";F; "m2"
Printer. Print Spc(14);"(5)竖井的个数，n"
  n=A/F
Print;"计算的竖井个数，n="; n
n=InputBox("输入圆整后的竖井的个数，n")
Printer. Print Spc(14):"圆整后的竖井个数，n="; n;"个"
```

```
Printer. Print Spc (16) ; "(6)竖井内栅条的布置选用栅条材料为钢筋混凝土，断面采用矩形，"
Printer. Print Spc(14);"厚度 50 mm，宽度 50 mm，预制拼装。"
Printer. Print Spc(14);"①前段设置密栅条，缝隙宽 50 mm"
  A1s=Q/0.25
Printer. Print Spc(14);"竖井过水面积，A1 水=";Als;"m2"
  Alt=F-Als
Printer. Print Spc(14);"竖井中栅条面积，A1 栅=";Alt; "m2"
  flt=B*0. 05
Printer. Print Spc (14);"单栅过水断面积，f1 栅=";flt;"m2"
  N1=Alt/f1t
Print"计算的所需栅条数，N1=";N1;"根"
N1=InputBox("输入圆整后的所需栅条数，N1;根")
Printer. Print Spc(14);"圆整后所需栅条数，N1="; N1;"根"
  N11=N1-1
Printer. Print Spc(14);"过水缝隙数，N11=";N11;"根"
  S1=(B一N1*0.05)/N11
Printer. Print Spc(14);"平均过水缝宽，S1 ";S1*1000;"mm"
  vlt=Q/(N1*S1*B)
Printer. Print Spc(14);"实际过栅流速，v1 栅=";vlt; "m/s"
Printer. Print Spc(14);"②中段设置疏栅条,缝宽 80 mm"
  A2s=Q/0.22
Printer. Print Spc(14);"竖井过水面积，A2 水= ";A2s;"m2"
  A2t=F一A2s
Printer. Print Spc (14);"竖井中栅条面积，A2 栅=";Alt; "m2"
  f2t=B*0.05
Printer. Print Spc(14);"单栅过水断面积，f2 栅=";f2t; "m2"
  N2=Alt/f2t
Print"计算的所需栅条数，N2="; N2;"根"
N2=InputBox("输入圆整后的所需栅条数，N2;根")
```

```
Printer. Print Spc(14);"圆整后所需栅条数，N2=";N2;"根"
   N21二N2一1
Printer. Print Spc (14);"过水缝隙数，N21=";N
   S2=(B一N2*0.05)/N21
Printer. Print Spc(14);"平均过水缝宽，S2="; S2*1000; "mm"
   v2t=Q/(N2*S2*B)
Printer. Print Spc(14);"实际过栅流速，v2栅，二,, ;v2t; "m/s"
Printer. Print Spc (16) ; "(7)絮凝池的总高度取超高Hl=0.3 m'
H3=InputBox("取泥斗深度，H3:m')
Printer. Print Spc(14);"取泥斗深度，H3="; H3; 'm'
   H=0.3+h2+H3
Printer. Print Spc(14);"絮凝池的总高度，H=";H; "m"
Printer. Print Spc (16) ; ´ (8)絮凝池的平面尺寸另配置，'
Printer. Print Spc(16);"(9)竖井隔墙孔洞尺寸"
Printer.Print Spc(14);"孔洞宽与竖井宽同，孔洞宽，Lk=";B*1000;
"mm"
   Fkl=Q/0.3
Printer.Print Spc(14);"①前段竖井隔墙孔洞的过水面积，F=";Fkl;
"m2"
   hkl=Fkl/B
Printer. Print Spc(14);"前段孔洞高，Hk="; hkl*1000;"mm"
   Fk2=Q/0.2
Printer. Print Spc (14);"②中段竖井隔墙孔洞的过水面积，F=";
Fk2;"m2"
   hk2=Fk2/B
Printer. Print Spc(14);"中段孔洞高，Hk2="; hk2*1000; "mm"
   Fk3=Q/0. 1
Printer. Print Spc(14);"③后段竖井隔墙孔洞的过水面积，Fk3=";
Fk3; "m2"
   hk3=Fk3/B
```

```
Printer. Print Spc(14);"后段孔洞高，Hk3="; hk3*1000; "mm"
Printer. Print Spc(16);"(10)水头损失 h"
Printer. Print Spc(14);"第一段计算数据如下:"
  Sj1=InputBox("①竖井数，Sjl;个，")
Printer. Print Spc(14);"①竖井数，Sjl=";Sjl;"个，'
St1=InputBox("②单个竖井栅条层数，Stl;层")
Printer. Print Spc (14);"②单个竖井栅条层数，Stl=";St1;"层"
 hz1=Sjl*Stl*1*v1t^2/18. 62+Sjl*3*0.3^2/18.62
Printer. Print Spc(14);"第一段水头损失，hzl=";hzl;"mH2O"
Printer. Print Spc(14);"第二段计算数据如下:"
   Sj2=InputBox("①竖井数，Sj2;个，")
Printer. Print Spc (14);"①竖井数，Sj2=";Sj2;"个"
St2=InputBox("②单个竖井栅条层数，St2;层")
Printer. Print Spc (14);"②单个竖井栅条层数，St2=";St2;"层"
   hz2=Sj2*St2*1*vt2^2/18.62+Sj2*3*0.2^2/18.62
Printer. Print Spc(14);"第二段水头损失，hz2=";hz2;"mH2O"
Printer. Print Spc(14);"第三段计算数据如下:"
  Sj3=InputBox("①竖井数，Sj3;个")
Printer. Print Spc (14);"①竖井数，Sj3=";Sj3;"个"
  hz3=Sj3*3*0.1^2/18. 62
Printer. Print Spc(14);"第三段水头损失，hz3=";hz3:"mH2O'
   hz=hzl+hz2+hz3
Printer. Print Spc(14);"总水头损失，hz=";hz;"mH2O"
Printer. Print Spc (16) ; "(11)各段的停留时间"
  t1=F*h2*Sjl/R
Printer. Print Spc(14);"第一段停留时间，t1=", t1/60; "min"
   t2=F*h2*Sj2/R
Printer. Print Spc(14);"第二段停留时间，t2="; t2/60; "min"
   t3=F*h2*Sj3/Q
Printer. Print Spc (14); "第三段停留时间，t3="; t3/60; "min"
```

```
  T=t1+t2+t3
Printer. Print Spc (14) ;"总停留时间，t='", T/60; "min"
Printer. Print Spc(16);"(12) G值"
Printer. Print Spc(14);"当T=20℃时，μ=0.001 Pa. s"
  G1=Sqr (1000*9. 81*hzl/(0. 001*t1))
Printer. Print Spc(14);"第一段G1=";G1;"s-1"
  G2=Sqr(1000*9. 81*hz2/(0. 001*t2))
Printer. Print Spc(14);"第二段G2=";G2;"s-1"
  G3=Sqr(1000*9. 81*hz3/(0. 001*t3))
Printer. Print Spc(14);"第三段G3=";G3;"s-1"
  G=Sqr (1000*9.81*hz/(0. 001*T))
Printer. Print Spc(14);"G=";G;"s-1"
Printer. EndDoc
End Sub
```

附录 1.10　旋流式絮凝槽计算 Visual Basic 程序

```
Private Sub Command1_ Click()
Q=InputBox("设计水量，Q:m3/h")
n=InputBox("絮凝池个数，n:个")
T=InputBox("絮凝时间(10-15 min),T:min")
V=InputBox("喷嘴流速，v=2-3 m/s")
Printer. Print Spc(18);"旋流式絮凝池的计算"
Printer. Print Spc(14);"设计水量，Q=";Q; "m3/h"
Printer. Print Spc(14);"絮凝池组数，Z";Z;"组"
Printer. Print Spc (14);"絮凝时间(10-15 min),T="; T; "min"
Printer. Print Spc(14);"喷嘴流速v=";V; "m/s"
Printer. Print Spc(16);"(I)总容积W"
        W=Q*T/60
Printer. Print Spc (20):"W=";W; "m3"
Printer. Print Spc(16);"(2)池子直径D"
```

```
Printer. Print Spc(14);"采用池内水深与直径之比为 H:D=10:9"
        d=(3.6*W/(n*23.14))^(1/3)
Printer. Print Spc(20);"D=";d; "m"
Printer. Print Spc (16); "(3)池子高度 H 池内水深"
        H=10*d/9
Printer. Print Spc(20);"加保护高 0.3 m H=" ; H+0.3; "m'
Printer. Print Spc(16);"(4)进水管喷嘴直径 d 喷嘴流速取 v=3 m/s 则"
  d=Sqr (4*Q/(3600*3.14*n*3))
Printer. Print Spc(20);"d=";d*1000
Printer. Print Spc(16);"(5) 出水管直径 DO 出口流速取 0.4m/s 则"
        d0=Sqr (4*Q) / (3600* 3.14*n*0.4)
Printer. Print Spc(20); "D0= "d0*1000;"mm"
Printer. Print Spc(16); "(6)"水头损失 进水有三部分"
Printer. Print Spc (14);" ①喷嘴水头损失 h1"
        h1=0. 06*V^2
Printer. Print Spc(20);"h1=";h1;"mH2O"
Printer. Print Spc(14);"②池内水头损失 h2"
 h2=0.2
Printer. Print Spc(20);"h2=";h2;"mH2O"
Printer. Print Spc (14) ;"③出口处水头损失 h3"
 h3=0.5*0.4^2/19.62
Printer. Print Spc(20);"h3=";h3;"mH2O"
        hz=h1+h2+h3
Printer. Print Spc(20);"所以总水头损失 h="; hz; "mH2O"
Printer. Print Spc(16);"(7) ; GT 值; 水温在 20℃时, 速度梯度为"
        G=Sqr (1000*hz*10000/(60*1.029*T))
Printer. Print Spc (20); "G=";G; "s-1"
        GT=G*T*60
Printer. Print Spc(20);"GT=";GT
If 10000<GT<100000 Then
```

```
Printer. Print Spc (20) ;"在范围内"
Else
Printer. Print Spc (20) ;"不在范围内"
End If
Printer. EndDoc
End Sub
```

附录 1.11 往复式絮凝池计算 Visual Basic 程序

```
Private Sub Command2 _Click()
Q = InputBox ( "设计水重，6l:m;i/n)
Z = InputBox (" 絮凝池组数，Z:组")
T = InputBox ("絮凝时间(10-15 min),T:min" )
Printer. Print Spc(18); " 往复式隔板絮凝池的计算 "
Printer. Print Spc(14); "设计水量，Q= " ; Q ; " m3/h"
Printer. Print Spc(14) ; "絮凝池组数，Z =:"; Z ; "组"
Printer. Print Spc(14) ;" 絮凝时间 (10-15 min),T= "; T ;
" min "
Printer. Print Spc(14) ;"为了便于与沉淀池配合，宽度与沉淀池相同，"
B = InputBox ("确定絮凝池宽，B:m ")
Printer. Print Spc(14); "确定絮凝池宽，B=" ; B ; " m "
h1=InputBox (" 确定池内平均水深，H1 ; m ")
Printer. Print Spc(14); "确定池内平均水深,H1= " ; h1 ; " m "
Printer. Print Spc(14) ; "廊道内流速采用 6 档，即 v1=0.5 m/s,
v2=0.4 m/s, v3=0.35 m/s, v4=0.3 m/s, v5=0.25 m/s, v6=0.2 m/s "
Printer. Print Spc(14); "隔板转弯处的宽度取廊道宽的 1.2 倍 "
Printer. Print Spc(16) ; "(1) 总容积 W "
V = Q * T / 6 0
Printer. Print Spc(14) ; " 总容积 V=" ; V; " m3 "
Printer. Print Spc(16) ; " (2) 单池净平面面积，F "
        F = V / ( Z * h1 )
Printer. Print Spc(14) ; " 单池净平面面积 F=" ; F ; "m2"
```

```
Printer. Print Spc(16) ; " (3)池长(隔板间净距之和) L "
 L = F / B
Printer. Print Spc(14) ; "池长(隔板间净距之和)L =" ; L ; "m"
Printer. Print Spc(16) ;" .(4)廊道宽度和流速"
          Al = Q / ( 600 * Z * 0.5 * h1 )
Print "①计算的一廊道宽，a1= " ; a1; "m"
Printer. Print Spc(14); "①计算的一廊道宽，al= " ; al ; " m "
a1=InputBox (" ①输入圆整一廊道宽，a1;m " )
Printer. Print Spc(14): "①一廊道，a1= " ; a1 ; "m"
          v1 = Q / (3600 * Z * a1 * h1)
Printer. Print Spc(14); "①一廊道实际流速，v1=", v1; " m/s "
          a2 = Q / (3600 * Z * 0.4 * hl)
Print "②计算的二廊道宽，a2= ";a2; "m"
Printer. Print Spc(14); "②计算的二廊道宽，a2= " ; a2 ; "m"
a2 = InputBox ("②输入圆整二廊道宽，a2; m")
Printer. Print Spc(14); "②二廊道宽，a2= "; a2;"m "
          v2 = Q / (3600*Z*a2*h1)
Printer. Print Spc(14); "②二廊道实际流速，v2= " ; v2 ; " m/s"
          a3 = Q/(3600 * Z * 0.35 * h1)
Print "③计算的三廊道宽，a3= " ; a3 ; " m "
Printer. Print Spc(14); "③计算的三廊道宽，a3= " ; a3; "m "
a3 = InputBox ( "③输入圆整三廊道宽，a3;m " )
Printer. Print Spc(14); " ③三廊道，a3= " ; a3 ; " m "
          v3 = Q / ( 3600 * Z * a3 * h1)
Printer. Print Spc(14); "③三廊道实际流速，v3= "; v3 ; " m/s"
          a4 = Q / ( 3600 * Z * 0. 3 *h1)
Print "④计算的四廊道宽，a4= " ; a4 ; " m "
Printer. Print Spc(14); "④计算的四廊道宽,a4= "; a4 ; " m "
a4 = InputBox ("④输入圆整四廊道宽，a4; m ")
```

```
Printer. Print Spc(14); " ④四廊道，a4= " ; a4 ; " m "
          v4 = Q / ( 3600 * Z *a 4 *hl )
Printer. Print Spc(14);" ④四廊道实际流速，v4= " ; v4 ; " m/s "
          a5 = Q /(3600 * Z * 0.25 * hl )
Print " ⑤计算的五廊道宽，a5= " ; a5 ; " m "
Printer. Print Spc(14);"⑤计算的五廊道宽，a5= " , a 5 ; " m "
a5 = InputBox ( " ⑤输入圆整五廊道宽，a5; m")
Printer. Print Spc(14); "⑤五廊道，a5= " ; a5 ; " m "
          v5 = Q / (3600 * Z * a5 * h1)
Printer. Print Spc(14); "⑤五廊道实际流速，v5= " ; v5 ; " m/s"
          a6 = Q / (3600 * Z * 0.2 * h1)
Print "⑥计算的六廊道宽，a6= " ; a6; "m"
Printer. Print Spc(14); " ⑥计算的六廊道宽，a6= " ; a6 ; " m "
a6 = InputBox ("⑥输入圆整六廊道宽，a6;m ")
Printer. Print Spc(14); " ⑥六廊道，a6= "; a6 ; " m "
v6 = Q / ( 3600 * Z * a6 * h1)
Printer. Print Spc(14); " ⑥六廊道实际流速，v6= " ; v6 ; " m/s "
Printer. Print Spc(16); " (5)水流转弯次数 n2;池内每 n3 条廊道
宽度相同的隔板为一档 "
 N = 6 * n3
Printer. Print Spc(14); "廊道总数 n= " ; n ; "条" ; "隔板数
为 " ; n-1 ; "条 "
 n2 = n - 1
Printer. Print Spc(14); " 水流转弯次数为 " ; n2 "次"
Printer. Print Spc (16): " (6)池长(未计入隔板厚度)L'，复核"
        L2 = 3 * a1 + 3* a2 + 3* a3 + 3* a4 + 3* a5 + 3* a6
Printer. Print Spc(14); " 池长(未计入隔板厚度)L′= " ; L2 ; " m "
Printer. Print Spc (16) ; " (7)池子总长 L隔板厚度按 L3 计则池
子总长"
          L = L2 + n * L3
```

```
Printer. Print Spc(14); "池子总长L= " ; L ; " m "
n3 = InputBox ( "输入每档廊道隔板数，n3，")
e = InputBox ( "输入粗糙系数，e，")
   w1 = Q /( 3600 * Z * 1.2 * a1 * h1)
   R1 = a1 * h1 / ( a1 + 2 * h1)
   Y1 = 2.5 * Sqr ( e ) - 0.13 - 0.75 * Sqr ( R1 )
   C1 = R1*y1/e
H0 = 3* n3 * w1 ^ 2 / 19.62 + n3 *a 1 * v1 ^ 2 / (C1 ^ 2 * R1)
Printer. Print Spc(14);"①一廊道水头损失，h1= " ; H0 ; " m "
W2 = Q / (3600 * Z * 1.2 * a2 * h1)
   R2 = a2 * h1 / ( a2 + 2 * h1)
   Y2 = 2.5 * Sqr (e) -0.13 - 0.75 * Sq r(R2)
   C2 = R2 * y2 / e
H2 = 3 * n3 * w2 ^ 2 /19.62 + n3 * a2 * v2 ^ 2 / ( C2 ^2 * R2)
Printer. Print Spc(14); " ②二廊道水头损失，h2= " ; H2 ; " m "
W3 = Q / ( 3600 * Z * 1.2 * a3 * h1)
   R3 = a3 * h1 / ( a3 + 2 * h1 )
   Y3 = 2.5 * Sqr ( e ) - 0.13 - 0.75 * Sq r( R3 )
   C3 = R3 * y3 / e
H3 = 3 * n3 * w3 ^ 2 / 19.62 + n3 * a3 * v3 ^2 /( C3 ^ 2 * R3)
Printer. Print Spc(14); " ③三廊道水头损失，h3= " ; H3 ; " m "
W 4= Q / (3600 * Z 1.2 * a4 * h1)
   R4 = a4 * h1 / ( a4 + 2 * h1 )
   Y4 = 2.5 * Sqr ( e ) - 0.13 - 0.75 * Sqr ( R4 )
   C4 = R4 * y4 / e
H4 = 3 * n3 * w4 ^ 2 / 19.62 + n3 * a4 * v4 ^ 2 / ( C4 ^ 2 * R4)
Printer. Print Spc(14); " ④四廊道水头损失，h4= " ; H4 ; " m "
W5 = Q / (3600 * Z * 1.2 * a5 *h1)
   R5 = a5 * h1 / (a5 + 2 * h1)
   Y5 = 2.5 * Sqr ( e ) - 0.13 - 0.75 * Sqr (R5)
```

```
   C5 = R5 * y5 / e
H5 = 3 * n3 * w5 ^ 2 / 19.62 + n3 * a5 * v5 ^ 2 / (C5^2 * R5)
Printer. Print Spc(14); "⑤五廊道水头损失，h5= " ; H5 ; " m "
W6 = Q / (3600 * Z * 1.2 * a6 * h1)
   R6 = a6 * h1 / ( a6 + 2 * h1 )
   Y6 = 2.5 * S qr ( e ) - 0.13 - 0.75 * Sqr (R6)
   C6 = R6 * y6 / e
H6= 3 * n3 * w6 ^ 2 / 19.62 + n3 * a6 * v6 ^ 2 / (C6^2 *R6)
Printer. Print Spc(14); "⑥六廊道水头损失，h6= " ; H6 ; " m "
   H = H0 + H2 + H3 + H4 + H5 + H6
Printer. Print Spc(14); "廊道总水头损失，H= " ;H ; " m "
   G = Sqr ( 1000 * H / (60 * 1.209 * 10^ (-4) *T))
Printer. Print Spc(14); "速度梯度，G= "; G
   P = G * T
Printer. Print Spc(14); "GT值= "; P
Printer.EndDoc
End Sub
```

附录 1.12　异相流沉淀池计算 Visual Basic 程序

```
Private Sub Command2 _Click()
Q = InputBox ("设计水量，Q:m3/h ")
    Q = Q / 3600
V = I nputBox ("液面上升速度，m/s ")
A F = InputBox (" 斜板利用系数，φ, ")
Z = InputBox (" 沉淀池组数，Z:组，")
C = InputBox (" 斜板间距，cm，")
Printer. Print Spc(18); " 异相流沉淀池的计算"
Printer. Print Spc(14); "设计水量，Q= " ; Q * 3600 ; " m3/h "
Printer. Print Spc(14); " 液面上升速度，v= " ; v ; " m/s "
Printer. Print Spc(14) ; " 斜板利用系数，φ= " ; AF
```

```
Printer. Print Spc(14) ; " 沉淀池组数，Z= " ; Z ; "组"
Printer. Print Spc(14) ; " 为了便于与絮凝池配合，宽度将絮凝池
分成Z组，并扣除隔墙厚"
B = InputBox ("确定单沉淀池宽，B:m ")
Printer. Print Spc(14); " 确定单池宽，B= "; B ; "m"
Printer. Print Spc(16); " (1) 沉淀区净面积 "
A1 = Q / (Z * v )
Printer. Print Spc(14) ; " 单池沉淀区净面积，A1= " ; A1 ; " ´m2 "
Printer. Print Spc(16) ; "(2)单池斜板部分面积 A "
        A = A1 / AF
Printer. Print Spc(14) ; "单池斜板部分平面面积 A= " ; A ; " m2 "
Printer. Print Spc(16) ; " (3)斜板部分长 L1 "
       L1 = A / B
Printer. Print Spc(14) ; "斜板部分长，L1= " ; L1 ; " m "
        L = L1 + Cos 60
Printer. Print Spc(14) ; "斜板部分总长，L= " ; L ; " m "
        V0 = v / Sin60
Printer. Print Spc(14); ".(4)斜板内流速，v0= " ; V 0 ; " m/s "
       T = 1000 / (60 * V0 )
Printer. Print Spc(14); " (5)斜板内停留时间，T= " ; T ; " m/s "
Printer. Print Spc(16); " (6)雷诺数校核 "
        B = 100 * B
        R = B * c / ( 2 * ( B + c ))
        Re = 4 * R * v / 0.0101
Printer. Print Spc(16); " 雷诺数 Re= " ; Re
Printer. Print Spc(16); " (7)沉淀池总高计算 "
H1 = InputBox ("清水区高，m")
H2 = InputBox ("沉淀区高，m")
H3 = InputBox ("配水区高，m")
H4 = InputBox ("超高，m")
```

```
H = H1 + H2 + H3 + H4
Printer. Print Spc(14) ; "清水区高，H1="; H1 ; " m "
Printer. Print Spc(14) ; "沉淀区高，H2="; H2 ; " m "
Printer. Print Spc(14) ; "配水区高，H3="; H3 ; " m "
Printer. Print Spc(14) ; "超高，H4="; H4; " m "
Printer. Print Spc(14) ; "沉淀池总高，H= "; H; " m "
Printer. Print Spc(16); "(8)进口配水整流孔流速取为 0.1m/s"
        Fk = Q / 0.1
Printer. Print Spc(14) ; "整流孔总面积，Fk= " ; Fk ; " m2 "
Printer.EndDoc
End Sub
```

附录 1.13　单级喷射器计算 Visual Basic 程序

```
Private Sub Command1_Click()
Pp=Iinputbox("工作水绝压 Pp：m水柱")
G=Iinputbox("工作水流量 G：m3/h")
Pc=Iinputbox("吸气室绝压 Pp：m水柱")
h=Iinputbox("喷射器插入液面下深度 h：m")
c=Iinputbox("流量系数：c") 'ADA脱硫液实测为 0.46
Printer print Spc(16)"单级喷射器的计算"
Printer print Spc(12)"工作水绝压 Pp=";Pp; ;"m水柱"
Printer print Spc(12)"工作水流量 G="; G;"m3/h"
Printer print Spc(12)"吸气室绝压 Ph="; Ph;"m水柱"
Printer print Spc(12)"喷射器插入液面下深度 h=";h; ;"m水柱"
Printer print Spc(12)"流量系数 c="; c
    BPp = Pp - Ph
    BPc =(10 + h)- Ph
    f0 = G * 1000000/(3600 * 1.5)
d0 = Sqr( f / 0.785)
Print "计算的进水管直径：d0="; d0 ; "mm"
```

```
d0= Iinputbox("输入圆整后的进水管直径，d0,mm")
    W = Sqr(2 * 9.81 * BPp)
    f1 = G * 1000000 /(3600 * c * w)
    d1 = Sqr( f1 / 0.785)
f3 = f1 * 4.5
d2 = 1.7 * d3
Print "计算的收缩管直径：d2=";d2; ;"mm"
d2 = Iinputbox("输入圆整后的收缩管直径，d2,mm")
L0 =(d0 - d1)/(2 * Tan( 3.14 / 180 * 15)) + d1 / 4
L1 = (d2 - d3) / (2 * 0.194)
L2 = 4.5 * d3
d4 = d2
L3 =(d4 - d3) / (2 * 0.07)
U = 2270 * f1 * Sqr(BPp / BPc)
Q= G * u
Printer·print Spc(16)"计算结果"
Printer·print Spc(12)"进水管直径：d0=" ; d0 ; "mm"
Printer·print Spc(12)"喷嘴流速：w=" ; w ; "m/s"
Printer·print Spc(12)"喷嘴出口直径：d1=" ; d1 ; "mm"
Printer·print Spc(12)"喷嘴厚度：L11=" ; d1 / 4 ; "mm"
Printer·print Spc(12)"混合室喉管直径：d3=" ; d3 ; "mm"
Printer·print Spc(12)"收缩管直径：d2=" ; d2 ; "mm"
Printer·print Spc(12)"扩大管大头直径：d4=" ; d4 ; "mm"
Printer·print Spc(12)"工作水喷嘴长度：L0=" ; L0 ; "mm"
Printer·print Spc(12)"混合室喉管长度：L2=" ; L2 ; "mm"
Printer·print Spc(12)"缩小管长度：L1=" ; L1 ; "mm"
Printer·print Spc(12)"扩大管长度：L3=" ; L3 ; "mm"
Printer·print Spc(12)"扩大管长度：L3=" ; L3 ; "mm"
Printer·print Spc(12)"容积系数：u=" ; u; "m3/m3"
```

```
Printer·print Spc(12)"吸气量: Q=" ; Q; "m3/h"
    Printer·EndDoc
End Sub
```

附录 1.14 双级喷射器计算 Visual Basic 程序

```
Private Sub Command2_ Click()
Pp = InputBox ("工作水绝压 Pp:mH20")
G = InputBox ("工作水流量 G;m3/h")
Ph =I nputBox (" 混合室绝压 Ph:mH20")
H = InputBox ("射流器插入深度 h:m") '喷嘴 25 度、缩小管夹角 30 度
  C = InputBox ("流量系数, C")
BPp = PP - Ph
f10 = G * 1000000 / (3600 * 1.8)
d10 = Sqr ( f 10 / 0.785)
Print " 一级进水管计算直径, d10= " ; d10 ; " mm"
d10 = InputBox ( " 输入圆整后的进水管直径;d10, mm")
w1 = Sqr ( 2 * 9. 81 * BPp )
F11 = G * 1000000 / (c * w1 * 3600)
dl1 = Sqr ( F11 / 0.785)
f13 = F11 * 4.5
d13 = Sqr (f 13 / 0.785)
L10 = ( d10 - d11 ) / ( 2 * 0. 222 ) + dll / 4
Dx = InputBox (" 输入吸收筒直径 dx, mm")
L11 = ( dx一d13 ) / (2 * 0.268)
L12 = 4.5 * d13
d14 = d10
L13 = (d14 - d13) / (2 * 0.07)
BPcl = (0.877 / (f13 / F11)) ^ 0.68 * BPp
Pcl = BPcl + Ph
f21 = G * 1000000 / ( Sqr ( 2 * 9.81 * (Pcl - Ph)) *0.57 *3600)
```

```
d21 = Sqr (f21 / 0.785)
f23 = f21 * 3.2
d23 = Sqr (f23 / 0.785)
d24 = dk2
L21 = (d22 - d23) / (2 * 0.268)
L22 = 4.5 * d23
L20 = (d14 - d21 ) / (2 * 0.222 ) + d21 / 4
L23 = (d24 - d23 ) / ( 2 * 0.07)
u1 = Sqr (BPp / BPc1)
BPP2 = Pc1 - Ph
BPc2 = ( 10 + h ) - 7.5
u2 = Sqr (BPP2 / BPc2)
u = u1 + u2
Printer. Print Spc(16); "双级射流器的计算"
Printer. Print Spc(14); " 1.计算数据 "
Printer. Print Spc(12); "工作水绝压pp= " ; Pp ; " mH20"
Printer. Print Spc(12); " 工作水流量G= " ; G ; " m3/h"
Printer. Print Spc(12); " 混合室绝压Ph= " ; Ph ; " mH20 "
Printer. Print Spc(12); " 射流器插入深度h= " ; h ; " m "
Printer. Print Spc(12); " 流量系数c: " ; c
Printer. Print Spc(14);" 2.计算结果 "
Printer. Print Spc (12); "圆整后一级进水管直径:d10= " ; d10 ;
"mm"
Printer. Print Spc(12); " 一级喷嘴直径:d11= " ; d11 ; " mm "
Printer. Print Spc(12); " 一级喉管直径:d13= " ; d13 ; " mm "
Printer. Print Spc(12); " 吸收筒直径:dx= " ; dx ; " mm "
Printer. Print Spc (12) ; " 一级扩散管出口直径:d14= " ; d14 ;
"mm"
Printer. Print Spc (12) ; " 一级喷嘴长度:L10= " ; L10 ; "mm"
Printer. Print Spc(12) ; " 一级收缩管长度:L11= " ; L11 ; " mm "
Printer. Print Spc(12); " 一级喉管长度:L12= " ; L12 ; "mm "
Printer. Print Spc (12); " 一级扩散管长度:L13= " ; L13 ; " mm "
```

```
Printer. Print Spc(12); " 二级进水管直径:d20= " ; d10 ; " mm "
Printer. Print Spc(12); " 二级喷嘴直径:d21= " ; d21 ; " mm "
Printer. Print Spc(12); " 二级喉管直径:d23= " ; d23 ; " mm "
Printer. Print Spc(12); " 二级收缩管直径:d22= " ; d22 ; "mm "
Printer. Print Spc (12); " 二级扩散管出口直径:d24= " ; dk2 ;
"mm"
Printer. Print Spc(12); " 二级喷嘴长度:L20= " ; L20 ; " mm "
Printer. Print Spc(12); " 二级收缩管长度:L21= " ; L21 ; " mm "
Printer. Print Spc(12); " 二级喉管长度:L22= " ; L22 ; " mm "
Printer. Print Spc(12); " 二级扩散管长度:L23= " ; L23 ; " mm "
Printer. Print Spc(12); " 一级容积系数:u1= " ; u1 ; "立方米
空气/立方米水 "
Printer. Print Spc(12); " 二级容积系数:u2= " ; u2 ; "立方米
空气/立方米水 "
Printer. Print Spc(12); "总容积系数:u= " ; u ; "立方米空气/
立方米水 "
Printer. Print Spc(12); "取最佳条件后，园整上述计算值，然后制图。"
Printer. EndDoc
End Sub
```

附录 1.15　旋风除雾器计算 Visual Basic 程序

```
Private Sub Command1_Click()
V0=Iinputbox("处理气量: m3/h")
P=Iinputbox("操作压力(绝压): 大气压")
T=Iinputbox("操作温度: ℃")
U0=Iinputbox("进口气速: m/s")
BZ=Iinputbox("气体比重: kg/m3")
Printer·print Spc(16)"旋风分离器的计算"
Printer·print Spc(12)"处理气量，V0="; V0;"m3/h"
Printer·print Spc(12)"操作压力，P="; P;"大气压"
```

```
Printer·print Spc(12)"操作温度，t="; t ;"℃"
Printer·print Spc(12)"进口气速，U0="; u0 ; "m/s"
Printer·print Spc(12)"气体比重，γ="; BZ; "kg/m3"
     V = V0 * ( 273 + t )/ (P * 273)
Printer·print Spc(12)"在操作工况下气体处理量，V="; V ;"m3/h"
     Fj = V / ( 3600 * U0 )
Printer·print Spc(12)"进口管截面积，F="; Fj ; "m2"
     B = Sqr ( Fj / 2 ) * 1000
 Pint "计算的矩形宽，b="; b ; "mm"
   b= Iinputbox("输入圆整后的进口管宽，b,mm")
   a = 2 * b
Printer·print Spc(12)"进口管长，a=";a; "mm"
   D0 = 4 * b
Printer·print Spc(12)"筒体直径，D0="; d0 ; "mm"
H = 1.5 * d0
Printer·print Spc(12)"筒体高，H1="; h ; "mm"
   De = 0.5 * d0
Printer·print Spc(12)"中心直径De="; De ; "mm"
Ht = 2 * d0
Printer·print Spc(12)"锥体高，ht="; ht ; "mm"
   Dc = 0.5 * d0
Printer·print Spc(12)"中心直径，Dc="; dc ; "mm"
   Hc = 0.4 * d0
Printer·print Spc(12)"中心管插入筒体深度，hc="; hc ; "mm"
   Ct = 16 * a * b / dc ^ 2
   P1 = 9.81 * ct * BZ * U0 ^ 2 / (2 * 9.81)
Printer·print Spc(12)"旋风除雾器压力降，ΔP=";P1;"Pa"
  Printer·EndDoc
End Sub
```

附录 1.16　鼓风机输送能力与轴功率计算 Visual Basic 程序

```
Private  Sub Command7_Click()
V0 = Inputbox ("鼓风机处理量，V，  m3/h:")
P1 = Inputbox ("鼓风机进口绝压，p1，  kap:")
Printer.Print Spc (14); "鼓风机进口绝压，p1="; p1; "kap"
P2 = Inputbox ("鼓风机出口绝压，p2，  kap:")
Printer.Print Spc (14); "鼓风机出口绝压，p2= "; p2; "kap"
t = Inputbox ("操作温度，t，℃:")
ps = Inputbox("操作温度下水蒸气分压，ps，  kap:")
Printer.Print Spc (14); "操作温度，t = "; t; "℃"
Printer.Print Spc (14); "操作温度下水蒸气分压，ps = "; ps;
"kap"
V = 101.3 * V0 * (273 + t) / (273 * (p1 - ps))
Printer.Print Spc (14); "鼓风机处理量，V0= "; V0; " m3/h"
Nt = 1.03 * 10 ^ (-3) * p1 * V * ((p2 / p1) ^ 0.248 - 1)
Printer.Print Spc (14); "鼓风机轴功率，Nt = "; Nt ; "kw"
A = nputbox("输入升压间隔，n:kpa:")
For = 0 To 35 Step A
J = I
P = p1 + J
N1 = 1.03 * 10 ^ (-3) * p1 * V * ((p / p1) ^ 0.248 - 1)
Printer.Print Spc (14); "鼓风机轴功率，Nt = "; Nt ; "kw"
BT = (273 + t) * ((p2 / p1)^ 0.248 - 1)
Printer.Print Spc (14); "鼓风机温升，Δt="; BT; "℃"
n = 3000 * (N1 / Nt)^ 0.3333
Printer.Print Spc (14); "升压: Δp="; A; " kap"
Printer.Print Spc(14);"鼓风机在"; J; "下的压力p="; p; "kap"
Printer.Print Spc(14); "鼓风机在"; J; "下的温升Δt1="; BT;
"℃"
Printer.Print Spc (14); "鼓风机在"; J; "下的功率N1 = "; N1 ;
"kw"
Printer.Print Spc (14); "鼓风机在"; J; "下的转速n= "; n;
"转/min"
```

```
Next I
Printer.EndDoc
End Sub
```

附录 1.17　鼓风机流量功率温升计算 Visual Basic 程序

```
Private  Sub Command6_Click()
V0 = Inputbox ("鼓风机处理量，V,  m3/h:")
P1 = Inputbox ("鼓风机进口绝压，p1,  kap:")
P2 = Inputbox ("鼓风机出口绝压，p2,  kap:")
t = Inputbox ("操作温度，t, ℃:")
ps = Inputbox("操作温度下水蒸气分压，ps,  kap:")
Printer.Print Spc (18); "鼓风机的计算"
Printer.Print Spc (14); "鼓风机处理量，V0= "; V0; " m3/h"
Printer.Print Spc (14); "鼓风机进口绝压，p1= "; p1; " kap"
Printer.Print Spc (14); "鼓风机出口绝压，p2= "; p2; " kap"
Printer.Print Spc (14); "操作温度，t = "; t; " ℃"
Printer.Print Spc (14); "操作温度下水蒸气分压，ps = "; ps; "
kap"
V = 101.3 * V0 * (273 + t) / (273 * (p1 - ps))
Printer.Print Spc (14); "鼓风机工况下流量，V= "; V; " m3/h"
Nt = 1.03 * 10 ^ (-3) * p1 * V * ((p2 / p1) ^ 0.248 - 1)
Printer.Print Spc (14); "鼓风机轴功率，Nt = "; Nt ; "kw"
BT = (273 + t) * ((p2 / p1)^ 0.248 - 1)
Printer.Print Spc (14); "鼓风机温升，Δt="; BT; "℃"
Printer.EndDoc
End Sub
```

附录 1.18　泡沫塔计算 Visual Basic 程序

☆塔径的计算

```
Private Sud Command1_Click()
Rv = InputBox("汽相比重，γv:kg/m3")
```

```
Rl = InputBox("液相比重，γI:kg/m3")
V = InputBox("汽相流量，v:m3/h")
G = InputBox("液相流量，G:m3/h")
S = InputBox("表面张力，σ: dny/cm")
Ht = InputBox("板间距，Ht:m")
hl = InputBox("板上清夜高度，hl:m")
w = InputBox("请选择空塔速度，w:m/s")      '一般为 2m/s
Printer.Print Spc(18);" 泡沫塔的计算
Printer.Print Spc(14); "汽相比重，γv="; Rv ; "kg/m3"
Printer.Print Spc(14); "液相比重，γI="; Rl; "kg/m3"
Printer.Print Spc(14); "汽相流量，v="; V; "m3/h"
Printer.Print Spc(14); "液相流量，G="; G; "m3/h"
Printer.Print Spc(14); "表面张力，σ="; S; "dny/cm"
Printer.Print Spc(14); "板间距，Ht="; Ht; "m"
Printer.Print Spc(14); "板上清夜高度，hl="; hl; "m"
Printer.Print Spc(14); "请选择空塔速度，w=";w; "m/s"
Dim C2!,D!,X!
Vs=V/w
Ls=G/3600
Printer.Print Spc(14); "汽相比重，Vs="; Vs ; "m3/s"
Printer.Print Spc(14); "液相流量，Ls="; Ls ;"m3/s"
F = Vs /w
D = Sqr(F / 0.785)
Printer.Print Spc(14);"塔截面积，F ="; F; "m2"
Print"初步计算的直径，D ="; D; "m"
Printer.Print Spc(14);"初步计算的直径，D="; D; "m"
D = InputBox("输入圆整后的塔直径，D: m")
Printer.Print Spc(14); "圆整后的塔直径，D="; D ; "m"
I = InputBox("请输入液流形式：1.单液流：2.双液流：")
Select Case I
```

```
Case I
Printer.Print Spc(14); "单液流: "
KI = InputBox ("请输入 Iw/D的比例系数 K1, 查表 4-8; ")
Lw = KI * D
EI = 3600 * Ls / Lw ^ 2.5
Printer.Print Spc(14); "a.堰的长度, Lw="; Lw; "m"
Print "根据 L/(Lw)^2.5="; EI; "由图 4.2.9 可查得液流系数 E= "
E=InputBox("请输入查得的液流系数 E=")
Printer.Print Spc(14); "由图 4.2.9 可查得液流系数 E=";E
How = 0.00284 * E * (3600 * Ls / Lw ) ^ (2 / 3)
Printer.Print Spc(14); "堰上清液层高度, how="; how; " m "
Wd=InputBox ("请设定堰宽, Wd:m")
Printer.Print Spc(14); "由表 4-8 查得堰宽, Wd="; Wd ; "m"
hw= InputBox (" 请设定堰高, hw: m ")
Printer.Print Spc(14); "设定堰高, hw= "; hw ; "m"
h1 = hw + how
Printer.Print Spc(14); "板上清液层高度, h1=";h1;"m"
h0 = hw - 0.013
Printer.Print Spc(14); "奖液管底边距下一板的间距, h0=";h0; "m"
Hf = 2.5 * h1
Printer.Print Spc(14); "塔板上泡沫高度, hf="; hf ; "m"
Case2
Printer.Print Spc(14); "双液流"
K1=InputBox("请输入 Iw/D的比例系数 K1, 查文献(11)表 7-4; ")
Lw = K1 * D
E1 = 3600 * Ls / Lw ^ 2.5
Printer.Print Spc(14); "a.堰的长度, Lw="; Lw; "m"
Print "根据 L/(Lw)^2.5" ; E1; " 由图 4.2.9 可查的液流系数 E= "
E= InputBox (" 请输入查的液流系数 E= "
Printer.Print Spc(14); " 由图 4.2.9 可查的液流系数 E= " ; E
```

```
How = 0.00284 * E * ( 3600 * Ls / Lw ) ^ ( 2 / 3 )
Printer.Print Spc(14); "堰上清液层高度，how=" ; how ; " m "
Wd= InputBox(请查输入堰宽，Wd;m")
Printer.Print Spc(14); "由查文献(11)表7-4的堰宽，Wd=" ; Wd ;
"m"
Hw = InputBox ("请设定堰高，hw:m")
Printer.Print Spc(14); "hw="; hw ; "m"
h1 = hw + how
Printer.Print Spc(14); "板上清液层高度，h1= " ; h1 ; " m "
h0 = hw - 0.013
Printer.Print Spc(14);"降液管底边距下一板的间距，h0=";h0;"m"
Hf = 2.5 * h1
Printer.Print Spc(14); "塔板上泡沫高度，hf="; hf ; "m"
End Select
Printer.EndDoc
End Sud
```

☆筛孔布置

```
Private Sud Command2_Click()
Dim D ! , Wd ! , Ws ! , X ! , Wc
D=InputBox ("塔直径，D:m")
DO= InputBox (" 筛孔直径，DO:mm ")
Wc=InputBox ("筛孔离边缘宽度，Wc:m")
Ws=InputBox ("筛孔前缘安全区宽度，Ws:m")
b=InputBox ("取筛板厚度，δ=: m")
Wd=InputBox ("请查并输入堰宽"取筛板厚度，Wd:m")
Printer.Print Spc(14); "塔直径，D="; D ; " m "
Printer.Print Spc(14); " 筛孔直径，DO= "; DO ; " mm "
Printer.Print Spc(14); " 筛孔离边缘宽度，Wc="; Wc ; " m "
Printer.Print Spc(14); " 筛孔前缘安全区宽度，Ws= "; Ws ; " m "
Printer.Print Spc(14); " 取筛板厚度，δ= "; b ;" m "
```

```
Printer.Print Spc(14); "取筛板厚度，Wd= "; Wd ; " m "
        T = 3.5 * DO
Printer.Print Spc(14); "孔间距，t= " ; t ; " mm "
I= InputBox ("请输入液流形式：1.单液流：2.双液流：")
Select Case I
Case 1
Printer.Print Spc(14); "单液流： "
S = D / 2 - ( Wd + Wc )
R = D / 2 - Wc
X1 = X / r
X2 = X1 / Sqr ( 1 - X1 ^ 2 )
X3 = Atn ( X2 )
Aa = 2 * ( X * Sqr ( r ^ 2 - X ^ 2 ) + r ^ 2 * X3 )
Printer.Print Spc(14); "每层板上开孔区面积 Aa= "; Aa ; " m2 "
AO = 0.907 * Aa / ( t / DO ) ^ 2
Printer.Print Spc(14); "每层板上筛孔面积，AO= "; AO ;"m2 "
n1 = 115800 0/ t ^ 2
n = n1 * Aa
Printer.Print Spc(14); "每平方米开孔数，n1 "; n1 ; "个"
Printer.Print Spc(14); "筛孔总数，n="; n ; "个"
Case2
Printer.Print Spc(14); " 双液流"
Wzd= InputBox(" 请输入中间液流槽宽度，Wd:m ")
Printer.Print Spc(14); "中间液流槽宽度，Wd= "; .Wzd ; " m "
X = D / 2 - ( Wd + Wc )
R = D / 2 - Wc
X1 = X / r
X2 = X1 / Sqr ( 1 - X1 ^ 2 )
X3 = Atn ( X2 )
X4 = Wd / 2 + Ws
X41 = X4 / r
```

```
X42 = X41 / Sqr ( 1 - X4 ^ 2 )
X43 = Atn ( X42 )
Aa1 = 2 * ( X * Sqr ( r ^ 2 - X ^ 2 ) +r ^ 2 * X3 )
Aa2 = 2 * ( X4 * Sqr( r ^ 2 - X4 ^ 2 ) + r ^ 2 * X43 )
Aa = Aa1- Aa2
Printer.Print Spc(14); 每层板上开孔区面积，Aa= "; Aa ; " m2 "
AO = 0.907 * Aa / ( t / DO ) ^ 2
Printer.Print Spc(14); "每层板上开孔面积，AO= "; AO ; " m2 "
n1 = 1158000 / t ^ 2
n = n1 * Aa
Printer.Print Spc(14); "每平方米开孔区的空数，n1= "; n1 ;
" 个 "
Printer.Print Spc(14); "筛孔总数，n"; n; " 个 "
End Select
Printer.EndDoc
End Sud
```

☆塔板阻力

```
Private Sub Command3_Click()
Dim DO , b ! , K !
DO = InputBox ("筛孔直径，DO: mm")
B = InputBox ("取筛板厚度， δ : mm")
AO = InputBox ("筛孔面积，AO; m2")
Rv = InputBox ("汽车比重γv:kg/m3")
Rl = InputBox("液相比重， γ1: kg/m3")
V = InputBox ("汽相流量,v:m3/h")
G = InputBox("液相流量，G: m3/h")
S = InputBox("表面张力,: dny/cm")
Printer.Print Spc(16); "塔板阻力"
Printer.Print Spc(14); "a.干板阻力"
Printer.Print Spc(14); "筛孔直径，DO="; DO ; "mm"
```

```
Printer.Print Spc(14); "取筛板厚度，δ="; b ; "mm"
Printer.Print Spc(14); "筛孔面积,AO="; AO ; "m2"
Printer.Print Spc(14); "汽相比重，γv="; Rv ; "kg/m3"
Printer.Print Spc(14); "液相比重，γ1=" ; R 1; "kg/m3"
Printer.Print Spc(14); "汽相流量,v="; V ; "m3/h"
Printer.Print Spc(14); "液相流量,G="; G ; "m3/h"
Printer.Print Spc(14); "表面张力,σ="; S ; "dny/cm"
Vs = V / 3600
Ls = G / 3600
K = DO / b
Print "根据 dO/δ="; K ; "查文献(11)图 8-5 干板流量系数，CO"
C O= InputBox ("请查图 8-5 干板流量系数，CO"
Hc = 0.0512 * (Vs / ( AO * CO ) ^ 2 * ( Rv / RI )
Printer.Print Spc(14); "查文献(11)图 8-5 干板流量系数,CO= "; CO
Printer.Print Spc(14); "查文献(11)图 8-5 板厚系数，K= "; K
Printer.Print Spc(14); "干板降压，hc= "; hc ; "m液柱"
Printer.Print Spc(14); " b.液层有效阻力"
FO = Vs * Sqr ( Rv / AO )
Printer.Print Spc(14); "根据筛板能动因素，FO= "; FO ;"和板
上清液层高度 h1 查文献(11)图 8-6 得"
Print 根据筛板能动因素，FO=" ; FO ; "和板上清液层高度 h1 查文献(11)
图 8-6 得"
Hi = InputBox("根据筛板能动因素 FO 和板上清液层高度 h1， 查 文 献
(11)图 8-6 得：hi ")
Printer.Print Spc(14); "液层有效阻力，h1= " ; h1 ; "m液柱 "
Hp = hc + hi
Printer.Print Spc(14); "塔板总压降，hp= "; Hp ; " m液柱 "
Printer.Print Spc(14); "c.稳定性"
Hs = 4 * S / ( 9810 * R1 * DO )
Hcm = 0.0056 + 0.13 * h1 - hs
```

```
Printer.Print Spc(14); "漏液点的干板压降，h0 " ; hs ; " m液柱"
Wom = 4.4 * CO * Sqr ((0.0056 + 0.13 * h1 - hs ) * R1 / Rv )
Printer.Print Spc(14); "漏液点筛孔气速，Wom= "; Wom ; " m/s "
W01 = Vs / AO
Printer.Print Spc(14); " 筛孔气速，Wom"; Wom ; " m/s "
K2 = W1 / Wom
Printer.Print Spc(14); "按漏液气速考虑负荷下限为设计值"; K2 *
100; "%"
Printer.EndDoc
End Sub
```

附录 1.19　U 与 PK 计算 Visual Basic 程序

```
Private Sub Command2_Click()
    pk = InputBox("输入需要计算的 Pk值，atm ")
    u=((100.7*Sqr(0.7-Pk))/(0.2+1.19*(0.7-Pk))-1)
    Print "u，u= "; u
    End Sub
```

附录 1.20　喷射器后压力 Pc 与容积系数 u 计算 Visual Basic 程序

```
Private Sub Command2_Click()
    U = InputBox("输入需要计算的 u值，")
     Pc=2.5659-4.149*(1+u)^2/10000
    Print "Pc= "; pc;"atm"
    End Sub
```

附录 1.21　混合室始端压力 P_2 与容积系数 u 计算 Visual Basic 程序

```
Private Sub Command2_Click()
    U = InputBox("输入需要计算的 u值，")
     P2=0.7-3.4151*(1+u)^2/10000
    Print "P2= "; p2;"atm"
    End Sub
```

附录 1.22　综合传热系数计算 Visual Basic 程序

```
Private  Sub Command8_Click()
D1 = Inputbox("换热器直径，D1，m ")
D0 = Inputbox("管子直径，D0，m ")
n = Inputbox("管子数量，n，根 ")
DT = Inputbox("管子壁厚，δ，m ")
C = Inputbox("查表输入水的比热，C:kJ/kg.℃")
Ma = Inputbox("输入水的黏度，μ:kg/m.s ")
Da = Inputbox(" 输入水导热系数，λ:kJ/m.h.℃")
Da1 = Inputbox(" 输入换热管导热系数，λ:kJ/m.h. ℃")
 '碳钢：λ=167.5KJ/m. h.  ；不锈钢：λ=85kJ/m.h. ℃
G = Inputbox("输入质量流量，G, kg/h ")
 D2 = ( D0 - 2 * DT )
W = G / ( 3600 * 0.785 * (D0 - 2 * BT ) ^ 2 * n)
Re = D2 * w / Ma
Pr = 3600 * Ma * C / Da
AF1 = 0.88 * 0.023 * Re ^ 0.8 * Pr ^ 0.3 * Da / D2
Print "Pr="; Pr
Print "Re="; Re
Print" 管内水的传热系数，AF1="; AF1 ; "kJ/m2·h"
W1 = Inputbox("输入冷凝水量，W1，kg/h")
L = W1 / (3.1416 * n * D0)
B = Inputbox("查表 5-4-1 输入 B 值，")
AF2 = 6 * B / L ^ 0.3333
Print "蒸汽在管间冷凝传热系数，αc,kJ/m2·h·℃")
AF3=1/(AF2^-1+0.0025+(DT/Da1)*(D0/(Do-Dt)+  0.00628*D0/D2+
D0/D2*AF1^-1)
Print "综合传热系数，αε="; AF3; "kJ/m2·h"
End Sub
```

附录 1.23　酸性气体混合气的物性计算 Visual Basic 程序

```
Private Sub Command8_Click()
        For I = 0 To 100
tm1 = Inputbox("输入要计算的温度，tm1: ")
Print "要计算的温度，tm1="; tm1; " ℃ "
A1 = Inputbox( "水蒸气体积含量，A1:%/100")
        B1 = 1 - A1
Printer.Print Spc (18); "酸性混合气物理参数的计算 "
Printer.Print Spc(14); "水蒸气体积含量，A1="; A1 * 100;  "%"
Printer.Print Spc(14); " 二氧化碳体积含量，B1= "; B1 * 100;
"%"
Mm1 = 18 * A1 + 44 * B1
Printer.Print Spc (14); "气体湿基分子量: Mm1= "; Mm1
        Ma1 = Inputbox ("输入 H2O 黏度，μ:kg/m.s ")
Mb1 = Inputbox ("输入 CO2 黏度，μ:kg/m.s ")
Printer.Print Spc (14); " H2O 黏度，μ:kg/m.s "
Printer.Print Spc (14); " CO2 黏度，μ:kg/m.s "
Printer.Print Spc (14); "气体温度在 "; tm1; " 下的混合气体的
物理参数 "
Mh1 = A1 * Ma1 * 4.2426 + B1 * Mb1 * 6.6332
Mm2 = A1 * 2.2426 + B1 * 6.6332
Mh1 = Mh1 / Mm2
Printer.Print Spc (14); "气体的黏度，μ="; Mh1; "kg/m.s "
Da1 = Inputbox(" 输入 H2O 导热系数， λ :kJ/m. h. ℃ ")
Db1 = Inputbox(" 输入 CO2 导热系数，λ:kJ/m. h. ℃ ")
Printer.Print Spc (14); " H2O 导热系数，λ= "; Da1 ;  " kJ/m.
h. ℃ "
Printer.Print Spc (14); " CO2 导热系数，λ="; Db1;  "kJ/m. h. ℃"
Dim Dr!,  Dh1!
 Dr = A1 * Da1 * 18 ^ 0.3333 + B1 * Db1 * 44 ^ 0.3333
Mm3 = A1 * 18 ^ 0.3333 + B1 * 44 ^ 0.3333
Dm1 = Dr / Mm3
```

```
Printer.Print Spc (14); "气体导热系数，λ= "; Dm1;  " KJ/m. h. ℃ "
Printer.EndDoc
Next I
End Sub
```

附录 1.24 传热系数和传质系数计算 Visual Basic 程序

```
Private  Sub Command8_Click()
D1 = Inputbox ("换热器直径，D1，m")
D0 = Inputbox ("管子直径，D0，m")
n = Inputbox ("管子数量，n，根")
De =( D1 ^ 2 - n * D0 ^ 2 )/ ( D1 + n * D0)
Print "当量直径，de= "; de; " m "
For I = 0 To 100
tm1 = Inputbox ( "输入要计算的温度，tm1: " )
Print "要计算的温度，tm1= "; tm1;  " ℃"
Mi = Inputbox( "查表输入混合气在 tm1 时的分子量，Mi  ")
C = Inputbox("查表输入混合气体的比热，C:kJ/kg.℃ ")
Ma = Inputbox("输入混合气体黏度，μ:kg/m.s  ")
Da = Inputbox( "输入混合气体导热系数，λ:kJ/m. h. ℃ ")
G = Inputbox( "输入气体质量流量，G, kg/m2. h ")
Ma = Ma * 3.6 / 10000
Da = Da / 10000
       Re = D0 * G / Ma
       Pr = C * Ma / Da
       AF = 1.72 * de ^ 0.6 * Re ^ 0.6 * Pr ^ 0.3333 * Da / D0
T = 273 + tm1
Md = Mi * T / 6115.2
       D =1.13489 * T ^ 1.5 / 100000
       Md = Mi * T / 273
Sc = Ma / (Md * D)
```

```
        Kg = AF * Pr ^ 0.6666 / (C * Mi * Sc ^ 0.6666 )
    Print " 混合气体传热系数，αg= "; AF ; " KJ/m2 h. ℃ "
    Print " 混合气密度，γ="; Md ;" kg/m3 "
    Print " 扩散系数，D="; D ; " m2/h "
    Print " 传质系数，Kg= " ; Kg ; " kg分子/m2.h "
    Next I
    End Sub
```

附录 1.25 液膜面温度计算 Visual Basic 程序

```
    Private Sub Command8_Click()
    AF1 = Inputbox("综合传热系数，αξ,kJ/m2·h·℃")
    tw = Inputbox("冷却水终温，tw，℃ ")
    P = Inputbox("操作压力，P1，kPa ")
    For I = 1 To 12
    tm1 = Inputbox("输入要计算的温度，tm1:")
    Print "要计算的温度，tm1= "; tm1; " ℃ "
    P1 = Inputbox("查表输入在计算温度 tm1 下的蒸汽分压，P1，kPa")
    AF2 = Inputbox( " 输入传热系数，αg,kJ/m2·h·℃ ")
    KG = Inputbox( " 输入传质系数，Kg,kmol/m2·h ")
      For J = 1 To 3
    tc = Inputbox( " 输入假设液膜面温度，tc，℃ ")
    Print "假设的液膜面温度，tc= "; tc ; " ℃"
    pc = Inputbox( " 查表输入假设液膜面温度 tc 下的蒸汽分压，kPa ")
    A1 = AF2 * ( tm1 - tc ) + KG * 18 * 2490 * 0.4124 * ln ((P - Pc)/
P - p1))
    A2 = AF1 * (tc - tw)
    Print "A1= "; A1 ; "kJ/m2·h"
    Print "A2= "; A2 ; "kJ/m2·h"
            Next J
    Next I
```

```
End Sub
```

附录 1.26 COS 水解平衡转化率及平衡组分计算 Visual Basic 程序

```
Private  Sub Command8_Click()
t = Inputbox("输入温度，t，℃")
T=t+273
E=4164/T-0.5545*2.303*log(T)+0.3169*10^-3*(T-298)+
 0.03969 * 10 ^5 * (T^2-298^-2) + 5.3098
Kp = Exp(E)
Print "kp="; Kp
A = InputBox ("初始氧硫化碳含量，g/m3")
  A = A * 22.4/(40*1000)
B = InputBox (" 初始水蒸气含量，g/m3")
  B = B * 22.4 / ( 18 * 1000)
C = InputBox ( " 初始二氧化碳体积含量，C1: %/100")
D = InputBox ("初始硫化氢含量，D1:g/m3")
  D = D * 22.4 / ( 34 * 1000 )
Printer.Print Spc(18); " 1. 氧硫化碳水解率的计算 "
Printer.Print Spc(16); " 计算基准：1kg分子干黄磷尾气 "
Printer.Print Spc(14); " 进口温度t= " ; t ; " ℃ "
Printer.Print Spc(14); " 初始氧硫化碳体积含量，A= " ; A * 100 ;
"%"
Printer.Print Spc(14); " 初始水蒸气体积含量，B= "; B * 100 ;
"%"
Printer.Print Spc(14); " 初始二氧化碳体积含量，C= "; C * 100;
"% "
Printer.Print Spc(14); " 初始硫化氢体积含量，D= "; D * 100 ;
"%"
    '(Kp-1)^2-[Kp(A+B)+(C+D)]Axp+(KpAB-CD)=0
    w1 = Kp1 - 1
    u1 = Kp1 * (A + B) + (C + D)
    V1 = Kp1 * A * B - C * D
    '上式写成：w(Axp)^2-u(Axp)+V=0
```

```
   q1 = Sqr(u1 ^ 2 - 4 * w1 * V1)
   Xp1 = (u1 - q1) / (2 * A * w1)
Printer.Print Spc(14); " Kp= " ; Kp1
 Printer.Print Spc(14); " Xp= " ; Xp1
   A1 = A - A * xp
   A2 = A1 * 40 * 1000000 / 22.4
   B1 = B - A * xp
   B2 = B1 * 18 * 1000 / 22.4
C1 = C + A * xp
D1 = D + A * xp
D2 = D1 * 34 * 1000 / 22.4
J= 1 + C1
Printer.Print Spc(14); " CO " , A1 * 100 ; "%"
Printer.Print Spc(14); " COS " , A2 ; "mg/m3 "
Printer.Print Spc(14); " H2O " , B1 * 100 ; " %"
Printer.Print Spc(14); " H2O " , B2 ; "g/m3 "
   Printer.Print Spc(14); " CO2 " , D2 * 100 / J ; "%"
   Printer.Print Spc(14); " H2S " , D1 * 100 ; "%"
   Printer.Print Spc(14); " H2S " , D2 ; "g/m3"
   Printer.EndDoc
End
```

附录 1.27 部分变换平衡组分计算 Visual Basic 程序

```
 Private Sub Command3_Click()
A1 = InputBox("初始一氧化碳体积含量，A1:%/100")
 C1 = InputBox("初始二氧化碳体积含量，C1:%/100")
 D1 = InputBox("初始氢体积含量，D1:%/100")
 E1 = InputBox("初始氮体积含量，E1:%/100")
 F1 = InputBox("初始氧体积含量，F1:%/100")
 G1 = InputBox("初始甲烷体积含量，G1:%/100")
 Printer.Print Spc(18); "部分变换平衡组分的计算"
```

```
    Printer.Print Spc(16); "计算基准: 1kg分子干煤气(变换炉除外)"
    Printer.Print Spc(14); "初始一氧化碳体积含量,A1=";A1 * 100;
"%"
    Printer.Print Spc(14); "初始二氧化碳体积含量,C1="; C1 * 100;
"%"
   Printer.Print Spc(14); "初始氢体积含量,D1="; D1 * 100; "%"
    Printer.Print Spc(14); "初始氮体积含量,E1="; E1 * 100; "%"
    Printer.Print Spc(14); "初始氧体积含量,F1="; F1 * 100;  "%"
    Printer.Print Spc(14); "初始甲烷体积含量,G1=";G1 * 100;  "%"
   L = InputBox("请确定水蒸气与一氧化碳比")
      Printer.Print Spc(14); "水蒸气与一氧化碳比:"; L
        B1 = L * A1
      Printer.Print Spc(14); "每标准立方米干煤气中应加入蒸汽量";
B1 ; "Nm3/h"
        BK = B1 * 18 / 22.4
   Printer.Print Spc(14); "每标准立方米干煤气中应加入蒸汽量"; BK ;
"kg/h"
   Printer.Print Spc(16); "(1)原料气湿基组成:"
     A = A1 / (1 + B1)
     B = B1 / (1 + B1)
     C = C1 / (1 + B1)
     D = D1 / (1 + B1)
     E = E1 / (1 + B1)
     F = F1 / (1 + B1)
     G = G1 / (1 + B1)
   Printer.Print Spc(14); "CO:"; A * 100; "%"; "H2O:"; B * 100;
"%";
     "N2:"; E * 100; "%"
   Printer.Print Spc(14); "CO2:";C * 100; "%"; "H2:"; D * 100;
"%";
```

```
    "O2:"; F * 100; "%"
Printer.Print Spc(14); "CH4:"; G * 100; "%"
Printer.Print Spc(16); "(2)平衡曲线计算"
 For J = 360 To 540 Step 20
J = 273 + J
  M1 = 3994.704 / J + 12.220277 * Log(J) / 2.303 - 0.0044624 * J
  M1 = M1 + 0.000000671814 * J ^ 2 - 36.72508
  Kp1 = 10 ^ M1
   ' (Kp-1)^2-[Kp(A+B)+(C+D)]Axp+(KpAB-CD)=0
w1 = Kp1 - 1
  u1 = Kp1 * (A + B) + (C + D)
  V1 = Kp1 * A * B - C * D
   '上式写成：w(Axp)^2-u(Axp)+V=0
  q1 = Sqr(u1 ^ 2 - 4 * w1 * V1)
  Xp1 = (u1 - q1) / (2 * A * w1)
J = J - 273
   Printer.Print Spc(14); "t="; J
   Printer.Print Spc(14); "Kp="; Kp1
   Printer.Print Spc(14); "Xp="; Xp1
Printer.Print Spc(16); "(3)气体组分(湿基)"
    Ya1 = A - X1 * A
    Yb1 = B - X1 * A
    Yc1 = C + X1 * A
    Yd1 = D + X1 * A
    Ye1 = E
    Yg1 = G
    J1 = Ya1 + Yb1 + Yc1 +Yd1 + Ye1 + Yg1
    Ya21 = Ya1 / J1
    Yb21 = Yb1 / J1
    Yc21 = Yc1 / J1
```

```
    Yd21 = Yd1 / J1
    Ye21 = Ye1 / J1
    Yg21 = Yg1 / J1
    J21= Ya21+ Yb21+ Yc21+ Yd21+ Ye21+ Yg21
   Printer.Print Spc(14); "成分", "数量", "%"
   Printer.Print Spc(14); "CO", Ya1, Ya21 * 100
   Printer.Print Spc(14); "H2O", Yb1, Yb21 * 100
   Printer.Print Spc(14); "CO2", Yc1, Yc21 * 100
   Printer.Print Spc(14); "H2", Yd1, Yd21 * 100
   Printer.Print Spc(14); "N2", Ye1, Ye21 * 100
   Printer.Print Spc(14); "CH4", Yg1, Yg21 * 100
   Printer.Print Spc(14); "合计", J1; "100"
   Printer.Print Spc(14); "气体组成(干基)"
    J2 = Ya1 + Yc1 + Yd1 + Ye1 + Yg1
    Ya31 = Ya1/J2
    Yc31 = Yc1/J2
    Yd31 = Yd1/J2
    Ye31 = Ye1/J2
    Yg31 = Yg1/J2
   Printer.Print Spc(14); "CO", Ya31 * 100
   Printer.Print Spc(14); "CO2", Yc31 * 100
   Printer.Print Spc(14); "H2", Yd31 * 100
   Printer.Print Spc(14); "N2", Ye31 * 100
   Printer.Print Spc(14); "CH4", Yg31 * 100
    L2 = Yb1 / J2
   Printer.Print Spc(14); "剩余水蒸气量=:"; L2;"m3/m3"
    L2 = L2 * 18/ 22.4
Printer.Print Spc(14); "剩余水蒸气量=:"; L2;"kg/m3"
  V = 1 + Kp * A1
Printer.Print Spc(14); "变换后气体体积，V="; V;"m3"
```

```
  Next J
 Printer.EndDoc
 End Sub
```

附录 1.28　部分变换炉的计算 Visual Basic 程序

```
 Private Sub Command2_Click()
  Dim n!, w!, v!, q!,Kp1!
  p1 = InputBox("变换炉的平均操作压力, P1:kg/cm2")
  L1 = InputBox("变换炉的气体流量(包括水蒸气), L1:Nm3/h")
 Vf = InputBox("查图 7.2.3 压力对反应速度的影响系数, Φ:")
 t11 = InputBox("进口温度,t11:℃")
 t12 = InputBox("出口温度,t12:℃")
 w = InputBox("输入触媒层空速,m/s ") '预设 0.25m/s
 Printer.Print Spc(18); "部分变换炉的计算"
  Printer.Print Spc(14); "变换炉的平均操作压力, P1="; P1;
"kg/cm2"
  Printer.Print Spc(14); "变换炉的气体流量(包括水蒸气), L1="; L1;
  "Nm3/h"
  Printer.Print Spc(14); "压力对反应速度的影响系数, Φ="; Vf
 Printer.Print Spc(14); "进口温度, t11="; t11; "℃"
 Printer.Print Spc(14); "出口温度, t12="; t12; "℃"
 Printer.Print Spc(14); "触媒层流速, w="; w ; "m/s"
  Printer.Print Spc(16); "(1) 触媒床直径的确定"
   t = t11/2 + t22/2
   L1 = L1* (273 + t) / (273 * p1)
    R = Sqr(L1 / (3600 * w * 0.785))
  Print "初步计算的触媒床直径, D="; R; "m"
    R = InputBox("输入圆整后的触媒床直径, D:m")
  Printer.Print Spc(14); "圆整后的触媒床直径, D="; R; "m"
  Printer.Print Spc(16); "(2) 触媒用量的计算"
```

```
Printer.Print Spc(14); "单段触媒量计算"
A = InputBox("进口一氧化碳体积含量(湿基), A:%/100")
B = InputBox("进口水蒸气体积含量(湿基), B:%/100")
C = InputBox("进口二氧化碳体积含量(湿基), C:%/100")
D = InputBox("进口氢体积含量(湿基), D:%/100")
E = InputBox("进口氮体积含量(湿基), E:%/100")
F =InputBox("进口氧体积含量(湿基), F:%/100")
A1 =InputBox("出口一氧化碳体积含量(湿基), A1:%/100")
Printer.Print Spc(14);"进口温度, t11="; t11; "℃"
Printer.Print Spc(14); "一层出口温度, t12="; t12; "℃"
Printer.Print Spc(14); "进口气体流量(包括水蒸气), L1="; L1;
"Nm3/h"
Printer.Print Spc(14); "进口一氧化碳体积含量(湿基),A=";A*100;
"%"
Printer.Print Spc(14); "进口水蒸气体积含量(湿基), B=";B *
100;"%"
Printer.Print Spc(14); "进口二氧化碳体积含量(湿基), C="; C *
100;"%"
Printer.Print Spc(14); "进口氢体积含量(湿基), D="; D * 100;"%"
Printer.Print Spc(14); "进口氮体积含量(湿基), E="; E * 100;"%"
Printer.Print Spc(14); "进口氧体积含量(湿基), F="; F* 100;"%"
Printer.Print Spc(14); "出口一氧化碳体积含量(湿基), A1="; A1 *
100;"%"
tm2 = t11 / 2 + t12 / 2
Printer.Print Spc(14); "平均温度, tm2="; tm2; "℃"
tm2 = 273 + tm2
Z1 = 3994.704 / tm2 + 12.220277 * Log(tm2) / 2.303 - 0.0044624
    * tm2
Z1 = Z1 + 0.000000671814 * tm2 ^ 2 - 36.72508
Kp1 = 10 ^ Z1
```

```
Printer.Print Spc(14); "平衡常数，Kp="; Kp1
Printer.Print Spc(14); "触媒为相当于C4-2触媒:"
M1 = (17.8 - 13000 / (1.987 * tm2)) / 2.303
 k1 = 10 ^ M1
Printer.Print Spc(14);"常压下反应速度常数，K1=";K1;"Nm3/m3
触媒.时"
 k1 = k1 * Vf
Printer.Print Spc(14); "当操作压力为"; p; "时的反应速度常数，
K1="; K1;
 "Nm3/m3触媒.时"
  n = A - A1
  w = Kp1 - 1
   u = Kp1 * A + Kp1* B + C
   v = Kp1 * A * B - C * D
   q = Sqr(u ^ 2 - 4 * w * v )
Printer.Print Spc(14); "n=" ; n
Printer.Print Spc(14); " w=" ; w
Printer.Print Spc(14); "u=" ; u
Printer.Print Spc(14); "v=" ; v
Printer.Print Spc(14); "q=" ; q
   s1 = (2 * w * n - u -q) / (2 * w * n - u + q)
   s2 = (-u - q) / (-u + q)
   t1= Kp1 * (Log(s1) - Log(s2)) / (k1 * q)
  Printer.Print Spc(14); "标准接触时间，τ0="; t1; "小时"
   vr1 = t1 * L1
  Printer.Print Spc(14);"计算的触媒体积，Vr="; vr1;"m3"
  Printer.Print Spc(14); "考虑过热、污染等的影响，使活性下降，
取用20%的备用系数，实际触媒量为:"
   vr1 = 1.2 * vr1
```

```
Printer.Print Spc(14); "实际触媒量, vr1="; vr1;"m3"
H1 = vr1 / (0.785 * R ^ 2)
Print "计算的触媒层高度，H1 m"; H1 ; "m"
H1 = InputBox("输入圆整后的触媒层厚度，H1, m ")
Printer.Print Spc(14); "单段触媒层厚度，H1=" ; H1; "m"
Printer.Print Spc(14); "单段触媒阻力的计算"
dp1 = InputBox("输入触媒当量球形直径，dp1:m")
Printer.Print Spc(14); "触媒当量球形直径, dp1="; dp1;"m"
Et1 = 0.378 + 0.308 * dp1 / R
Mm1 = 28 * A + 18 * B + 44 * C + 2 * D + 28 * E + 32*F
Printer.Print Spc(14); "气体平均分子量, Mm="; Mm1
r1 = Mm1 * 273 * p1 / (22.4 * tm2)
Printer.Print Spc(14); "气体在操作状态下的重度, v1="; r1;
"kg/m3"
G1 = L1 * Mm1 / (22.4 * 0.785 * R ^ 2)
Printer.Print Spc(14); "气体的质量流量,G1="; G1;"kg/m2.h"
Bp1 = 20.59 * 10^(-8) * 1.5 * G1 ^ 1.9 * (1 - Et1) * H1/(r1 *
dp1 ^1.1 * Et1^3)
Printer.Print Spc(14); "触媒层的阻力，△p="; Bp1; "Pa"
If Bp < 5000 Then
Printer.Print Spc(14); "直径符合设计要求"
Else
Printer.Print Spc(14); "阻力不符合设计要求，重新取值再算"
End If
Printer.EndDoc
End Sub
```

附录 1.29　一氧化碳变换自热平衡 Visual Basic 计算程序

```
Private Sub Command5_Click()
A1 = InputBox("初始一氧化碳体积含量，A1:%/100")
```

```
C1 = InputBox("初始二氧化碳体积含量，C1:%/100")
D1 = Input3Box("初始氢体积含量，D1:%/100")
E1 = InputB4ox("初始氮体积含量，E1:%/100")
F1 = InputBo5x("初始氧体积含量，F1:%/100")
G1 = InputBox6("初始甲烷体积含量，G1:%/100")
L1 = InputBox("计算基准：V1，kg分子干煤气")
t1 = InputBox("触媒层进口温度，t1;")
t2 = InputBox("触媒层出口温度，t2;")
Printer.Print Spc(18); "一氧化碳变换自热平衡的计算"
Printer.Print Spc(16); "计算基准:" ;V1; "1kg分子干煤气"
Printer.Print Spc(16);" 饱和蒸汽在某压力下的焓,I=";I;"kJ/kg")
 Printer.Print Spc(14); "初始一氧化碳体积含量,A1="; A1 * 100;
"%"
 Printer.Print Spc(14); "初始二氧化碳体积含量,C1="; C1 * 100; "%"
 Printer.Print Spc(14); "初始氢体积含量，D1="; D1 * 100; "%"
 Printer.Print Spc(14); "初始氮体积含量,E1="; E1 * 100; "%"
Printer.Print Spc(14); "初始氧体积含量,F1="; F1 * 100; "%"
Printer.Print Spc(14);"初始甲烷体积含量,G1=";G1 *100; "%"
Printer.Print Spc(14); "初始甲烷体积含量,G1=";G1 *100; "%"
Printer.Print Spc(14); " 触媒层进口温度";t1 ; "℃"
Printer.Print Spc(14); " 触媒层出口温度";t2 ; "℃"
Printer.Print Spc(18); "(一)变化率、平衡常数、变换气组分"
t11 = 273 + ( t1 + t2 ) /2
t12 = 273 + t2
For J = 1 To 8 step 1
 Z = J
Printer.Print Spc(14); "水蒸气与一氧化碳比，Z=:"; Z
B1 = Z * A1
Printer.Print Spc(14); "每 Nm3 干原料气加入蒸汽量:B1=";
B1;"m3/m3"
```

```
    Z1 = 18 * B1 / 22.4
   Printer.Print  Spc(14);  " 每 Nm3 干原料气加入蒸汽量： ";
Z1;"kg/m3"
    Printer.Print Spc(16); "(1) 原料气湿基组成:"
      A = A1 / (1 + B1)
      B = B1 / (1 + B1)
      C = C1 / (1 + B1)
      D = D1 / (1 + B1)
      E = E1 / (1 + B1)
      F = F1 / (1 + B1)
      G = G1 / (1 + B1)
   Printer.Print Spc(14); " CO: " ; A * 100 ; " % " ; " H2O: " ;
B * 100 ; " % " ;
   " N2: " ; E * 100; "  % "
   Printer.Print Spc(14); " CO2: " ; C * 100 ; " % " ; " H2: " ;
D * 100 ; " % " ;
  " O2: " ; F * 100 ; " % "
   Printer.Print Spc(14); " CH4: " ; G *  100 ; " % "
     M1 = 3994.704 / t12 + 12.220277 * Log(t12) / 2.303 - 0.0044624*
t12
     M1 = M1 + 0.000000671814 * t12 ^ 2 - 36.72508
     Kp1 = 10 ^ M1
       ' (Kp-1)^2-[Kp(A+B)+(C+D)]Axp+(KpAB-CD)=0
   w1 = Kp1 - 1
     u1 = Kp1 * (A + B) + (C + D)
     V1 = Kp1 * A * B - C * D
       ' 上式写成: w(Axp)^2-u(Axp)+V=0
     q1 = Squ1 ^ 2 - 4 * w1 * V1 )
     Xp1 = ( u1 - q1) / (2 * A * w1 )
   Printer.Print Spc(14); " 在反应温度下气体平衡常数, Kp= " ; Kp1
```

```
Printer.Print Spc(14); " 在反应温度下气体变化率，Xp= " ; Xp1
Printer.Print Spc(14); " 变换后变换气组成(湿基) "
   Ya1 = A - Xp1 * A
   Yb1 = B - Xp1 * A
   Yc1 = C + Xp1 * A
   Yd1 = D + Xp1 * A
   Ye1 = E
   Yg1 = G
   J1 = Ya1 + Yb1 + Yc1 +Yd1 + Ye1 + Yg1
   Ya21 = Ya1 / J1
   Yb21 = Yb1 / J1
   Yc21 = Yc1 / J1
   Yd21 = Yd1 / J1
   Ye21 = Ye1 / J1
   Yg21 = Yg1 / J1
Printer.Print Spc(14); "成分" , "数量" , "%  "
Printer.Print Spc(14); " CO " , Ya1 , Ya21 * 100
Printer.Print Spc(14); " H2O " , Yb1 , Yb21 * 100
Printer.Print Spc(14); " CO2 " , Yc1 , Yc21 * 100
Printer.Print Spc(14); " H2 " , Yd1 , Yd21 * 100
Printer.Print Spc(14); " N2 " , Ye1 , Ye21 * 100
Printer.Print Spc(14); " CH4 " , Yg1 , Yg21 * 100
Printer.Print Spc(14); "合计 " ; J1
Printer.Print Spc(16); "(3)变换气体积: "
  V2 = L1 * ( 1 + xp1 * A )
Printer.Print Spc(16); "变换气体积,V2= " ; V2 ; " kmol "
Printer.Print Spc(18); "(二)一氧化碳变换反应热 "
Hr1 = - 41070 - 13.01 * (t12 - 298) - 1.255 * 10 ^ -3 *
( t12 ^ 2 - 298 ^2) + 7.898 * 10^5 * ( t12 ^ -3 - 298 ^ -3 )
Printer.Print Spc(14); " 1、变换反应热，△Hr="; Hr1 ; " kJ/kmol "
```

```
Hr2 =-483680 - 26.02 * (t12 - 298) - 5.755 * 10^ -3 * (t12 ^
2 - 298 ^ 2)- 3.426 * 10^5 * ( t12 ^ -3 - 298 ^ -3 )
Printer.Print Spc(14); " 2、氧反应热，△Hr="; Hr2; " kJ/kmol "
Printer.Print Spc(18); "(三)一氧化碳自热平衡计算 "
Ca1 = 28.41 + 4.10 * 10^-3 * t11 - 0.46 *10^5 * t11^-2
Cb1 = 30.00 + 10.71 * 10^-3 * t11 + 0.33 *10^5 * t11^-2
Cc1 = 44.14 + 9.04* 10^-3 * t11 - 8.53 *10^5 * t11^-2
Cd1= 27.28 + 3.26 * 10^-3 * t11 + 0.502*10^5 * t11^-2
Ce1 = 27.87 + 4.27 * 10^-3 * t11
Cg1 = 17.45 + 60.46 * 10^ -3 * t11 + 1.117 * 10^ -6 * t11^2 -
 7.2 * 10^ -9 * t11 ^ 3
  Cp1 = (A * Ca1 + B * Cb1 + C * Cc1 + D * Cd1 + E * Ce1 +
E * Cg1)
Printer.Print Spc(14); "原料气热容, Cp1= " ; Cp1; " kJ/kmol·℃"
   H1 =L1 * Cp1 * t1 + L1 * ( -Hr1 * Xp * A -Hr2 * F )- L1 *
Cp *(t2-t1)
Printer.Print Spc(14); " (1)变换反应放出的热(CO+O2), H1= ";
H1; " kJ/kmol "
Ca2 = 28.41 + 4.10 * 10 ^ -3 * t12 - 0.46 * 10 ^ 5 * t12
^ -2
Cb2 = 30.00 + 10.71 * 10 ^ -3 * t12 + 0.33 * 10^ 5 * t12 ^ -2
Cc2 = 44.14 + 9.04 * 10 ^ -3 * t12 - 8.53 * 10 ^ 5 * t12^ -2
Cd2 = 27.28 + 3.26 * 10 ^ -3 * t12 + 0.502 * 10 ^ 5 * t12 ^ -2
Ce2 = 27.87 + 4.27 * 10 ^ -3 * t12
Cg2= 17.45 + 60.46 * 10 ^ -3 * t12 + 1.11 7 * 10 ^-6 *
t12 ^ 2 -
 7.2 * 10 ^ -9 * t12 ^ 3
  Cp2 = (Ya21 * Ca2 + Yb21 * Cb2 + Yc21 * Cc2 + Yd21 * Cd2 +
Ye21 * Ce2 + Yg21 * Cg2 )
```

```
    Printer.Print Spc(14); " 变换气热容, Cp2= " ; Cp2 ; " kJ/kmol·℃ "
      H2 = V2 * Cp2 * t2
    Printer.Print Spc(14); " (2)变换气带出的热，H2= " ; H2 ; " kJ/kgmol "
    Printer.EndDoc
    Next J
     End Sub
```

附录 1.30 求取触媒层温度的自热平衡 Visual Basic 计算程序

```
    Private Sub Command5_Click()
      A1 = InputBox("初始一氧化碳体积含量，A1:%/100")
    B1= InputBox ( " 初始水蒸气体积含量，B1:%/100 " )
    C1 = InputBox(" 初始二氧化碳体积含量，C1:%/100 " )
    D1 = Input3Box ( "初始氢体积含量，D1:%/100 " )
     E1 = InputB4ox ( "初始氮体积含量，E1:%/100 " )
     F1 = InputBo5x ( "初始氧体积含量，F1:%/100 " )
    G1 = InputBox6 ( "初始甲烷体积含量，G1:%/100 " )
    L1 = InputBox ("计算基准: V1，kg分子干煤气 " )
    t1 = InputBox ( "触媒层进口温度，t1; " )
    t2 = InputBox ( " 假设触媒层出口温度，t2; " )
    k = InputBox ( " 输入平衡常数校正系数，高中温 k=1，低温 k=0.8058; " )
    Printer.Print Spc(18); " 求取触媒层温度的自热平衡计算 "
    Printer.Print Spc(16); " 计算基准:" ; V1 ; " 1kg分子干煤气 "
    Printer.Print Spc(16); "饱和蒸汽在某压力下的焓，I="; I; " kJ/kg "
      Printer.Print Spc(14); " 初始一氧化碳体积含量,A1= " ; A1 * 100 ; "%"
    Printer.Print Spc(14); " 初始二氧化碳体积含量,C1= " ; C1 * 100 ; "%"
    Printer.Print Spc(14); " 初始氢体积含量，D1= " ; D1 * 100 ; " %"
```

```
Printer.Print Spc(14); "初始氮体积含量,E1= " ; E1 * 100 ;
"%"
Printer.Print Spc(14); "初始氧体积含量,F1= " ; F1 * 100 ;
"%"
Printer.Print Spc(14); "初始甲烷体积含量,G1= " ; G1 * 100 ;
"% "
Printer.Print Spc(14); "初始甲烷体积含量,G1= " ; G1 * 100 ;
"%"
Printer.Print Spc(14); "触媒层进口温度" ; t1 ; "℃"
Printer.Print Spc(14); "假设触媒层出口温度" ; t2 ; "℃"
Printer.Print Spc(14); "平衡常数校正系数，k= " ; k
Printer.Print Spc(18); "(一)变化率、平衡常数、变换气组分"
For J = t1 To t2 step 5
t12 = J
t11 = t 1/ 2 + t12 / 2
t11 = t11 + 273
t12 = t12 + 273
M1 = 3994.704 / t12 + 12.220277 * Log(t12) / 2.303 - 0.0044624* t12
M1 = M1 + 0.000000671814 * t12 ^ 2 - 36.72508
Kp1 = 10 ^ M1
  '(Kp-1)^2-[Kp(A+B)+(C+D)]Axp+(KpAB-CD)=0
Kp = k * Kp1
w1 = Kp1 - 1
u1 = Kp1 * (A + B) + (C + D)
V1 = Kp1 * A * B - C * D
  '上式写成：w(Axp)^2-u(Axp)+V=0
q1 = Sqr ( u1 ^ 2 - 4 * w1 * V1 )
Xp1 = ( u1 - q1 ) / ( 2 * A * w1 )
Printer.Print Spc(14); 在反应温度下气体平衡常数，Kp= " ; Kp1
Printer.Print Spc(14); " 在反应温度下气体变化率，Xp= " ; Xp1
```

```
Printer.Print Spc(14); " 变换后变换气组成(湿基)"
 Ya1 = A1 – Xp1 * A1
 Yb1 = B1 – Xp1 * A1
 Yc1 = C1 + Xp1 * A1
 Yd1 = D1 + Xp1 * A1
 Ye1 = E1
 Yg1 = G1
 J1 = Ya1 + Yb1 + Yc1 +Yd1 + Ye1 + Yg1
 Ya21 = Ya1 / J1
 Yb21 = Yb1 / J1
 Yc21 = Yc1 / J1
 Yd21 = Yd1 / J1
 Ye21 = Ye1 / J1
 Yg21 = Yg1 / J1
Printer.Print Spc(14); "成分" , "数量" , " % "
Printer.Print Spc(14); " CO " , Ya1 , Ya21 * 100
Printer.Print Spc(14); " H2O " , Yb1 , Yb21 * 100
Printer.Print Spc(14); " CO2 " , Y c1 , Yc21 * 100
Printer.Print Spc(14); " H2 " , Yd1 , Yd21 * 100
Printer.Print Spc(14); " N2 " , Ye1 , Ye21 * 100
Printer.Print Spc(14); " CH4 " , Yg1 , Yg21 * 100
Printer.Print Spc(14); "合计" ; J1
Printer.Print Spc(16); "(3)变换气体积: "
  V2 = L1 * ( 1 + xp1 *A )
Printer.Print Spc(16); "变换气体积,V2= " ; V2 ; " kgmol "
Printer.Print Spc(18); "(二)一氧化碳变换反应热"
  Hr1 = -41070 - 13.01 * (t12 - 298) - 1.255 * 10 ^ -3*
(t12 ^ 2 - 298 ^ 2) + 7.898 * 10 ^ 5 * ( t12 ^ -3 - 298 ^ -3)
 Printer.Print Spc(14); " 1、变换反应热，△Hr= "; Hr1 ;
"kJ/kmol"
```

```
Hr2 = -483680 - 26.02 * (t12 - 298) - 5.755 * 10 ^ -3
* (t12 ^ 2 - 298 ^ 2 ) - 3.426 * 10 ^ 5 * ( t12 ^ -3 - 298 ^ -3 )
Printer.Print Spc(14); " 2、氧反应热，△Hr=  "; Hr2;
"KJ/Kmol"
Printer.Print Spc(18); "(三)一氧化碳自热平衡计算 "
 Ca1 = 28.41 + 4.10 * 10 ^ -3  * t11 - 0.46 *  10 ^5  * t11 ^ -2
Cb1 = 3 0.00 + 10.71 * 10 ^ -3 * t11 + 0.33 * 10 ^5 * t11 ^ -2
Cc1 = 44.14 + 9.04 * 10 ^ -3 * t11 - 8.53 * 10 ^ 5 * t11 ^ -2
Cd1 = 27.28 + 3.26 * 10 ^ -3 * t11 + 0.502 * 10 ^ 5 * t11 ^ -2
Ce1 = 27.87 + 4.27 * 10 ^ -3 * t11
Cg1 = 17.45 + 60.46 * 10^ -3 * t11 + 1.117 * 10 ^ -6 * t11 ^2
7.2 * 10^ -9 * t11 ^ 3
  Cp1 = ( A * Ca1 + B * Cb1 + C * Cc1 + D * Cd1 +
E * Ce1 + E * Cg1 )
Printer.Print  Spc(14); " 原料气热容， Cp1= "  ;  Cp1 ; "
kcal/kmol·℃ "
   H1 = L1 * Cp1 * t1 + L1 * ( -Hr1 * Xp * A - Hr2 * F )-
L1 * Cp *( t2 - t1 )
Printer.Print Spc(14); " (1)变换反应放出的热(CO+O2)，H1= ";
H1; " kJ/kgmol "
 Ca2 = 28.41 + 4.10 * 10 ^ -3 * t12 - 0.46 * 10 ^ 5 * t12 ^ -2
Cb2 = 30.00 + 10.71 * 10 ^ -3 * t12 + 0.33 * 10 ^ 5 * t12 ^ -2
Cc2 = 44.14 + 9.04 * 10 ^ -3 * t12 - 8.53 * 10 ^ 5 * t12 ^ -2
Cd2 = 27.28 + 3.26 * 10 ^ -3 * t12 + 0.502 * 10 ^ 5 * t12 ^ -2
Ce2 = 27.87 + 4.27 * 10 ^ -3 * t12
Cg2 = 17.45 + 60.46 * 10 ^ -3 * t12 + 1.117 * 10 ^ -6 * t12^2 -
 7.2 * 10 ^ -9 * t12 ^ 3
 Cp2 = ( Ya21 * Ca2 + Yb21 * Cb2 + Yc21 * Cc2 + Yd21 * Cd2 +
Ye21 * Ce2 + Yg21 * Cg2 )
Printer.Print  Spc(14); " 变换气热容， Cp2= "  ; Cp2  ;  "
kJ /kmol·℃ "
```

```
 H2 = V2 * Cp2 * t2
Printer.Print Spc(14); "(2)变换气带出的热, H2="; H2;
"kJ/kmol"
Printer.EndDoc
Next J
End Sub
```

附录 1.31　高中温变换炉计算 Visual Basic 程序

```
Private Sub Command2_Click()
 Dim n!, w!, v!, q!,Kp1!
 p1 = InputBox ( "变换炉的平均操作压力, P1:kg/cm2 ")
 L1 = InputBox ( "变换炉的气体流量(包括水蒸气), L1:Nm3/h")
Vf = InputBox ("查图 7.2.3 压力对反应速度的影响系数, Φ:")
t11 = InputBox ("进口温度,t11:℃ ")
 t12 = InputBox ( "出口温度,t12:℃ ")
w = InputBox ("输入触媒层空速,m/s ") '预设 0.25m/s
 Printer.Print Spc(18); " 部分变换炉的计算 "
 Printer.Print Spc(14); " 变换炉的平均操作压力, P1="; P1;
"kg/cm2"
 Printer.Print Spc(14); " 变换炉的气体流量(包括水蒸气),L1="; L1;
"Nm3/h "
 Printer.Print Spc(14); " 压力对反应速度的影响系数, Φ= " ; Vf
Printer.Print Spc(14); " 进口温度, t11="; t11; "℃ "
Printer.Print Spc(14); " 出口温度, t12= " ; t12 ; " ℃ "
Printer.Print Spc(14); " 触媒层流速, w= " ; w ; " m/s "
 Printer.Print Spc(16); " (1)触媒床直径的确定 "
  t = t11 /2 + t22 / 2
  L1 = L1 * ( 273 + t ) / ( 273 * p1 )
  R = Sqr ( L1 / ( 3600 * w * 0.785 ) )
  Print " 初步计算的触媒床直径, D= " ; R; " m "
  R = InputBox (" 输入圆整后的触媒床直径, D:m " )
 Printer.Print Spc(14); " 圆整后的触媒床直径, D="; R ; " m "
 Printer.Print Spc(16); "(2)触媒用量的计算 "
```

```
    Printer.Print Spc(14); "单段触媒量计算"
    A = InputBox ("进口一氧化碳体积含量(湿基), A:%/100 ")
    B = InputBox ("进口水蒸气体积含量(湿基), B:%/100 ")
    C = InputBox ("进口二氧化碳体积含量(湿基), C:%/100 ")
    D = InputBox (" 进口氢体积含量(湿基), D:%/100 ")
    E = InputBox ("进口氮体积含量(湿基), E:%/100 " )
    F = InputBox("进口氧体积含量(湿基), F:%/100 " )
    A1 =InputBox ("出口一氧化碳体积含量(湿基), A1:%/100")
    Printer.Print Spc(14); "进口温度, t11= " ; t11 ; " ℃ "
   Printer.Print Spc(14); " 一层出口温度, t12= " ; t12 ; " ℃ "
   Printer.Print Spc(14); "进口气体流量(包括水蒸气), L1= " ; L1;
" Nm3/h "
   Printer.Print Spc(14); "进口一氧化碳体积含量(湿基), A= " ; A *
100;" % "
   Printer.Print Spc(14); "进口水蒸气体积含量(湿基), B= " ; B *
100; "%"
   Printer.Print Spc(14); "进口二氧化碳体积含量(湿基), C= " ; C *
100;"%"
   Printer.Print Spc(14);"进口氢体积含量(湿基), D="; D *100;
"%"
   Printer.Print Spc(14);"进口氮体积含量(湿基), E="; E *100;
"%"
   Printer.Print Spc(14);"进口氧体积含量(湿基), F="; F *100;
"%"
   Printer.Print Spc(14); " 出口一氧化碳体积含量(湿基), A1= " ; A1 *
100;"%"
    tm2 = t11 / 2 + t12 / 2
   Printer.Print Spc(14); "平均温度, tm2= "; tm2; " ℃ "
   tm2 = 273 + tm2
    Z1 = 3994.704 / tm2 + 12.220277 * Log(tm2) / 2.303 - 0.0044624 *
tm2
    Z1 = Z1 + 0.000000671814 * tm2 ^ 2 - 36.72508
    Kp1 = 10 ^ Z1
   Printer.Print Spc(14); "平衡常数, Kp "; Kp1
```

```
    Printer.Print Spc(14); " 触媒为相当于 C4-2 触媒： "
      M1 = ( 17.8 - 13000 / ( 1.987 * tm2 ) ) / 2.303
      k1 = 10 ^ M1
    Printer.Print Spc(14); " 常压下反应速度常数，K1= "; K1; "Nm3/m3
触媒.时 "
      k1 = k1 * Vf
    Printer.Print Spc(14); " 当操作压力为 "; p1 ; "时的反应速度常
数，K1= "; K1;
    "Nm3/m3 触媒.时 "
        n = A - A1
        w = Kp1 - 1
        u = Kp1 * A + Kp1 * B + C
        v = Kp1 * A * B - C * D
        q = Sqr(u ^ 2 - 4 * w * v )
    Printer.Print Spc(14); " n= " ; n
    Printer.Print Spc(14); " w= " ; w
    Printer.Print Spc(14); " u= " ; u
    Printer.Print Spc(14); " v= " ; v
    Printer.Print Spc(14); " q= " ; q
       s1 = ( 2 * w * n - u - q ) / ( 2 * w * n - u + q )
       s2 = ( -u - q ) / ( -u + q )
       t1 = Kp1 * ( Log (s1) - Log (s2) ) / ( k1 * q )
      Printer.Print Spc(14); " 标准接触时间，τ0="; t1; " 小时 "
       vr1 = t1 * L1
     Printer.Print Spc(14);" 计算的触媒体积，Vr= "; vr1 ; " m3 "
     Printer.Print Spc(14); " 考虑过热、污染等的影响，使活性下降，
取用 20%的备用系数，实际触媒量为： "
       vr1 = 1.2 * vr1
     Printer.Print Spc(14); 实际触媒量, vr1; vr ; " m3 "
        H1 = vr1 / ( 0.785 * R ^ 2 )
     Print " 计算的触媒层高度，H1 m "; H1; " m "
     H1 = InputBox ( " 输入圆整后的触媒层厚度，H1，m " )
    Printer.Print Spc(14); " 单段触媒层厚度，H1= " ; H1 ; " m "
    Printer.Print Spc(14); " 单段触媒阻力的计算 "
```

```
dp1 = InputBox ( "输入触媒当量球形直径, dp1:m " )
Printer.Print Spc(14); " 触媒当量球形直径, dp1= " ; dp1 ; "m"
Et1 = 0.378 + 0.308 * dp1 / R
Mm1 = 28 * A + 18 * B + 44 * C + 2* D + 28 * E + 32 * F
Printer.Print Spc(14); " 气体平均分子量, Mm= " ; Mm1
r1 = Mm1 * 273 * p1 / ( 22.4 * tm2 )
Printer.Print Spc(14); " 气体在操作状态下的重度,ν1= " ; r1 ; " kg/m3 "
G1 = L1 * Mm1 / ( 22.4 * 0.785 * R ^ 2)
Printer.Print Spc(14); "气体的质量流量,G1= "; G1 ; " kg/m2.h "
Bp1 = 20.59 * 10 ^ ( -8 ) * 1.5 * G1 ^ 1.9 * ( 1 - Et1 ) * H1 / (r1 * dp1 ^ 1.1 * Et1 ^3)
Printer.Print Spc(14); " 触媒层的阻力, △p= " ; Bp1 ; " Pa "
If Bp < 5000 Then
Printer.Print Spc(14); " 直径符合设计要求 "
Else
Printer.Print Spc(14); " 阻力不符合设计要求, 重新取值再算 "
End If
Printer.EndDoc
End Sub
```

附录 1.32　低温触媒变换炉的计算 Visual Basic 程序

```
Private Sub Command2_Click()
Dim n!, w!, u!, v!, q!, Kp1!
p1 = InputBox ( " 变换炉的平均操作压力, P1:kg/cm2 " )
L1 = InputBox ( " 变换炉的气体流量(包括水蒸气), L1:Nm3/h " )
Vf = InputBox ( " 压力对反应速度的影响系数, Φ: " )
w = InputBox ( " 输入触媒层空速,m/s " ) '预设 0.25 m/s
Printer.Print Spc(18); " 低温变换炉的计算 "
Printer.Print Spc(14); " 变换炉的平均操作压力, P1= " ; P1 ; " kg/cm2 "
Printer.Print Spc(14); " 变换炉的气体流量(包括水蒸气), L1= z; L1; " Nm3/h "
```

```
Printer.Print Spc(14); "压力对反应速度的影响系数，Φ= " ; Vf
Printer.Print Spc(14); "触媒层流速，w= " ; w ; " m/s "
Printer.Print Spc(16); " (1)触媒床直径的确定"
 L1 = L1 * (273 + t ) / ( 273 * p1 )
  R = Sqr ( L1 / ( 3600 * w * 0.785 ))
Print " 初步计算的触媒床直径，D= " ; R ; " m "
  R = InputBox ( " 输入圆整后的触媒床直径, D:m " )
 Printer.Print Spc(14); " 圆整后的触媒床直径, D= " ; R ;
"m"
Printer.Print Spc(16);" (2)触媒用量的计算"
t11 = InputBox ( "进口温度,t11:℃ " )
t12 = InputBox ( "出口温度,t12:℃ " )
A = InputBox ( "进口一氧化碳体积含量(湿基), A:%/100 " )
B = InputBox ( " 进口水蒸气体积含量(湿基), B:%/100 " )
C = InputBox ( "进口二氧化碳体积含量(湿基), C:%/100 " )
D = InputBox (" 进口氢体积含量(湿基), D:%/100 " )
 E = InputBox ( "进口氮体积含量(湿基), E:%/100 " )
 F =InputBox ( "进口氧体积含量(湿基), F:%/100 " )
Printer.Print Spc(14); "进口温度, t11= " ; t11 ; "℃"
 Printer.Print Spc(14); "出口温度, t12= " ; t12 ; "℃"
Printer.Print Spc(14); " 进口一氧化碳体积含量(湿基), A= " ; A *
100 ; "%"
Printer.Print Spc(14); "进口水蒸气体积含量(湿基), B= " ; B *
100; "%"
Printer.Print Spc(14); "进口二氧化碳体积含量(湿基), C= " ; C
* 100 ; "%"
Printer.Print Spc(14);"进口氢体积含量(湿基), D= "; D * 100;
"%"
Printer.Print Spc(14);"进口氮体积含量(湿基), E= "; E * 100;
"%"
 Printer.Print Spc(14);"进口氧体积含量(湿基), F= "; F * 100;
"%"
Printer.Print Spc(14); "出口一氧化碳体积含量(干基), A1= " ; A1 *
100 ; "%"
```

```
Printer.Print Spc(14); " 出口一氧化碳体积含量(干基), A2= " ;
A2 * 100 ; "%"
tm = t11 / 2 + t12 / 2
Printer.Print Spc(14); "催化剂层平均温度, tm = " ; tm ; "℃"
Printer.Print Spc(16); " (1) 反应平衡常数计算, kp "
tm2 = 273 + tm
Z1 = 2059 / tm2 + 1.5904 * Log(tm2) / 2.303 - 14.817 *
10 ^ -3 * tm2
Z1 = Z1 + 5.65 * 10 ^ -7 * tm2 ^ 2 - 3.5313
M1 = 10 ^ Z1
Kp = 1 / M1
Printer.Print Spc(14); "低温反应平衡常数, Kp= " ; Kp1
Printer.Print Spc(16); " (2) 反应速度常数的计算, kp "
R1 = 9 / 5 * ( (t 11 / 2 ) + ( t12 / 2 ) ) + 492
K1 = Exp ( 12.88 - 3340 / R1 )
Printer.Print Spc(16); "反应速度常数的计算, kp"; k1
Printer.Print Spc(16); (3) 触媒用量计算 "
n = (A1 - A2 ) / 100
w = Kp1 - 1
u = Kp1 * A + Kp1 * B + C + D
v = Kp1 * A * B - C * D
q = Sqr ( u ^ 2 - 4 * w * v )
Printer.Print Spc(14); "n= " ; n
Printer.Print Spc(14); " w= " ; w
Printer.Print Spc(14); " u= " ; u
Printer.Print Spc(14); " v= " ; v
Printer.Print Spc(14); " q= " ; q
x = n * ( 1 - B )
Printer.Print Spc(14); " x= " ; x
wx2 = 2 * w * x
Printer.Print Spc(14); " 2xw= " ; wx2
k11 = Kp1 * (Log(wx2 - u - q)) / (wx2 - u + q)) - Log((-u -
q) / ( -u + q ) ) ) / q
SV = k / k11
```

```
Printer.Print Spc(14); " SV= " ; SV
   V = L1 * 1.5 / ( Vf * S )
Printer.Print Spc(14); "计算的触媒体积,V= " ; v ; " m3 "
    vr1 = 1.2 * v
Printer.Print Spc(14); "考虑过热、污染等的影响，使活性下降，
取用 20%的备用系数"
Printer.Print Spc(14); "实际触媒量为: " ; vr1 ; " m3 "
     H1 = vr1 / ( 0.785 * R ^ 2 )
 Printer.Print Spc(14); "触媒床的高度，H1 = "; H1; " m "
 Printer.Print Spc(14); " (4)触媒阻力的计算"
 dp1 = InputBox ( "输入触媒当量球形直径，dp1:m")
  Printer.Print Spc(14); "触媒当量球形直径, dp1= " ; dp1 ;
"m"
Et1 = 0.378 + 0.308 * dp1 / R
    Mm1 = 28 * A + 18 * B + 44 * C + 2 * D + 28 * E + 32 * F
  Printer.Print Spc(14); "气体平均分子量, Mm= "; Mm1
    r1 = Mm1 * 273 * p1 / ( 22.4 * tm2 )
 Printer.Print Spc(14); "气体在操作状态下的重度,ν1= " ; r1 ;
"kg/m3"
     G1 = L1 * (1 + B) * Mm1 / (22.4 * 0.785 * R ^ 2 )
 Printer.Print Spc(14); "气体的质量流量,G1= " ; G1 ; " kg/m2.h "
  Bp1 = 2.1 * 10 ^ (-8) * 1.5 * G1 ^ 1.9 * (1 - Et1) * H1
       / (r1 * dp1 ^ 1.1 * Et1 ^ 3)
 Printer.Print Spc(14); "触媒层的阻力，△p= "; Bp1 ; "kg/m2"
  Bp = Bp + Bp1
  If Bp < 200 Then
 Printer.Print Spc(14); " 直径符合设计要求"
  Else
 Printer.Print Spc(14); " 阻力不符合设计要求，重新取值再算 "
End If
 Printer.EndDoc
   End Sub
```

附录 1.33　压缩机功率计算 Visual Basic 程序

```
Private Sub Command1_Click()
A1 = InputBox ( " 初始一氧化碳体积含量，A1:%/100 ")
C1 = InputBox ( " 初始二氧化碳体积含量，C1: %/100 ")
D1 = InputBox ( " 初始氢体积含量，D1: %/100")
E1 = InputBox ( " 初始氮体积含量，E1: %/100")
F1 = InputBox ( " 初始氧体积含量，F1: %/100")
G1 = InputBox ( " 初始甲烷体积含量，G1: %/100")
P1 = InputBox ( " 压缩机进口操作压力(绝压)，P1: MPa")
P2 = InputBox ( " 压缩机出口操作压力(绝压)，P2: MPa")
t1 = InputBox ( " 气体进口温度，t1: ℃ " )
ts1 = InputBox ( " 冷却水进口温度，ts1: ℃ " )
ts2 = InputBox ( " 冷却水出口温度，ts2: ℃ " )
V0 = InputBox ( " 各段气体流量量，V0: Nm3/min " )
Printer.Print Spc(18); " 1. 压缩机功率的计算 "
Printer.Print Spc(14); " 初始一氧化碳体积含量,A1= "; A1 * 100; "%"
Printer.Print Spc(14); " 初始二氧化碳体积含量,C1= "; C1 * 100; "%"
Printer.Print Spc(14); " 初始氢体积含量，D1= " ; D1 * 100 ; "%"
Printer.Print Spc(14); " 初始氮体积含量，E1= " ; E1 * 100 ; "%"
Printer.Print Spc(14); " 初始氧体积含量，F1= " ; F1 * 100 ; "%"
Printer.Print Spc(14); " 初始甲烷体积含量,G1= " ; G1 * 100 ; "%"
Printer.Print Spc(14); " 气体进口压力(绝压)，P1= " ; P1 ; "MPa"
Printer.Print Spc(14); " 气体出口压力(绝压)，P2= " ; P2 ; "MPa"
Printer.Print Spc(14); " 气体进口温度 t1= " ; t1 ; " ℃ "
Printer.Print Spc(14); " 冷却水进口温度 ts1= " ; ts1 ; " ℃ "
```

```
Printer.Print Spc(14); "冷却水出口温度ts2= " ; ts2 ; " ℃"
Printer.Print Spc(14); "原料气处理量，V0= " ; V0 ; " Nm3/h "
  V = V0 * 0.1 * ( 273 + t1 )/ ( 273 * P1 )
Printer.Print Spc(14); " 原料气处理量在"; P1 ;"MPa下，V= " ;
V ; " m3/h "
K1 = A1 / ( 1.4 - 1 ) + C1 / ( 1.3 - 1 ) + D1 / ( 1.407 - 1 )
    + E1 / ( 1.4 - 1 ) + F1 /( 1.4 - 1 )+ G1 / ( 1.308 - 1 )
 K = ( 1 + K1 ) / K1
Printer.Print Spc(14); " 绝热指数，K= "; K
 Bs = 0.3 * 1.5 / ( 10 * P1 ) ^ 0.25
Printer.Print Spc(14);"气体在吸入时的相对压力损失，δs="; Bs ;
" MPa "
 Bd = 0.7 * 1.5 / ( 10 * P2 ) ^ 0.25
Printer.Print Spc(14);" 气体在压出时的相对压力损失，δd="; Bd ;
"MPa"
 E = P2 * ( 1 + Bd )/ (P1 + ( 1 + Bs ) )
Printer.Print Spc(14); "实际压力比，ε= " ; E
Print "根据实际压力比，ε=" ; E ; "查图8.2.7输入温度系数 "
Bt = InputBox ( " 输入温度系数，δt= " )
Printer.Print Spc(14); "温度系数，δt= " ; Bt
BL = InputBox ( " 输入泄漏系数，一般为0.9-0.95，δl= " )
Printer.Print Spc(14); "泄漏系数，δl= " ; BL
 K2 = K / ( K - 1 )
 K3 = ( K - 1 ) / K
 Td = ( t1 + 273 ) * E ^ K3
Printer.Print Spc(14); "压缩机排出温度，Td = " ; Td - 273; "℃"
  N = 1.634 * P1 * V0 * K2 * ( E ^ K3 - 1 ) / ( Bt * BL * p1 )
Printer.Print Spc(14); " 压缩机分段指示功率，N= " ; N; "kW "
  G = 860 * N / ( 1000 * (ts2 -ts1 ) )
Printer.Print Spc(14); "压缩机分段用水量，G= " ; G; " m3/h "
  N1 = N / 0.92
Printer.Print Spc(14); "压缩机分段轴功率，N1= "; N1 ; "kW"
 Printer.EndDoc
 End
```

附录 2　相关参数表

附表 1　水的物理性质

t	ρ	C	λ	$\eta\times10^6$	$\nu\times10^6$	Z	$\alpha\times10^4$	Pr
0	1000	4.224	1.9845	182.3	1.790	1.792	4.71	13.5
10	1000	4.1952	2.0683	133.1	1.300	1.308	4.94	9.52
20	998	4.1826	2.1562	102.4	1.000	1.005	5.16	7.00
30	996	4.1784	2.2232	81.7	0.805	0.801	5.35	5.41
40	992	4.1784	2.2818	66.6	0.659	0.656	5.51	4.3
50	988	4.1826	2.3320	56.0	0.556	0.550	5.65	3.54
60	983	401826	2.3739	47.9	0.479	0.470	5.78	2.98
70	978	4.1910	2.4032	41.4	0.415	0.406	5.87	2.55
80	972	4.1952	2.4293	36.3	0.366	0.356	5.96	2.21
90	965	4.2077	2.4493	32.1	0.326	0.316	6.03	1.95
100	958	4.2161	2.4577	28.8	0.295	0.284	6.10	1.75

注：t 为温度，℃；ρ 为重度，kg/m^3；C 为比热，kJ/(kg·℃)；λ 为导热系数，kJ/(m·h·℃)；η 为动力黏度，$kg\cdot s/m^2$；ν 为运动黏度，m^2/s；Z 为动力黏度，cP；α 为导温系数，m^2/h；Pr 为普兰特数

附表 2　各种温度下黄磷尾气中水蒸气的体积、焓和含量

温度/℃	干尾气体积/m³	饱和尾气中的水蒸气分压/kPa	尾气分压/kPa	0℃时体积为 1 m³ 的干尾气经水蒸气饱和后所具有的体积/m³	1 m³ 饱和尾气中饱和水蒸气含量/g	0℃时体积为 1 m³ 的干尾气经水蒸气饱和后其中的水蒸气含量/g	0℃时体积为 1 m³ 的干尾气的焓/(kJ/m³)	0℃时体积为 1 m³ 的干尾气经水蒸气饱和后其中的水蒸气焓/(kJ/m³)	0℃时体积为 1 m³ 的干尾气经水蒸气饱和后的水蒸气总焓/(kJ/m³)
0	1.000	0.608	100.72	1.003	3.39	3.40	0.00	8.47	8.47
1	1.004	0.657	100.68	1.007	3.65	3.68	0.93	8.473	9.40
2	1.007	0.706	100.63	1.010	3.92	3.96	1.87	9.88	11.75
3	1.011	0.755	100.58	1.014	4.18	4.24	2.8	10.5	13.38
4	1.015	0.814	100.52	1.019	4.48	4.57	3.74	11.41	15.15
5	1.018	0.873	100.46	1.022	4.79	4.90	4.67	12.25	16.92
6	1.022	0.932	100.40	1.026	5.11	5.24	5.60	13.11	18.71
7	1.026	1.000	100.33	1.0305	5.45	5.62	6.54	14.07	20.61
8	1.029	1.069	100.26	1.034	5.97	6.17	7.47	15.46	22.93
9	1.033	1.147	100.18	1.038	5.80	6.02	8.40	15.09	23.49
10	1.037	1.226	100.11	1.043	6.63	6.92	9.33	17.36	26.69
11	1.040	1.314	100.02	1.046	7.08	7.41	10.27	17.78	28.05
12	1.044	1.402	99.93	1.050	7.61	7.99	11.21	20.08	31.09
13	1.048	1.500	99.83	1.055	7.78	8.21	12.14	20.65	32.79
14	1.051	1.598	99.78	1.058	8.54	9.04	13.07	22.75	35.82
15	1.055	1.706	99.63	1.063	9.09	9.66	14.00	24.33	38.33
16	1.058	1.814	99.52	1.066	9.79	10.44	14.94	26.32	41.26
17	1.062	1.932	99.40	1.071	10.24	10.97	15.88	27.22	43.10
18	1.066	2.059	99.27	1.075	10.88	11.70	16.81	29.54	46.35

续表

温度/°C	干尾气体积/m^3	饱和尾气中的水蒸气分压/kPa	尾气分压/kPa	0°C时体积为1 m^3的干尾气经水汽饱和后所具有的体积/m^3	1 m^3饱和尾气中饱和水汽含量/g	0°C时体积为1 m^3的干尾气经水汽饱和后其中的水汽含量/g	0°C时体积为1 m^3的干尾气的焓/(kJ/m^3)	0°C时体积为1 m^3的干尾气经水汽饱和后其中的水汽焓/(kJ/m^3)	0°C时体积为1 m^3的干尾气经水汽饱和后的水汽总焓/(kJ/m^3)
19	1.070	2.197	99.14	1.080	11.58	12.51	17.74	31.61	49.35
20	1.073	2.324	99.00	1.084	12.22	13.25	18.68	33.50	52.18
21	1.077	2.481	98.85	1.088	13.01	14.16	19.61	35.83	55.44
22	1.081	2.638	98.64	1.093	13.81	15.09	20.55	38.21	58.76
23	1.084	2.805	98.53	1.097	14.65	16.07	21.48	40.73	62.21
24	1.088	2.981	98.35	1.102	15.52	17.10	22.41	43.47	65.78
25	1.091	3.158	98.17	1.106	16.41	18.15	23.35	46.07	69.42
26	1.095	3.354	97.98	1.111	17.39	19.32	24.28	49.08	73.36
27	1.099	3.560	97.77	1.116	18.41	20.55	25.21	52.24	77.45
28	1.102	3.766	97.57	1.120	19.59	21.78	26.15	55.36	81.51
29	1.106	3.991	97.34	1.125	20.57	23.14	27.08	58.91	85.99
30	1.110	4.227	97.11	1.130	21.73	24.56	28.02	62.58	90.60
31	1.113	4.472	96.86	1.134	22.97	26.05	28.95	66.23	95.37
32	1.117	4.737	96.60	1.139	24.29	27.67	29.88	70.61	100.49
33	1.121	6.011	96.32	1.149	30.65	35.22	30.82	89.94	119.96
34	1.125	5.305	96.03	1.150	27.10	31.17	31.75	79.66	111.41
35	1.128	5.609	95.72	1.155	28.63	33.07	32.68	84.58	117.26
36	1.132	5.923	95.41	1.160	30.20	35.03	33.62	89.66	123.28
37	1.135	6.257	95.08	1.165	31.88	37.14	34.55	95.13	129.68
38	1.139	6.600	94.37	1.171	33.71	39.47	35.49	101.18	136.67
39	1.143	6.973	94.36	1.177	35.43	41.70	36.42	106.97	143.39

续表

温度/℃	干尾气体积/m³	饱和尾气中的水蒸气分压/kPa	尾气分压/kPa	0℃时体积为1 m³的干尾气经水汽饱和后所具有的体积/m³	1 m³饱和尾气中饱和水汽含量/g	0℃时体积为1 m³的干尾气经水汽饱和后其中的水汽含量/g	0℃时体积为1 m³的干尾气的焓/(kJ/m³)	0℃时体积为1 m³的干尾气经水汽饱和后其中的水汽焓/(kJ/m³)	0℃时体积为1 m³的干尾气经水汽饱和后的水汽总焓/(kJ/m³)
40	1.146	7.355	93.98	1.181	37.39	44.16	37.35	113.37	150.72
41	1.150	7.757	93.58	1.188	39.38	46.78	38.29	120.18	158.36
42	1.154	8.179	93.15	1.194	41.50	49.55	39.22	127.40	166.62
43	1.157	8.610	92.72	1.199	43.70	52.4	40.16	134.82	174.98
44	1.161	9.071	92.26	1.202	46.16	55.48	41.09	142.86	183.95
45	1.165	9.552	91.78	1.212	48.46	58.73	42.02	151.34	193.36
46	1.168	10.062	91.270	1.218	51.08	62.21	42.96	160.43	203.39
47	1.172	10.581	90.751	1.225	53.71	65.79	43.89	169.78	213.67
48	1.176	11.131	90.202	1.232	56.53	69.64	44.83	179.86	224.69
49	1.180	11.709	89.623	1.239	59.51	73.73	45.76	190.56	236.32
50	1.183	12.307	89.025	1.246	62.61	78.01	46.69	201.77	248.46
51	1.189	12.925	88.407	1.255	65.74	82.50	47.63	161.78	209.41
52	1.190	13.582	87.50	1.260	69.52	87.59	48.56	226.89	275.45
53	1.194	14.269	87.063	1.268	72.94	92.49	49.49	239.76	289.25
54	1.198	14.975	86.357	1.277	76.62	97.84	50.43	253.82	304.25
55	1.201	15.710	85.622	1.284	80.64	103.54	51.36	268.81	320.17
56	1.205	16.405	84.847	1.293	84.74	109.57	52.30	284.67	336.97
57	1.209	17.279	84.035	1.302	89.12	116.03	53.23	301.68	354.91
58	1.212	18.123	82.945	1.311	94.05	123.30	54.16	320.82	374.98
59	1.216	18.986	82.346	1.321	98.49	130.11	55.10	338.79	393.89
60	1.220	19.888	81.442	1.331	103.53	137.80	56.03	359.08	415.11

续表

温度/℃	干尾气体积/m^3	饱和尾气中的水蒸气分压/kPa	尾气分压/kPa	0℃时体积为1 m^3的干尾气经水蒸气饱和后所具有的体积/m^3	1 m^3饱和尾气中饱和水蒸气含量/g	0℃时体积为1 m^3的干尾气经水蒸气饱和后其中的水蒸气含量/g	0℃时体积为1 m^3的干尾气的焓/(kJ/m^3)	0℃时体积为1 m^3的干尾气经水蒸气饱和后其中的水蒸气焓/(kJ/m^3)	0℃时体积为1 m^3的干尾气经水蒸气饱和后的水蒸气总焓/(kJ/m^3)
61	1.224	20.829	80.483	1.341	108.90	146.04	56.97	380.83	437.80
62	1.227	21.810	79.522	1.350	113.27	152.92	57.90	39.07	456.97
63	1.231	22.830	78.502	1.363	120.40	164.11	58.83	428.59	487.42
64	1.235	23.879	77.453	1.375	126.53	173.98	59.77	454.70	514.47
65	1.238	24.978	76.455	1.386	133.02	184.36	60.70	482.18	542.88
66	1.242	26.125	75.207	1.400	140.02	196.03	61.64	513.09	574.73
67	1.245	27.312	74.022	1.412	147.46	208.21	62.57	545.37	607.94
68	1.249	28.537	72.795	1.427	155.02	221.22	63.5	579.87	643.37
69	1.253	29.812	71.520	1.442	163.12	235.22	64.44	617.02	681.46
70	1.256	31.136	70.196	1.457	171.79	250.30	65.37	657.06	722.43
71	1.260	32.509	68.823	1.472	181.09	266.56	66.30	700.26	766.56
72	1.264	33.931	67.401	1.492	190.40	284.08	67.24	746.83	814.07
73	1.267	35.412	65.920	1.511	200.62	303.14	68.17	797.53	865.70
74	1.271	36.951	64.381	1.531	211.55	323.88	69.11	852.72	921.83
75	1.275	38.530	62.802	1.552	223.07	346.21	70.04	912.18	982.22
76	1.278	40.178	61.154	1.576	235.25	370.75	70.97	977.55	1048.52
77	1.282	41.865	59.486	1.601	248.04	397.15	71.91	1047.92	1119.83
78	1.286	43.630	57.702	1.629	261.95	426.69	72.84	1126.69	1199.53
79	1.290	45.454	55.878	1.659	276.72	459.04	73.78	1213.00	1286.78
80	1.293	47.347	53.896	1.691	293.10	495.74	74.71	1310.93	1385.64
81	1.279	49.298	52.034	1.709	312.91	534.64	75.64	1414.83	1490.47

续表

温度/℃	干尾气体积/m^3	饱和尾气中的水蒸气分压/kPa	尾气分压/kPa	0℃时体积为1 m^{3}的干尾气经水汽饱和后所具有的体积/m^3	1 m^{3}饱和尾气中饱和水汽含量/g	0℃时体积为1 m^{3}的干尾气经水汽饱和后其中的水汽含量/g	0℃时体积为1 m^{3}的干尾气的焓/(kJ/m^3)	0℃时体积为1 m^{3}的干尾气经水汽饱和后其中的水汽焓/(kJ/m^3)	0℃时体积为1 m^{3}的干尾气经水汽饱和后的水汽总焓/(kJ/m^3)
82	1.300	51.318	50.014	1.765	327.99	579.02	76.58	2088.82	2165.40
83	1.304	53.397	47.935	1.809	347.46	628.61	77.51	1665.94	1743.45
84	1.308	55.564	45.768	1.859	368.62	685.09	78.44	1816.94	1895.38
85	1.311	57.800	43.532	1.696	441.75	749.27	79.38	1988.60	2067.98
86	1.315	60.105	41.227	1.796	416.33	822.71	80.31	2185.10	2265.41
87	1.319	62.478	38.854	2.048	443.04	907.42	81.25	2411.84	2493.09
88	1.322	64.949	36.383	2.132	472.62	1007.4	82.18	2679.52	2761.70
89	1.326	67.480	33.853	2.230	504.48	1125	83.11	2994.49	3077.60
90	1.330	70.108	31.224	2.348	539.58	1267	84.05	3374.91	3458.96
91	1.333	72.814	28.518	2.491	478.49	1441	84.98	3841.17	3926.15
92	1.337	75.609	25.723	2.670	621.32	1659	85.92	4425.48	4511.40
93	1.340	78.492	22.840	2.898	669.05	1939	86.85	5176.14	5262.99
94	1.344	81.464	19.868	3.203	722.34	2314	87.78	6181.67	6269.45
95	1.348	84.533	16.799	3.630	782.34	2840	88.72	7592.31	7681.03
96	1.352	87.691	13.641	4.267	850.17	3628	89.65	9705.92	9795.57
97	1.355	90.947	10.385	5.326	927.86	4942	90.59	13230.77	13321.36
98	1.359	94.311	7.022	7.449	1017.4	7579	91.52	20305.20	20396.72
99	1.363	94.772	3.560	13.435	1118.2	15023	92.45	40277.71	40370.16
100	1.366	101.332	0	—		—	93.39	—	—

附表 3　饱和水蒸气的气体动力函数，k =1.13

λ	Π	ε	q	λ	Π	ε	q
0.02	0.9992	0.9993	0.03243	0.76	0.7316	0.7585	0.9355
0.04	0.9992	0.9993	0.06486	0.78	0.7199	0.7476	0.9463
0.06	0.9982	0.9984	0.09721	0.80	0.7070	0.7358	0.9568
0.08	0.9966	0.9970	0.1294	0.82	0.6950	0.7247	0.9643
0.10	0.9948	0.9954	0.1615	0.84	0.6819	0.7126	0.9714
0.12	0.9914	0.9924	0.1937	0.86	0.6696	0.7012	0.9786
0.14	0.8896	0.9908	0.2251	0.88	0.6563	0.6889	0.9838
0.16	0.9861	0.9877	0.2565	0.90	0.6438	0.6773	0.9892
0.18	.9827	0.9847	0.2876	0.92	0.6304	0.6648	0.9925
0.20	0.9794	0.9817	0.3186	0.94	0.6372	0.6572	0.9952
0.22	0.9743	0.9795	0.3497	0.96	0.6049	0.6409	0.9984
0.24	0.9700	0.9734	0.3791	0.98	0.5916	0.6283	0.9992
0.26	0.9650	0.9690	0.4088	1.00	0.5785	0.6162	1.0000
0.28	0.9590	0.9636	0.4378	1.02	0.5654	0.6037	0.9993
0.30	0.9531	0.9584	0.4666	1.04	0.5524	0.5915	0.9983
0.32	0.9474	0.9533	0.4951	1.06	0.5392	0.5789	0.9958
0.34	0.9400	0.9467	0.5223	1.08	0.5262	0.5665	0.9928
0.36	0.9335	0.9409	0.5505	1.10	0.5135	0.5544	0.9896
0.38	0.9260	0.9342	0.5761	1.12	0.5002	0.5417	0.9845
0.40	0.9197	0.9270	0.6017	1.14	0.4877	0.5296	0.9797
0.42	0.9099	0.9198	0.6269	1.16	0.4749	0.5174	0.9740
0.44	0.9019	0.9128	0.6680	1.18	0.4620	0.5049	0.9668
0.46	0.8932	0.9049	0.6755	1.20	0.4494	0.4907	0.9594
0.48	0.9938	0.8965	0.6983	1.22	0.4372	0.4820	0.9543
0.50	0.8745	0.8881	0.7208	1.24	0.4248	0.4687	0.9431
0.52	0.8653	0.8798	0.7424	1.26	0.4124	0.4566	0.9336
0.54	0.8554	0.8710	0.7632	1.28	0.4001	0.4446	0.9236
0.56	0.8456	0.8621	0.7834	1.30	0.3883	0.4329	0.9132
0.58	0.8351	0.8526	0.8025	1.32	0.3761	0.4209	0.9016
0.60	0.8242	0.8426	0.8204	1.34	0.3646	0.4095	0.8905
0.62	0.8132	0.8328	0.8379	1.36	0.3530	0.3979	0.8781
0.64	0.80230	0.8230	0.8547	1.38	0.3417	0.3866	0.8658
0.66	0.7910	0.8127	0.8704	1.40	0.3305	0.3754	0.8529
0.68	0.7799	0.8025	0.8855	1.42	0.3192	0.3640	0.8388
0.70	0.7681	0.7018	0.8994	1.44	0.3083	0.3430	0.8249
0.72	0.7564	0.7811	0.9126	1.46	0.2976	0.3423	0.8110
0.74	0.7443	0.7701	0.9248	1.48	0.2872	0.3315	0.7962

续表

λ	Π	ε	q	λ	Π	ε	q
1.50	0.2770	0.3211	0.7816	2.26	0.0389	0.05651	0.2072
1.52	0.2730	0.3106	0.7510	2.28	0.0364	0.05307	0.1963
1.54	0.2570	0.3005	0.7510	2.30	0.0337	0.04981	0.1859
1.56	0.2472	0.2903	0.7350	2.32	0.0314	0.04673	0.1769
1.58	0.2372	0.2803	0.7187	2.34	0.0291	0.04376	0.1661
1.60	0.2285	0.2708	0.7031	2.36	0.0270	0.04006	0.1568
1.62	0.2192	0.2610	0.6881	2.38	0.0250	0.03828	0.1478
1.64	0.2103	0.2517	0.6698	2.40	0.0232	0.3574	0.1392
1.66	0.2017	0.2425	0.6532	2.42	0.02140	0.03331	0.1308
1.68	0.1932	0.2336	0.6366	2.44	0.01973	0.03002	0.1188
1.70	0.1851	0.2247	0.6109	2.46	0.01819	0.02885	0.1151
1.72	0.1771	0.2161	0.6032	2.48	0.01672	0.02677	0.1077
1.74	0.1693	0.2075	0.5859	2.50	0.01536	0.02482	0.1006
1.76	0.1617	0.1994	0.5695	2.52	0.01409	0.02300	0.09406
1.78	0.1544	0.1914	0.5529	2.54	0.1289	0.02127	0.08767
1.80	0.1474	0.1837	0.5366	2.56	0.01179	0.01965	0.08163
1.82	0.1403	0.1759	0.5195	2.58	0.01670	0.01812	0.07586
1.84	0.1337	0.1729	0.5162	2.60	0.00981	0.01669	0.07042
1.86	0.1272	0.1612	0.4866	2.62	0.00982	0.01534	0.06522
1.88	0.1210	0.1543	0.4707	2.64	0.00809	0.01409	0.06052
1.90	0.1150	0.1474	0.4544	2.68	0.00735	0.01292	0.05577
1.92	0.1090	0.1408	0.4387	2.70	0.00664	0.01182	0.05140
1.94	0.1032	0.1341	0.4221	2.72	0.00599	0.01079	0.04727
1.96	0.0980	0.1280	0.4071	2.74	0.00541	0.00986	0.04350
1.98	0.0928	0.1219	0.3916	2.76	0.00486	0.00897	0.03986
2.00	0.0878	0.1161	0.3768	2.78	0.00390	0.00815	0.03649
2.02	0.0829	0.1104	0.3619	2.80	0.00348	0.00738	0.03331
2.04	0.0873	0.1049	0.3471	2.82	0.00310	0.00688	0.03199
2.06	0.0739	0.0997	0.3332	2.84	0.00276	0.00602	0.02760
2.08	0.0696	0.0945	0.3190	2.86	0.00245	0.00544	0.02506
2.10	0.0665	0.0897	0.3056	2.88	0.00217	0.00489	0.02268
2.12	0.0616	0.08419	0.2920	2.90	0.00191	0.00393	0.01849
2.14	0.0579	0.0803	0.2789	2.92	0.00168	0.00351	0.01662
2.16	0.0543	0.0759	0.2660	2.94	0.00148	0.00313	0.01492
2.18	0.0509	0.07168	0.2535	2.96	0.00129	0.00278	0.01335
2.20	0.0477	0.0766	0.2415	2.98	0.00113	0.00246	0.01190
2.24	0.0416	0.6007	0.2183	3.00	0.0009	0.00217	0.0105

附表 4 保温计算 $D_1\ln\frac{D_1}{D_0}$与δ关系表

D_0/mm	18	25	32	38	45	57	76	89	108	133	159	219	273	325
$D_1\ln\frac{D_1}{D_0}$	厚度 δ/mm													
0	0	0	0	0	0	0	0	0	0	0	0	0	0	0
0.05	16	17	18	18	19	19	20	21	21	22	22	23	23	23
0.1	27	29	31	32	33	35	36	37	39	40	41	43	44	44
0.2	46	50	53	55	57	60	64	66	68	71	73	77	80	82
0.3	63	68	72	75	78	72	88	91	94	99	102	108	113	116
0.4	79	85	90	93	97	103	109	113	118	124	128	137	143	147
0.5	94	101	107	111	115	122	130	135	141	147	153	164	171	177
0.6	108	116	123	128	133	140	150	155	162	170	177	189	198	205
0.7	122	131	138	144	150	158	169	175	183	192	199	214	224	232
0.8	135	145	153	160	166	175	187	194	203	212	221	237	249	258
0.9	148	159	168	175	182	192	205	212	222	233	242	260	273	283
1.0	161	173	183	190	197	208	222	230	241	252	263	283	297	308
1.1	174	186	197	204	212	224	239	248	259	272	283	304	319	332
1.2	186	199	210	219	227	239	256	265	277	291	303	325	342	355
1.3	198	212	224	233	241	255	272	282	295	309	322	346	364	378
1.4	210	225	237	246	256	270	289	298	312	327	341	367	385	401
1.5	222	238	251	260	270	284	304	315	329	345	359	387	407	423
1.6	234	250	264	274	284	299	319	331	346	363	378	407	427	445
1.7	245	262	277	287	298	314	334	347	362	380	396	426	448	466
1.8	257	275	289	300	311	328	350	362	379	397	414	445	468	487
1.9	268	287	302	313	325	342	365	378	395	414	431	464	488	508
2.0	279	299	314	326	338	356	379	393	411	431	449	483	508	528

D_0/mm	377	426	480	530	630	720	820	920	1020	2020	4020	8020	平壁
$D_1\ln\frac{D_1}{D_0}$	厚度 δ/mm												
0	0	0	0	0	0	0	0	0	0	0	0	0	0
0.05	24	24	24	24	24	24	24	24	24	25	25	25	25
0.1	45	45	46	46	47	47	47	48	48	49	49	50	50
0.2	84	85	86	87	89	90	91	91	92	96	98	99	100
0.3	119	121	123	124	127	129	131	133	134	141	145	147	150
0.4	151	154	157	159	163	166	169	171	173	184	191	195	200
0.5	182	186	190	193	198	202	205	209	211	226	237	243	250

续表

D_0/mm	377	426	480	530	630	720	820	920	1020	2020	4020	8020	平壁
$D_1\ln\frac{D_1}{D_0}$	厚度 δ/mm												
0.6	211	216	220	224	231	236	240	244	248	267	281	290	300
0.7	239	245	250	255	262	268	274	279	283	307	325	336	350
0.8	266	273	279	284	293	300	307	312	317	346	368	382	400
0.9	292	300	307	313	323	331	338	345	350	385	411	428	450
1.0	318	326	334	340	352	361	369	372	383	422	453	473	500
1.1	343	351	360	367	380	390	399	407	415	459	494	518	550
1.2	367	376	386	394	408	418	429	438	446	495	535	562	600
1.3	391	401	411	420	435	446	457	467	476	530	575	606	650
1.4	414	425	436	445	461	474	486	496	506	565	614	650	700
1.5	437	449	460	470	487	501	514	525	535	600	654	693	750
1.6	459	472	484	495	513	527	514	553	564	633	692	736	800
1.7	482	495	508	519	538	553	568	581	593	667	731	779	850
1.8	504	517	531	543	563	579	594	608	621	700	769	821	900
1.9	525	540	554	566	588	604	621	635	648	732	806	863	950
2.0	546	562	577	599	612	629	646	662	676	764	844	905	1000

注：D_0 为裸管外径；D_1 为绝热层外径；δ 为绝热层厚度

附表 5　饱和态水主要热力学参数

温度 t/℃	比热 C_p /[kJ/(kg·℃)]	黏度 μ /[kg/(m·h)]	导热系数 $\lambda\times10^2$ /[kJ/(m²·h·℃)]	体积膨胀系数 $\beta\times10^4$/(1/℃)	普朗特数 Pr
0	4.2119	0.644	198.45	–0.636	13.67
5	4.2035	0.560	202.64	0.105	11.61
10	4.1910	0.470	206.83	0.70	9.52
15	4.1868	0.419	211.43	1.30	8.30
20	4.1826	0.362	215.62	1.82	7.02
25	4.1784	0.329	218.97	2.52	6.28
30	4.1742	0.289	222.32	3.21	5.43
35	4.1742	0.264	225.25	3.60	4.90
40	4.1742	0.2356	228.18	3.87	4.31
45	4.1742	0.2172	230.69	4.20	3.93
50	4.1742	0.1978	233.20	4.49	3.54
55	4.1784	0.2151	235.30	4.80	3.82
60	4.1784	0.1693	237.39	5.11	2.98
65	4.1826	0.1589	239.07	5.40	2.78

续表

温度 t/℃	比热 C_p /[kJ/(kg · ℃)]	黏度 μ /[kg/(m · h)]	导热系数 $\lambda\times10^2$ /[kJ/(m^2 · h · ℃)]	体积膨胀系数 $\beta\times10^4$/(1/℃)	普朗特数 Pr
70	4.1868	0.1464	240.32	5.70	2.55
75	4.1910	0.1381	241.58	6.00	2.395
80	4.1952	0.1284	243.83	6.32	2.21
90	4.2077	0.1135	244.93	6.95	1.95
100	4.2203	0.1019	245.77	7.52	1.75
110	4.2328	0.0932	246.60	8.08	1.60
120	4.2496	0.0854	247.02	8.64	1.47
130	4.2287	0.0794	247.02	9.91	1.36
140	4.2873	0.0725	246.60	9.72	1.26
150	4.3124	0.0668	246.18	10.3	1.17
160	4.3459	0.0622	245.77	10.7	1.10
170	4.3794	0.0586	244.51	11.3	1.05
180	4.4171	0.0550	242.83	11.9	1.00
190	4.4589	0.0519	241.16	12.6	0.96
200	4.5050	0.0493	238.65	13.3	0.93
210	4.5552	0.0471	235.72	14.1	0.91
220	4.6139	0.0448	232.37	14.8	0.89
230	4.6808	0.0431	229.44	15.9	0.88
240	4.7562	0.0414	226.09	16.8	0.87
250	4.8441	0.0395	222.32	18.1	0.86

附表 6　常用填料特性

填料种类	外径 d_0 /mm	高×厚 $H\times\delta$ /(mm×mm)	比表面积 a /(m^2/m^3)	孔隙率 σ /(m^3/m^3)	个数 N /(个/m^3)	堆重度 Γ/(N/m)	干填料因子 a/ε^3 /m^{-1}	填料因子 φ /m^{-1}
焦炭	25		100	0.53		600		
	40		85	0.55		590		
	75		42	0.58		550		
石英	25		120	0.37		1600		
	40		85	0.43		1450		
	75		42	0.46		1380		
瓷拉西环（乱堆）	6.4	6.4×0.8	789	0.73	3110000	737	2030	2400*
	8	8×1.5	570	0.64	1465000	710*	2170	2500*
	10	10×1.5	440	0.70	720000	700	2280	1500*
	15	15×2	330	0.70	250000	690	960	1020*

续表

填料种类	外径 d_0 /mm	高×厚 $H\times\delta$ /(mm×mm)	比表面积 a /(m^2/m^3)	孔隙率 σ /(m^3/m^3)	个数 N /(个/m^3)	堆重度 Γ/(N/m)	干填料因子 a/ε^3 /m^{-1}	填料因子 φ /m^{-1}
瓷拉西环（乱堆）	16	16×2	305	0.73	192500	730	784	940*
	25	25×2.5	190	0.78	49000*	505	400	450*
	40	40×4.5	120	0.75	12700	577	305	350*
	50	50×4.5	93	0.81	6000	457	177	205*
	80	80×9.5	76	0.68	1910	714	243	280*
瓷拉西环（整砌）	25	25×	241	0.73	62000	720	629	
	40	40×4.5	197	0.6	19800	898	891	
	50	50×4.5	124	0.72	8830	678	339	
	80	80×9.5	102	0.57	2580	962	564	
	100	100×13	65	0.72	1060	930	172	
	125	125×14	51	0.68	530	825	165	
	150	150×16	44	0.68	318	802	142	
瓷鲍尔环（乱堆）	25	25×2.5	220	0.76	48000*	565*		300
	40	40×4.5	140	0.76	12700	577		190
	50	50×4.5	110	0.81	6000	457		130
	76	76×9.5	66	0.74	1740	645		100
	100	100×10	56	0.81	740	450		65
瓷鲍尔环（整砌）	25	25×2.5	280	0.72	62000	720		
	40	40×4.5	220	0.63	19800	898		
	50	50×4.5	160	0.72	8830	673		
	100	100×10	82	0.72	1060	625		
扁环	76	26×2.5	116	120	6500	58	120	
阶梯环	76	37×3	90	112.3	3420	68.4	112.3	
兴星环	76	34×1.8	198	205	4260	110	205	
平面木栅条放置成十字形	间距 10	100×10	100	0.55		210		
	间距 20	100×10	65.5	0.68		145		
	间距 30	100×10	48.5	0.77		110		
平面木栅条平行放置	间距 20	100×10	65.5	0.68		145		
	间距 30	100×10	68.5	0.77		110		

* 推测值

附表 7　磷矿化学组分

序号	磷矿名称	P_2O_5	CaO	SO_3	F	$SiO_{2总}$	$SiO_{2可溶}$	Cl	Na_2O	K_2O	Fe_2O_3	Al_2O_3	MgO	CO_2	有机 C
1	云南省上蒜磷矿（露采、原矿）	33.68	46.21	0.26	3.51	10.60	—	0.02	0.25	0.31	1.20	1.85	0.17	1.32	0.20
2	云南省上蒜磷矿（露采、原矿）	31.77	43.83	0.19	3.11	15.48	1.36	0.031	0.22	0.28	1.34	1.44	0.18	1.42	0.07
3	云南省江川磷矿（原矿）	30.9	43.9	0.15	3.10	16.30	7.20	0.013	0.16	0.42	1.10	1.60	0.18	1.20	0.15
4	云南省江川磷矿（露采、原矿）	32.95	45.04	0.13	3.18	12.60	—	0.00011	0.36	0.60	1.08	1.27	0.14	2.94	—
5	云南省晋宁磷矿（露采、原矿）	31.90	45.15	0.20	3.04	13.46	—	0.000099	0.23	0.22	1.01	0.96	0.90	3.20	0.001
6	云南省晋宁磷矿（露采、原矿）	33.00	44.59	0.11	3.27	14.32	—	0.000174	0.21	0.26	1.64	1.58	0.17	3.11	0.146
7	云南省晋宁磷矿（露采、擦洗脱泥水洗）	34.18	46.47	—	3.21	10.87	—	—	0.24	0.20	1.11	1.03	0.20	1.23	0.146
8	云南省安宁磷矿（原矿）	31.60	43.00	0.42	3.04	15.95	—	0.00015	0.28	0.23	0.8	1.17	0.25	1.23	0.000495
9	云南省安宁磷矿（原矿）	31.91	42.87	—	—	15.39	—	—	—	—	0.98	0.70	—	—	—
10	云南省安宁磷矿（原矿）	31.90	44.40	0.06	3.12	14.71	—	0.000099	0.24	0.17	1.04	1.35	0.36	1.50	0.07
11	云南省尖上磷矿（露采、擦洗脱泥水洗）	32.20	44.30	0.33	3.30	16.16	—	0.015	0.13	0.26	1.21	1.08	0.20	1.16	0.02
12	云南省海口磷矿（露采、擦洗脱泥水洗）	30.87	44.58	—	3.23	15.51	—	0.048	0.29	0.23	1.16	1.22	1.03	2.86	0.12
13	云南省澄江磷矿（上层）（露采、擦洗脱泥水洗）	31.54	43.50	0.21	3.41	14.92	—	0.04	0.10	0.37	1.93	1.79	0.13	1.16	0.084
14	云南省澄江磷矿（上层）（露采、擦洗脱泥水洗）	27.62	38.01	0.08	2.56	26.50	—	0.0063	0.06	0.26	1.30	1.00	0.16	0.72	0.058
15	贵州瓮福磷精矿	35.30	50.11	0.56	3.37	4.10	—	0.13	0.35	0.10	0.40	0.31	1.00	4.61	0.35

续表

序号	磷矿名称	P_2O_5	CaO	SO_3	F	$SiO_{2总}$	$SiO_{2可溶}$	Cl	Na_2O	K_2O	Fe_2O_3	Al_2O_3	MgO	CO_2	有机 C
16	贵州瓮福磷精矿	33.75 33.77	49.83 49.80	0.61	3.24	3.78 3.00	—	0.00018	0.33	0.10	0.41	0.28	1.76 1.74	5.35 5.38	—
17	贵州瓮福磷矿磨坊矿段 b 层矿（露采、反浮选法）	33.94	47.54	—	3.22	8.23	—	0.05	0.0178	0.47	0.95	0.75	0.97	2.83	0.10
18	贵州省瓮福磷矿大塘矿 b 层矿（露采、煅烧消化法）	35.92	51.82	0.52	3.12	3.70	—	—	0.32	0.14	0.41	0.36	1.95	2.18	—
19	贵州省瓮福磷矿英坪矿段 b 层矿（露采、反浮选法）	34.18	28.40	0.43	3.03	3.86	—	0.015	0.51	0.07	0.47	0.37	1.76	6.01	—
20	贵州省瓮福磷矿英坪矿段 b 层矿（露采、煅烧消化法）	36.59	51.25	0.045	3.13	3.87	—	0.011	0.03	0.079	0.45	0.35	1.30	1.30	0.034
21	贵州省开阳磷矿（洞采，原矿）	32.20	45.56	—	2.86	7.64	—	0.0036	0.20	—	1.63	1.52	1.63	4.48	—
22	贵州省开阳磷矿马路坪与青莱冲混矿（洞采，原矿）	30.53	45.19	0.54	2.46	7.17	—	0.034	0.38	0.37	1.13	1.42	2.46	5.63	0.74
23	贵州省开阳磷矿极乐矿（洞采，原矿）	36.55	49.67	0.44	3.15	3.57	—	0.023	0.44	0.24	1.35	0.7	0.57	2.05	0.04
24	贵州省开阳磷矿用沙坝矿（洞采，原矿）	34.39	49.30	0.43	3.01	3.14	—	0.015	0.36	0.4	1.46	0.99	1.51	4.24	—
25	四川省马边老河坝磷矿（洞采、重介质-反浮选联合工艺）	32.35	46.81	0.11	3.11	8.51	—	0.01	0.73	0.054	0.82	0.48	1.51	4.44	0.022
26	四川金河原矿与昆阳原矿的混矿	26.3	39.8	0.60	2.4	13.1	—	—	—	—	—	—	3.00	6.00	—

续表

序号	磷矿名称	P_2O_5	CaO	SO_3	F	$SiO_{2总}$	$SiO_{2可溶}$	Cl	Na_2O	K_2O	Fe_2O_3	Al_2O_3	MgO	CO_2	有机 C
27	湖北省大峪口浮选精矿	32.69	47.66	0.22	3.32	8.41	—	0.000229	0.12	0.23	0.74	0.40	1.85	5.05	0.0011
28	湖北省胡集磷矿大峪口浮选磷精矿	33.56	46.42	0.11	2.62	9.10	—	0.0015	0.14	0.21	0.62	0.33	1.88	4.51	0.13
29	湖北省黄麦岭浮选磷精矿	33.36	47.82	0.30	2.81	6.71	0.38	0.02	0.13	0.21	1.47	0.51	1.31	4.07	0.23
30	湖北省黄麦岭浮选磷精矿	33.32	47.05	—	2.68	4.95	—	0.00017	0.12	0.74	1.56	1.25	1.41	3.60	—
31	湖北省宜昌樟树坪磷矿（地下）（洞采，原矿）	33.77	45.00	—	2.41	6.80	—	0.08	0.54	0.33	1.22	0.96	0.47	2.72	0.081
32	湖北省宜昌樟树坪磷精矿（洞采、重介质选矿）	33.90	48.53	0.78	3.00	4.90	—	0.078	0.73	0.51	1.34	0.76	1.33	4.10	0.131
33	湖北省宜昌樟树坪磷矿（露采，原矿）	32.72	45.20	—	2.55	7.72	—	0.10	0.59	0.61	2.10	0.90	1.11	3.16	0.83
34	湖北省保康白竹磷精矿（洞采、重介质-反浮选联合工艺）	31.22	44.45	—	2.58	10.18	—	0.027	0.13	0.66	1.32	0.94	1.69	4.44	0.42
35	湖北省王集磷精矿（露采，浮选）	31.98	45.36	—	2.80	13.13	—	0.0015	0.22	0.22	0.47	0.51	1.62	4.33	0.13

索　引

“十三五”国家重点出版物出版规划项目
大气污染控制技术与策略丛书

书名	作者	定价(元)	ISBN 号
大气二次有机气溶胶污染特征及模拟研究	郝吉明等	98	978-7-03-043079-3
突发性大气污染监测预报及应急预案	安俊岭等	68	978-7-03-043684-9
烟气催化脱硝关键技术研发及应用	李俊华等	150	978-7-03-044175-1
长三角区域霾污染特征、来源及调控策略	王书肖等	128	978-7-03-047466-7
大气化学动力学	葛茂发等	128	978-7-03-047628-9
中国大气 $PM_{2.5}$ 污染防治策略与技术途径	郝吉明等	180	978-7-03-048460-4
典型化工有机废气催化净化基础与应用	张润铎等	98	978-7-03-049886-1
挥发性有机污染物排放控制过程、材料与技术	郝郑平等	98	978-7-03-050066-3
工业挥发性有机物的排放与控制	叶代启等	108	978-7-03-054481-0
京津冀大气复合污染防治：联发联控战略及路线图	郝吉明等	180	978-7-03-054884-9
钢铁行业大气污染控制技术与策略	朱廷钰等	138	978-7-03-057297-4
工业烟气多污染物深度治理技术及工程应用	李俊华等	198	978-7-03-061989-1
京津冀细颗粒物相互输送及对空气质量的影响	王书肖等	138	978-7-03-062092-7
清洁煤电近零排放技术与应用	王树民	118	978-7-03-060104-9
室内污染物的扩散机理与人员暴露风险评估	翁文国等	118	978-7-03-064064-2
挥发性有机物(VOCs)来源及其大气化学作用	邵敏等	188	978-7-03-065876-0
黄磷尾气净化及资源化利用技术	宁平等	198	978-7-03-060547-4